职业技术院校模具制造/模具设计专业教材

模具 CAD/CAM
(第二版)

人力资源和社会保障部教材办公室组织编写

中国劳动社会保障出版社

简　介

本书主要内容包括曲线与草图绘制、实体建模、曲面建模、装配建模、工程图绘制、注塑模模具设计、平面铣加工、型腔铣加工、固定轴曲面轮廓铣加工、注塑工艺模流分析等。

本书由王文景主编，魏淼、姚晓晨、沙小梅参加编写，米光明主审。

图书在版编目(CIP)数据

模具 CAD/CAM/人力资源和社会保障部教材办公室组织编写. —2 版. —北京：中国劳动社会保障出版社，2017

全国职业技术院校模具制造/模具设计专业教材

ISBN 978-7-5167-2905-2

Ⅰ. ①模…　Ⅱ. ①人…　Ⅲ. ①模具-计算机辅助设计-职业教育-教材②模具-计算机辅助制造-职业教育-教材　Ⅳ. ①TG76-39

中国版本图书馆 CIP 数据核字(2017)第 035111 号

中国劳动社会保障出版社出版发行

（北京市惠新东街 1 号　邮政编码：100029）

*

三河市华骏印务包装有限公司印刷装订　　新华书店经销

787 毫米×1092 毫米　16 开本　24.75 印张　501 千字

2017 年 3 月第 2 版　　2025 年 2 月第 4 次印刷

定价：46.00 元

营销中心电话：400-606-6496

出版社网址：http://www.class.com.cn

http://jg.class.com.cn

为了更好地适应全国职业技术院校模具类专业的教学要求，全面提升教学质量，人力资源和社会保障部教材办公室组织有关学校的骨干教师和行业、企业专家，对全国中等职业技术学校和高等职业技术院校模具类专业教材进行了修订和补充开发。教材的修订和开发以人力资源社会保障部颁布的《技工院校模具制造专业教学计划和教学大纲（2016）》与《技工院校模具设计专业教学计划和教学大纲（2016）》为依据，充分调研了企业生产和学校教学情况，广泛听取了教师对现行教材使用情况的反馈意见，吸收和借鉴了各地职业技术院校教学改革的成功经验。

教材体系

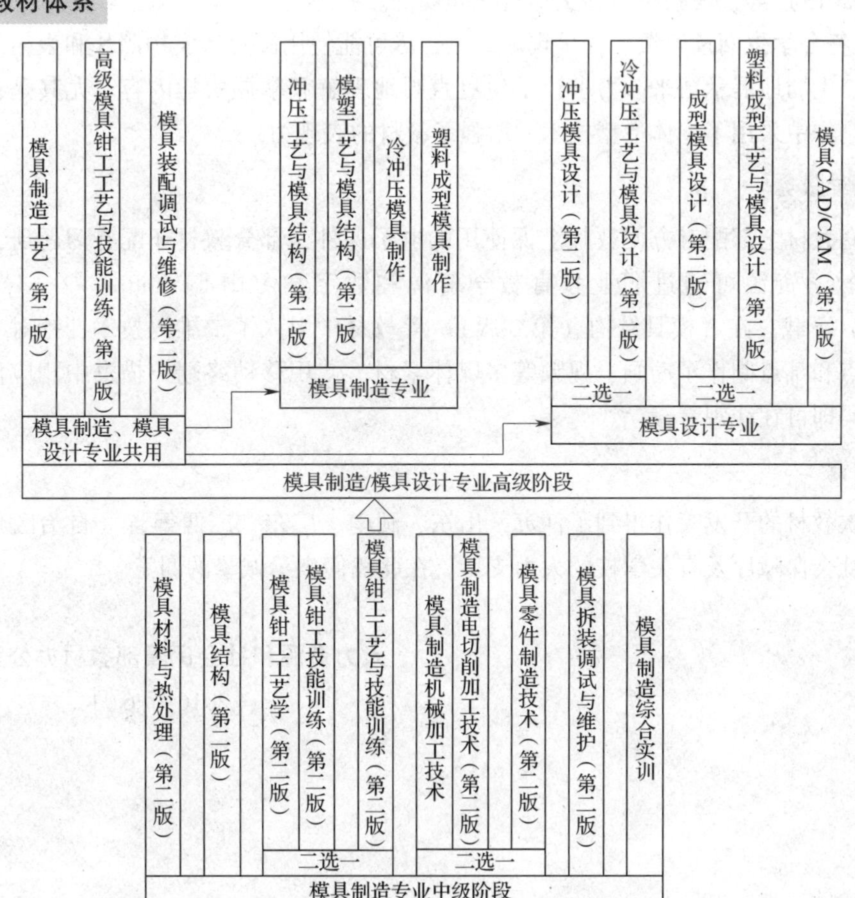

适用对象

模具制造/模具设计专业中级、高级两个层次和以下 3 种学制：

- 初中毕业生 3 年学制培养中级工
- 高中毕业生 3 年学制培养高级工
- 初中毕业生 5 年学制培养高级工

编写特色

◆ **紧贴国家职业标准** 紧密贴合《中华人民共和国职业分类大典（2015 年版）》中对模具工等职业的职业能力要求，同时参照了模具工、工具钳工等国家职业技能标准。

◆ **体现行业技术发展** 根据模具行业的最新发展，在教材中充实模具制造、设计方面的新技术，如模具 CAD/CAM/CAE 技术、快速成型技术、多轴数控加工技术、微细加工技术等，体现教材的先进性。

◆ **更新国家技术标准** 采用最新的国家技术标准，如《工模具钢》（GB/T 1299—2014）、《冲压件尺寸公差》（GB/T 13914—2013）、《冲压件角度公差》（GB/T 13915—2013）等，使教材内容更加科学和规范。

◆ **符合学生阅读习惯** 在呈现形式上，尽可能使用图片、实物照片和表格等形式将知识点生动地展示出来，力求让学生更直观地理解和掌握所学内容。尤其是在教材插图的制作中采用了立体造型技术，增强了教材的表现力。

教学服务

本套教材全部配有方便教师上课使用的电子课件，部分教材还配有习题册，电子课件等教学资源可通过职业教育教学资源和数字学习中心（http：// zjjy. class. com. cn）下载。在《模具结构（第二版）》等教材中引入了二维码技术，针对书中的教学重点和难点制作了动画、视频等多媒体素材，使用移动终端扫描书中相应位置处的二维码即可在线观看。

致谢

本次教材的开发工作得到了江苏、山东、湖南、广东、广西等省（自治区）人力资源和社会保障厅及有关学校的大力支持，在此我们表示诚挚的谢意。

人力资源和社会保障部教材办公室

2016 年 6 月

目录 Contents

曲线与草图绘制

一、模块任务要求

如图 1—1 所示为冷冲垫片产品，要求通过 UG NX 软件曲线和草图功能分别完成该产品的设计。

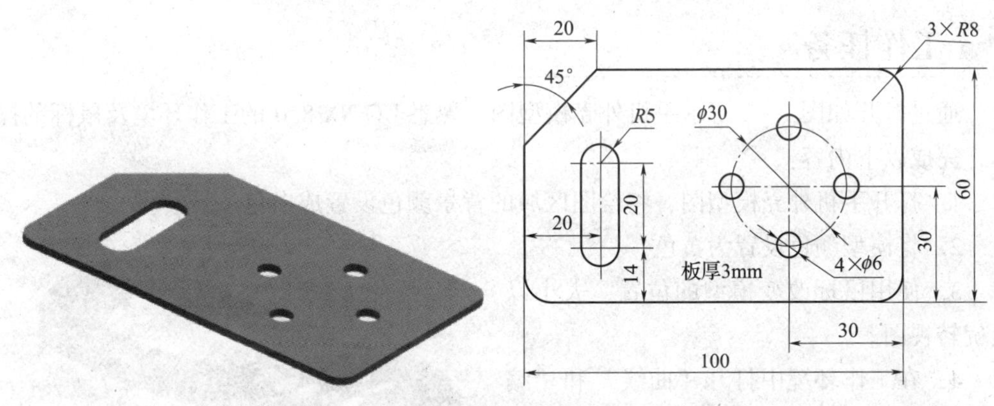

图 1—1　冷冲垫片产品

二、模块任务目的

通过曲线和草图的设计，掌握与实体相关联的二维图形的绘制方法，为下一步的实体建模学习打好基础。

三、模块任务分析

通过对图 1—1 的识读与分析，完成产品设计要注意以下问题：

1. 初识 UG NX 软件（本书采用 NX 8.0），熟悉 UG NX 的界面和鼠标操作，能够根据使用习惯定制工作界面。

2. 由于曲线是组成图形的基本要素，所以必须掌握曲线的绘制和编辑方法。

3. 对于一些比较复杂的界面形状，往往采用草图命令绘制，草图是三维建模的基础。

根据产品设计过程特点，该项目的实施分三个任务进行：UG NX 软件基本操作，曲线绘制与编辑，草图绘制与编辑。

任务一　UG NX 软件基本操作

 学习目标

1. 熟悉 UG NX 8.0 的界面组成。
2. 能在软件中正确使用鼠标。
3. 能完成基本工作环境设置。
4. 能理解 UG NX 8.0 基本工具的作用。
5. 能完成文件数据的格式转换。

 工作任务

通过打开如图 1—2 所示手机外壳模型图，熟悉 UG NX 8.0 的工作环境及鼠标的操作，完成以下内容：

1. 打开手机外壳模型图，将绘图区域的背景颜色设置成白色。
2. 将模型颜色设置为黄色。
3. 使用鼠标改变模型的位置、大小以及旋转视图。
4. 在工作环境中打开“曲线”和“编辑曲线”工具栏。
5. 将模型另存为 mobile2. prt。

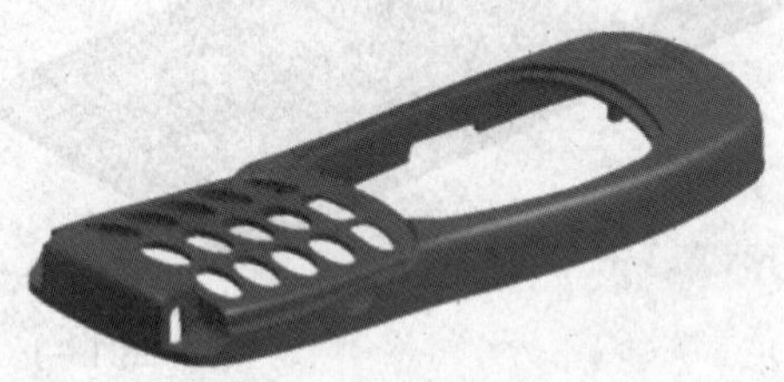

图 1—2　手机外壳模型

 相关理论

一、UG NX 8.0 界面介绍

依次选择【开始】>【程序】>【Siemens NX 8.0】>【NX 8.0】或双击桌面上的 NX 8.0 快捷图标启动程序，进入主界面，如图 1—3 所示。主界面包括应用模块、角色、定制、视图操作、全屏显示、选择、对话框、命令流、导航器、部件、模板和帮助等。

新建或打开一个文件后，系统进入基础工作界面，如图 1—4 所示。该界面是其他

各应用模块的基础平台。从图中可以看出，该界面主要由标题栏、菜单栏、工具栏、工作区、提示栏、状态栏、资源条等组成。

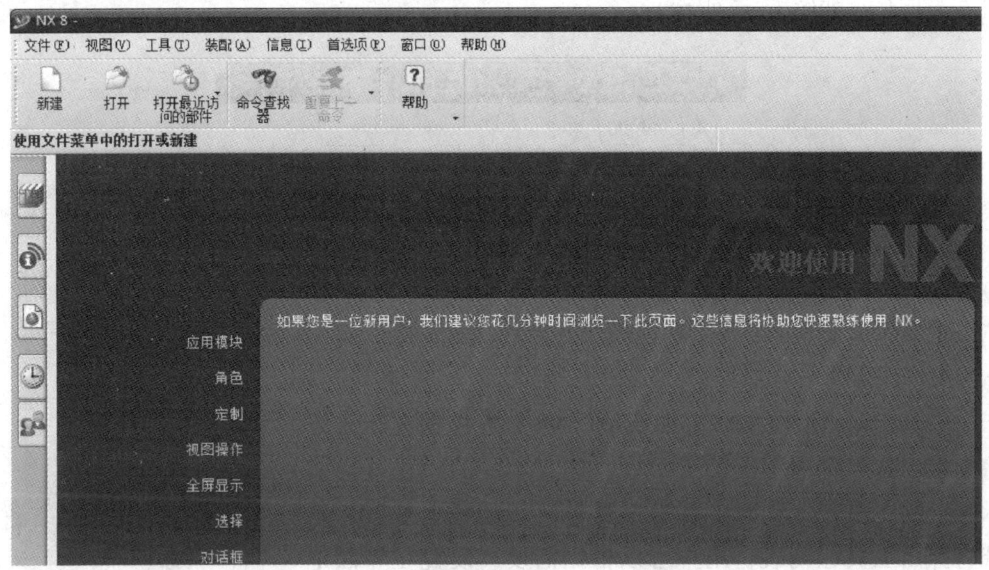

图 1—3　主界面

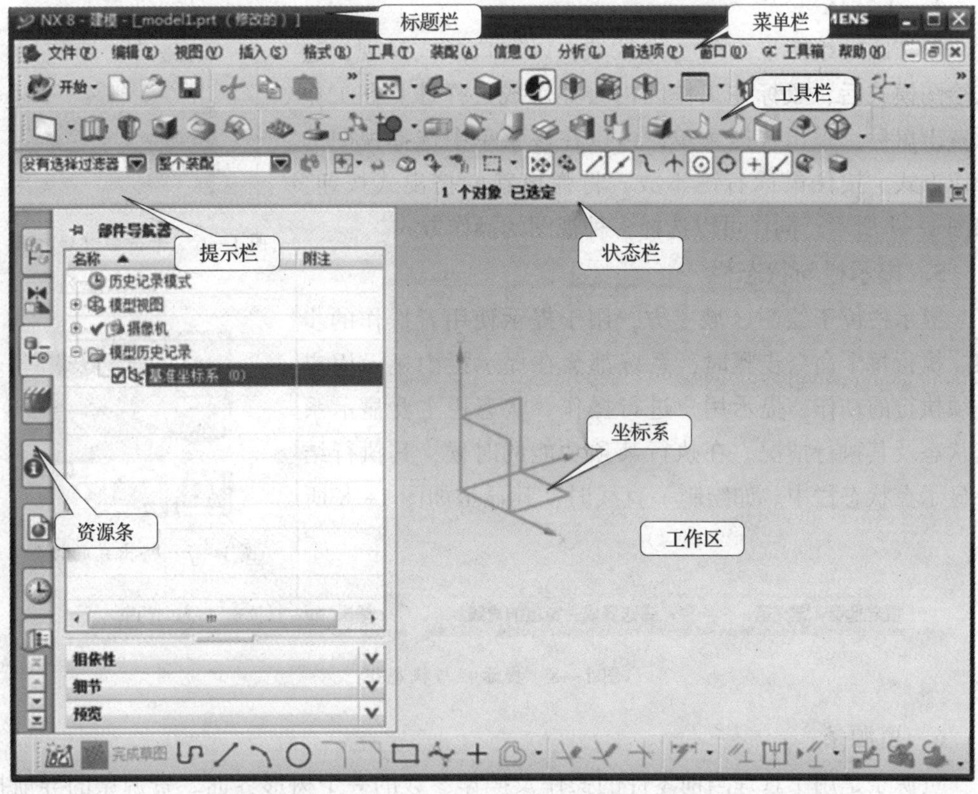

图 1—4　NX 8.0 工作界面

1. 标题栏

用来显示软件的版本以及当前使用的应用模块的名称，并显示当前打开的文件及状态等信息，如图1—5所示。

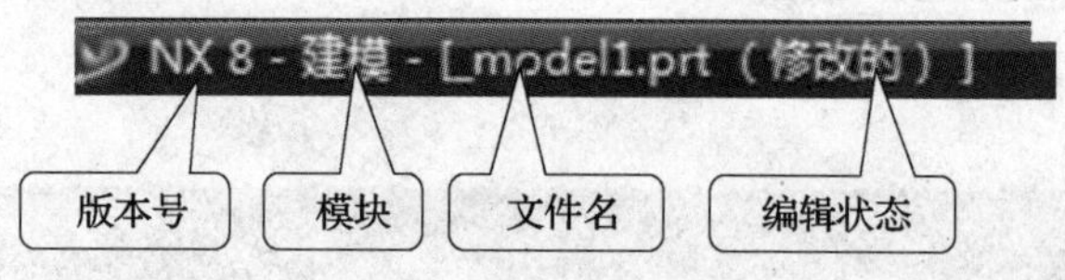

图1—5　标题栏

2. 菜单栏

主要用来调整NX各个功能模块和调用执行命令。

3. 工具栏

工具栏使得命令操作更加快捷。NX 8.0根据实际需要将常用工具组合为不同的工具栏，进入不同的模块就会显示相应的工具栏。同时，右击工具栏区域的任何位置，系统将弹出工具栏列表，用户可以根据需要，设置在界面中显示的工具栏，如图1—6所示。

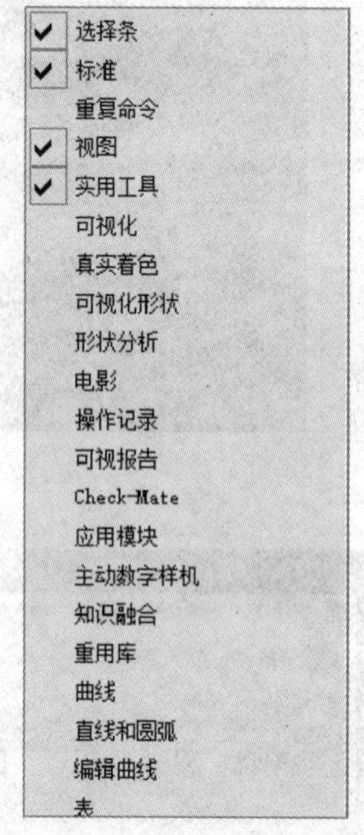

图1—6　单击右键后打开的工具栏列表

4. 工作区

工作区是绘图显示的主要区域，以窗口形式呈现，进入绘图模式后，鼠标在工作区内会显示成选择球。在工作区右击鼠标，弹出快捷菜单，可以在该菜单中选择视图的操作方式。按住鼠标右键不放，将弹出新的挤出式按钮，如图1—7所示，同样可以选择多种视图的操作方式。

图1—7　挤出式的按钮

5. 提示栏与状态栏

提示栏位于绘图区域上方，用于提示使用者操作的步骤。执行每个命令步骤时，系统都会在提示栏中显示用户必须执行的动作，提示用户进行操作。状态栏主要显示系统状态及其执行情况。在执行某项功能的时候，其执行结果显示在状态栏中。如绘制一直线时，其显示如图1—8所示。

指定起点、定义第一个约束，或选择成一角度的直线　　单击 MB2 以锁定 Y 方向约束

图1—8　提示栏与状态栏

6. 资源条

资源条是用于管理当前零件的操作及操作参数的一个树形界面。资源条的导航按钮位于屏幕的左侧（也可通过用户界面定制在右侧），如图1—9所示。

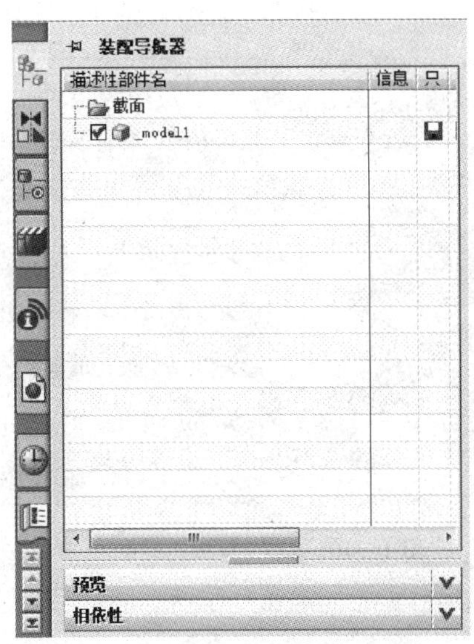

图 1—9 资源条

（1）装配导航器 ：用来显示装配特征树及其相关操作过程。

（2）部件导航器 ：用来显示零件特征树及其相关操作过程，从中可以看出零件的建模过程及其相关参数。通过特征树可以随时对零件进行编辑和修改。

（3）IE 浏览器 ：可以从 NX 8.0 中切换到 IE 浏览器。

（4）历史记录 ：记录了最近打开过的文件，在列表中单击文件名可再次快速打开它。此外，还可以通过拖动文件到工作区域的方式打开该文件。

（5）系统材料 ：系统材料中提供了很多常用的物质材料，如金属、玻璃和塑料等。拖动需要的材质到设计零件上，即可达到给零件赋予材质的目的。

7. 界面定制

NX 的工作界面会因使用环境的不同而稍有差异，同时，还可以根据用户喜好及操作习惯进行定制。

二、鼠标的使用

使用 NX 时，要选用含有 3 键功能的鼠标。在 NX 的工作环境中，鼠标的左键、中键和右键均含有特殊功能。此外，3 个按键还可以配合键盘的 Ctrl、Alt 和 Shift 键执行其他的功能，如图 1—10 所示。若能够合理运用鼠标按键与键盘按键，将有效提升操作效率。

1. 左键

鼠标左键用于选择菜单、选择几何体、拖动几何体、选择对话框中的各个设定选项等，是用得最多的按键。

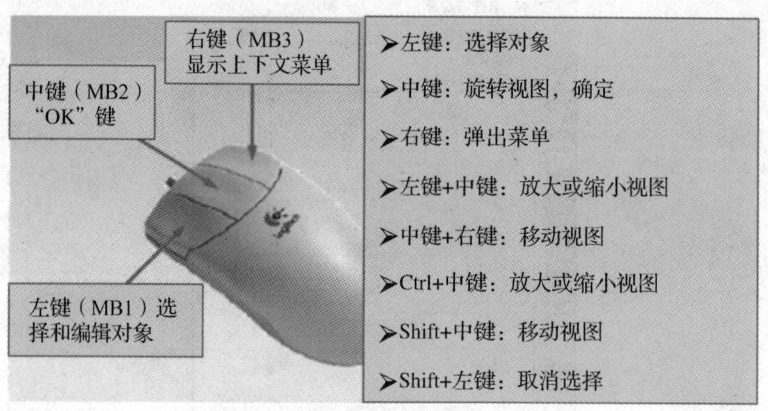

图 1—10　鼠标和功能键的使用

2. 中键

在对话框中，单击中键相当于单击对话框中的默认按钮（通常为"确定"按钮），可以提高操作速度。

在绘图区中按住鼠标中键并拖动可以旋转视图；同时按住鼠标中键和左键并拖动，可以缩放视图；同时按住鼠标中键和右键并拖动，可以平移视图。

当使用带有滚轮的鼠标时，滚动滚轮可以将图像显示范围放大或缩小。

3. 右键

单击鼠标右键，会弹出快捷菜单，菜单内容依鼠标单击对象的不同而不同。

（1）若在绘图区域的空白处，则弹出的快捷菜单如图 1—11 所示，用于定义显示窗口、视图等最常用的操作。这是在 NX 操作中最常用的功能。

（2）若在绘图区的图素上单击鼠标右键，则会弹出对象快捷菜单，如图 1—12 所示；而对各个对象进行操作时，单击鼠标右键则会弹出与所选对象相对应的内容。

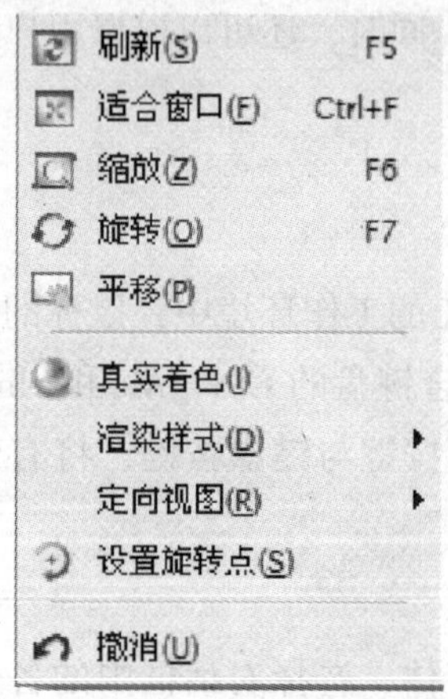

图 1—11　视图快捷菜单

图 1—12　对象快捷菜单

(3) 在工具栏上单击鼠标右键，则弹出工具栏列表，可以选择显示或隐藏指定的工具栏。

(4) 在操作导航器过程中单击鼠标右键，则弹出程序操作菜单。

三、定制工具栏

一般情况下，NX 只显示常用的工具栏，并且工具栏上也只显示常用的按钮。如果显示所有的工具栏，NX 的绘图空间将变得很小，为此需要对工具栏进行定制，具体方法如下：

1. 拖动工具栏

鼠标移动到工具栏的头部部分，按住左键可以移动工具栏，将其放置在方便操作的位置。

2. 工具栏的显示或隐藏

在工具栏上单击鼠标右键，在弹出的工具栏列表中直接进行显示或者关闭工具栏的设置。也可单击工具栏列表中的“定制”按钮，系统弹出“定制”对话框，如图 1—13 所示。“工具条”列表框中列出了所有可调用的工具栏名称，选中对应名称前的复选框（打上“√”），即可显示，反之关闭。

3. 定制工具栏命令

单击“定制”对话框中的“命令”选项卡，在“类别”列表框中选择命令类别名称，右边的“命令”列表框中将列出该类别中所有的功能图标按钮，如图 1—14 所示。选择需要的图标并拖动到当前工作界面中的工具栏上，即可在指定工具栏上添加一个工具按钮。

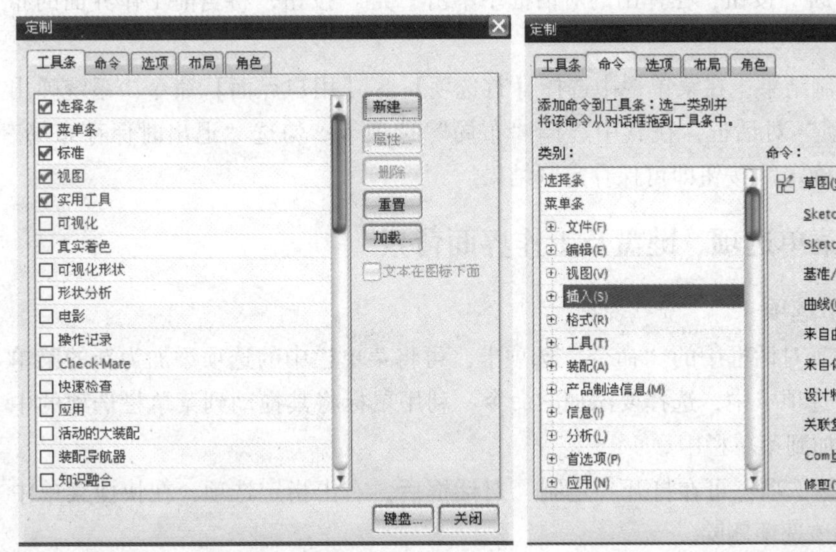

图 1—13 “定制”对话框　　　　图 1—14 “命令”选项卡

4．定制工具栏图标大小及布局

（1）设置图标大小

单击“定制”对话框中的“选项”选项卡，为使绘图区域尽可能大，并兼顾选择工具栏上图标的方便性，一般将图标大小选择为16或24，如图1—15所示。

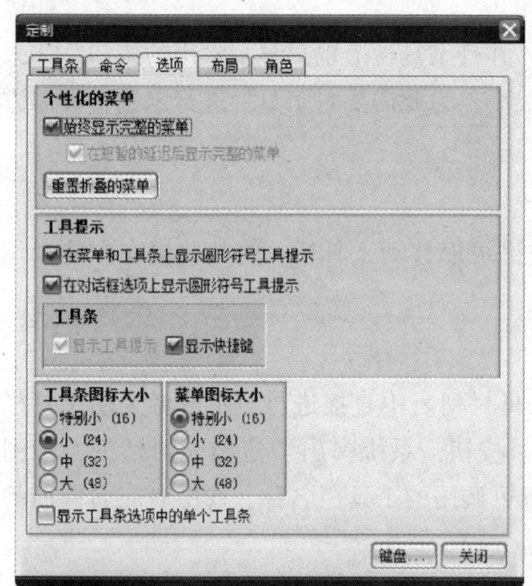

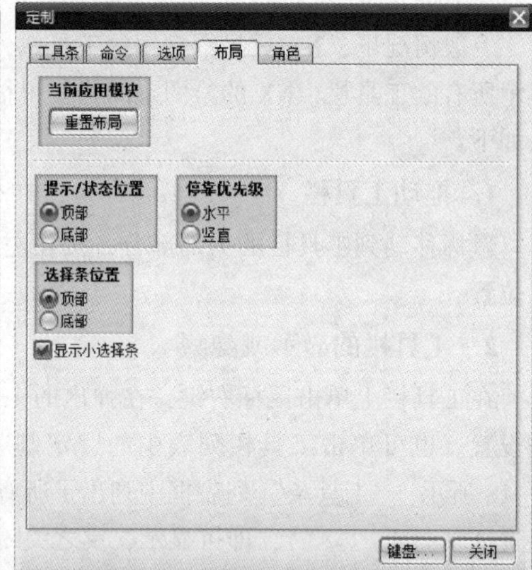

图1—15　“定制”和“布局”选项卡

（2）设置图标布局

单击“定制”对话框中的“布局”选项卡，“提示／状态位置”默认为“顶部”，“停靠优先级”默认为“水平”，“选择条位置”默认为“顶部”，如图1—15所示。可单击“重置布局”按钮，在弹出的对话框中单击“是”按钮，将当前工作界面的布局进行保存。

若想保存定制结果，在菜单栏中选择【首选项】>【用户界面】命令，系统弹出“用户界面首选项”对话框，在其中选择“布局”选项卡。勾选“退出时保存布局”复选框，单击“确定”按钮即可保存定制结果。

四、定制菜单选项、键盘及工作界面背景

1．定制菜单选项

单击“定制”对话框中的“命令”选项卡，可将菜单栏中的选项添加为新的菜单项。在“命令”选项卡中，选择要添加的命令，利用鼠标将其拖动到菜单栏选项的中间，即可将其添加到菜单栏中。

要删除菜单栏选项，可在打开“定制”对话框后，右击指定选项，在快捷菜单中选择“删除”将该选项删除。

2. 定制键盘

单击“定制”对话框下部的“键盘”按钮，系统弹出“定制键盘”对话框，如图1—16所示。

在该对话框中的“类别”列表框中选择合适的选项，则在右侧的“命令”列表框中将显示对应的命令选项。在下方的“按新的快捷键”文本框中可输入新的快捷键，在下拉列表中选择该快捷键的作用范围（全局或仅应用模块）。单击“指派”按钮，即可将快捷键赋予该选项。设置完成后，在操作过程中可直接使用快捷键执行相应操作。

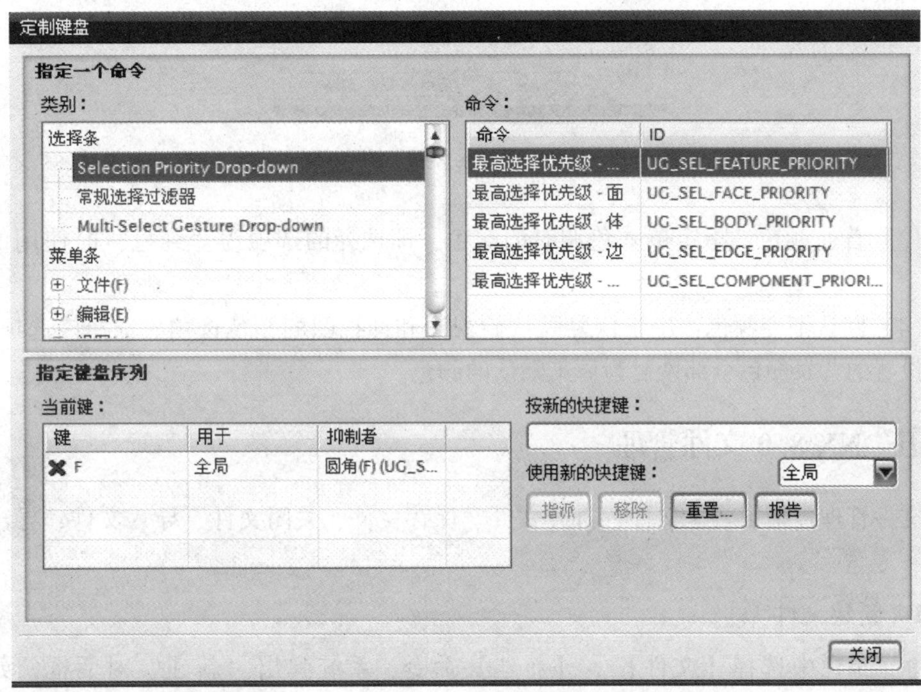

图1—16 “定制键盘”对话框

3. 定制工作界面背景

在NX 8.0中，默认的绘图区域呈深灰色，且从上到下，颜色由深逐渐变化至浅。若想改变这种视觉效果，可在菜单栏中选择【首选项】>【背景】命令，打开“编辑背景”对话框，如图1—17所示。

编辑背景对话框中有4部分选项：

（1）着色视图：着色显示实体和曲面，此模式下绘图区域有两种背景选项。

1）纯色：背景色是单一的颜色，由“普通颜色”选项来指定背景颜色。

2）渐变：需要分别指定绘图区域顶部与底部的颜色。单击两个选项对应的调色板，打开“颜色”对话框，在该对话框中指定背景颜色。

（2）线框视图：以线框形式显示实体和曲面，选项同着色视图。

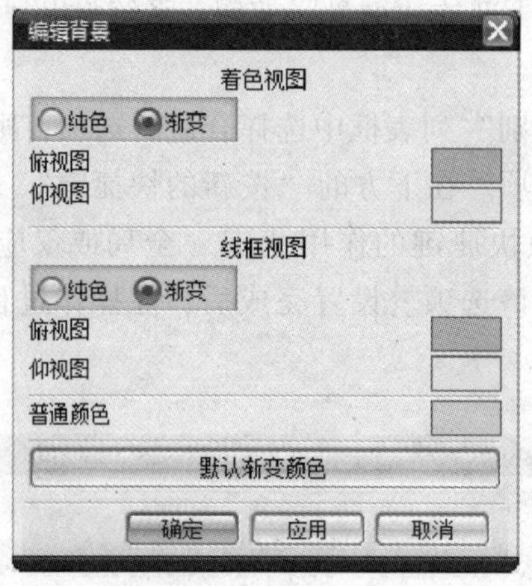

图 1—17 “编辑背景”对话框

（3）普通颜色：指定单一色调时的颜色，即选择的选项为“纯色”时使用的颜色。

（4）默认渐变颜色：用于恢复默认俯视图和仰视图的颜色选项。选择该选项后，之前设置的背景颜色全部恢复为原来默认的颜色。

五、NX 8.0 文件管理

文件管理包括了新建文件、打开文件、保存文件、关闭文件、导入文件、导出文件。

1. 新建文件

在菜单栏中选择【文件】>【新建】命令，系统弹出“新建”对话框，如图 1—18 所示。

NX 8.0 使用模板创建新文件。NX 8.0 的“新建”对话框提供了“模型”“图纸”“仿真”和“加工”等 6 种选项卡，系统在这些选项卡中提供了多种模板。

在 NX 8.0 中，不管选择哪种样式都带了基准坐标系，这更方便建模。系统的默认模板可减少手动输入操作，支持标准功能。用户可从相应的组（例如零件或者图纸）中选择模板。模板可自定义，并可自动生成默认文件名、保存位置以及在公司标准中定义的其他设置。此外，模板可自动启动相应的应用程序。

在“模型”选项卡中包含执行工程设计的各种模板，指定模板并设置名称和保存路径，单击“确定”按钮，即可进入指定模板的工作环境中。

在“图纸”选项卡中包含执行工程设计的各种图纸类型，指定图纸类型并设置名称和保存路径，选择要创建的部件，即可进入指定的工作环境中，如图 1—19 所示。

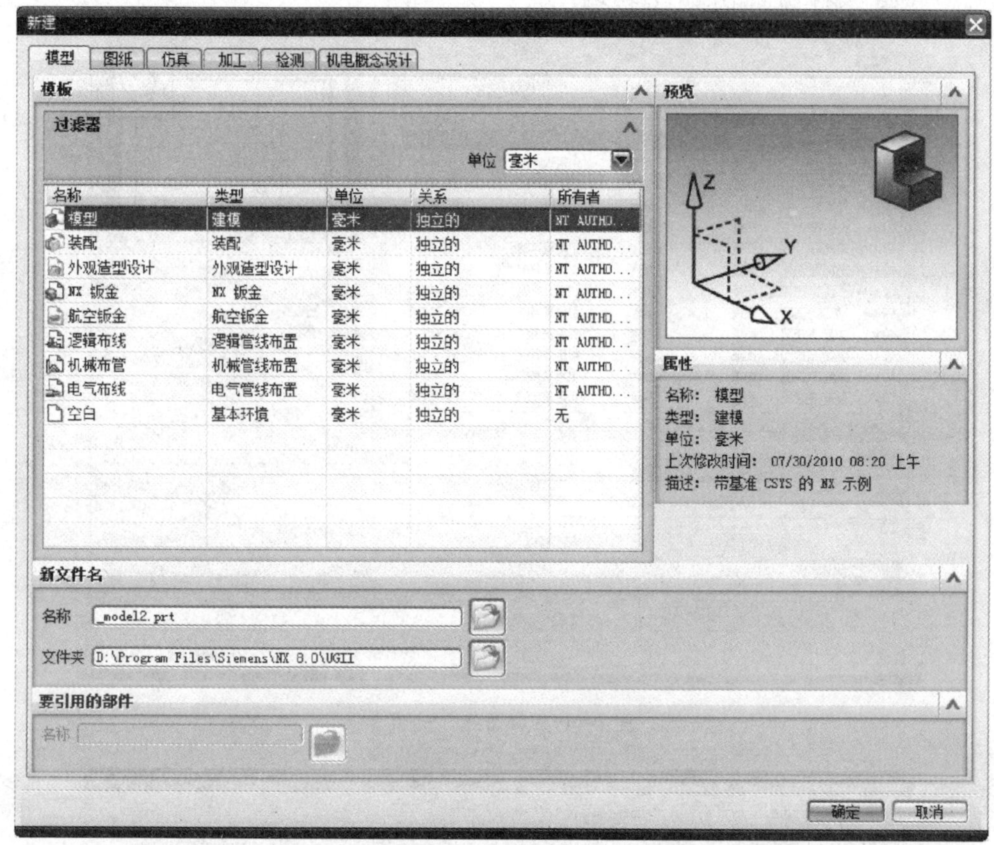

图 1—18 “新建”对话框

在“仿真”选项卡中包含仿真操作和分析的各个模板，从而进行指定零件的热力学分析和运动分析等，指定模板即可进入指定模板的工作环境中，如图 1—20 所示。

在“加工”选项卡中包含加工操作和分析的各个模板，可指定零件的数控加工等，即可进入指定模板的工作环境中，如图 1—21 所示。

2. 保存文件

对所设计的内容进行保存时，有 3 种保存方式。

（1）直接保存

在菜单栏中选择【文件】>【保存】命令，或者单击标准工具栏中的“保存”按钮，即可将文件保存到原来的目录。

（2）文件另存

如果需要将当前图形保存为另一个文件，可选择【文件】>【另存为】命令，打开“部分文件另存为”对话框。在“文件名”文本框中输入保存的名称，然后单击“确定”按钮即可。

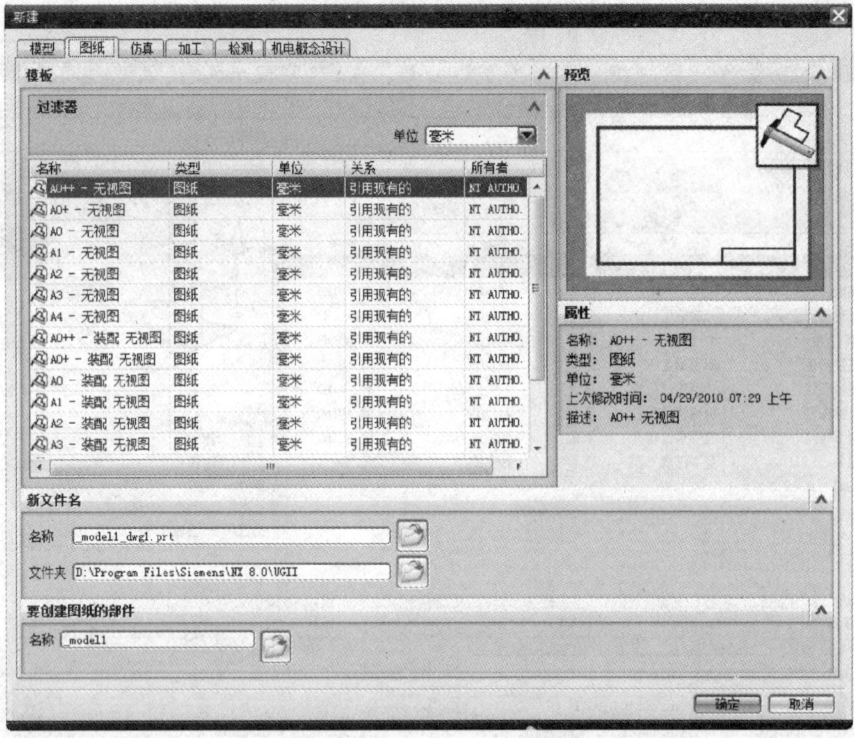

图 1—19 “图纸”选项卡

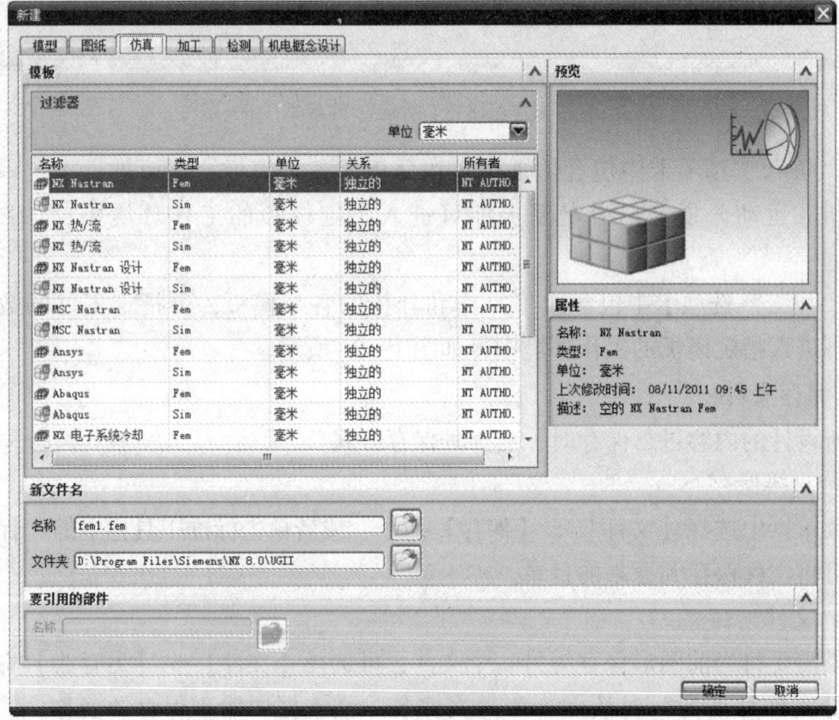

图 1—20 “仿真”选项卡

图 1—21 “加工”选项卡

如果需要保存为其他类型，则可以在对话框中的“保存类型”下拉列表中选择保存类型，单击“OK”按钮即可。

（3）更改保存方式

如果需要更改保存的方式，可选择【文件】>【选项】>【保存选项】命令，打开“保存选项”对话框，如图 1—22 所示。

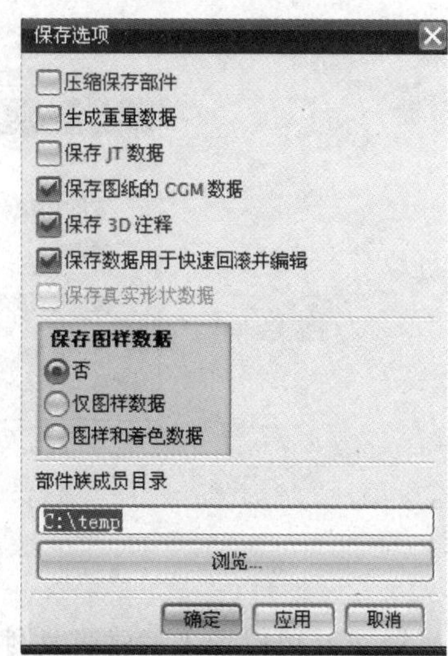

图 1—22 “保存选项”对话框

利用该对话框即可对保存方式进行设置和修改。对话框中部分选项的含义如下所述。

1）压缩保存部件：选择该复选框时，将对图形文件进行数据压缩。

2）生成重量数据：选择该复选框时，将对重量和其他特征进行更新。

3）保存 JT 数据：选择该复选框时，将图形数据与 Teamcenter 可见数据集成。

4）保存图纸的 CGM 数据：选择该复选框时，同时保存图纸的 CGM 格式数据。

5）保存图样数据：该选项组中有“否”“仅图样数据”“图样和着色数据”3 个单选按钮。

6）部件族成员目录：该文本框中指明文件存放路径。单击“浏览”按钮，可改变路径。

3. 导入/导出文件

为了便于用户使用软件，通常使用的 CAD/CAE/CAM 软件都具有与其他软件交换数据的功能。同样 NX 8.0 除了能够进行工程设计外，还可以导入/导出模型数据，与其他软件实现资源共享。

（1）导入文件

当数据文件由其他工业设计软件系统建立时，它与 NX 系统的数据格式不一致，直接利用 NX 系统无法打开此类数据文件。文件导入功能使 NX 具备了与其他工业设计软件进行交互的途径。要执行导入文件操作，可在菜单栏中选择【文件】 >【导入】命令，弹出“导入”子菜单，如图 1—23 所示。在该子菜单中显示了可以导入的文件类型。

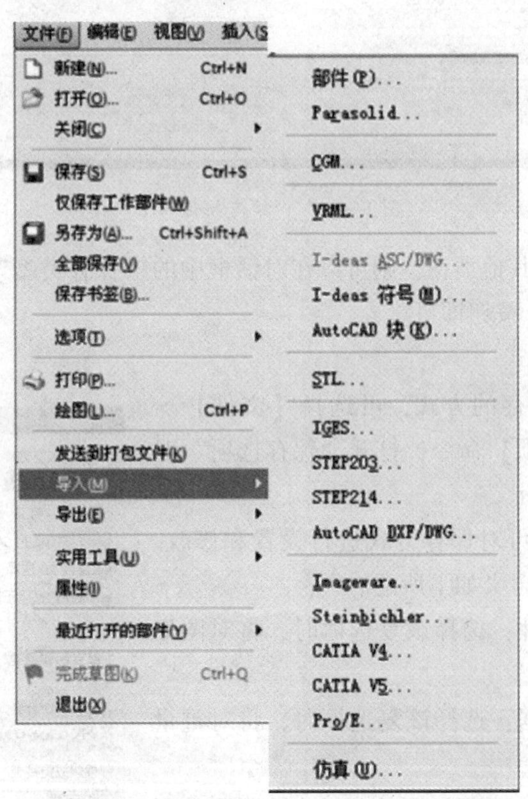

图 1—23　导入文件

NX 8.0 可以导入的常见文件格式有部件（NX 文件）、Parasolid（SolidWork 文件）、IGES（Initial Graphics Exchange Specification）、DXF/DWG（AutoCAD 文件）、CATIA 和

Pro/E 等。

（2）导出文件

导出文件与导入文件功能相似，NX 8.0 可将现有模型导出为 NX 8.0 支持的其他类型的文件，如 CGM、STL、DXF/DWG 和 CATIA 等，还可以直接导出为图片格式。

要执行导出操作，可选择【文件】>【导出】命令，打开“导出”子菜单，如图 1—24 所示。在该子菜单中显示了支持导出的文件类型。

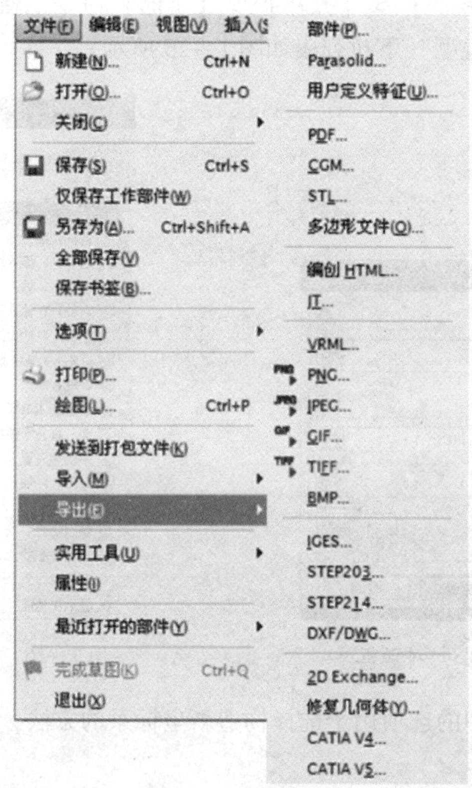

图 1—24 导出文件

六、NX 8.0 基本工具

1. 坐标系

坐标系主要用于确定特征或者对象的方位，它在三维实体建模中起着非常重要的作用。

NX 8.0 一般可以在一个文件中使用多个坐标系，但是与用户直接相关的只有两个，一个是绝对坐标（Absolute Coordinate System，ACS），另一个是工作坐标系（Work Coordinate System，WCS），它们都遵守右手螺旋法则。

绝对坐标系（ACS）是系统默认的坐标系。ACS 在图形文件未建立的时候就存在，而且在使用过程中，其原点位置和各坐标轴的方向不变，从而使所建立的实体在图形

文件中以及各实体相对之间的坐标是固定且唯一的。

工作坐标系（WCS）是用户坐标系。用户在使用的时候可以选择已存在的坐标系，也可以规定新的坐标系。工作坐标系是可以移动和旋转的，这样可方便用户建模。

(1) 坐标系构造器

利用该工具可以在创建图样的过程中根据需要创建或平移坐标系。通过新建坐标系可以在原有的实体模型上创建新的实体。

在菜单栏中选择【视图】>【操作】>【定向】命令，弹出 CSYS 对话框，如图 1—25 所示。其中的“类型”下拉列表如图 1—26 所示。

图 1—25　“CSYS”对话框

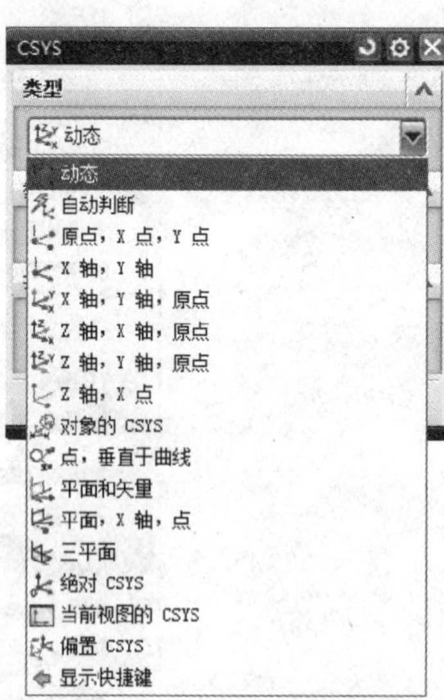

图 1—26　“类型”下拉列表

“类型”下拉列表中的选项用于选择构造新坐标系的方法，各选项含义如下所述。

1）动态

使用该工具可以对现有的坐标系进行任意移动和旋转。单击该按钮后，图中现有的坐标系将处于激活状态。此时可以通过在“点构造器”指定点或在“控制器”文本框中输入具体坐标值的方法进行坐标系的重置。有 3 种方法可以进行坐标系的动态操作。

①任意移动：当选取坐标系方块手柄并进行拖动时，可以任意移动坐标系到所指定目标点位置。或直接在图中指定点并按回车键，此时坐标系将直接移动到该点。

②极轴方向移动：将光标移动至坐标系中任一极轴处的圆锥形手柄处并单击选取，此时沿所取极轴方向拖动光标，或直接输入要移动的距离按回车键，坐标系将移动到指定位置。

③坐标系旋转：该操作可使坐标系以与所选平面相垂直的极轴为旋转轴，在所选平面内按指定角度进行旋转。将光标移至坐标系任一平面上的球形移动手柄处并单击选取该手柄，此时可拖动光标或在“角度”文本框中输入旋转角度并按回车键，即可

完成坐标系的旋转。

2）自动判断

根据选择对象构造属性，系统智能地筛选可能的构造方式。当达到坐标系构造的唯一性要求时，系统将自动产生一个新的坐标系。利用该方式产生的坐标系有一定的不确定性，因此，一般情况下不推荐使用该方法进行坐标系的创建。

3）原点，*X* 点，*Y* 点

该方法利用“点”对话框先后在视图区中确定 3 个点来定义一个坐标系。第一点为原点，第一点指向第二点的方向为 *X* 轴的正方向，从第二点到第三点的方向为 *Y* 轴的正方向，从第二点到第三点按右手定则来确定 *Z* 轴正方向。

4）*X* 轴，*Y* 轴

利用“矢量”对话框构造两个矢量来定义一个坐标系。第一矢量与第二矢量的交点为坐标系原点，*XOY* 平面为所构造两矢量的所在平面，*X* 轴正向为第一矢量方向，从第一矢量至第二矢量按右手定则来确定 *Y* 轴的正方向。

5）*X* 轴，*Y* 轴，原点

该方法先利用“矢量”对话框先后获取两个矢量方向，再利用“点”对话框获取一点作为坐标系原点，从而定义一个坐标系。坐标系 *X* 轴的正向平行于第一矢量，*XOY* 平面平行于第一矢量和第二矢量，*Z* 轴正方向由从第一矢量在 *XOY* 平面上的投影仪矢量至第二矢量在 *XOY* 平面上的投影矢量按右手定则确定。

“*Z* 轴，*X* 轴，原点”“*Z* 轴，*Y* 轴，原点”用法与上类似。

6）*Z* 轴，*X* 点

利用“矢量构造器”和“点构造器”分别构造一个矢量和一个点，从而定义一个坐标系。坐标系 *Z* 轴的正方向为构造的矢量方向，*X* 轴的正方向为沿构造点和构造矢量的垂线指向构造点的方向，坐标系原点为垂足点，*Y* 轴正方向由从 *Z* 轴到 *X* 轴矢量按右手定则确定。

7）对象的 CSYS

该方法可以通过直接在图中选取一个对象，将该对象自身的坐标系定义为当前的工作坐标系。该方法在进行复杂形体建模时很实用，可以保证快速、准确地定义坐标系。

8）点，垂直于曲线

该方法可以通过直接在图中选取现有的曲线和利用“点”对话框选择或新建点，进行坐标系定义。所选取的曲线方向为 *Z* 轴方向，点所在的轴为 *X* 轴，根据右手定则得到 *Z* 轴方向。

9）平面和矢量

该方法通过选择一个平面和构造一个通过该平面的矢量来定义一个坐标系。*X* 轴正方向为平面的法向，*Y* 轴为构造矢量在平面上的投影，原点为构造矢量与平面的交点。

10）平面，X 轴，点

该方法通过选择一个平面和指定该平面上的 X 轴以及原点来定义一个坐标系。

11）三平面

该方法通过指定的 3 个平面来定义一个坐标系。第一个面的法向为 X 轴，第一个面与第二个面的交线方向为 Z 轴，3 个平面的交点为坐标系原点。

12）绝对 CSYS

利用该方法可以在绝对坐标（0，0，0）处，定义一个新的工作坐标系。

13）当前视图的 CSYS

该方法可以利用当前视图的方位定义一个新的工作坐标系。XOY 平面为当前视图所在平面，X 轴为水平方向向右，Y 轴为竖直方向向上，Z 轴为视图的法向向外的方向。

14）偏置 CSYS

该方法通过输入 X、Y、Z 坐标轴方向相当于通过圆坐标系的偏置距离和旋转角度来定义一个新的坐标系。这种方法与上面介绍的“动态”相似，不同之处是，它可以选择任何一个工作坐标系，而“动态”只能选择当前的工作坐标系或绝对坐标系。

（2）坐标系的操作

在创建模型的各个部分的过程中，经常要对坐标系进行原点位置的平移变换、坐标系的旋转变换以及坐标系中各极轴的变换。有时为了显示模型效果或制作过程，需要隐藏、显示坐标系或者保存每次建模的工作坐标系。

在 NX 8.0 中，操作坐标系的工具主要集中菜单栏【文件】>【WCS】命令中，如图 1—27 所示，下面将介绍该工具栏中的工具。

图 1—27　操作坐标系的工具

1）显示

它的作用是显示或隐藏当前的 WCS 坐标。单击该按钮后，如果系统中的坐标系处于显示状态，则转换为隐藏状态；如果已经处于隐藏状态，则执行该选项后，显示当前的工作坐标系。

2）动态

它的使用方法和作用与前面所介绍的“动态”工具基本相同，不同之处是，利用该工具使用拖动球形手柄的方法进行坐标系的旋转操作时，旋转角度为 45°的整倍数，而“动态”工具是以 5°的整倍数转动的。

3）原点

该命令通过定义当前工作坐标系的原点来移动坐标系的位置，并且移动后的坐标系不改变各坐标轴的方向。单击该按钮，将打开“点”对话框，单击该对话框中的“点位置”按钮，在视图中直接选取一点作为新坐标的原点位置，或通过在“坐标”面板上的各种坐标文本框中输入具体数值的方法进行坐标原点的定位。

4）旋转

该命令通过将当前的 WCS 绕其某一旋转轴旋转一定的角度来定义一个新的 WCS。单击该按钮，将打开“旋转 WCS”对话框，在该对话框中可以单击选取所需的旋转轴，同时指定坐标系的旋转方向，在“角度”文本框中可以输入需要旋转的角度，最后单击“确定”按钮即可完成旋转操作。

5）定向

该命令可以通过指定 3 点的方式，将视图的 WCS 定位到新的坐标系。具体操作方法同前面介绍的“原点，*X* 点，*Y* 点”的方法相同，在这里就不再重复了。

6）WCS 设置为绝对

利用该工具可以将 WCS 移动至绝对坐标系的位置。

7）更改 *XC* 方向、更改 *YC* 方向

这两个工具的作用是通过改变坐标系中 *X* 轴或 *Y* 轴的位置，重新定位 WCS 的方位。单击按钮后系统弹出“点构造器”对话框，在该对话框中选择一个对象特征点，系统将以原坐标点和该点在 *XC* – *YC* 平面内的投影点的连线，作为新坐标系的 *XC* 方向或 *YC* 方向，而原坐标系的 *ZC* 轴的方向保持不变。

8）保存

在很多复杂的平移或旋转变换后创建的坐标系都要及时保存，这样，保存后的坐标系不但区分于原来的坐标系，保存后的坐标系将由原来的 *XC* 轴、*YC* 轴变成对应的 *X* 轴、*Y* 轴和 *Z* 轴。

2. 点构造器

该工具的作用是在实际的操作中根据需要捕捉已存在的点或创建新点。例如，指定直线的起点和终点、指定圆柱底面的圆心以及通过点定义矢量方向等，都需要使用该工具创建新点位置。

在建模环境下在菜单栏中选择【信息】>【点】命令，系统将弹出“点”对话框，如图 1—28 所示。利用该对话框，可以利用智能捕捉方式和坐标输入方式指定点位置，同时还可以设置适用的坐标系以及点的偏置。

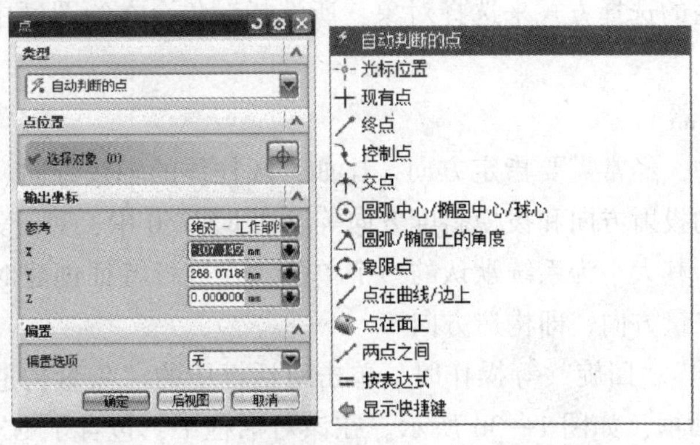

图 1—28 “点”对话框及“类型”下拉列表

（1）智能捕捉方式

该方式是利用点的智能捕捉功能自动捕捉对象上的现有点，如终点、交点和象限点等。或者根据需要创建新的点，如光标位置、现有点等，其捕捉和创建点的类型主要通过在“类型”下拉列表中选择，其选项含义如下所述。

1）自动判断的点：根据光标所在位置，系统自动捕捉对象上现有的关键点。

2）光标位置：在光标所在位置单击鼠标左键创建点。

3）现有点：在某个已存在的点上创建新的点，或通过某个已存在点来规定新点的位置。

4）终点：在鼠标选择的特征上所选的终点处创建点。

5）控制点：以所有存在的直线的中点或者端点，二次曲线的端点，圆弧的中点、端点和圆心或者样条曲线的端点为基点，创建新的点或指定新点的位置。

6）交点：以曲线与曲线或者线与面的交点为基点，创建一个点或指定新点的位置。

7）圆弧中心/椭圆中心/球中心：在所选的圆弧、椭圆或者球的中心处创建点。

8）圆弧/椭圆上的角度：在与坐标轴 XC 正向成一定角度的圆弧或椭圆弧上构造一个点或指定新点的位置。

（2）坐标输入方式

该方法通过输入点在坐标系中的具体位置的数值进行点的创建。其主要是利用“坐标”面板进行点的参数设置。在“坐标”面板中，“相对于 WCS”和“绝对”单选按钮用于选择坐标系的类型，通过 3 个坐标文本框显示所选点的坐标或输入数值构造新的点。

3. 类选择器

在建模过程中，尤其是在对复杂模型的操作中，有时很难用鼠标直接选取操作对象。为此，NX 提供了类选择器。利用该工具可以限制各种对象类型和设置过滤器方法来快速、准确地选取复杂模型中的操作对象。

在菜单栏中选择【信息】>【对象】命令，系统弹出“类选择”对话框，如图 1—29 所示。在对话框中，可以根据具体需要，通过 5 种过滤器来限制选择对象的范围，然后通过合适的选择方式来选择对象，所选择对象会在绘图区中以高亮度的方式显示。

4. 矢量构造器

在建模过程中，经常需要指定方向。比如，圆柱体的轴线方向、拉伸特征的生成方向、曲线投影的投射方向和拔模斜度方向等。在 NX 8.0 中，对于矢量的确定只需要设置矢量的方向，其大小为系统默认的一个单位。在进行特征创建时，矢量构造器用于确定该特征的矢量方向，即构造方向。

当进行“拉伸”“回旋”等操作时，单击对话框中的“矢量构造器”按钮，系统弹出“矢量”对话框，如图 1—30 所示。在该对话框中，包含了 NX 8.0 中用于确定矢量方向的全部选项。

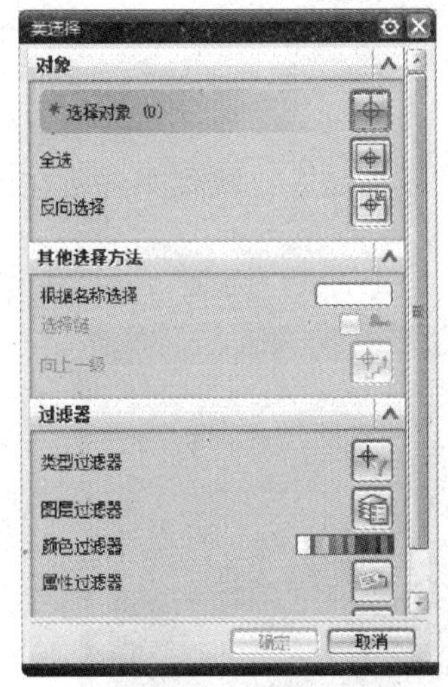

图 1—29 “类选择”对话框

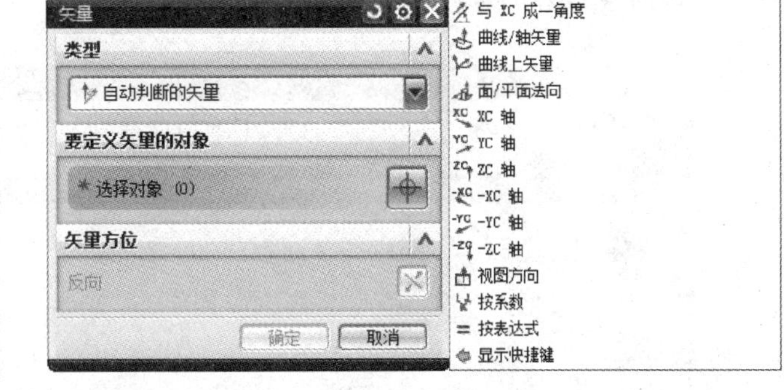

图 1—30 “矢量”对话框及“类型”下拉列表

（1）自动判断的矢量是系统根据选取对象的类型和选取的位置自动确定矢量。

（2）两点：通过两个点构成的一个矢量。矢量的方向是从第一点指向第二点。这两个点可以通过被激活的“通过点”面板中的“点构造器”或“自动判断的点”工具进行确定。

（3）与 *XC* 成一角度：用以确定在 *XC* – *YC* 平面内与 *XC* 轴成指定角度的矢量。该角度可以通过激活的“角度”文本框进行设置。

（4）曲线/轴矢量：根据现有的对象确定矢量的方向。如果对象为直线或曲线，矢量方向将从一个端点指向另一个端点。如果对象为圆或圆弧，则矢量方向为通过圆心的圆或圆弧所在平面的法向方向。

（5）曲线上矢量：用以确定曲线上任意指定点的切向矢量、法向矢量和面法向矢量的方向。

（6）面/平面法向：以平面的法向或者圆柱面的轴向构成矢量。

（7）*XC* 轴：以 *XC* 轴的正方向构成矢量。– *XC* 轴：则以 *XC* 轴的负方向构成矢量。

（8）*YC* 轴：以 *YC* 轴的正方向构成矢量。– *YC* 轴：则以 *YC* 轴的负方向构成矢量。

（9）*ZC* 轴：以 *ZC* 轴的正方向构成矢量。– *ZC* 轴：则以 *ZC* 轴的负方向构成矢量。

（10）按系数：该选项可以通过“笛卡尔”和“球坐标系”两种类型设置矢量的分量，确定矢量方向等。

任务实施

1. 打开模型文件并编辑背景

启动 NX 8.0 程序，在菜单栏中选择【文件】>【打开】命令，找到文件所在路径，双击需要打开的文件，如图 1—31 所示。

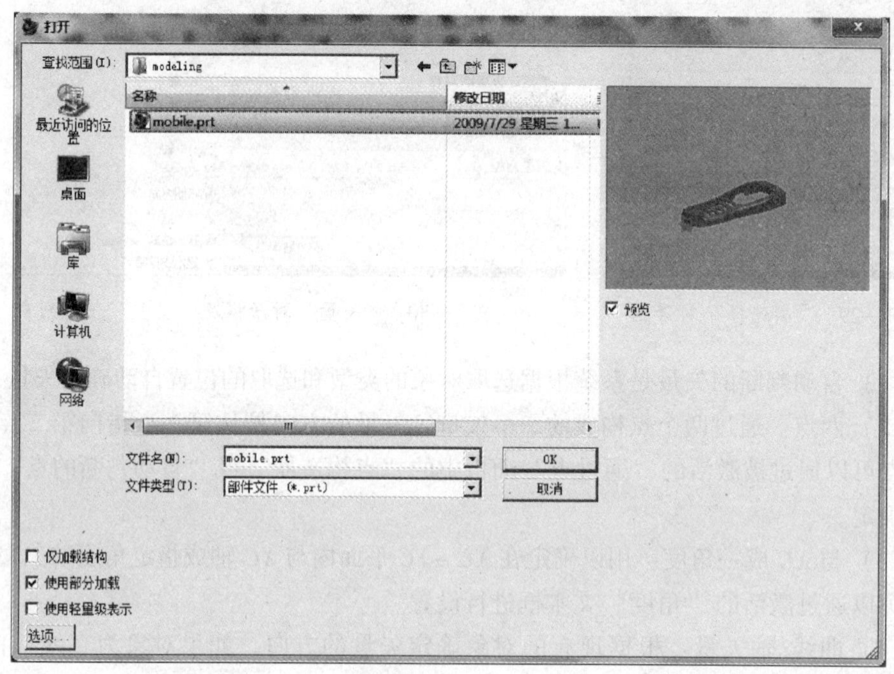

图 1—31 “打开”对话框

在菜单栏中选择【首选项】>【背景】命令，打开“编辑背景”对话框，如图 1—32 所示，在着色视图和线框视图中选择“普通”按钮，将“普通颜色”改为白色，如图 1—33 所示。

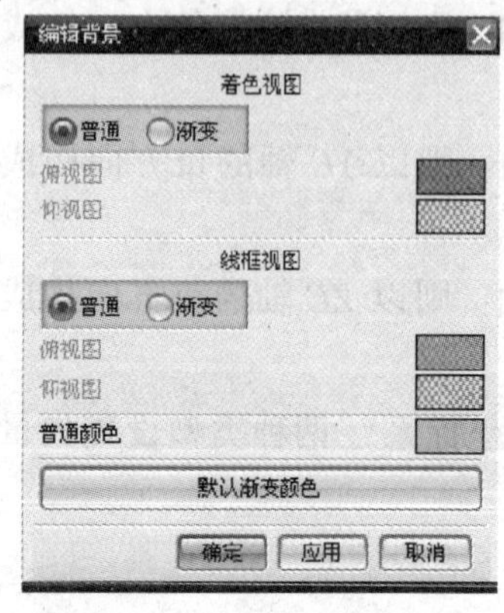

图 1—32 “编辑背景”对话框

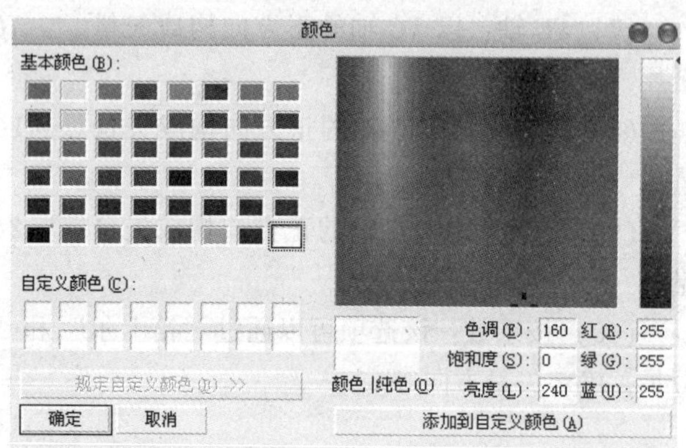

图 1—33 “背景颜色”对话框

2. 更改模型颜色

在菜单栏中选择【编辑 >【对象显示】命令，弹出“类选择”对话框，如图1—34所示。框选整个模型为“选择对象”，单击“确定”按钮，弹出“编辑对象显示”对话框，如图1—35所示。单击颜色按钮，弹出“颜色”对话框，在收藏夹中选择“Yellow”，确认后如图1—36所示。

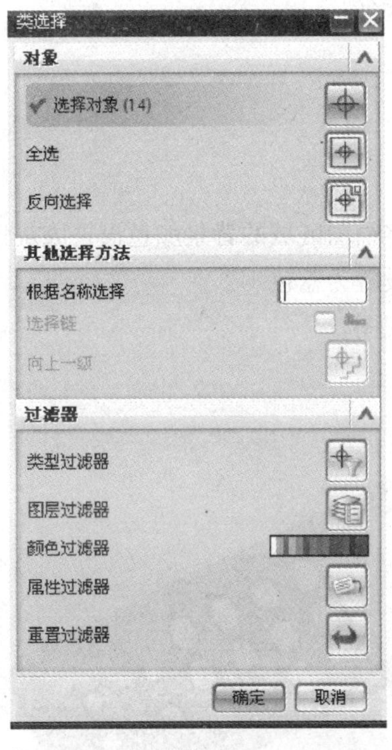

图1—34 “类选择”对话框

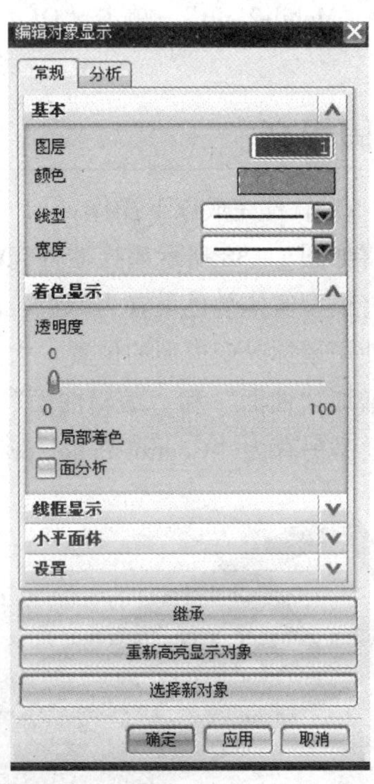

图1—35 “编辑对象显示”对话框

图1—36 “颜色”对话框

3. 改变模型的大小以及翻转模型

滚动鼠标中键即可放大或者缩小，按住鼠标中键移动即可翻转模型。

4. 增加“曲线”和“编辑曲线”工具栏

在工具栏上单击鼠标右键，在弹出的工具栏选项中勾选“曲线”和“编辑曲线”工具栏，如图 1—37 所示。

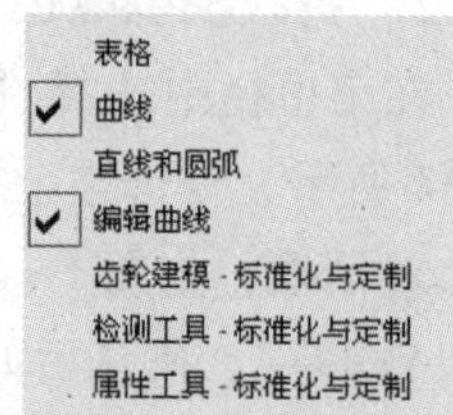

图 1—37　选择工具栏

5. 模型另存为 Mobile2. prt

在菜单栏中选择【文件】>【另存为】命令，更改模型文件名为“Mobile2. prt”，单击“OK”，完成文件保存。

 巩固提高

通过 NX 软件完成以下操作：

1. 将如图 1—38 所示遥控器外壳模型打开，将绘图区域的背景颜色设置成灰色。
2. 将模型实体颜色设置为绿色，内表面颜色设置为蓝色。
3. 使用鼠标改变模型的位置、大小以及旋转视图。
4. 增加“曲面”和“编辑曲面”工具栏。
5. 模型另存为“Control Panel. prt”。

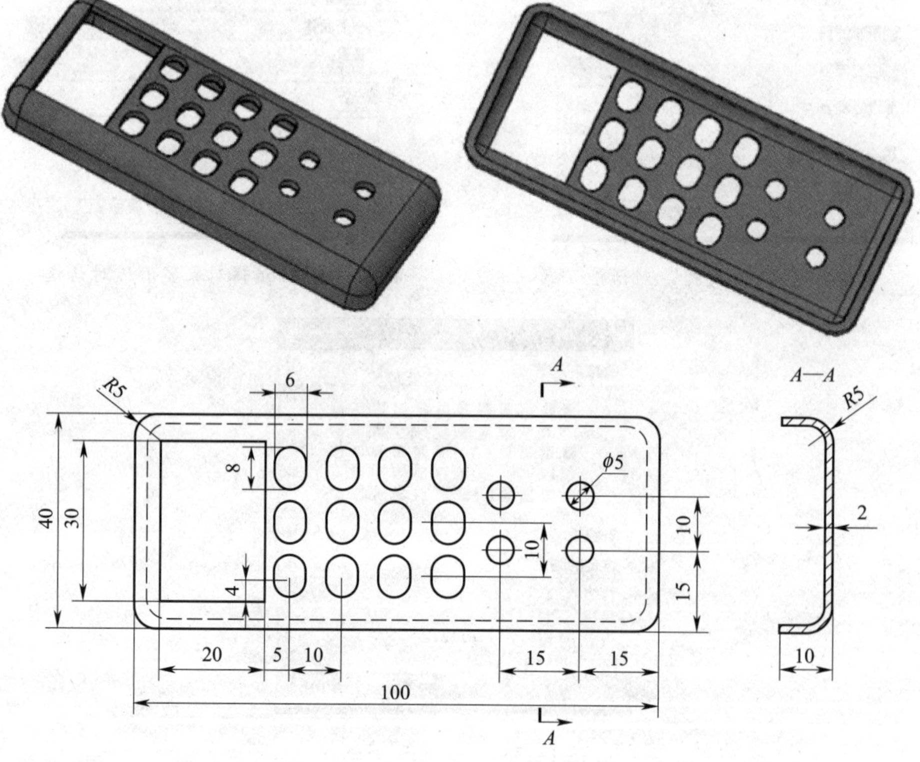

图 1—38　遥控器外壳模型

任务二　曲线绘制与编辑

学习目标

1. 能完成常用曲线的绘制。
2. 能完成常用曲线的编辑。

工作任务

通过 NX 建模模块的曲线功能，完成图 1—1 所示冷冲垫片产品曲线的绘制。

相关理论

曲　线

一般曲线功能分成两大部分：曲线生成和曲线编辑。本任务主要介绍建立曲线、编辑曲线等相关内容，通过曲线的拉伸、旋转等操作来构造实体，也可以用曲线来进行复杂实体造型，或者作为建模的辅助线。曲线工具栏如图 1—39 所示，编辑曲线工具栏如图 1—40 所示。

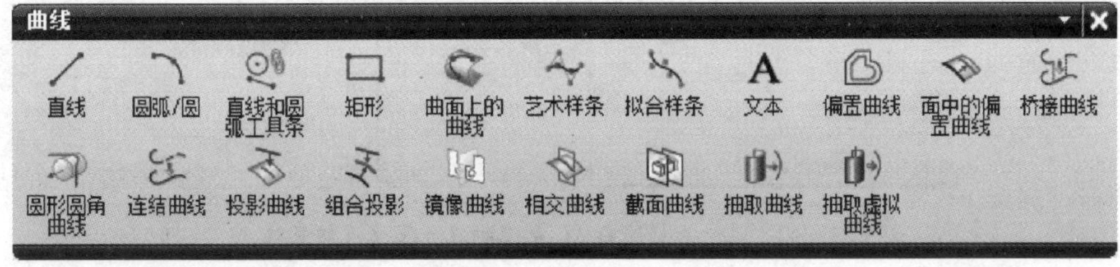

图 1—39　曲线工具栏

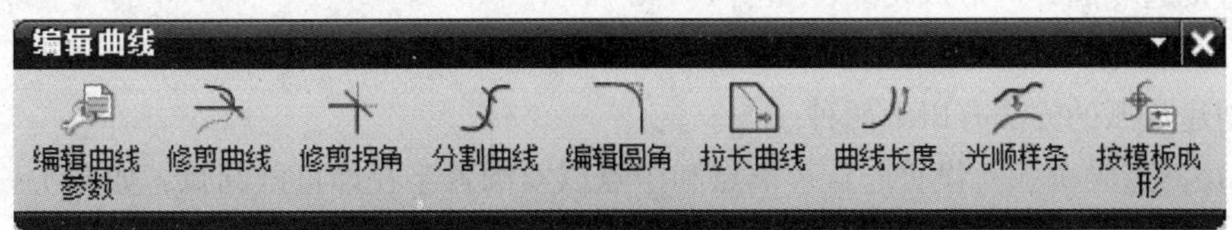

图 1—40　编辑曲线工具栏

1．创建基本曲线

（1）创建直线

单击曲线工具栏中的 ⁄ 按钮，在窗口下方打开如图1—41所示的“直线”对话框，在这个对话框中可设置直线的起点、终点或方向。创建直线的方法很多，下面介绍几种常用的方法。

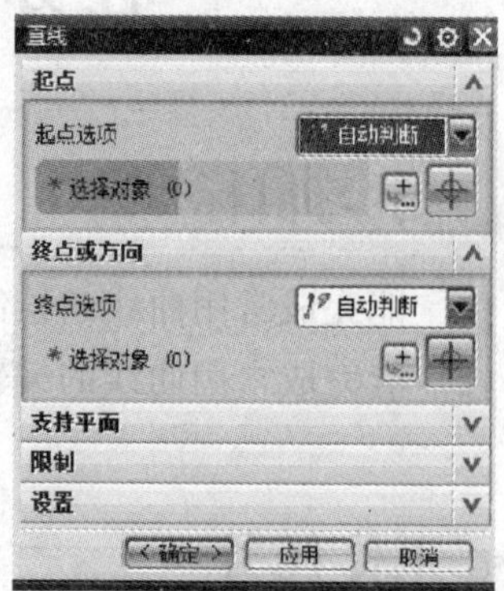

图1—41 “直线”对话框

1）过两点建立直线。过两点建立直线可以直接在屏幕上定义两点，通过这两个点来建立直线，或者是在“点”对话框中输入*XC*、*YC*、*ZC*坐标值来设定直线的起点和终点。

2）过一点创建与*XC*基准轴成一定角度的直线。首先定义起始点，然后选择*X*轴，在工具栏的斜角和长度文本框中输入角度值及直线的长度，即可建立一条与*XC*轴成一定角度的直线。这里的角度是按照逆时针方向与直线*XC*轴的夹角。如图1—42所示为绘制一条长度为100，与*XC*轴夹角为30°的直线。

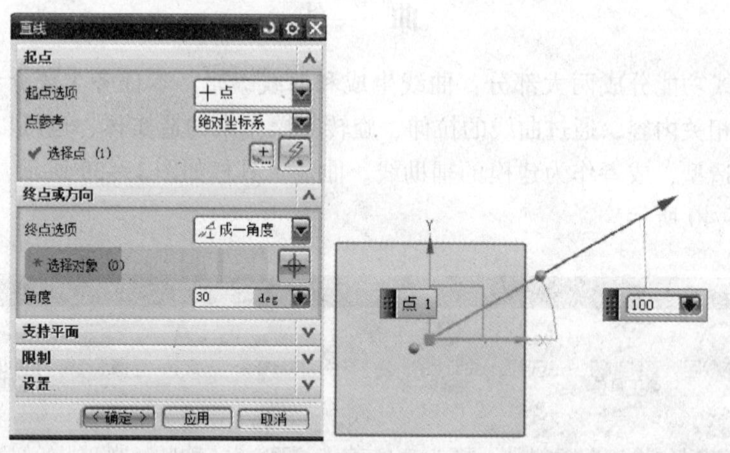

图1—42 过一点创建与*XC*基准轴成一定角度的直线

3）过一点与圆弧相切的直线。首先选择起始点，然后选择终点选项中的相切命令，直接选取圆即可形成切线，如图1—43所示。

（2）创建圆弧

创建圆弧的方法有以下两种。

1）三点画圆弧。设置起点、端点和中点以及圆弧半径即可画圆弧，如图1—44所示。

2）从中心开始的圆弧/圆。设置圆心位置，确定通过点、半径以及圆弧角度即可画圆弧，如图1—45所示。

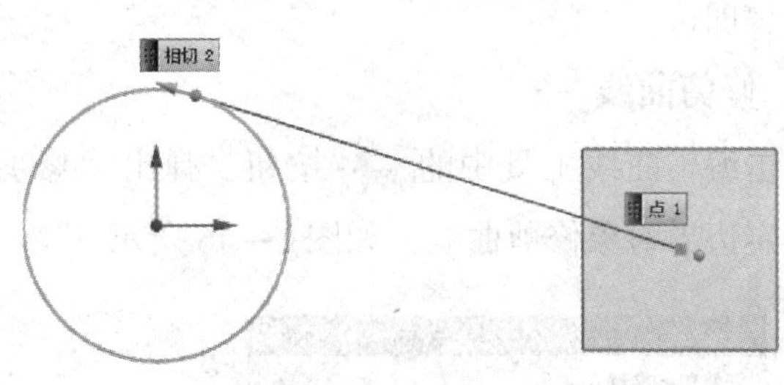

图 1—43 过一点与圆弧相切的直线

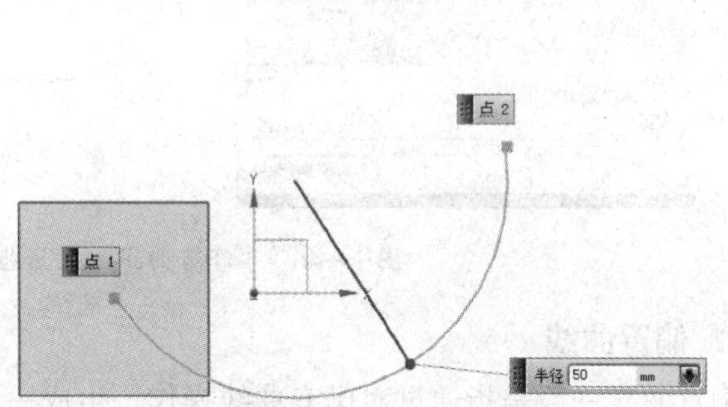

图 1—44 “三点画圆弧”对话框及实例

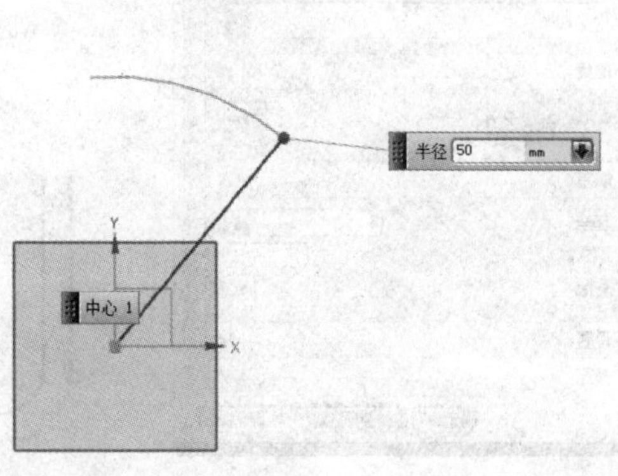

图 1—45 “从中心开始的圆弧”对话框及实例

（3）创建矩形

单击曲线工具栏中的 按钮，系统会打开“点”对话框，在该对话框中确定矩形点位置即可。

2. 修剪曲线

单击编辑曲线工具中的 按钮，弹出“修剪曲线”对话框。选择要修剪的曲线，指定边界对象修剪曲线，如图1—46所示。

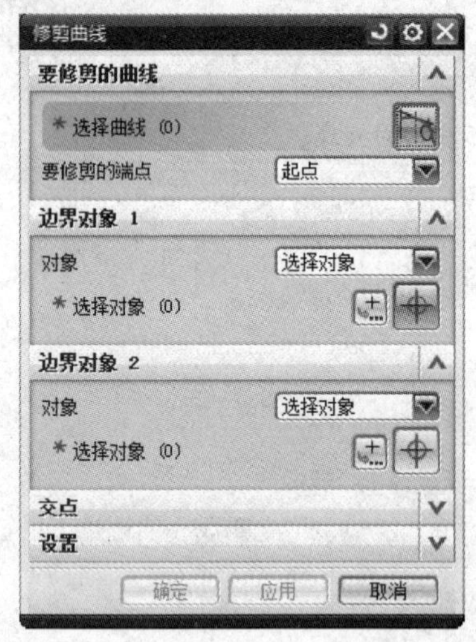

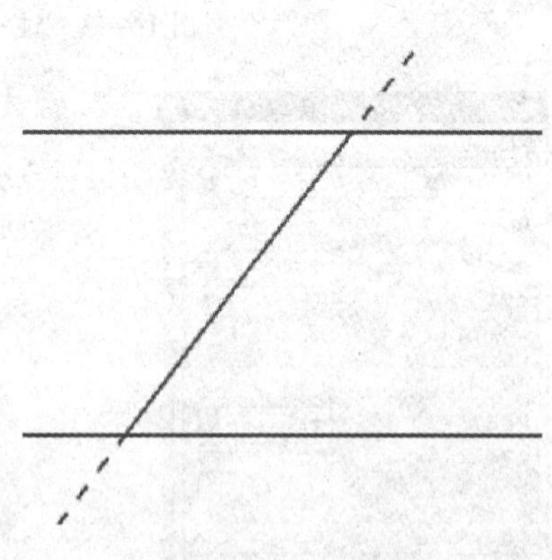

图1—46 “修剪曲线”对话框及实例

3. 偏置曲线

偏置曲线一般是指通过对已有曲线操作，生成一组与已有曲线等间距的平行曲线。单击曲线工具栏中的 按钮，系统会打开如图1—47所示的“偏置曲线”对话框，从而进入曲线偏置操作，指定距离、副本数以及方向即可生成原曲线的偏置曲线。

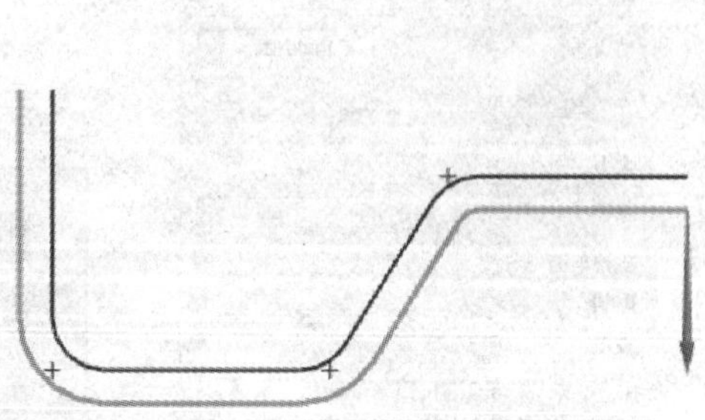

图1—47 “偏置曲线”对话框及实例

偏置曲线的类型有以下几种：

（1）距离：该方式是按照给定的偏置距离来偏置曲线。在“距离”文本框中输入偏置距离，在“副本数”文本框中输入产生偏置曲线的数量。

（2）拔模：该方式是曲线按指定的“拔模角”偏置到与曲线所在平面相距一定距离的平面上。

（3）规律控制：该方式是按照规律控制曲线偏置距离来偏置曲线。

（4）3D 轴向：该方式是通过使用基准轴构造器的方式来控制偏置方向和距离。

4. 编辑曲线参数

单击编辑曲线栏中的 按钮，系统弹出如图 1—48 所示的“编辑曲线参数”对话框。

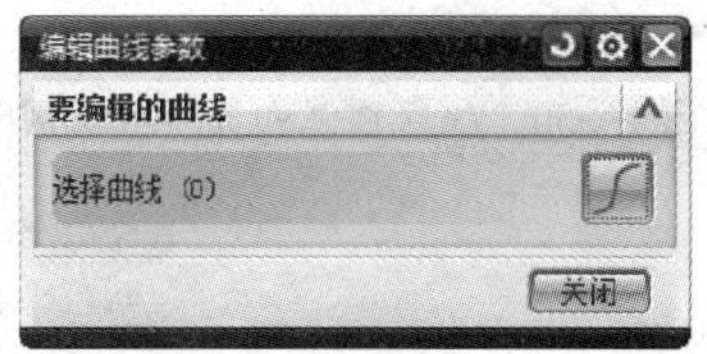

图 1—48 “编辑曲线参数”对话框

（1）编辑直线：如果需要编辑直线，则可以通过编辑起点 1 和终点 2 的坐标值改变直线的位置和方向，如图 1—49 所示。

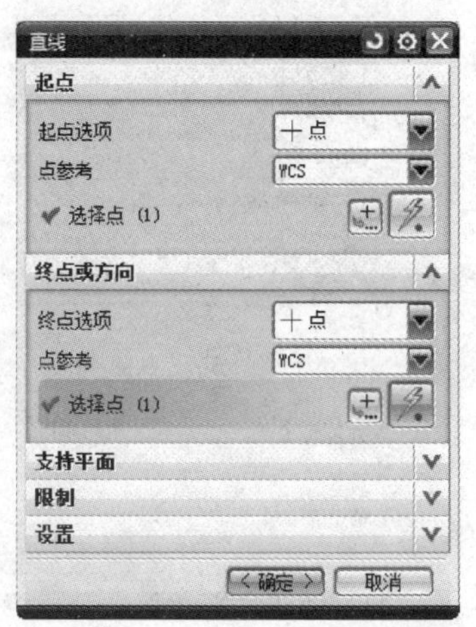

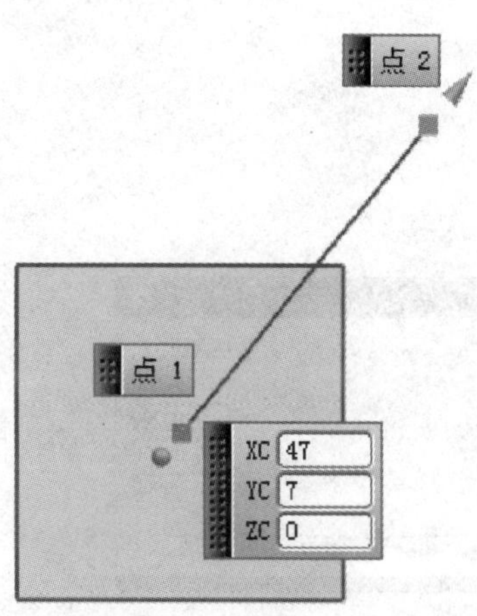

图 1—49 编辑直线参数实例

（2）编辑圆弧和圆：如果需要修改圆弧或者圆，则单击修改对象，然后可以修改圆心或者圆弧的半径、圆弧起始角和圆弧终止角的参数，如图 1—50 所示。

（3）编辑椭圆：选择编辑对象椭圆以后，弹出如图 1—51 所示对话框，根据需要修改其中参数即可。

（4）编辑艺术样条：选择需要编辑的艺术样条后，弹出如图 1—52 所示对话框，根据需要修改其中参数即可。

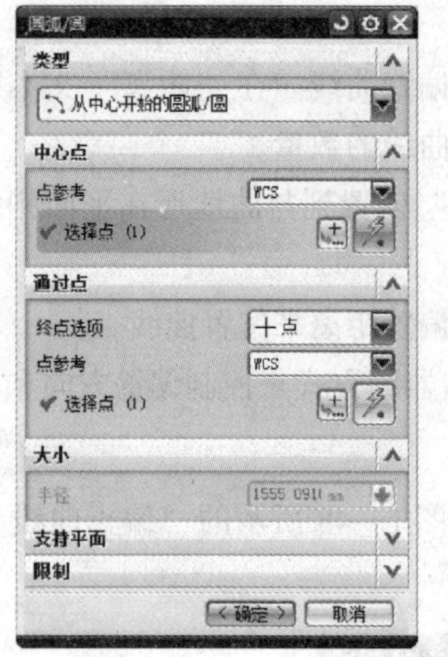

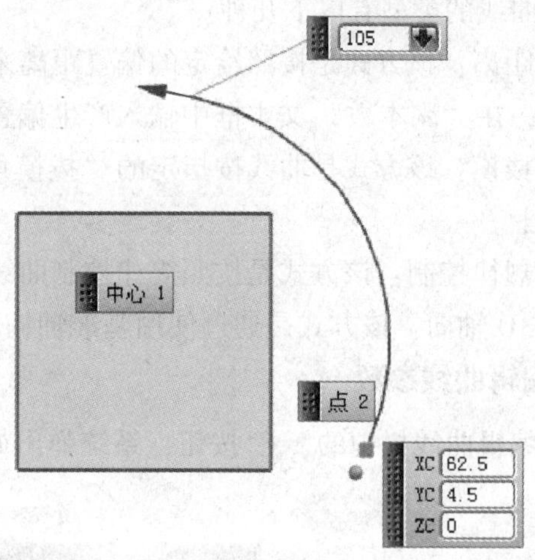

图 1—50　编辑圆弧和圆参数实例

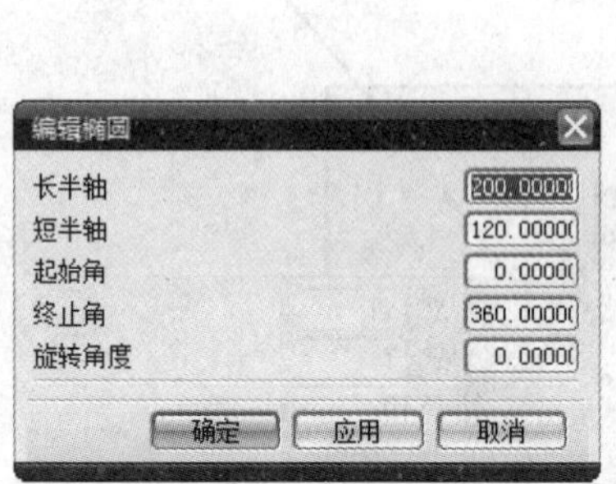

图 1—51　“编辑椭圆”对话框

图 1—52　“艺术样条”对话框

5. 桥接曲线

单击编辑曲线栏中的 按钮，弹出如图 1—53 所示“桥接曲线”对话框。桥接曲线用于融合或者桥接两条位置不同的曲线。建立桥接曲线时，系统用曲率梳实时反馈桥接曲线的状态，以帮助用户分析修改。指定起始对象和终止对象，两条曲线都指定以后，产生一条最初的临时性桥接曲线，这时可以在对话框中设置曲线参数控制其形状。

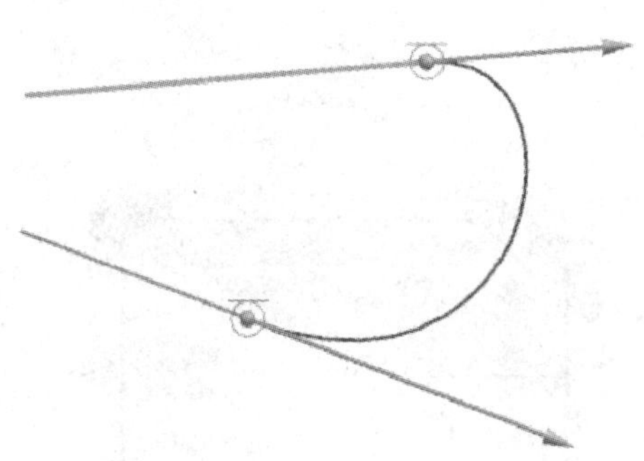

图 1—53 “桥接曲线”对话框及实例

任务实施

在建模模块下进行草图绘制的基本步骤如下：

1. 启动 NX 8.0 程序后，新建一个名称为“lengchong1. prt”的部件文件。

2. 选择视图放置面，在视图工具栏中选择“俯视图”。

3. 绘制框架，在菜单栏中选择【插入】>【曲线】>【直线】命令，选择原点为起点 1，打开“点”对话框，在文本框中输入原点坐标值。水平向右拖动鼠标，待水平引导线出现后，输入长度数值 100，得到点 2。竖直向上拖动鼠标，待竖直引导线出现后，输入长度数值 60，得到点 3。水平向左拖动鼠标，待水平引导线出现后，输入长度数值 80，得到点 4，按“ESC”键完成“直线”命令。重复“直线”命令，以点 1 为起点，竖直向上拖动鼠标，待竖直引导线出现后，输入长度数值 40，得到点 5。继续连接点 4 和点 5，得到封闭曲线，如图 1—54 所示，按“ESC”键完成“直线”命令。

4. 绘制长圆孔，在菜单栏中选择【插入】>【曲线】>【圆弧/圆】命令，弹出对话框如图 1—55 所示，在类型中选择“从中心开始的圆弧/圆”，中心点选择在“点”对话框中输入圆心坐标（20，14），终点选项为“半径”，如图 1—56 所示，指定圆半径为 5，限制整圆；用同样方法设置中心点坐标为（20，34）作出另一端的圆。

在菜单栏中选择【插入】>【曲线】>【直线】命令，使端点和起点捕捉到两圆象限点 ，让直线和圆相切，如图 1—57 所示。

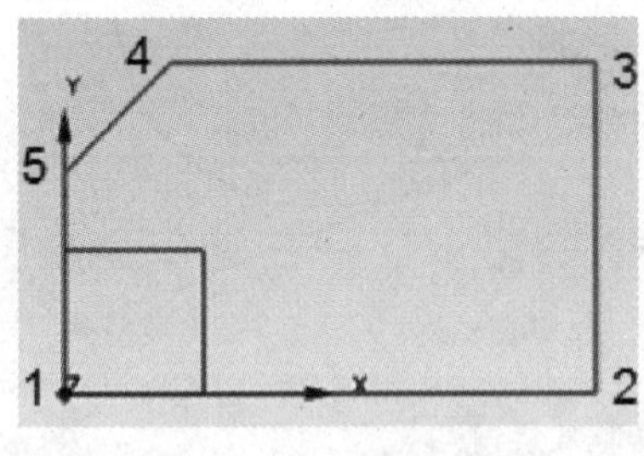

图 1—54　绘制框架

图 1—55　“圆弧/圆”对话框

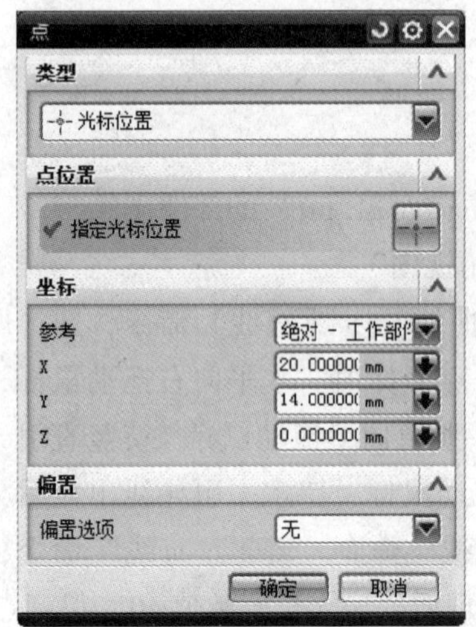

图 1—56　“点构造器”对话框

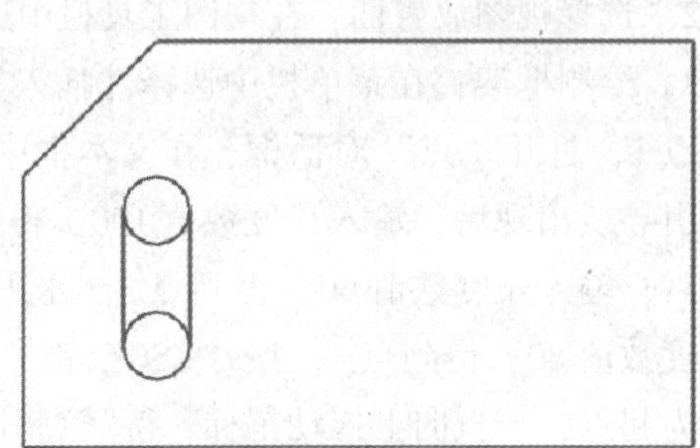

图 1—57　长圆孔

5. 修剪多余圆弧，单击编辑曲线工具栏中的 命令，弹出“修剪曲线”对话框，如图 1—58 所示。选取圆为要修剪的曲线，两条相切的直线为边界对象 1、2，单击确定。用同样的方法修剪另一个圆，修剪后的圆会有虚线，可在虚线上单击鼠标右键将其隐藏，得到如图 1—59 所示的图形。

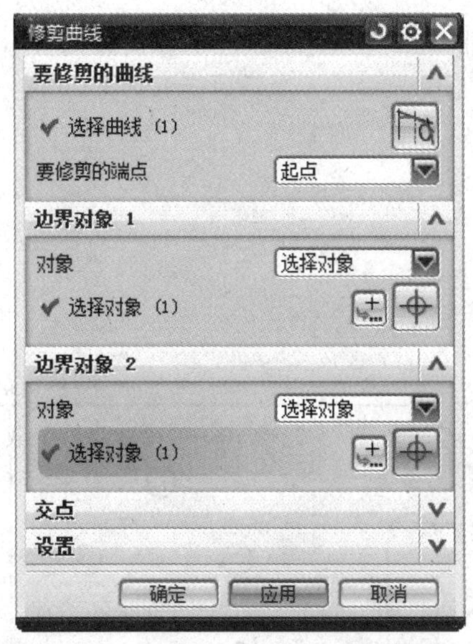

图 1—58 “修剪曲线”对话框

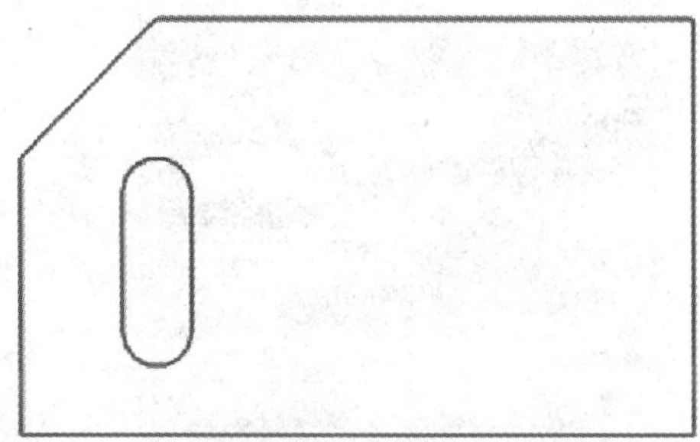

图 1—59 修剪后图形

6. 绘制右侧四个小圆，在菜单栏中选择【插入】>【曲线】>【圆弧/圆】命令，弹出“圆弧/圆”对话框，如图 1—60 所示。在中心点构造器中输入各圆心坐标，指定圆半径为 3，限制整圆，如图 1—61 所示。

图 1—60 “圆弧/圆”对话框

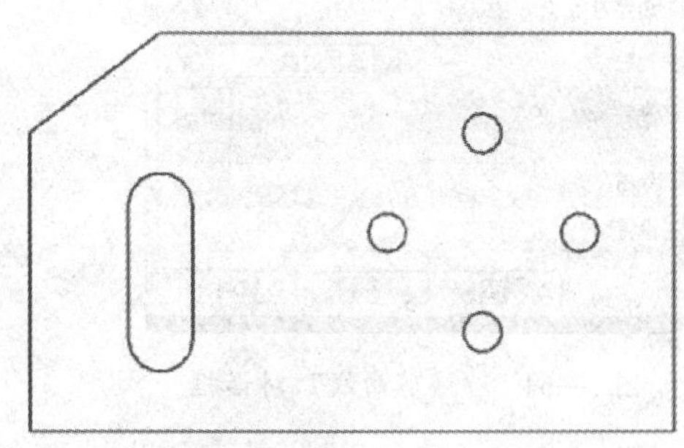

图 1—61 绘制右侧四个小圆

7. 绘制圆角，单击曲线工具栏中的 命令，弹出“圆形圆角曲线”对话框，如图 1—62 所示，选取需要倒圆角的曲线，设置半径选项为“值”，半径 8 mm，如图 1—63 所示。

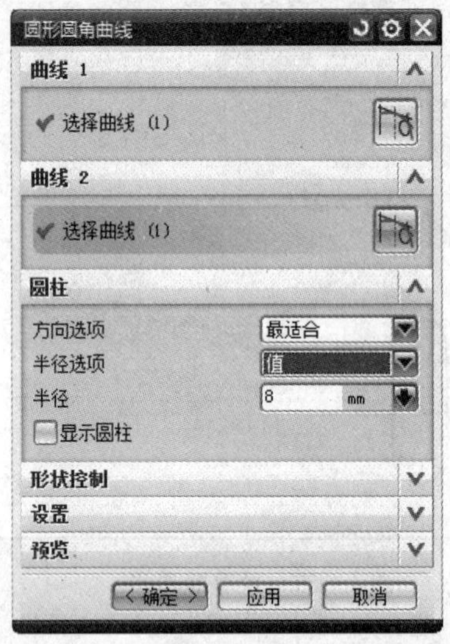

图 1—62 “圆形圆角曲线”对话框

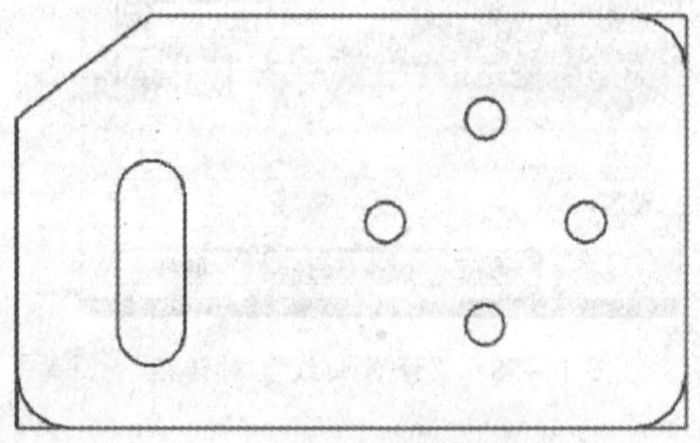

图 1—63 倒圆角

8. 修剪圆角，单击编辑曲线工具栏中的 命令，弹出“修剪曲线”对话框，如图 1—64 所示，选取要修剪的曲线，选取圆角为边界对象，如图 1—65 所示。将虚线隐藏即可完成冷冲垫片曲线设计（见图 1—1）。

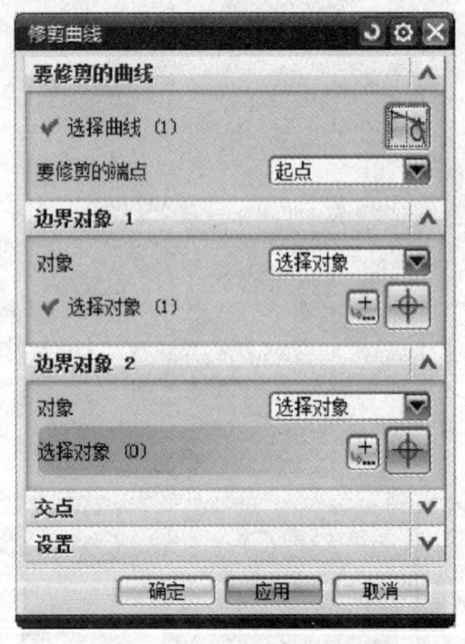

图 1—64 “修剪曲线”对话框

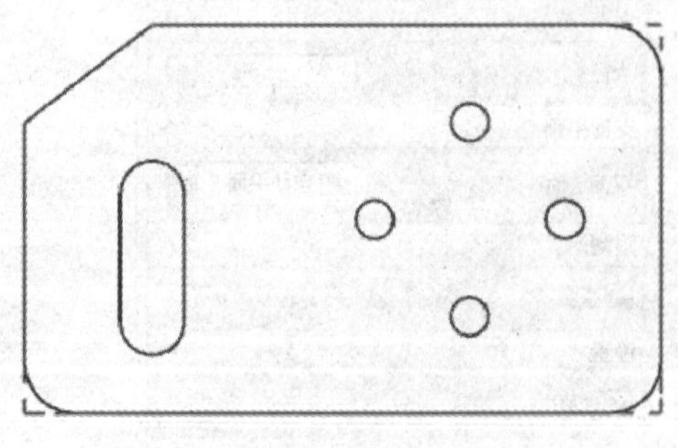

图 1—65 修剪曲线

巩固提高

通过 NX 曲线功能完成如图 1—66 所示曲线的绘制。

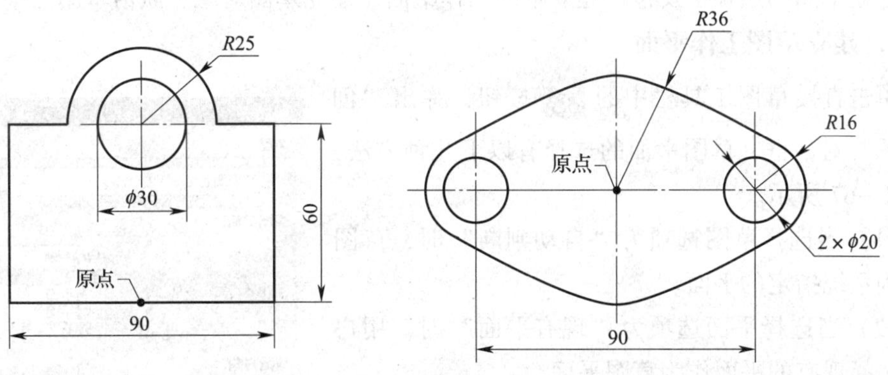

图 1—66 曲线绘制

任务三 草图绘制与编辑

学习目标

1. 能完成草图绘制与编辑。
2. 能完成草图约束。

工作任务

通过 NX 草图功能，完成图 1—1 所示冷冲垫片产品草图设计。

相关理论

NX 8.0 提供了十分便捷且功能强大的草图绘制工具。完成的草图可以与拉伸、旋转、扫掠等相应特征关联，体现参数化设计的典型特点。对于一些实例特征，可以采用修改其相关的草图，从而达到修改实体特征的目的，这可在某种程度上提高工作效率，修改过程直观且容易把握。

在草图绘制环境中，可以快速绘制出大概的二维轮廓曲线，再通过施加尺寸约束和几何约束使草图曲线的尺寸、形状和方位更加准确，使草图始终符合设计意图。

二维草图对象需要在某一指定的平面上进行绘制，这个平面可以是现有的坐标系平面、创建的基准平面、实体表面平面等。

一、建立草图

建立草图的过程主要包括建立草图工作平面、建立草图对象、激活草图三个部分。

1. 建立草图工作平面

单击直接草图工具栏中的 按钮，弹出“创建草图”对话框，草图平面的选择有以下几种方法，如图 1—67 所示。

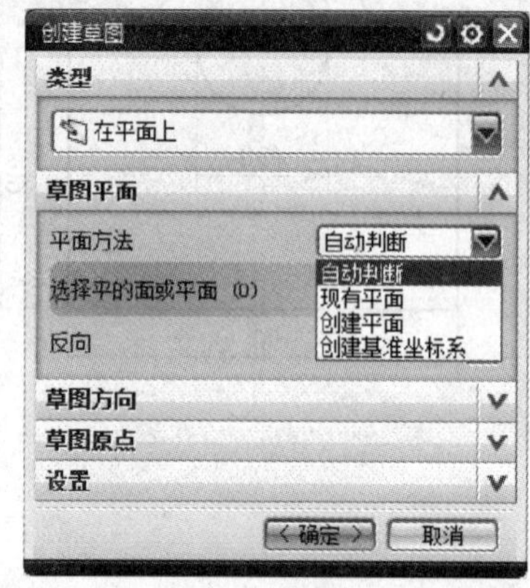

图 1—67 “草图平面”对话框

（1）当选择草图选项为“自动判断”时，草图平面为系统指定的平面。

（2）当选择平面选项为“现有平面”时，用户可以选择现有的平面作为草图平面。

（3）当选择平面选项为“创建平面”时，用户可以从“指定平面”下拉列表框中选择所需要的一个按钮选项，建立新的平面。

（4）当选择平面选项为“创建基准坐标系”时，单击“创建草图”对话框中的“创建基准坐标系”按钮，指定相应的参照来创建一个基准 CSYS，系统根据指定的坐标系创建草图平面。

2. 建立草图对象

草图对象是指草图中的曲线和点。建立草图工作平面后，可在草图工作平面上建立草图对象。建立草图对象的方法有很多种，既可以在草图中直接绘制曲线和点，也可以通过一些功能键，添加绘图工作区存在的曲线或点到草图中，还可以从实体或者片体中抽取对象到草图中去，如图 1—68 所示。

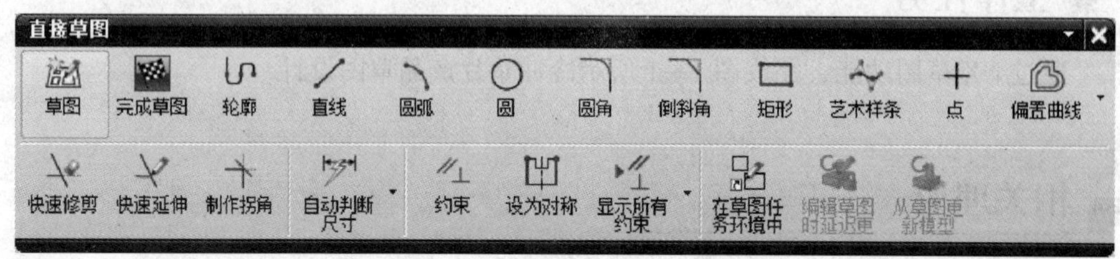

图 1—68 草图工具栏部分命令

3. 激活草图

在实际操作中，任何的建模过程都可能含有若干个草图，每个草图都有各自的作用。使用草图时，每次只能对一个草图进行操作，这个草图称为激活草图。直接在屏幕中双击选取草图曲线即可快速激活草图。

二、草图中绘制基本曲线

1. 绘制直线

方法一：单击草图工具栏中的 按钮，以坐标模式绘制直线，即输入起点坐标以及线段的长度和角度。例如绘制起点为坐标原点，长度100的水平线，输入起点坐标 *XC*、*YC* 的值为0，输入直线长度为100，角度为0，如图1—69所示。

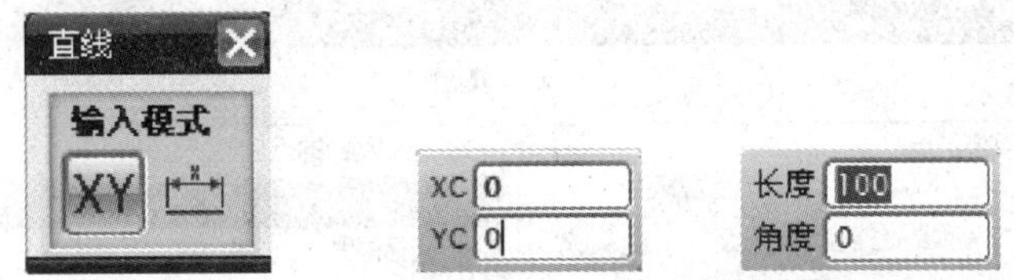

图1—69 坐标模式绘制直线

方法二：在绘图区域任意作一水平直线，然后对直线进行约束。

2. 绘制圆弧

单击草图工具栏中的 按钮，打开“圆弧”对话框，如图1—70所示。绘制圆弧的方法有两种：一是通过三点来定义圆弧，二是通过指定中心、半径和角度来绘制圆弧。

3. 绘制圆

单击草图工具栏中的 按钮，打开“圆”对话框，如图1—71所示。绘制圆的方法有两种：一是指定中心和直径来绘制圆，二是通过三点来绘制圆。

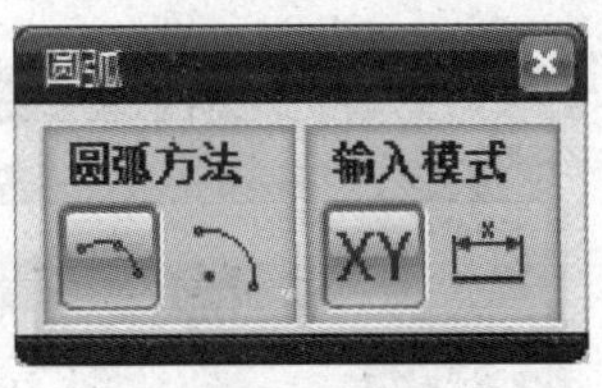

图1—70 “圆弧”对话框

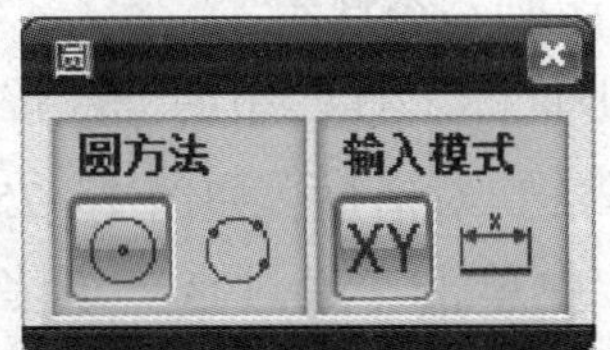

图1—71 “圆”对话框

4. 绘制矩形

单击草图工具栏中的 按钮，打开“矩形”对话框，如图1—72所示。绘制矩形的方法有三种：一是通过指定两点创建矩形，二是通过三点创建矩形，三是从中心创建矩形。

5. 绘制点

单击草图工具栏中的 按钮，打开“草图点”对话框，如图1—73所示。

单击“点对话框”按钮，在弹出的“类型”下拉列表框中，提供了多种构造点类型选项，如图1—74所示。

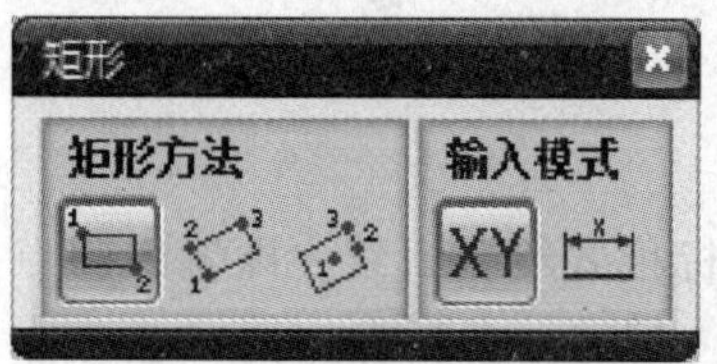

图 1—72 “矩形”对话框

图 1—73 “草图点”对话框

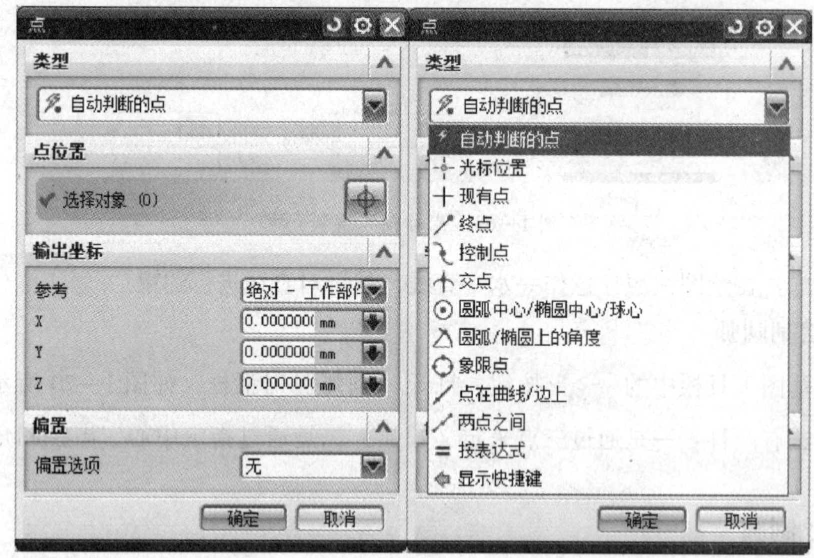

图 1—74 “点类型”对话框

6. 绘制艺术样条

单击草图工具栏中的 按钮，打开“艺术样条”对话框，如图 1—75 所示。在“类型”中单击“通过点”或者“根据极点”选项来定义创建艺术样条。如果在“参数化”选项组中选中“封闭的”复选框，则创建的样条是首尾闭合的。

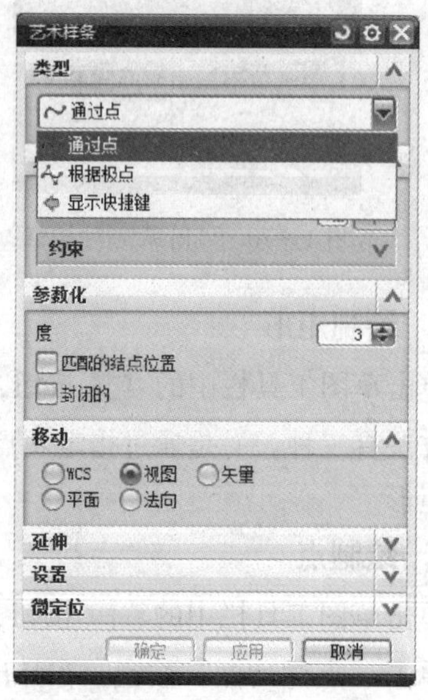

图 1—75 “艺术样条”对话框

三、草图工具栏命令的使用

1. 快速修剪

单击草图工具栏中的 按钮，选择圆为边界曲线，选择两条直线为要修剪的曲线，可以快速将直线不需要的部分删除，如图 1—76 所示。

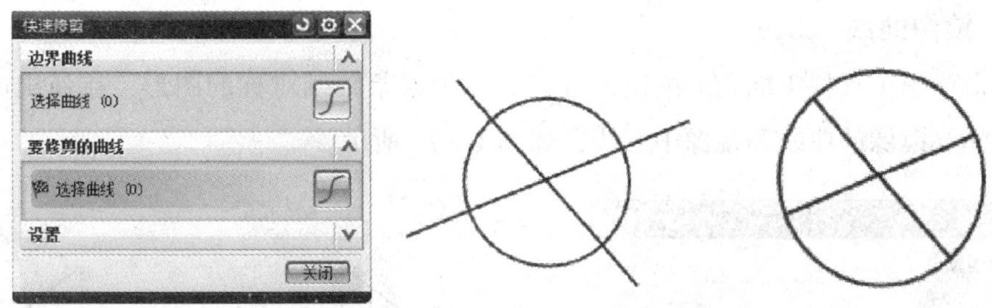

图 1—76 “快速修剪”对话框及实例

2. 快速延伸

单击草图工具栏中的 按钮，可以将选定曲线延伸至另一临近曲线或者选定的边界，在进行快速延伸操作时，需要注意所选的要延伸的曲线必须要与另一条曲线延伸后有交点，如图 1—77 所示。选择圆为边界曲线，直线为要延伸的曲线，左边直线为一次单击后效果，右边直线为两次单击后继续延伸效果。

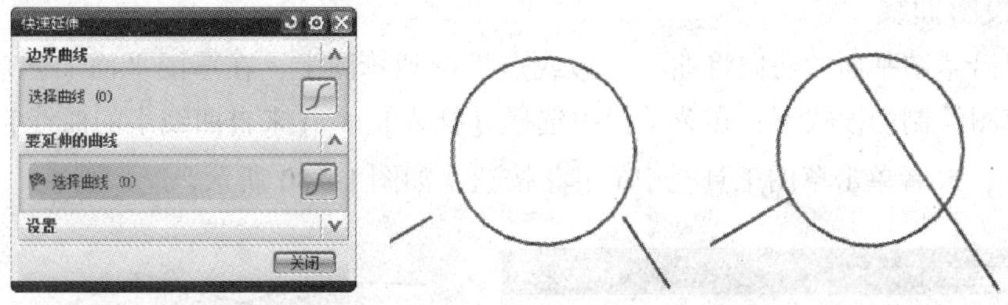

图 1—77 “快速延伸”对话框及实例

3. 偏置曲线

单击草图工具栏中的 按钮，可将草图中的曲线按指定距离沿着某一方向偏置。在弹出的对话框中，选择要偏置的曲线，输入偏置距离及方向，如图 1—78 所示。

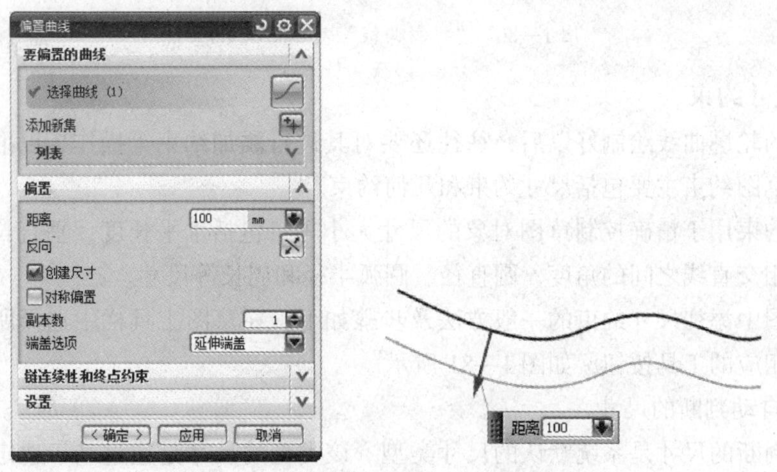

图 1—78 “偏置曲线”对话框及实例

4. 镜像曲线

单击草图工具栏中的 按钮，可完成关于某条轴线对称的图形，在弹出的对话框中选择要镜像的曲线和镜像中心线，如图 1—79 所示。

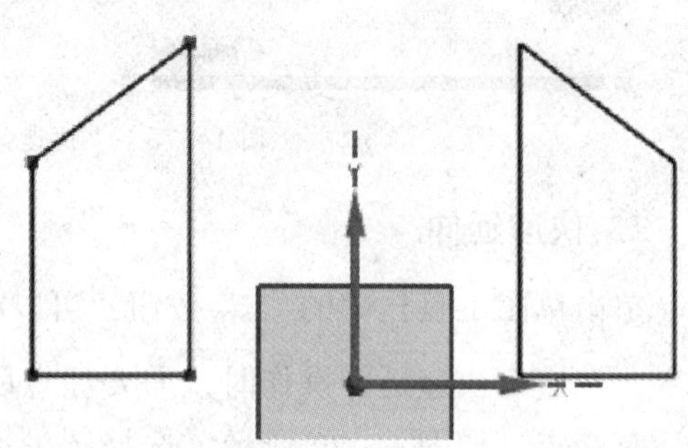

图 1—79 “镜像曲线”对话框及实例

5. 投影曲线

可以沿草图平面的法向将曲线、边或点投影到草图上，在草图平面上创建投影曲线。在草图绘制的模式下，在菜单栏中选择【插入】>【来自曲线集的曲线】>【投影】命令，或者单击草图工具栏中的 按钮，如图 1—80 所示。

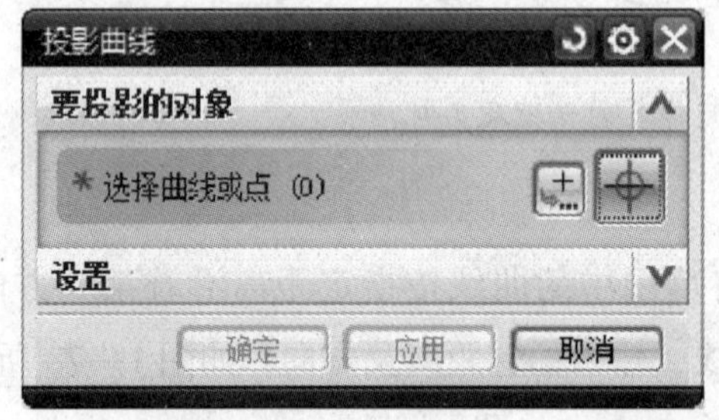

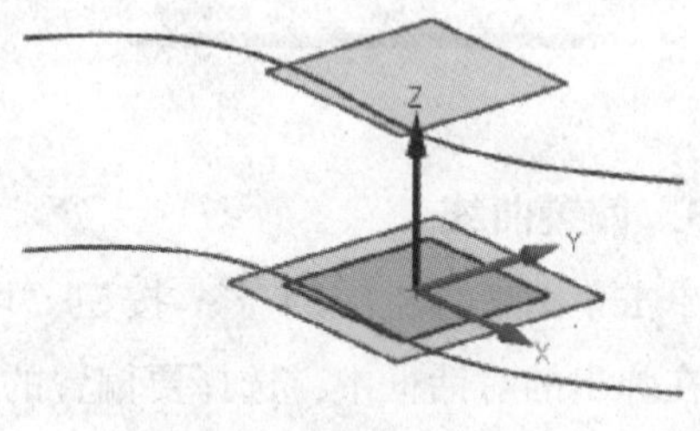

图 1—80 “投影曲线”对话框及实例

6. 尺寸约束

草图的轮廓曲线绘制好以后，往往还要对其进行添加约束等操作，以准确表达设计意图。草图约束主要包括尺寸约束和几何约束。

尺寸约束用于精确控制草图对象的尺寸大小等，包括水平长度、垂直长度、平行长度、两相交直线之间的角度、圆直径、圆弧半径和周长等尺寸。

在草图中添加尺寸约束的一般方法及步骤如下：在草图工具栏中选择所需要的尺寸命令及相应的工具按钮，如图 1—81 所示。

（1）自动判断的尺寸

自动判断的尺寸是系统默认的尺寸类型。该类型的尺寸是通过基于选定的对象和光标的位置自动判断类型来创建的，如图 1—82 所示。

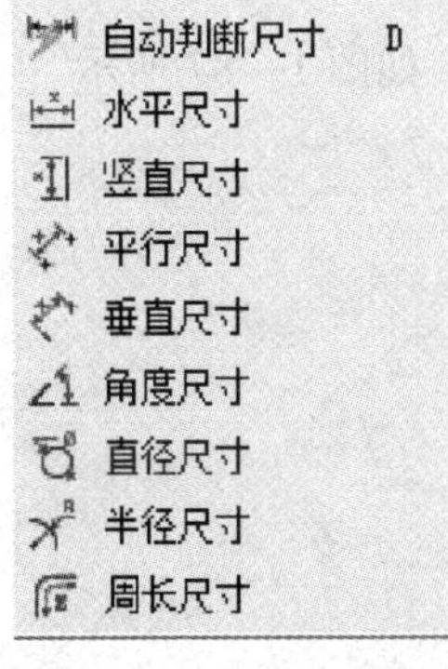

图 1—81 尺寸命令

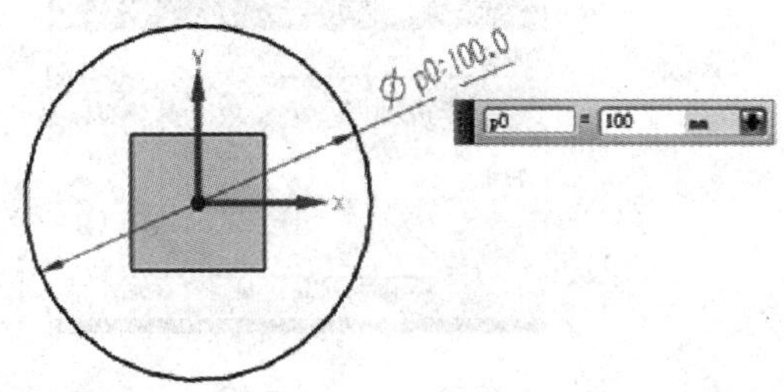

图 1—82 自动判断的尺寸

（2）水平尺寸和竖直尺寸

水平尺寸是指在两点之间创建的水平距离约束的尺寸，而竖直尺寸是指在两点之间创建的竖直距离约束的尺寸，如图 1—83 所示。

（3）平行和垂直尺寸

平行尺寸是指在两点之间创建平行距离约束的尺寸，即两点之间的最短距离尺寸；而垂直尺寸则是指在直线和点之间创建的垂直距离约束的尺寸，如图 1—84 所示。

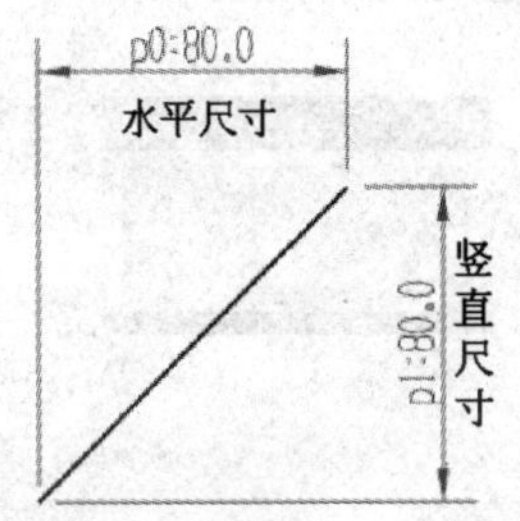

图 1—83 水平尺寸和竖直尺寸

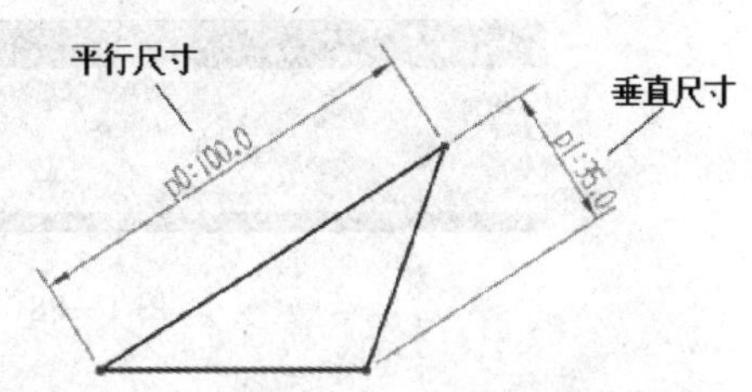

图 1—84 平行和垂直尺寸

（4）直径和半径尺寸

直径和半径尺寸用来标注圆或者圆弧，如图 1—85 所示。

（5）角度尺寸

角度尺寸可以在两条直线之间创建角度约束，如图 1—86 所示。

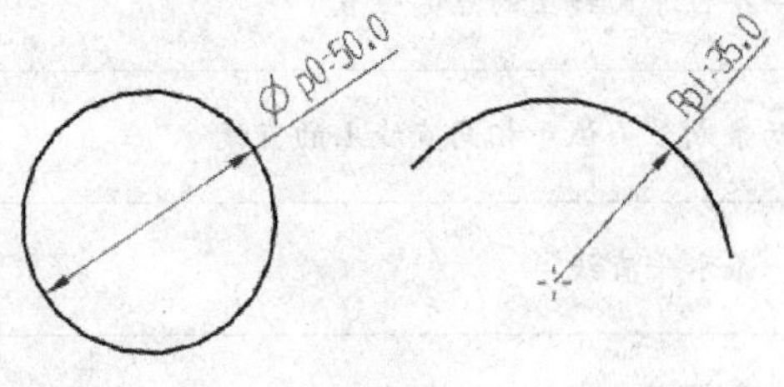

图 1—85 直径和半径尺寸

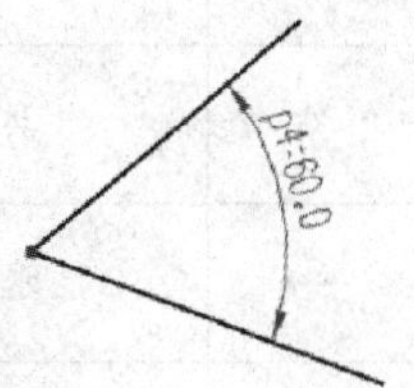

图 1—86 角度尺寸

（6）周长尺寸

选择构成周长的所有曲线，则系统计算出其周长尺寸，如图 1—87 所示。

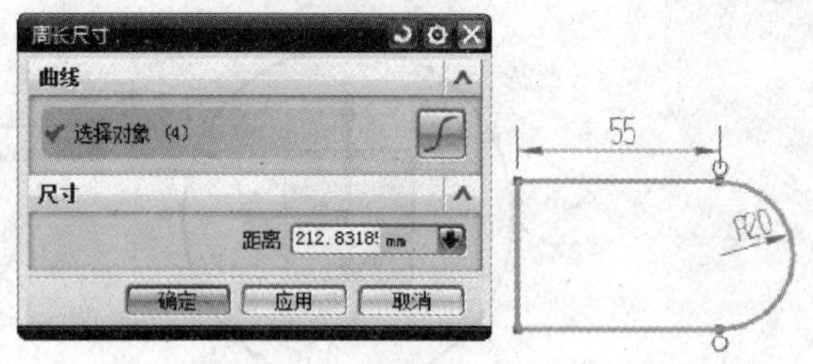

图 1—87　周长尺寸

7. 几何约束

在草图中也经常应用到几何约束，几何约束用来定义草图对象之间的相互关系，这些约束关系包括重合、水平、垂直、平行、同心、固定、完全固定、共线、相切、等长度、等半径、固定长度、固定角度、曲线斜率和均匀比例等。

（1）使用约束的一般方法

单击草图工具栏中的 ⁄⁄⊥ 按钮，系统提示选择要创建约束的曲线。选择一条或多条曲线，系统将弹出一个“约束”对话框，如图 1—88 所示。在“约束”对话框中提供了可以创建的几何约束类型，由用户根据需要选择合适的约束类型。

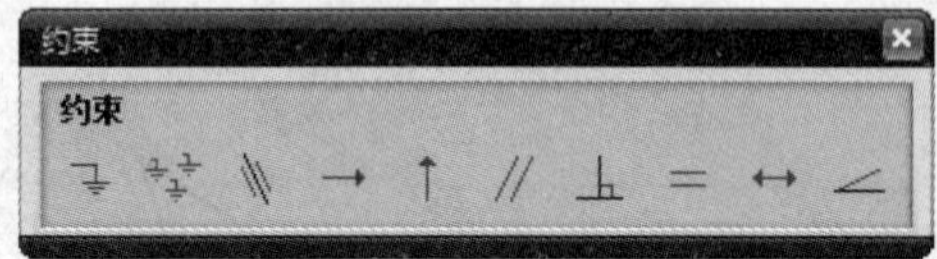

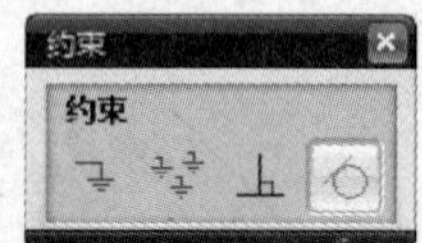

图 1—88　“约束”对话框

常用约束类型见表 1—1。

表 1—1　　常用约束类型

序号	图标	约束类型名称	约束功能简述
1	⌐	重合	定义两个或多个有相同位置的点
2	⫯	点在曲线上	定义一个位于曲线上的点的位置
3	⫽	共线	定义两条或多条位于相同直线上的直线
4	→	水平	定义一条水平直线
5	↑	竖直	定义一条竖直直线

续表

序号	图标	约束类型名称	约束功能简述
6	//	平行	定义两条或多条直线，使其相互平行
7	⊥	垂直	定义两条或多条直线，使其相互垂直
8	◎	同心	定义两个或多个有相同中心的圆、圆弧或椭圆、椭圆弧
9		相切	定义两个对象，使其相切
10	=	等长度	定义两条或多条直线，使其长度相等
11		等半径	定义两个或多个圆弧，使其半径相等

（2）自动约束

可以设置自动应用到草图的几何约束类型。

单击草图工具栏中的 按钮，打开“自动约束”对话框，选择要约束的曲线后，可以在“要应用的约束”选项组中选中可能要用到的几何约束类型。接着在“设置”选项组中设置距离公差和角度公差，如图 1—89 所示，然后单击“应用”或“确定”按钮，系统自动在草图上施加合适的约束。

（3）显示所有几何约束与不显示几何约束

单击草图工具栏中的 按钮，则显示应用到草图的全部几何约束；如果要想隐藏应用到草图的全部几何约束，则可以在“草图”工具栏中再次单击该按钮。

（4）显示/移除约束

单击草图工具栏中的 按钮，打开“显示/移除约束”对话框，如图 1—90 所示。利用该对话框可显示与选定与草图几何图形关联的几何约束，也可移除所有这些约束或列出信息。

8. 替换解法

当用户指定一个约束类型时，选定图形对象可能具有多种解（多种情况）满足约束的条件，系统会自动选择其中最合适的一种约束解。如果该解并不是设计者所需要的，那么就需要切换到另外的解。在草图工具栏中提供了 按钮，如图 1—91 所示，草图两个圆的相切约束关系，如将内切关系改为外切关系，只需打开“备选解”对话框，选择内切的小圆，系统自动切换为外切关系。

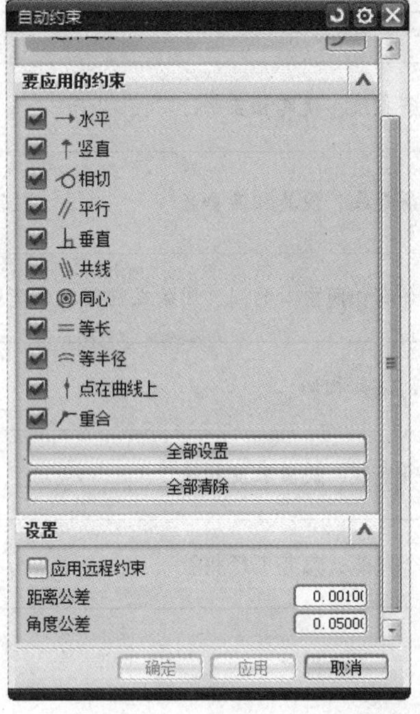

图 1—89 “自动约束”对话框

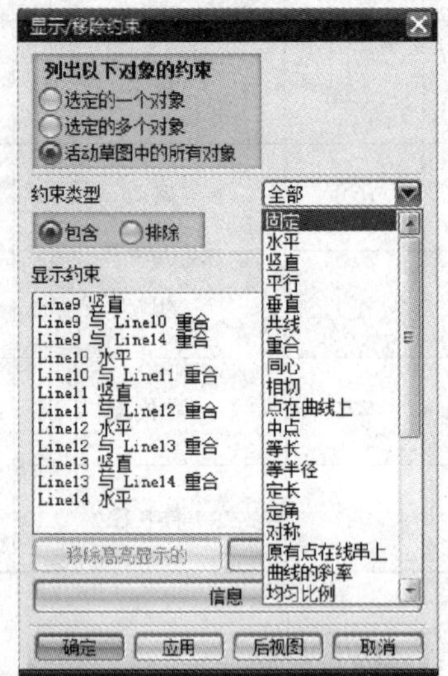

图 1—90 “显示/移除约束”对话框

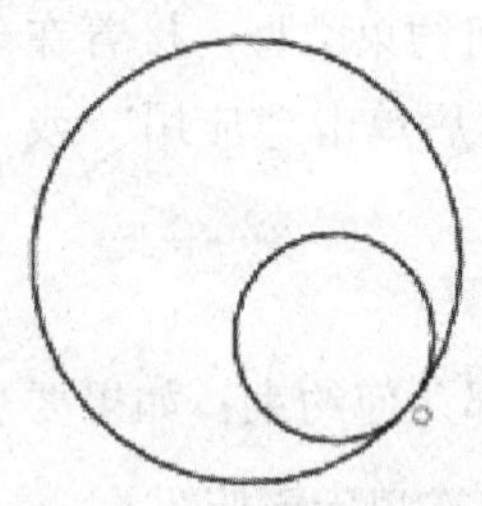
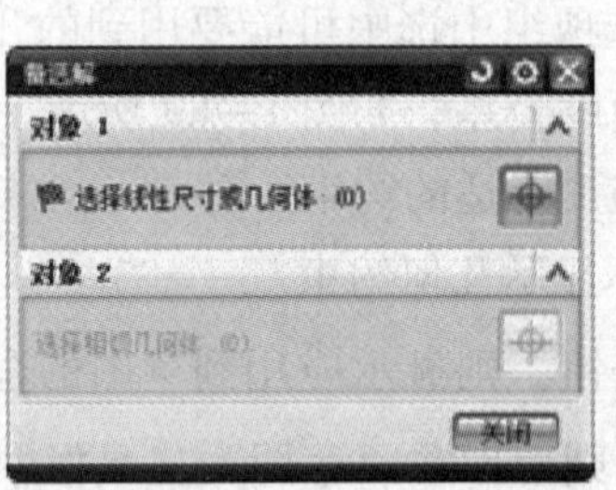
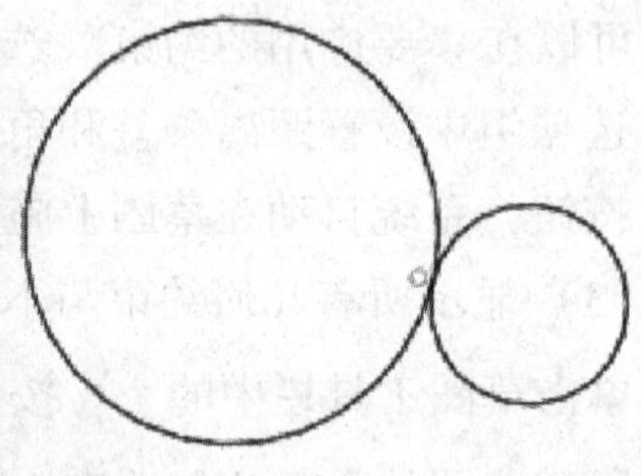

图 1—91 备选解

 任务实施

在建模模块下进行草图绘制的典型步骤如下：

1. 启动程序，新建文件

启动程序，并新建一个名称为“lengchong2. prt”的部件文件。

2. 确定草图平面

单击草图工具栏中的 按钮，或者在菜单栏中选择【插入】>【草图】命令，打开“创建草图”对话框，选择坐标平面 $XC-YC$ 作为草图平面，草图名默认，确定后进入草图。

3. 建立约束关系

（1）单击草图工具栏中的 按钮，绘制任意矩形。

（2）单击草图工具栏中的 按钮，选择矩形的左下角顶点和 *Y* 轴，先将点约束在 *Y* 轴上，再选择矩形的左下角顶点和 *X* 轴，再将点约束在 *X* 轴上，此时即可将矩形的左下角放置在原点处，如图 1—92 所示。

（3）对矩形的长宽进行约束，单击草图工具栏中的 按钮，将长度设置为 100，宽度设置为 60，如图 1—93 所示。

图 1—92　点在曲线上

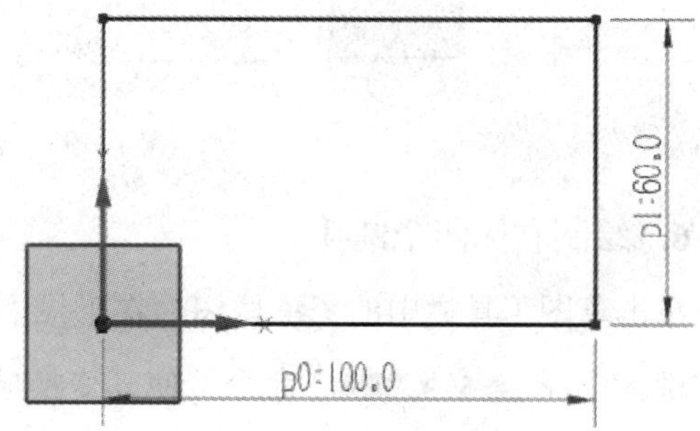

图 1—93　自动判断的尺寸

4. 绘制倒角

单击草图工具栏中的 按钮，选择需要倒斜角的直线，并设定斜角距离，如图 1—94 所示。

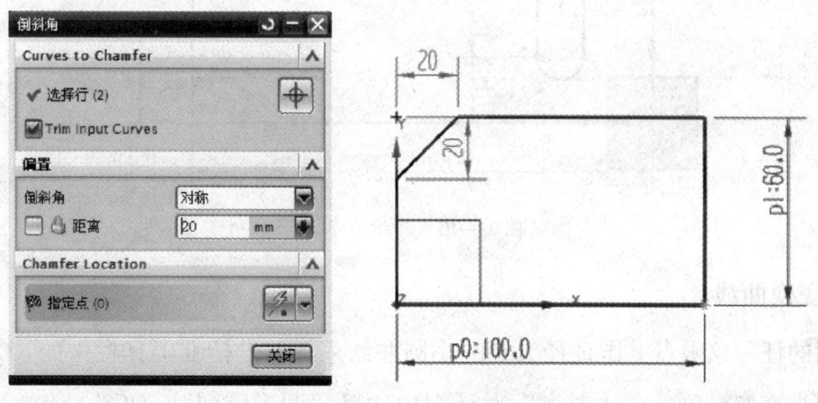

图 1—94　倒斜角

5. 绘制长圆孔

首先使用“直线”和“圆弧”命令绘制出长圆孔的形状，对形状、位置和尺寸分别进行约束，如图 1—95 所示。

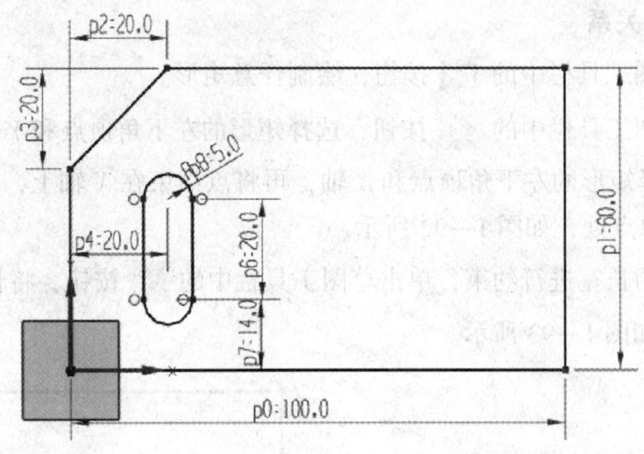

图 1—95　长圆孔

6. 绘制右侧四个圆孔

单击草图工具栏中的 按钮，在上图右侧绘制圆，给定尺寸，选择圆后单击鼠标右键，选择 转换为参考 命令，使其变换成辅助线，如图 1—96 所示。

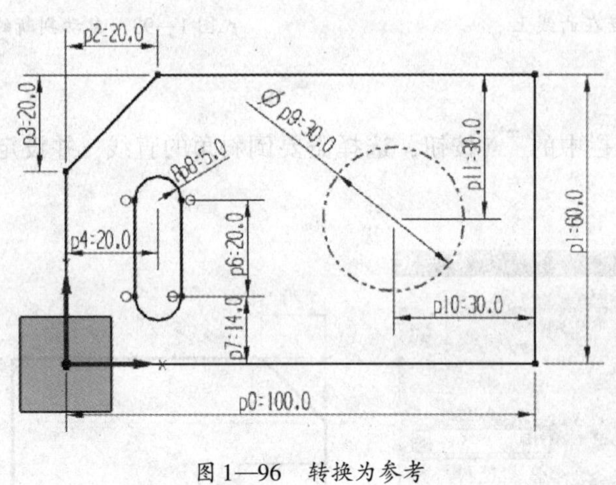

图 1—96　转换为参考

7. 变换曲线

在圆的任一象限点上作直径为 6 的小圆并约束，单击标准工具栏中的 按钮，选择小圆为变换对象，在“变换”对话框中选择“圆形阵列”，如图 1—97 所示。在“点”对话框中选择“点位置”为小圆圆心，“坐标”为 $\phi30$ 大圆圆心，单击“确定”，如图 1—98 所示。指定半径为 15，角度增量为 90，数量为 4，确定后复制，如图 1—99 所示。但变换后的图形不能完全约束，需将小圆的圆心约束在 $\phi30$ 的圆周上，约束等半径，约束相应尺寸，最终得到如图 1—100 所示完全约束的图形。

图 1—97 “变换”对话框

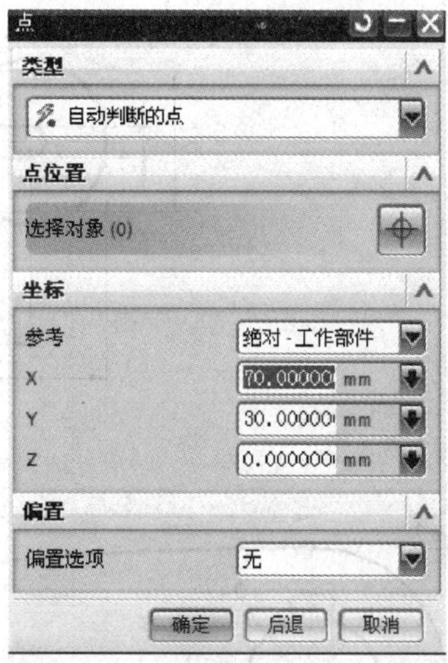

图 1—98 “点”对话框

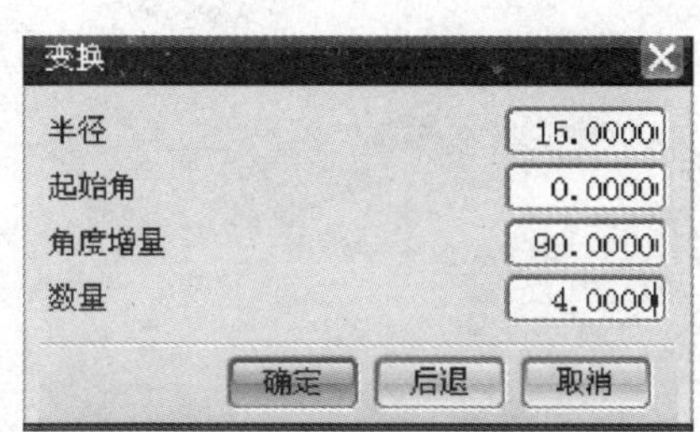

图 1—99 “变换参数设置”对话框

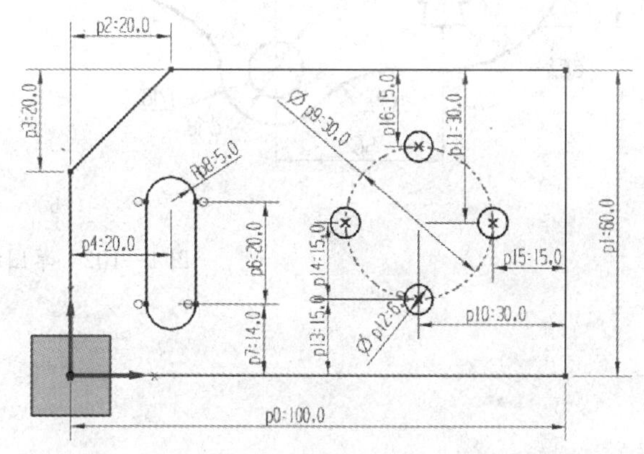

图 1—100 圆孔

8. 倒圆角

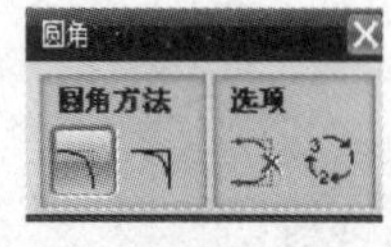

图 1—101 圆角

单击草图工具栏中 ⌒ 按钮，选择圆角方法，如图 1—101 所示，设置圆角半径为 8，选择直线并且约束，即可得到冷冲垫片产品草图（见图 1—1）。

巩固提高

通过 NX 草图功能完成如图 1—102 所示草图的绘制练习。

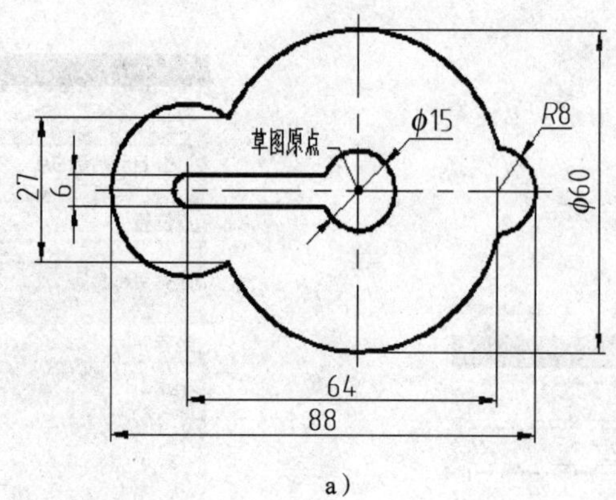

a）

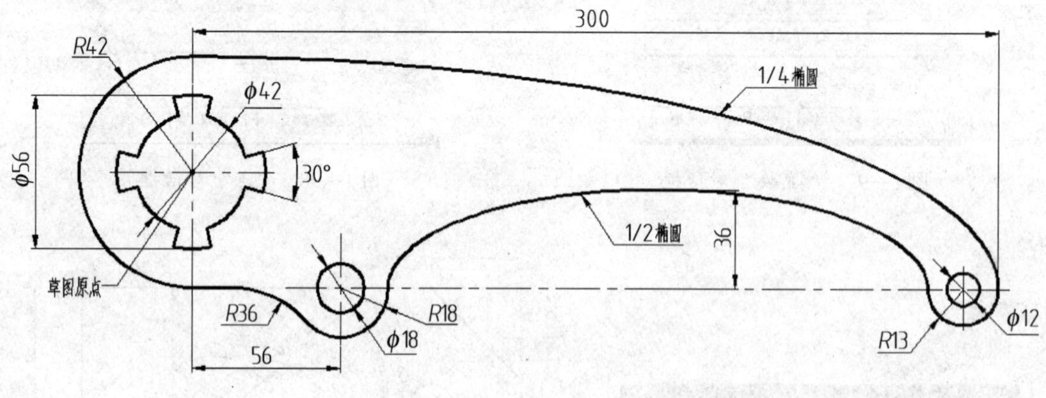

b）

图 1—102　草图绘制

实体建模

一、模块任务要求

如图 2—1 所示为盖板模型，要求通过 NX 建模模块完成产品设计。

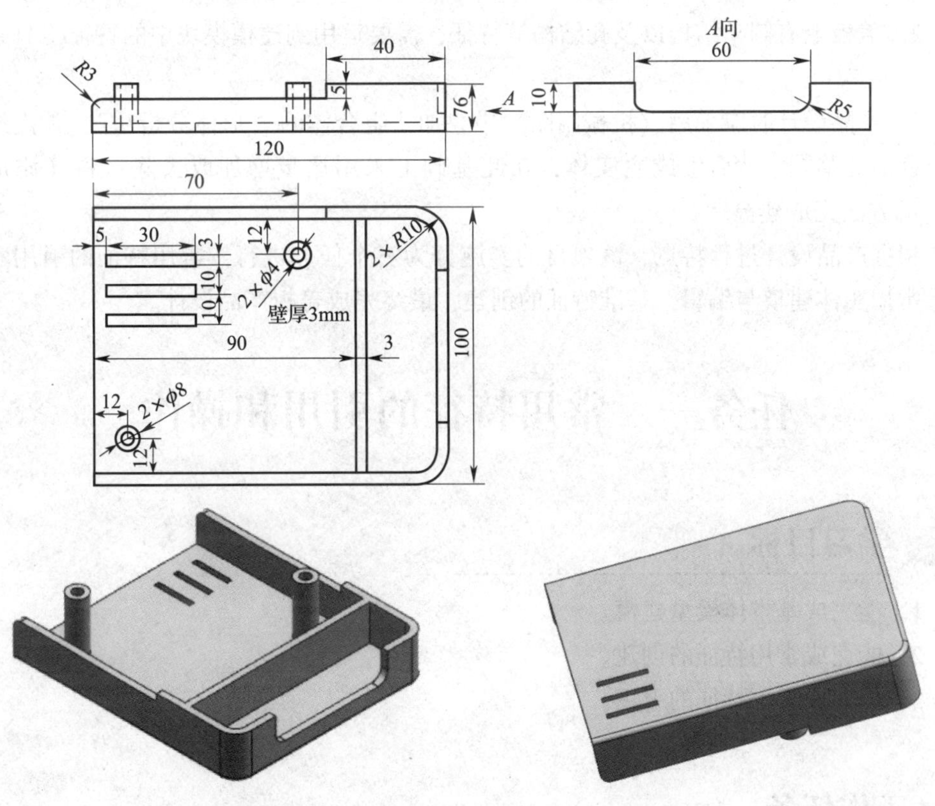

图 2—1　盖板模型

二、模块任务目的

通过盖板模型设计，掌握常用的建模特征的创建和编辑，从而完成简单的三维实体模型设计，如图 2—2 所示。

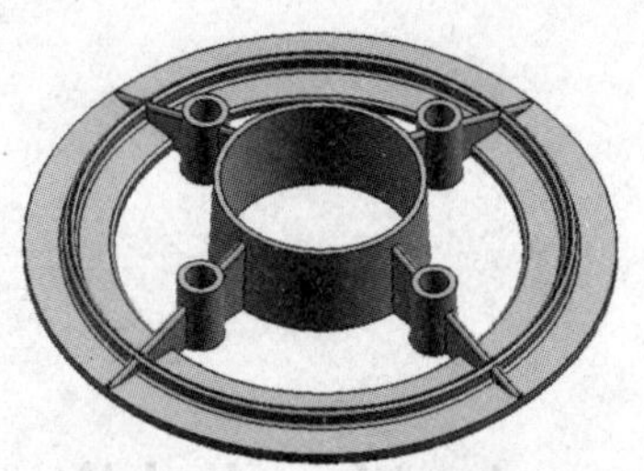
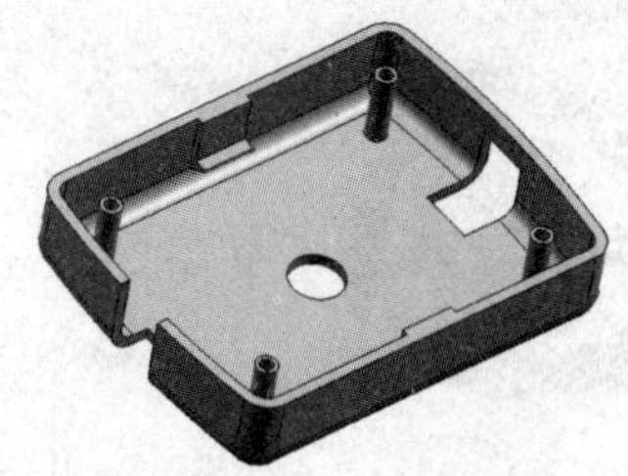
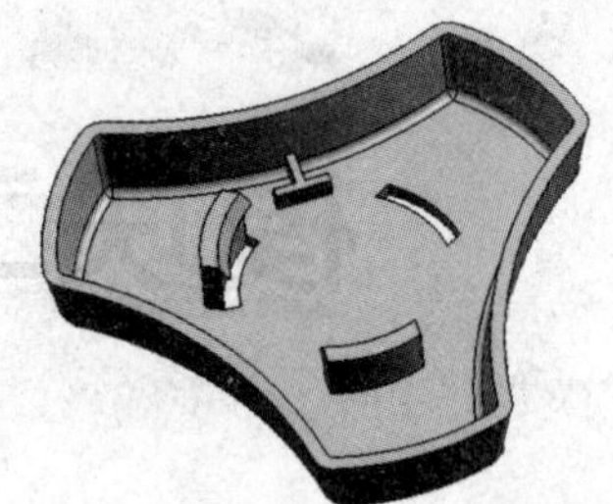

图 2—2　简单三维实体模型设计

三、模块任务分析

通过对图 2—1 的识读与分析，完成产品设计要注意以下问题：

1. 盖板是由多个简单实体组合而成的，这些实体的创建往往要通过草图创建来完成。

2. 盖板上有圆角结构以及孔结构等特征，需要运用到建模模块中的特征工具条去创建。

3. 产品设计时应采用《机械制图》中叠加式组合体的“形体分析法”，首先绘制最大截面的草图，然后生成主实体，在此基础上采用逐步增加或去除材料（添加特征）的方法完成建模。

根据产品设计过程特点，该项目的实施分为三个任务进行：常用特征的引用和操作，常用实体建模与编辑，基准特征的创建，最终完成盖板产品设计。

任务一　常用特征的引用和操作

学习目标

1. 能完成基本体模型建模。
2. 能完成常用特征的创建。
3. 能完成常用特征的引用。

工作任务

通过 NX 特征工具条完成如图 2—3 所示连接件的创建。

该连接件主体由一圆柱和一长方体构成，是在主体的基础上去除材料，并增加其他特征来完成的。

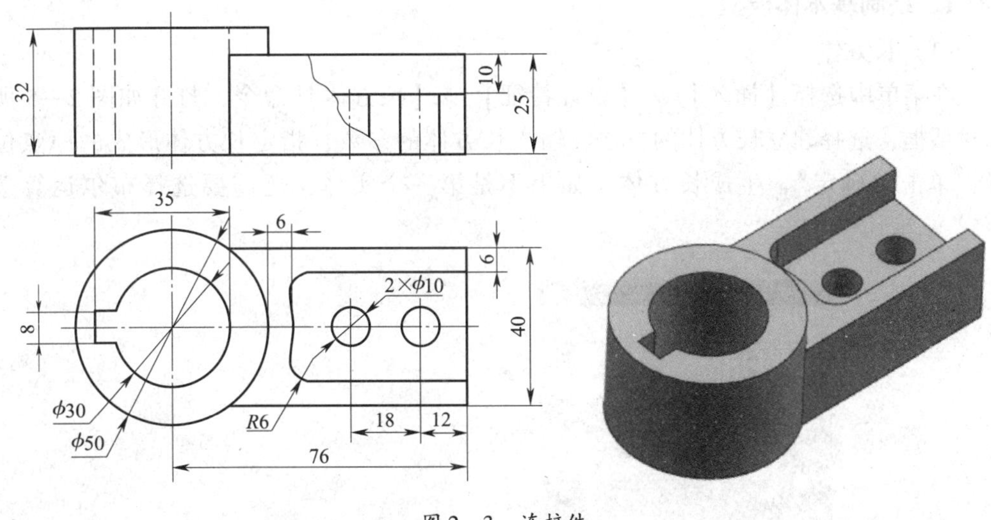

图 2—3 连接件

相关理论

一、NX 建模概述

建模是 NX 建模（CAD）模块的基础和核心工具，主要包括了设计特征模块、细节特征模块和联合体模块等，其功能强大、操作简单、编辑修改灵活。NX 的实体造型功能，采用了基于特征和约束的建模技术，具有交互建立和编辑复杂实体的能力，有助于用户进行细节和具体设计。

二、特征工具条命令的使用

成形特征主要是通过长方体、圆柱体、圆锥体、球体四种基本的实体模型，以及孔、圆形凸台、型腔、键槽、倒斜角、螺纹等一系列的特征操作，建立完整的实体模型，部分特征命令在菜单【插入】 >【设计特征】中选择，特征工具栏如图 2—4 所示。

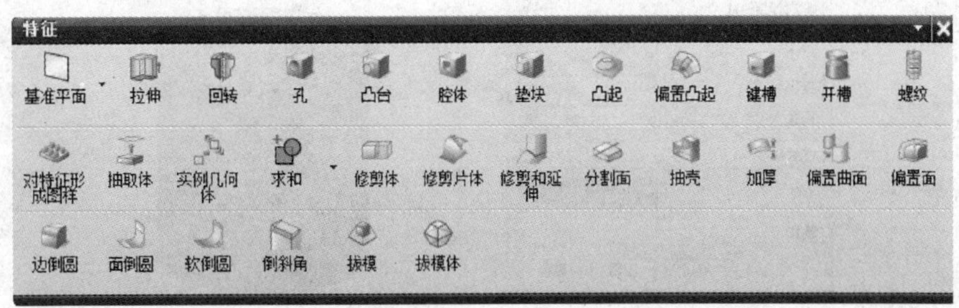

图 2—4 特征工具栏

1. 绘制基本体模型

（1）长方体

在菜单中选择【插入】>【设计特征】>【长方体】命令，打开如图 2—5 所示对话框，选择建立长方体的方法，输入长方体的参数，指定长方体形成的原点位置，单击“确定”，生成长方体。如果不是第一个实体，还需要选择布尔运算选项。

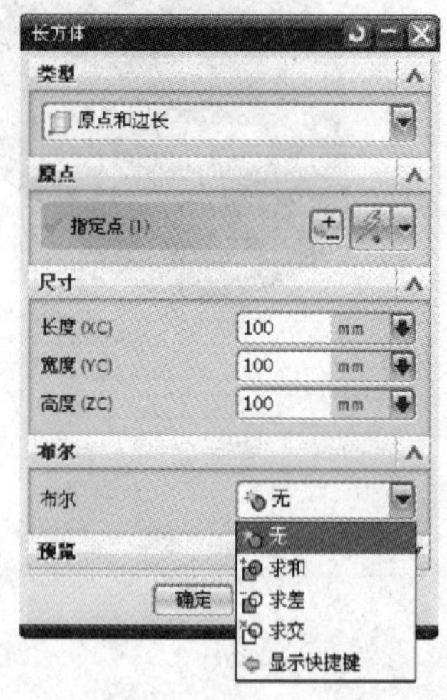

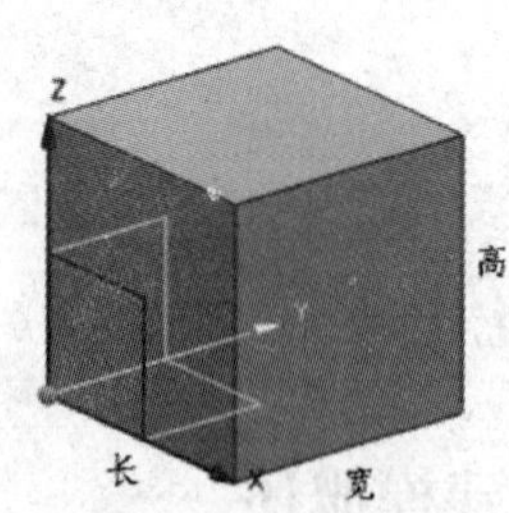

图 2—5 “长方体”对话框及实例

（2）圆柱体

在菜单中选择【插入】>【设计特征】>【圆柱体】命令，打开如图 2—6 所示对话框，选择建立圆柱体的方法，定义圆柱生成方向，指定矢量和放置圆柱体原点的 WCS 坐标系下的位置，输入圆柱体的参数，单击“确定”，生成圆柱体。

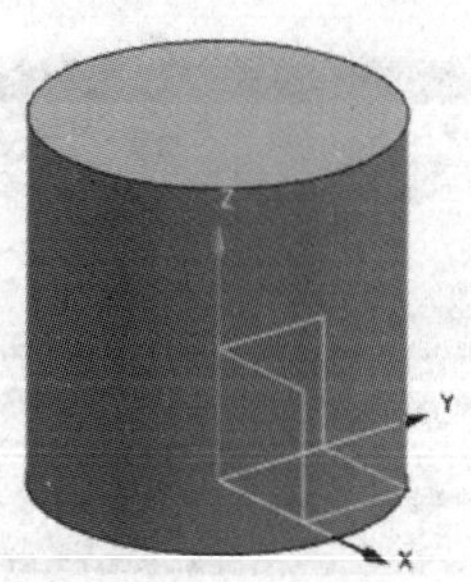

图 2—6 “圆柱体”对话框及实例

(3) 圆锥体

在菜单中选择【插入】 >【设计特征】 >【圆锥体】命令，打开如图 2—7 所示对话框，选择建立圆锥体的方法，定义圆锥体生成方向，指定矢量和放置圆锥体原点的 WCS 坐标系下的位置并输入圆锥体的参数，单击“确定”，生成圆锥体。

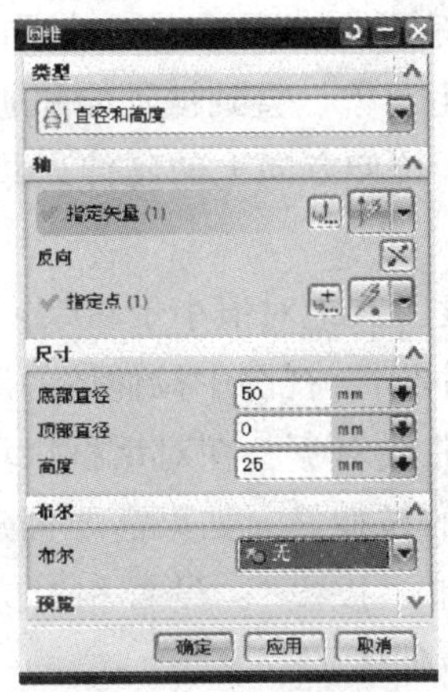

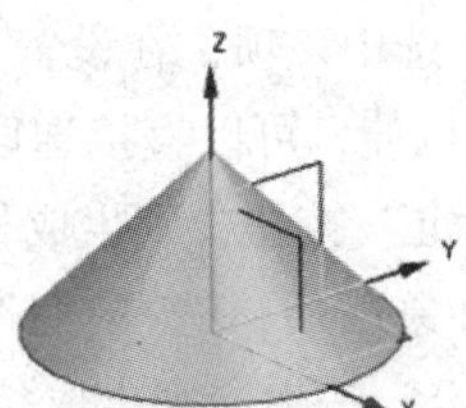

图 2—7 “圆锥体”对话框及实例

(4) 球体

在菜单中选择【插入】>【设计特征】>【球】命令，打开如图 2—8 所示对话框，选择建立球体的方法，指定球心并输入球体的参数，单击“确定”，生成球体。

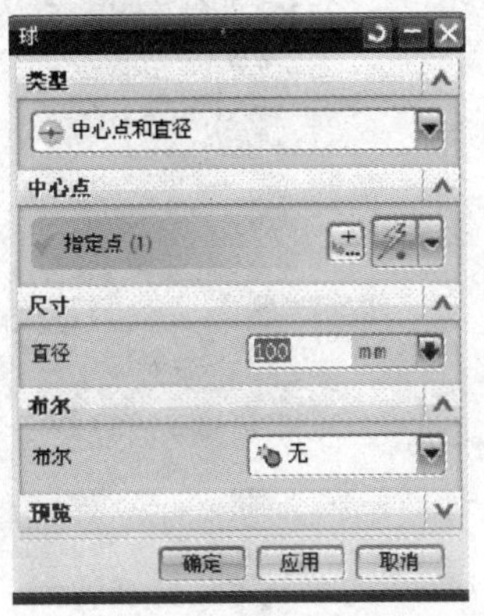

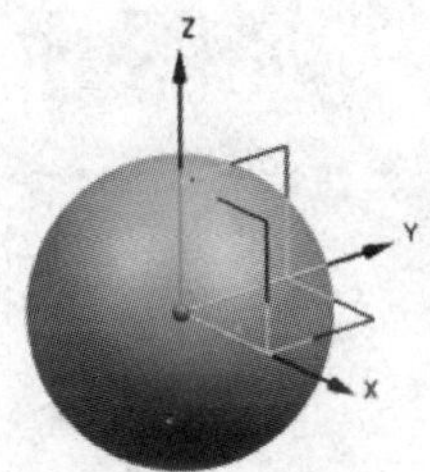

图 2—8 “球体”对话框及实例

2. 构建拉伸体

使用拉伸命令，可将截面曲线沿指定方向拉伸一定距离，以产生实体或片体。

选择【插入】>【设计特征】>【拉伸】命令，或选择特征工具，单击拉伸按钮，系统会弹出如图 2—9 所示对话框，选项中各参数的作用如下：

(1) 用于选取平面曲线对象。

(2) 用于临时绘制草图截面曲线。

（3）用于设定拉伸方向。

（4）“设定布尔运算模式”即设置拉伸体与工作区域原有实体之间的存在关系，包括新建、并、差、交。

（5）（方向）用于反向当前的拉伸反向。

（6）“极限”用于设定拉伸的起始面和结束面。起始面和结束面的设置共有 6 种方式，即值、对称值、直至下一个、直至选定对象、直到被延伸和通过全部。

（7）“偏置”用于设置拉伸对象在垂直于拉伸方向上的延伸。共有 3 种偏置方式，即双边、单边和对称。

（8）“拔模”用于设置拉伸体的拔模角度，其绝对值小于 90°。

（9）“预览”，选中该项，在设置参数的同时，视图中拉伸体的形状相应变动。

如果是简单的拉伸，可以直接选取平面曲线对象，在对话框中设置拉伸起始值和结束值，单击“确定”按钮，则生成相对应的拉伸体。如果需要创建比较复杂的拉伸体，在选择平面对象以后，选择“偏置”和“拔模”，设置相对应参数以后，单击“应用”或者“确定”按钮，则生成相应的拉伸体。

3. 构建回转体

执行旋转命令，可以将截面线圈绕指定的一条线旋转一定角度。

选择特征工具，单击回转按钮，系统会弹出如图 2—10 所示对话框。用户可根据需要设置各参数。

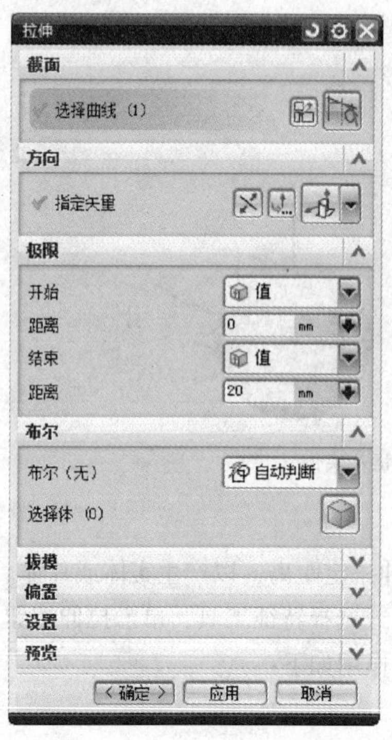

图 2—9 “拉伸”对话框

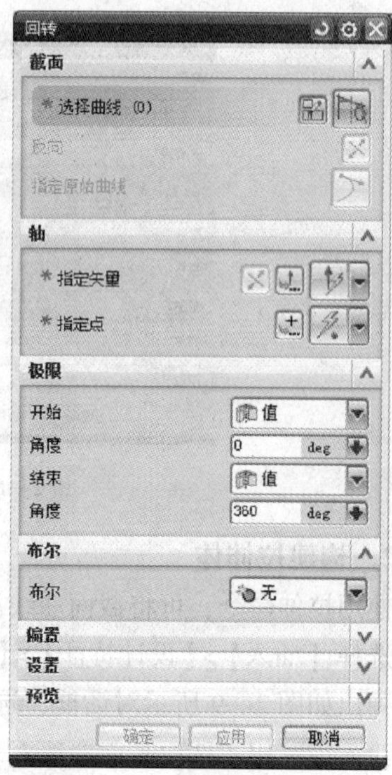

图 2—10 “回转”对话框

4. 沿引导线扫掠构建实体

沿引导线扫掠是沿着一定轨迹进行扫掠，将截面、实体边缘、曲线生成实体或者片体。

单击【插入】>【设计特征】>【扫掠】>【沿引导线扫掠】，弹出如图 2—11 所示对话框，依次选取截面和引导线，即可得图示扫掠体。

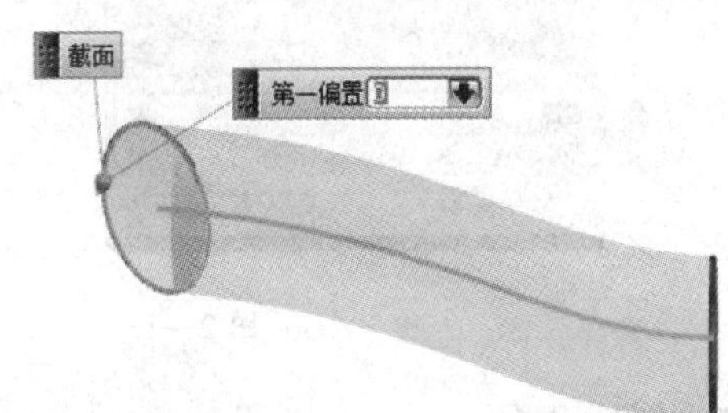

图 2—11 “沿引导线扫掠”对话框及实例

5. 布尔运算

布尔运算是处理实体造型中多个实体或片体的合并关系，包括相加、相减和相交运算类型，分别对应实体联合、实体或者片体相减和产生交叉实体或片体。在进行布尔运算时，首先选择的需要与其他体合并的实体或片体称为目标体；而修改目标实体的那个实体或片体则称为工具体，如图 2—12 所示。

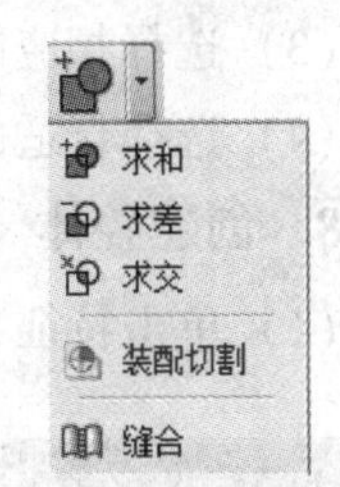

图 2—12 布尔运算

(1) 求和：用于将两个或两个以上的实体合并成一体。

(2) 求差：从目标体中减去与一个或多个工具体相重合的部分。

(3) 求交：该运算的结果为两个体的重合部分。

6. 创建孔

单击特征工具中的 按钮，打开如图 2—13 所示对话框。在孔类型中可选择常规孔、钻形孔、螺钉间隙孔、螺纹孔以及孔系列参数的设置。在成形对话框中可选择简单、沉头、埋头或锥形。创建孔时需定义孔的放置平面以及定位尺寸。

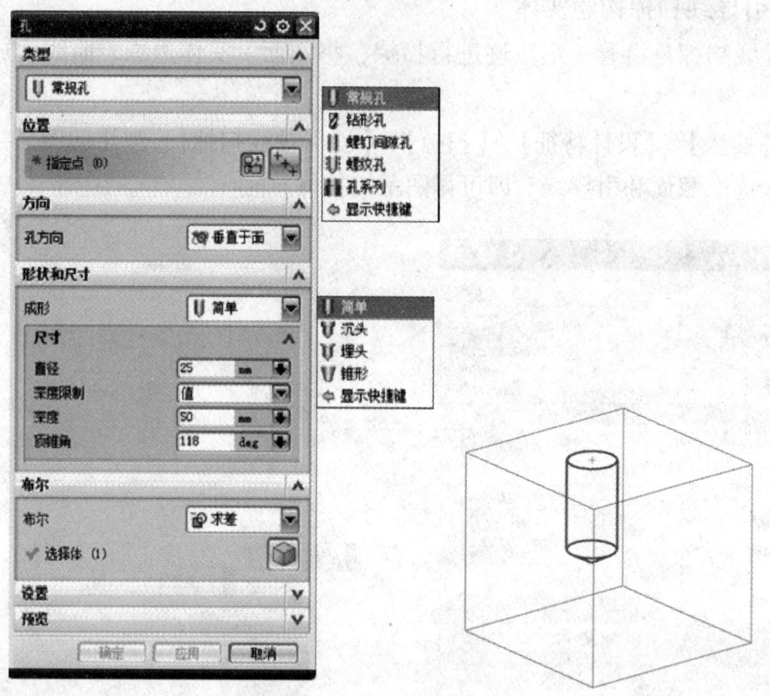

图 2—13 “孔”对话框及实例

7. 创建凸台

（1）单击特征工具中的按钮，打开如图 2—14 所示对话框。

（2）选择凸台放置平面或基准平面。

（3）选择相应的建模方式，输入需要的参数。

（4）选择合适的定位方式，输入必需的定位尺寸。

8. 创建腔体

（1）单击特征工具中的按钮，打开如图 2—15 所示对话框。

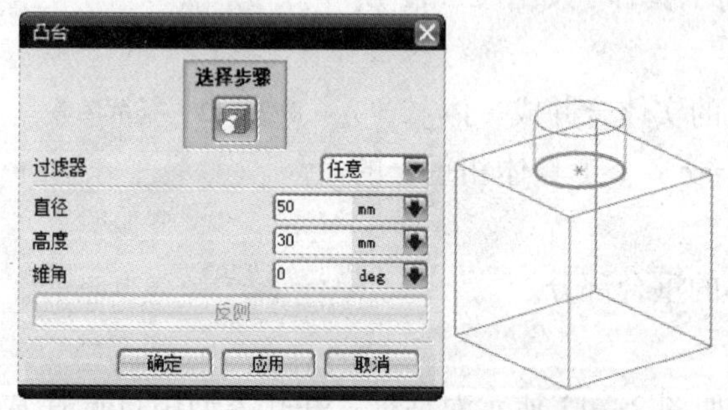

图 2—14 “凸台”对话框及实例

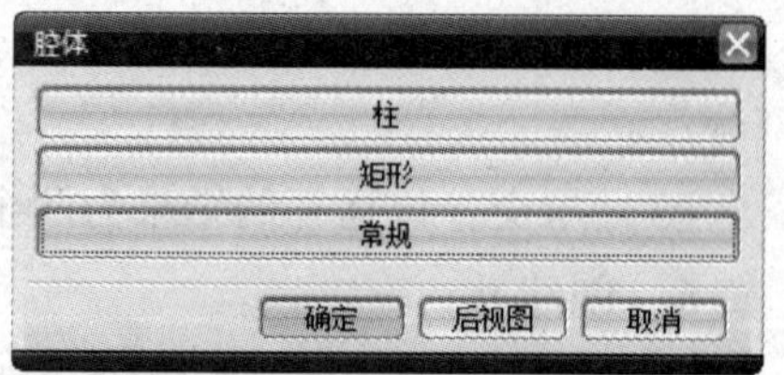

图 2—15 “腔体”对话框

（2）选择腔体类型（主要有柱及矩形）。

（3）选择放置腔体的平面或者基准平面。

（4）输入型腔的参数。

1）圆柱形型腔如图 2—16 所示。圆柱形型腔的底面半径必须大于等于 0 且必须小于深度值。

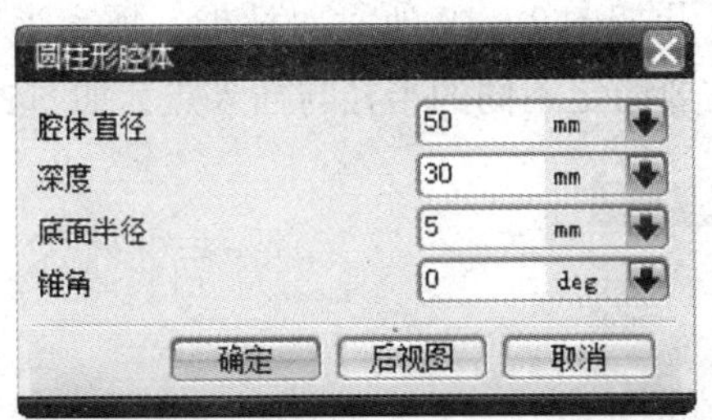

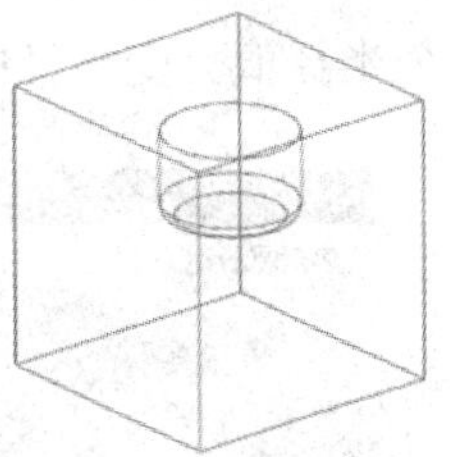

图 2—16 “圆柱形腔体”对话框及实例

2）矩形型腔如图 2—17 所示。通常选用矩形型腔的长度方向为水平参考。拐角半径必须大于等于 0，底面半径必须大于等于 0，锥角必须大于等于 0。

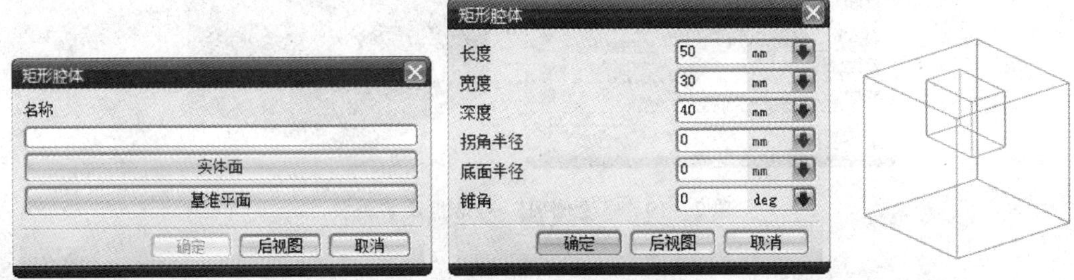

图 2—17 “矩形腔体”对话框及实例

（5）定位型腔。

9. 创建垫块

（1）单击特征工具栏中的 按钮，打开如图 2—18 所示对话框。

（2）选择相应的垫块形式。

（3）选择放置垫块的平面或者基准平面。

（4）定位垫块，输入水平参考（水平参考方向即为矩形型腔的长度方向）。

（5）输入垫块的参数。

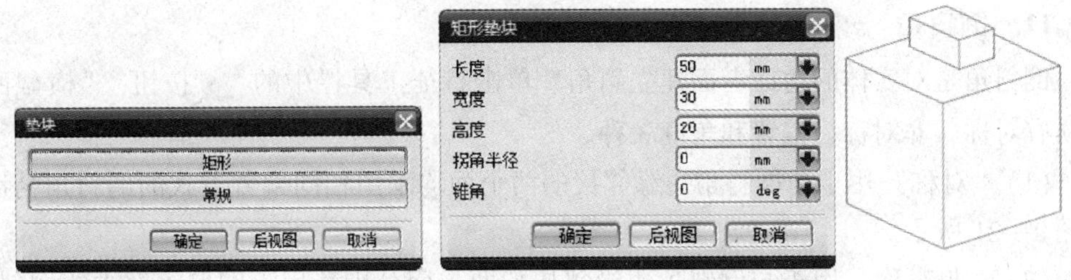

图 2—18 “垫块”对话框

10. 边倒圆

边倒圆是根据指定的半径对实体或者片体的边进行倒圆，沿边的长度方向可以建立定半径圆角或者变半径圆角。

单击特征工具栏中的 按钮，打开如图 2—19 所示对话框。恒定半径的圆角只需要输入一个半径值，变半径圆角则需要给定不同的半径与插入点，如图 2—20 所示。

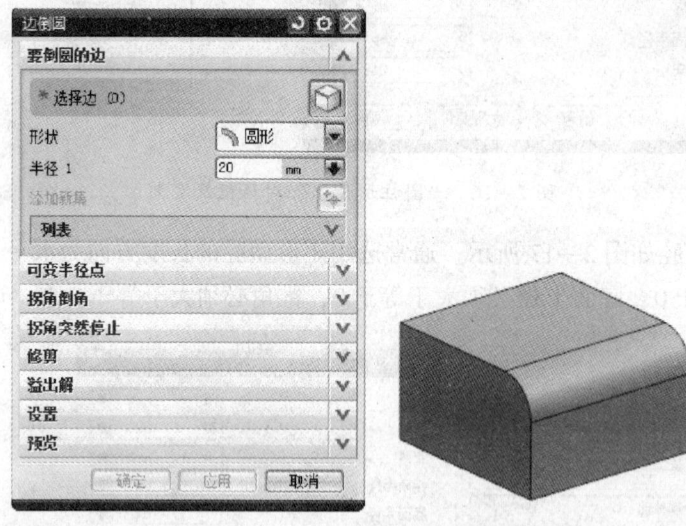

图 2—19 “边倒圆”对话框及实例

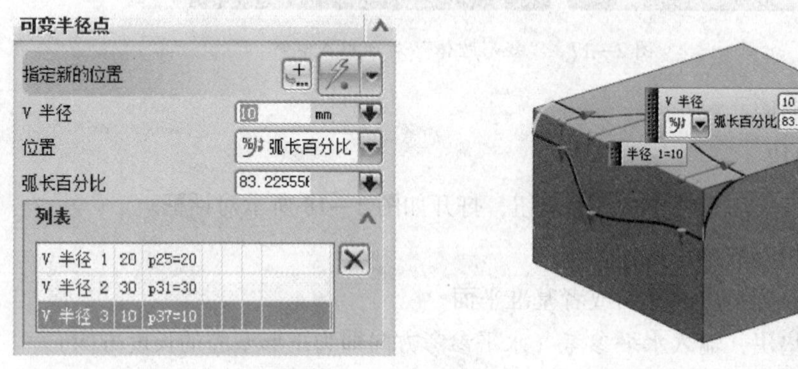

图 2—20 “可变半径点”选项及实例

11. 倒斜角

倒斜角是对实体的边或者面建立斜角。单击特征工具栏中的 按钮，“横截面”选项有对称、非对称、偏置和角度 3 种。

（1）“对称”用于与倒斜角边缘邻接的两个面均采用相同偏置方式的倒斜角情况，如图 2—21 所示。

（2）“非对称”用于与倒斜角边缘邻接的两个面分别采用不同偏置方式的倒斜角情况，如图 2—22 所示。

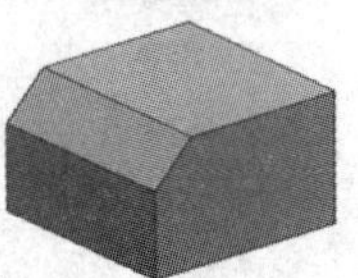

图 2—21 对称倒斜角实例

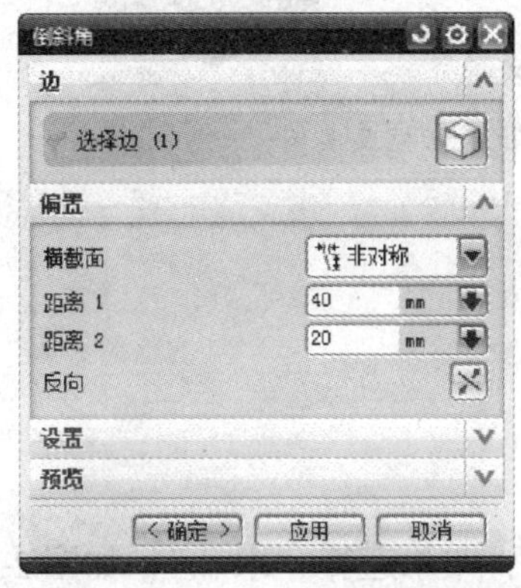

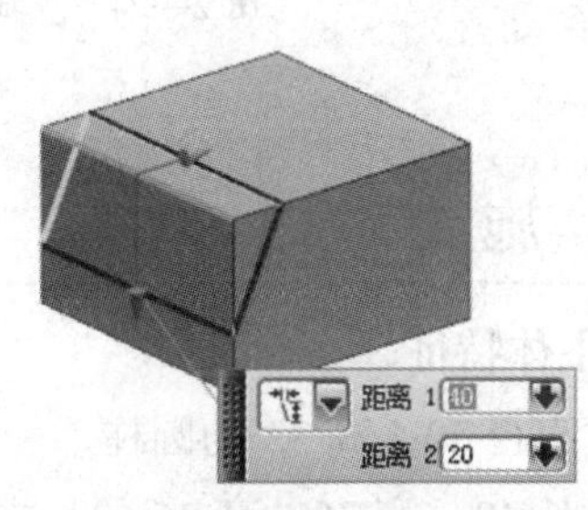

图 2—22 非对称倒斜角实例

（3）“偏置和角度”用于由一个偏置值和一个角度来定义倒斜角的情况，如图 2—23 所示。

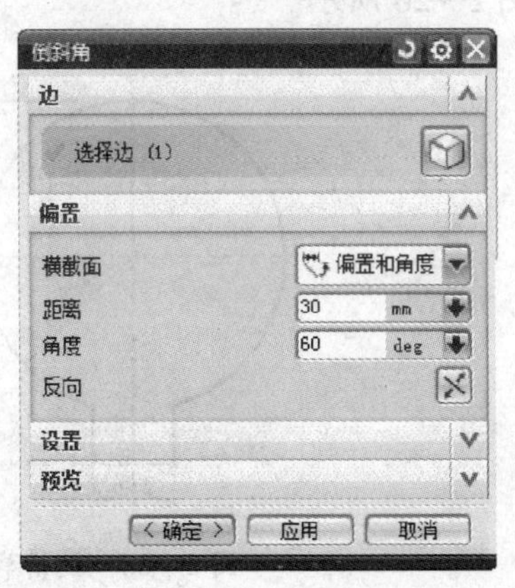

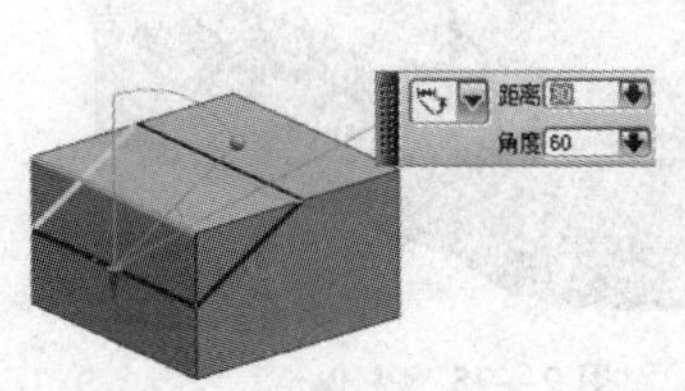

图 2—23 偏置和角度倒斜角实例

12. 抽壳

抽壳命令用于挖空实体或者建立薄壁零件。单击特征工具栏中的 按钮，打开

如图 2—24 所示对话框。选择要移除的面并设定厚度即可抽壳。要注意的是抽壳后至少保留一个表面，不能移除所有面。

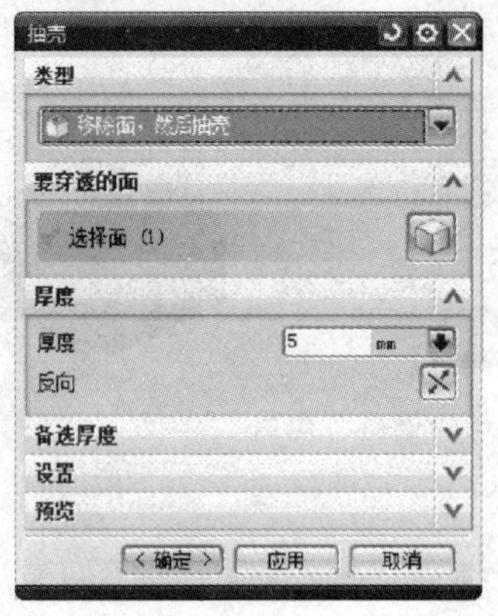

图 2—24 “抽壳”对话框及实例

任务实施

1. 创建主体特征

（1）创建直径 50、高 32 的圆柱。

（2）创建长 40、宽 76、高 25 的长方体，布尔运算“求和”，如图 2—25 所示。

2. 创建键槽特征

（1）选择“草图”模块，进入草图绘制。

（2）选择圆柱底面作为草图放置面。

（3）绘制键槽草图，并完全约束，如图 2—26 所示。

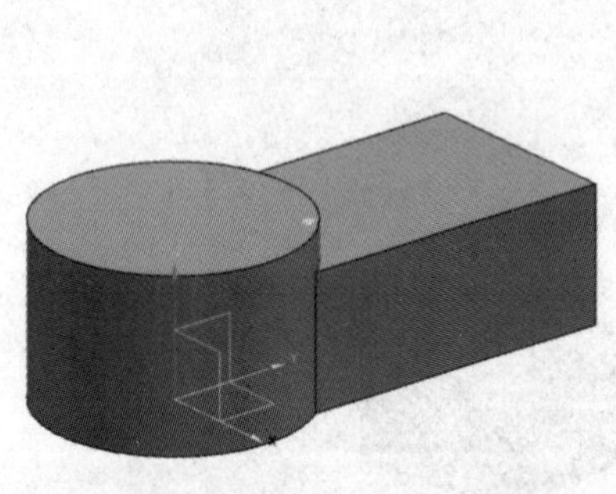

图 2—25 主体

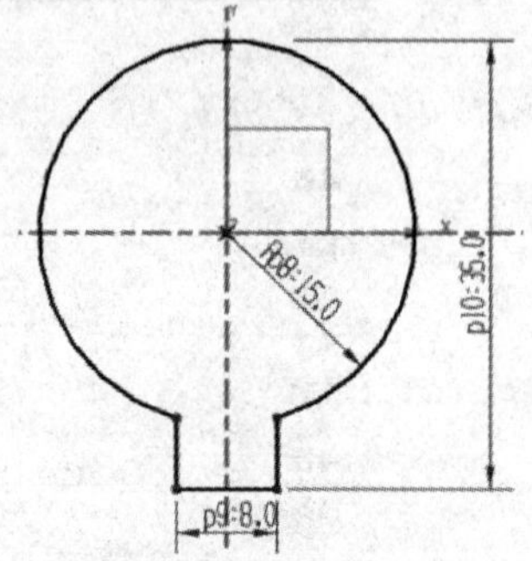

图 2—26 键槽草图

（4）拉伸求差：单击特征工具栏中的 按钮，如图 2—27 所示，输入参数，布尔运算“求差”，如图 2—28 所示。

图 2—27 “拉伸”对话框

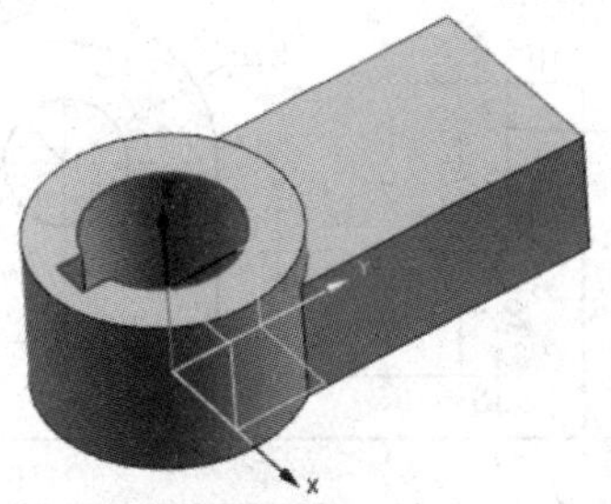
图 2—28 键槽

3. 创建长方体上的槽特征

（1）绘制槽的草图，如图 2—29 所示。

（2）拉伸，布尔运算求差。

（3）边倒圆，单击特征工具栏中的 按钮，给定圆角半径为 6，如图 2—30 所示。

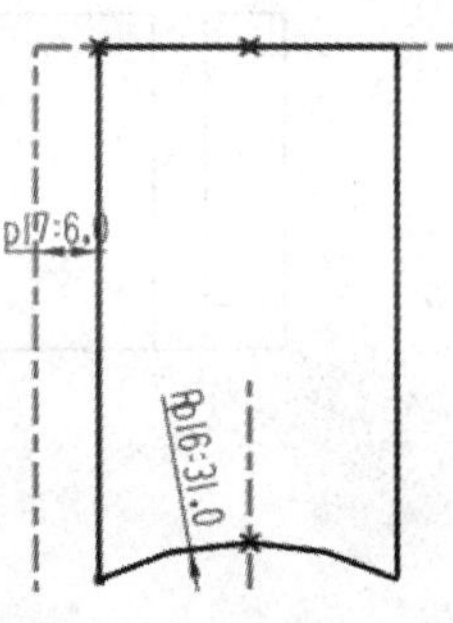
图 2—29 槽的草图

4. 创建孔特征

单击特征工具栏中的 按钮，如图 2—31 所示。确定孔放置的平面以及孔的位置，完成图 2—3 所示连接件的创建。

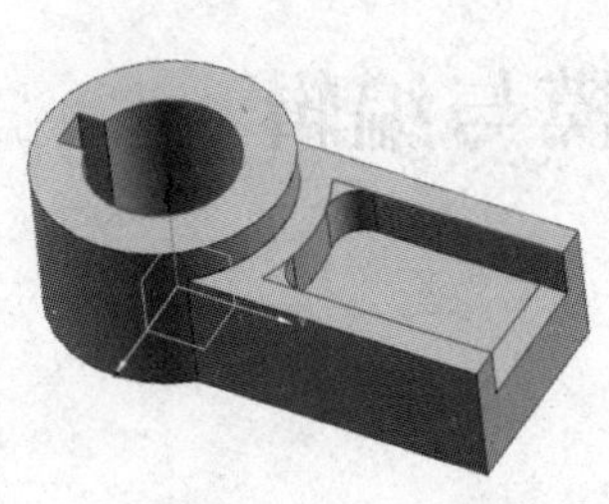
图 2—30 槽

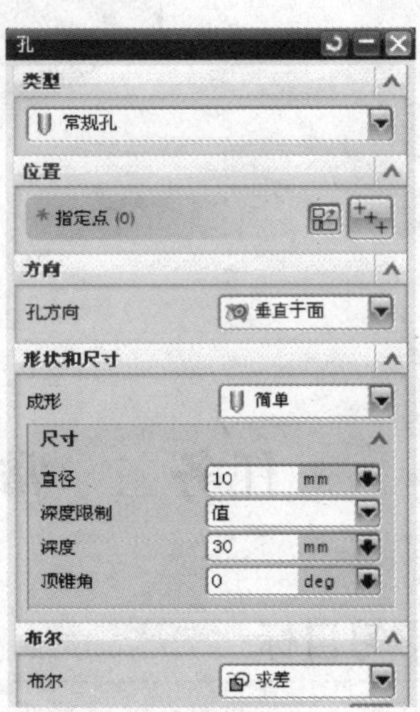

图 2—31 “孔”对话框

巩固提高

通过 NX 特征操作功能完成如图 2—32 所示产品设计练习。

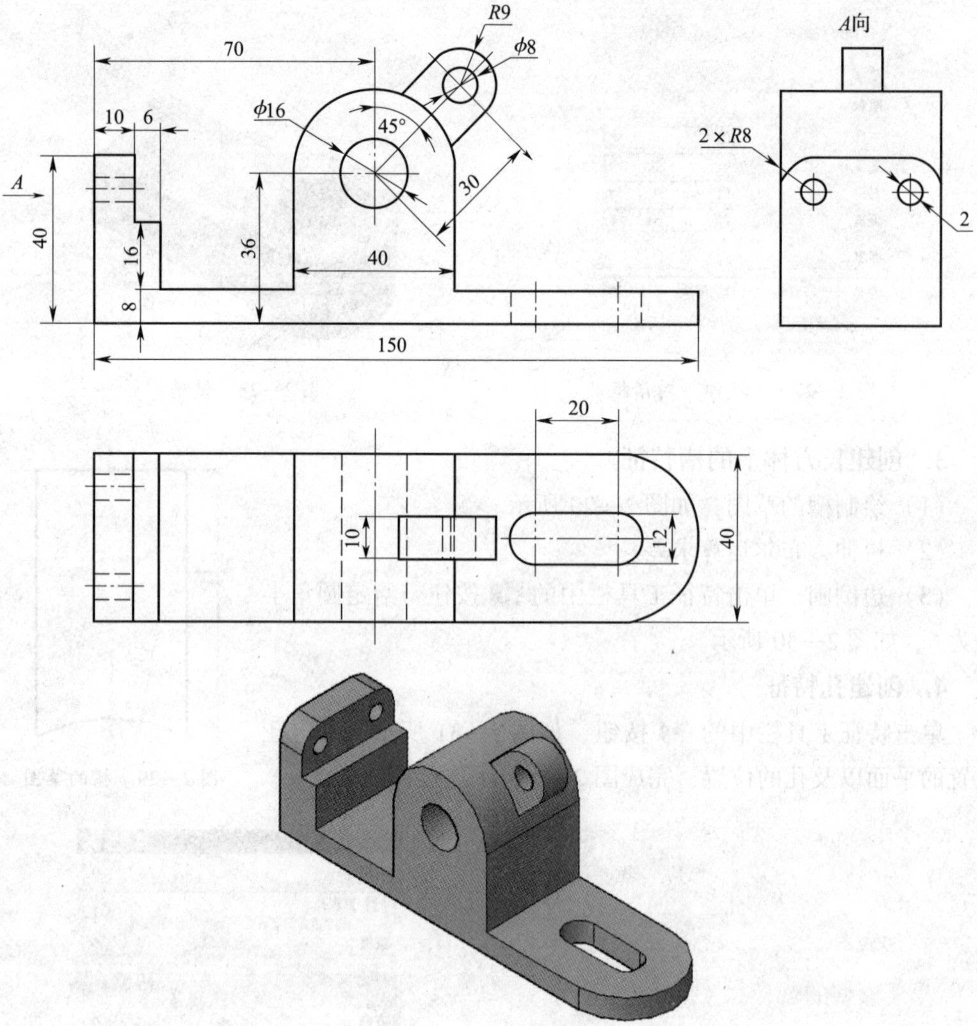

图 2—32　产品设计

任务二　常用实体建模与编辑

学习目标

1. 能完成基于草图的模型建模。
2. 能完成实体模型编辑。

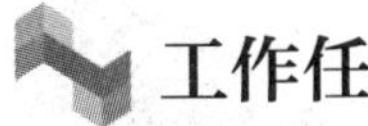

工作任务

创建盖板实体模型，如图 2—33 所示。

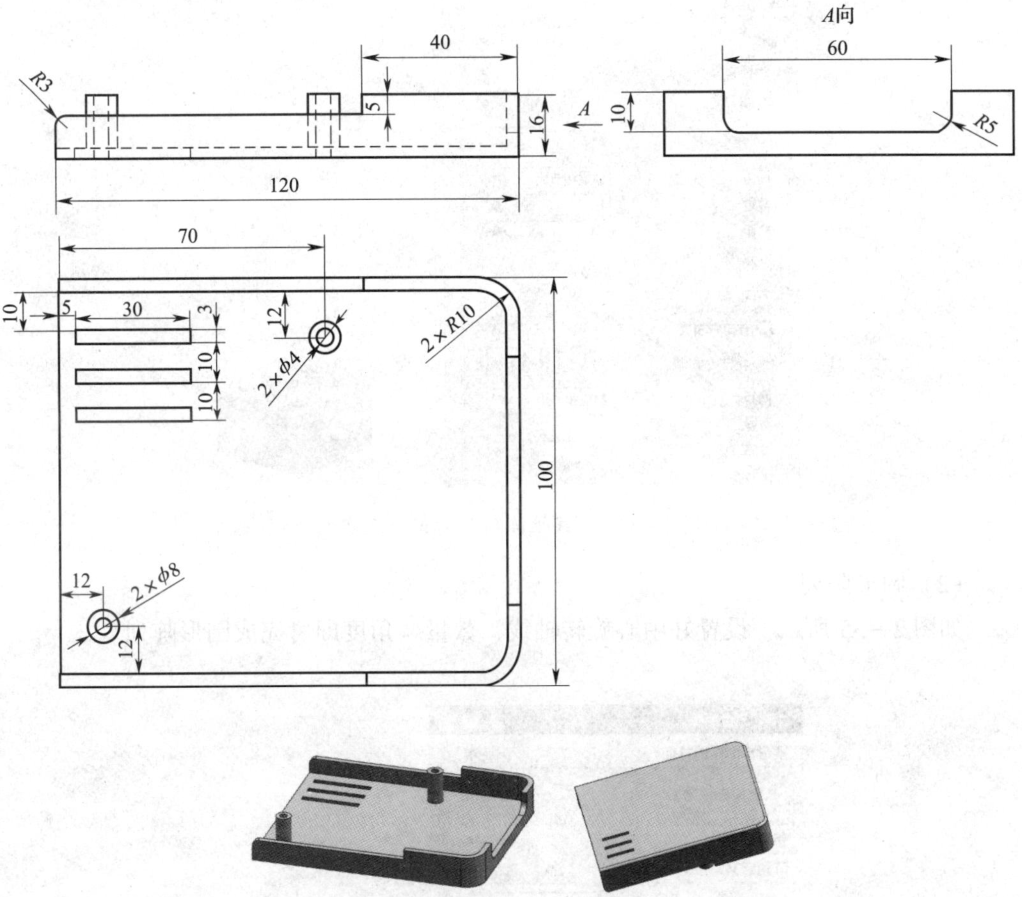

图 2—33　盖板模型设计

盖板模型的创建过程是首先生成主体模型，再叠加或减去一些结构，另外还要用到实例特征阵列命令。

特征相关命令的使用

1. 对特征形成图样

该命令是将特征复制到许多图样或布局（线性、圆形、多边形等）中，并有对应图样边界、实例方位、旋转和变化的各种选项。

（1）线性阵列

单击特征工具栏中的 按钮，打开如图 2—34 所示对话框，指定线性布局。选择需要阵列的特征，输入各参数，系统会预览阵列的情况。

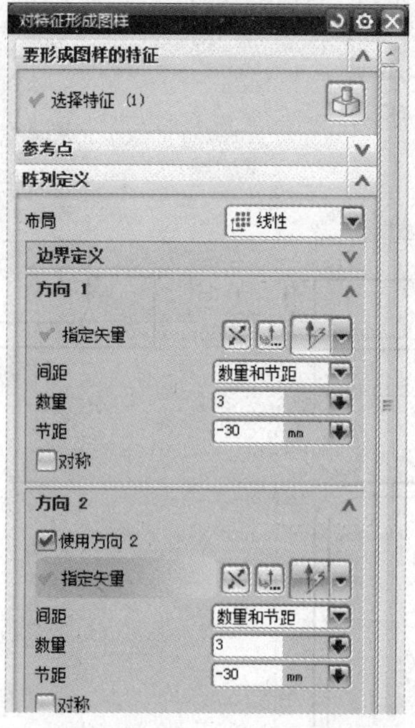

图 2—34　“线性阵列”对话框及实例

（2）圆形阵列

如图 2—35 所示，设置好中心旋转轴线、数量、角度即可完成圆形阵列。

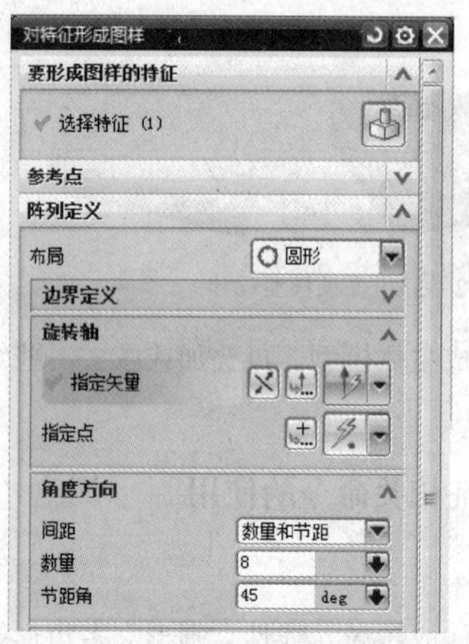

图 2—35　“圆形阵列”对话框及实例

2. 镜像体

单击特征工具栏中的按钮，打开如图 2—36 所示对话框。选择要镜像的体和镜像平面，完成操作。

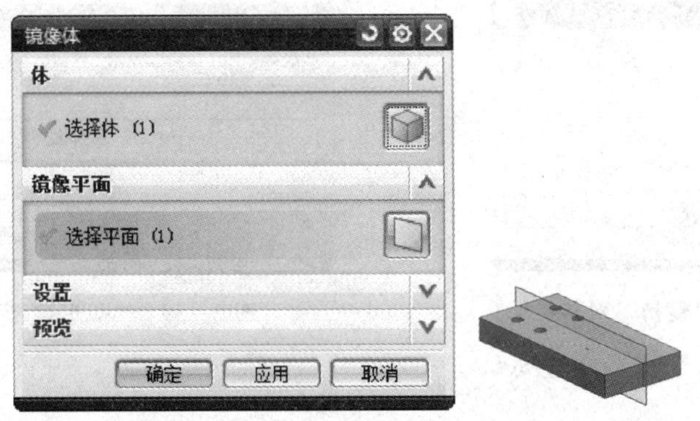

图 2—36 “镜像体”对话框及实例

3. 镜像特征

镜像特征是对实体中的特征相对于基准平面或者实体的表面进行镜像。单击特征工具栏中的 按钮，打开如图 2—37 所示对话框。选择要镜像的特征和镜像平面，完成操作。

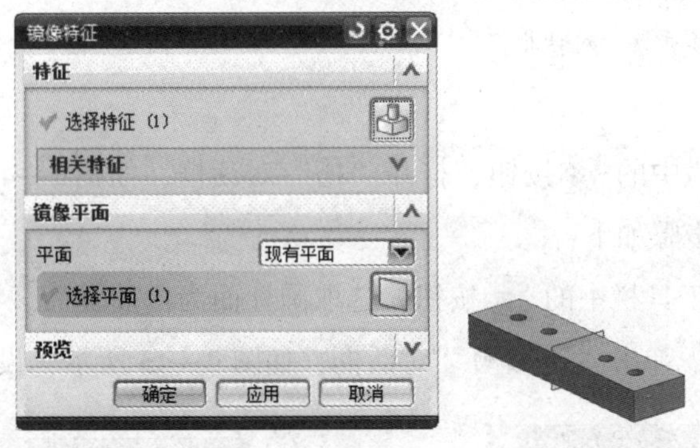

图 2—37 “镜像特征”对话框及实例

4. 键槽

单击特征工具栏中的 按钮，打开如图 2—38 所示对话框。

该对话框上有 5 个单选按钮：矩形槽、球形端槽、U 形槽、T 型键槽和燕尾槽。还有一个复选框：通槽，用来设置是否生成通槽。

创建矩形键槽步骤如下：

(1) 单击特征工具栏中的 按钮，确定后弹出如图 2—39 所示对话框，提示用户选取放置平面。该对话框上同样有“实体面”和“基准表面”两个按钮。

(2) 选取放置平面，确定水平参考方向。

(3) 设置键槽参数，如图 2—40 所示。

(4) 确定键槽位置，如图 2—41 所示。

其余类型键槽的创建步骤与矩形键槽类似。

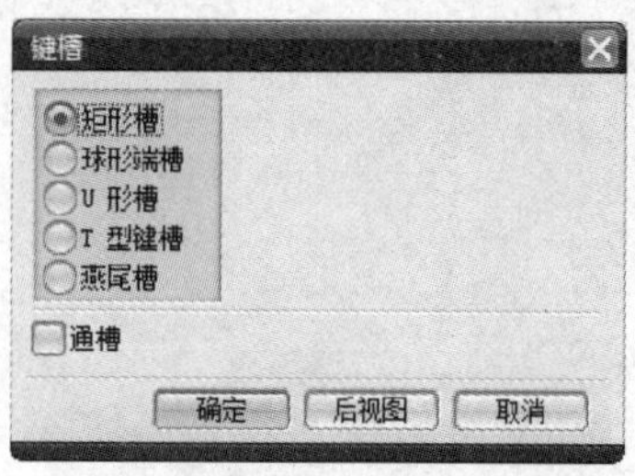

图 2—38 “键槽”对话框

图 2—39 “矩形键槽”对话框

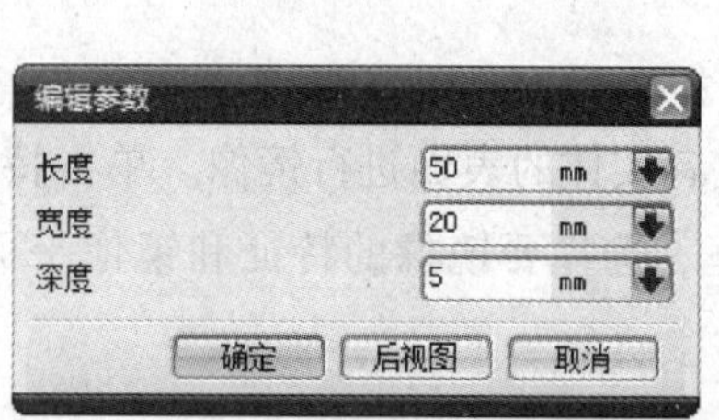

图 2—40 “编辑参数”对话框

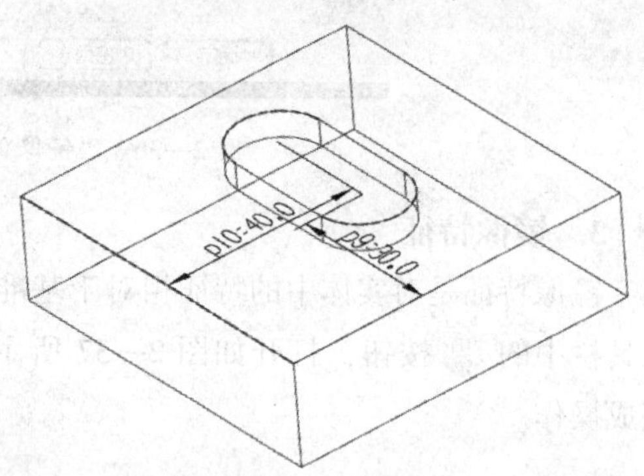

图 2—41 定位键槽

5. 开槽

单击特征工具栏中的按钮，打开“槽”对话框，如图 2—42 所示。

创建矩形槽的步骤如下：

（1）单击特征工具栏中的按钮，选取圆柱面为槽放置面。

（2）选取矩形，弹出“矩形槽”对话框，如图 2—43 所示，设置槽参数。

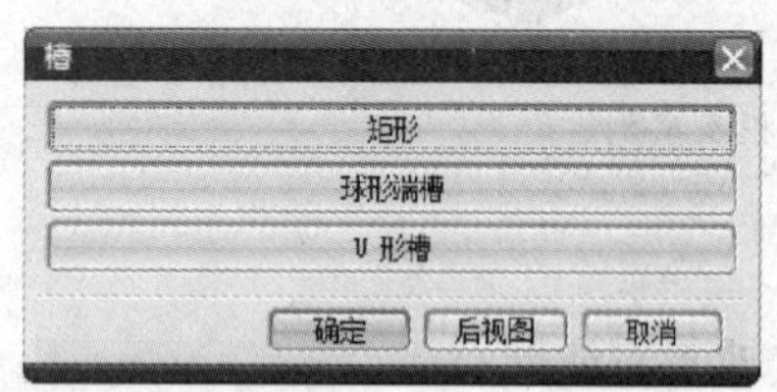

图 2—42 “槽”对话框

图 2—43 “矩形槽”对话框

（3）依次指定两个圆形边缘为定位线，输入两者之间的距离，如图 2—44 所示。

其余类型槽的创建步骤与矩形槽类似。

6. 拔模

拔模是在指定的方向上对实体进行操作。单击特征工具栏中的按钮，打开对话框，如图 2—45 所示，先选择拔模类型，再按步骤选择脱模方向、指定固定面和要拔模的面，输入拔模参数，即可完成拔模。

从平面拔模，选择如图 2—46 所示平面为固定面，四周四个平面为要拔模的面，设置拔模角度为 30°。

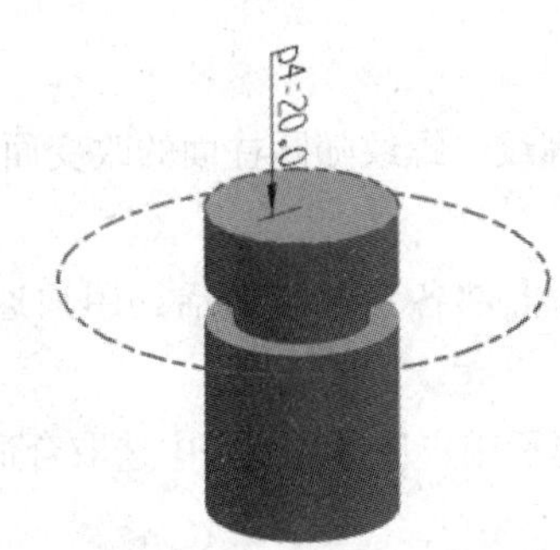

图 2—44　开槽实例

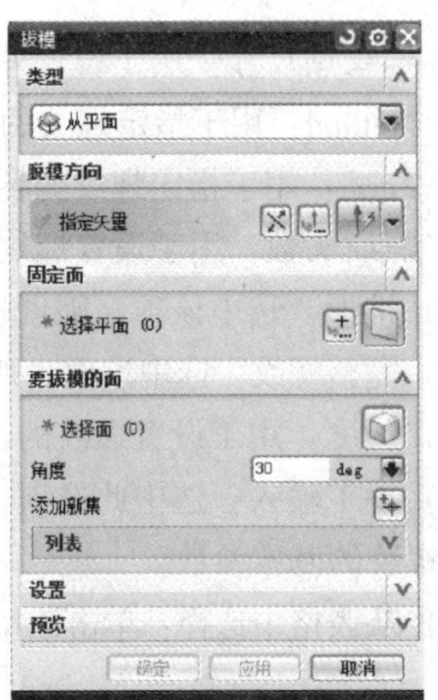

图 2—45　“拔模”对话框

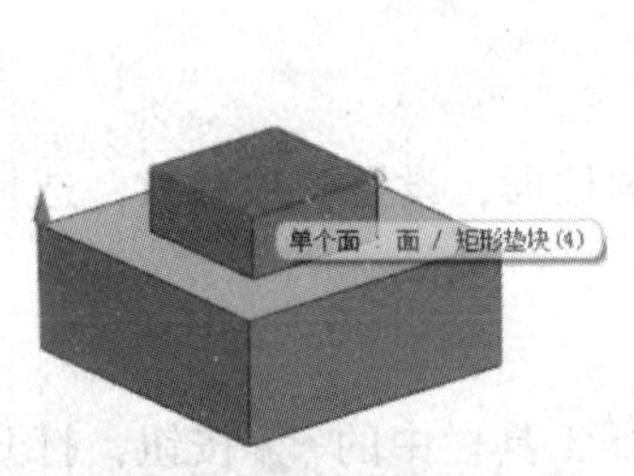

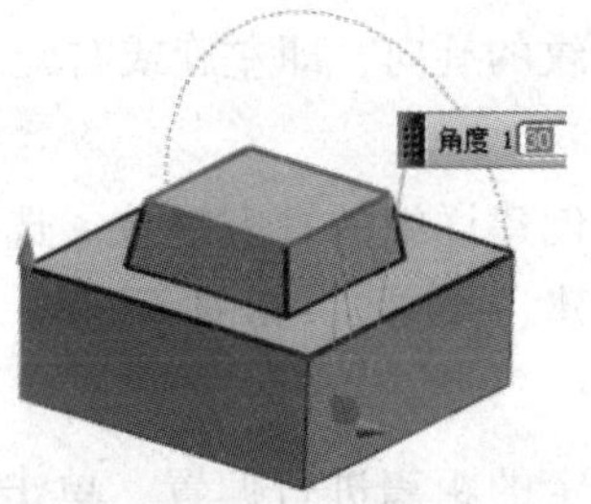

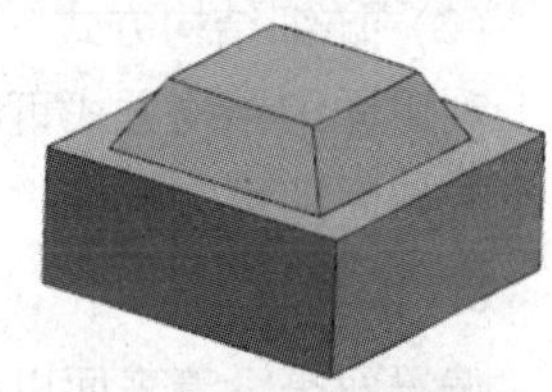

图 2—46　从平面拔模

7. 螺纹

单击特征工具栏中的 命令，打开如图 2—47 所示对话框，该对话框提供了两种螺纹创建方式，即符号方式和详细结构方式。

(1) 符号方式

利用该方式创建螺纹，则只用虚线圈表示螺纹，而不是螺纹实体。该对话框中各参数选项的意义如下所述。

1) 大径：用于设置螺纹的最大直径。

2) 小径：用于设置螺纹的最小直径。

3) 螺距：用来设置螺距。

4) 角度：用于设置螺纹的牙型角，默认情况下为标准值 60°。

5) 标注：螺纹标记，如 M20 ×2，表示螺纹公称直径为 20，螺距为 2。

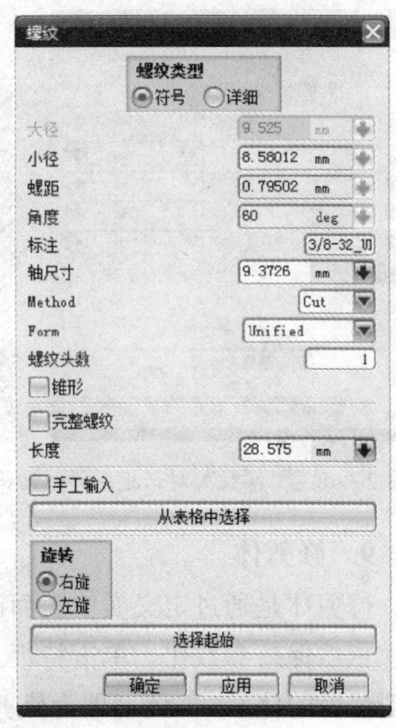

图 2—47　“螺纹”对话框—符号方式

6）螺纹钻尺寸：用于设置外螺纹轴的尺寸或内螺纹的钻孔尺寸。

7）Method：用于指定螺纹的加工方法。

8）Form：用于指定螺纹的种类。

9）螺纹头数：用于设置螺纹的头数。

10）锥形：选中该项，则创建拔锥螺纹。

11）完整螺纹：选中该项，则生成整个圆柱面上螺纹，螺纹随圆柱面的改变而改变。

12）长度：用于设置螺纹的长度。

13）手工输入：选中此选项，则“螺纹”对话框上部各参数被激活，用户通过键盘输入螺纹的基本参数。

14）从表格中选择：单击该按钮，打开对话框，提示用户从螺纹列表中选取合适的螺纹规格。

15）包含实例：选中该项，对阵列特征中的一个进行螺纹操作，则对所有的特征执行螺纹操作。

16）旋转：用于设置螺纹的旋向，即左旋或右旋。

（2）详细结构方式

利用详细结构方式可以创建详细的真实螺纹。选择圆柱面，设置各项参数，选择螺纹起始面即可完成螺纹创建，如图2—48所示。

8. 偏置面

偏置面是沿着表面以一定的距离进行偏置。单击特征工具栏中的 按钮，打开如图2—49所示对话框，将长方体的上表面向下偏置距离为10。

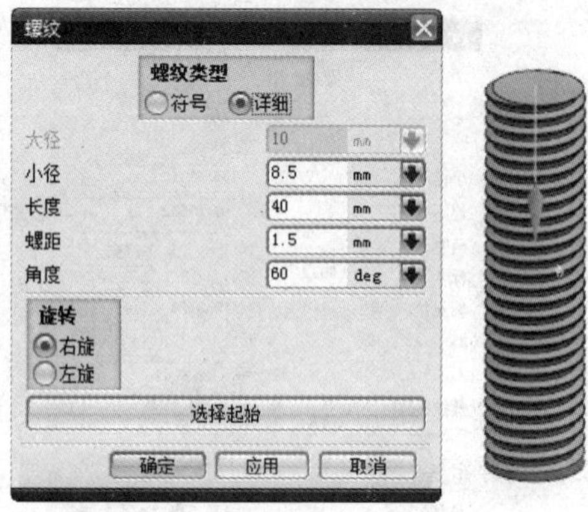

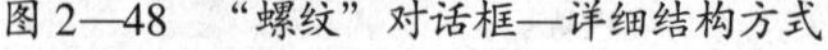

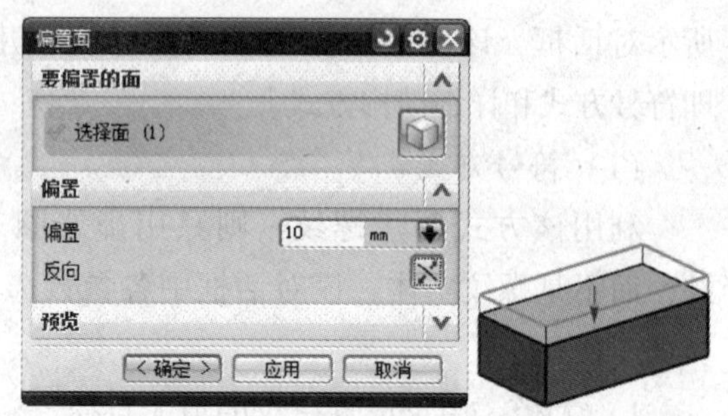

图2—48 “螺纹”对话框—详细结构方式

图2—49 “偏置面”对话框及实例

9. 修剪体

修剪体是通过定义实体表面或者定义平面对目标实体进行必要的修剪，修剪后的实体依然保持参数化。单击特征工具栏中的 命令，打开对话框，设置目标（即为需要修剪的体）、工具（即为修剪所用的工具面或基准平面），如图2—50所示，长方体被一斜面所修剪。

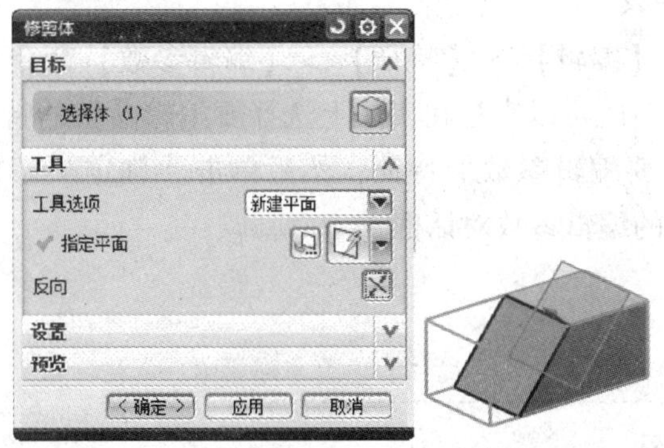

图 2—50 “修剪体”对话框及实例

10. 拆分体

拆分体即用面、基准平面或另一几何体将一个体分割成多个体。在菜单栏中选择【插入】>【修剪】>【拆分体】命令，打开对话框，在工具选项中新建平面，在“平面”对话框中选择类型为“成一角度”，单击长方体左端面为平面参考，左端面下边缘线为通过值，输入角度值 -36，即可指定一倾斜面为拆分平面，将长方体分割为两个体，如图 2—51 所示。

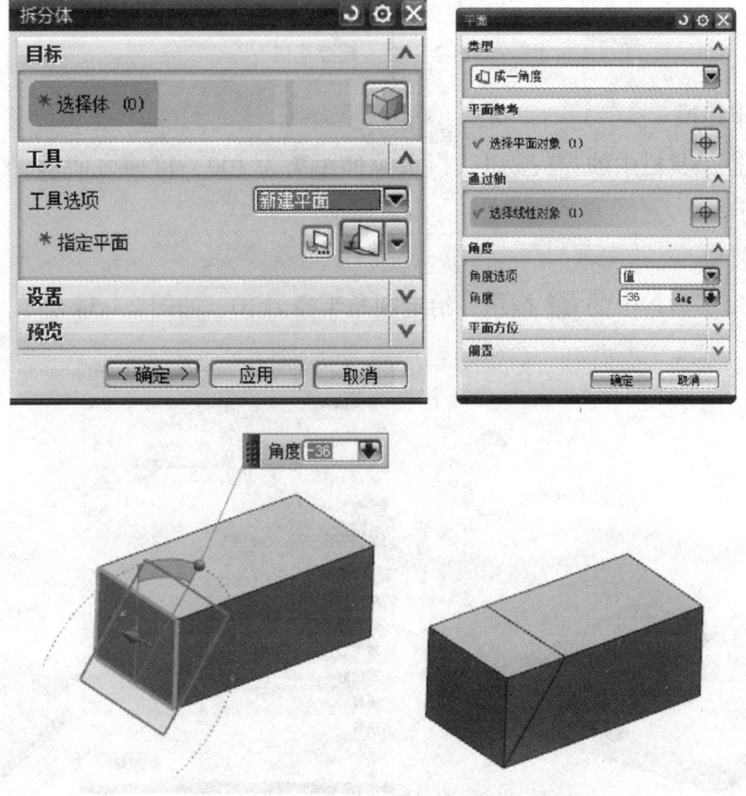

图 2—51 “拆分体”对话框及实例

11. 编辑特征参数

在菜单栏中选择【编辑】>【特征】>【编辑参数】命令，系统打开“编辑特征参数”对话框。此时既可以直接在实体上选择要编辑参数的特征，也可以在该对话框的特征列表中选择要编辑参数的特征，然后单击“确定”按钮。根据所选择的特征，系统会打开不同的编辑参数对话框。

任务实施

1. 绘制截面草图

（1）选择“草图”模块，进入草图绘制。

（2）选择 *YC*－*ZC* 平面作为草图放置面。

（3）绘制草图并完全约束，如图 2—52 所示。

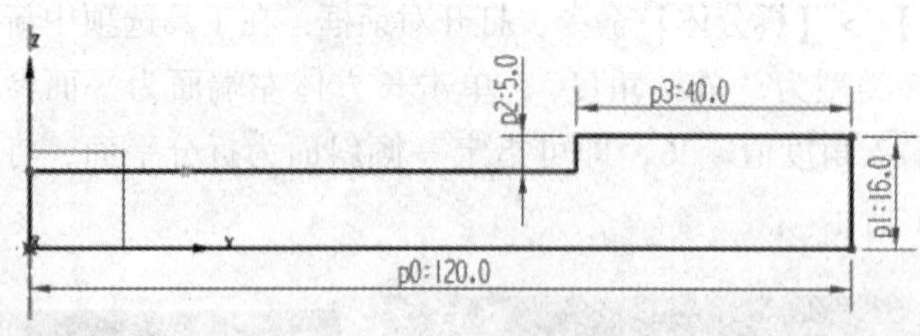

图 2—52　截面草图

2. 主体建模

单击特征工具栏中的按钮，指定拉伸距离为 100，拉伸方向沿 *XC* 轴正方向，如图 2—53 所示。

3. 倒圆角

单击特征工具栏中的按钮，给定圆角半径为 10，如图 2—54 所示。

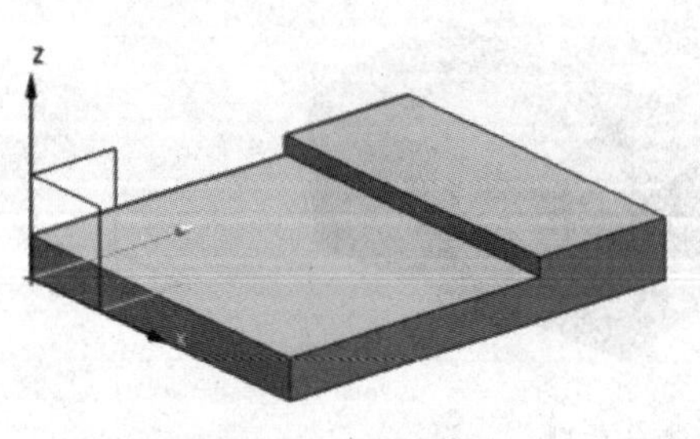

图 2—53　主体建模

图 2—54　倒圆角

4. 抽壳

单击特征工具栏中的按钮，在对话框中输入厚度 3，选择移除面，如图 2—55 所示。

5. 倒圆角

单击特征工具栏中的按钮，给定圆角半径为 3，如图 2—56 所示。

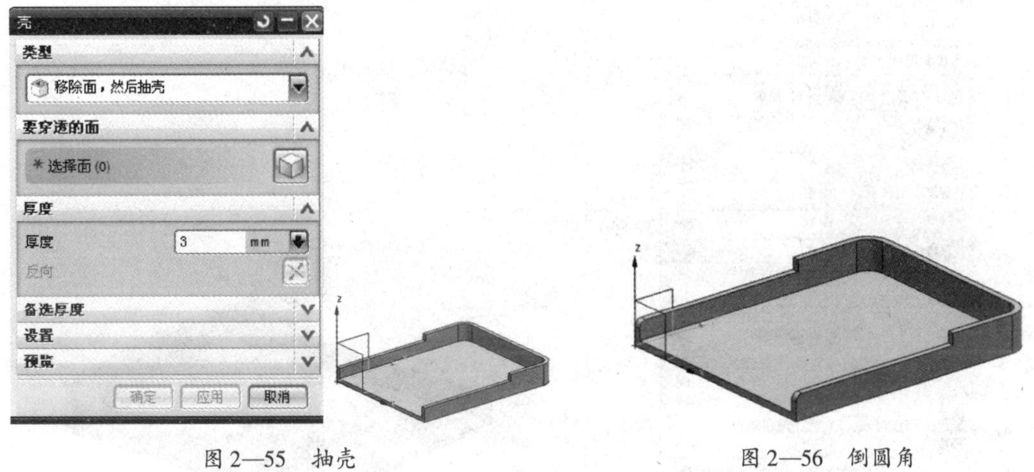

图 2—55 抽壳

图 2—56 倒圆角

6. 创建定位插销孔

（1）单击特征工具栏中的按钮，选择凸台放置平面，给定直径和高度值。

（2）在“定位”对话框（图 2—57）中选择【垂直】命令，按图 2—58 所示尺寸定位凸台。

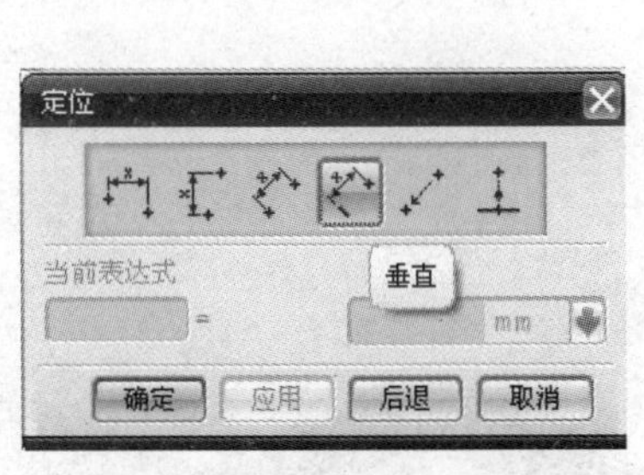

图 2—57 “定位”对话框

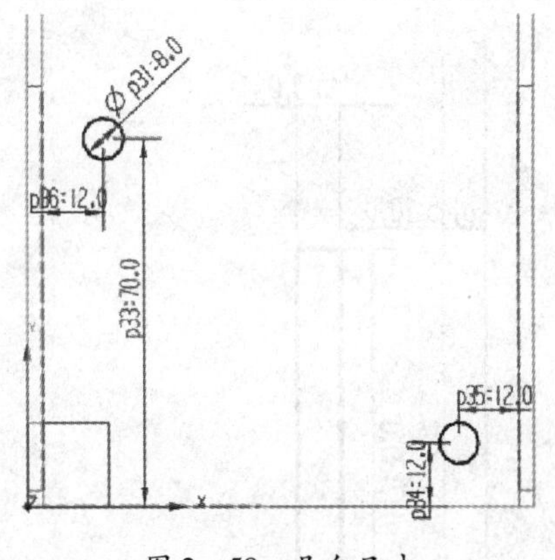

图 2—58 凸台尺寸

（3）创建插销孔。单击特征工具栏的按钮，弹出“孔”对话框，如图 2—59 所示，确定孔放置的平面为凸台上表面，指定孔的位置为凸台上表面圆心，给定孔直径为 4，如图 2—60 所示。

图 2—59 “孔”对话框

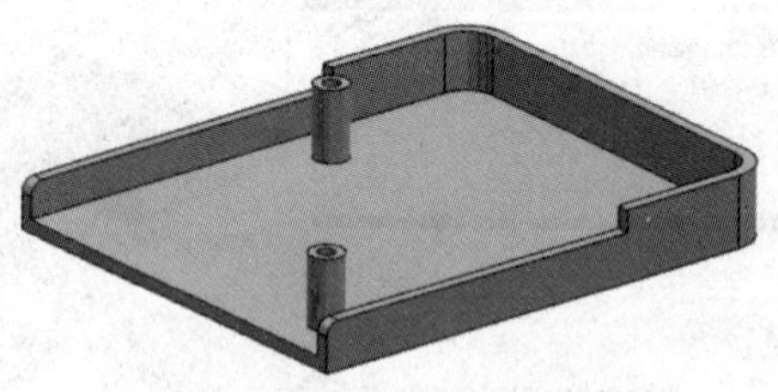

图 2—60 插销孔

7. 创建散热孔

（1）创建单个散热孔草图，如图 2—61 所示。

（2）完成草图拉伸，布尔运算求差，如图 2—62 所示。

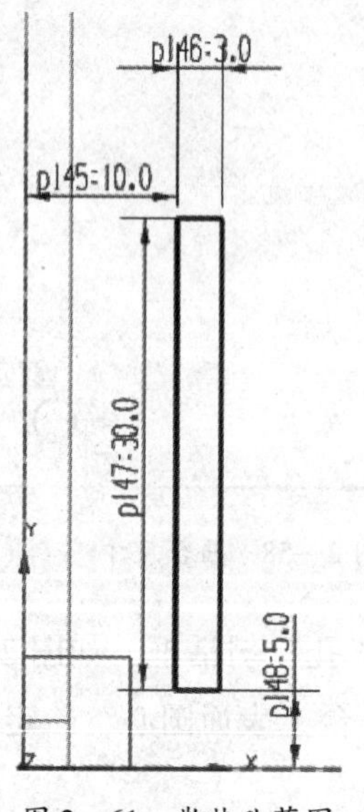

图 2—61 散热孔草图

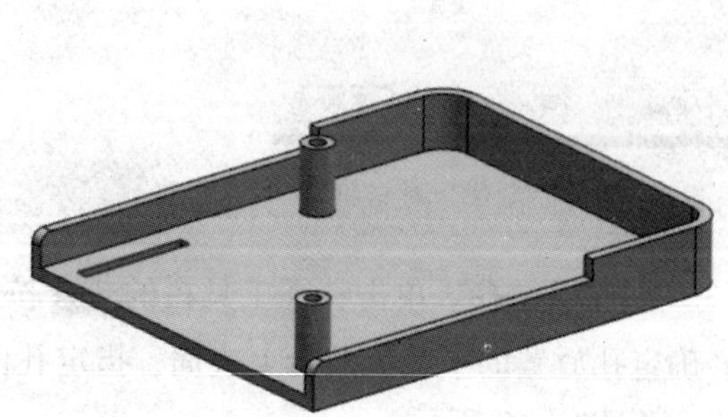

图 2—62 创建单个散热孔

（3）阵列，单击特征工具栏中的 按钮，在弹出的对话框中选择“矩形阵列”命令，选取刚创建的散热孔为阵列实体，如图 2—63 所示。在图 2—64 所示参数对话框中输入相关参数，即可得到图 2—65 所示散热孔。

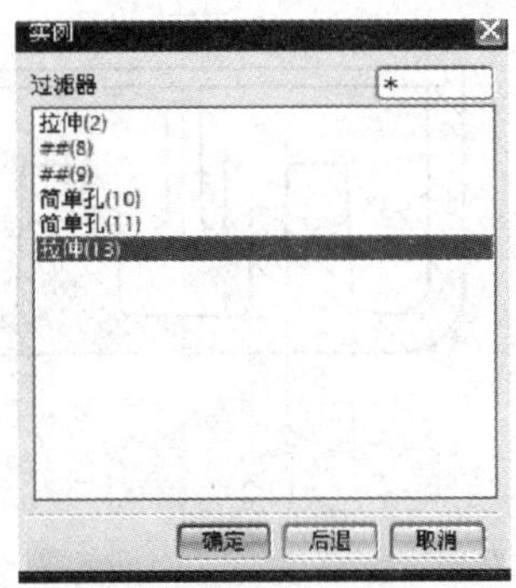

图 2—63 “实例”对话框

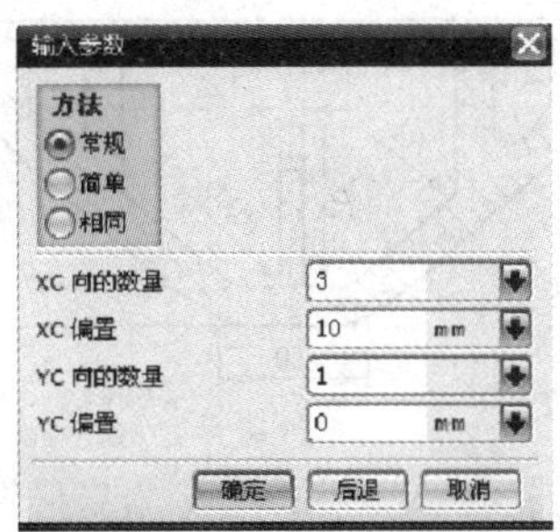

图 2—64 “参数”对话框

8. 创建凹槽

（1）创建凹槽草图，如图 2—66 所示，选择实体的前端面为草图放置平面，完成草图，如图 2—67 所示。

（2）单击特征工具栏中的 按钮，指定拉伸距离以及拉伸方向，布尔运算求差，如图 2—68 所示。

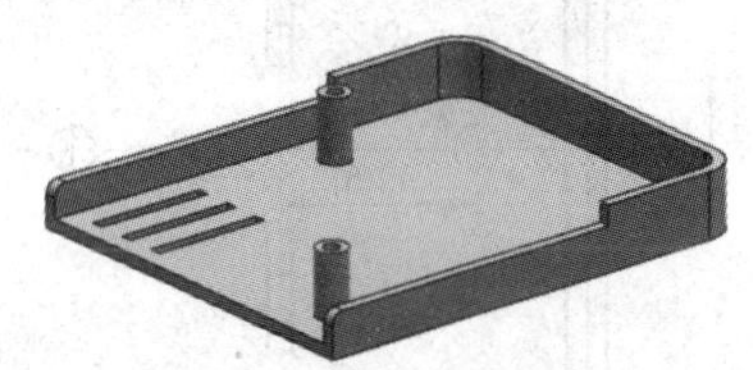

图 2—65 散热孔

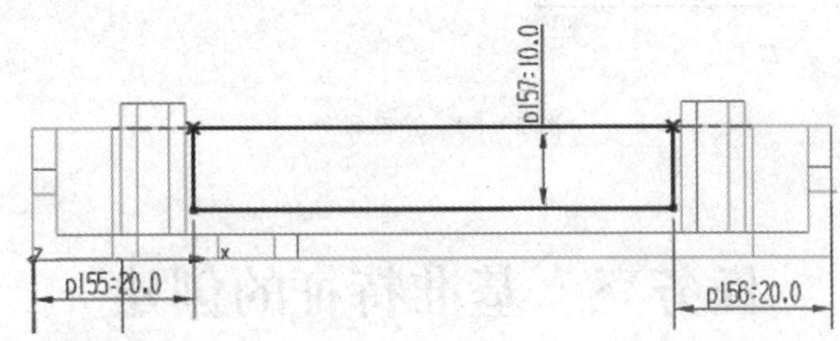

图 2—66 凹槽草图

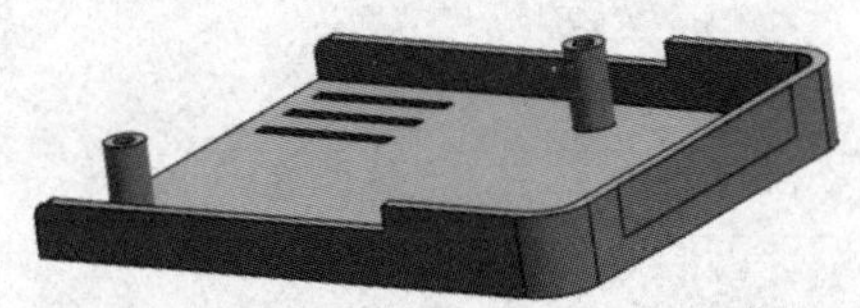

图 2—67 凹槽草图放置平面

图 2—68 凹槽

（3）单击特征工具栏中的 命令，给定圆角半径为 5，完成图 2—33 所示盖板模型的设计。

巩固提高

通过 NX 建模模块功能完成如图 2—69 产品设计练习。

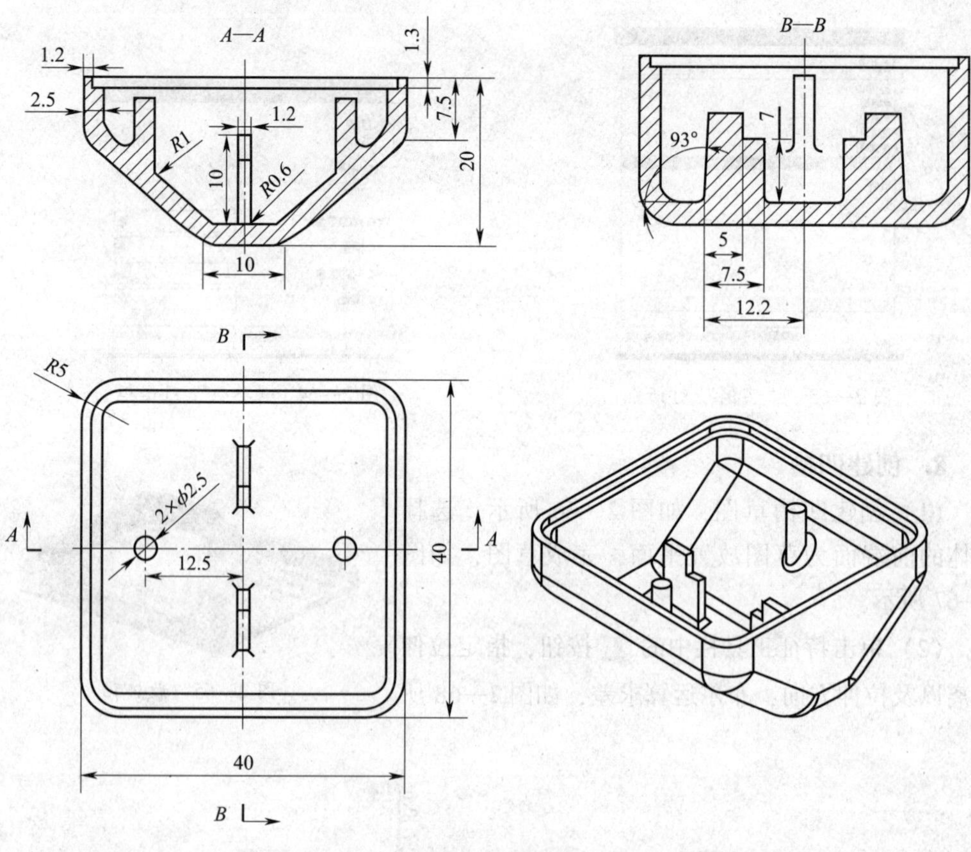

图 2—69　产品设计

任务三　基准特征的创建

学习目标

1. 熟悉基准特征的类别。
2. 能完成常见基准特征创建。

工作任务

通过 NX 基准特征的功能创建图 2—1 所示盖板中的横梁结构。

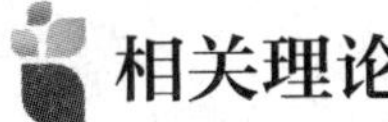

相关理论

创建横梁结构的草图需要基于一基准平面，而这个平面在图中没有，故需要使用“平面”命令创建新的草图平面。

大多数特征都是基于平面建立的。在非平面上，往往无法建立这些特征。在实体造型中，经常用基准平面作为辅助平面来解决这个问题。通过使用基准平面，可以在非平面上方便地创建特征，或为草图提供草图工作平面位置。例如在圆柱面、圆锥面和球面上建立孔、槽、型腔等特征时，必须先建立基准平面。

基准特征概述

基准要素包括基准轴、基准平面和基准坐标系，主要用作确定特征或者草图的位置和方向，生成实体或者直接创建实体。参考基准有“固定的”和“相对的”选项，相对的参考基准与实体保持关联。

1. 基准轴

基准轴主要用于建立特征的参考方向、辅助轴线，其包括固定基准轴和相对基准轴。相对基准轴依赖于其他的几何体并且与定义它的几何体相关联。固定基准轴没有任何参考，不受其他几何体约束，是绝对的。

在菜单栏中选择【插入】>【基准／点】>【基准轴】命令，即可打开图2—70所示对话框。利用该对话框，可以创建和编辑固定基准轴和相对基准轴。

图2—70 “基准轴”对话框

基准轴对话框：

（1）自动判断：通过选择线、边、面，来约束基准轴的空间关系。

（2）点和方向：首先通过点构造器选择基准轴的起始点，然后再通过矢量构造器来确定基准轴的方向。

（3）两点：通过选择两个点，来确定基准轴的方向。同时根据选择点的先后顺序来确定基准轴的方向。

（4）曲线上矢量：选择需要的曲线，然后再单击该曲线上的一点，则可以确定沿该点切线方向的一个基准方向。在对应的操作窗口“圆弧长”文本框中输入相应的数值，则可以使基准轴以原点为中心，沿逆时针方向旋转相应的弧长（输入正值为逆时针方向；负值为顺时针方向）。

（5）固定基准：包括 *XC* 轴、*YC* 轴、*ZC* 轴，通过该选择项，可以在三个坐标轴方向产生三个固定基准轴，如图 2—71 所示。

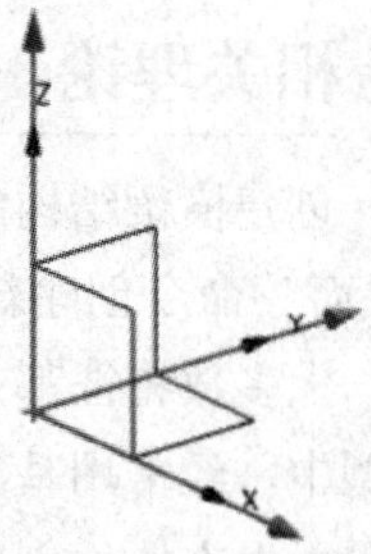

图 2—71　基准轴

2. 基准平面

与基准轴相类似，基准平面分为相对基准平面和固定基准平面。固定基准平面与实体模型不关联；而相对基准平面是根据现有的几何体来建立的，与模型中其他对象如曲线、面或基准等相关联，并受其关联对象的约束。

在菜单栏中选择【插入】>【基准 / 点】>【基准平面】命令，打开如图 2—72 所示对话框，该对话框用于创建和编辑固定基准平面及相对基准平面。通过选择确定的约束方式建立基准平面，主要的生成方式有：

（1）自动判断 ：单击该选项后，选择适当的表面，在工作接口中打开“偏置”选项，在对话框中输入相应数值，即可产生所需要的平面。例如选择 *XC－YC* 为对象，偏置距离为 10，即可得到如图 2—73 所示平面。

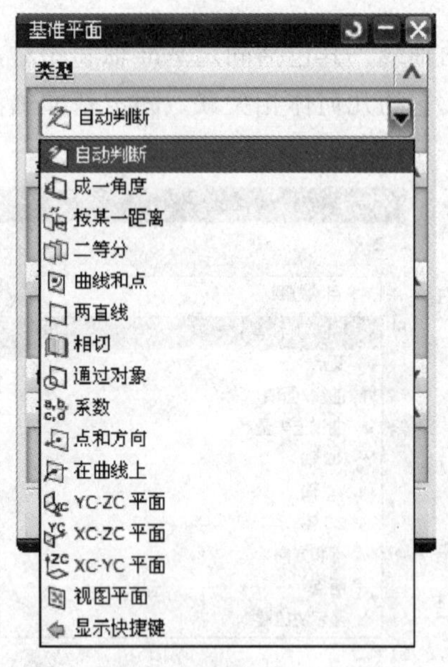

图 2—72　“基准平面”对话框

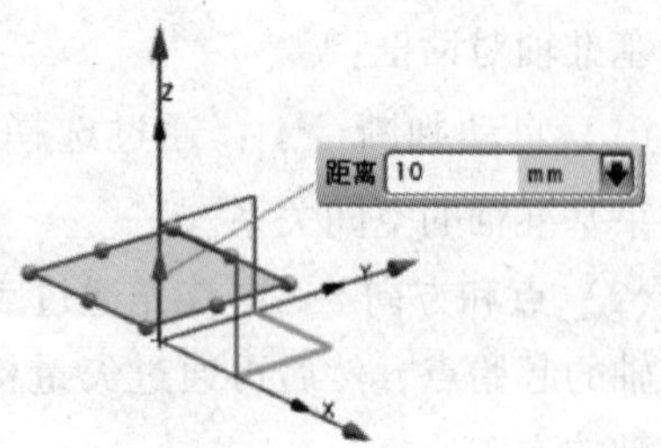

图 2—73　基准平面

（2）点和方向 ：单击该选项后，首先通过点构造器选择适当的点，然后选择适当的棱边、面、基准平面、基准轴等，从而确定相关的基准平面。

（3）在曲线上 ：单击该选项后，在曲线上选择点或者边界，打开对话框，在“位置”文本框中输入相应的数值，则可以使基准平面以选择点为中心，沿逆时针方向旋转相应的弧长。

3. 基准坐标系

在菜单栏中选择【插入】>【基准 / 点】>【基准 CSYS】命令，打开如图 2—74

所示对话框，该对话框用于创建一个基准坐标系，构造其他特征。其主要生成类型在前面坐标系构造器中已有详细的阐述。

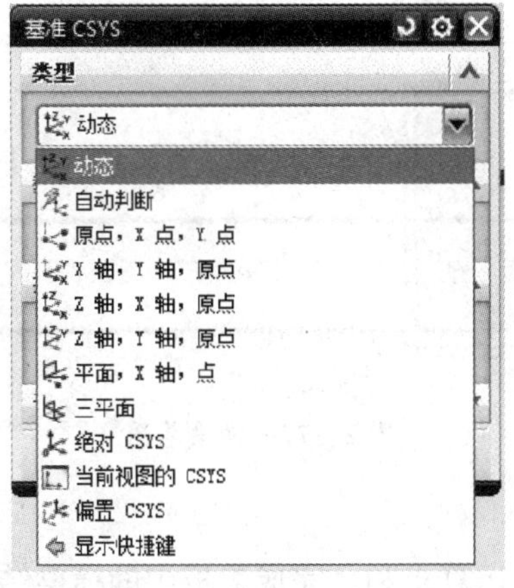

图 2—74 “基准坐标系”对话框

任务实施

1. 创建草图平面

在菜单栏中选择【插入】>【基准/点】>【基准平面】命令，在图 2—75 所示的对话框中输入相关尺寸参数，得到如图 2—76 所示基准平面。

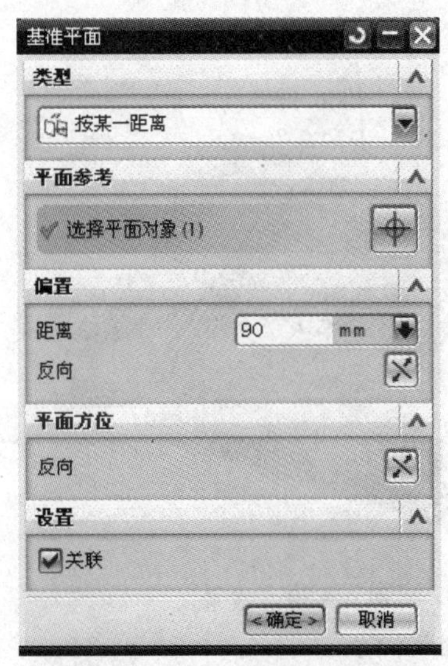

图 2—75 “基准平面”对话框

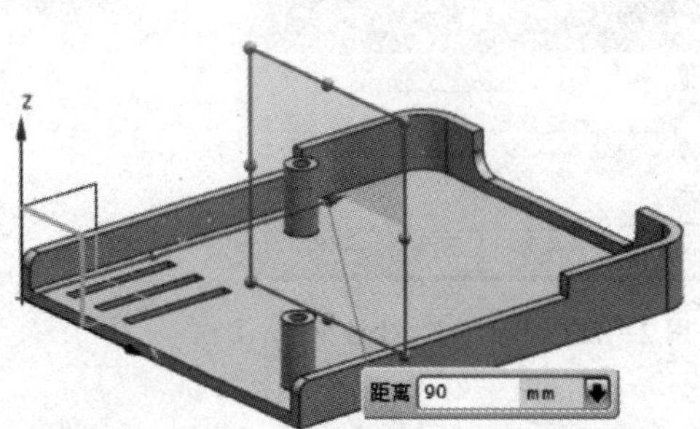

图 2—76 所得基准平面

2. 创建草图

在新创建的平面上绘制草图，如图 2—77 所示。

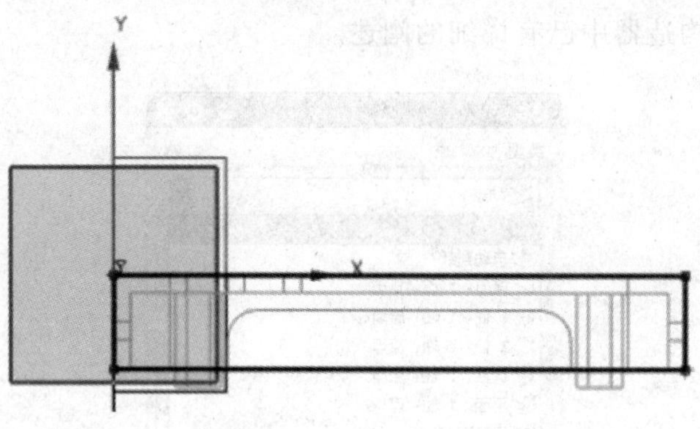

图2—77　横梁草图

3. 实体操作

完成草图并拉伸，布尔运算求和，完成盖板中的横梁结构，如图2—78和图2—79所示。

图2—78　“拉伸”对话框

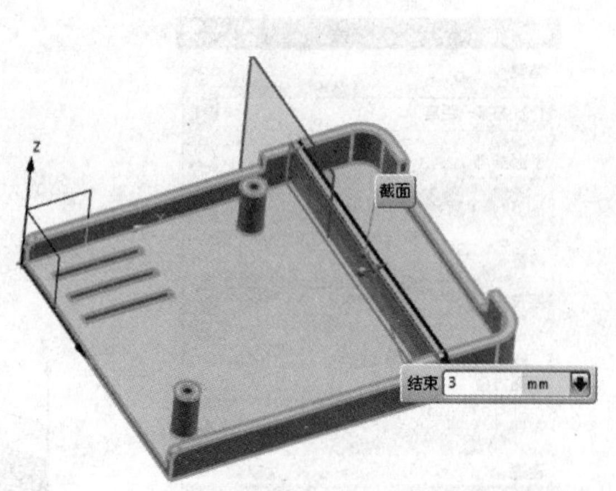

图2—79　横梁

巩固提高

通过NX建模模块功能完成如图2—80产品设计练习。

R60
R48.5
R15
4
70
17.5
15
140
2.5
2.5
15
8×ϕ4
17
5(6处)
20
20
80
15.5
20
17
10
7.5

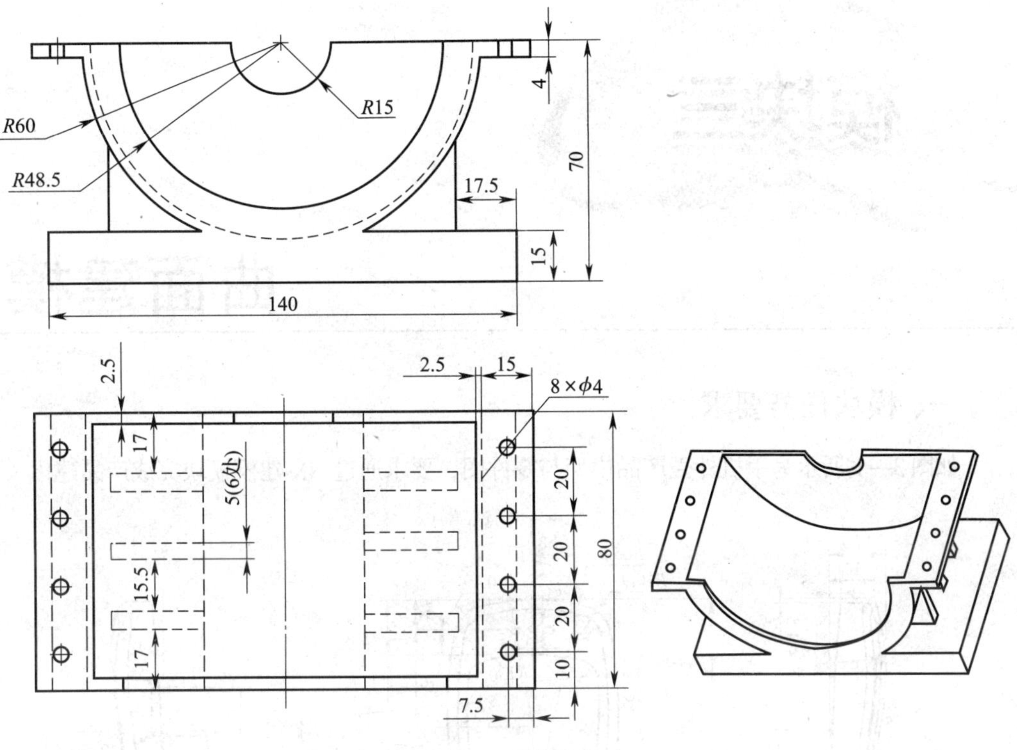

图 2—80 产品设计

曲面建模

一、模块任务要求

如图 3—1 所示为手机外壳产品模型与零件图，要求通过 NX 建模模块完成产品建模。

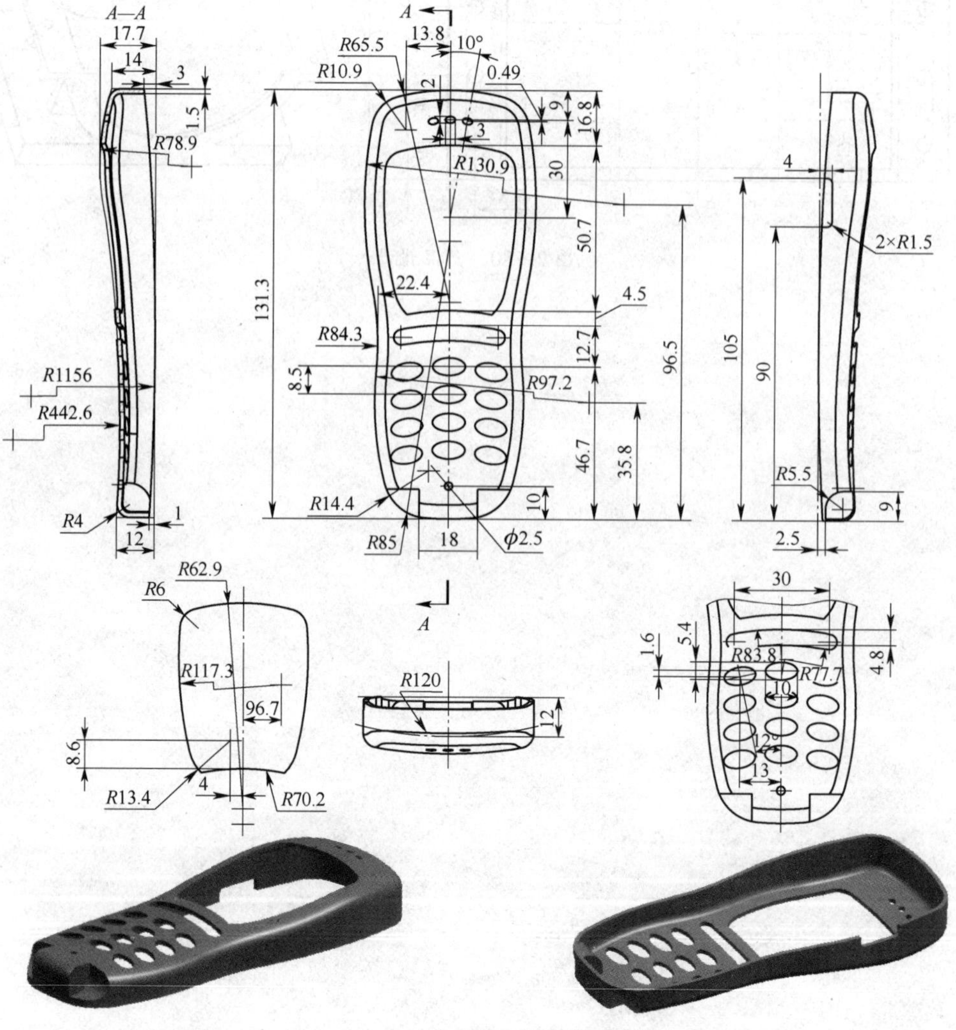

图 3—1　手机外壳产品模型与零件图

二、模块任务目的

通过手机外壳产品设计，掌握自由曲面及曲面与实体混合设计的相关技术，拓展NX建模的使用范围，从而完成较为复杂的三维实体模型设计，如管道、注塑件等零件，如图3—2所示。

图3—2 复杂三维实体模型设计

三、模块任务分析

通过对图3—1的识读与分析，完成产品设计要注意以下问题：

1. 该手机外壳模型结构相对于商用手机外壳较为简单，在表面的曲线组合、壳内的加强筋、螺纹连接用凸台、上下盖装配阶台等方面均进行了简化处理；产品的基本特征仍然保留，如按键孔、屏幕孔等，适合初学者NX产品设计和注塑模具自动分模的学习。

2. 该手机外壳的曲面较多，需要应用自由曲面建模和曲面与实体混合建模。在建模时应分析建模的方法和顺序，尤其是上表面曲面建模要注意曲面之间的光顺连接。

3. 产品设计时运用《机械制图》中切割式组合体的“形体分析法”思路，首先绘制最大截面的草图，然后生成主实体，在此基础上采用逐步去除材料（添加特征）的方法完成建模。

根据产品设计过程特点，该项目的实施分为4个任务进行：常用自由曲面建模与编辑、曲线构建曲面、曲面编辑与修补、自由曲面与实体混合设计，最终完成手机外壳产品设计。

任务一 常用自由曲面建模与编辑

学习目标

1. 熟悉自由曲面的特征和应用。
2. 能完成常用自由曲面的绘制。

3．能完成自由曲面的编辑。

工作任务

通过 NX 建模模块自由曲面功能完成“圆顶矩底”管道接头的模型设计，如图 3—3 所示。

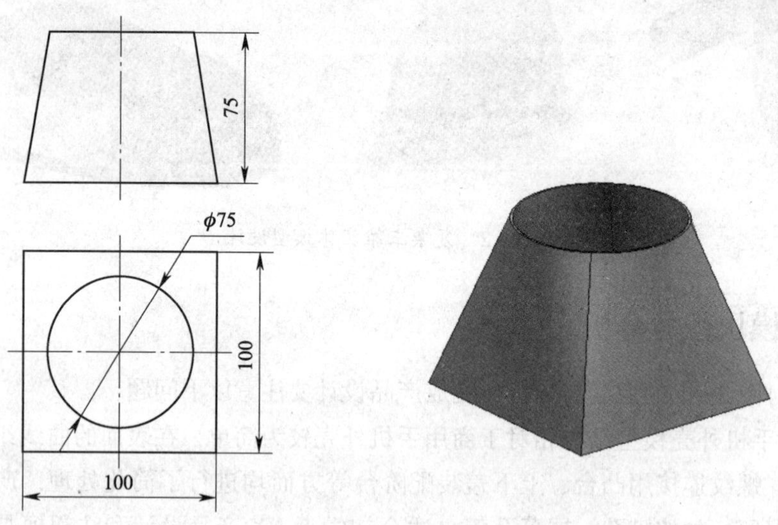

图 3—3 “圆顶矩底”管道接头

该“圆顶矩底”管道接头侧面的曲面特殊，不能通过常用建模方法成形，只能通过 NX 的自由曲面功能完成。

相关理论

一、NX 曲面建模概述

曲面是 NX 建模模块的重要组成部分，也是体现 CAD/CAM 软件建模能力的重要标志。只使用基本体、成型特征和操作特征方法能完成设计的产品是有限的，绝大多数实际产品的设计都离不开曲线特征。

现代产品的设计主要包括原创设计与仿形两大类。无论采用哪种方法，一般的设计过程是：根据产品的模型构想（或物理模型）进行曲面数据采样、曲线拟合、曲面构造，生成计算机三维实体模型，最后进行编辑和修改等完成设计。

NX 曲线特征的构造方法繁多，功能强大，使用方便，全面掌握和正确应用该模块是用好 NX 的关键之一。“体基于面，面依靠线”，用好曲面的基础是曲线的构造。在构造曲线时应该尽可能仔细精确，避免缺陷，如曲线重叠、交叉、断点等，否则会造成后续加工的一系列问题。

曲面特征用于构造常用特征建模方法所无法创建的复杂形状，它既能生成曲面（片体），又能生成实体。定义曲面可以采用点、线、片体或实体的边界和表面。命令可以通过曲面工具栏选择，如图 3—4 所示。

图 3—4　曲面工具栏

二、曲面应用范围

1. 构造用标准特征方法无法创建的形状。
2. 修剪（Trim）一个实体而获得一个特殊的形状。
3. 将封闭的片体缝合（Sew）成一个实体。
4. 对线框模型蒙皮。

三、曲面构造方法

根据产品的外形要求，首先建立用于构造曲面的边界曲线，或者根据实样测量的数据点生成曲线，使用 NX 提供的各种曲面构造方法构造曲面。

一般来讲，对于简单的曲面可以一次完成建模。而实际产品的形状往往比较复杂，一般都难以一次完成。对于复杂的曲面，首先应该采用曲线构造方法生成主要或大面积的片体，然后进行曲面的过渡连接、光顺处理、曲面的编辑等完成整体造型。

为了保证所构造曲面的参数化特征，即关联性，易于编辑的性能，构造曲面时应该注意以下几点：

1. 尽量避免使用非参数化命令构建曲面，如通过点、从极点和从点云等。
2. 构造曲面的曲线尽量参数化，关联曲线，如草图等。
3. 编辑曲面时尽量采用参数化的编辑方法。
4. 尽量采用修剪体、外壳的方法建立壳体模型。

四、曲面构造的基本原则和技巧

1. 构造曲面特征的边界曲线尽可能简单，曲线阶数（Degree）≤3。
2. 构造曲面特征的边界曲线要保证光滑连续，避免产生尖角、交叉和重叠。
3. 曲率半径尽可能大，否则会造成加工困难和复杂。
4. 构造的曲面特征的阶数（Degree）≤3，尽可能避免使用高次曲面特征。
5. 避免构造非参数化特征。

6. 用测量的数据点生成曲线，再利用曲线构造曲面。
7. 根据不同部件的形状特点合理使用各种曲面特征的方法。
8. 尽可能采用修剪体、外壳的方法建立薄壳零件。
9. 曲面特征之间的圆角过渡尽可能在实体上进行操作。
10. 内圆角半径应略大于标准刀具半径。

任务实施

一、绘制矩底草图

1. 新建模型文件

单击建模工具栏中的按钮，系统弹出“创建草图”对话框，如图 3—5 所示，选择默认坐标系的 *XY* 平面作为草图平面，默认水平作为草图方向的参考，单击“确定”，进入草图绘制，如图 3—6 所示。

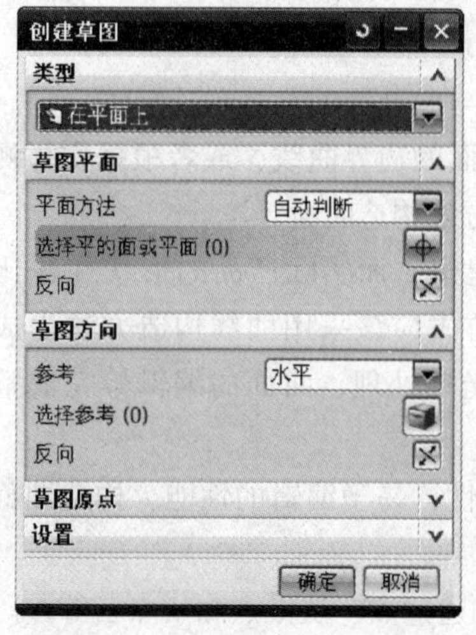

图 3—5 “创建草图”对话框

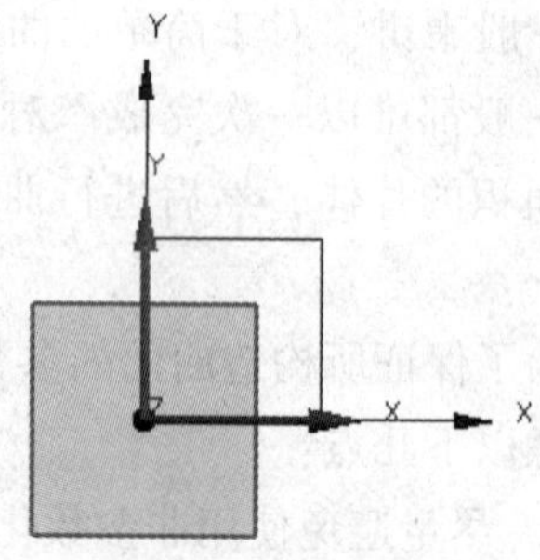

图 3—6 绘制草图

2. 绘制草图

绘制矩底草图，如图 3—7 所示，草图中尺寸为 NX 自动添加尺寸，这些尺寸可以编辑。

3. 完全约束草图

约束过程中，优先采用几何约束。单击草图工具工具栏中的按钮，系统弹出“设为对称”对话框，如图 3—8 所示。依次选择矩形上边线、下边线和 *X* 轴，设置上下两边关于 *X* 对称，如图 3—9 所示。

重复上一步操作，设置矩形左右两边关于 *Y* 轴对称，如图 3—10 所示。

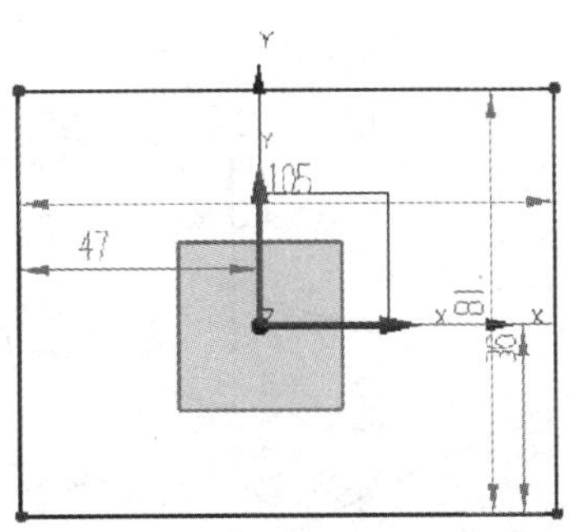

图 3—7　绘制矩底草图

图 3—8　“设为对称”对话框

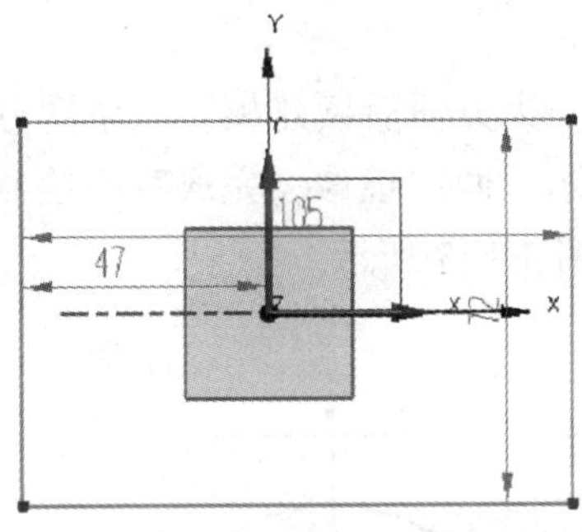

图 3—9　草图约束（1）

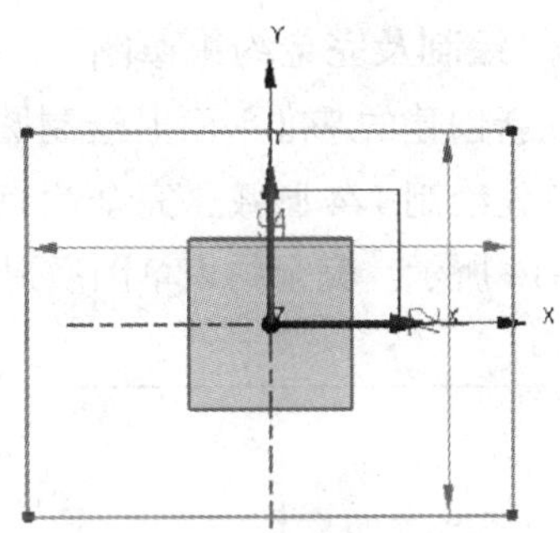

图 3—10　草图约束（2）

设置矩底边长均为 100，完成矩底草图约束，如图 3—11 所示，完成矩底草图绘制，退出草图模块。

二、绘制圆顶草图

1. 构建基准平面

单击建模工具栏中的 按钮，系统弹出“基准平面”对话框，如图 3—12 所示。选择 *XY* 平面，系统提供基准平面创建预览，如图 3—13 所示。在“距离”文本框中输入“75”，单击“确定”，创建基准平面，如图 3—14 所示。

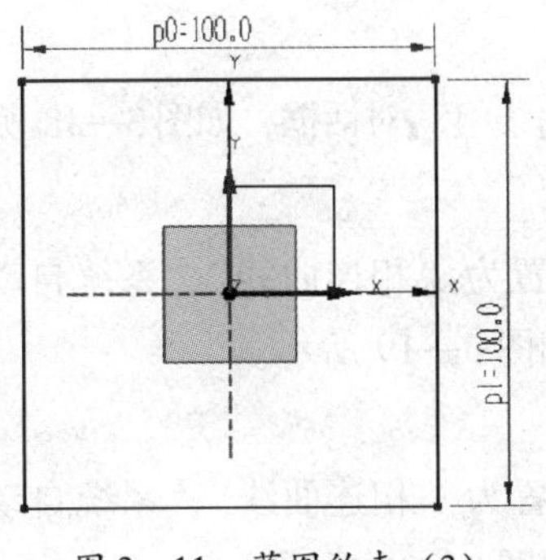

图 3—11　草图约束（3）

图 3—12　“基准平面”对话框

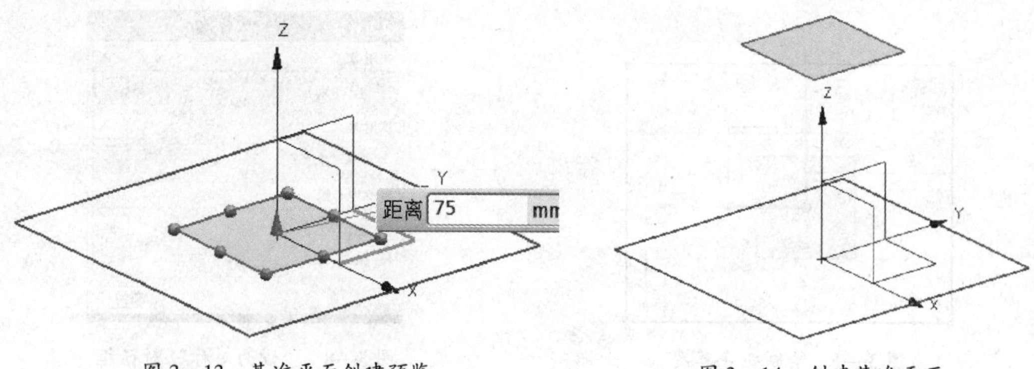

图 3—13　基准平面创建预览　　　　图 3—14　创建基准平面

2. 绘制及完全约束草图

在新创建的基准平面上绘制圆顶（ϕ75）草图。为方便后续建模，该草图分为两步，首先绘制 1/4 圆弧，完全约束，如图 3—15 所示。两次镜像，完成草图绘制，如图 3—16 所示。完全约束草图后退出草图模块，如图 3—17 所示。

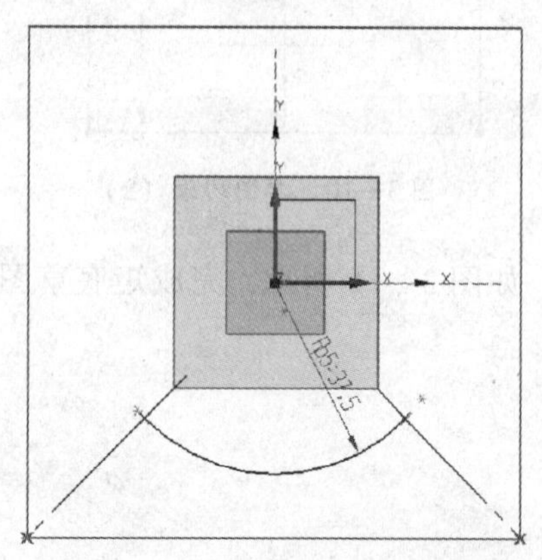

图 3—15　绘制圆顶草图 1/4 圆弧

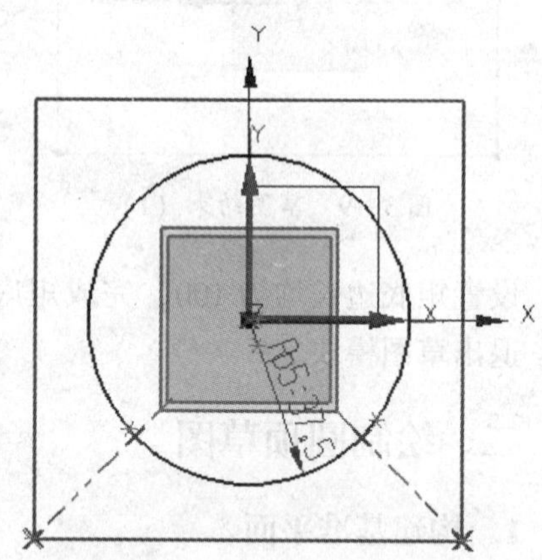

图 3—16　两次镜像生成圆顶草图

三、完成建模

1. 选择“通过曲线组”命令

单击曲面工具栏中的 按钮，系统弹出“通过曲线组”对话框，如图 3—18 所示。

2. 选择圆顶草图

点击如图 3—19 箭头起点位置，“曲线规则”设置为“相连曲线”，系统自动选中圆顶草图，并生成方向箭头，单击中键确定，结果如图 3—19 所示。

3. 选择矩底草图

点击如图 3—20 箭头起点位置，“曲线规则”设置为“相连曲线”，系统自动选中矩底草图，并生成方向箭头，单击中键确定，结果如图 3—20 所示。

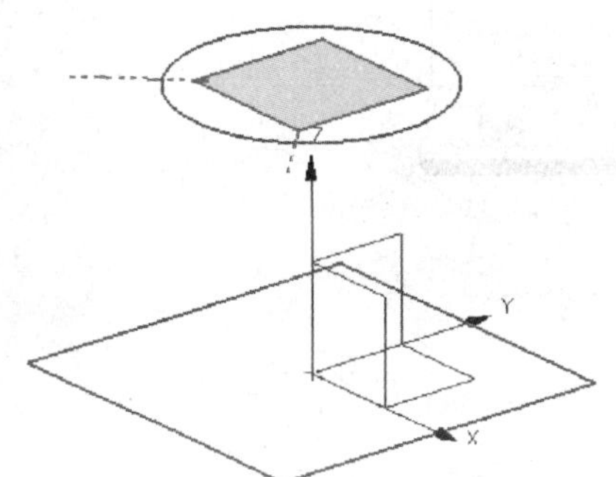

图 3—17 圆顶矩底草图

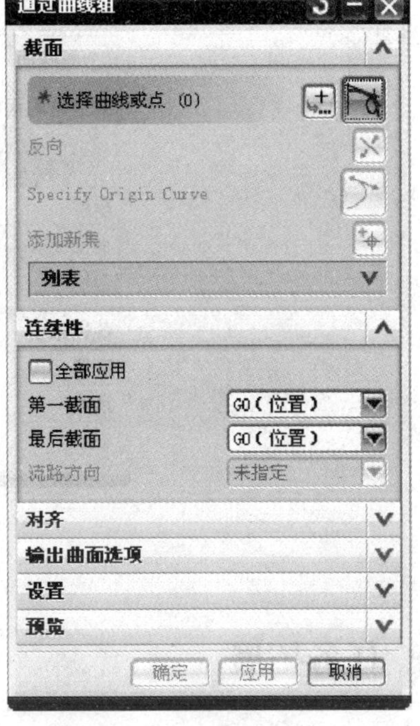

图 3—18 “通过曲线组”对话框

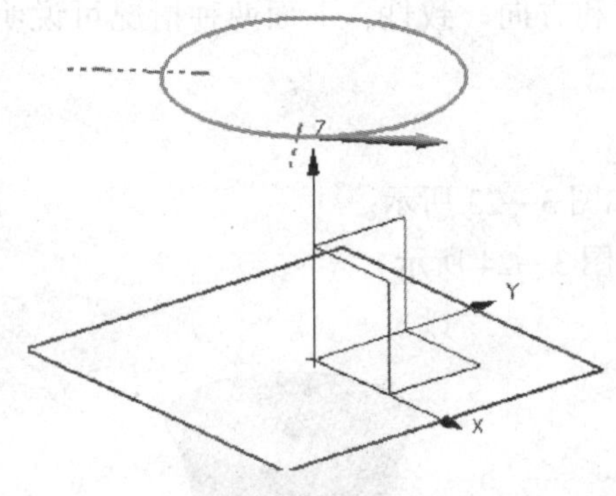

图 3—19 选择曲线 1

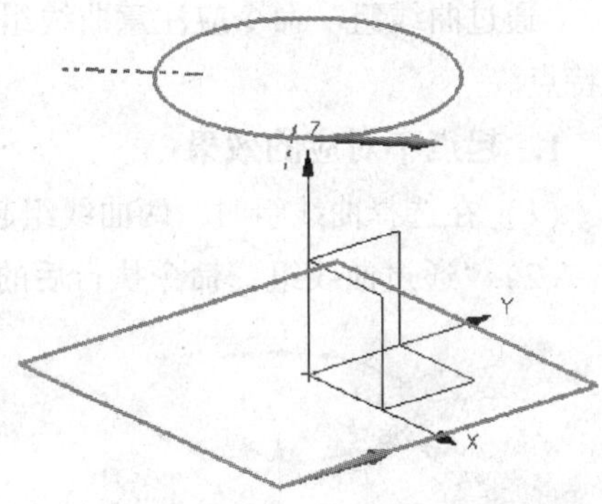

图 3—20 选择曲线 2

4. 完成主实体建模

单击“确定”，完成主实体建模，如图 3—21 所示。

5. 抽壳，完成“圆顶矩底”管道接头建模

单击特征工具栏中的按钮，系统弹出“壳”对话框，如图 3—22 示。设置“厚度”为 1，分别点选主实体的上下表面，单击“确定”，完成建模（见图 3—3）。

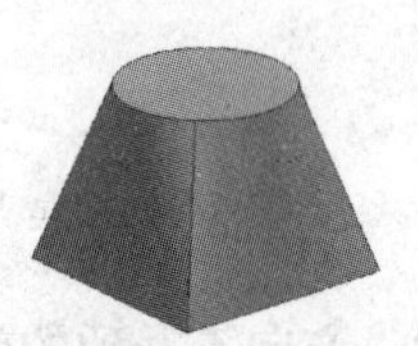

图 3—21 主实体建模

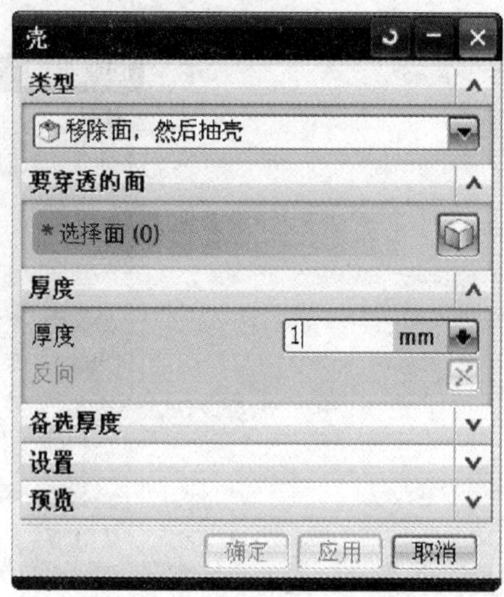

图 3—22 “壳”对话框

任务拓展

“通过曲线组”命令的起点对应和方向一致性

“通过曲线组”命令应注意曲线组起点对应和方向一致性，下面两种情况可说明其特点。

1. 起点不对应的效果

（1）在选择曲线组时，两曲线组起点选择如图 3—23 所示。

（2）“通过曲线组”命令执行后的效果，如图 3—24 所示。

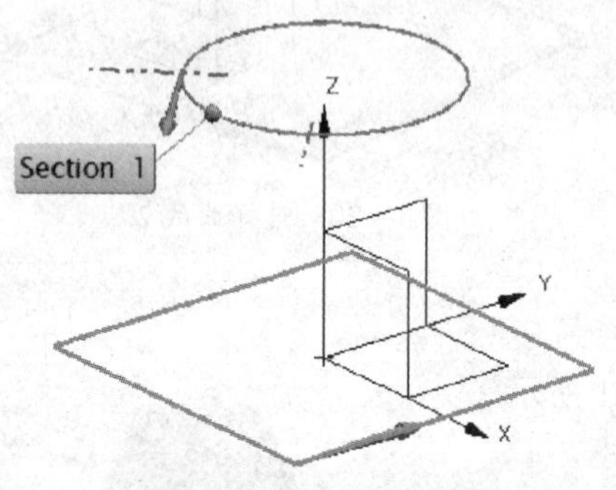

图 3—23 起点不对应

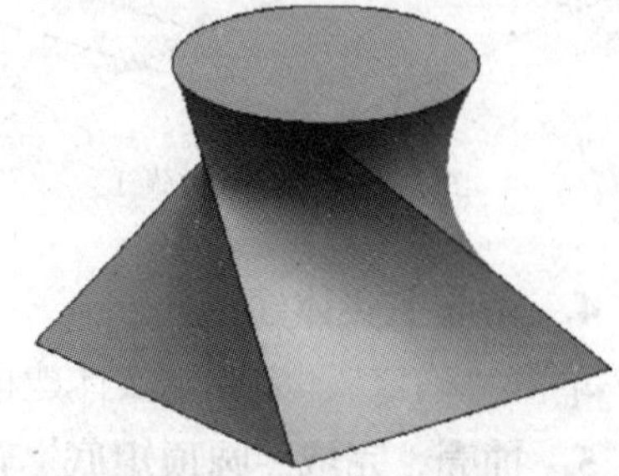

图 3—24 起点不对应的效果

2. 方向不一致的效果

（1）在选择曲线组时，两曲线组方向选择如图 3—25 所示。

（2）“通过曲线组”命令执行后的效果，如图 3—26 所示。

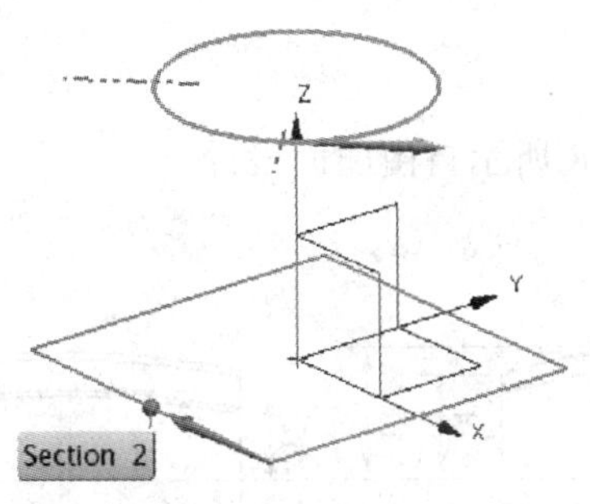

图 3—25 方向不一致

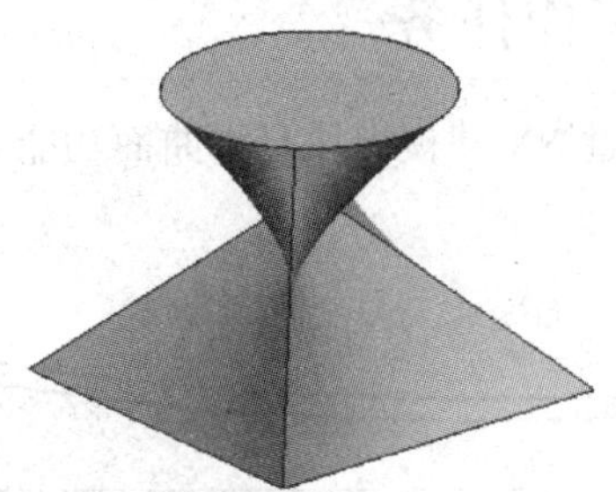

图 3—26 方向不一致的效果

巩固提高

通过 NX 建模模块自由曲面功能完成如图 3—27 的建模练习。

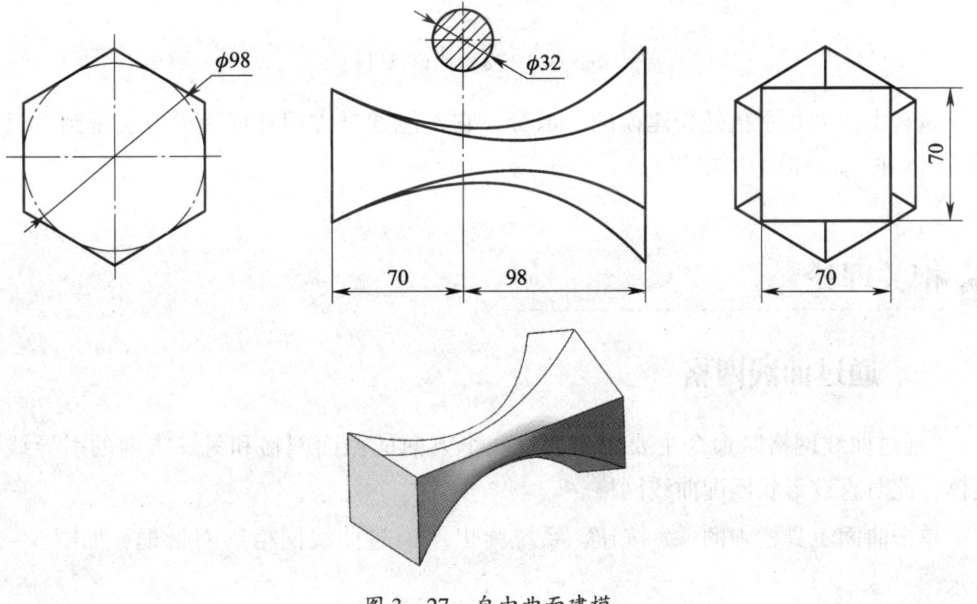

图 3—27 自由曲面建模

任务二 曲线构建曲面

学习目标

1. 掌握曲线构建曲面的方法。
2. 能完成基于曲线的曲面绘制。
3. 能完成复杂的自由曲面绘制。

 工作任务

通过 NX 建模模块自由曲面功能完成图 3—28 所示自由曲面设计。

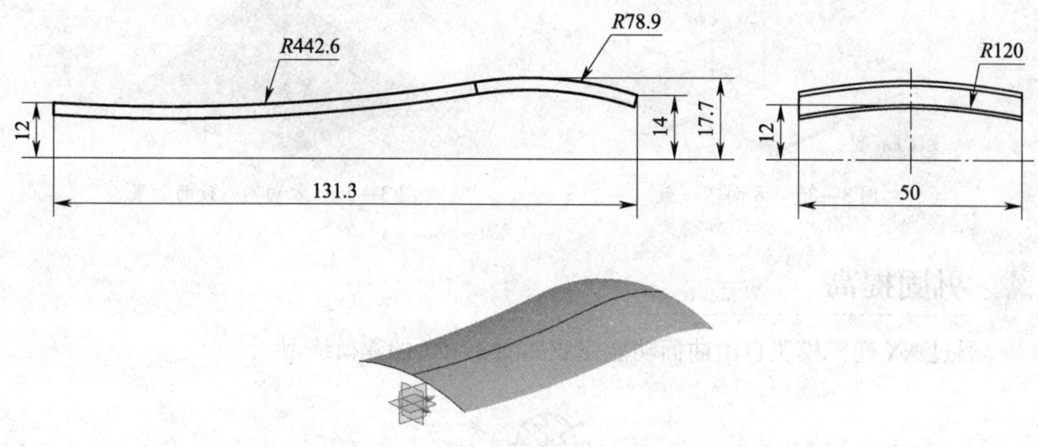

图 3—28　自由曲面设计

该自由曲面是手机外壳建模的一部分，它不能通过常用特征建模方法得到，只能通过 NX 的自由曲面功能完成。

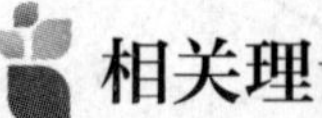 相关理论

一、通过曲线网格

“通过曲线网格”命令主要用于通过一个方向的截面网格和另一方向的引导线创建体，此时直纹形状匹配曲线网格。

单击曲面工具栏中的按钮，系统弹出“通过曲线网格”对话框，如图 3—29 所示。

在对话框中依次选择“主曲线”和“交叉曲线”，同时设置“连续性”等参数，即可完成实体模型创建。

二、扫掠

“扫掠”命令主要用于通过一条或多条引导线扫掠截面来创建实体或片体，使用各种方法控制沿着引导线的形状。

单击曲面工具栏中的按钮，系统弹出“扫掠”对话框，如图 3—30 所示。

在对话框中依次选择“截面”和“引导线”，同时设置“脊线”等参数，即可完成实体或片体模型创建。

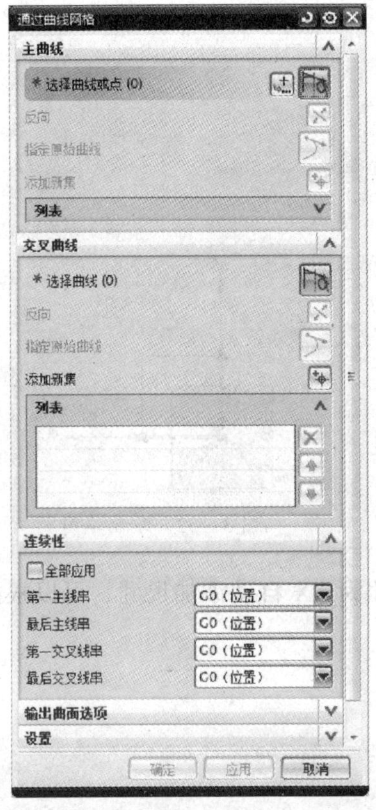

图 3—29 “通过曲线网格”对话框

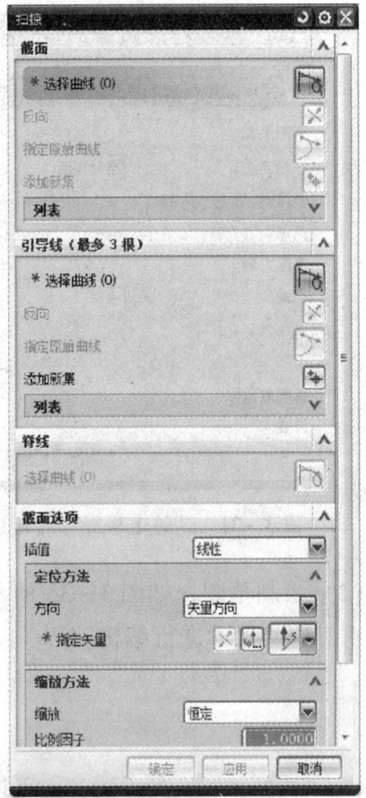

图 3—30 “扫掠”对话框

任务实施

一、手机外壳主体建模

该自由曲面是手机外壳产品设计的一部分，在曲面设计之前，先根据前面所学技能，完成部分建模工作，过程如下。

1. 新建文件夹

在 D 盘根目录下新建文件夹“phone_cover”，在建模完成后将产品文件存放在该文件夹里面。

注意：NX 4.0 以及之前的版本文件管理的特点是不能识读中文字符，文件名和文件的完整路径中不能出现中文字符，NX 8.0 可以识读中文字符。

2. 构建主截面草图

(1) 单击建模工具栏中的 按钮，系统弹出“创建草图”对话框，如图 3—31 所示，选择 *XY* 平面作为草图平面，默认水平作为草图方向的参考，单击“确定”，进入草图绘制，如图 3—32 所示。

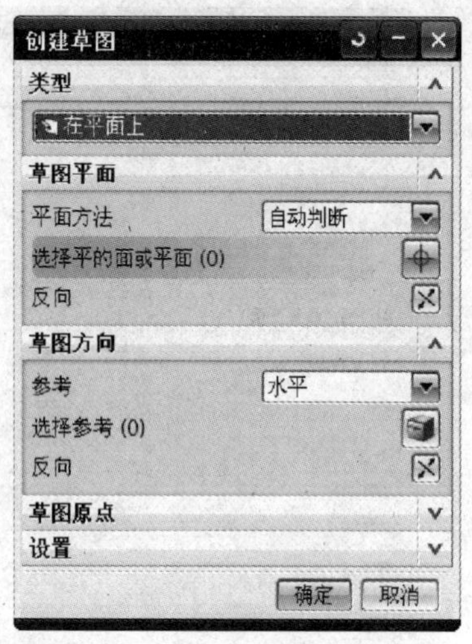

图 3—31 “创建草图”对话框

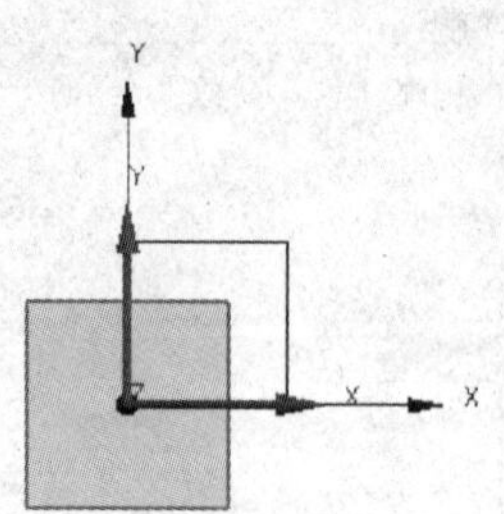

图 3—32 绘制草图

（2）绘制草图，如图 3—33 所示，草图中尺寸为 NX 自动添加尺寸，可以根据绘图需求对这些尺寸进行编辑。

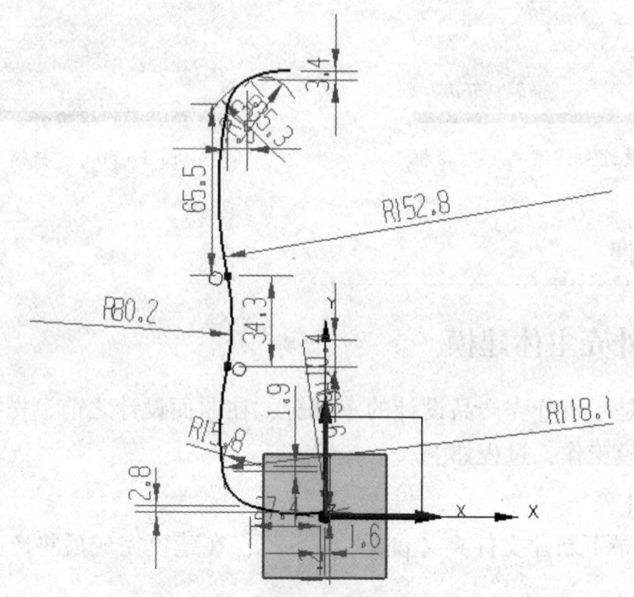

图 3—33 绘制草图曲线

（3）添加几何约束条件，如图 3—34 所示。

（4）添加尺寸，如图 3—35 所示。

（5）单击直接草图工具栏中的 按钮，系统弹出“镜像曲线”对话框，如图 3—36 所示。依次选择需要镜像的曲线和镜像中心线镜像曲线，完成主截面草图绘图，如图 3—37 所示。

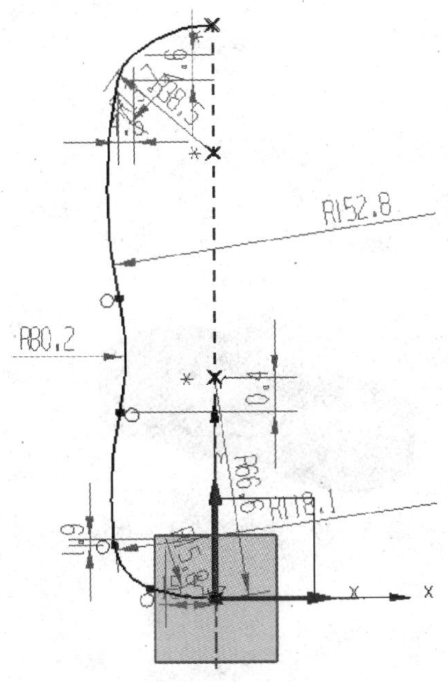

图 3—34 添加几何约束

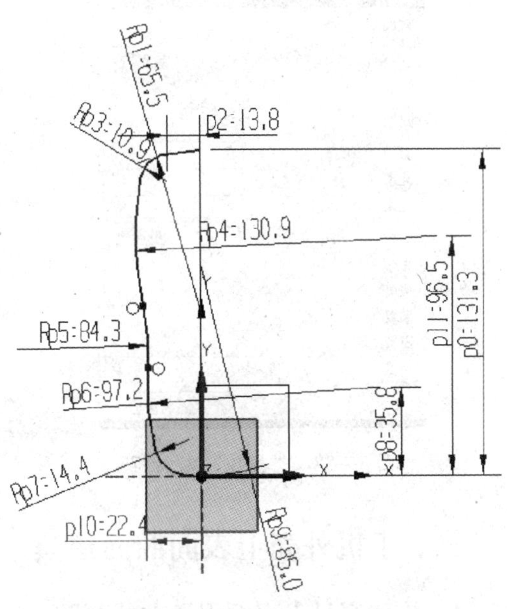

图 3—35 添加尺寸

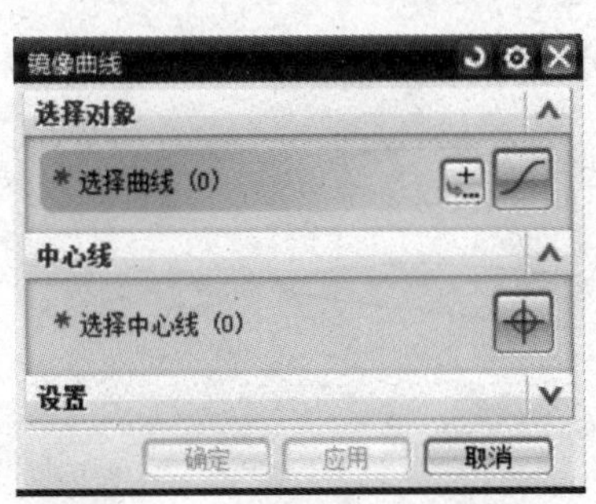

图 3—36 “镜像曲线”对话框

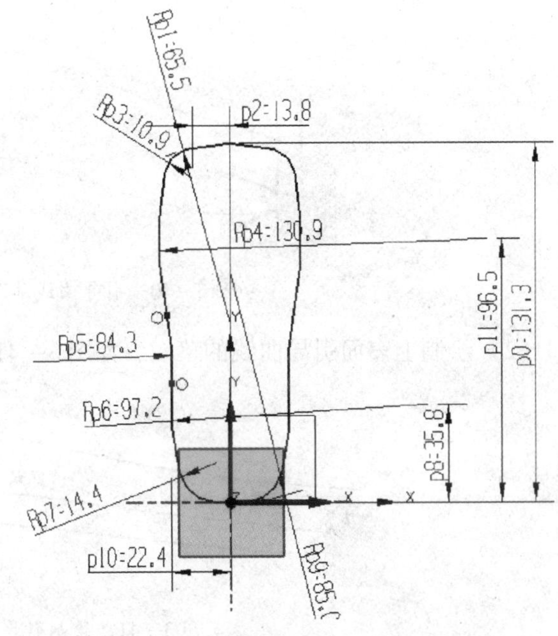

图 3—37 主截面草图绘制

3. 绘制产品主实体

(1) 单击特征工具栏中的 按钮，系统弹出“拉伸”对话框，设置拉伸距离为25，如图 3—38 所示。

(2) 选择主截面草图，单击“确定”，得到手机外壳主实体，如图 3—39 所示。

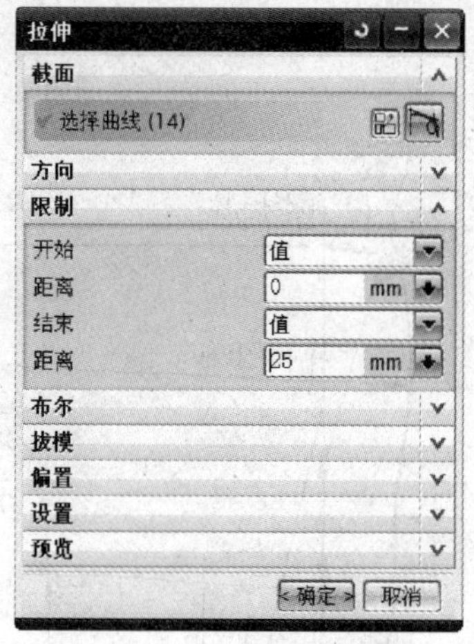

图 3—38 “拉伸”对话框

图 3—39 手机外壳主实体

二、手机外壳上表面曲面建模

1. 构建产品上表面引导曲线草图

（1）选择与主截面草图垂直的平面作为引导曲线草图放置面，如图 3—40 所示。

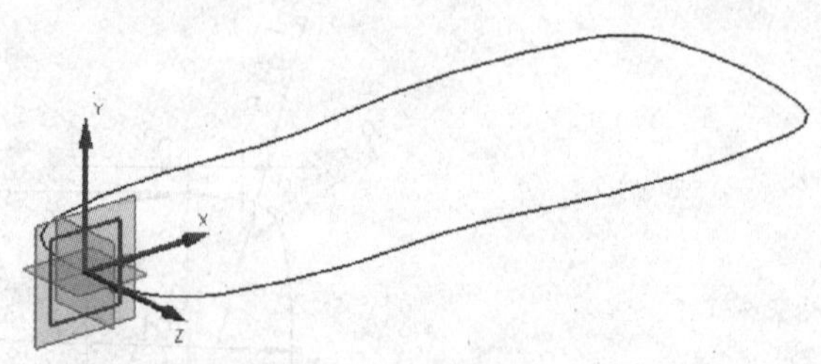

图 3—40 引导曲线草图放置面

（2）绘制上表面引导曲线的草图，如图 3—41 所示。

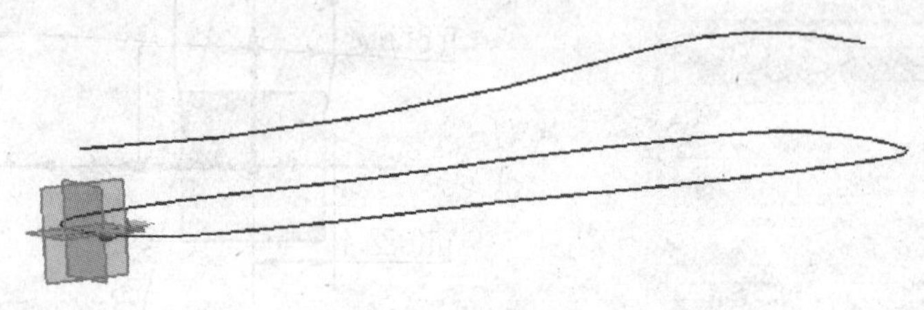

图 3—41 绘制引导曲线

（3）完全约束引导曲线草图，如图 3—42 所示。

2. 构建产品上表面剖切线

（1）选择与引导曲线草图垂直的平面作为剖切线草图放置面，如图 3—43 所示。

（2）绘制剖切线草图，如图 3—44 所示。

（3）完全约束剖切线草图，如图 3—45 所示。

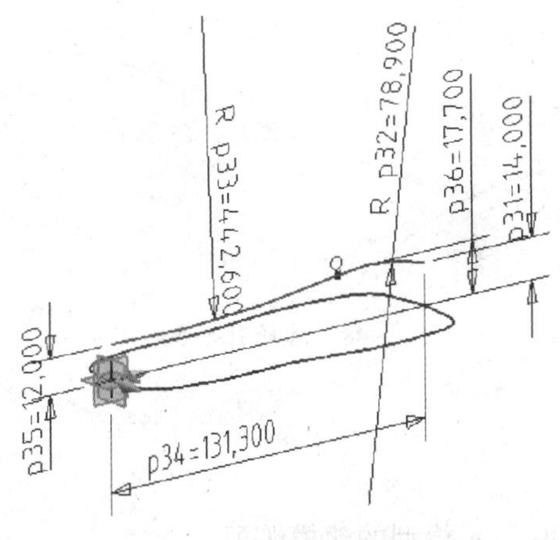

图 3—42　引导曲线草图

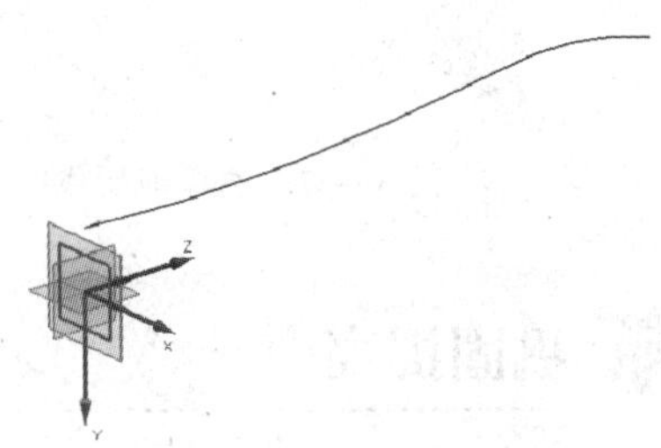

图 3—43　剖切线草图放置面

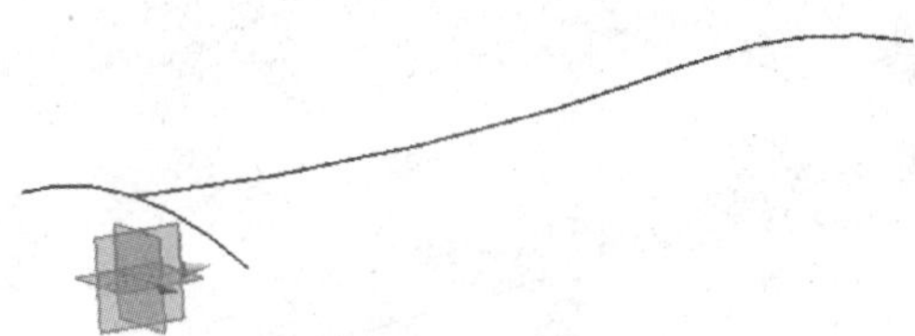

图 3—44　绘制剖切线草图

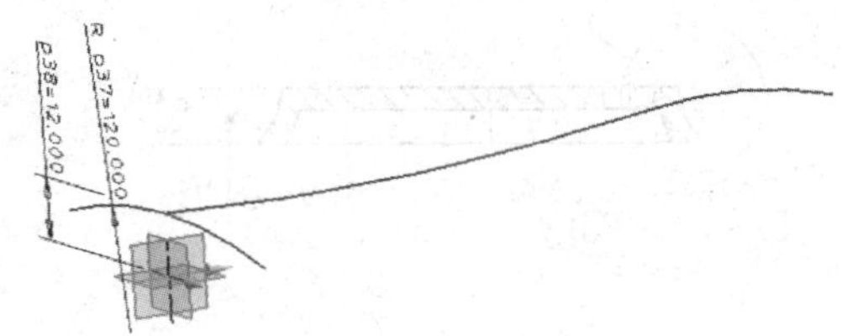

图 3—45　剖切曲线草图

3. 构建曲面

（1）单击曲面工具栏中的 按钮，弹出如图 3—46 所示对话框。

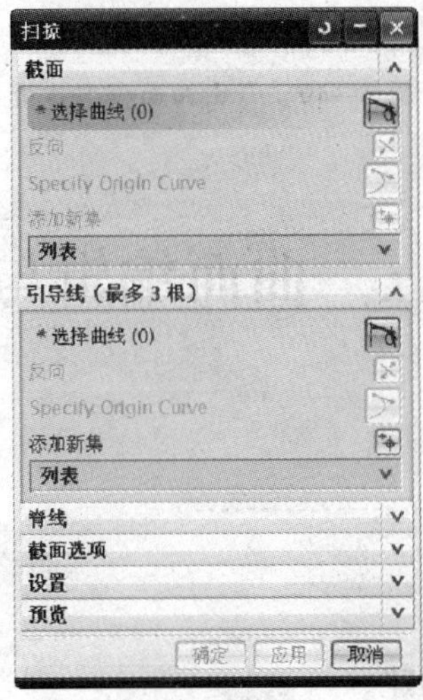

图 3—46　“扫掠”对话框

（2）选择剖切线，按鼠标中键确定，如图 3—47 所示。

（3）选择引导线，按鼠标中键确定，如图 3—48 所示。

（4）完成曲面设计，如图 3—28 所示。

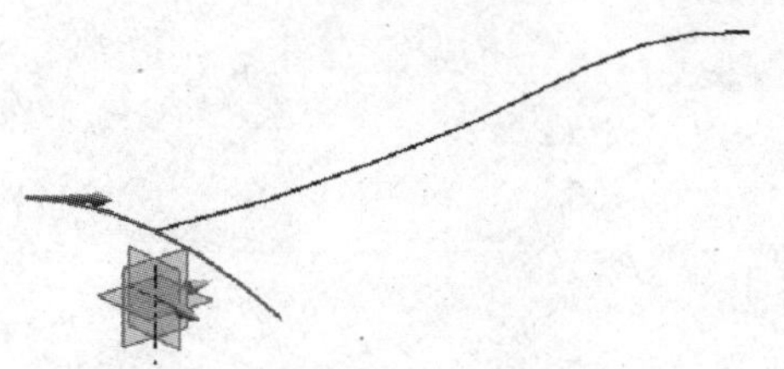

图 3—47　选择剖切线

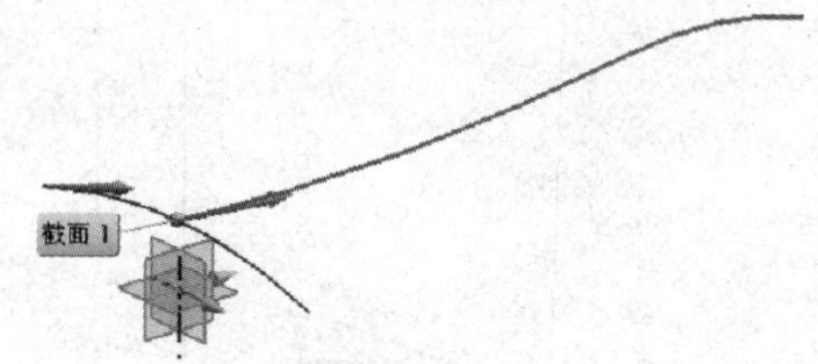

图 3—48　选择引导线

巩固提高

通过 NX 建模模块自由曲面功能完成图 3—49 所示模型的建模练习。

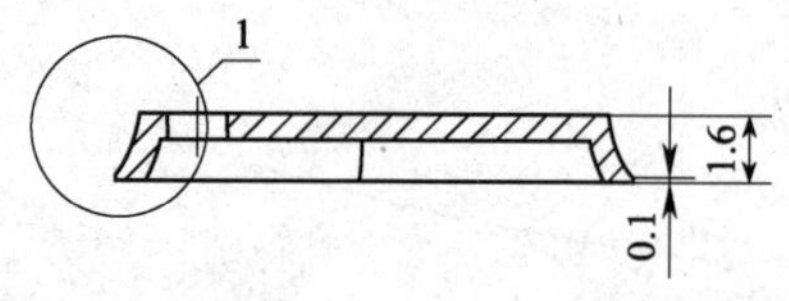

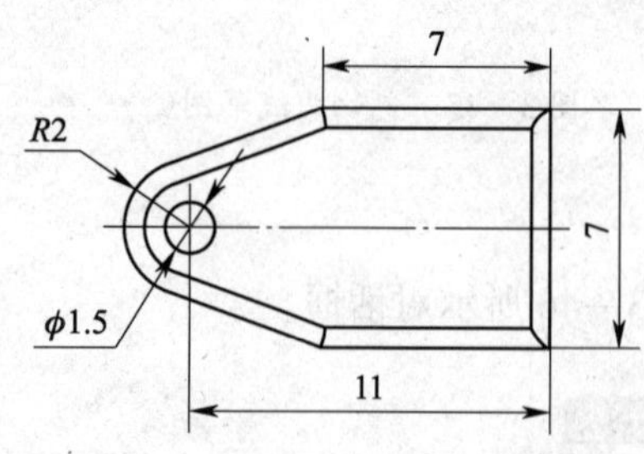

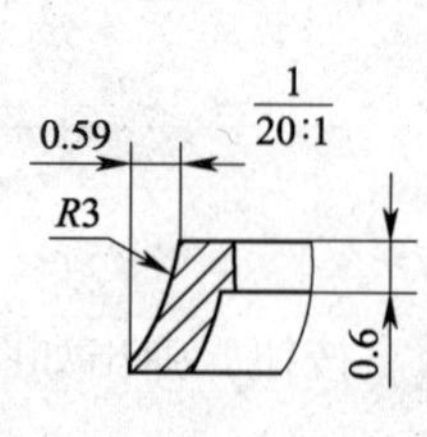

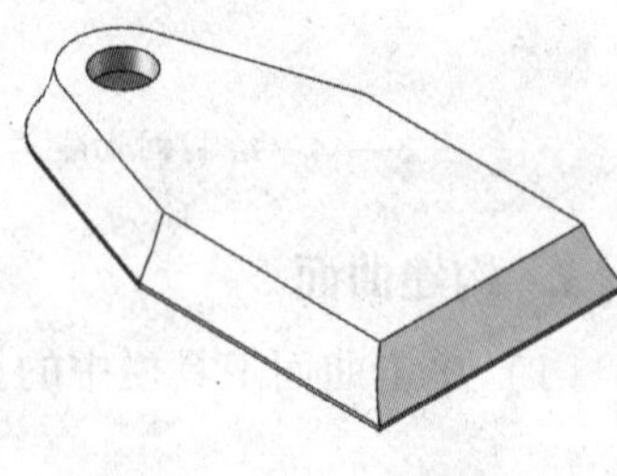

图 3—49　自由曲面模型建模

任务三　曲面编辑与修补

学习目标

1. 能完成关联曲面编辑。
2. 能完成自由曲面修补。
3. 能完成常用曲面特征构建。

工作任务

通过 NX 建模模块自由曲面功能完成图 3—50a 到图 3—50b 的过渡面设计。

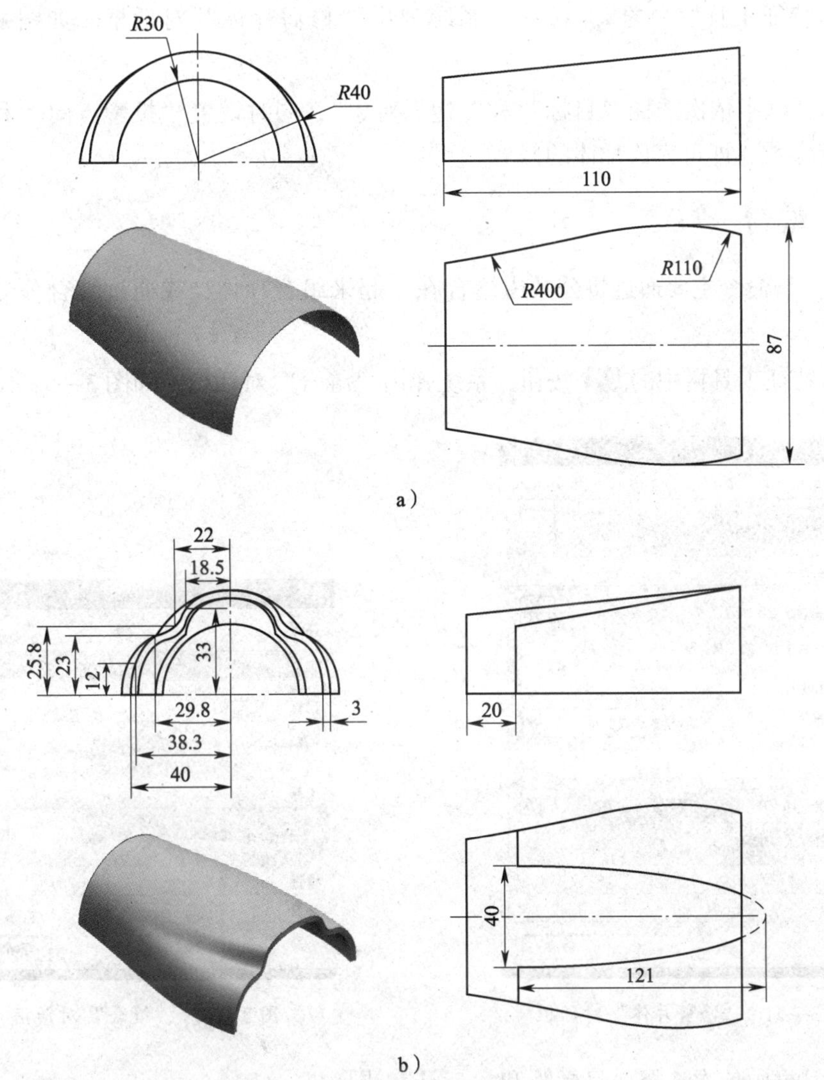

图 3—50 过渡面设计

该过渡面的特点是：过渡面处于主曲面的前端边缘处，过渡面的外形与主曲面轮廓边界连接在一起。在创建这样的过渡面时，需要在外形上切出过渡面的轮廓，但在切除的过程中应注意：过渡面的轮廓需要切透主曲面的一侧，而另一侧无须全部切除。

相关理论

一、修剪片体

“修剪片体” 命令主要用于用曲线、面或基准平面修剪片体的一部分。

单击特征工具栏中的 按钮，系统弹出“修剪片体”对话框，如图 3—51 所示。

在对话框中依次选择“目标”和“边界对象”，同时设置“投影方向”和“选择区域”等参数，即可完成片体的修剪。

二、缝合

“缝合”命令主要通过将公共边缝合在一起来组合片体，或通过缝合公共面来组合实体。

单击特征工具栏中的 按钮，系统弹出“缝合”对话框，如图 3—52 所示。

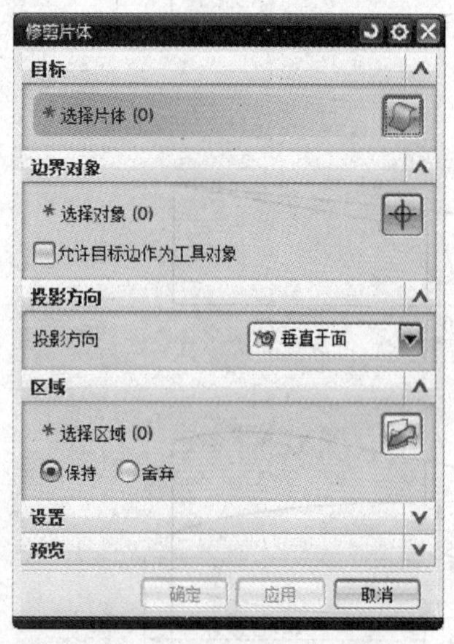

图 3—51 “修剪片体”对话框

图 3—52 “缝合”对话框

在对话框中依次选择“目标”和“工具”，同时设置“类型”等参数，即可完成片体或实体的缝合。

三、加厚

“加厚”命令主要通过为一组面增加厚度来创建实体。

单击特征工具栏中的 按钮，系统弹出“加厚”对话框，如图 3—53 所示。

在对话框中依次选择“面”和“厚度”，同时设置“布尔”等参数，即可完成片体到实体的创建操作。

图 3—53 “加厚”对话框

任务实施

1. 修剪主曲面

（1）单击建模工具栏中的 按钮，选择 *XY* 面作为草图放置面，如图 3—54 所示。

（2）单击草图工具工具栏中的 按钮，系统弹出“椭圆”对话框，设置参数，如图 3—55 所示。

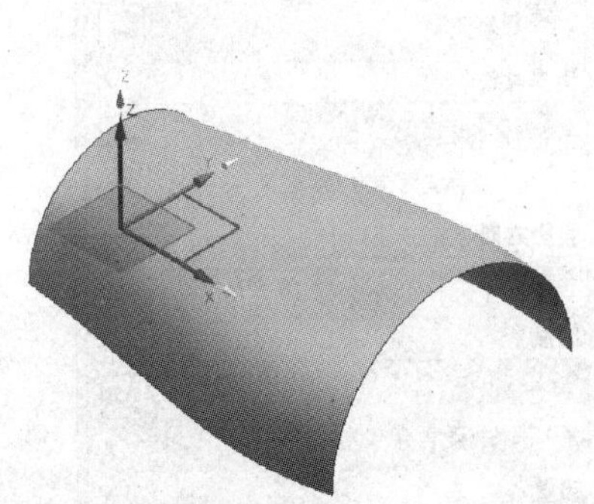

图 3—54 草图放置面

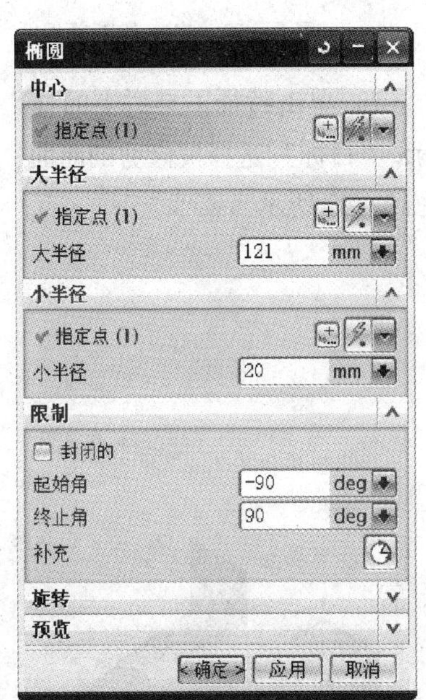

图 3—55 “椭圆”对话框

（3）绘制椭圆草图，如图 3—56 所示。

（4）绘制直线，如图 3—57 所示。

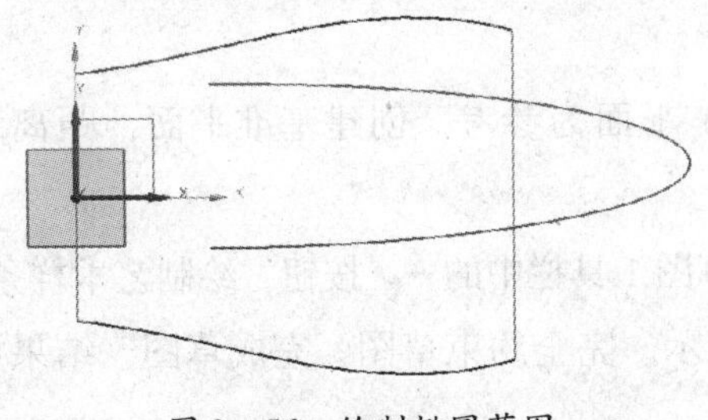

图 3—56 绘制椭圆草图

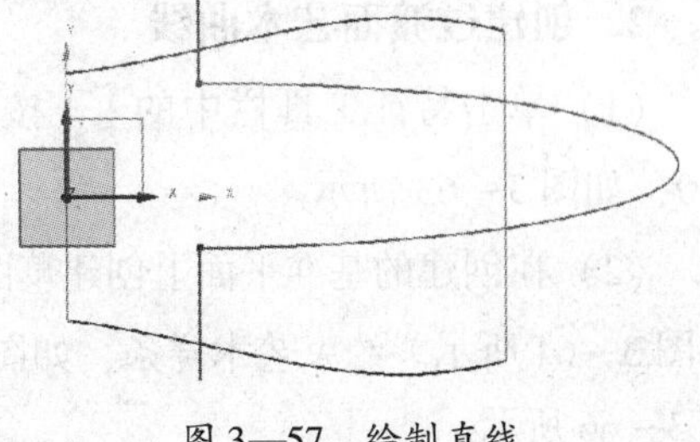

图 3—57 绘制直线

（5）完全约束草图，如图 3—58 所示。退出草图模块，结果如图 3—59 所示。

（6）单击特征工具栏中的 按钮，选择创建的草图，拉伸距离为 50，完成工具曲面创建，如图 3—60 所示。

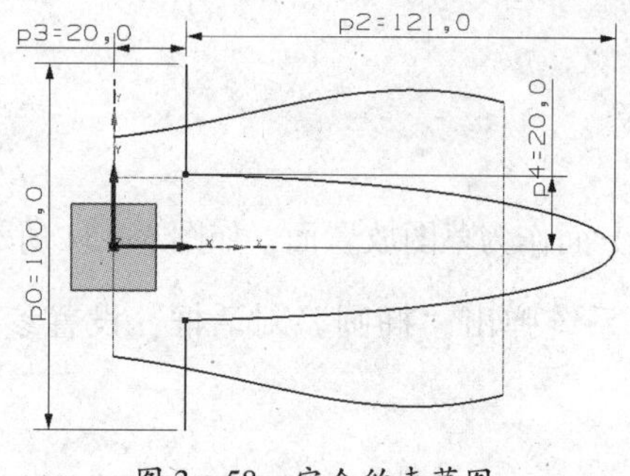

图 3—58 完全约束草图

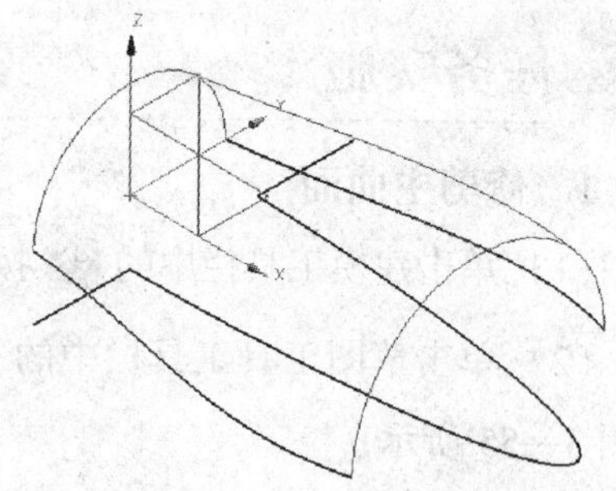
图 3—59 完成草图绘制

（7）单击特征工具栏中的 按钮，系统弹出“修剪的片体”对话框，如图 3—61 所示。“目标”选择被修剪的曲面，“边界对象”选择创建的片体，两次修剪曲面，结果如图 3—62 所示。

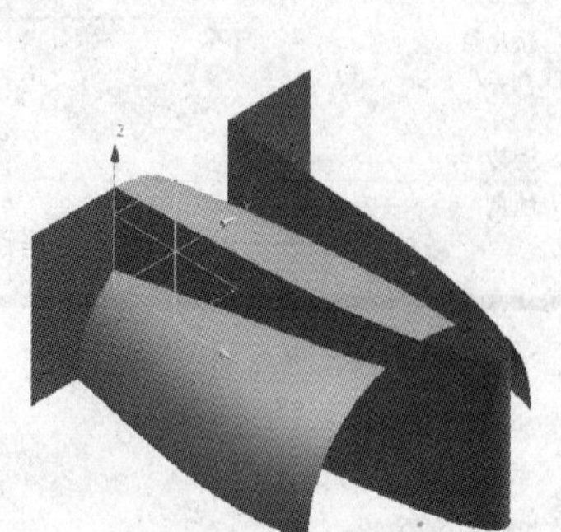
图 3—60 工具曲面创建

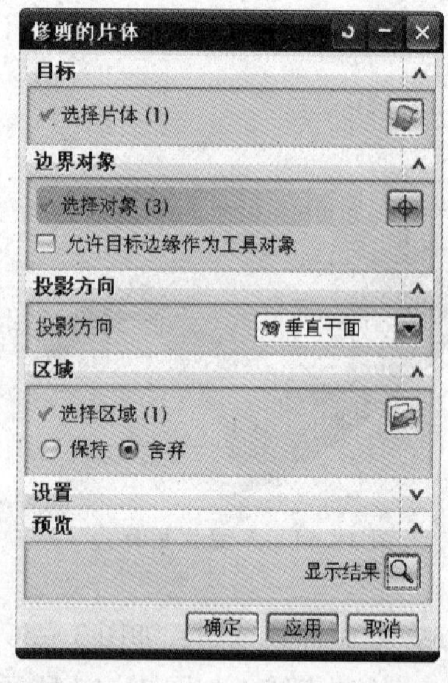

图 3—61 “修剪的片体”对话框

2. 创建过渡面艺术曲线

（1）单击特征工具栏中的 按钮，以 *ZY* 平面为参考，创建基准平面，距离为 110，如图 3—63 所示。

（2）在创建的基准平面上创建草图，单击草图工具栏中的 按钮，绘制艺术样条，如图 3—64 所示。约束艺术样条，如图 3—65 所示。完全约束草图，完成草图，结果如图 3—66 所示。

3. 创建过渡面

（1）单击曲面工具栏中的 按钮，系统弹出“通过曲线网格”对话框，设置如图 3—67 所示。分别选择主曲线和交叉曲线，如图 3—68 和图 3—69 所示，单击确定，完成过渡面创建，如图 3—70 所示。

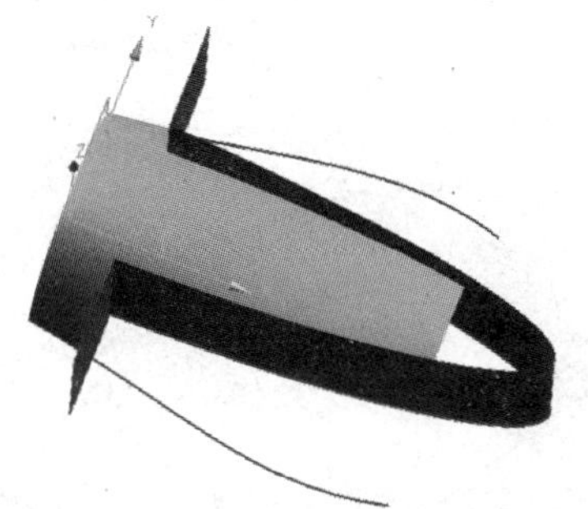

图 3—62 修剪曲面

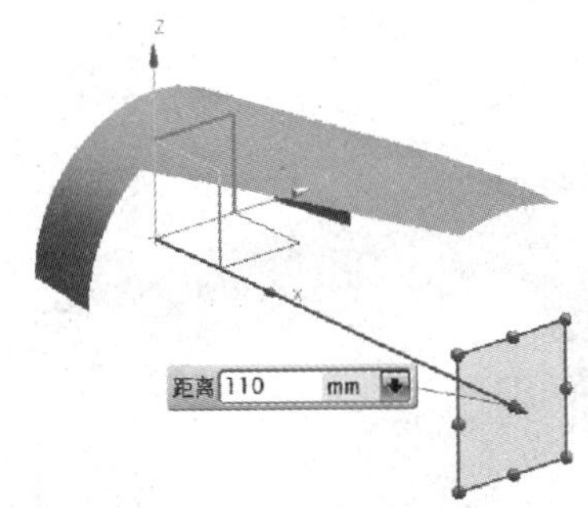

图 3—63 创建基准面

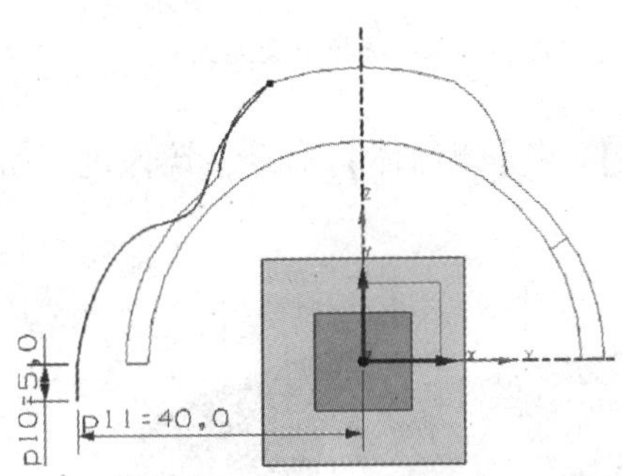

图 3—64 创建艺术样条

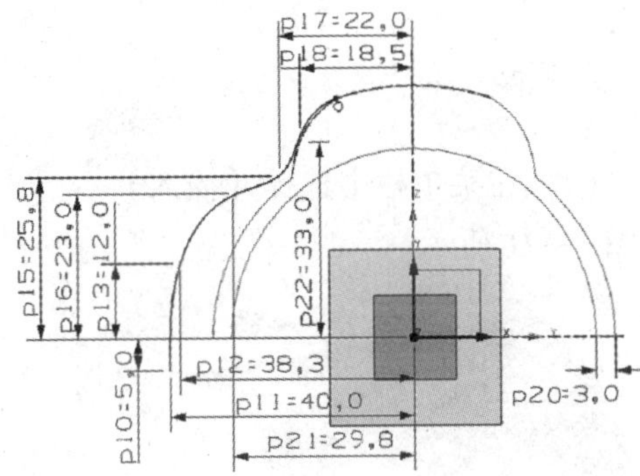

图 3—65 完全约束艺术样条

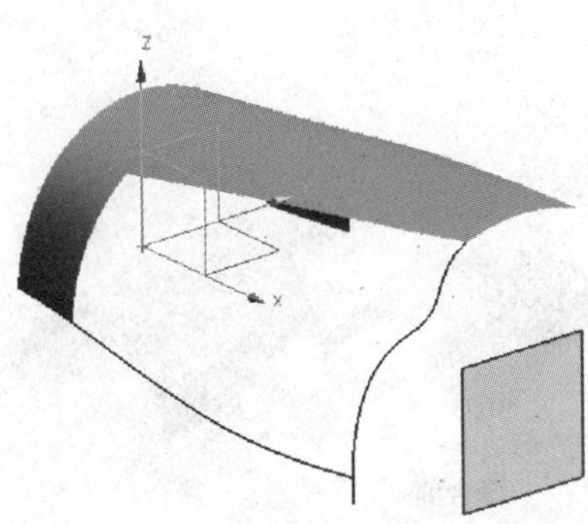

图 3—66 完成草图

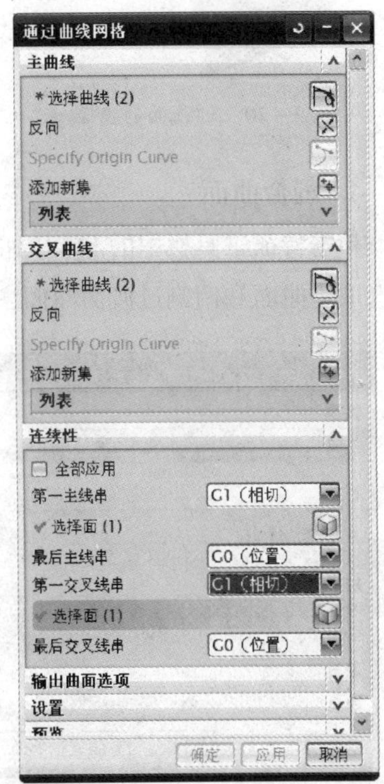

图 3—67 “通过曲线网格”对话框

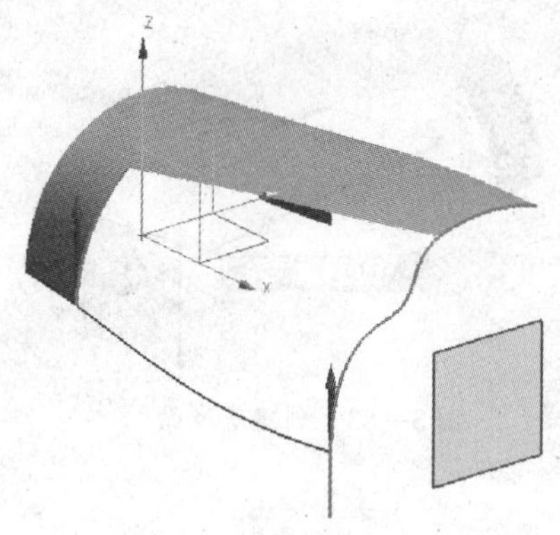
图 3—68 选择主曲线

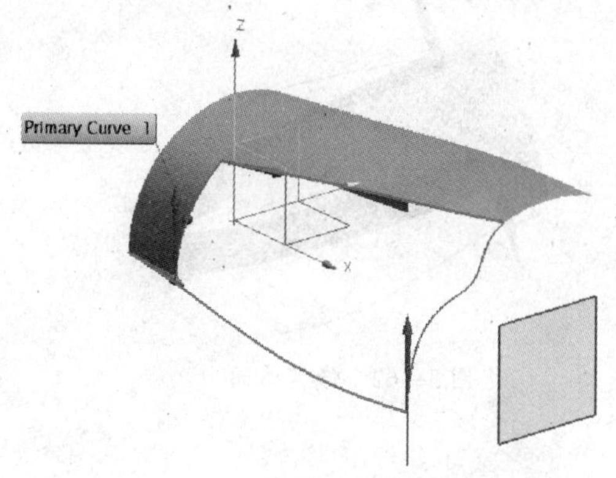

图 3—69 选择交叉曲线

（2）在菜单栏中选择【插入】 >【关联复制】 >【镜像体】命令，镜像过渡面，如图 3—71 所示。

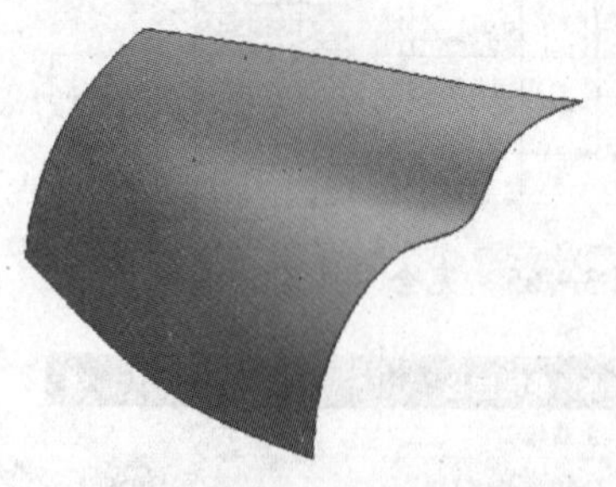
图 3—70 过渡面创建

图 3—71 镜像过渡面

4. 缝合曲面

单击特征工具栏中的 按钮，系统弹出“缝合”对话框，如图 3—72 所示。依次选取主曲面和两侧过渡面曲面，单击“确定”，完成曲面缝合，如图 3—73 所示。

图 3—72 “缝合”对话框

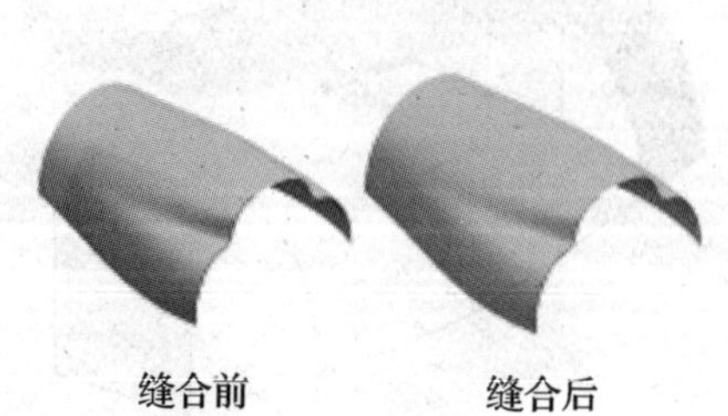

图 3—73 缝合曲面

5. 片体加厚

单击特征工具栏中的按钮，选择曲面，设置厚度为 3，单击“确定”，完成设计，如图 3—50b 所示。

巩固提高

通过 NX 建模模块自由曲面功能完成图 3—74 所示模型的建模练习。

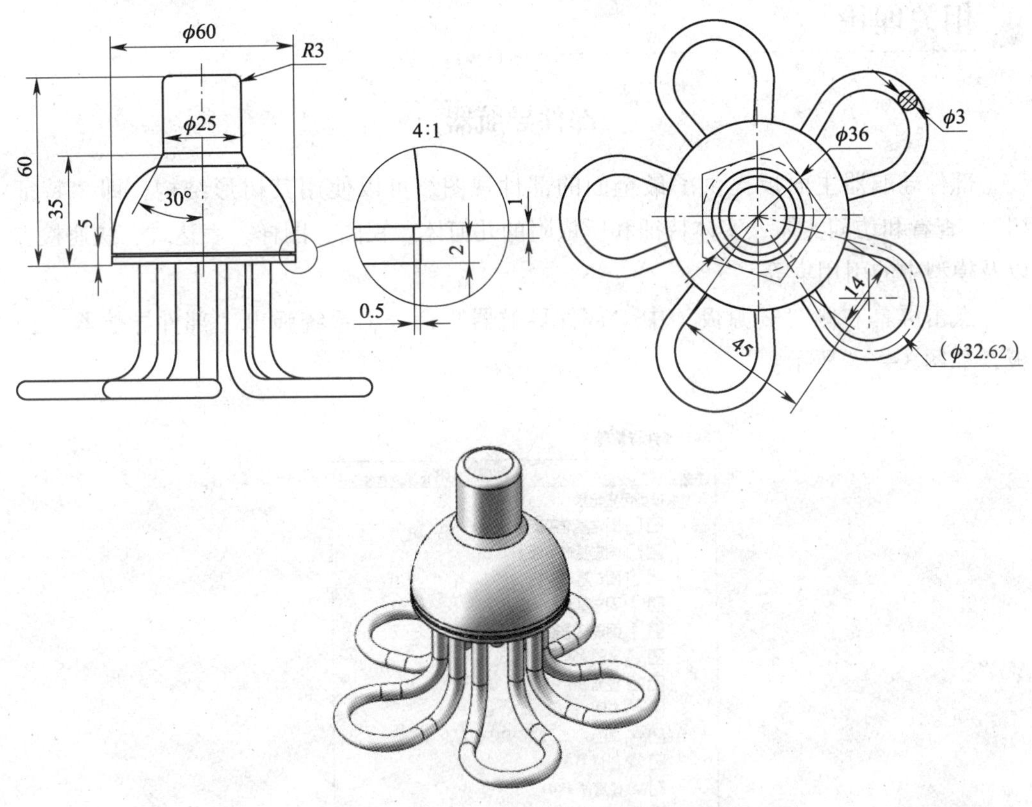

图 3—74　自由曲面模型建模

任务四　自由曲面与实体混合设计

学习目标

1. 掌握自由曲面与实体混合设计。
2. 能完成常用曲面—实体混合建模。
3. 能正确使用部件导航器。

工作任务

通过 NX 建模模块自由曲面功能，完成模块任务给出的图 3—1 所示手机外壳的设计。

手机外壳产品设计过程为：根据产品的零件图进行曲线拟合，曲面构造，生成三维实体模型，最后进行编辑和修改等完成设计。

相关理论

部件导航器

部件导航器主面板提供了最全面的部件视图。可以使用其树形结构，即“特征树”，查看和访问实体、实体特征和所依附的几何体、视图、图样、表达式、快速检查以及模型中的引用集等。

点击屏幕右侧“资源板”中“部件导航器”命令，系统弹出“部件导航器”面板，如图 3—75 所示。

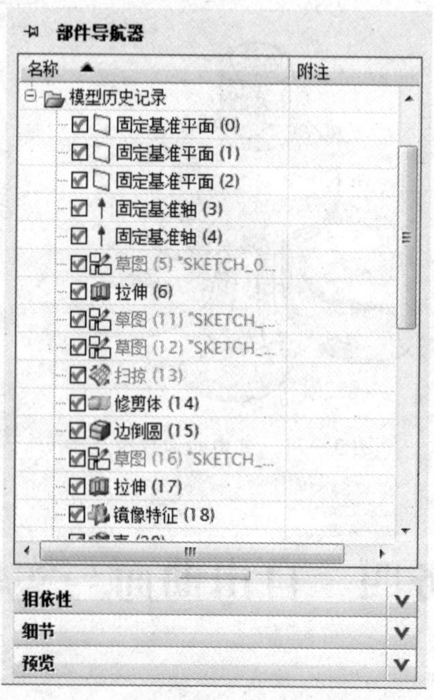

图 3—75 “部件导航器”面板

通过部件导航器可以完成很多快捷操作，比如：实体模型的显示与隐藏，模型和特征的编辑与操作，显示表达式，抑制和取消抑制，特征回放以及信息获取等。

任务实施

1. 修剪主实体

(1) 在本模块学习任务二中，已经完成了手机外壳模型的部分建模工作，结果如图 3—76 所示。

(2) 打开该模型，单击特征工具栏中的按钮，系统弹出“修剪体”对话框，如图 3—77 所示。

图 3—76 手机外壳建模

图 3—77 “修剪体”对话框

(3) 依次选择主实体和曲面，通过预览判断修剪结果，如图 3—78 所示。

2. 倒圆角

(1) 单击特征工具栏中的按钮，系统弹出“边倒圆”对话框，如图 3—79 所示。

图 3—78 主实体修剪

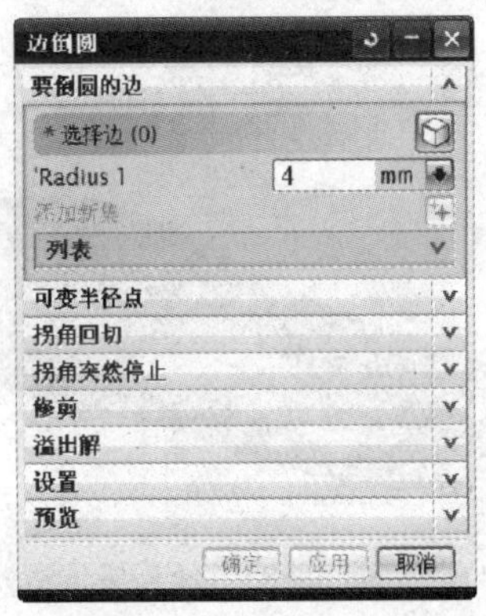

图 3—79 “边倒圆”对话框

(2) 选择主实体上表面进行圆角处理，半径为 4，如图 3—80 所示。

3. 修剪实体

(1) 单击建模工具栏中的按钮，选择 *ZC* - *YC* 面作为草图放置面，如图 3—81 所示。

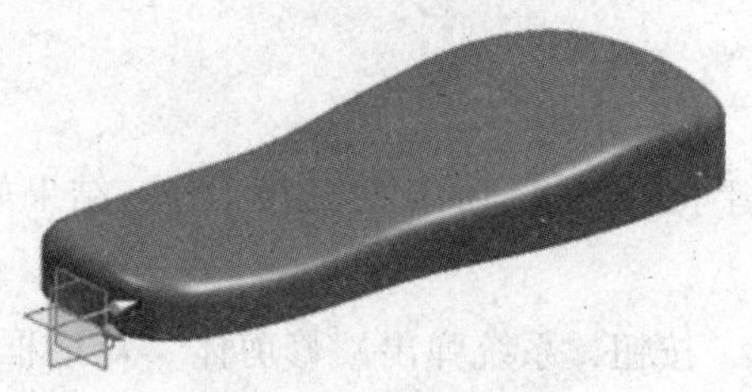

图 3—80　圆角处理

图 3—81　草图放置面

（2）绘制草图并完全约束，如图 3—82 所示。

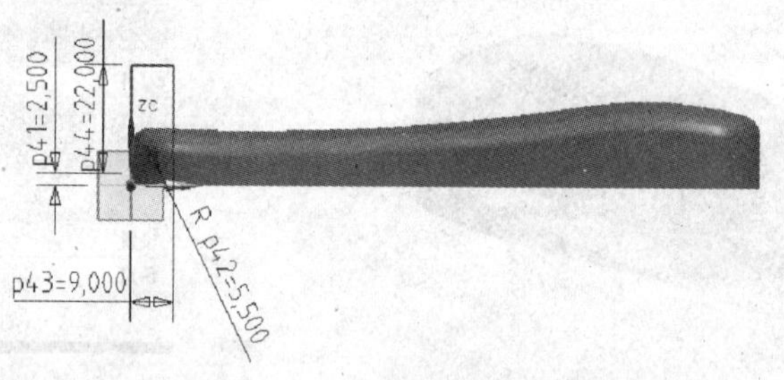

图 3—82　绘制草图

（3）单击特征工具栏中的按钮，“布尔”设置为“求差”，修剪一侧结构，如图 3—83 所示。

（4）在菜单栏中选择【插入】>【关联复制】>【镜像特征】命令，选择需要镜像的特征和镜像平面，镜像上一步的修剪特征，如图 3—84 所示。

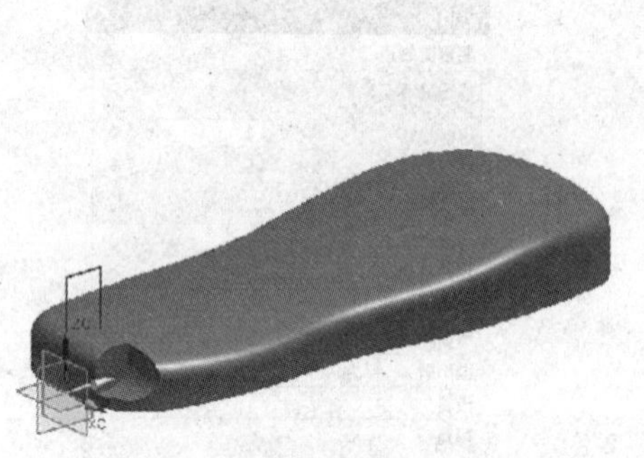

图 3—83　修剪实体

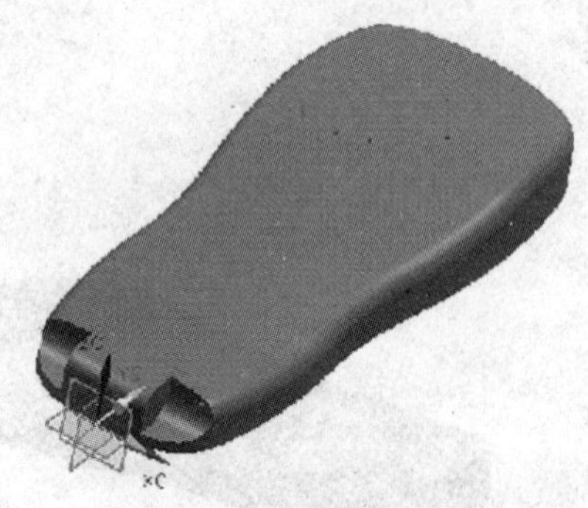

图 3—84　镜像修剪特征

4. 抽壳

（1）单击特征工具栏中的按钮，系统弹出“抽壳”对话框，设置“厚度”为 1.5，如图 3—85 所示。

（2）选择模型底平面为移除面，单击“确定”，对模型进行均壁厚的抽壳处理，如图 3—86 所示。

图 3—85 “抽壳”对话框

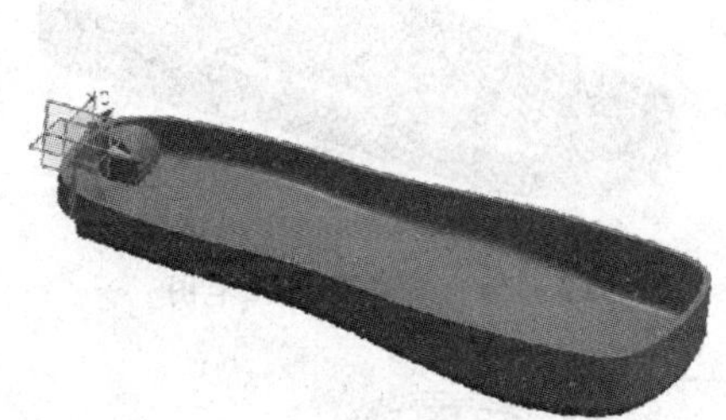

图 3—86 抽壳

5. 构建屏幕孔、按键孔、听筒和话筒孔

（1）选择“基准平面”命令，构建平行于 $XC-YC$ 平面的基准面作为按键孔等草图的放置平面，如图 3—87 所示。

（2）在构建的基准平面上绘制屏幕孔草图并约束，如图 3—88 所示。

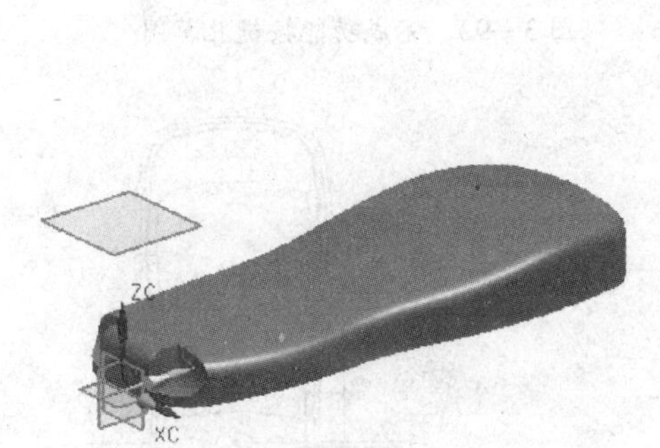

图 3—87 构建基准平面

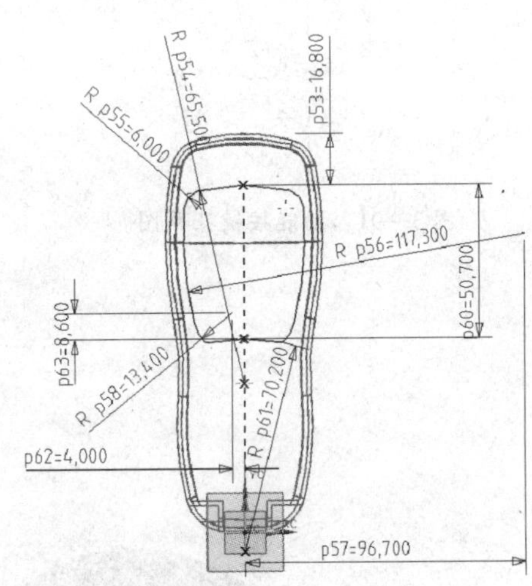

图 3—88 屏幕孔草图

（3）退出草图，完成屏幕孔草图，如图 3—89 所示。

（4）单击特征工具栏中的 按钮，“布尔”设置为“求差”，创建屏幕孔，如图 3—90 所示。

（5）在构建的基准平面上绘制功能按键孔草图并约束，如图 3—91 所示。

（6）退出草图，完成功能按键孔草图，如图 3—92 所示。

（7）单击特征工具栏中的 按钮，“布尔”设置为“求差”，创建功能按键孔，如图 3—93 所示。

（8）在构建的基准平面上绘制号码按键孔草图并约束，如图 3—94 所示。

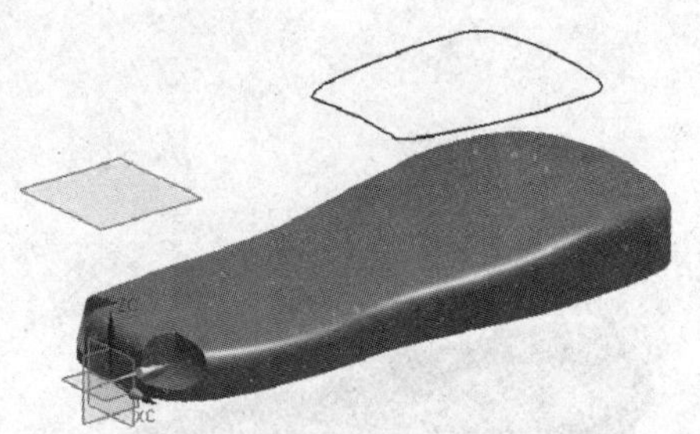

图 3—89　完成屏幕孔草图

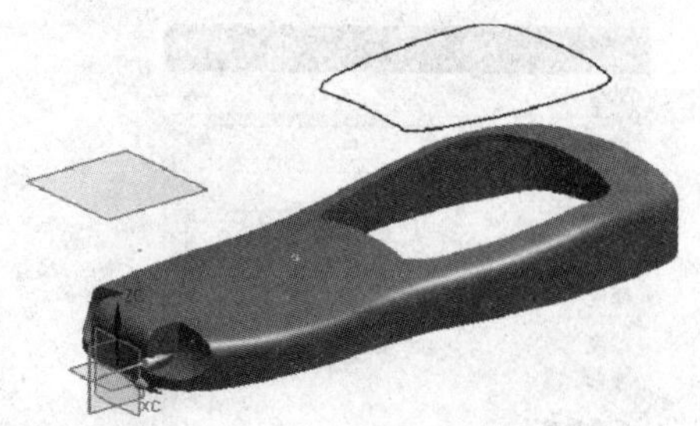

图 3—90　创建屏幕孔

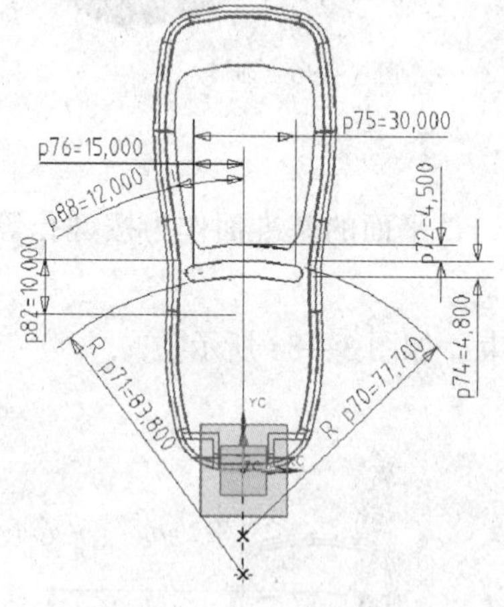

图 3—91　功能按键孔草图

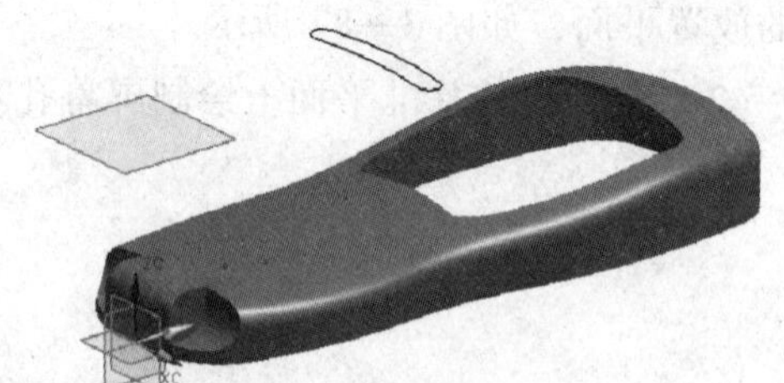

图 3—92　完成功能按键孔草图

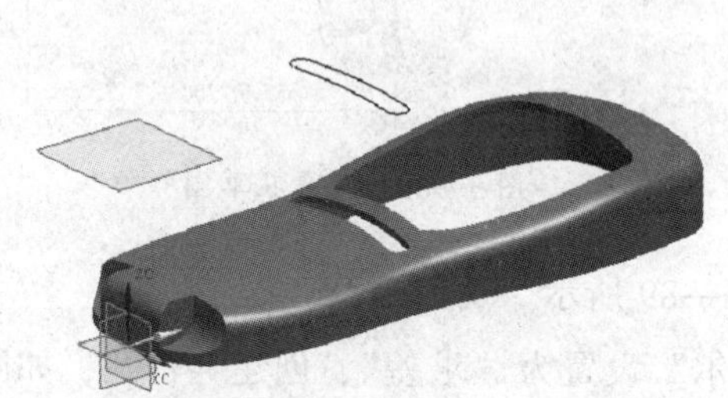

图 3—93　创建功能按键孔

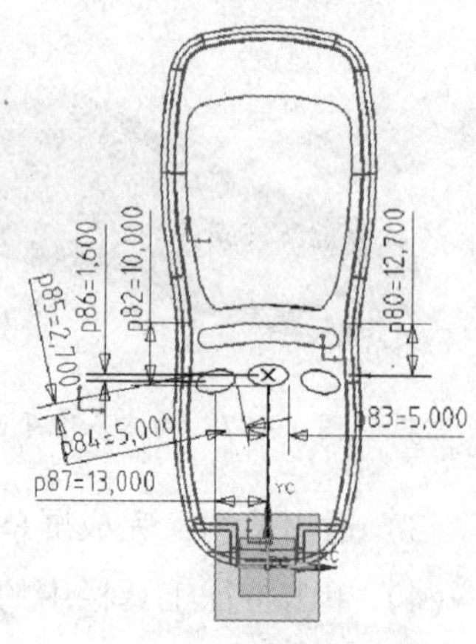

图 3—94　号码按键孔草图

（9）退出草图，完成号码按键孔草图，如图 3—95 所示。

（10）单击特征工具栏中的 按钮，“布尔”设置为“求差”，创建号码按键孔，如图 3—96 所示。

（11）单击特征工具栏中的 按钮，系统弹出“实例”对话框。

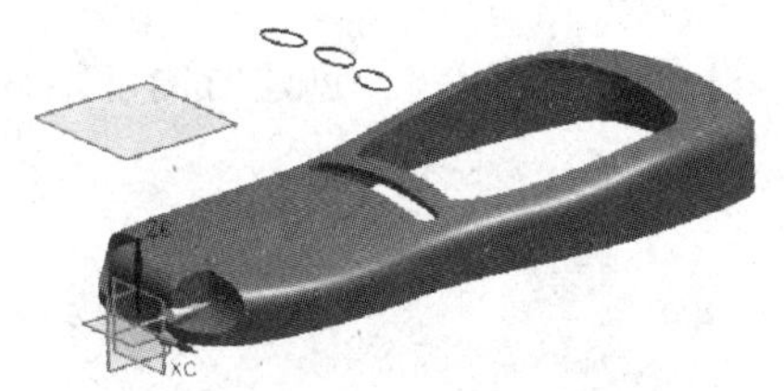

图 3—95 完成号码按键孔草图

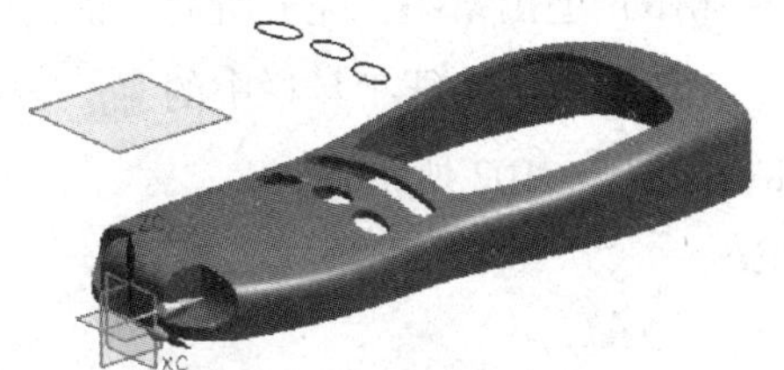

图 3—96 创建号码按键孔

（12）选择“矩形阵列”，系统弹出特征选择对话框，选择号码按键孔特征，如图 3—97 所示。

（13）单击“确定”，系统弹出“编辑参数”对话框，设置如图 3—98 所示。

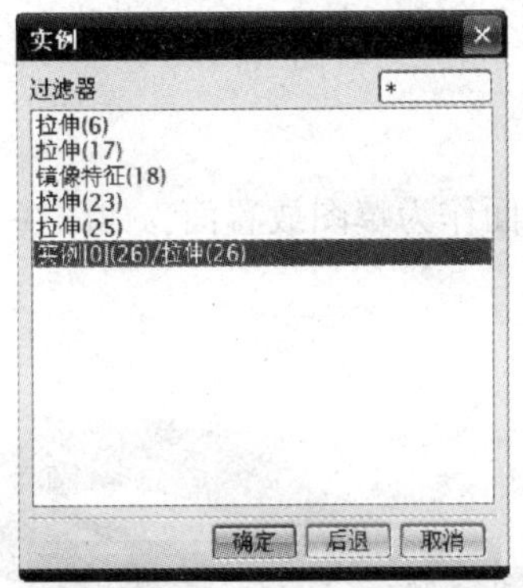

图 3—97 实例特征选择

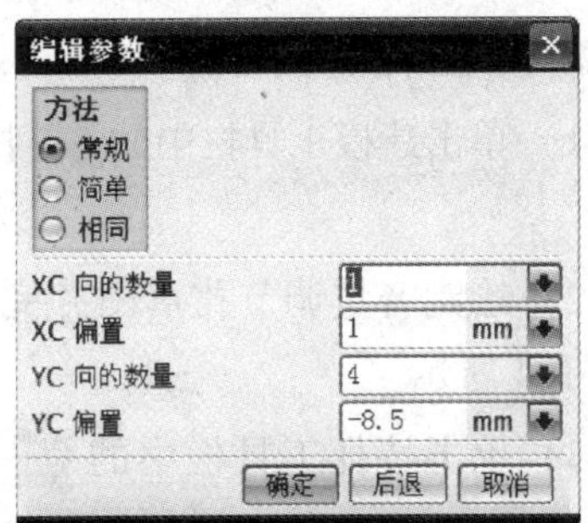

图 3—98 “编辑参数”对话框

（14）单击“确定”，逐层回到上级菜单，创建全部号码按键孔，如图 3—99 所示。

（15）在构建的基准平面上绘制听筒、话筒孔草图并约束，如图 3—100 所示。

图 3—99 号码按键孔

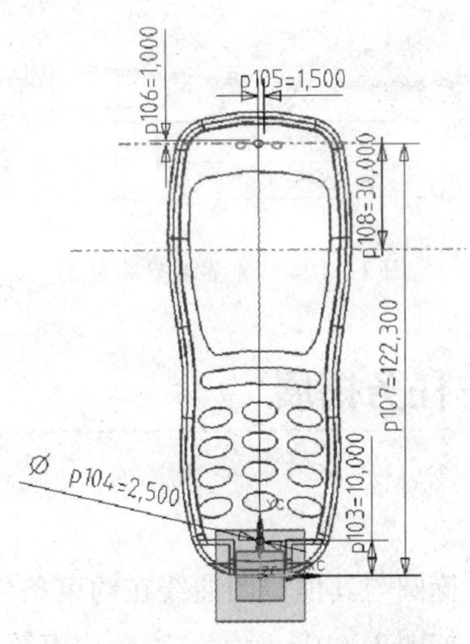

图 3—100 听筒、话筒孔草图

（16）退出草图，完成听筒、话筒孔草图，如图3—101所示。

（17）单击特征工具栏中的按钮，“布尔”设置为“求差”，创建听筒、话筒孔，如图3—102所示。

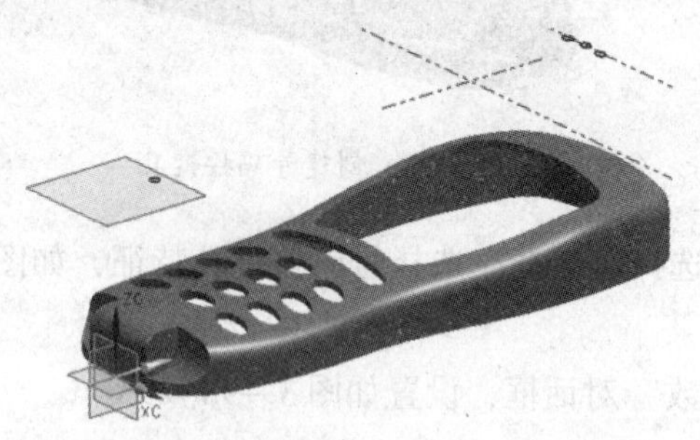

图3—101　完成听筒、话筒孔草图

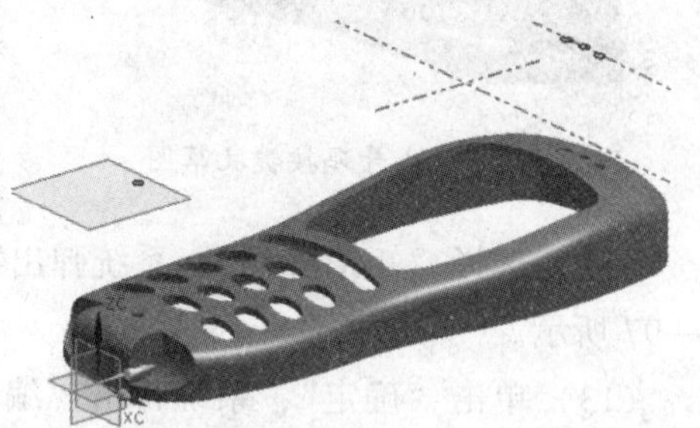

图3—102　创建听筒、话筒孔

6. 构建音量调节孔

（1）单击建模工具栏中的按钮，选择*ZC*－*YC*面作为草图放置面，如图3—103所示。

（2）绘制音量调节孔草图并完全约束，如图3—104所示。

（3）单击特征工具栏中的按钮，“布尔”设置为“求差”，生成音量调节孔，如图3—105所示。

（4）单击特征工具栏中的按钮，半径设置为1.5，完成手机外壳产品设计（见图3—1）。

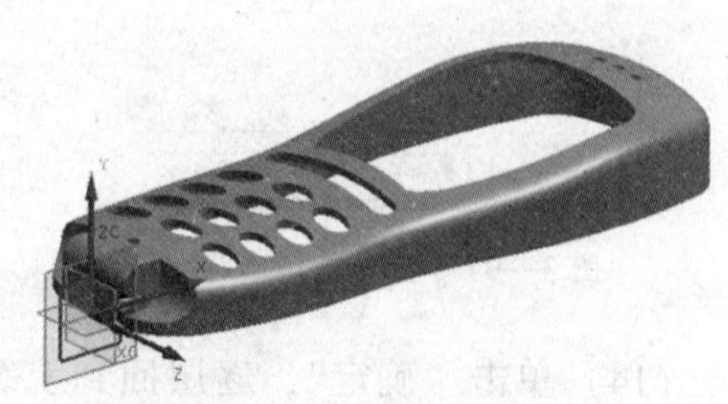

图3—103　草图放置面

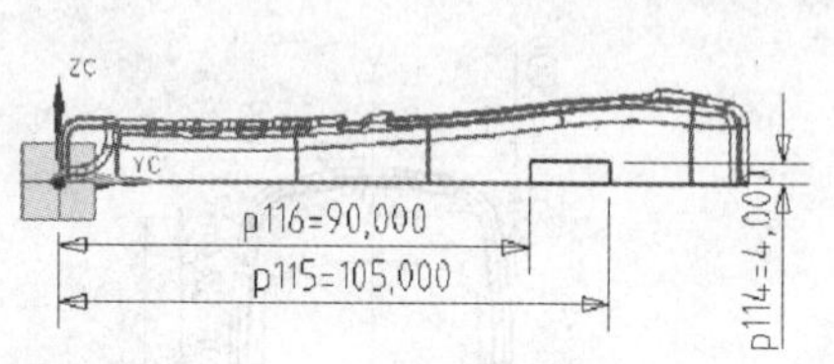

图3—104　音量调节孔草图

图3—105　音量调节孔

任务拓展

椭圆的约束

椭圆与其他草图曲线在约束条件上略有不同，主要体现在椭圆圆心处的旋转自由度，如图3—106所示。完全约束草图，必须约束这个旋转自由度。

1. 椭圆轴线平行于坐标轴

（1）左键单击椭圆曲线，单击某一坐标轴，系统弹出约束条件，如图 3—107 所示。

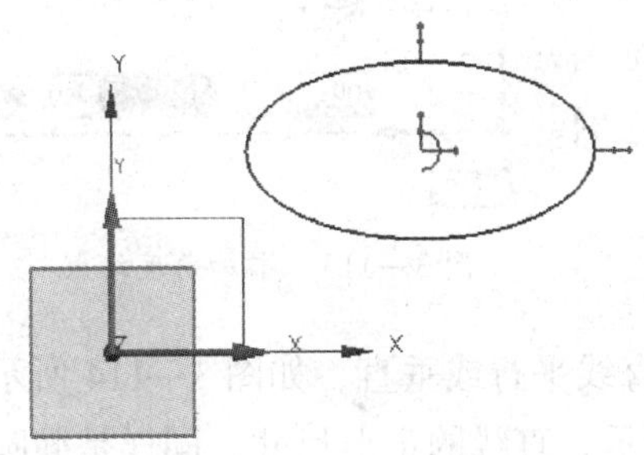

图 3—106 椭圆草图曲线

图 3—107 约束条件

（2）选择“平行”或“垂直”即可约束旋转自由度，如图 3—108 所示。

（3）添加其他定形、定位尺寸，完全约束椭圆草图曲线，如图 3—109 所示。

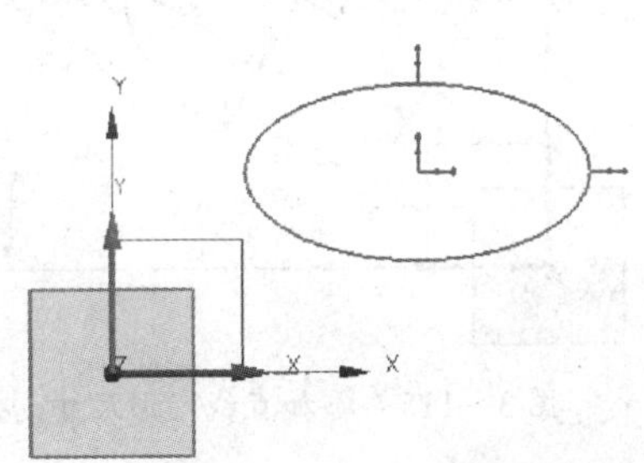

图 3—108 约束旋转自由度

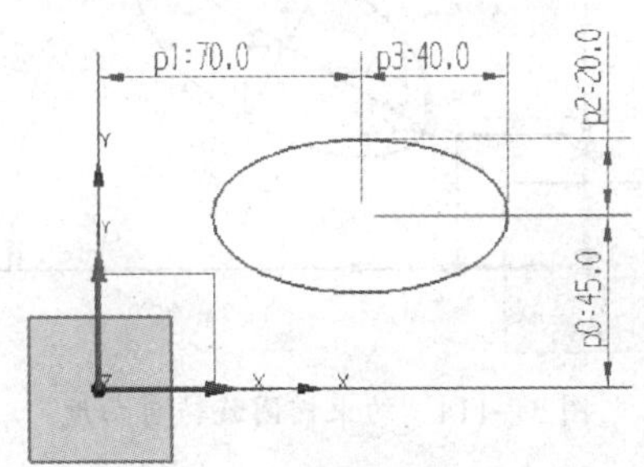

图 3—109 完全约束椭圆草图曲线

2. 椭圆轴线倾斜于坐标轴

当椭圆轴线与坐标轴倾斜一定角度时，如图 3—110 所示，约束条件相对复杂。

（1）通过椭圆的象限点，绘制一对相互垂直的直线，如图 3—111 所示。

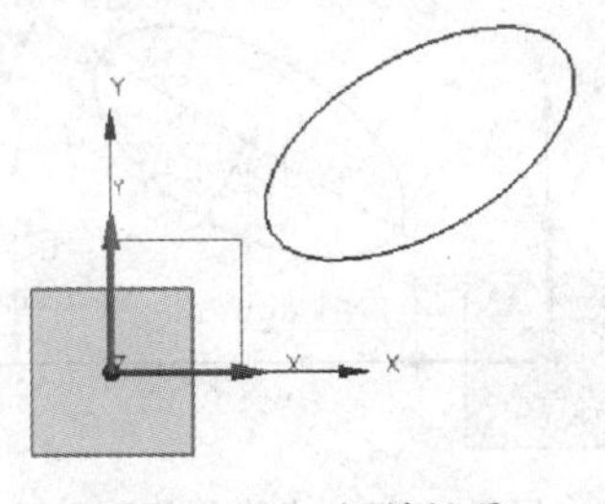
图 3—110 倾斜椭圆

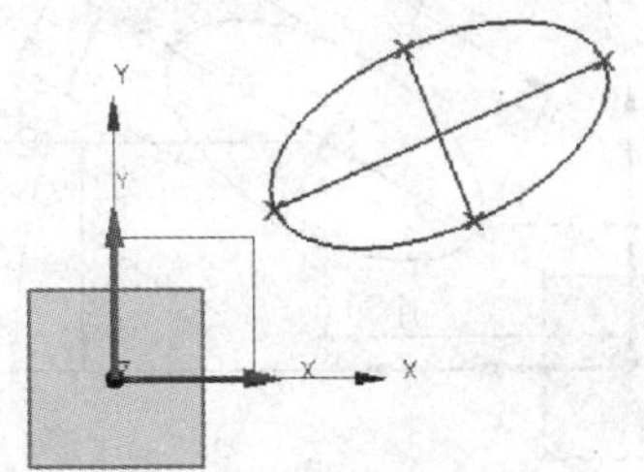
图 3—111 绘制连接直线

（2）采用“点在曲线上”约束条件，将椭圆的圆心约束在两条直线上，如图 3—112 所示。

（3）添加直线的角度约束，如图 3—113 所示。

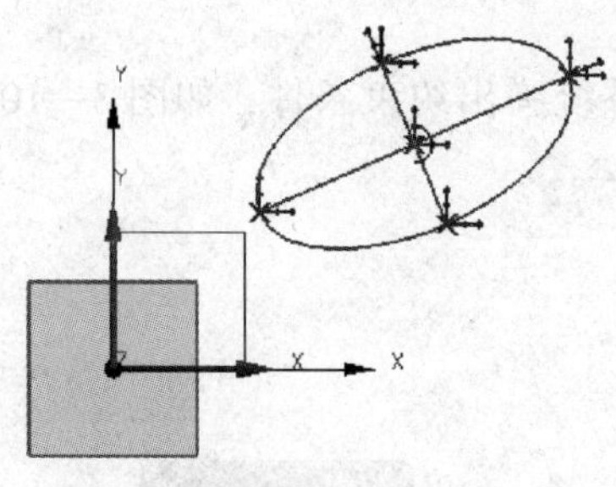

图 3—112 “点在曲线上”约束

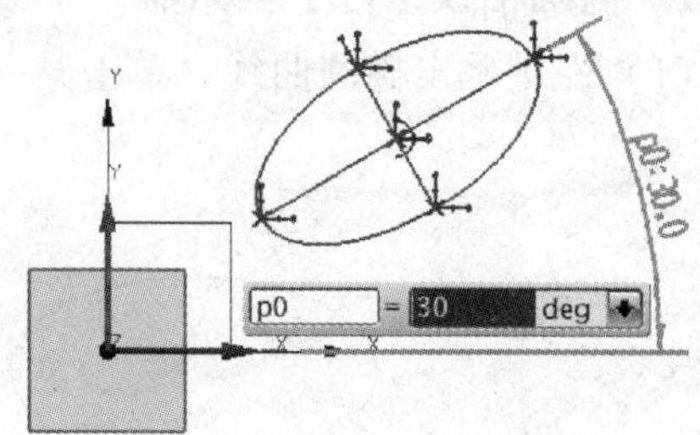

图 3—113 添加角度约束

（4）约束椭圆旋转自由度，椭圆与某一直线平行或垂直，如图 3—114 所示。

（5）添加直线定形尺寸，如图 3—115 所示。直线的定形尺寸，同样是椭圆的长轴和短轴尺寸。

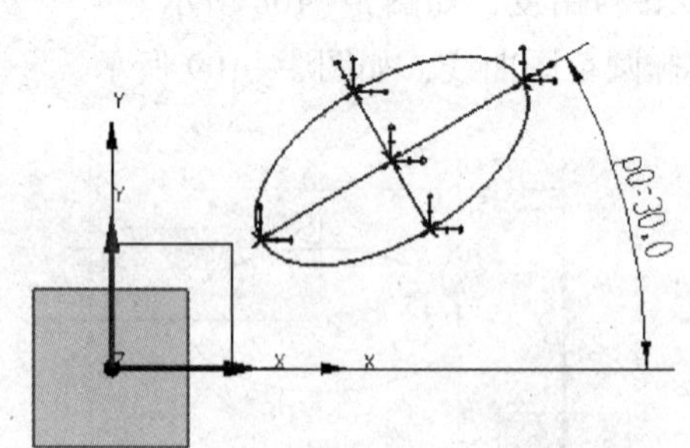

图 3—114 约束椭圆旋转自由度

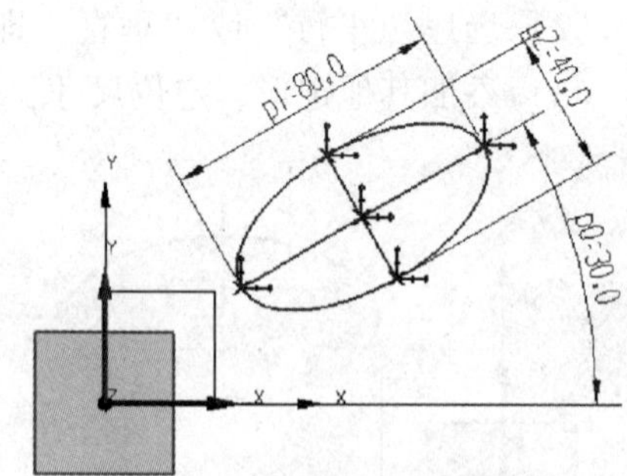

图 3—115 添加直线定形尺寸

（6）添加椭圆圆心定位尺寸，完全约束椭圆草图曲线，如图 3—116 所示。

（7）右键单击两直线，在快捷菜单中选择“转换为引用”，如图 3—117 所示，完成椭圆草图。

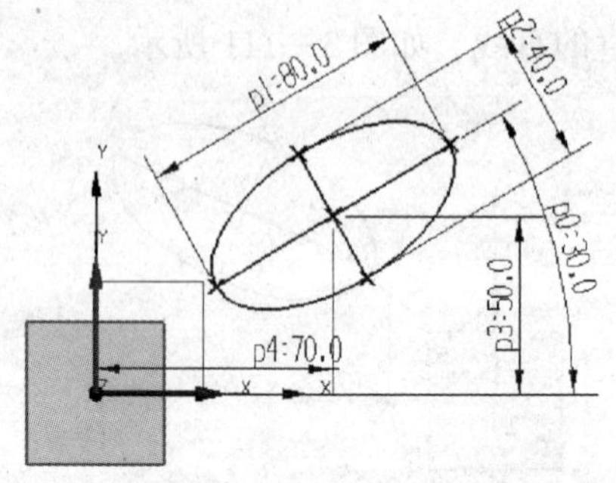

图 3—116 完全约束椭圆草图曲线

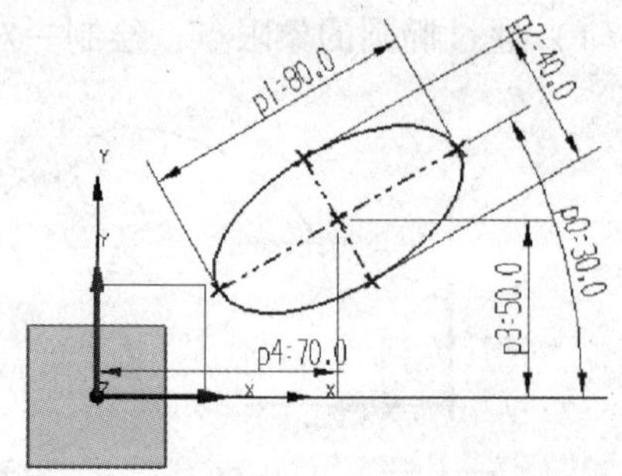

图 3—117 直线转换为引用

巩固提高

通过 NX 建模模块自由曲面功能完成如图 3—118 所示模型建模练习。

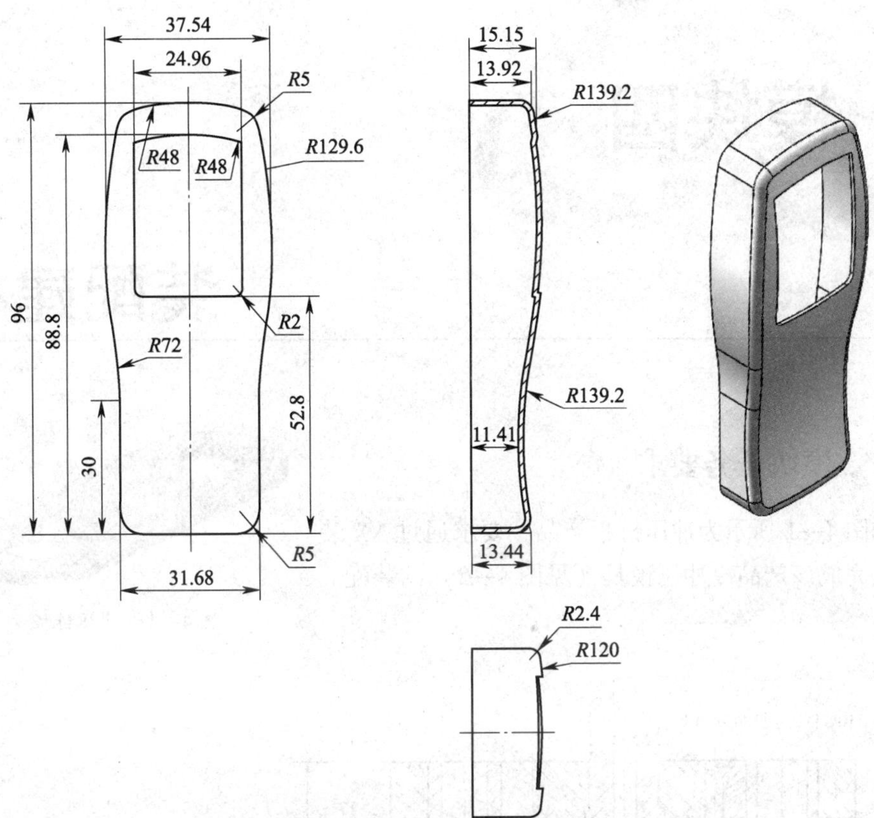

图 3—118 自由曲面模型建模

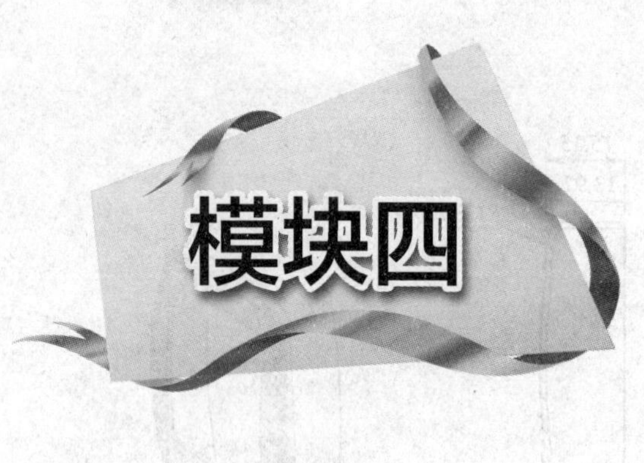

模块四

装配建模

一、模块任务要求

图 4—1　冲压链板

如图 4—1 所示为冲压链板产品，要求通过 NX 装配模块完成该产品冷冲压模具（见图 4—2）的装配。

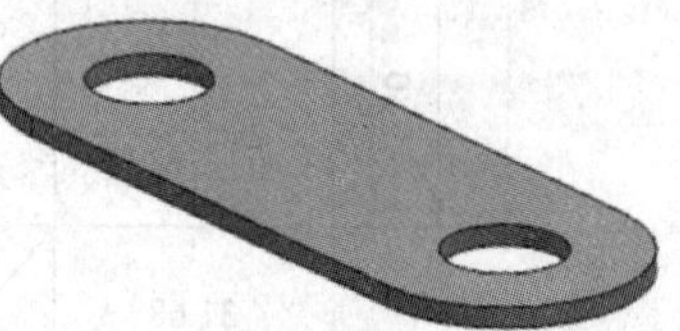

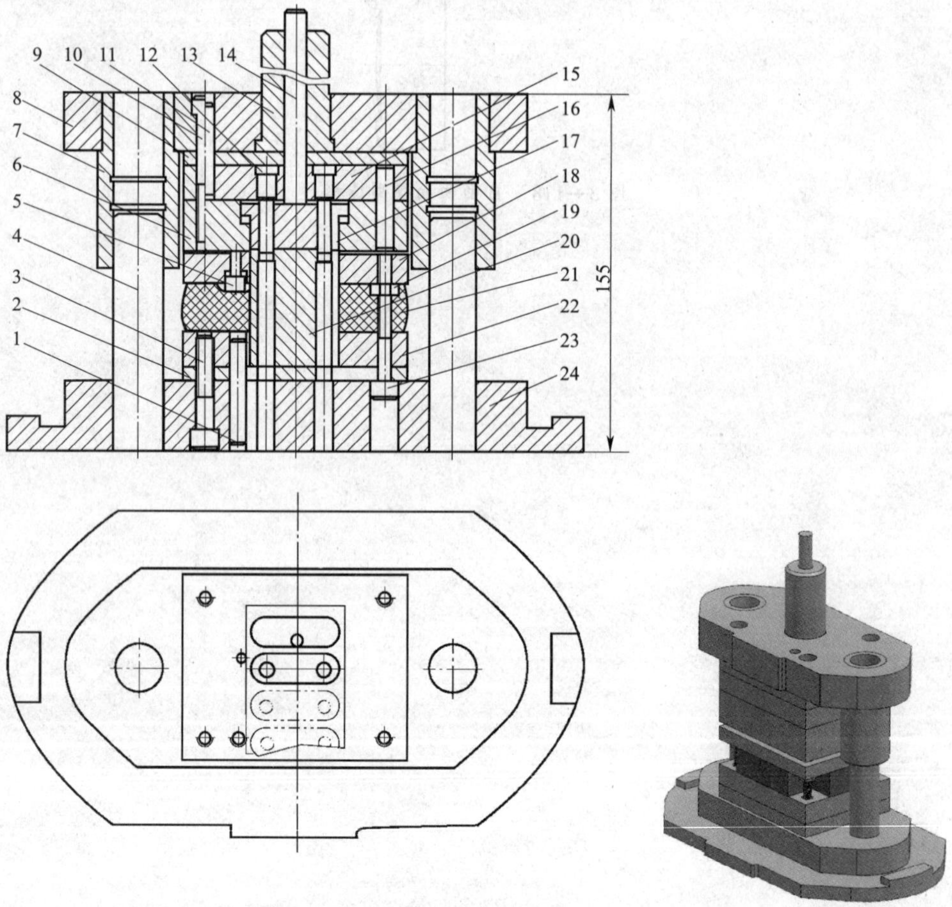

24		下模座	1	H200	
23	GB 70.1—2000	卸料板螺钉	4	45	M6 ×55
22		凸凹模固定板	1	45	15 ×80 ×100
21		橡胶	2 ×2	聚氨酯	
20		凸凹模	1	Gr12MoV	
19		螺母	4	45	M6
18		卸料板	1	45	12 ×80 ×100
17		顶件块	1	45	
16	GB/T 119.2—2000	圆柱销	2	45	φ8 ×35
15		圆凸模固定板	1	45	15 ×80 ×100
14		打杆	1	45	φ10 ×120
13		模柄	1	45	
12		圆凸模	2	Gr12	
11	GB/T 119.2—2000	圆柱销	2	45	φ8 ×40
10	GB 70.1—2000	内六角螺栓	4	45	M8 ×55
9		上模垫板	1	45	6 ×80 ×100
8		上模座	1	H200	
7		导套	2	GCr15	
6		落料凹模	1	Gr12MoV	22 ×80 ×100
5		挡料销	3	45	
4		导柱	2	GCr15	
3	GB 70.1—2000	内六角螺栓	4	45	M8 ×40
2		下模垫板	1	45	6 ×80 ×100
1	GB/T 119.2—2000	圆柱销	2	45	φ8 ×45
序号	代号	名称	数量	材料	备注

图 4—2 链板冷冲模装配图

二、模块任务目的

通过链板冷冲模装配掌握装配的一般流程，完成装配操作和装配编辑；掌握爆炸图的概念和爆炸图的操作；掌握装配导航器的概念和操作。将装配设计与软件技术紧密结合起来，提高基于软件技术的产品装配设计技能，能完成各类冷冲压模具装配设计、注塑模具装配设计及其他装配体设计，如图4—3所示。

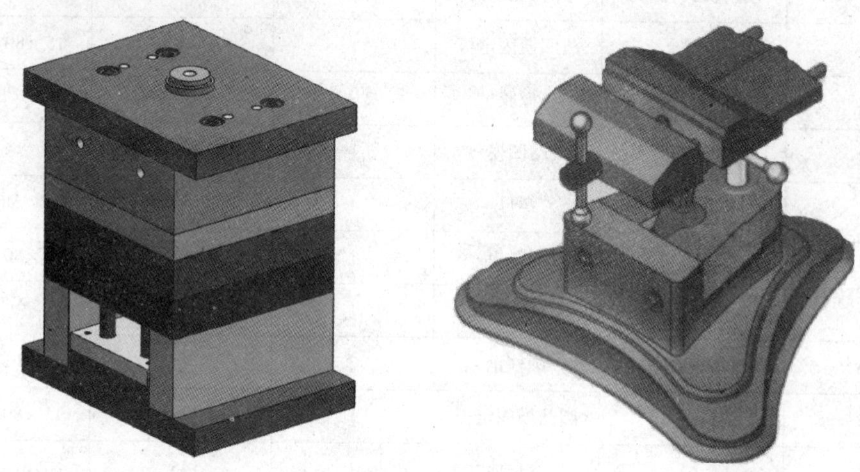

图4—3 装配设计

三、模块任务分析

通过对图4—1和图4—2的识读与分析，完成链板冷冲模装配要注意以下问题：

1．该链板冷冲模采用典型的冲裁模模具结构，模架和成型零件关系清晰，便于学习并理解冲裁工艺过程和冲裁模具结构，以及模具工作过程。

2．链板冷冲模在装配操作时需要关注模具零件之间的连接关系，关注装配约束条件的合理性，尽量采用最短操作过程完成模块工作任务。

3．爆炸视图是装配过程的逆过程，能够帮助理解装配体的结构和装配的过程，是很重要的验证装配操作是否正确的方法和工具，应当掌握链板冷冲模模具装配后的爆炸视图建模。

根据产品设计的过程特点，该项目的实施分为2个任务进行：装配建模概述与操作、爆炸视图建模，最终完成链板冷冲模装配。

任务一 装配建模概述与操作

学习目标

1．能完成装配操作。

2．能完成装配编辑。

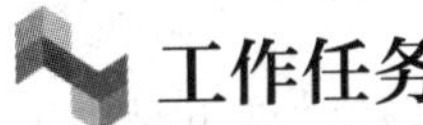

工作任务

通过 NX 装配模块，掌握装配模块的基本知识和熟悉装配操作的一般流程，完成链板冷冲模装配（见图 4—2）。

掌握装配模块和装配的操作和编辑，并能够利用装配导航器进行装配操作。

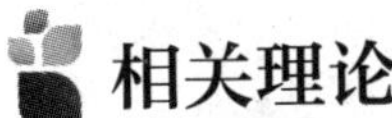

相关理论

UG 装配建模概述

UG NX 的装配功能是指在装配环境中建立组件之间的关联的功能，通过关联条件在组件之间建立约束关系来确定各个组件在装配中的位置。在装配过程中，组件的实体模型是被装配引用，而不是完全复制到装配中，因此，装配体和组件之间保持着关联性，如果某个组件被修改，则引用其装配体自动更新成最新形态。

1. UG 装配建模操作命令

本模块主要介绍 UG NX 装配模块的使用方法。执行装配功能命令的选择方法有两种：第一种是通过菜单栏中【装配】下拉菜单来选择功能命令，如图 4—4 所示；第二种是通过装配工具栏来选择功能命令，如图 4—5 所示。

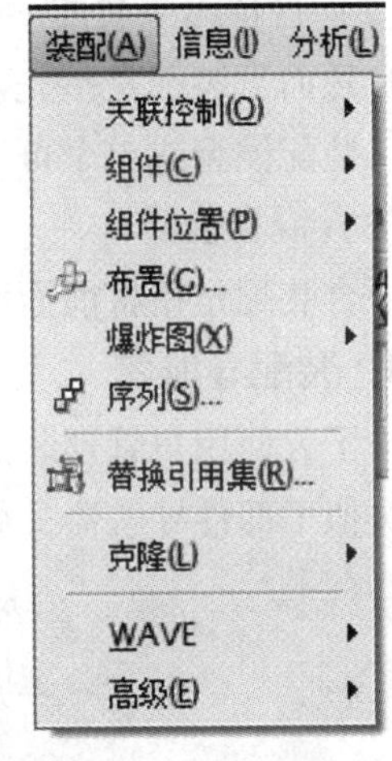

图 4—4 “装配”下拉菜单

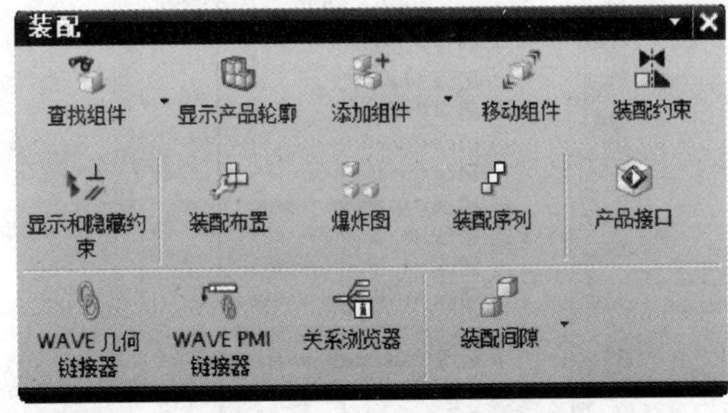

图 4—5 装配工具栏

2. 主要装配术语

（1）装配组件

组件是指装配中的组成零件，即 Prt 文件。UG NX 装配中也可以向任何 Prt 文件中添加其他零件从而形成装配。当然，无论是建立独立的装配文件，还是在已有零件中添加零件，均为引用，而非复制。

（2）子装配

子装配也就是部件文件，是指用于高一级装配中的部件文件。部件文件也是由零件装配而来。

（3）主模型

主模型是提供给 UG NX 各个模块引用的部件模型，其可以同时被工程图、装配、加工、机构分析或有限元分析等模块应用。

3. 主要装配方法

（1）自底而上装配

自底而上装配是指先创建装配需要的各个零件模型，再组装成子装配部件，最终生成完整装配模型的装配方法。

（2）自顶而下装配

自顶而下装配是指先设计完成装配体，并在装配级中创建零部件模型，然后再将其中子装配模型或单个可以直接用于加工的零件模型另外存储。

（3）混合装配

混合装配是指将前面所述两种装配方法结合在一起使用的装配方法。

4. 装配导航器

为了方便用户管理装配组件，UG NX 专门以独立窗口形式提供了装配导航器，其结构类似于部件导航器，如图 4—6 所示。

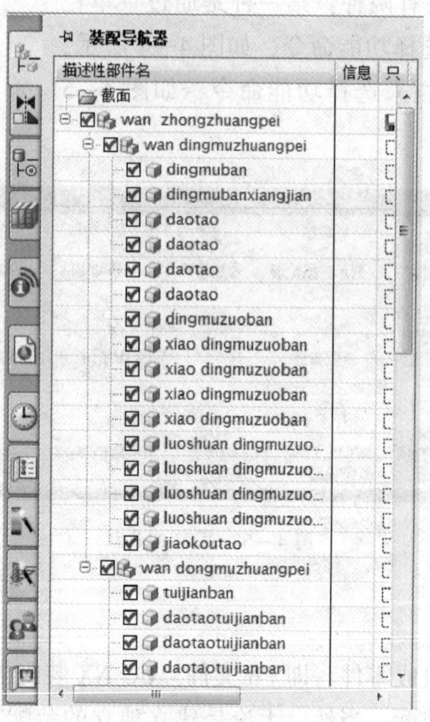

图 4—6 装配导航器

该窗口以树形方式显示装配结构，用户可以在其内部操作改变工作部件、显示/隐藏部件或者删除组件等。

在装配导航器中，第一个节点表示装配主体，其下方每一个节点均表示装配中的一个零件或部件。

（1）编辑组件

如图 4—7 所示，在装配导航器中通过双击需要编辑的组件，使其成为“工作部件”，工作部件将以高亮颜色显示，其他组件均为灰色，用户就可以对其进行编辑操作。

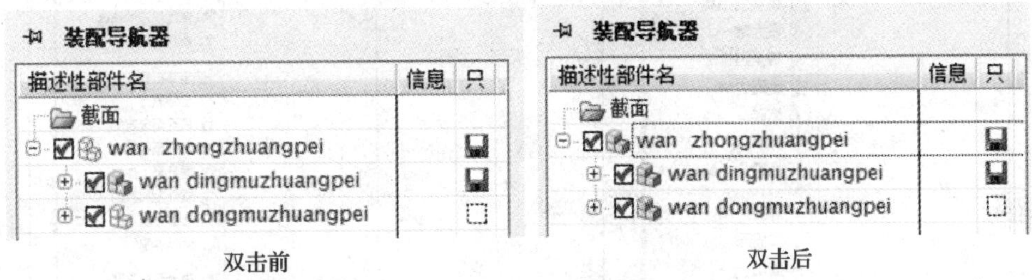

图 4—7 “编辑组件”操作

（2）组件操作快捷菜单

在组件节点上右击鼠标，将弹出组件操作快捷菜单，如图 4—8 所示，用户可以利用该菜单方便地进行组件管理。

（3）空白快捷菜单

在装配导航器的空白位置右击鼠标，将弹出空白快捷菜单，如图 4—9 所示，用户可以利用该菜单对“装配导航器”进行管理。

5. 添加已有组件到装配体中

在自底而上的装配方法中，通过单击装配工具栏中的按钮，打开“添加组件”对话框，如图 4—10 所示，添加已有部件到工作部件中作为装配组件，最终形成完整装配体。如果组件特征发生变化，则装配体中的相应引用组件也将自动更新。

（1）多重添加

选中“复制”中的“多重添加”选项，可以重复多次添加所引用的组件，如图 4—11 所示。

（2）组件名

组件名是指所添加组件的名称，在“设置”选项卡可以看到“名称”，如图 4—12 所示。需要说明的是，尽管在默认情况下组件名即为对应的部件文件名，但组件名也可以与部件名不一样，即可修改。

（3）图层

该选项用于确定所添加的组件放置于哪个图层，在“设置”选项卡可以看到“图层”，如图 4—13 所示。共有 3 种图层选择方式：原先的（组件创建时的图层）、工作（放置到当前工作图层）和被指点的（放置到新定义的图层），默认为原先的。

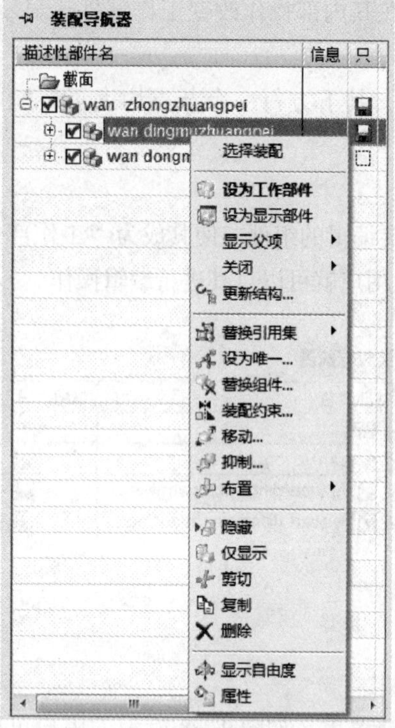

图 4—8 组件操作快捷菜单

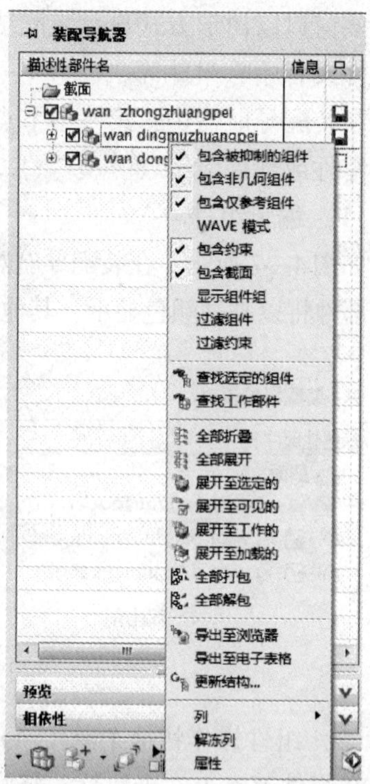

图 4—9 空白快捷菜单

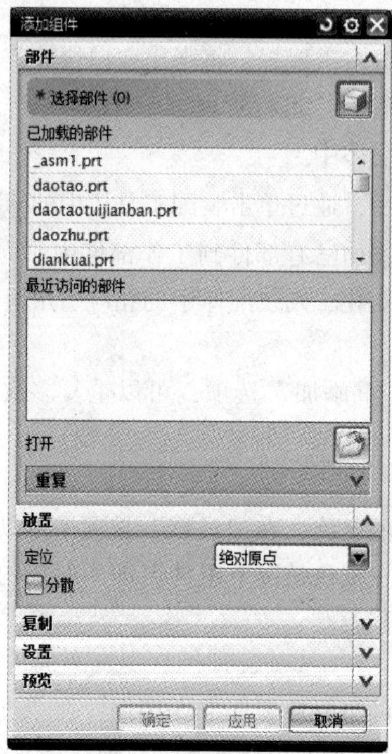

图 4—10 “添加组件”对话框

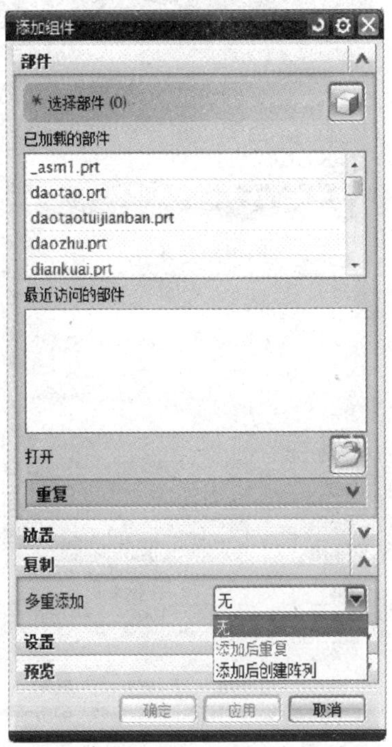

图 4—11 “多重添加”设置

图 4—12 “名称”设置

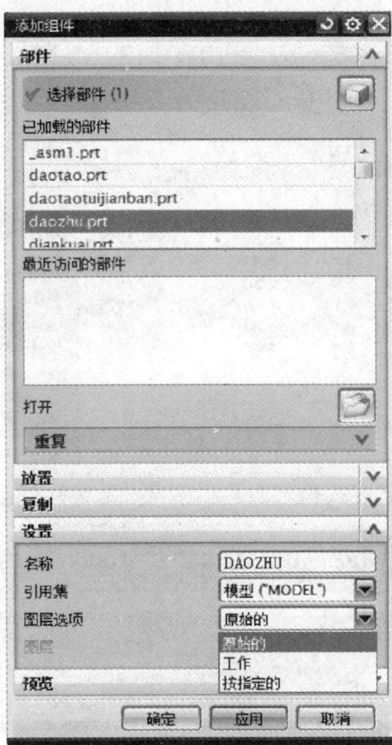

图 4—13 “图层”设置

（4）定位

该选项用于确定所添加组件的位置，在“放置”选项卡可以看到“定位”，如图4—14所示。共有4种方式：绝对原点（坐标原点）、选择原点（用户指定的点）、通过约束（通过约束条件定位）和移动（添加到工作部件中后再移动其位置）。

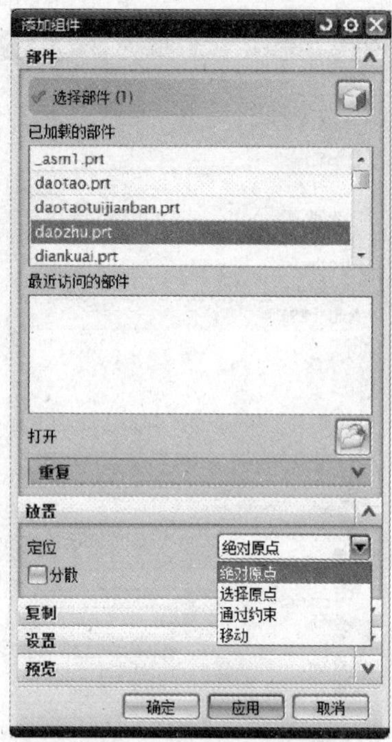

图4—14　“定位”设置

6. 在装配体中创建新组件

在自顶而下装配和混合装配中，需要用到在装配体中直接创建新组件的方法。创建新组件时，单击装配工具栏中的 新建组件 按钮，打开“新建组文件”对话框，如图4—15所示。

选择需要进入的模块，比如“模型”，完成所需要的零件建模即可。用户可以在装配导航器中看到该模型已经创建，并成为装配体的新组件，如图4—16所示。

图4—15　“新建组文件”对话框

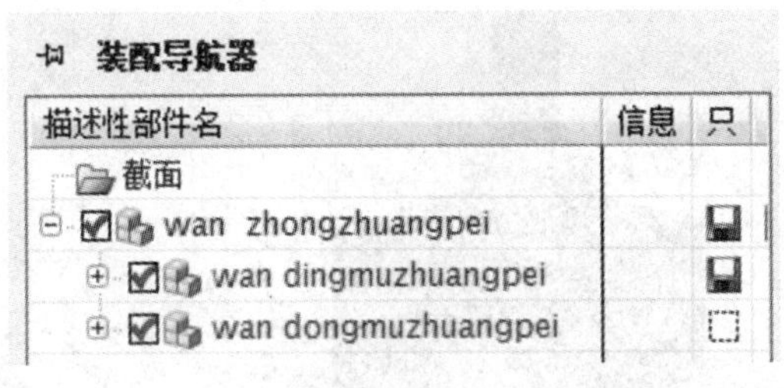

新组件创建前

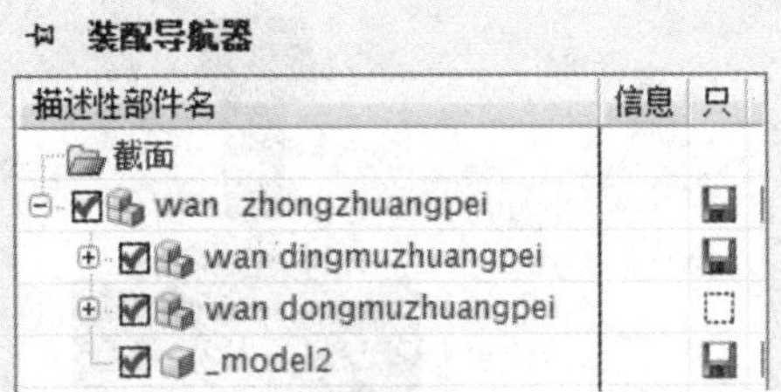

新组件创建后

图 4—16　创建新组件

7. 在装配体中定位组件

添加或者创建的组件到装配体中后，还需要确定各个组件之间的相对位置关系，以确定组件的装配位置，称之为装配约束。

单击装配工具栏中的按钮，可以打开“装配约束”对话框，如图 4—17 所示。

常用的装配约束有：接触对齐、同心、距离、平行、垂直、中心、角度等。

(1) 接触对齐

执行该约束方式后，两个同类对象位置相一致。

在“装配约束”对话框中“类型”方式中选择“接触对齐”，如图 4—18 所示。

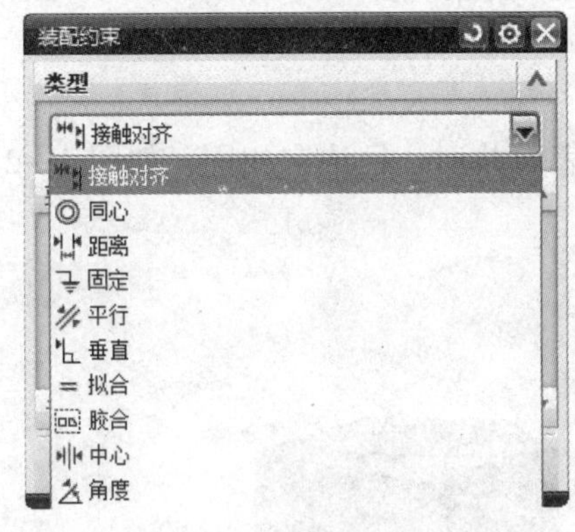

图 4—17　“装配约束”对话框

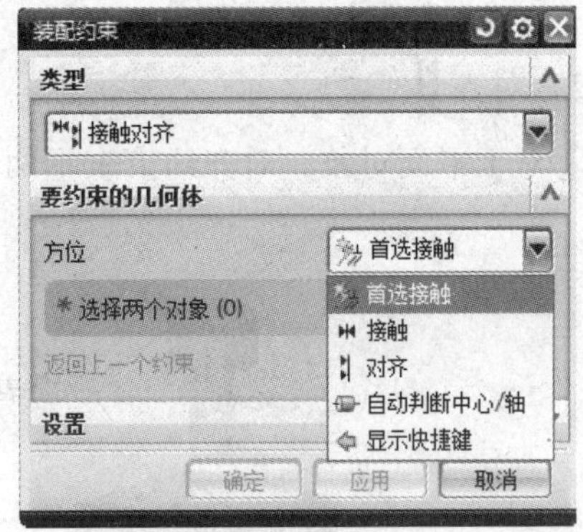

图 4—18　“接触对齐”约束

用户可以根据需要选择“接触”或者“对齐”方式，以及其他的约束方式。

1) 接触

①对于平面对象，接触约束表示两者约束表面共面，且法向相反，如图 4—19 所示。

②对于两个圆柱形表面，接触约束表示两个表面重合，并且轴线一致，如图4—20 所示。

③对于两条直线或者边界线，接触约束表示两个对象完全重合。

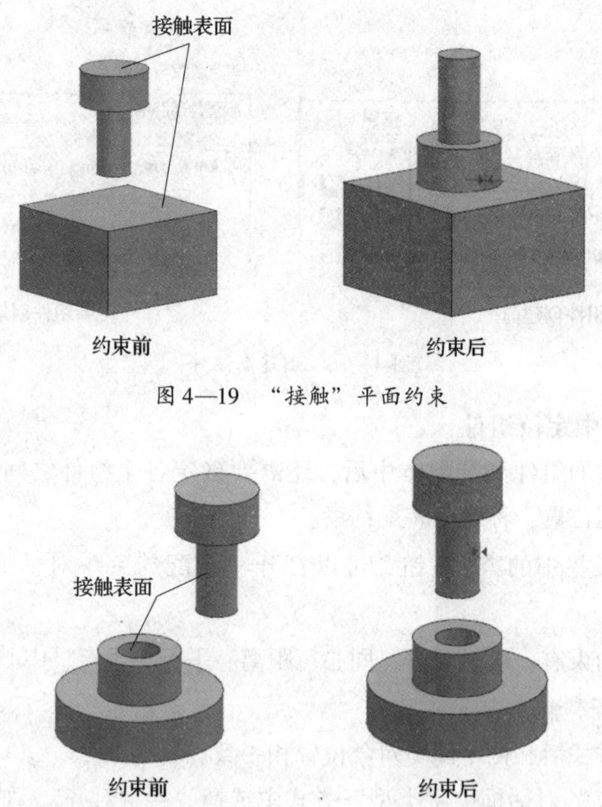

图 4—19 “接触”平面约束

图 4—20 “接触”圆柱形表面约束

2）对齐

①对于平面对象，对齐约束表示两者约束表面共面，且法向相同，如图 4—21 所示。

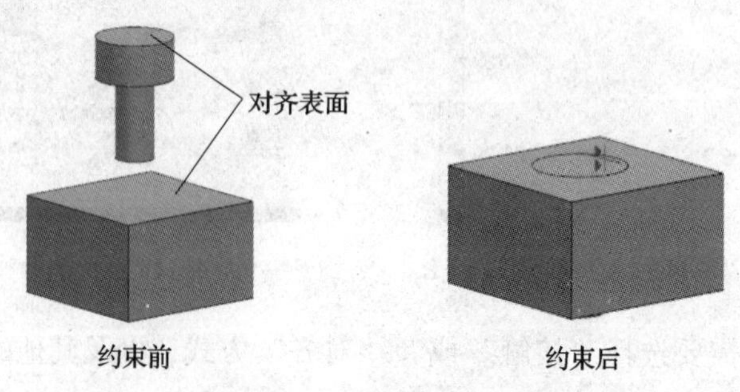

图 4—21 “对齐”平面约束

②对于两个圆柱形表面、两条直线或者边界线，对齐约束结果与接触约束相同。

（2）同心

同心用于具有圆弧边缘的对象约束，其约束结果是：所选两条圆弧同心，且圆弧所在的面对齐，如图 4—22 所示。操作时应主要选择圆弧的边缘。

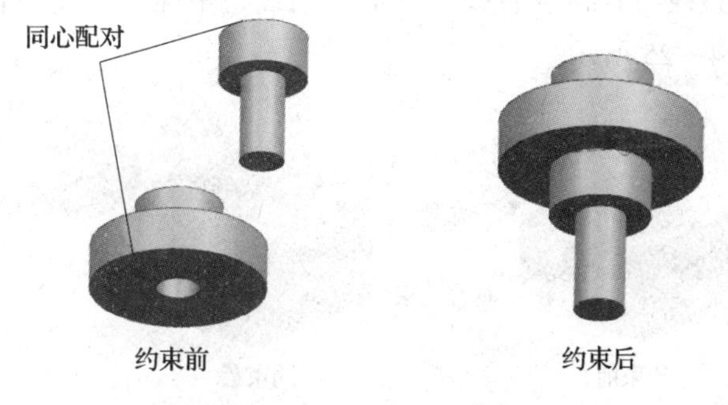

图 4—22 “同心”约束

（3）距离

执行“距离”约束后，所选对象之间相距指定的距离，如图 4—23 所示。

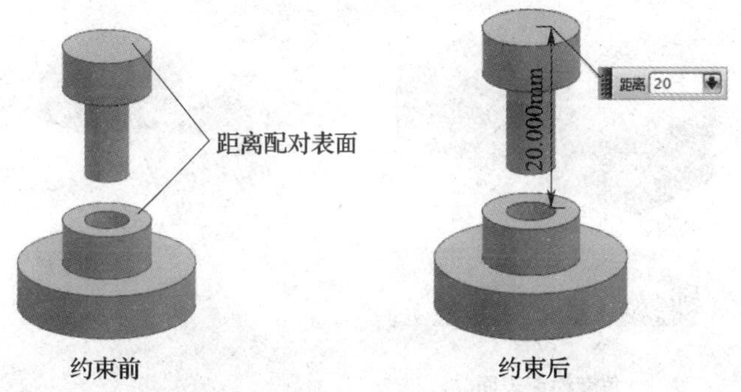

图 4—23 “距离”约束

（4）平行

执行“平行”约束后，所选对象的方向矢量相互平行。可以进行“平行”约束操作的对象组合有：直线与直线、直线与平面、轴线与平面、轴线与轴线、平面与平面等。操作结果如图 4—24 所示。

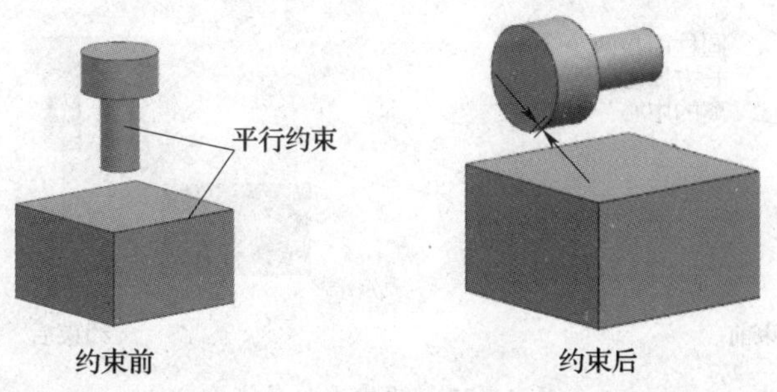

图 4—24 “平行”约束

（5）垂直

执行“垂直”约束后，所选对象的方向矢量相互垂直。可以进行“垂直”约束操作的对象组合有：直线与直线、直线与平面、轴线与平面、轴线与轴线、平面与平面等。操作结果如图 4—25 所示。

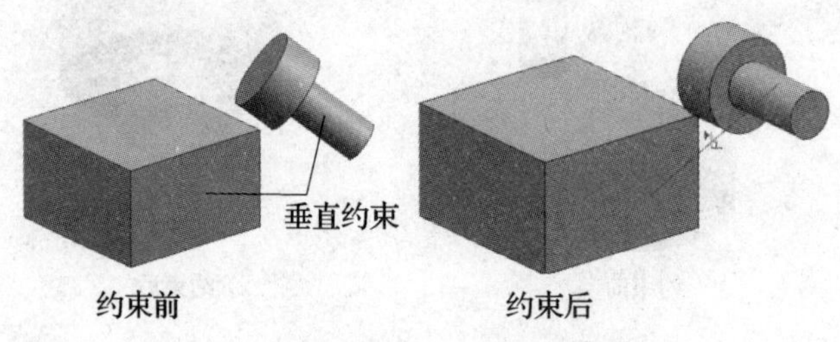

图 4—25 “垂直”约束

（6）角度

执行“角度”约束后，所选对象的方向矢量具有设定的夹角，如图 4—26 所示。

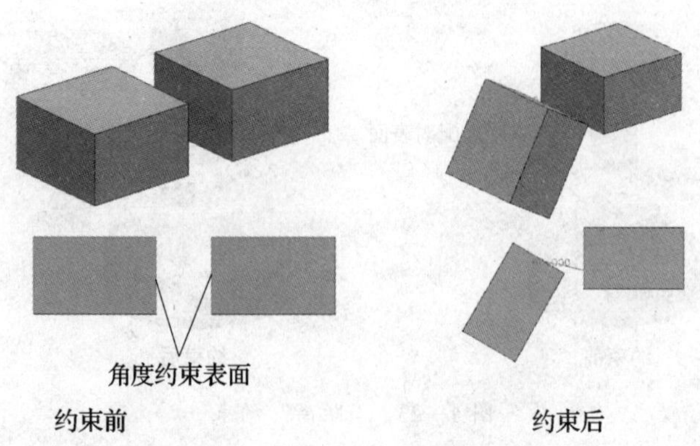

图 4—26 “角度”约束

（7）中心

执行“中心”约束后，所选一个对象处于另一个（或两个）对象的中心，或两个对象处于另外两个对象的中心，如图 4—27 所示。

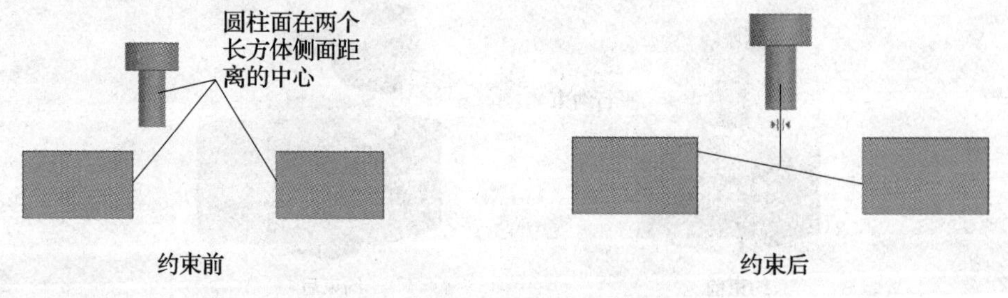

图 4—27 “中心”约束

任务实施

一、下模子装配

1. 新建文件

新建文件“下模 . prt”，作为链板冷冲模下模子装配的文件。

2. 添加组件下模座

（1）单击装配工具栏中的按钮，打开“添加组件”对话框，如图 4—28 所示。

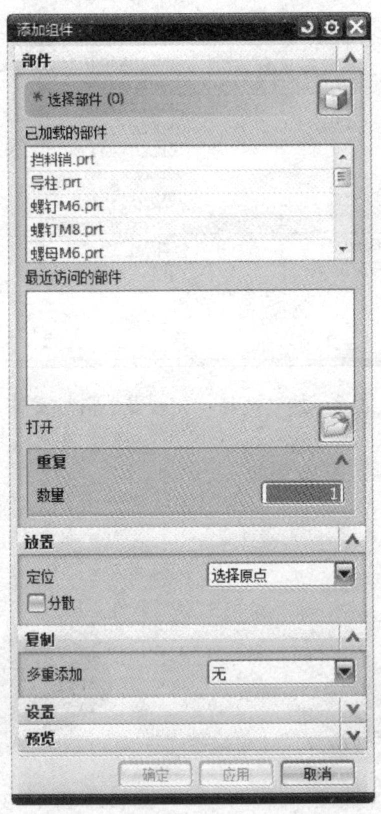

图 4—28 “添加组件”对话框

（2）单击“打开”按钮，在弹出的“部件名”对话框中选择“下模座 . prt”文件，如图 4—29 所示。点击“确定”，添加下模座文件。

（3）在图 4—28 所示对话框中“放置”选项中，定位选择“绝对原点”，点击“确定”，添加下模座组件到下模子装配中，如图 4—30 所示。

3. 添加组件导柱

（1）单击装配工具栏中的按钮，打开“添加组件”对话框。单击“打开”按钮，在“部件名”对话框中选择“导柱 . prt”。在“添加组件”对话框的“复制”选

项中，“多重添加”选择“添加后重复”。在图 4—28 所示对话框“放置”选项中，定位选择“选择原点”，点击“确定”，添加两个导柱，如图 4—31 所示。

图 4—29　选择“下模座 . prt”文件

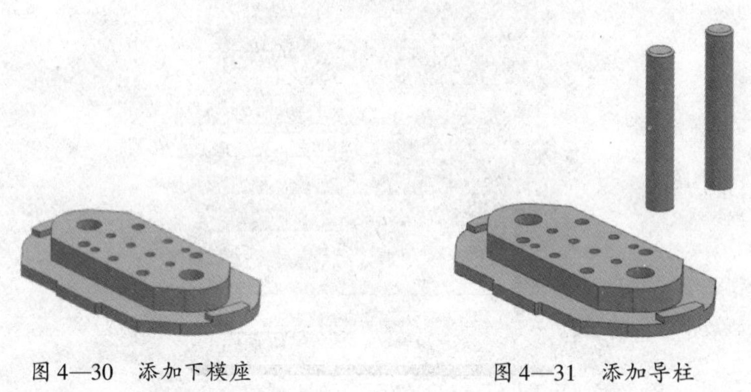

图 4—30　添加下模座　　　　图 4—31　添加导柱

（2）翻转组件到合适位置，按如图 4—32 所示约束条件添加约束，对导柱进行定位，如图 4—33 所示。

4. 添加组件下模垫板

（1）单击装配工具栏中的 按钮，打开“添加组件”对话框。单击“打开”按钮，在“部件名”对话框中选择“下模垫板 . prt”。在“添加组件”对话框的“放置”选项中，定位选择“选择原点”，点击“确定”，添加下模垫板，并确定约束条件，如图 4—34 所示。

（2）按约束条件，对下模垫板进行约束，如图 4—35 所示。

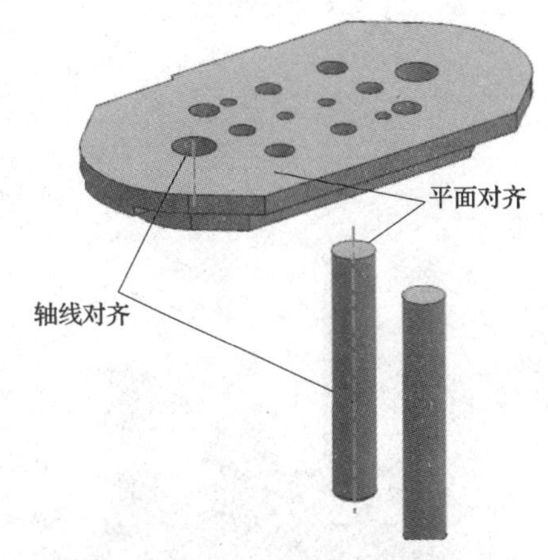

图 4—32 导柱约束条件

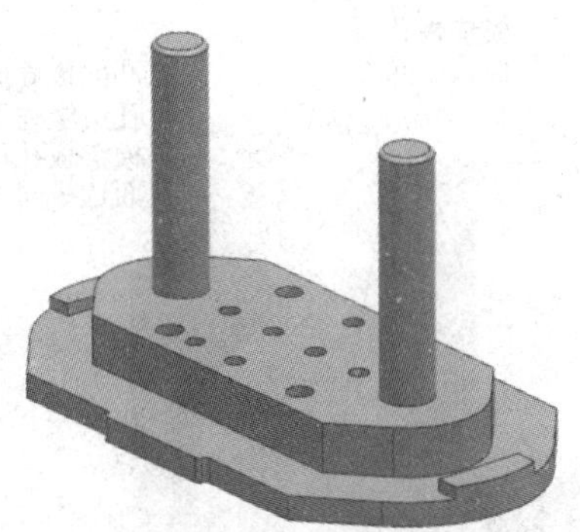

图 4—33 导柱约束

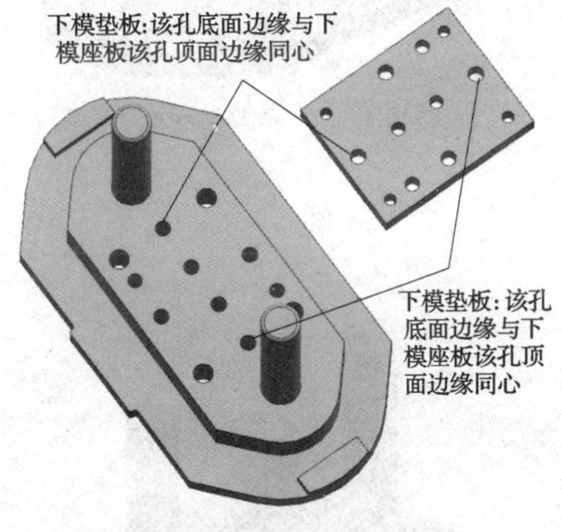

图 4—34 下模垫板约束条件

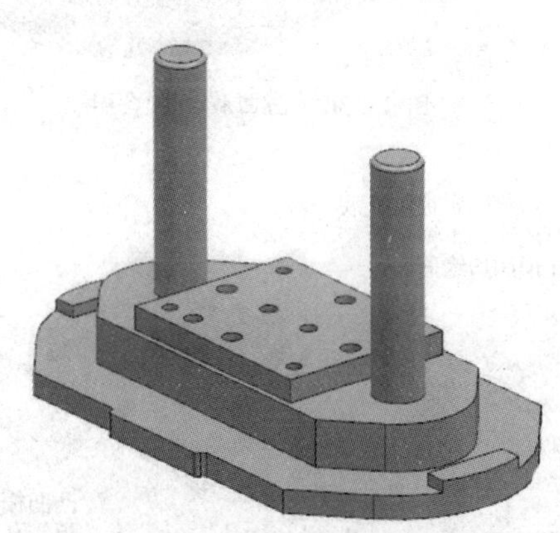

图 4—35 下模垫板约束

5. 添加组件凸凹模

(1) 单击装配工具栏中的按钮，打开“添加组件”对话框。单击“打开”按钮，在“部件名”对话框中选择“凸凹模 . prt”。在“添加组件”对话框的“放置”选项中，定位选择“选择原点”，点击“确定”，添加凸凹模，并确定约束条件，如图 4—36 所示。

(2) 按约束条件，对凸凹模进行约束，如图 4—37 所示。

6. 添加组件凸凹模固定板

(1) 单击装配工具栏中的按钮，打开“添加组件”对话框。单击“打开”按钮，在“部件名”对话框中选择“凸凹模固定板 . prt”。在“添加组件”对话框的“放置”选项中，定位选择“选择原点”，点击“确定”，添加凸凹模固定板，并确定约束条件，如图 4—38 所示。

(2) 按约束条件，对凸凹模固定板进行约束，如图 4—39 所示。

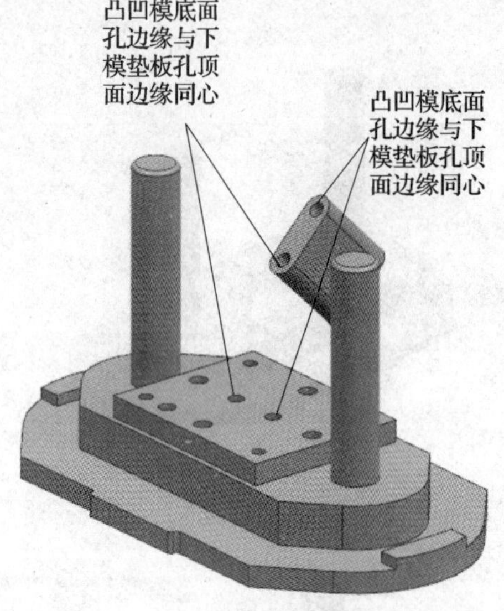

图 4—36　凸凹模约束条件

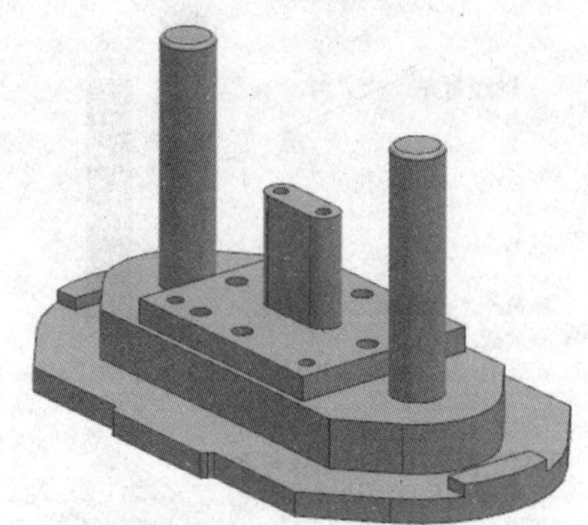

图 4—37　凸凹模约束

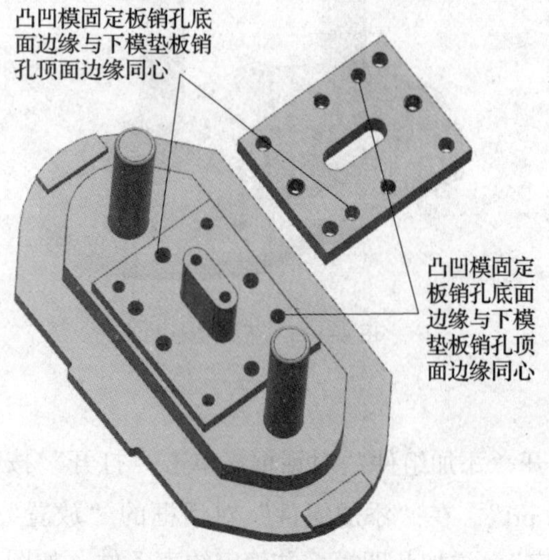

图 4—38　凸凹模固定板约束条件

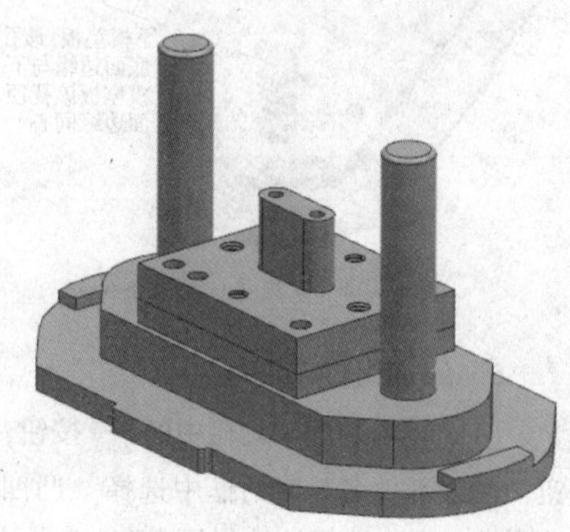

图 4—39　凸凹模固定板约束

7. 添加组件圆柱销

（1）单击装配工具栏中的 按钮，打开“添加组件”对话框，如图 4—28 所示。单击“打开”按钮，在“部件名”对话框中选择“销 45. prt”。在图 4—28 所示对话框“复制”选项中，“多重添加”选择“添加后重复”。在图 4—28 所示对话框“放置”选项中，定位选择“选择原点”，点击“确定”，添加两个圆柱销，并确定约束条件，如图 4—40 所示。

（2）按约束条件，对圆柱销进行约束，如图 4—41 所示。

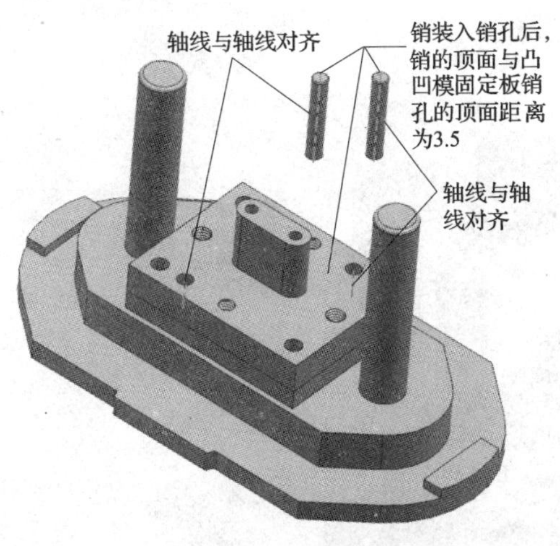

图 4—40 圆柱销约束条件

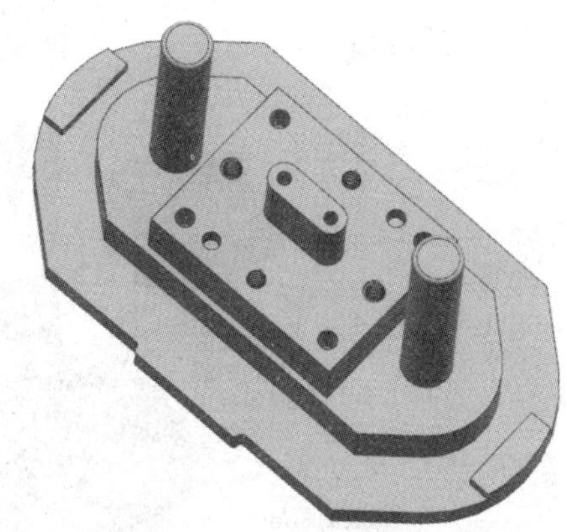

图 4—41 圆柱销约束

8. 添加组件螺钉

(1) 单击装配工具栏中的 按钮，打开“添加组件”对话框。点击“打开”按钮，在“部件名”对话框中选择“螺钉 M8. prt”。在“添加组件”对话框的“复制”选项中，“多重添加”选择“添加后重复”。在图 4—28 所示对话框“放置”选项中，定位选择“选择原点”，点击“确定”，添加 4 颗螺钉，并确定约束条件，如图 4—42 所示。

(2) 按约束条件，对螺钉进行约束，如图 4—43 所示。

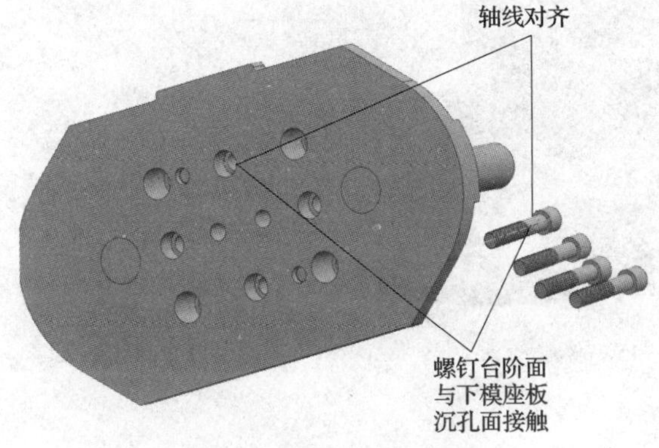

图 4—42 螺钉约束条件

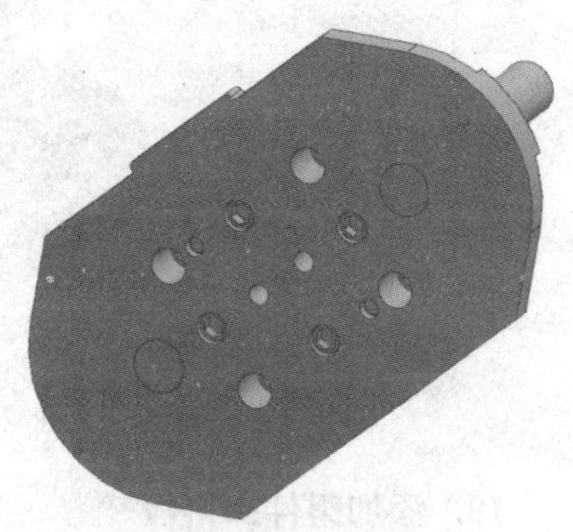

图 4—43 螺钉约束

9. 添加组件橡胶

(1) 单击装配工具栏中的 按钮，打开“添加组件”对话框。单击“打开”按钮，在“部件名”对话框中选择“橡胶 . prt”和“橡胶 2. prt”。在“添加组件”对话框的“复制”选项中，“多重添加”选择“添加后重复”。在图 4—28 所示对话框“放置”选项中，定位选择“选择原点”，点击“确定”，添加两种橡胶各两个，并确定约束条件，如图 4—44 所示。

(2) 按约束条件，对橡胶进行约束，如图 4—45 所示。

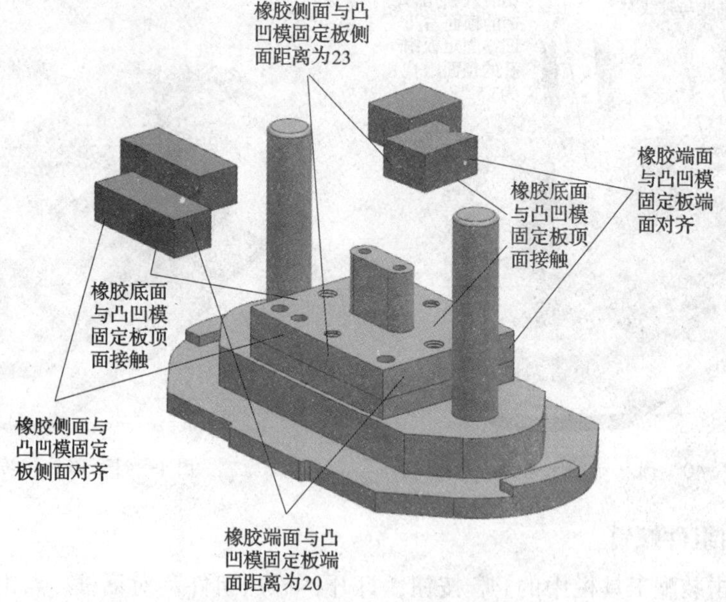

图 4—44　橡胶约束条件

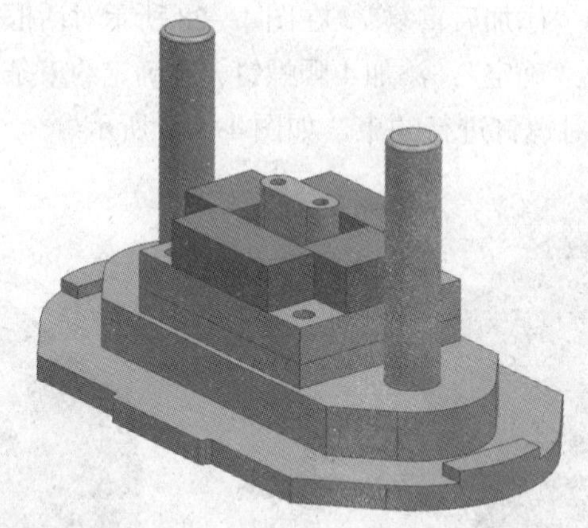
图 4—45　橡胶约束

10. 添加组件卸料板

（1）单击装配工具栏中的 按钮，打开“添加组件”对话框。单击“打开”按钮，在“部件名”对话框中选择“卸料板.prt”。在“添加组件”对话框的“放置”选项中，定位选择“选择原点”，点击“确定”，添加卸料板，并确定约束条件，如图4—46 所示。

（2）按约束条件，对卸料板进行约束，如图 4—47 所示。

11. 添加组件挡料销

（1）单击装配工具栏中的 按钮，打开“添加组件”对话框。单击“打开”按钮，在“部件名”对话框中选择“挡料销.prt”。在“添加组件”对话框的“复制”

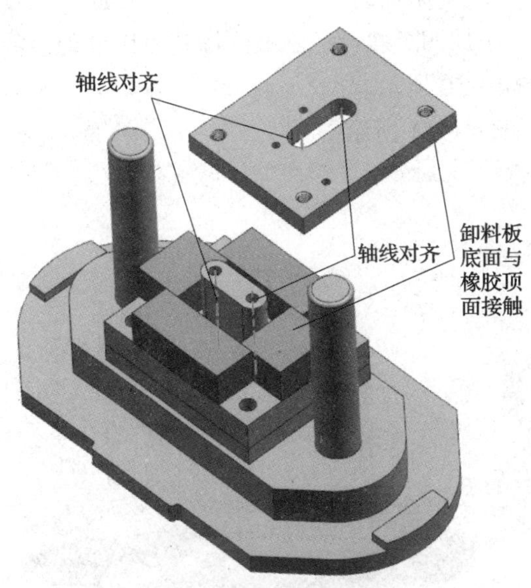

图 4—46　卸料板约束条件

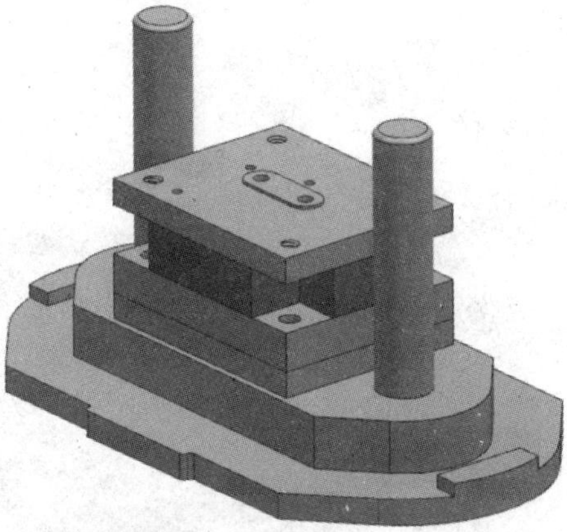

图 4—47　卸料板约束

选项中，“多重添加”选择“添加后重复”。在“添加组件”对话框的“放置”选项中，定位选择“选择原点”，点击“确定”，添加三个挡料销。隐藏除卸料板以外的所有部件，翻转部件，确定挡料销约束条件，如图 4—48 所示。

（2）按约束条件，对挡料销进行约束，如图 4—49 所示。

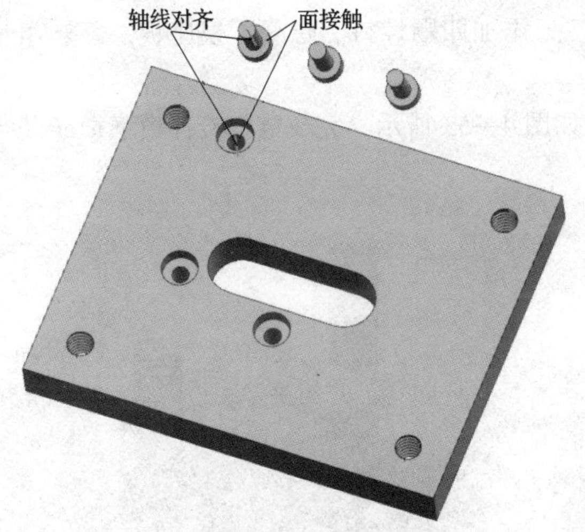

图 4—48　挡料销约束条件

图 4—49　挡料销约束

12. 添加组件螺母

（1）单击装配工具栏中的按钮，打开“添加组件”对话框。单击“打开”按钮，在“部件名”对话框中选择“螺母 M6. prt”。在“添加组件”对话框的“复制”

选项中，“多重添加”选择“添加后重复”。在“添加组件”对话框的“放置”选项中，定位选择“选择原点”，点击“确定”，添加四个螺母。隐藏除卸料板以外的所有部件，翻转部件，确定螺母约束条件，如图4—50所示。

（2）按约束条件，对螺母进行约束，如图4—51所示。

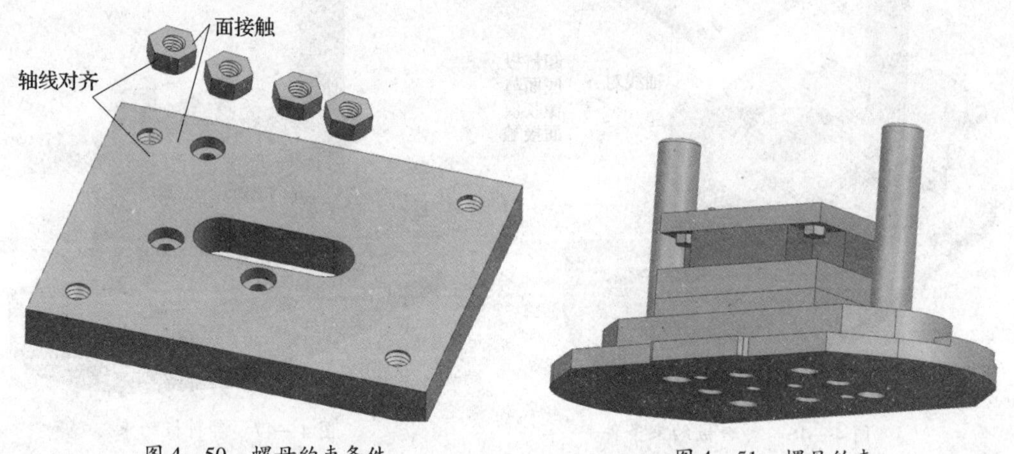

图4—50　螺母约束条件　　图4—51　螺母约束

13. 添加组件卸料板螺钉

（1）单击装配工具栏中的按钮，打开“添加组件”对话框。单击“打开”按钮，在“部件名”对话框中选择“螺钉M6. prt”。在“添加组件”对话框的“复制”选项中，“多重添加”选择“添加后重复”。在“添加组件”对话框的“放置”选项中，定位选择“选择原点”，点击“确定”，添加四颗螺钉。隐藏下模座板，翻转组件，确定螺钉约束条件，如图4—52所示。

（2）按约束条件，对螺钉进行约束，如图4—53所示，完成链板冷冲模下模子装配。

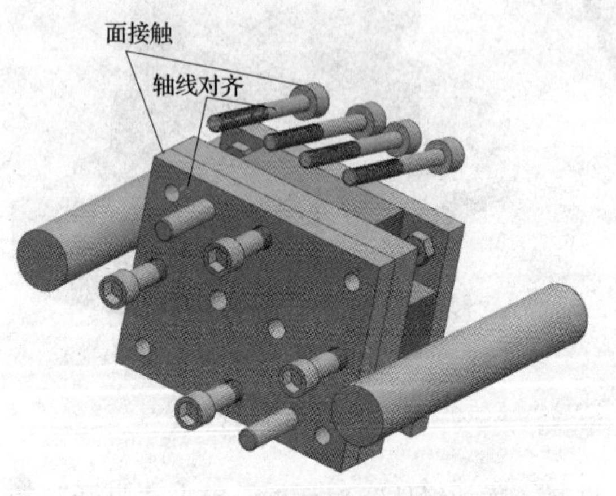

图4—52　螺钉约束条件

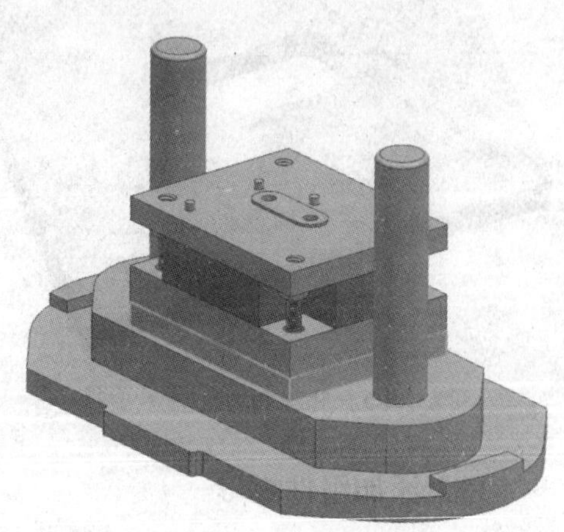

图4—53　螺钉约束

二、上模子装配

1. 新建文件

新建文件“上模 . prt”，作为链板冷冲模上模子装配的文件。

2. 添加组件上模座

单击装配工具栏中的 按钮，打开“添加组件”对话框。点击“打开”按钮，在“部件名”对话框中选择“上模座 . prt”。在“添加组件”对话框的“放置”选项中，定位选择“绝对原点”，点击“确定”，添加上模座，如图 4—54 所示。

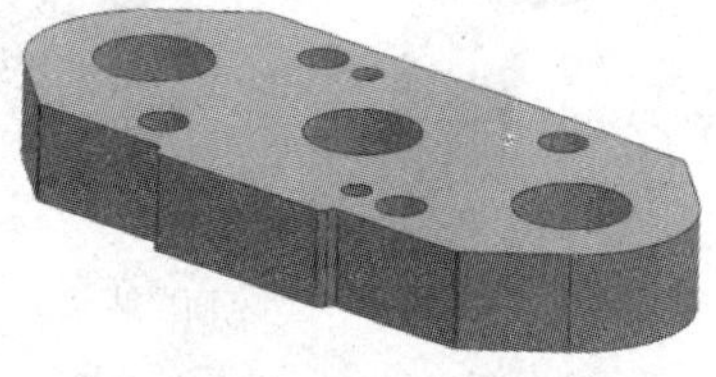

图 4—54 上模座

3. 添加组件导套

（1）单击装配工具栏中的 按钮，打开“添加组件”对话框。单击“打开”按钮，在“部件名”对话框中选择“导套 . prt”。在“添加组件”对话框的“复制”选项中，“多重添加”选择“添加后重复”。在“添加组件”对话框的“放置”选项中，定位选择“选择原点”，点击“确定”，添加两个导套，并确定导套约束条件，如图 4—55 所示。

（2）按约束条件，对导套进行约束，如图 4—56 所示。

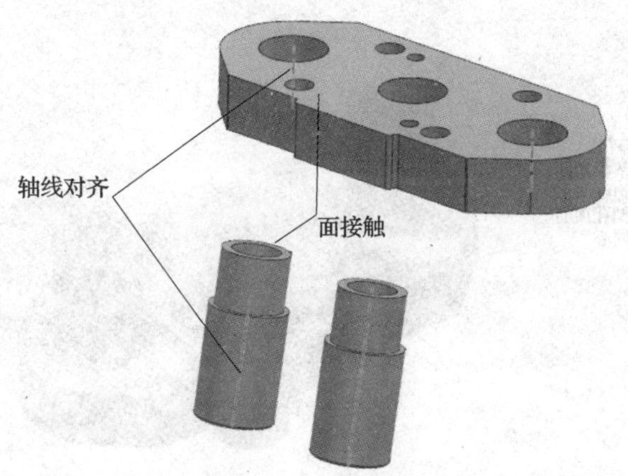

图 4—55 导套约束条件

图 4—56 导套约束

4. 添加组件模柄

（1）单击装配工具栏中的 按钮，打开“添加组件”对话框。单击“打开”按钮，在“部件名”对话框中选择“模柄 . prt”。在“添加组件”对话框的“放置”选项中，定位选择“选择原点”，点击“确定”，添加模柄，并确定模柄约束条件，如图 4—57 所示。

（2）按约束条件，对模柄进行约束，如图 4—58 所示。

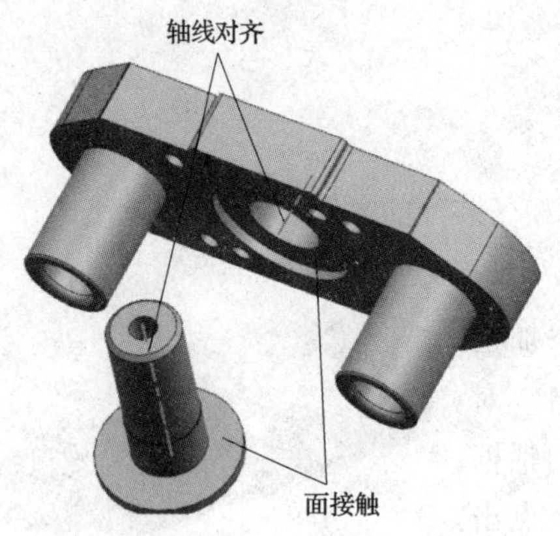

图 4—57　模柄约束条件

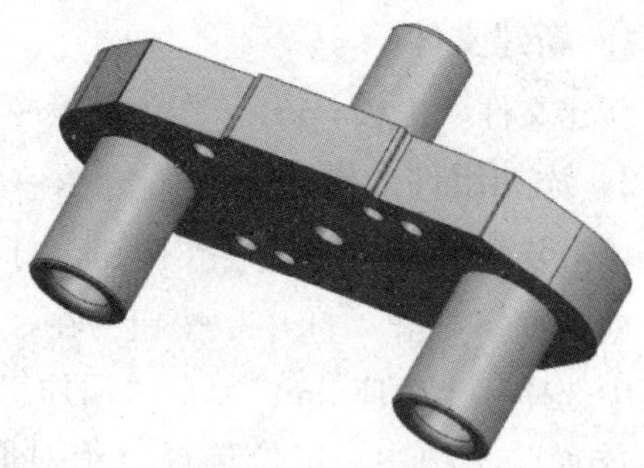

图 4—58　模柄约束

5. 添加组件上模垫板

（1）单击装配工具栏中的按钮，打开“添加组件”对话框。单击“打开”按钮，在“部件名”对话框中选择“上模垫板.prt”。在“添加组件”对话框的“放置”选项中，定位选择“选择原点”，点击“确定”，添加上模垫板，并确定上模垫板约束条件，如图 4—59 所示。

（2）按约束条件，对上模垫板进行约束，如图 4—60 所示。

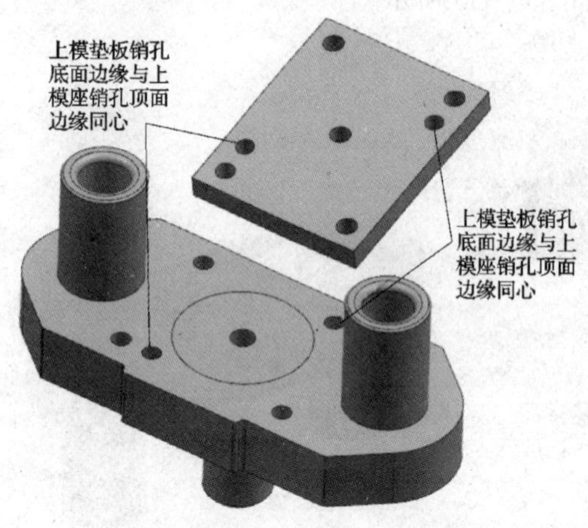

图 4—59　上模垫板约束条件

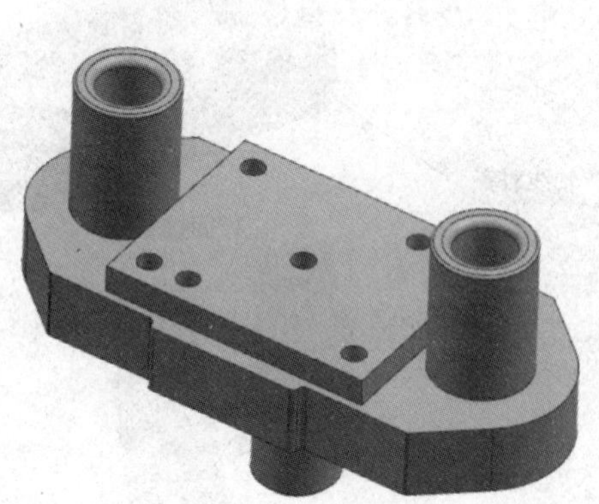

图 4—60　上模垫板约束

6. 添加组件圆凸模固定板

（1）单击装配工具栏中的按钮，打开“添加组件”对话框。单击“打开”按钮，在“部件名”对话框中选择“圆凸模固定板.prt”。在“添加组件”对话框的“放置”选项中，定位选择“选择原点”，点击“确定”，添加圆凸模固定板，并确定圆凸模固定板约束条件，如图 4—61 所示。

（2）按约束条件，对圆凸模固定板进行约束，如图 4—62 所示。

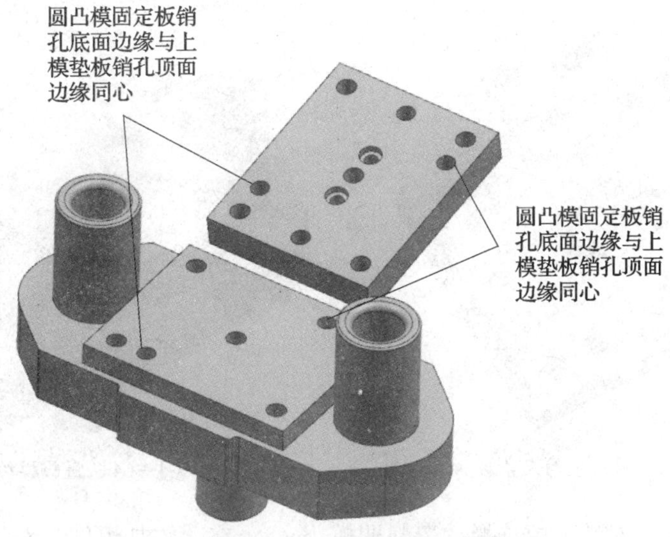

图 4—61 圆凸模固定板约束条件

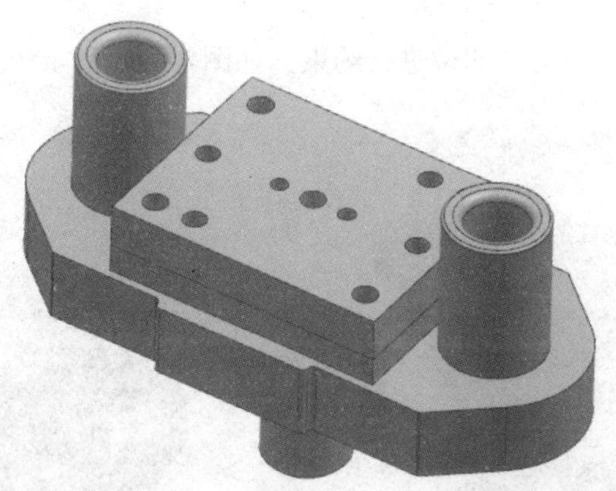

图 4—62 圆凸模固定板约束

7. 添加组件圆凸模

(1) 单击装配工具栏中的 按钮，打开“添加组件”对话框。单击“打开”按钮，在“部件名”对话框中选择“圆凸模 . prt”。在“添加组件”对话框的“复制”选项中，“多重添加”选择“添加后重复”。在“添加组件”对话框的“放置”选项中，定位选择“选择原点”，点击“确定”，添加两个圆凸模，隐藏除圆凸模固定板外的其他组件，确定圆凸模约束条件，如图 4—63 所示。

(2) 按约束条件，对圆凸模进行约束，如图 4—64 所示。

8. 添加组件落料凹模

(1) 单击装配工具栏中的 按钮，打开“添加组件”对话框。单击“打开”按

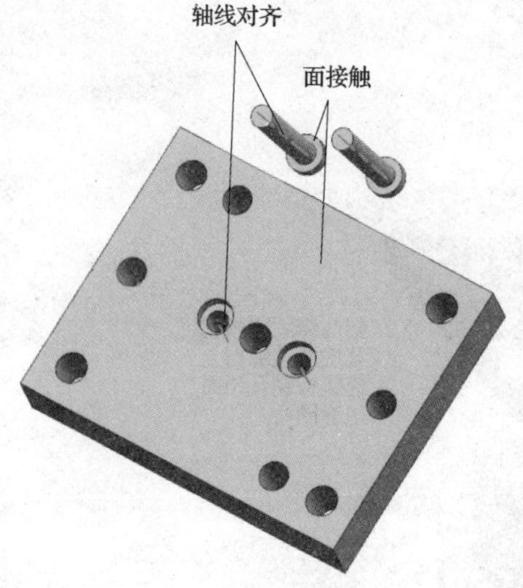

图 4—63　圆凸模约束条件

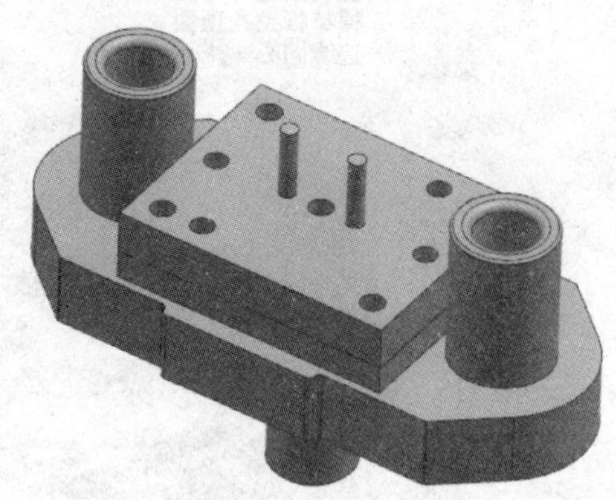

图 4—64　圆凸模约束

钮，在“部件名”对话框中选择“落料凹模 . prt”。在“添加组件”对话框的“放置”选项中，定位选择“选择原点”，点击“确定”，添加落料凹模，并确定落料凹模约束条件，如图 4—65 所示。

（2）按约束条件，对落料凹模进行约束，如图 4—66 所示。

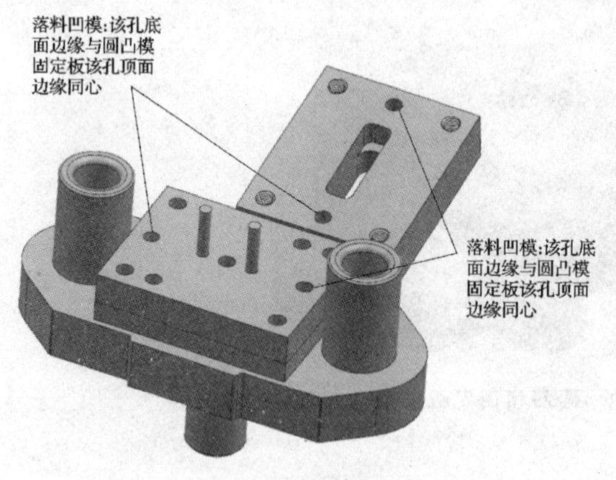

图 4—65　落料凹模约束条件

图 4—66　落料凹模约束

9. 添加组件圆柱销 1

（1）单击装配工具栏中的按钮，打开“添加组件”对话框。单击“打开”按钮，在“部件名”对话框中选择“销 35. prt”。在“添加组件”对话框的“复制”选项中，“多重添加”选择“添加后重复”。在“添加组件”对话框的“放置”选项中，定位选择“选择原点”，点击“确定”，添加两个圆柱销，并确定圆柱销约束条件，如图 4—67 所示。

（2）按约束条件，对圆柱销进行约束，如图 4—68 所示。

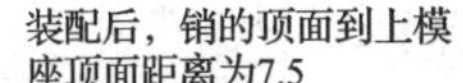

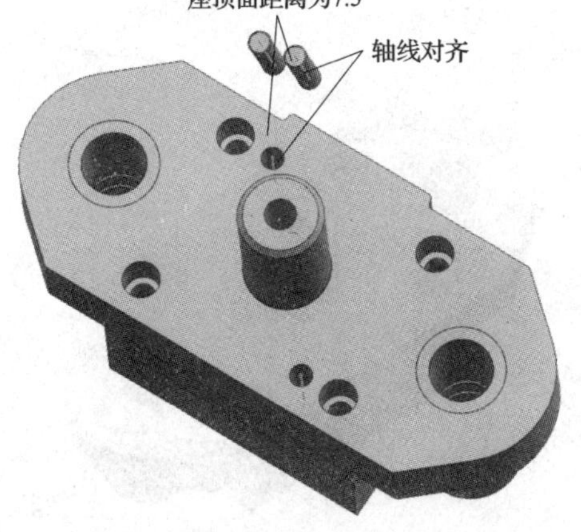

图 4—67　圆柱销 1 约束条件

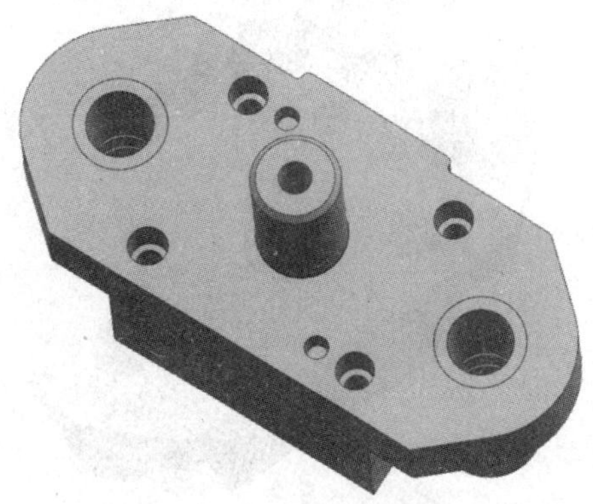

图 4—68　圆柱销 1 约束

10. 添加组件圆柱销 2

（1）单击装配工具栏中的按钮，打开“添加组件”对话框。单击“打开”按钮，在“部件名”对话框中选择“销 45. prt”。在“添加组件”对话框的“放置”选项中，定位选择“选择原点”，点击“确定”，添加两个圆柱销，并确定圆柱销约束条件，如图 4—69 所示。

（2）按约束条件，对圆柱销进行约束，如图 4—70 所示。

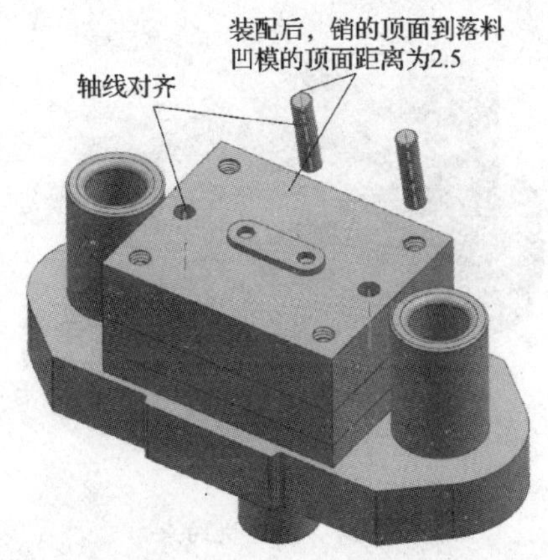

图 4—69　圆柱销 2 约束条件

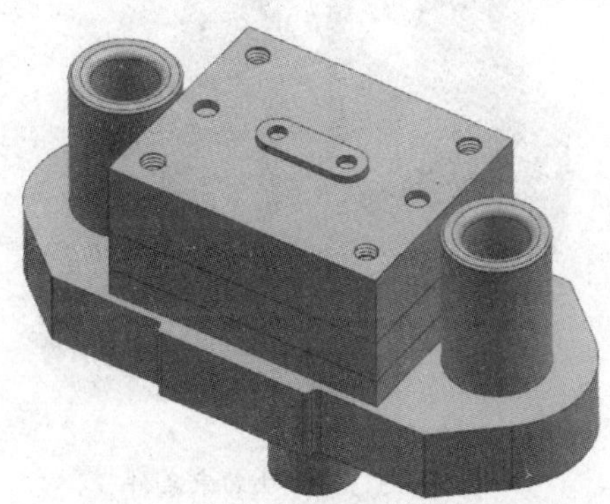

图 4—70　圆柱销 2 约束

11. 添加组件螺钉

（1）单击装配工具栏中的按钮，打开“添加组件”对话框。单击“打开”按钮，在“部件名”对话框中选择“螺钉 M8 × 55. prt”。在“添加组件”对话框的“复制”选项中，“多重添加”选择“添加后重复”。在“添加组件”对话框的“放置”选项中，定位选择“选择原点”，点击“确定”，添加两颗螺钉，并确定螺钉约束条件，如图4—71所示。

（2）按约束条件，对螺钉进行约束，如图4—72所示。

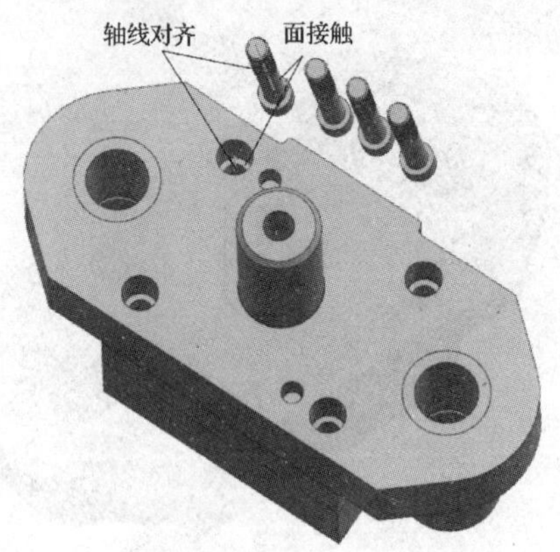

图4—71 螺钉约束条件

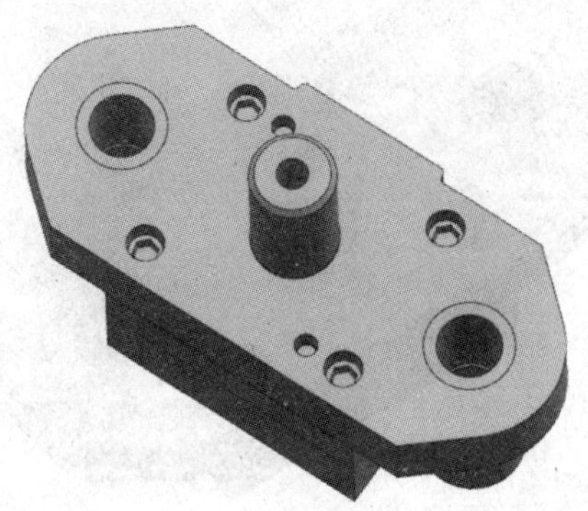
图4—72 螺钉约束

12. 添加组件顶件块

（1）单击装配工具栏中的 按钮，打开“添加组件”对话框。单击“打开”按钮，在“部件名”对话框中选择“顶件块.prt”。在“添加组件”对话框的“放置”选项中，定位选择“选择原点”，点击“确定”，添加顶件块，隐藏落料凹模，确定顶件块约束条件，如图4—73所示。

（2）按约束条件，对顶件块进行约束，如图4—74所示。

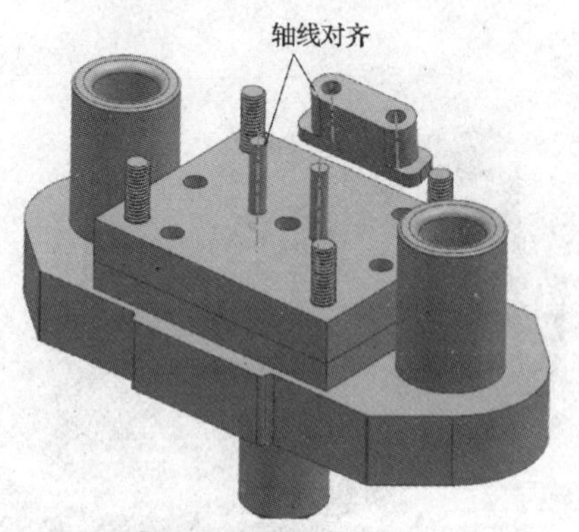

图4—73 顶件块约束条件

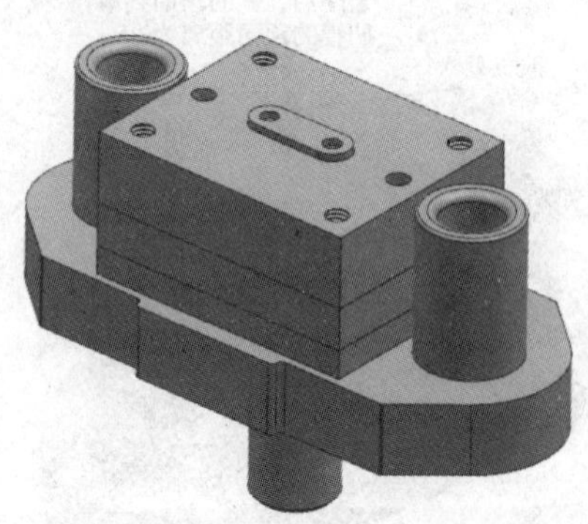
图4—74 顶件块约束

13. 添加组件打杆

（1）单击装配工具栏中的 按钮，打开“添加组件”对话框。单击“打开”按钮，在“部件名”对话框中选择“打杆.prt”。在“添加组件”对话框的“放置”选项中，定位选择“选择原点”，点击“确定”，添加打杆，隐藏一些部件，确定打杆约束条件，如图4—75所示。

（2）按约束条件，对打杆进行约束，如图4—76所示，完成链板冷冲模上模子装配。

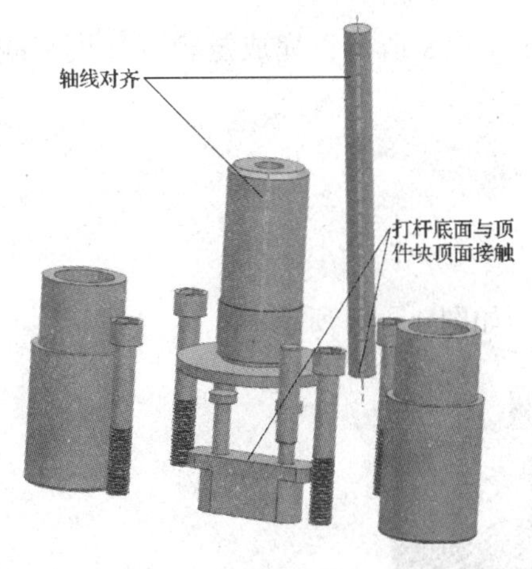

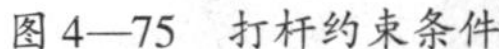
图 4—75　打杆约束条件

图 4—76　打杆约束

三、链板冷冲模总装配

1. 新建文件

新建文件“链板冷冲模 . prt”，作为链板冷冲模装配的文件。

2. 添加组件下模子装配

单击装配工具栏中的 按钮，打开“添加组件”对话框。单击“打开”按钮，在“部件名”对话框中选择“下模 . prt”。在“添加组件”对话框的“放置”选项中，定位选择“绝对原点”，点击“确定”，添加下模子装配，如图 4—77 所示。

3. 添加组件上模子装配

（1）单击装配工具栏中的 按钮，打开“添加组件”对话框。单击“打开”按钮，在“部件名”对话框中选择“上模 . prt”。在“添加组件”对话框的“放置”选项中，定位选择“选择原点”，点击“确定”，添加上模子装配，并确定上模约束条件，如图 4—78 所示。

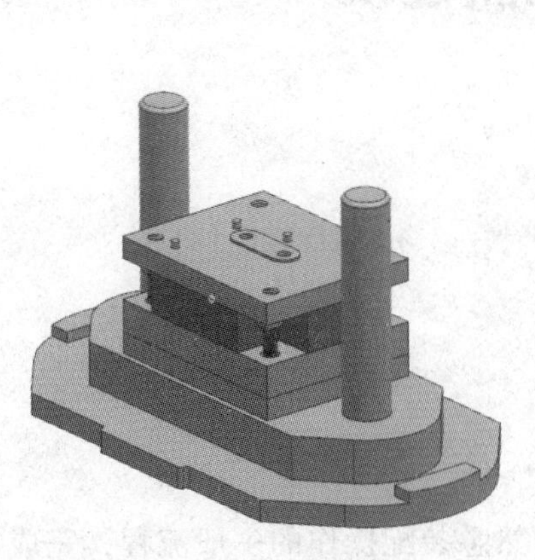
图 4—77　下模子装配

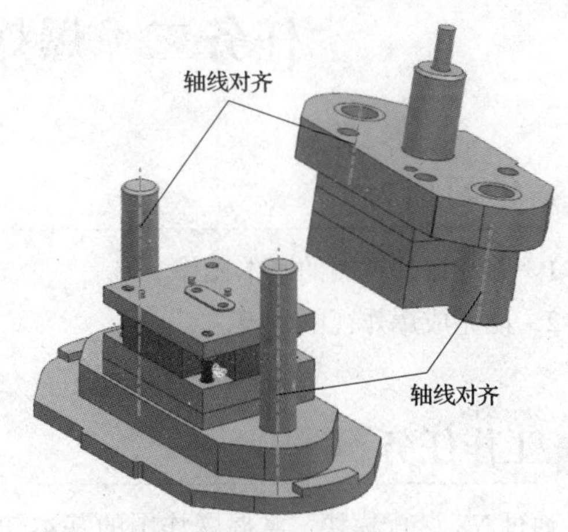

图 4—78　上模约束条件

（2）按约束条件，对上模进行约束，如图4—78所示，完成链板冷冲模装配建模（见图4—2）。

巩固提高

通过UG NX模块完成塑料碗注塑模装配，如图4—79所示。

动模子装配

定模子装配

总装配

图4—79 塑料碗注塑模装配

任务二 爆炸视图建模

学习目标

1. 熟悉爆炸视图的基本操作。
2. 能完成爆炸视图建模。

工作任务

通过NX装配模块，掌握爆炸图的基本知识，熟悉装配操作的一般流程，完成链板冷冲模下模子装配的爆炸图建模，如图4—80所示。

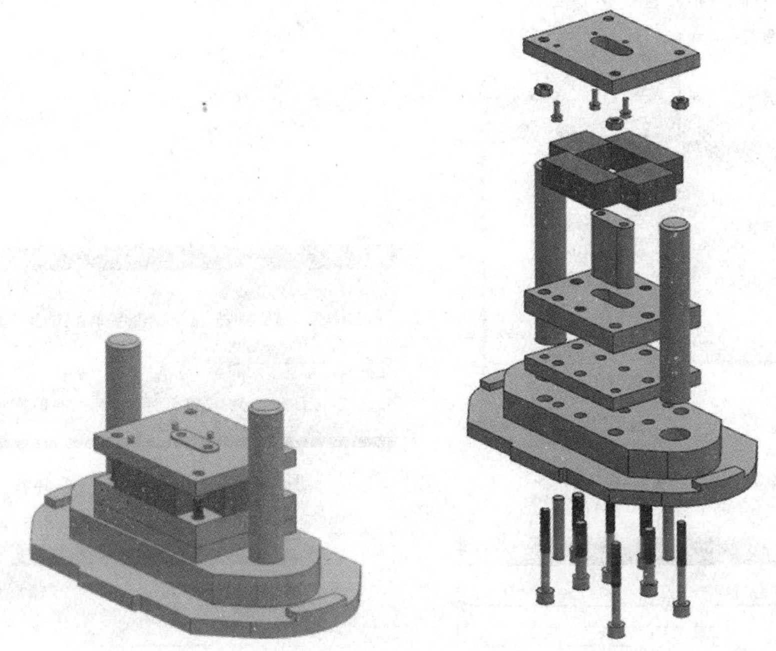

图 4—80　链板冷冲模下模子装配及爆炸图

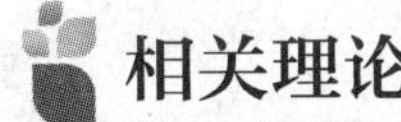

相关理论

爆炸视图

爆炸视图是在装配模型中将组件按照装配关系和顺序偏移原来的位置的拆分图形，以方便用户查看装配中的零件及其相互的关系。在一个模型中，可以有多个爆炸视图。

UG NX 默认的爆炸视图名是 Explosion 1。执行爆炸视图功能命令的选择方法有两种：一种是通过菜单栏中选择【装配】 >【爆炸图】命令，如图 4—81 所示；第二种是通过单击装配工具栏中的按钮，打开爆炸图工具栏，如图 4—82 所示。

1. 建立爆炸视图

单击爆炸图工具栏中的按钮，打开“新建爆炸图”对话框，如图 4—83 所示。在对话框中输入爆炸视图的名称，或者接受默认名称，就可以建立一个新的爆炸视图。

2. 生成爆炸视图

（1）自动爆炸组件

单击爆炸图工具栏中的按钮，弹出“类选择”对话框，选择需要爆炸的组件，完成后弹出如图 4—84 所示的对话框，设置“距离”后，点击“确定”即可生成自动爆炸视图。如果勾选“添加间隙”，则指定的距离为组件之间的相对距离，否则为自动爆炸图的所有组件的绝对距离。

图 4—81　“爆炸图”命令

图 4—82　“爆炸图”工具栏

图 4—83　“新建爆炸图”对话框

图 4—84　“自动爆炸组件”对话框

（2）编辑爆炸组件

单击爆炸图工具栏中的按钮，弹出“编辑爆炸图”对话框，如图 4—85 所示。选择需要编辑的组件，然后选择合适的编辑方式，即可对爆炸组件进行编辑，比如移动爆炸组件的位置等。

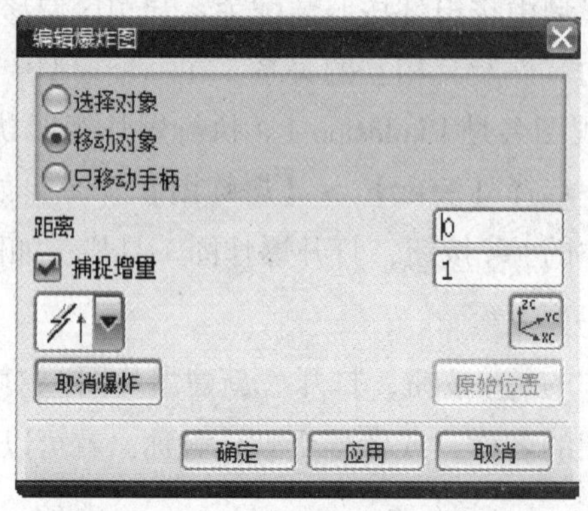

图 4—85　“编辑爆炸图”对话框

3. 编辑爆炸视图

（1）不爆炸组件

单击爆炸图工具栏中的按钮，弹出“类选择”对话框，选择需要复位的组件，单击“确定”即可使爆炸组件回到原来的位置。

（2）删除爆炸视图

单击爆炸图工具栏中的 按钮，弹出“删除爆炸图”对话框，如图 4—86 所示，选择需要删除的爆炸视图，单击“确定”即可删除该爆炸视图。

（3）隐藏组件

单击爆炸图工具栏中的 按钮，弹出“隐藏视图中的组件”对话框，如图 4—87 所示，选择需要隐藏的组件，单击“确定”即可隐藏该组件。

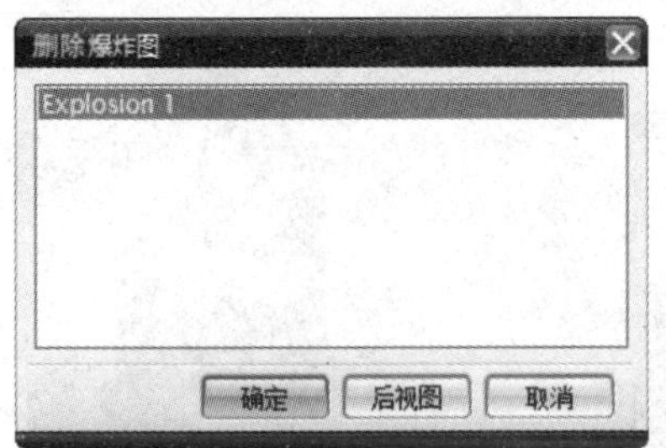

图 4—86 “删除爆炸图”对话框

图 4—87 “隐藏视图中的组件”对话框

（4）显示组件

单击爆炸图工具栏中的 按钮，弹出“显示视图中的组件”对话框，如图 4—88 所示，选择需要显示的组件，单击“确定”即可显示该组件。

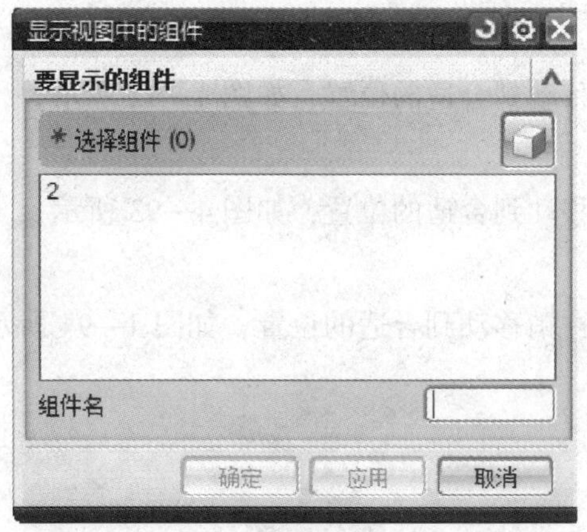

图 4—88 “显示视图中的组件”对话框

任务实施

打开链板冷冲模下模子装配文件，单击装配工具栏中的 按钮，在弹出的爆炸图工具栏上单击 按钮，弹出“新建爆炸图”对话框，输入爆炸图的名称，或接受默认名称“Explosion 1”，点击“确定”，进入爆炸图建模。

1. 移动卸料板螺钉

选择四颗卸料板螺钉，单击爆炸图工具栏中的 按钮，在“编辑爆炸图”对话框中，选择“移动对象”，并拖动坐标系，将卸料板螺钉移动到合适的位置，如图4—89所示。

2. 移动卸料板

选择卸料板，将卸料板移动到合适的位置，如图4—90所示。

3. 移动挡料销

选择挡料销，将挡料销移动到合适的位置，如图4—91所示。

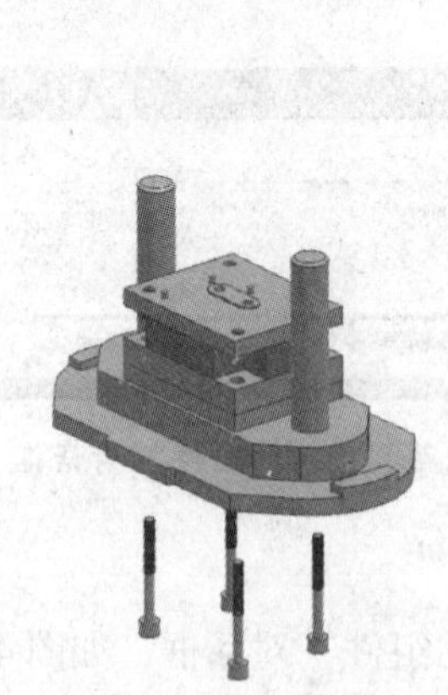

图4—89　移动卸料板螺钉

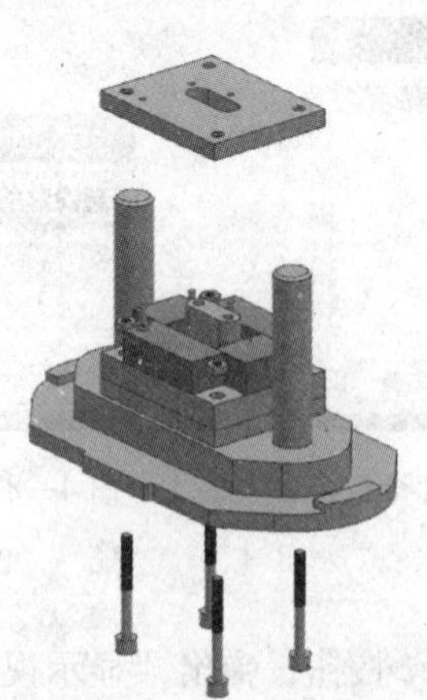

图4—90　移动卸料板

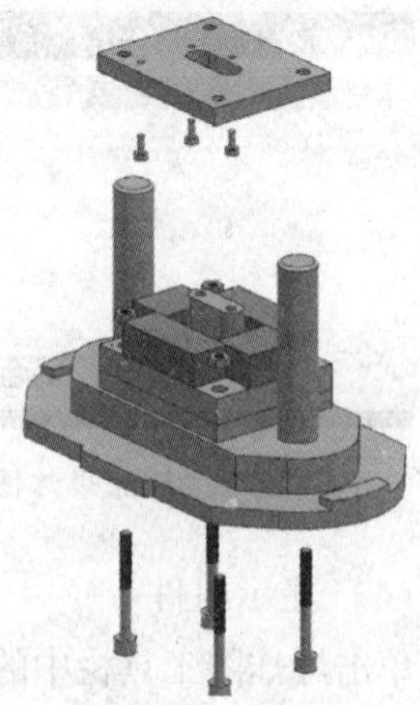

图4—91　移动挡料销

4. 移动螺母

选择螺母，将螺母移动到合适的位置，如图4—92所示。

5. 移动橡胶

选择橡胶，将橡胶移动到合适的位置，如图4—93所示。

6. 移动圆柱销

选择圆柱销，将圆柱销移动到合适的位置，如图4—94所示。

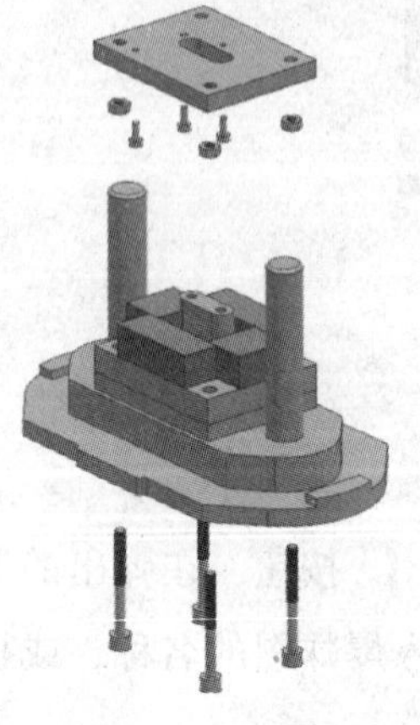

图4—92　移动螺母

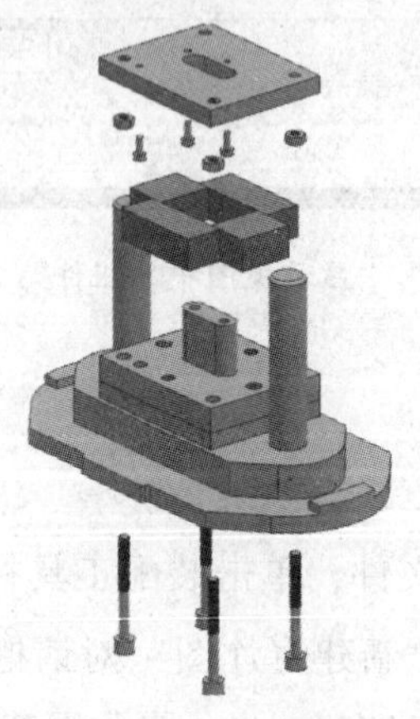

图4—93　移动橡胶

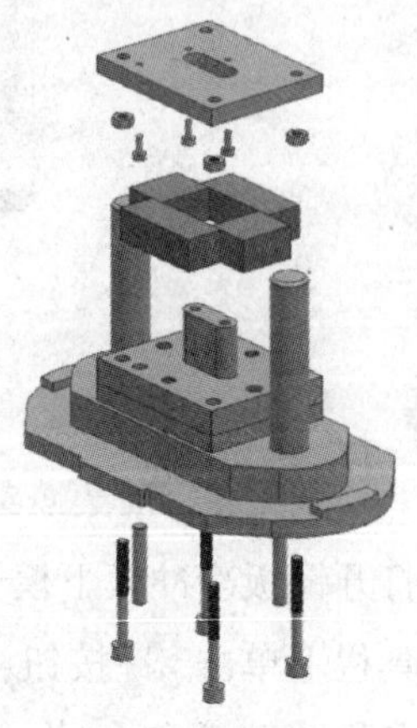

图4—94　移动圆柱销

7. 移动螺钉

选择螺钉，将螺钉移动到合适的位置，如图 4—95 所示。

8. 移动凸凹模

选择凸凹模，将凸凹模移动到合适的位置，如图 4—96 所示。

9. 移动凸凹模固定板

选择凸凹模固定板，将凸凹模固定板移动到合适的位置，如图 4—97 所示。

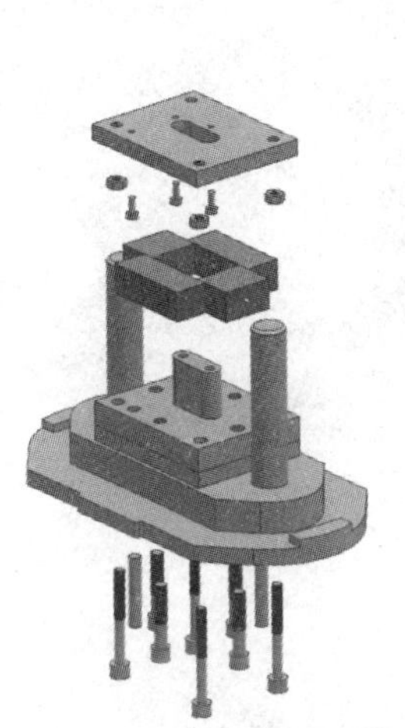

图 4—95 移动螺钉

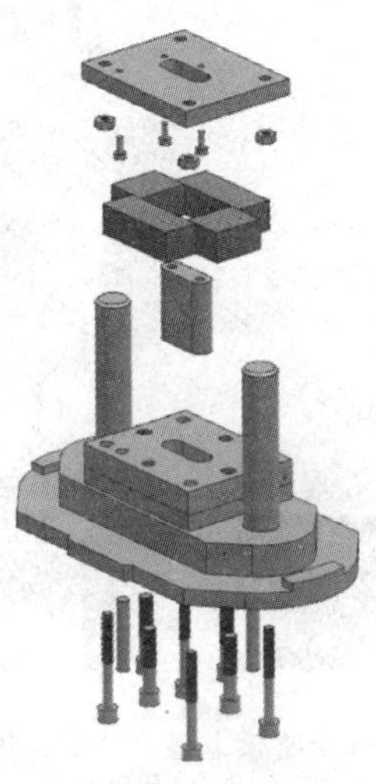

图 4—96 移动凸凹模

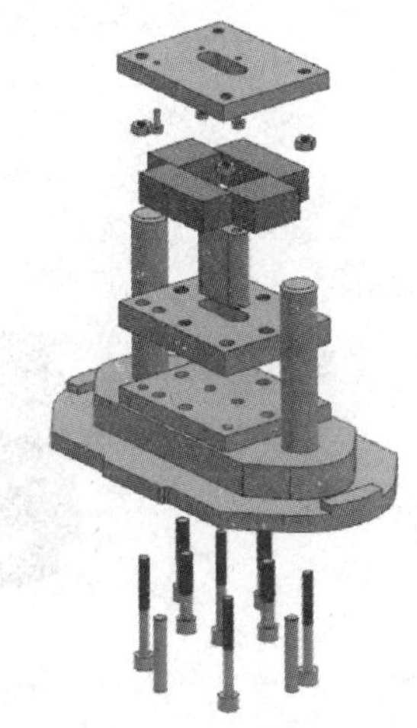

图 4—97 移动凸凹模固定板

10. 移动下模垫板

选择下模垫板，将下模垫板移动到合适的位置，如图 4—98 所示。

11. 移动导柱

选择导柱，将导柱移动到合适的位置，如图 4—99 所示，完成链板冷冲模下模子装配爆炸图建模。

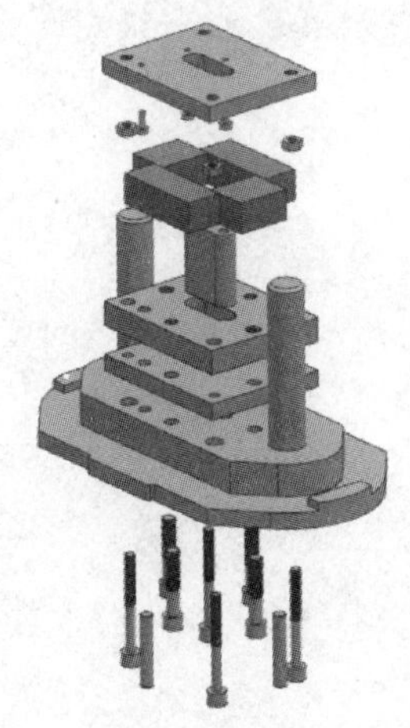

图 4—98 移动下模垫板

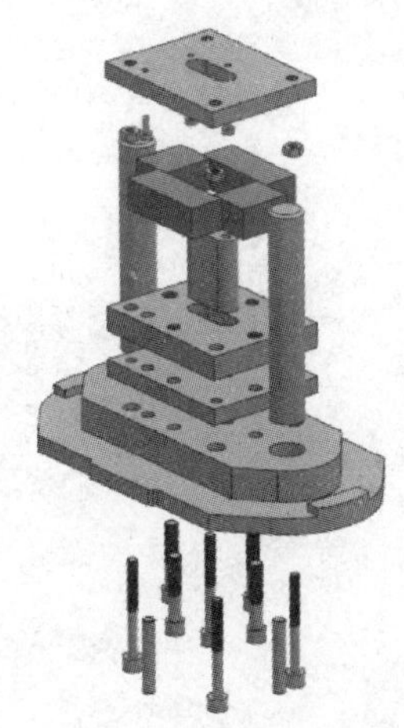

图 4—99 链板冷冲模下模子装配爆炸图

巩固提高

通过 UG NX 模块，完成链板冷冲模上模子装配爆炸图建模，如图 4—100 所示。

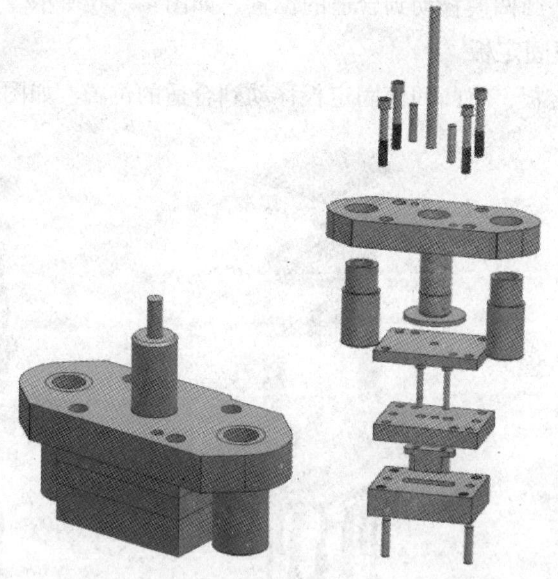

图 4—100　链板冷冲模上模子装配及爆炸图

模块五 工程图绘制

一、模块任务要求

如图 5—1 所示为遥控器外壳产品模型，要求通过 NX 工程图模块完成 3D 模型转换 2D 工程图设计。

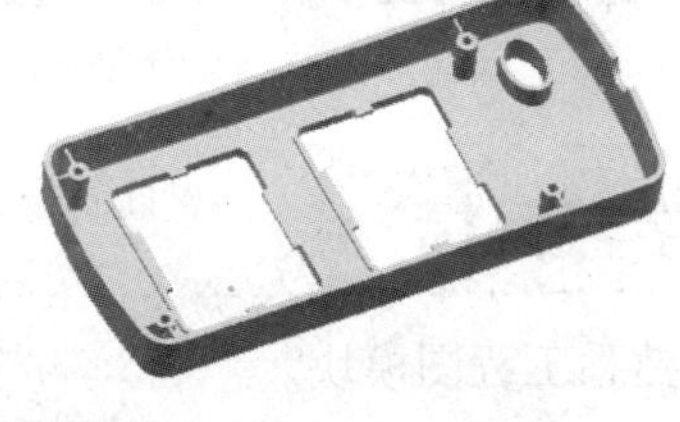

图 5—1　遥控器外壳产品模型

该模型来源于一款遥控器外壳原型，为适应教学需求，对原型的结构特征进行了简化，如去除加强筋、配合阶台、螺纹等结构。

二、模块任务目的

通过该产品工程图的绘制，掌握 3D 模型转换 2D 工程图的基本知识与技能，完成模型与工程图的完美结合，提高软件应用能力和数据转换能力，完成如图 5—2 所示各类零件模型的工程图绘制。

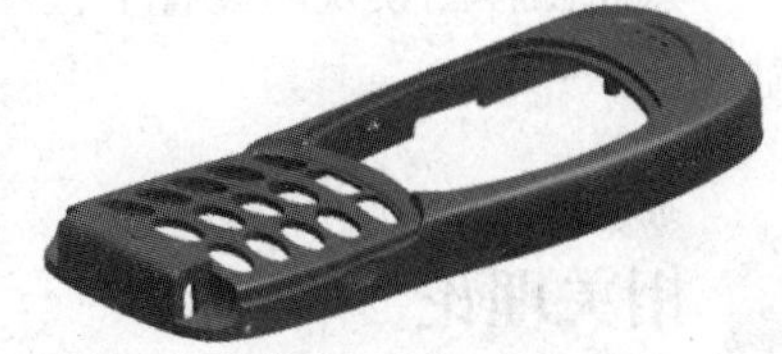

图 5—2　工程图绘制

三、模块任务分析

通过对图 5—1 遥控器外壳产品模型的分析，项目实施应注意以下问题：

1．项目实施时按照工程图设计一般流程进行，即顺序完成工程图模块环境设置，选择合适的视图表达方案，完成工程图的标准化工作（如尺寸标注与编辑、注释、标题栏设置等），最终完成遥控器外壳产品的工程图设计。

2．工程图设计的3D模型可以是NX自建模型，也可以是通过数据转换导入其他软件建立的模型；工程图设计后可通过数据转换导出为其他软件格式，如AutoCAD、CAXA等，进行编辑与处理。

3．项目实施时应将机械制图的理论知识有机融入操作的实践过程。通过对项目的分解逐步完成项目，并掌握工程图设计的基本知识和操作技能。

4．项目实施可采用小组团队模式，组内成员相互协助共同完成项目的实施，共同提高技能水平。

根据工程图设计流程特点，该项目的实施分为3个任务进行：工程图模块操作与环境设置、视图表达方案设计、工程图标准化，最终完成遥控器外壳产品的工程图绘制。

任务一　工程图模块操作与环境设置

学习目标

1．熟悉工程图模块。
2．熟悉工程图绘制的一般流程。
3．能完成工程图模块环境设置。
4．能完成工程图管理。

工作任务

通过NX工程图模块，掌握工程图模块的基本知识，熟悉工程图绘制的一般流程，完成工程图模块的环境设置和如图5—1所示产品的工程图管理。

熟悉工程图模块和设置工程图环境，并能够管理工程图文件，是工程图绘制的基础技能。

相关理论

一、NX工程图模块概述

1．NX工程图模块的主要内容

工程图模块是NX系统的应用之一。它按照不同的制图标准，建立了一整套的工程图应用，主要包括：工程图管理、视图操作、尺寸标注与编辑、注释与标签和工程图模板等。

2. NX工程图模块的主要特点

NX工程图模块主要用于建立和编辑基于3D模型的各种2D工程图。在该模块中建立的工程图与3D模型完全相关，对模型的任何改变自动映射到工程图中。这种关联性使得用户可随时按需要对模型进行变更设计，而不用顾虑工程图是否同步变更。

二、工程图绘制一般流程

工程图绘制一般流程如图5—3所示。

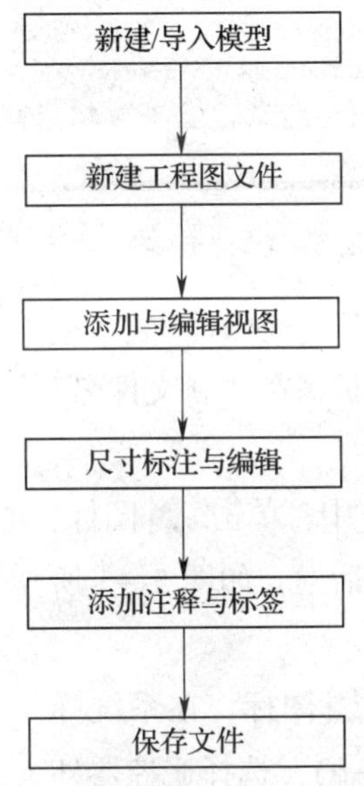

图5—3 工程图绘制一般流程

三、工程图管理

工程图管理主要包括图纸管理和视图管理。图纸管理主要包括：插入新图纸、打开图纸、删除图纸和编辑图纸等。视图管理主要包括：新建视图、移去视图、移动视图和复制视图等。

任务实施

一、新建工程图部件文件

1. 单击标准工具栏中的按钮，系统弹出“新建”对话框，如图5—4所示。

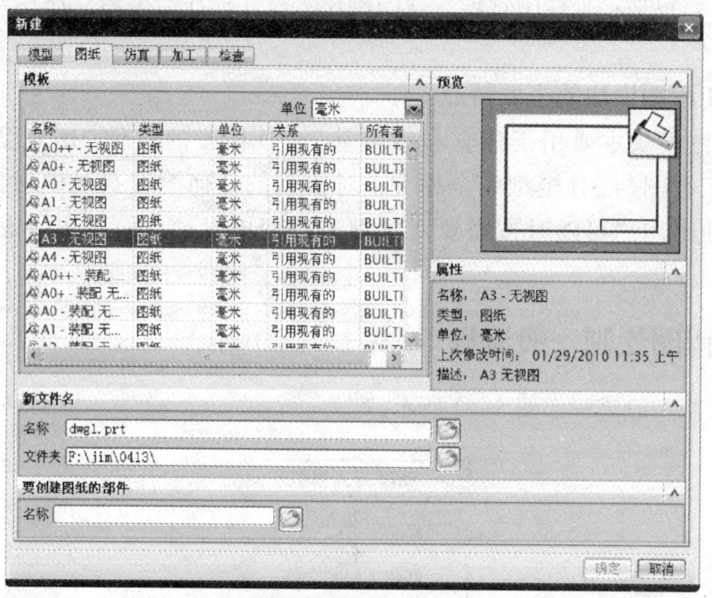

图 5—4 “新建”对话框

2. 在对话框中选择“图纸”选项卡，在“模板”区域选择“A3—无视图”模板，在“新文件名”区域输入新建文件名和路径。

3. 在“要创建图纸的部件”中，单击图标，系统弹出“选择主模型部件”对话框，如图 5—5 所示。

4. 在“打开”区域，单击图标，在系统弹出的“部件名”对话框中（图 5—6），选择遥控器外壳模型，单击“确定”按钮，返回上级对话框，如图 5—7 所示，系统选中遥控器外壳模型。

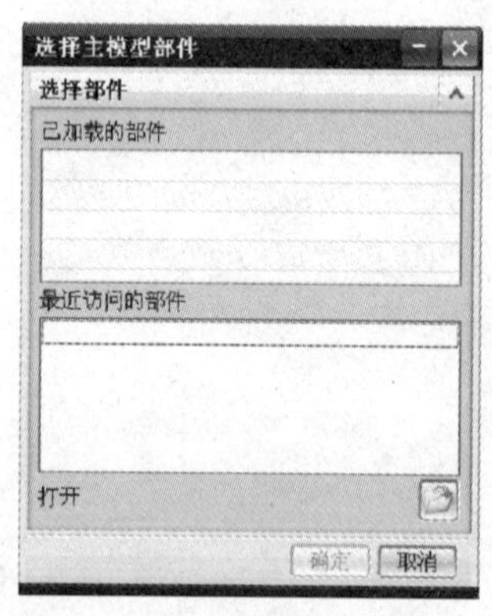

图 5—5 “选择主模型部件”对话框

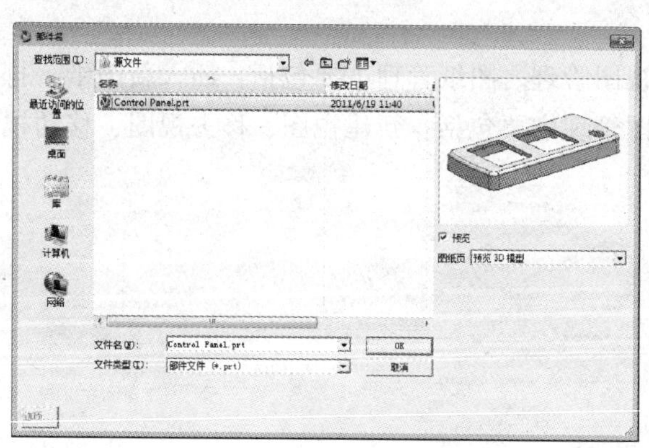

图 5—6 “部件名”对话框

图 5—7 选择遥控器外壳模型

5. 在返回的“新建”对话框中单击“确定”，进入工程图模块，并创建如图 5—8 所示图框和标题栏。

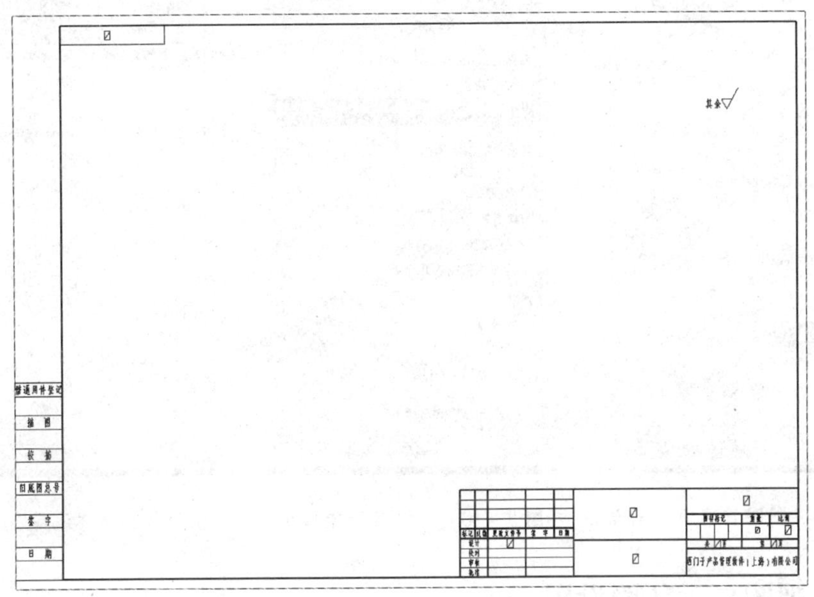

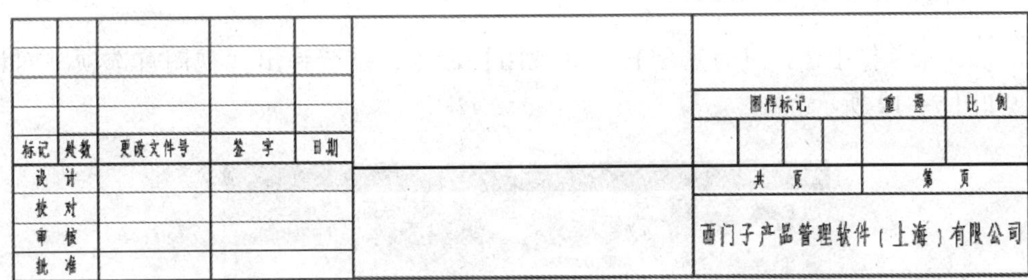

图 5—8　图框与标题栏

6. 这时可根据系统提示添加新的视图，也可以取消，在后续操作中添加新的视图。

二、工程图模块环境设置

1. 在菜单栏中选择【首选项】 > 【制图】命令，系统弹出“制图首选项”对话框，如图 5—9 所示。

2. 在“常规”选项卡中可以设置：图纸工作流中是否自动创建图纸和视图，是否使用图纸模板等参数，如图 5—9 所示。

3. 在“视图”选项卡中可以设置：是否延迟视图更新，创建新视图是否延迟更新等参数，如图 5—10 所示。

4. 在“注释”选项卡中可以设置：是否保留模型变更后的注释，保留的注释是否删除等参数，如图 5—11 所示。

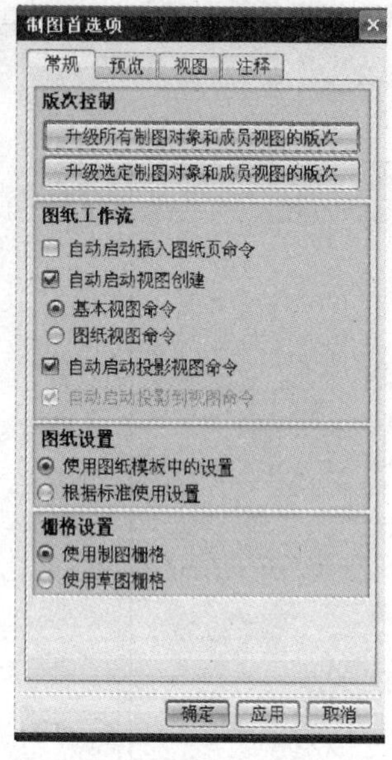

图 5—9 “制图首选项”对话框

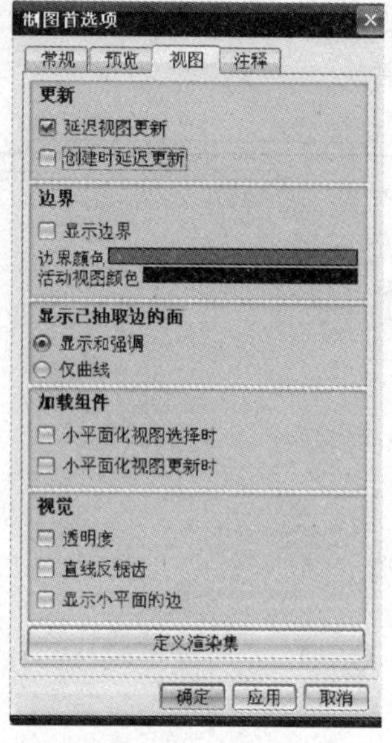

图 5—10 “视图”选项卡

图 5—11 “注释”选项卡

三、视图显示环境设置

1. 在菜单栏中选择【首选项】>【视图】命令，系统弹出“视图首选项”对话框，如图 5—12 所示。

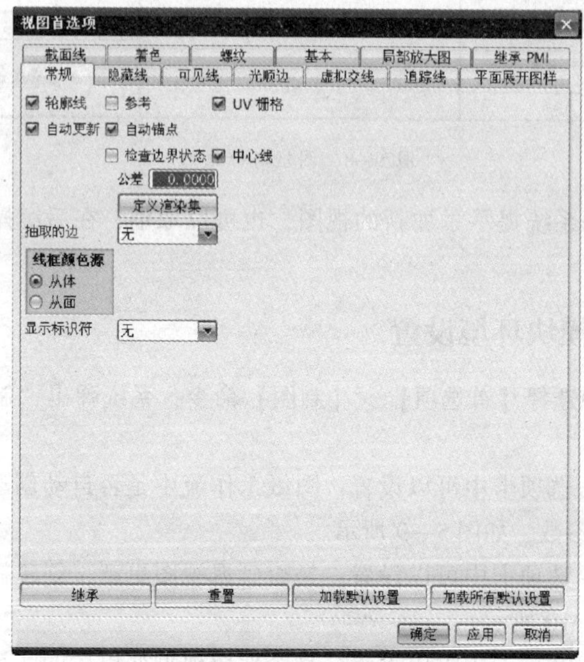

图 5—12 “视图首选项”对话框

2. 选择“隐藏线”选项卡，如图5—13所示，可以设置隐藏线的显示方式，如隐藏线的颜色、线型和线宽等参数。

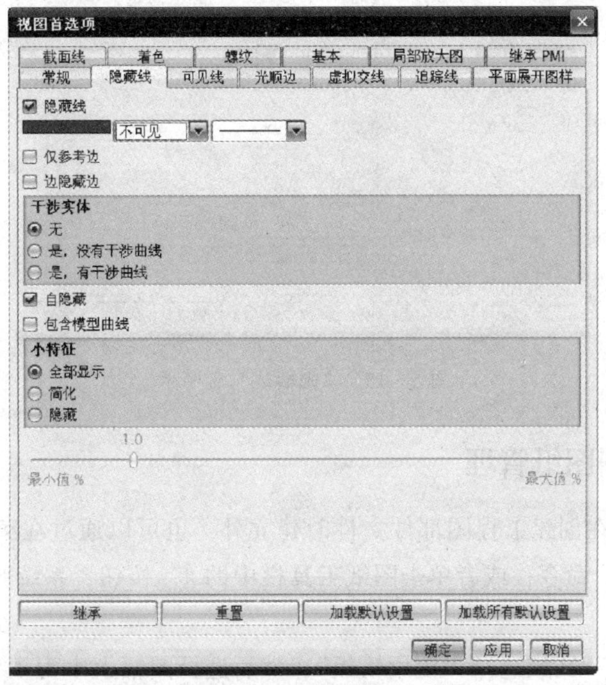

图5—13 “隐藏线”选项卡

3. 选择“可见线”选项卡，如图5—14所示，可以设置可见线的显示方式，如可见线的颜色、线型和线宽等参数。

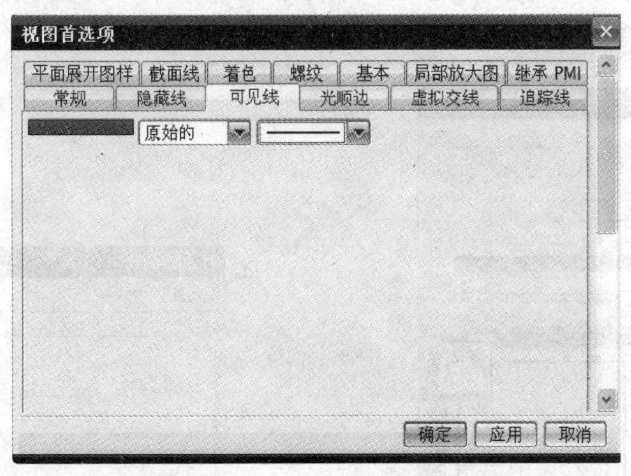

图5—14 “可见线”选项卡

4. 选择“光顺边”选项卡，如图5—15所示，可以设置光顺边缘的显示方式，还可以设置光顺边缘端点缝隙值显示。

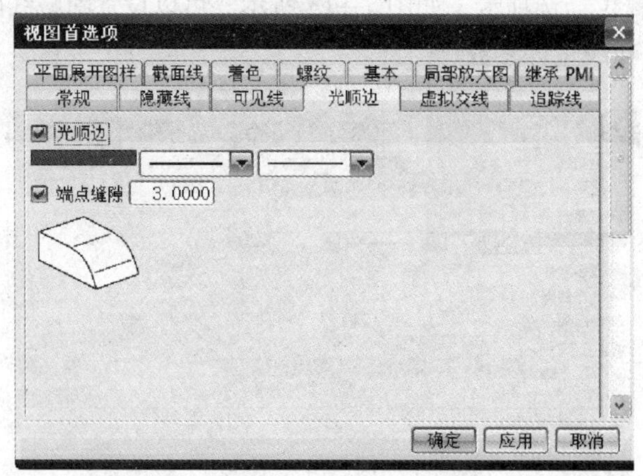

图 5—15 “光顺边”选项卡

四、工程图图纸管理

1. 图纸除了在创建工程图部件文件时建立外，也可以通过在菜单栏中选择【插入】>【图纸页】命令，或者单击图纸工具栏中的按钮，系统弹出如图 5—16 所示对话框。

2. 在“大小”区域选择“使用模板”，然后选择图幅大小为“A3—无视图”，单击“确定”即可。

3. 选择“标准尺寸”和“定制尺寸”方式，“设置”的内容会有所不同，用户可自行尝试。

4. 单击图纸工具栏中的按钮，系统弹出如图 5—17 所示“打开图纸页”对话框，用户可以选择已经存在的图纸继续编辑。

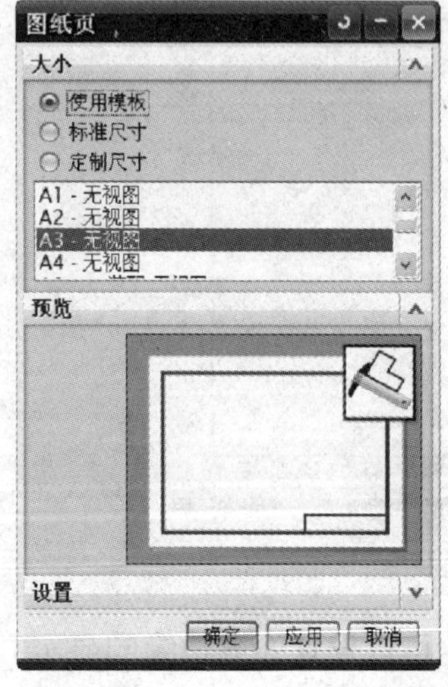

图 5—16 “图纸页”对话框

图 5—17 “打开图纸页”对话框

5. 单击图纸工具栏中的按钮，可以在“图纸”和“模型”显示之间切换。

6. 选中图纸的边框，单击键盘上“Delete”键，或者单击标准工具栏中的按钮，可删去已有的图纸。

巩固提高

通过 NX 工程图模块完成模块环境设置和图 5—18 所示模型的工程图文件管理。

图 5—18 工程图模块操作与环境设置

任务二 视图表达方案设计

学习目标

1. 能完成 3D 模型转换 2D 工程图。
2. 能完成基本视图生成。
3. 能完成辅助视图生成。

工作任务

通过 NX 工程图模块，完成图 5—1 所示遥控器外壳产品工程图视图表达方案设计。

视图表达方案设计是工程图绘制的核心技能之一，应结合机械制图的相关知识和 NX 工程图模块的操作技能，选择合适的视图表达方案，充分、合理地表达产品结构。

相关理论

视 图 管 理

1. 概述

NX 工程图模块的图纸工具栏如图 5—19 所示，不但可以进行工程图图纸管理，还可以进行视图管理。视图管理主要包括：基本视图、标准视图、局部放大图、各种剖视图和断面图等。

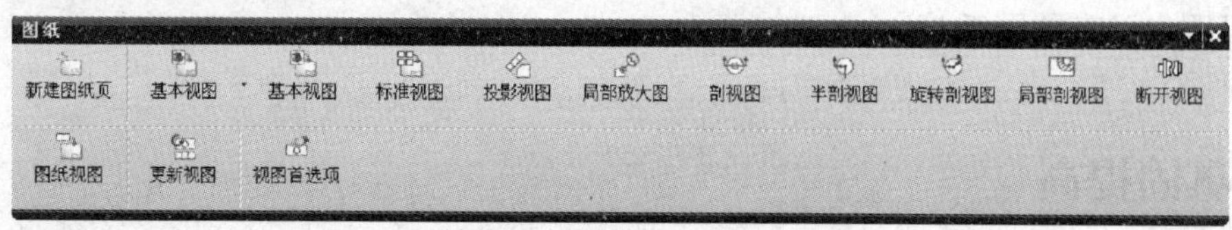

图 5—19　图纸工具栏

2. 基本视图

单击图纸工具栏中的按钮，系统会弹出“基本视图”对话框，如图 5—20 所示，并可预览模型视图的放置效果。用户可以设置：视图原点、视图放置方法、视图投影方位和比例等参数。

3. 标准视图

单击图纸工具栏中的按钮，系统会弹出“标准视图”对话框，如图 5—21 所示。用户可以根据需求，设置“布局”方式，系统会自动生成视图表达方案。若该方案不符合要求，用户可以自行调整。

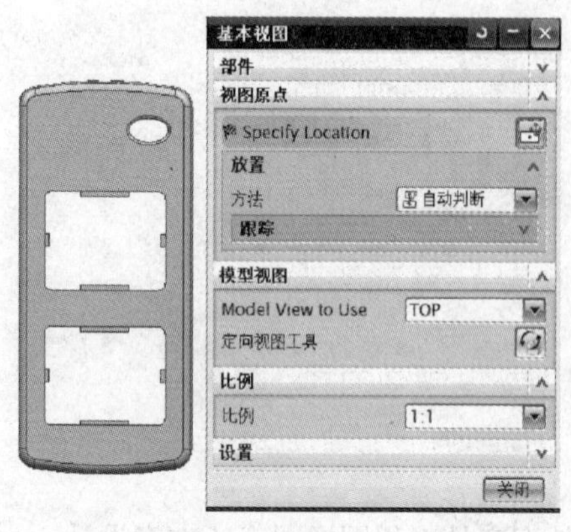

图 5—20　“基本视图”对话框

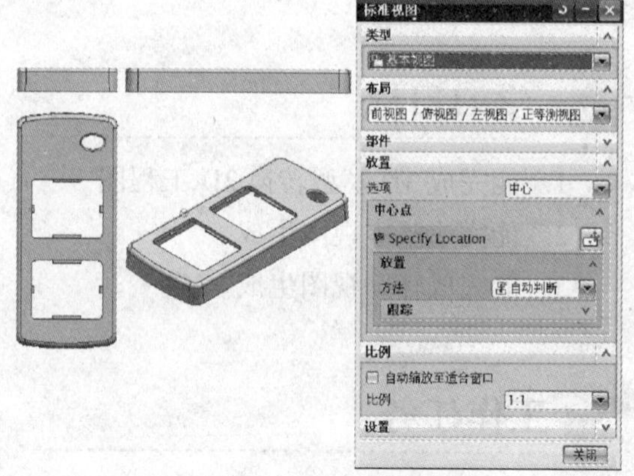

图 5—21　“标准视图”对话框

4. 剖视图

单击“图纸”工具栏中各种剖视图图标，用户可根据提示完成各种剖视图的建立。

任务实施

一、生成基本视图

1. 单击图纸工具栏中的按钮，在“基本视图”对话框中“模型视图”区域

“Model View to Use”设置为 TOP，“比例”设置为 1:1，在合适位置放置遥控器外壳的主视图，如图 5—22 所示。

2. 继续生成其他基本视图，单击“图纸”工具栏中“投影视图”按钮，生成遥控器外壳左视图，如图 5—23 所示，生成遥控器外壳仰视图，完成产品基本视图表达，如图 5—24 所示。

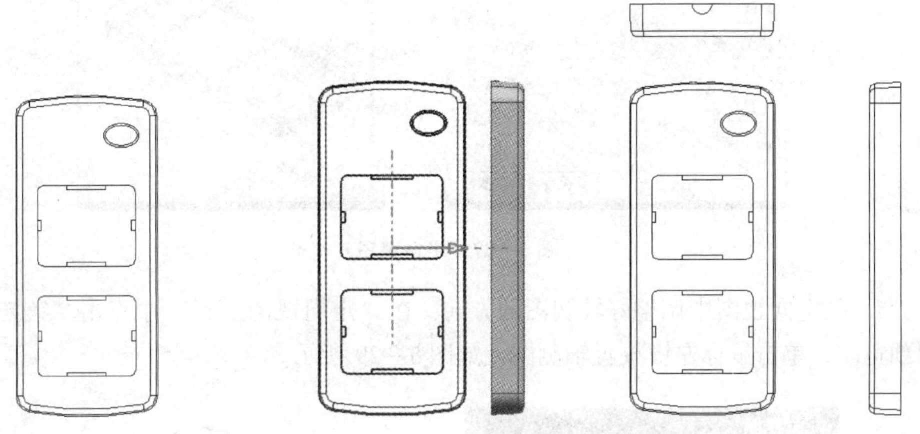

图 5—22 遥控器外壳主视图　图 5—23 遥控器外壳左视图　图 5—24 遥控器外壳基本视图

3. 单击图纸工具栏中的按钮，在系统弹出的“基本视图”对话框中，“Model View to Use”设置为 TFR－ISO，如图 5—25 所示，生成轴测预览图，如图 5—26 所示。

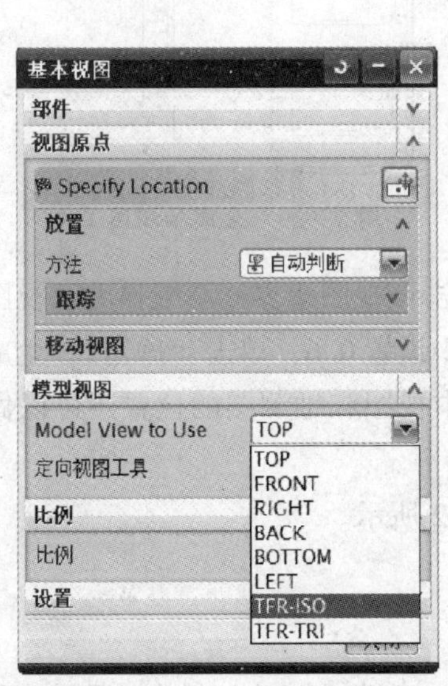

图 5—25 轴测图生成

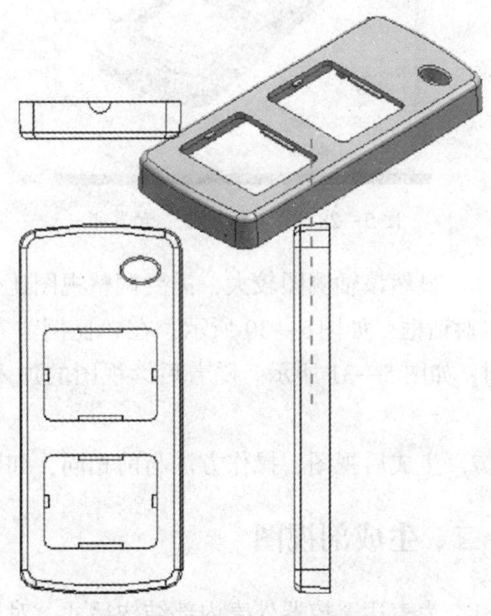

图 5—26 遥控器外壳轴测预览图

4．由于当前轴测图方向不适合视图方案需求，单击图5—27中的“定向视图工具”对话框，系统弹出“定向视图”预览框，如图5—28所示。

图5—27　定向视图预览

5．在定向视图中调整好轴测图的方向，在“定向视图工具”中点击“确定”，得到预览图，单击鼠标左键放置轴测图，如图5—29所示。

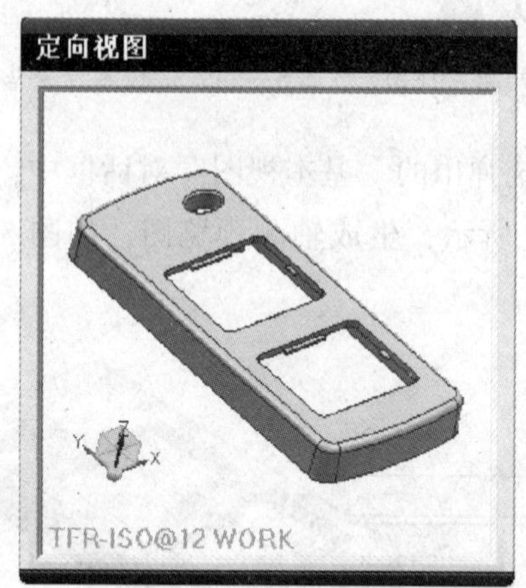

图5—28　“定向视图”预览框

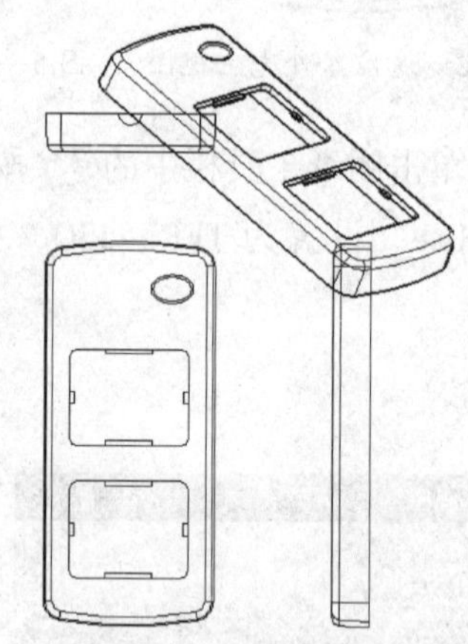

图5—29　生成轴测图

6．显然该轴测图较大，需要调整视图比例。双击该视图边界，系统弹出“视图样式”对话框，如图5—30所示，在“比例”文本框中设置0.6，单击“确定”，生成轴测图，如图5—31所示。随着后续视图的加入，基本视图和轴测图的位置还可以做调整。

7．生成后视图，操作方法与前相同，如图5—32所示。

二、生成剖视图

1．为表达遥控器外壳内部结构尺寸，对遥控器外壳进行剖切，生成剖视图。单击图纸工具栏中的 按钮，系统弹出“剖视图”对话框，如图5—33所示。

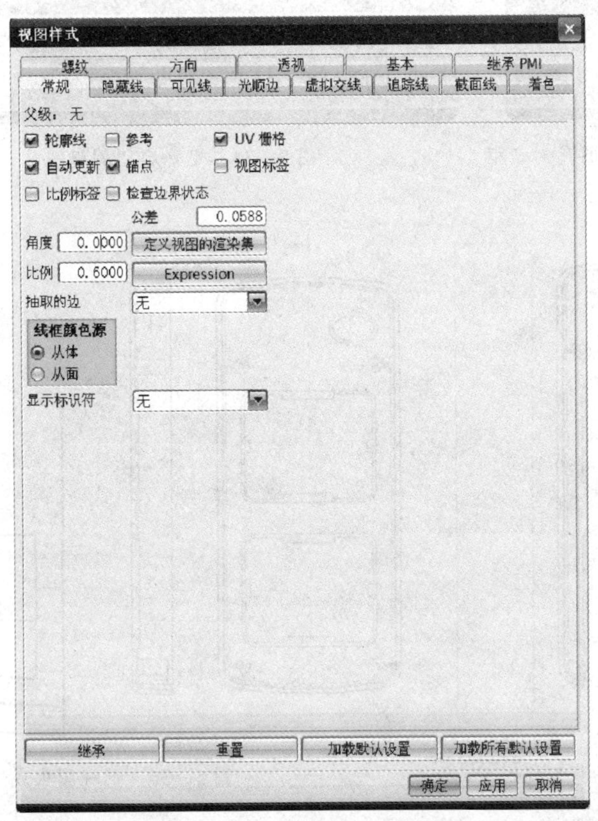

图 5—30 “视图样式”对话框

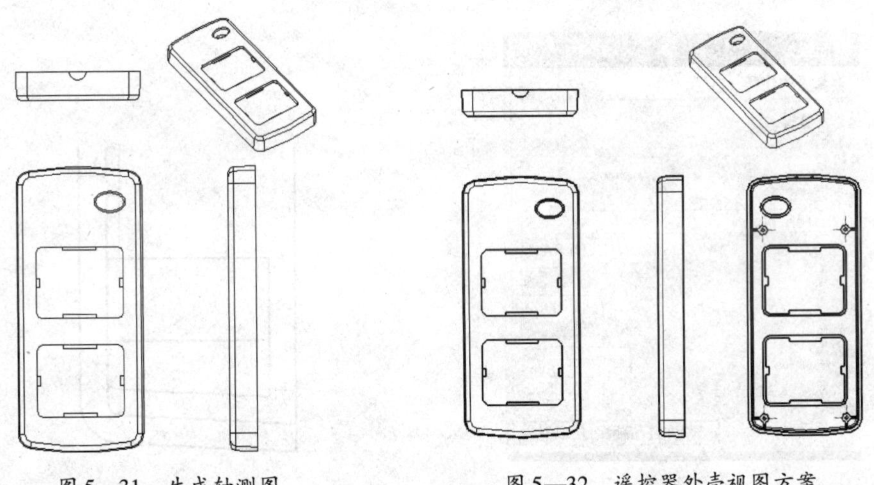

图 5—31 生成轴测图　　　　图 5—32 遥控器外壳视图方案

2. 选择主视图，“剖视图”工具栏发生变更，如图 5—34 所示，选择后视图，在合适位置单击，放置剖切平面。调整剖切投影方向，如图 5—35 所示，在合适位置放置剖视图，系统自动生成剖切面和剖面符号，如图 5—36 所示。

图 5—33 “剖视图”对话框

图 5—34 变更后“剖视图”工具栏

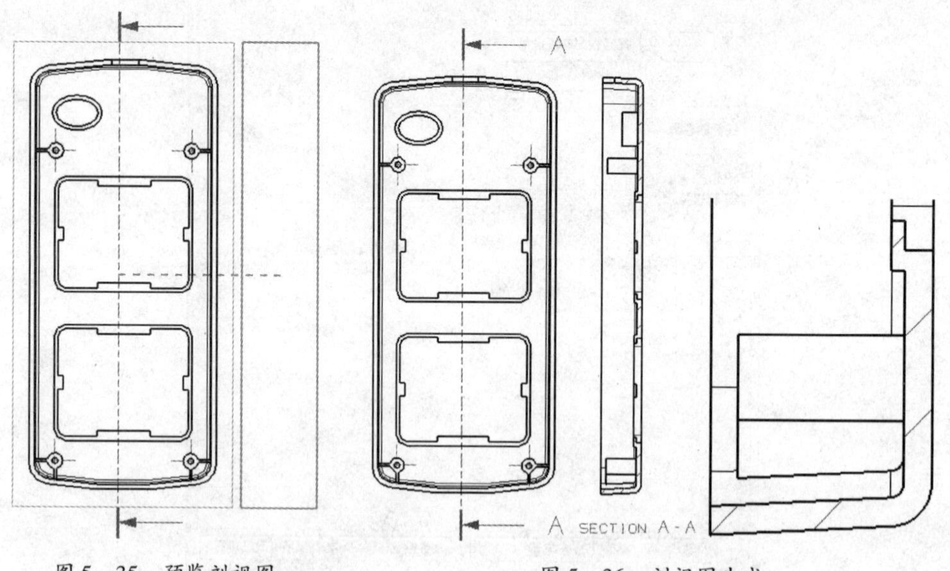

图 5—35 预览剖视图

图 5—36 剖视图生成

3. 当前剖面符号比较稀疏，可双击剖面符号，系统弹出“剖面线”对话框，设置“距离”为 2，如图 5—37 所示，单击“确定”，修改剖面符号距离，如图 5—38 所示。

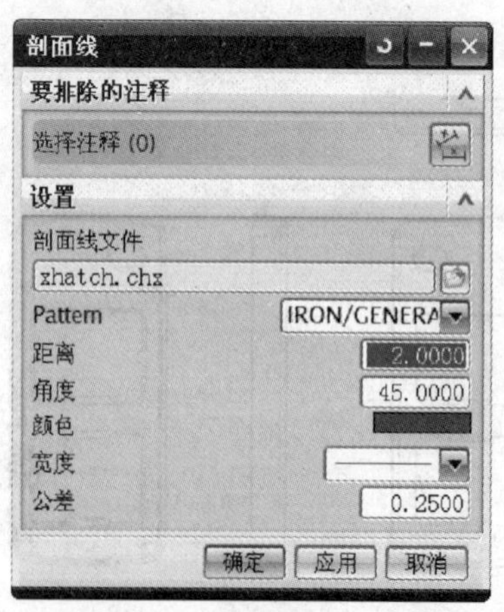

图 5—37 “剖面线”对话框

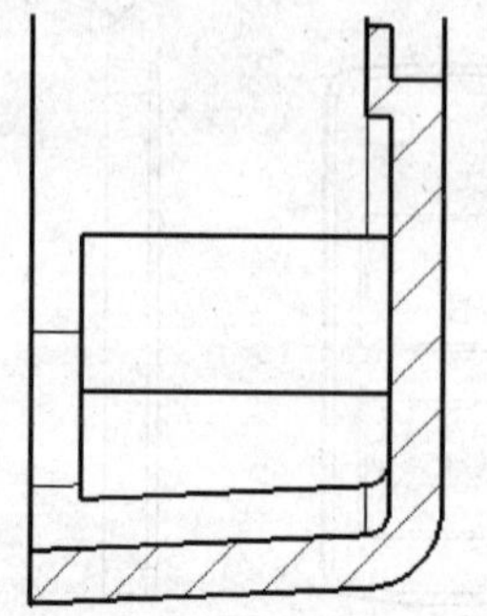

图 5—38 修改剖面线距离

4. 当前剖切面并不方便内部结构的标注，需要调整剖切面的位置和剖切方式。双击剖切面，系统弹出“截面线”对话框，如图 5—39 所示。

5. 选择“添加段”，在视图合适位置单击左键，结果如图 5—40 所示。

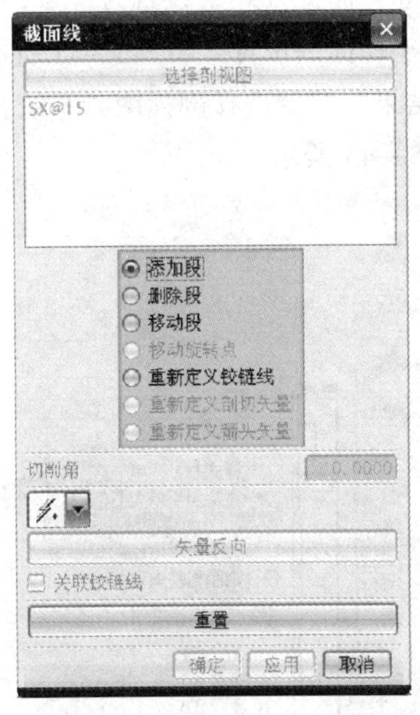

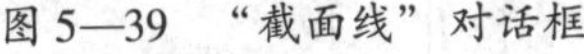

图 5—39 “截面线”对话框

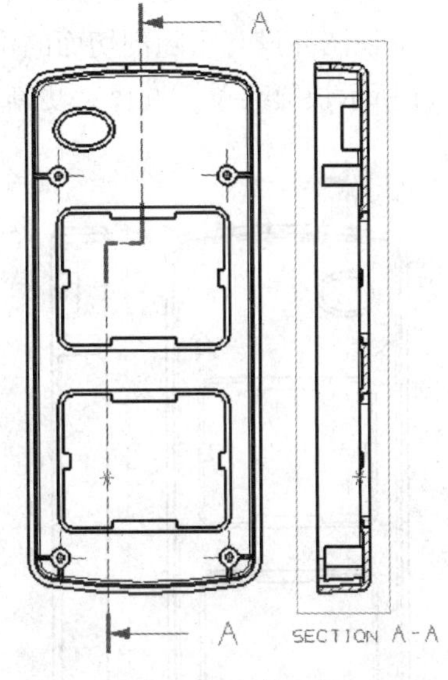

图 5—40 添加段

6. 剖切面虽然增加了，但并不在需要剖切的位置。选择“移动段”，选择下方竖直剖切面，将“捕捉方式”设置为“⊙圆心”，单击左下方孔的圆弧，调整剖切面的位置，如图 5—41 所示。

7. 选择“移动段”，选择上方竖直剖切面，将“捕捉方式”设置为“自动判断的点”，单击左上方椭圆孔圆心，调整剖切面的位置，如图 5—42 所示。

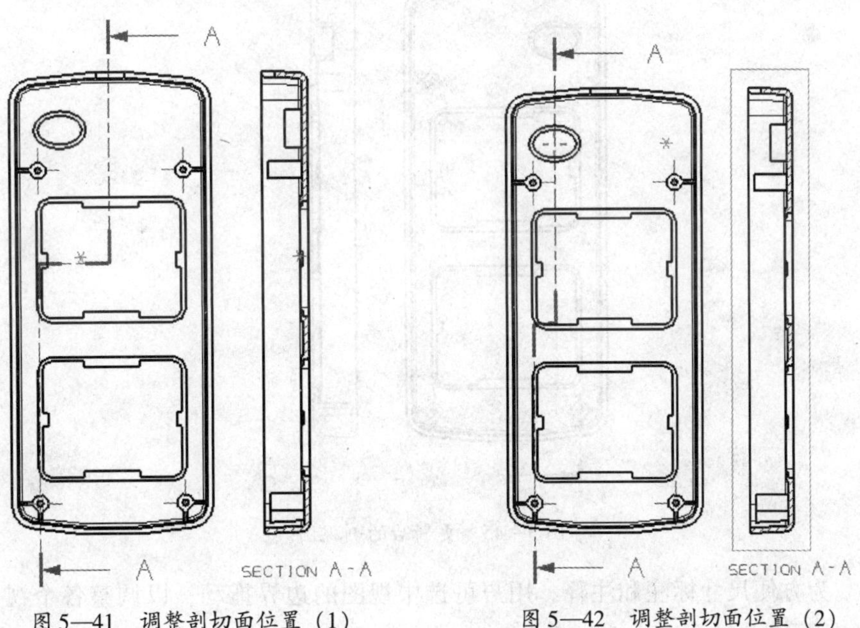

图 5—41 调整剖切面位置（1）

图 5—42 调整剖切面位置（2）

8．选择“移动段”，选择较短的水平剖切面，将“捕捉方式”设置为“ 自动判断的点”，单击左下方孔到方孔中间合适位置，调整剖切面的位置，如图5—43所示。

9．剖视图并没有跟随剖切面的位置更新剖切结果。右键选择剖视图，系统弹出如图5—44所示快捷菜单，选择“更新”，结果如图5—45所示。

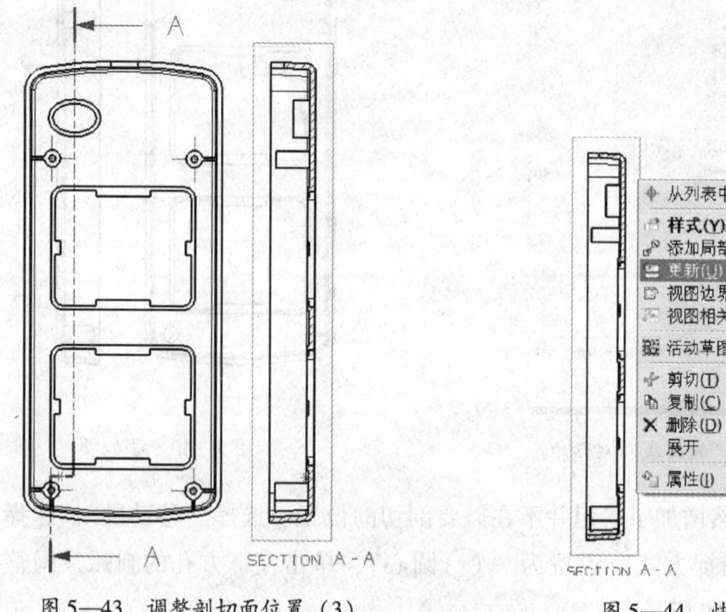

图5—43 调整剖切面位置（3）　　图5—44 快捷菜单

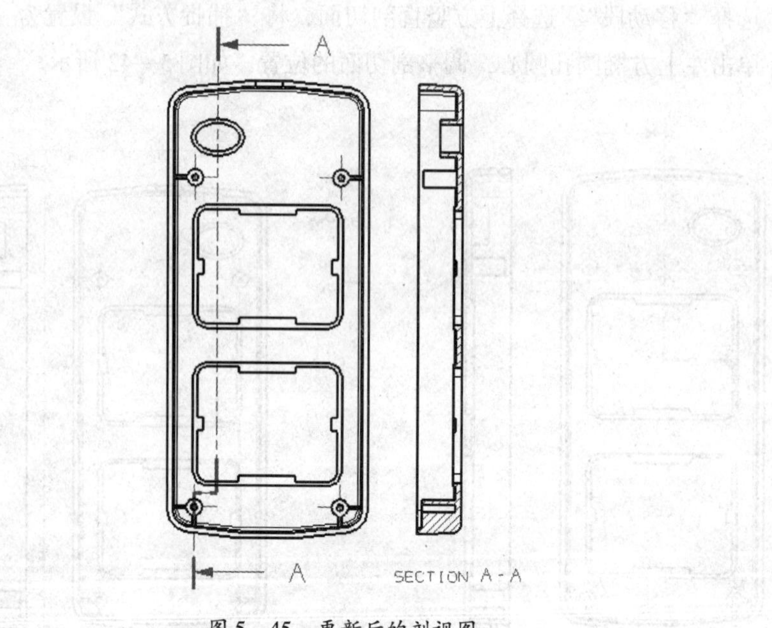

图5—45 更新后的剖视图

10．为方便尺寸标注和注释，用户可选中视图的边界拖动，以调整各个视图，如图5—46所示。

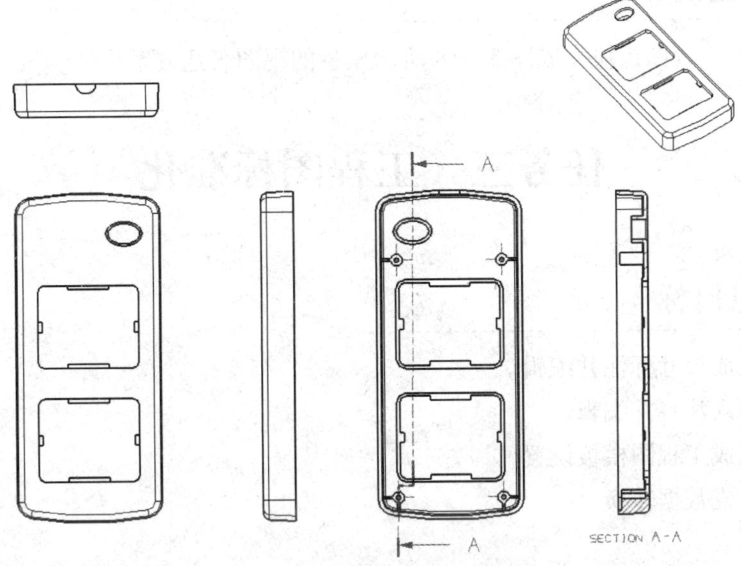

图 5—46 遥控器外壳视图表达方案

11. 用户也可以根据需求复制与删除视图，操作方法为：选中视图，按“Ctrl + C”（复制）或“Delete”（删除），复制或删除视图。

12. 完成遥控器外壳产品工程图视图表达方案，如图 5—47 所示。

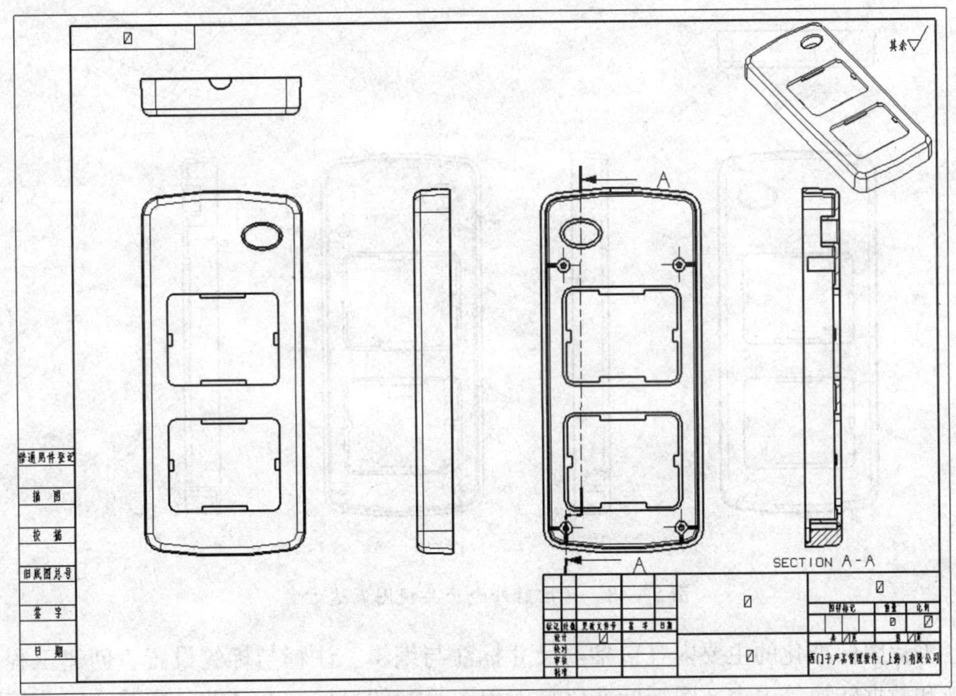

图 5—47 遥控器外壳产品工程图视图表达方案

巩固提高

通过 NX 工程图模块完成图 5—18 所示模型的视图表达方案设计。

任务三　工程图标准化

学习目标

1. 能完成尺寸标注并编辑。
2. 能插入注释并编辑。
3. 能完成工程图模板设置。
4. 能完成数据转换。

工作任务

通过 NX 工程图模块，完成如图 5—48 所示视图表达方案的工程图标准化。

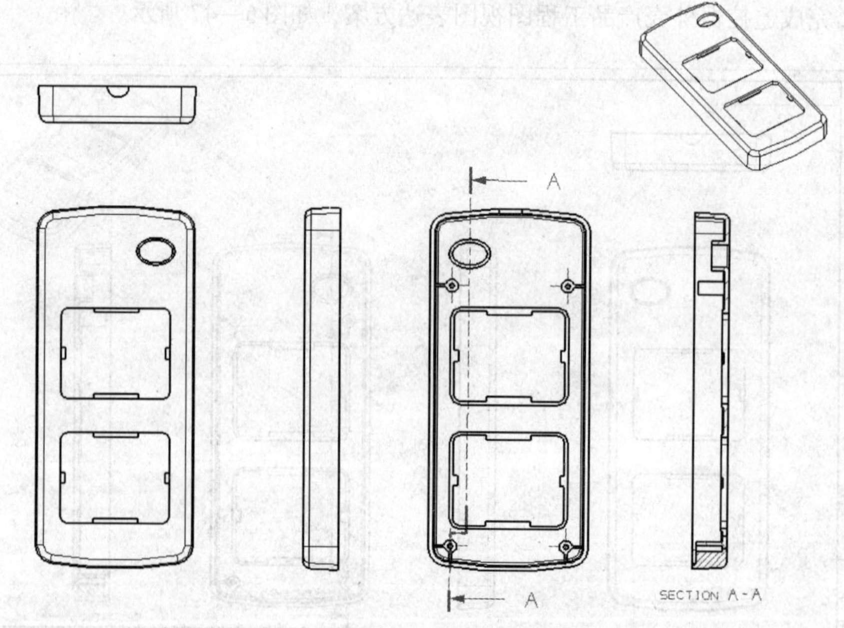

图 5—48　遥控器外壳产品视图表达方案

工程图标准化的主要内容包括：尺寸标注与编辑、注释与标签设置、创建工程图模板和数据转换等内容。图纸标准化是工程图绘制的最后一个环节，应符合国家标准的相关要求。

相关理论

一、插入常用符号（中心线）

在菜单栏中选择【插入】>【中心线】命令，如图5—49所示，可插入：中心标记、螺栓圆、圆形、对称、2D中心线和3D中心线等。

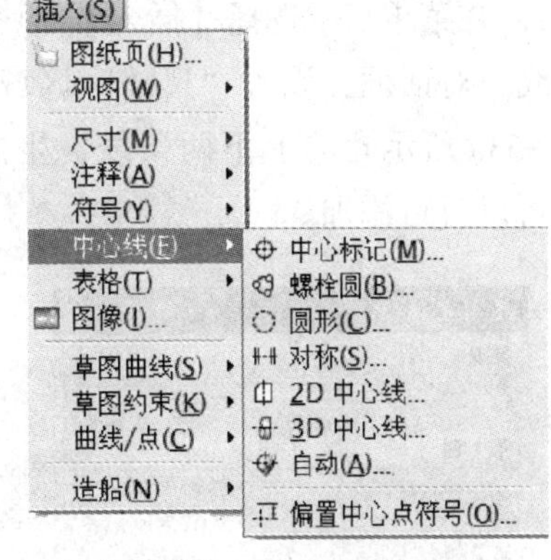

图5—49 “中心线”命令

二、插入尺寸标注

在菜单栏中选择【插入】>【尺寸】命令，如图5—50所示，可插入：水平、竖直、平行、垂直、角度、直径、半径等尺寸类型。

三、插入注释

在菜单栏中选择【插入】>【注释】命令，如图5—51所示，可插入：注释、基准特征符号、基准目标、表面粗糙度符号和焊接符号等注释类型。

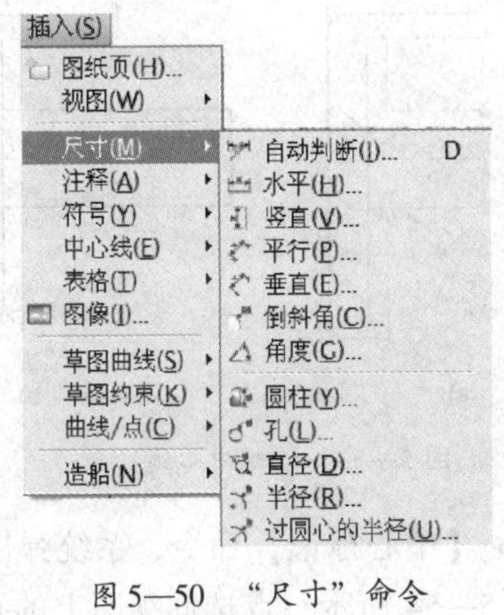

图5—50 “尺寸”命令

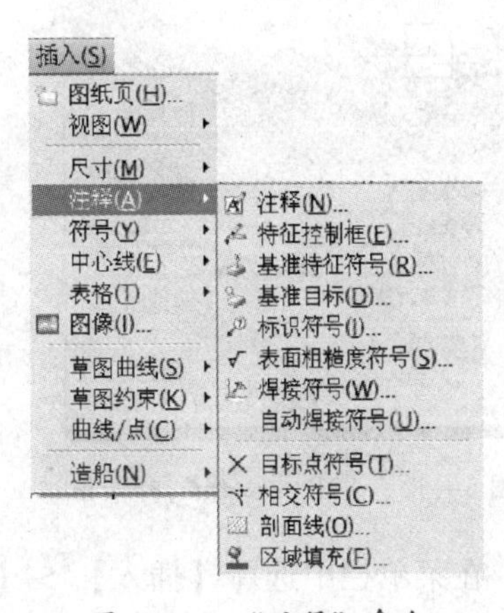

图5—51 “注释”命令

四、添加图框

绘制好的完整工程图需要添加图框。为了提高工作效率，减少重复劳动，可将图框定制成模板文件，在需要时将其添加到工程图中。

添加图框的方法主要有两种，一是用插入法，该方法是将组成图框的所有对象复制进图；二是用图样模板法，该方法是最有效地添加图框的方法，图样模板仅用一个图形对象代表了主模型中的多个对象。

本模块主要采用NX工程图模块自带的图样模板。

任务实施

一、常用符号应用

1. 在菜单栏中选择【插入】>【中心线】>【2D 中心线】命令，系统弹出“2D 中心线”对话框，设置“尺寸”区域数值，如图 5—52 所示。在剖视图中分别选择如图 5—53a 所示孔的上下两条线，生成中心线，如图 5—53b 所示。其余各处中心线，用户可以自行添加。

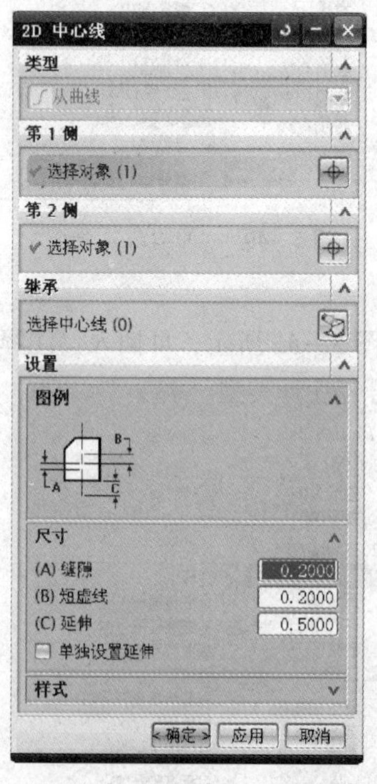

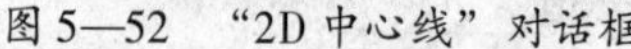
图 5—52 “2D 中心线”对话框

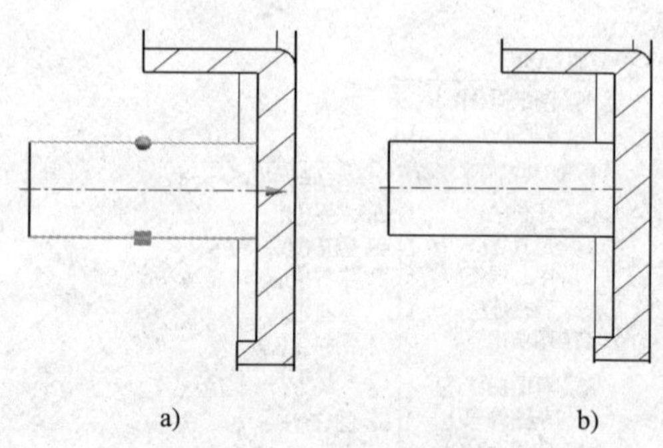

图 5—53 绘制中心线

2. 在菜单栏中选择【插入】>【中心线】>【中心标记】命令，系统弹出“中心标记”对话框，设置“尺寸”区域数值，如图 5—54 所示。点选仰视图上的孔，如图 5—55a 所示，生成中心标记，如图 5—55b 所示。

二、尺寸标注

1. 在菜单栏中选择【插入】>【尺寸】>【自动判断】命令，系统弹出“自动判断尺寸”对话框，如图 5—56 所示。

2. 单击“值”区域“1.00”，选择尺寸公差标注形式，在“值”右侧“1”处设置基本尺寸精度为 1，单击“公差”按钮，在弹出的对话框中设置公差数值和精度，如图 5—57 所示。

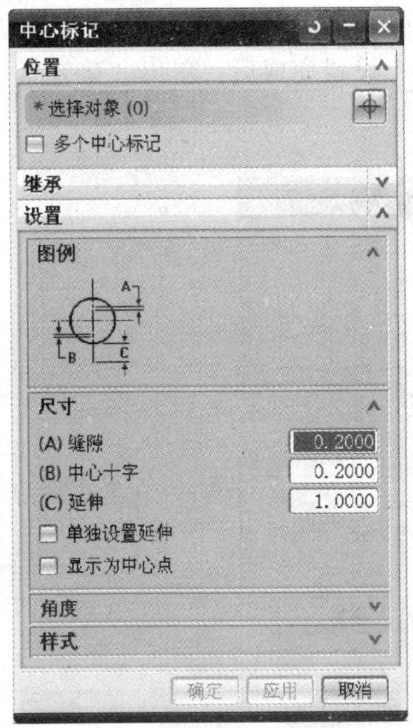

图 5—54 “中心标记”对话框

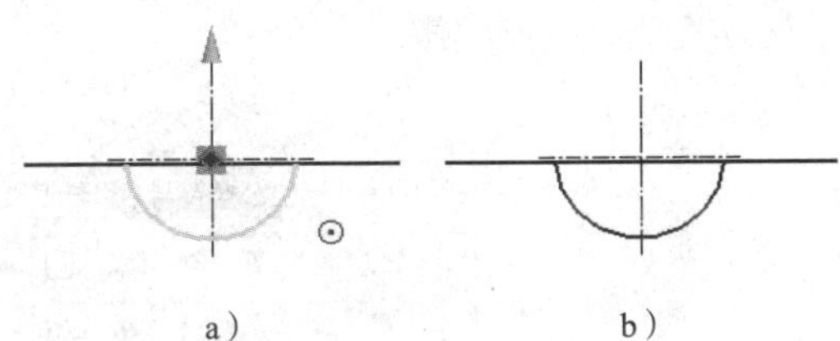

图 5—55 绘制中心标记

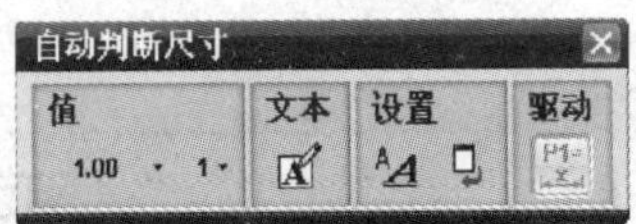

图 5—56 “自动判断尺寸”对话框

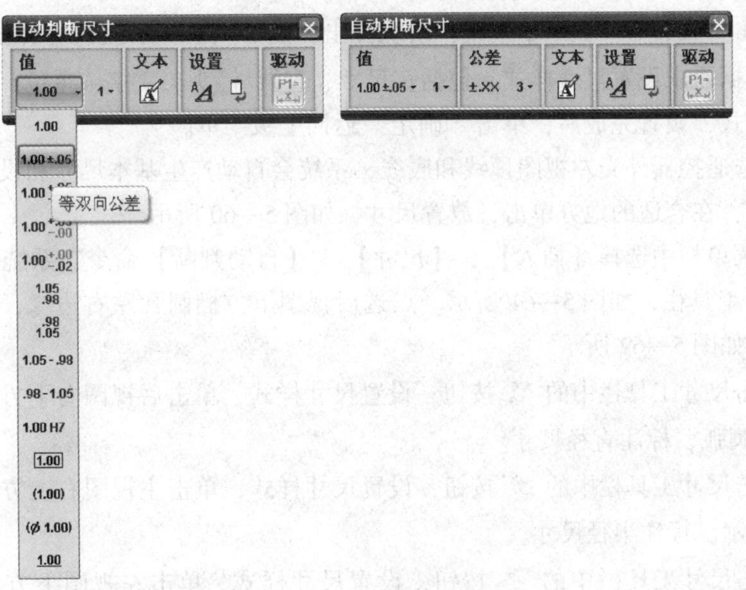

图 5—57 尺寸公差标注形式

3．单击“文本”按钮，系统弹出如图5—58所示“文本编辑器”对话框，用户可以根据需求设置尺寸数值的文字样式及前后缀内容，设置完成后，单击“确定”返回上级菜单。

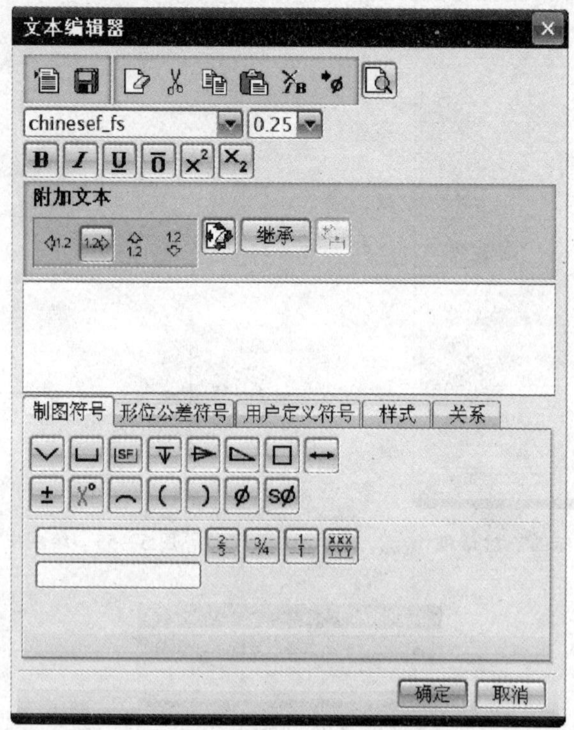

图5—58 “文本编辑器”对话框

4．单击“设置”中的 按钮，系统弹出如图5—59所示“尺寸样式”对话框，用户可以根据需求设置尺寸样式，包括：尺寸、直线/箭头、文字、单位、径向、坐标和层叠等样式，设置完成后，单击“确定”返回上级菜单。

5．点选遥控器外壳左视图顶线和底线，系统会自动产生基本尺寸和设置的尺寸公差标注样式，在合适的地方单击，放置尺寸，如图5—60所示。

6．在菜单栏中选择【插入】>【尺寸】>【自动判断】命令，系统弹出“自动判断尺寸”工具栏，如图5—61所示。点选后视图上方椭圆孔左右边缘，在合适位置放置尺寸，如图5—62所示。

7．单击尺寸工具栏中的 按钮，设置尺寸样式，单击后视图右下方的孔，如图5—63所示圆弧，标注直径尺寸。

8．单击尺寸工具栏中的 按钮，设置尺寸样式，单击主视图右上方的圆角，如图5—64所示，标注半径尺寸。

9．单击尺寸工具栏中的 按钮，设置尺寸样式，单击左视图下方和右侧的线条，如图5—65所示，标注角度尺寸。

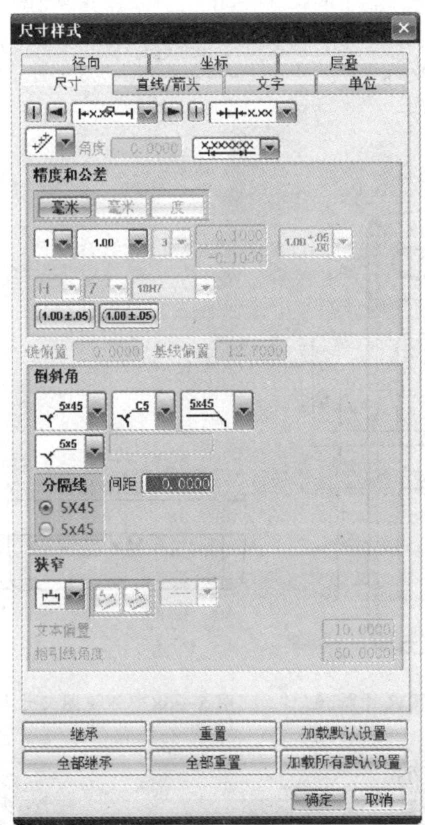

图 5—59 “尺寸样式”对话框

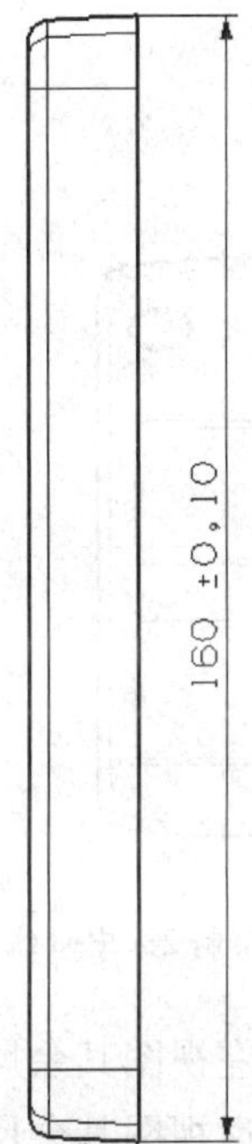

图 5—60 遥控器外壳尺寸标注

图 5—61 “自动判断尺寸”工具栏

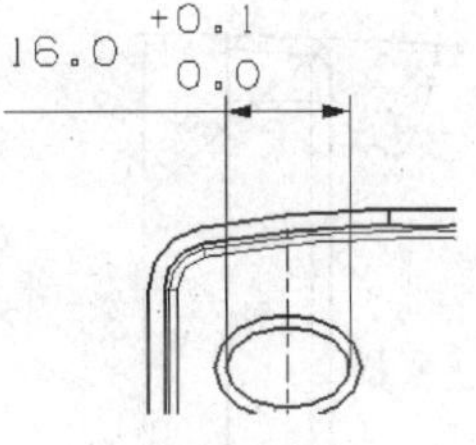

图 5—62 椭圆孔尺寸标注

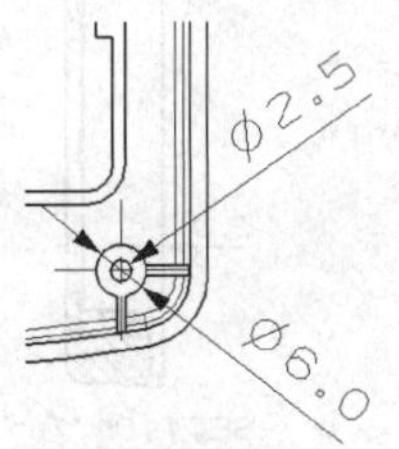

图 5—63 直径标注

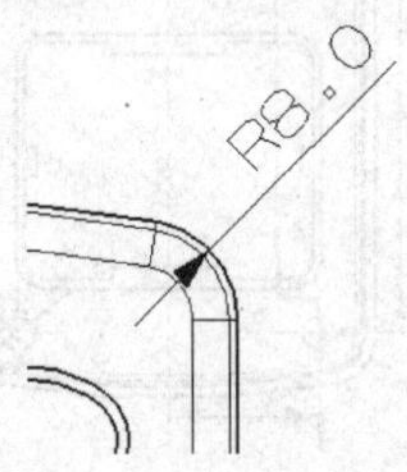

图 5—64 半径标注

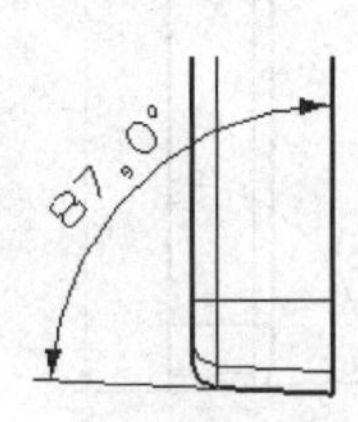

图 5—65 角度标注

10. 为方便主视图其余尺寸标注，采用绘制“2D 中心线”的方法绘制中心线，如图 5—66 所示。

11. 标注主视图其余尺寸，如图 5—67 所示。

12. 标注仰视图其余尺寸，如图 5—68 所示。

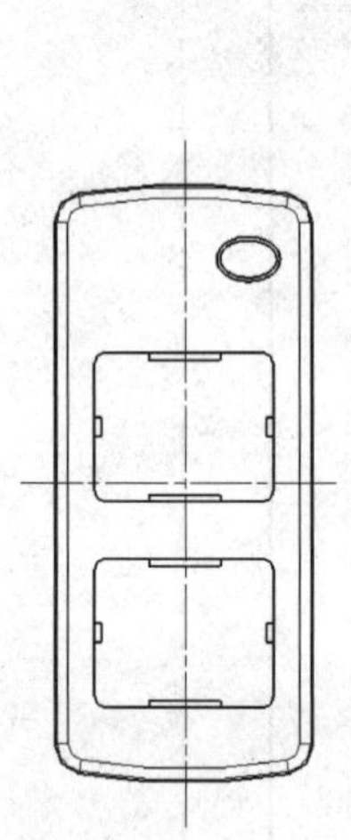

图 5—66　绘制 2D 中心线

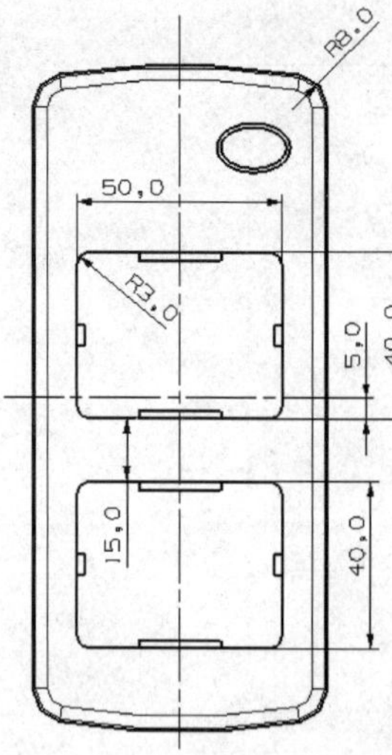

图 5—67　主视图尺寸标注

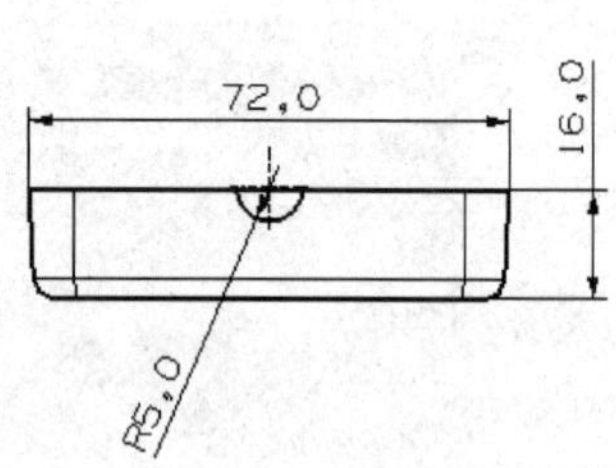

图 5—68　仰视图尺寸标注

13. 标注左视图其余尺寸，如图 5—69 所示。

14. 标注后视图其余尺寸，如图 5—70 所示。

15. 完成剖视图尺寸标注，如图 5—71 所示。

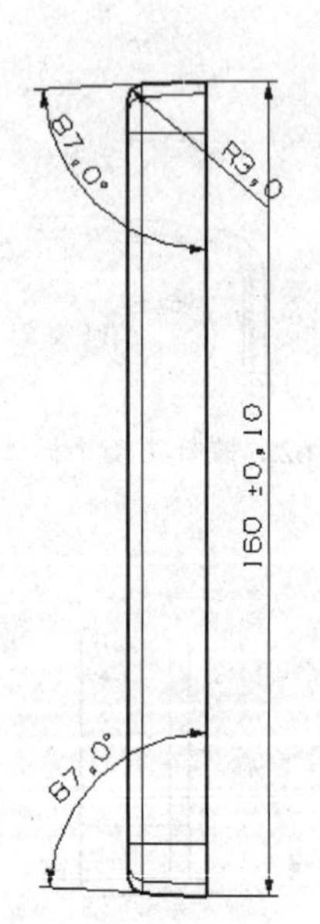

图 5—69　左视图尺寸标注

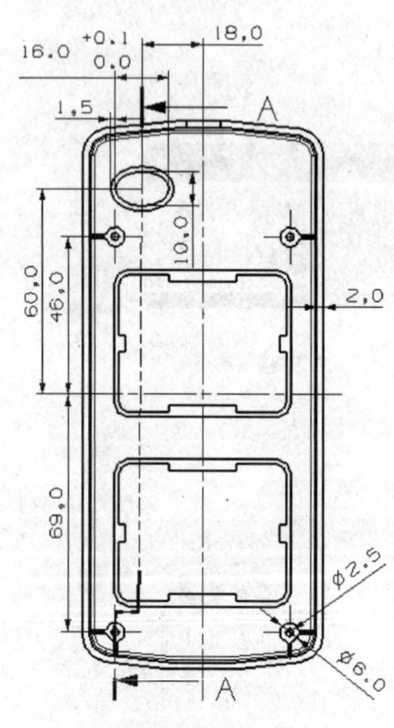

图 5—70　后视图尺寸标注

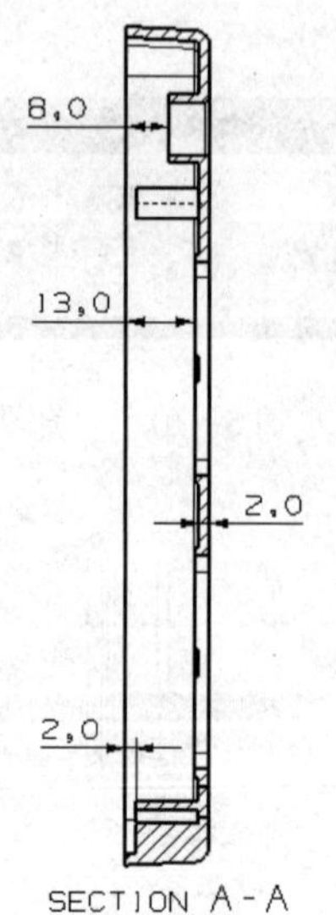

图 5—71　剖视图尺寸标注

16．完成视图尺寸标注，如图 5—72 所示。

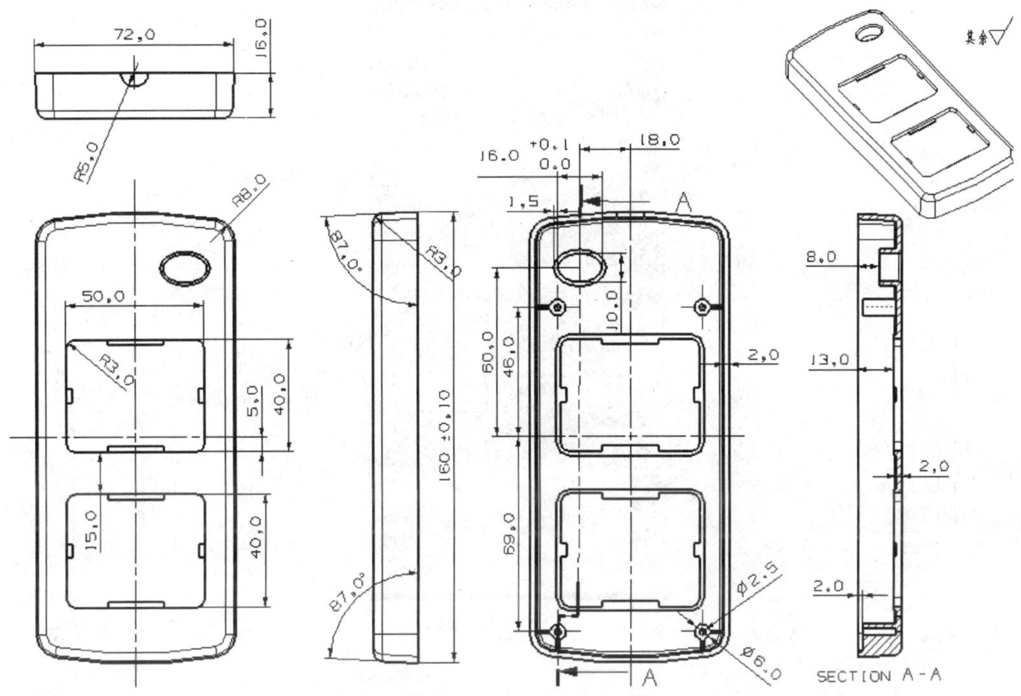

图 5—72　遥控器外壳工程图标注

三、几何公差与表面粗糙度标注

1．单击注释工具栏中的 按钮，系统弹出“基准特征符号”对话框，如图 5—73 所示。设置“样式”区域，选择“选择终止对象”，点选左视图基准参考线，拖动预览基准符号，在合适的位置插入基准符号，如图 5—74 所示。

2．单击注释工具栏中的 按钮，系统弹出“特征控制框”对话框，如图 5—75 所示。设置“框”区域，点选标注对象，拖动预览几何公差，在合适的位置插入几何公差符号，如图 5—76 所示。

3．单击注释工具栏中的 按钮，系统弹出“表面粗糙度符号”对话框，如图 5—77 所示。设置“属性”区域，点选标注对象，拖动预览表面粗糙度，在合适的位置插入表面粗糙度符号，如图 5—78 所示。

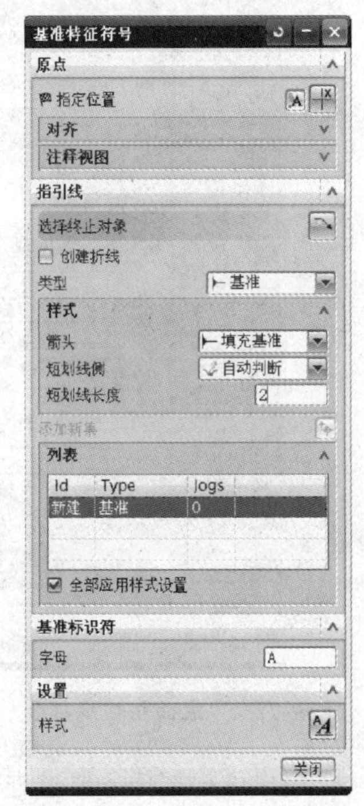

图 5—73　“基准特征符号”对话框

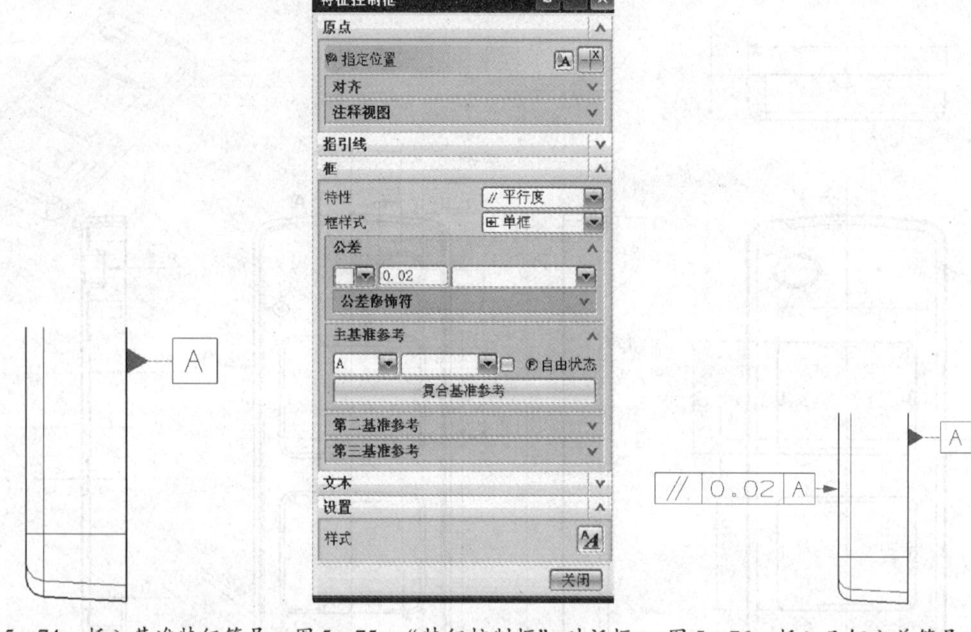

图 5—74　插入基准特征符号　图 5—75　“特征控制框”对话框　图 5—76　插入几何公差符号

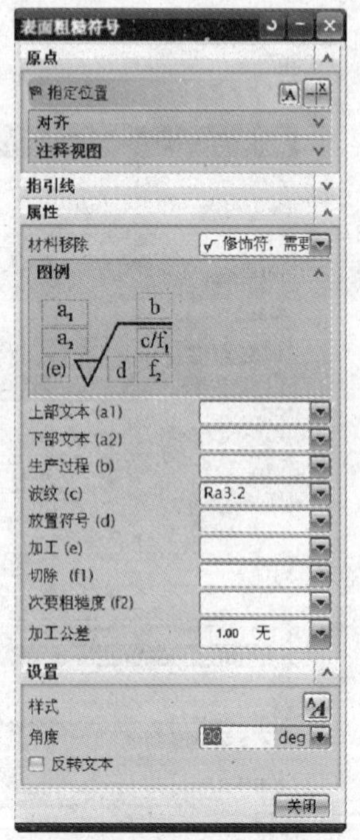

图 5—77　“表面粗糙度符号”对话框

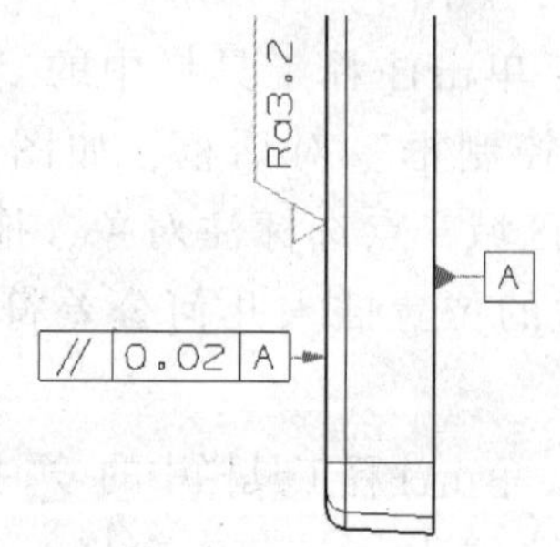

图 5—78　插入表面粗糙度符号

4．用户可根据任务要求进一步完善该工程图其他注释的标注，结果如图 5—79 所示。

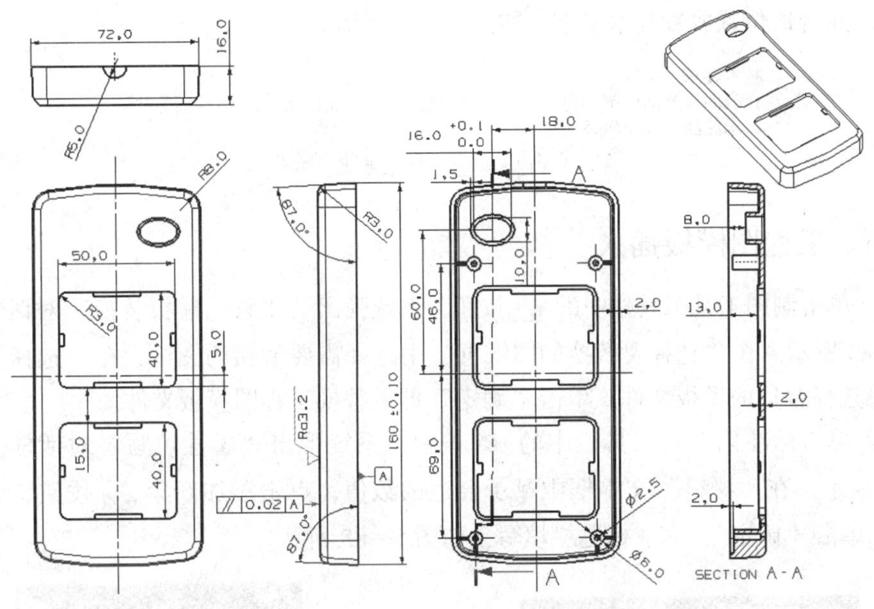

图 5—79 遥控器外壳工程图注释

四、技术要求注写

1. 单击制图工具工具栏中的 按钮，系统弹出“技术要求”对话框，如图 5—80 所示。展开“技术要求库”中的“塑料件通用技术要求”，双击需要的技术要求后，单击“添加索引”后的 图标，系统加入需要的技术要求，如图 5—81 所示。当然也可以手工添加技术要求。

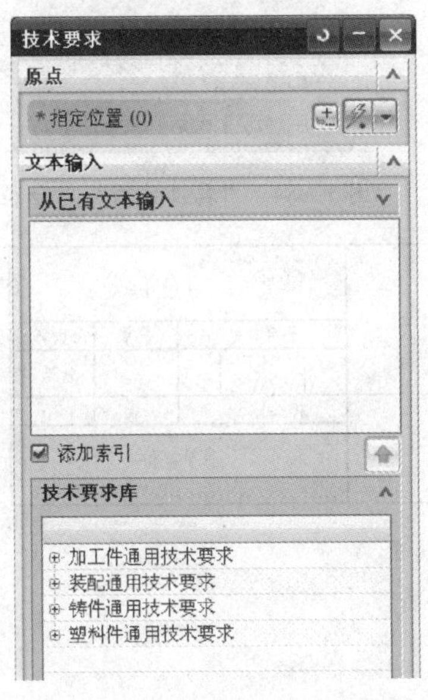

图 5—80 “技术要求”对话框

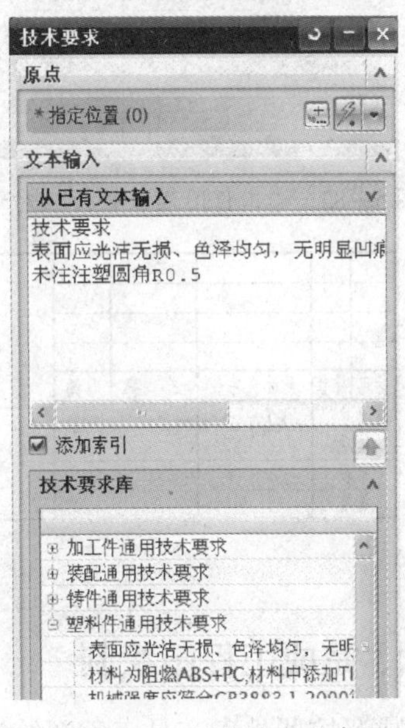

图 5—81 添加技术要求

2. 在合适位置放置技术要求，如图 5—82 所示。

技术要求：
1. 表面应光洁无损、色泽均匀，无明显凹痕、飞边、银丝、熔接痕等缺陷。
2. 未注注塑圆角$R0.5$。

图 5—82　技术要求

五、工程图模板插入

1. 单击制图工具工具栏中的 按钮，系统弹出“工程图模板替换”对话框，如图 5—83 所示。在“选择要替换的图纸页”中选择需要替换的图纸，在“选择替换模板”中选择合适的模板文件，单击“确定”即可替换工程图模板文件。

2. 单击标准化工具工具栏中的 按钮，系统弹出“属性填写”对话框，如图 5—84 所示。在“材料”文本框中赋予合适的数值，点击添加新集 按钮。设置完成后，单击“确定”，完成标题栏填写，如图 5—85 所示。

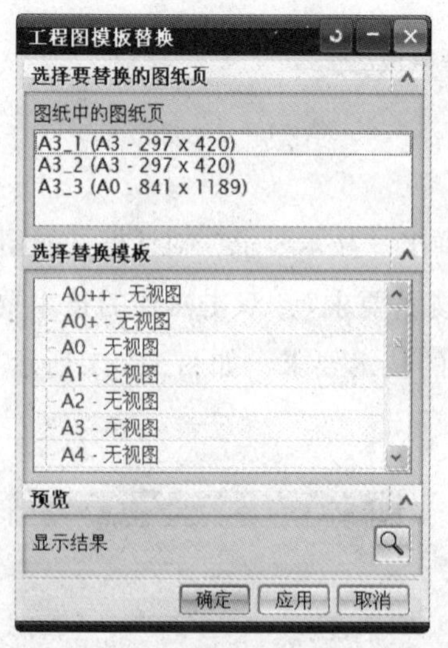

图 5—83　“工程图模板替换”对话框

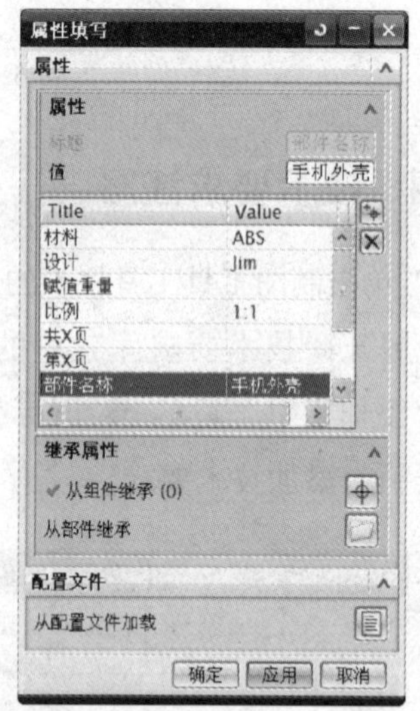

图 5—84　“属性填写”对话框

					遥控器外壳	001		
						图样标记	重量	比例
标记	处数	更改文件号	签　字	日期				1:1
设计		Jim				共 1 页		第 1 页
校对					ABS	设计单位		
审核								
批准								

图 5—85　标题栏设置

六、完成工程图绘制

完成遥控器外壳产品工程图绘制，如图 5—86 所示。

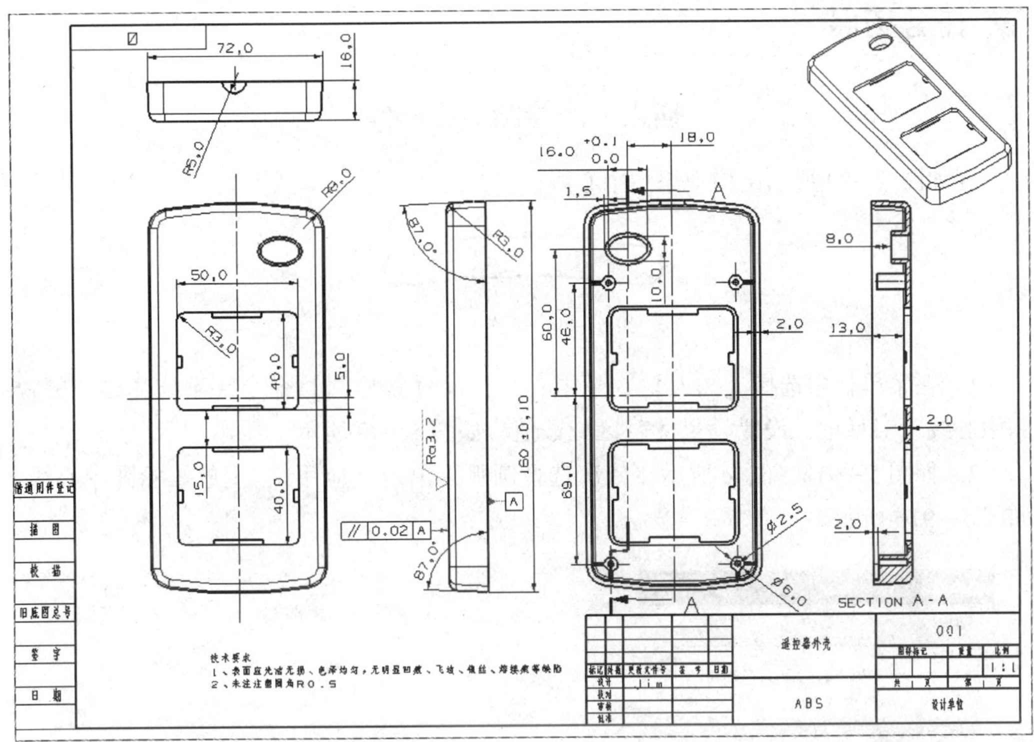

图 5—86 遥控器外壳产品工程图绘制

七、NX 工程图导出至 AutoCAD

1. 在菜单栏中选择【文件】>【导出】>【2D Exchange】命令，系统弹出“2D Exchange 选项”对话框，如图 5—87 所示。

2. 如图 5—87 所示，指定“DWG 文件”的位置，单击“确定”，系统弹出转换信息，如图 5—88 所示。完成后即可得到 NX 工程图转换到 DWG 格式的图纸。用 AutoCAD 软件打开 DWG 文件即可继续编辑。

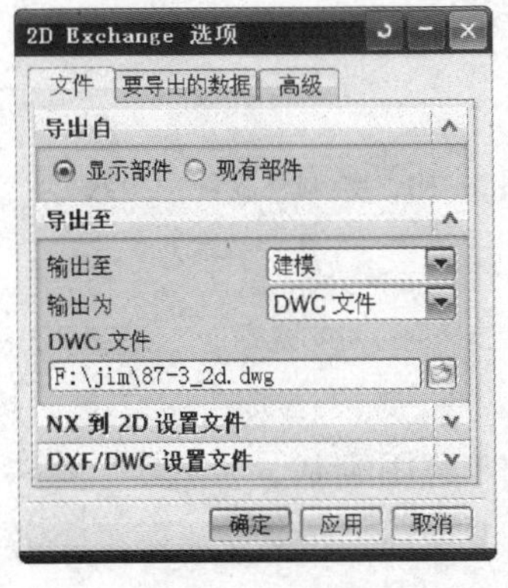

图 5—87 “2D Exchange 选项”对话框

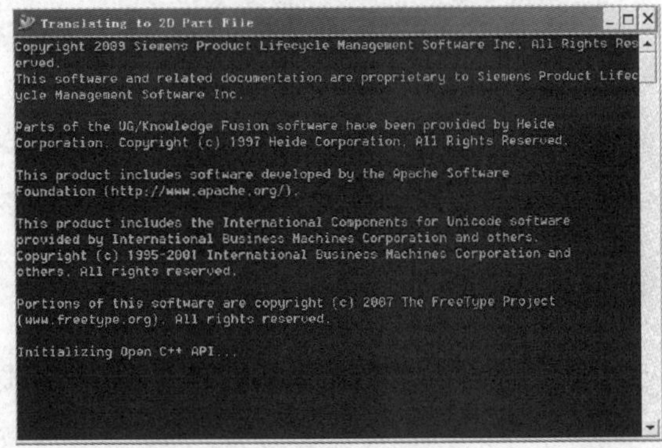

图 5—88 转换信息

任务拓展

插入“螺栓圆”中心线

在如图5—89所示结构中添加中心线。

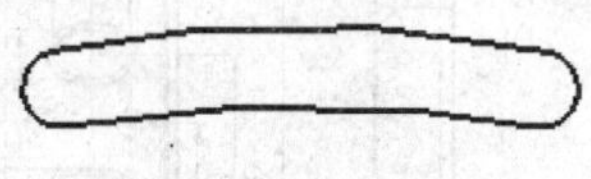

图5—89　添加中心线

1. 在菜单栏中选择【插入】>【中心线】>【螺栓圆】命令，系统弹出“螺栓圆中心线”对话框，设置“尺寸”区域数值，如图5—90所示。

2. 如图5—91a、b、c所示，依次选择圆弧，单击“应用”，生成螺栓圆中心线，如图5—91d所示。

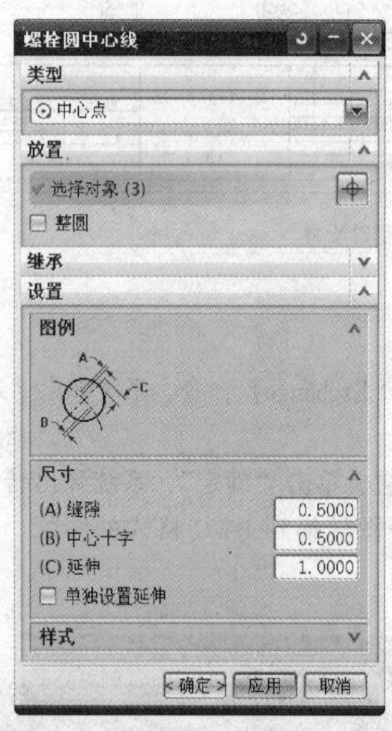

图5—90　“螺栓圆中心线”对话框

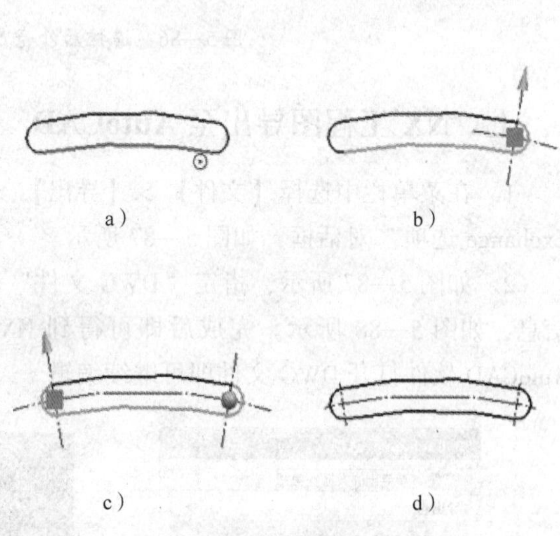

图5—91　绘制螺栓圆中心线

巩固提高

通过NX工程图模块完成如图5—18所示模型的工程图绘制。

注塑模模具设计

一、模块任务要求

通过 NX MW（Mold Wizard）模块，完成模块三中图 3—1 所示手机外壳模型的注塑模模具设计，如图 6—1 所示。

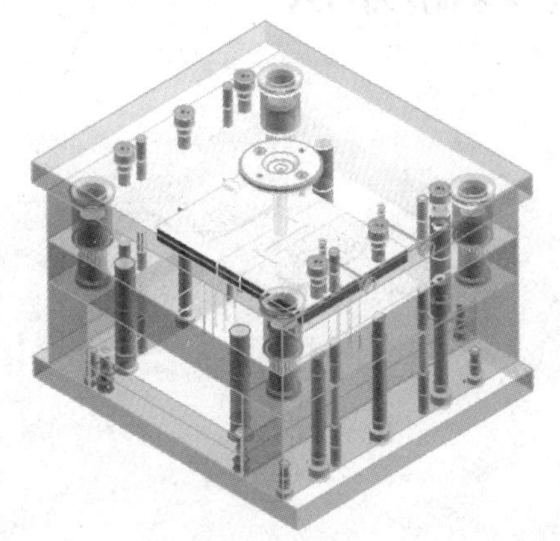
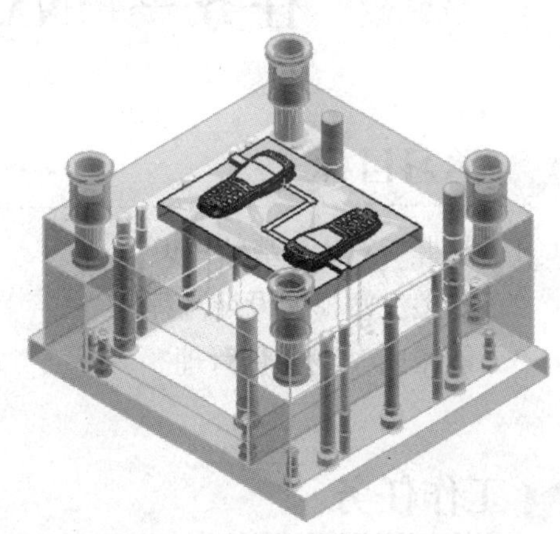

图 6—1　手机外壳注塑模模具

二、模块任务目的

通过手机外壳注塑模设计，熟悉注塑模设计的一般流程，掌握自动分模和模具标准化技术；能熟练设计一般复杂程度的、典型的塑料产品（见图 6—2）的模具；将注塑模设计与软件技术紧密结合，提高基于软件的注塑模设计技能。

图 6—2　产品模型

三、模块任务分析

通过对图 6—1 的识读与分析，完成手机外壳注塑模模具设计要注意以下问题：

1. 该手机外壳模型结构相比原型较为简单，去除了一些特征，如加强筋、螺纹连接、装配阶台等，适合初学者学习；同时保留了该产品的主要特征，可作为典型注塑模设计案例用于 NX MW 的学习。

2. 该手机外壳的开放面较多，特别是通孔结构多，分型面不能一次抽取成型。开放面修补时应注意符合注塑工艺要求，分型面设计应尽量简洁，减少曲面操作。

3. 注塑模设计工艺性强，NX MW 注塑模设计必须与《注塑工艺与模具设计》相结合，所设计的模具应符合注塑工艺和模具要求。

根据注塑模设计特点，项目的实施分为 3 个任务进行：NX MW 基础知识、分型面与工作零件设计、注塑模模架及标准件设计，最终完成手机外壳注塑模模具设计。

任务一　NX MW 基础知识

学习目标

1. 掌握 NX MW 基础知识。
2. 熟悉注塑模的设计流程。
3. 能完成 MW 文件管理。

工作任务

通过 NX MW 模块完成手机外壳注塑模模具（见图 6—1）设计，掌握注塑模设计的文件管理。

NX MW 将注塑模作为一个装配体处理。在项目建立和初始化时，MW 自动创建一个模具装配结构，该装配结构包含模具的所有零部件。因此，必须掌握装配结构中的文件管理。

相关理论

一、NX MW 概述

注塑模向导（MW，Mold Wizard）是 NX 软件中注塑模设计的专业模块。MW 提供从注塑模分型面设计、工作零件设计到各类辅助结构设计（如浇注系统、顶出系统和冷却系统等）的整个解决方案，最终创建出与产品参数相关的三维模具模型。MW 使模具设计变得更快捷、容易，其生成的零件可用于自动数控编程加工。

MW 用全参数的方法自动处理模具设计中耗时而且难处理的环节，而产品参数的改变将反馈到模具装配结构中，MW 会自动更新所有相关的模具部件，使设计变更非常方便。

MW 提供丰富的全参数化模架库及标准件库。模具标准件中还包括滑块、内抽芯等结构部件，并可通过 Standard Parts 功能用参数控制所选用的标准件在模具中的位置。

MW 具有一定的开放性，用户可根据需求定义和扩展 MW 的库。

二、NX MW 设计一般流程

MW 以一个三维实体模型为模具设计产品原型，该实体模型可以由 NX 创建，也可以由其他软件创建，再通过数据格式转换导入到 NX 中。

MW 设计一般流程如图 6—3 所示。

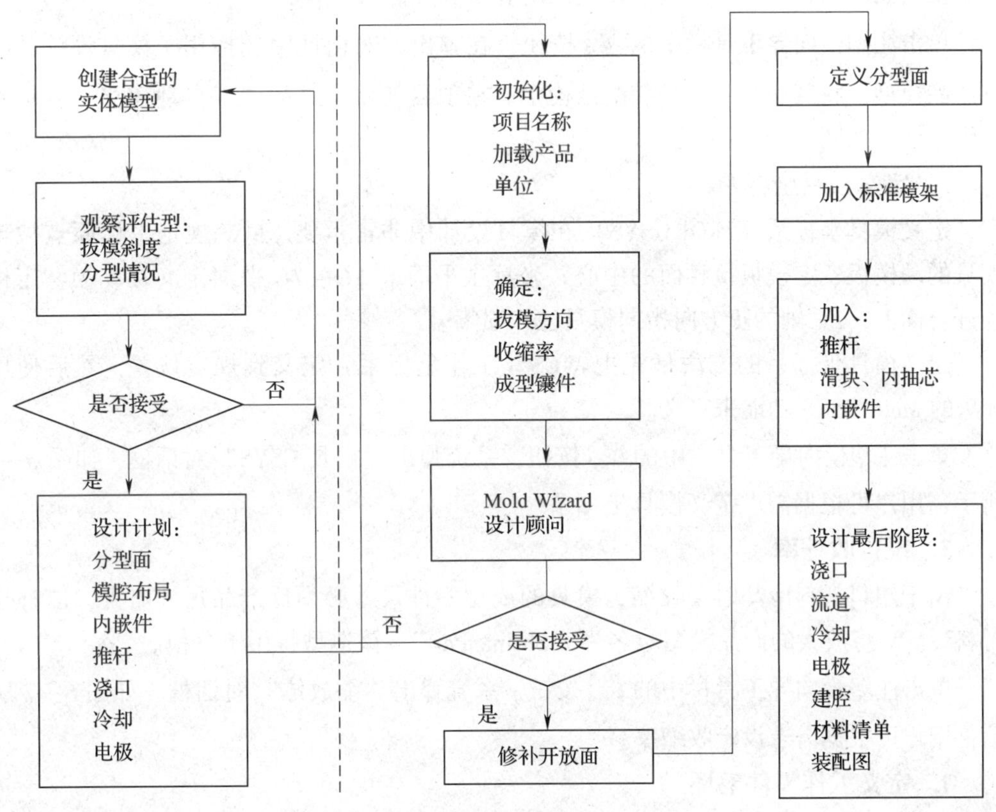

图 6—3 MW 设计一般流程

在图 6—3 中虚线的左侧为模具设计者在使用 MW 之前的准备阶段。准备阶段的前三步是创建和判断一个三维实体模型能否适用于模具设计，一旦确定便使用该模型作为模具设计依据，第四步是考虑怎样实施模具设计。

启动NX软件后，单击“开始”按钮，选择“所有应用模块”中的“注塑模向导”，系统弹出注塑模向导工具栏，如图6—4所示。通过观察可以发现，MW工具栏图标排列遵循模具设计的一般流程，紧扣注塑模设计的各个环节。

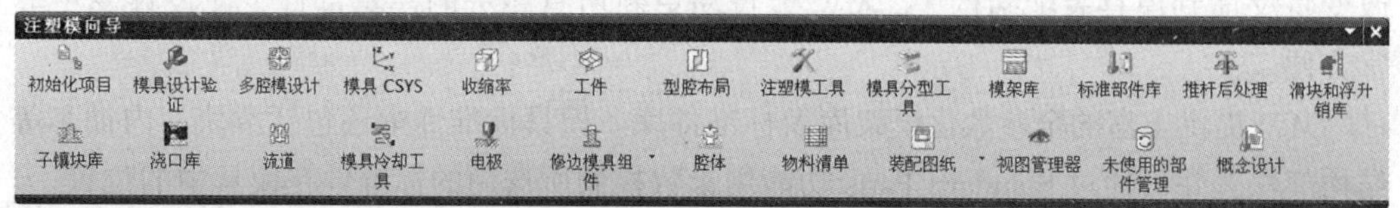

图6—4　注塑模向导工具栏

三、NX MW工具栏功能

1. 加载产品和项目初始化

MW设计的第一步是加载产品和项目初始化。在初始化的过程中，MW自动创建一个模具装配结构，该结构包括模具的所有零部件。

单击注塑模向导工具栏中的按钮，在弹出的对话框中选择用于模具设计的三维产品模型，将其加载到模具装配结构中。在项目初始化过程中，自动建立一套模具装配结构，如图6—5所示。

2. 定义模具坐标系

定义模具坐标系（Mold CSYS）在模具设计中非常重要。MW规定坐标原点位于模具的动模板、定模板接触面的中心，坐标主平面或 $XC-YC$ 平面定义在动模、定模的开合面上，ZC 轴的正方向指向模具注入喷嘴。

定义模具坐标系的方法是先把WCS（工作坐标系）定义到规定位置，然后使用MW的Mold CSYS功能来定义。

单击注塑模向导工具栏中的按钮，系统弹出“模具CSYS”对话框，如图6—6所示，用户可根据需求定义模具坐标系。

3. 设置收缩率

由于塑料材料冷却时会收缩，模具的成型零件尺寸必须比产品尺寸略大，以补偿材料。MW将放大的产品模型取名为“Shrink Part”，该造型将用于分模。

单击注塑模向导工具栏中的按钮，系统弹出“缩放体”对话框，如图6—7所示，用户可根据需求设定收缩率。

4. 定义工作零件毛坯

所谓工作零件毛坯是指型芯与型腔分割前的材料块。MW用一个比产品体积大的材料块将产品包容其中，通过后续的分模操作，将其分割为模具的型芯与型腔。

单击注塑模向导工具栏中的按钮，系统弹出“工件”对话框，如图6—8所示，用户可根据需求选择毛坯大小。

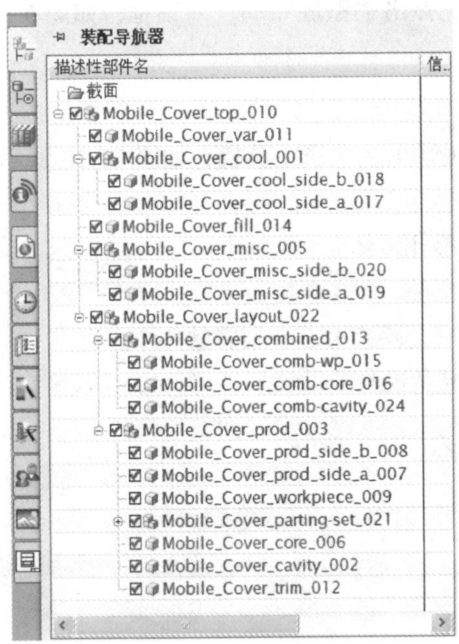

图 6—5 模具装配结构

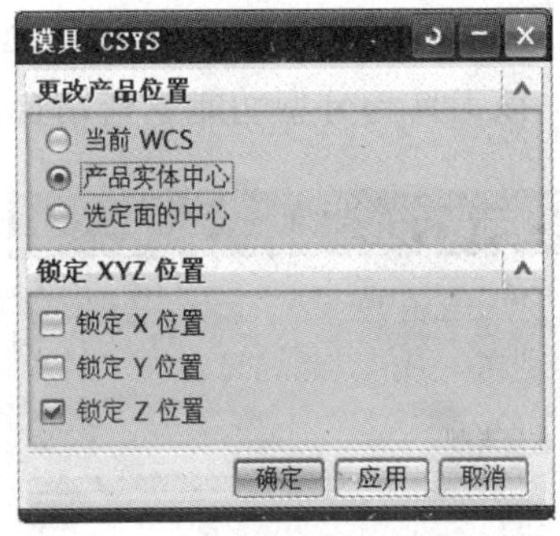

图 6—6 “模具 CSYS”对话框

图 6—7 “缩放体”对话框

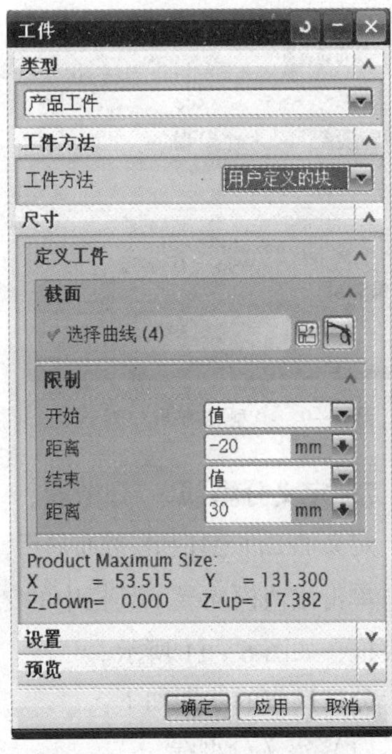

图 6—8 “工件”对话框

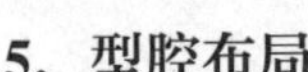

5. 型腔布局

型腔布局功能用于确定模具中模腔的个数和排列。

单击注塑模向导工具栏中的按钮，系统弹出“型腔布局”对话框，如图 6—9 所示，用户可根据需求设计。

6. 注塑模工具

单击注塑模向导工具栏中的按钮，系统弹出注塑模工具栏，如图 6—10 所示。该工具栏主要用于：

（1）实体分割工件毛坯，创建滑块、镶件等几何体。

（2）实体填补产品模型、型芯和型腔中的空隙。

（3）片体修补复杂孔和其他开放面，创建一个隔离型芯、型腔的片体。

该工具与分型功能紧密结合，能完成各种复杂模具的设计。

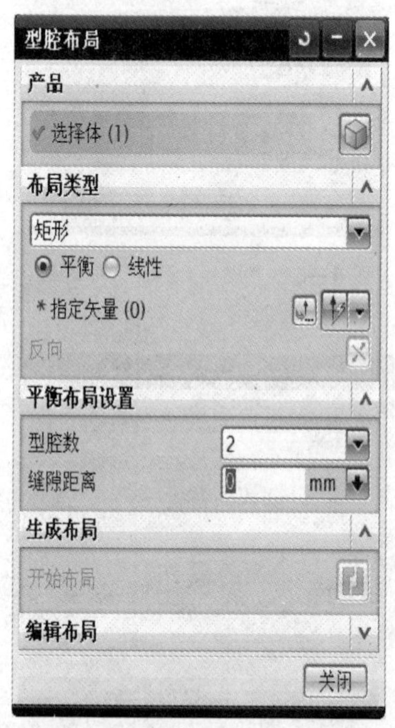

图 6—9 “型腔布局”对话框

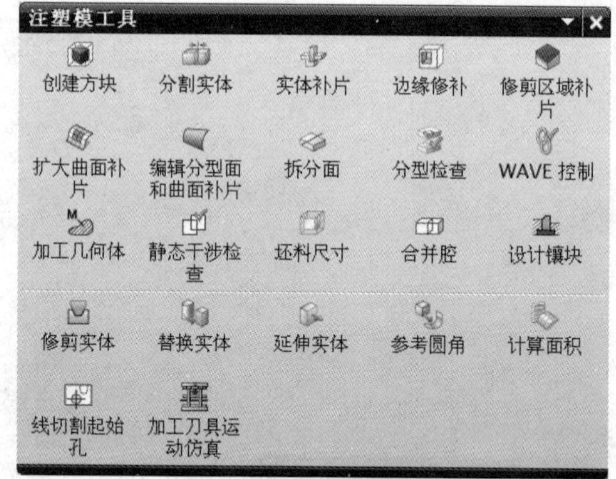

图 6—10 注塑模工具栏

7. 定义分型线、分型面、型腔和型芯

定义了工件毛坯和模腔布局后，就可以进行分型面设计，以便完成型芯和型腔的设计。

单击注塑模向导工具栏中的按钮，系统弹出模具分型工具栏和“分型导航器”列表框，如图 6—11 所示。

分型操作的步骤如下：

（1）定义分型线。

（2）产生分型面。

（3）提取区域。

（4）产生型芯和型腔。

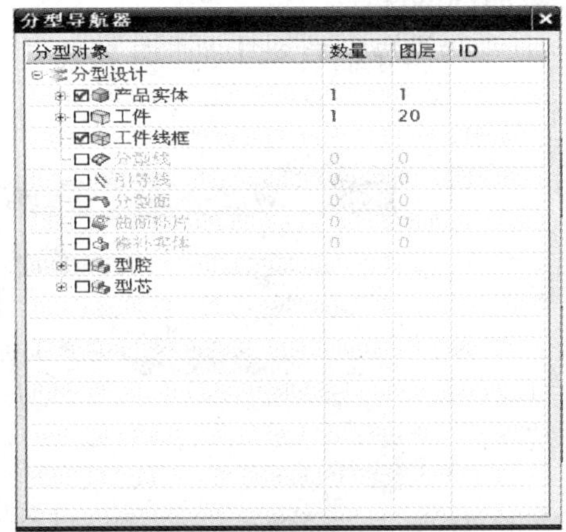

图 6—11 模具分型工具栏和“分型导航器”列表框

8. 调用模架

单击注塑模向导工具栏中的按钮，系统弹出“模架设计”对话框，如图 6—12 所示。

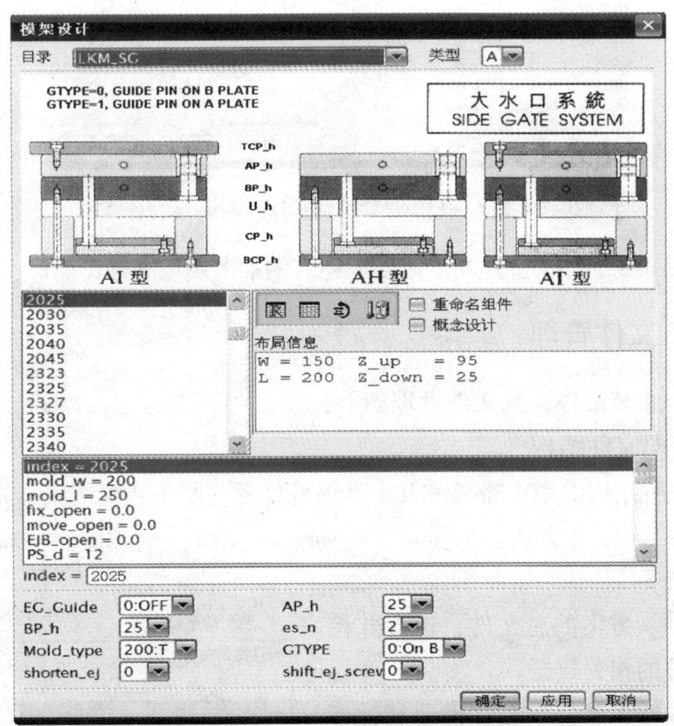

图 6—12 “模架设计”对话框

MW 提供各种标准模架，如 LKM、HASCO、DME、FUTABA（公制）和 OMNI（英制）等，另外还有一个附加的名为 UNIVERSAL 的目录，用户可以自行设计通用模架。

9．添加标准件

单击注塑模向导工具栏中的 按钮，系统弹出“标准件管理”对话框，如图6—13所示。

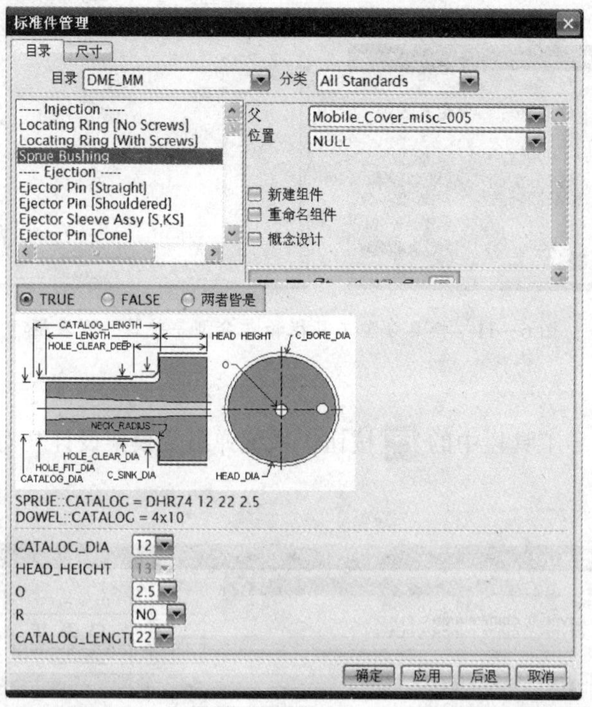

图6—13 “标准件管理”对话框

在MW工具条中，除了上述功能之外，还有侧抽滑块、嵌件、浇口、流道和冷却等。

四、MW文件管理

注塑模是一个装配体，其文件管理如下：

1．项目装配文件结构

项目装配文件结构由TOP部件和几个其他部件及一些子装配组成。如图6—14所示为项目装配文件结构，主要为：*_top、*_var、*_cool、*_fill、*_misc和*_layout，其中文件管理如下：

*_top文件：方案的总文件，包含并控制模具装配组件的相关数据。

*_var部件：该部件里包含模架和标准件里用到的表达式，标准件里用到的标准数值，如螺纹孔径等。

*_cool节点：用于创建冷却水道的实体。这些实体用于在模架板和型腔型芯上用

图6—14 项目装配文件结构

创建腔体功能来生成冷却水道。冷却水道的标准件也会默认使用该节点。Cool 节点分为两部分：Side_ a 对应的是模具定模（a – side）侧的组件，Side_ b 对应的是模具动模（b – side）侧的组件。

＊_fill 节点：用于创建流道和浇口的实体。这些实体用于在模架板和型腔型芯上用创建腔体功能来生成流道和浇口。

＊_misc 节点：用于安排未定义的单独部件的标准件。Misc 节点下的组件为模架上的组件，如定位环、锁模块、支撑柱等。Misc 节点分为两部分：Side_ a 对应的是模具定模（a – side）侧的组件，Side_ b 对应的是模具动模（b – side）侧的组件。

＊_layout 节点：用于排列 prod 节点的位置。Prod 节点包含型腔、型芯在模架中的位置，多腔模的 layout 节点有多个分支来安排每一个 prod 节点。

2. 产品装配文件结构

产品装配文件结构名称为 prod，由一个 prod 子装配包含几个与产品相关的特殊部件组成。如图 6—15 所示为产品装配文件结构，主要为：＊_prod、＊_cavity、＊_core、＊_shrink、＊_parting、＊_trim 和＊_molding 等，其中文件管理如下：

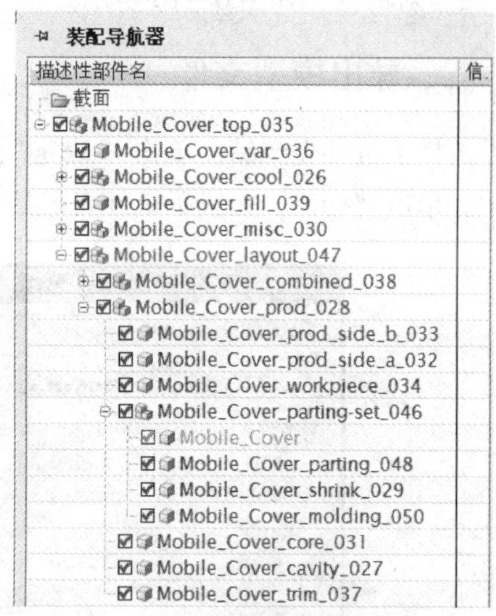

图 6—15 产品装配文件结构

＊_prod 节点：Prod（product）节点将单独的特定部件文件集合成一个装配的子组件。特定部件文件包括收缩件（shrink）、型腔、型芯和顶针节点。多腔模可以使用 Prod 节点的阵列来利用所有 Prod 节点下已经做好的子组件。Prod 节点也可以放置与塑件部件相关的标准件，如顶针、镶针、滑块与斜顶等。Prod 节点分为两部分：Side_ a 对应的是模具定模（a – side）侧的组件，Side_ b 对应的是模具动模（b – side）侧的组件。

＊_molding 部件：包含一个产品模型的几何链接复制件。模具特征（如拔模斜度、分割面、边倒圆等）都会添加到该组件里，以使产品模型具有成型性。如果有新版本的产品交换进来，甚至产品模型由别的 CAD 系统转入，这些模具特征不会受到如收缩率改变的影响并保持完全相关性。

＊_shrink 部件：包含一个产品模型的几何链接复制件。通过比例功能给链接体加入一个收缩系数，可以在任何时候修改该收缩系数。

＊_parting 部件：包含一个收缩体的几何链接复制件，以及一个用于创建型腔、型芯块的工件。分型面将在该部件里生成。

＊_cavity 部件：是收缩部件的几何链接的型腔。

＊_core 部件：是收缩部件的几何链接的型芯。

*_trim 部件：包含用模具修剪功能得到的几何体，在裁减部件里的型腔、型芯链接区域，用于裁减电极、镶块、滑块面等。

任务实施

一、选择产品模型

采用模块三中创建的手机外壳模型做模具设计原型。首先将该模型导入 MW 中。打开手机外壳模型，在菜单栏中选择【文件】>【导出】>【Parasolid】命令，系统弹出“导出 Parasolid”对话框，如图 6—16 所示。

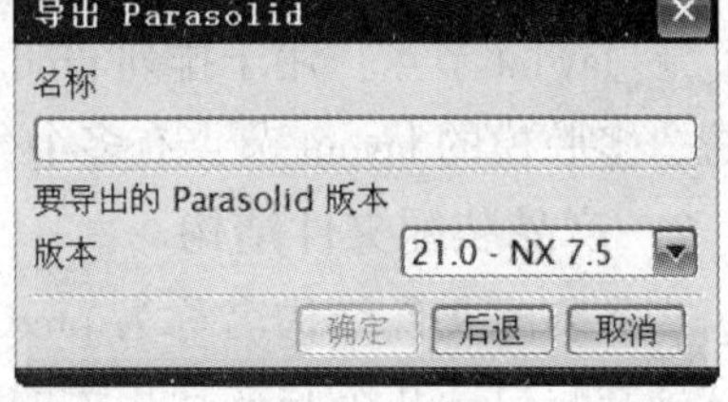

图 6—16 “导出 Parasolid”对话框

二、导出模型文件

选择手机外壳产品，单击“确定”，选择导出文件的路径，并命名，如图 6—17 所示，单击“OK”，完成手机外壳产品主模型文件导出。

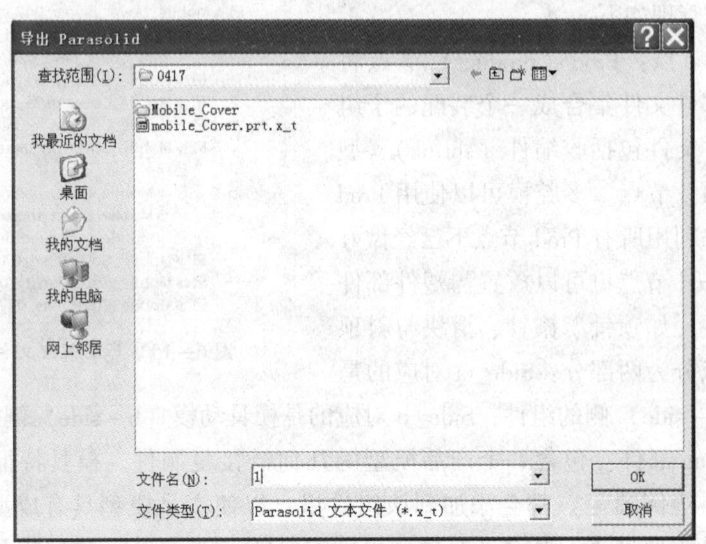

图 6—17 设置导出文件路径

三、导入模型文件

新建文件，导入上一步导出的手机外壳产品主模型。在菜单栏中选择【文件】>【导入】>【Parasolid】命令，弹出“导入 Parasolid 文件”对话框，如图 6—18 所示。选择导出的模型，单击“OK”，导入模型，如图 6—19 所示。通过这样的操作，可有效降低模型的复杂性。

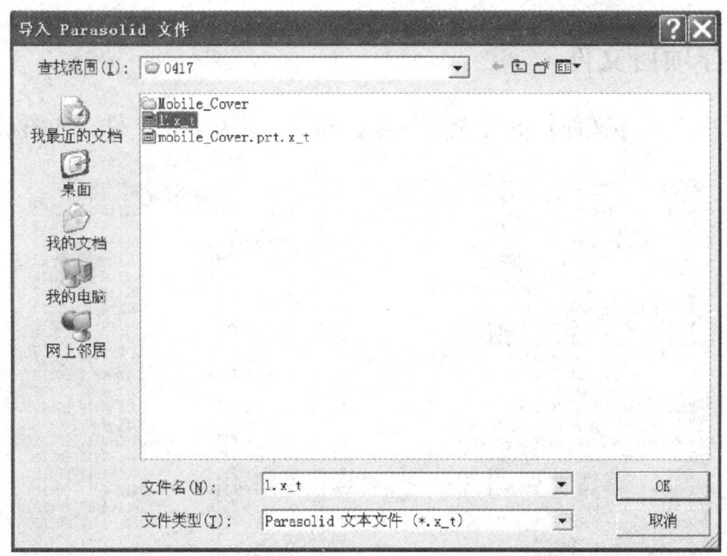

图 6—18 “导入 Parasolid 文件” 对话框

四、保存模型文件

将该文件另存命名为“Mobil_Cover. prt”。根据 MW 注塑模文件管理的特点，建议创建文件夹，并将该文件存入其中，如图 6—20 所示。

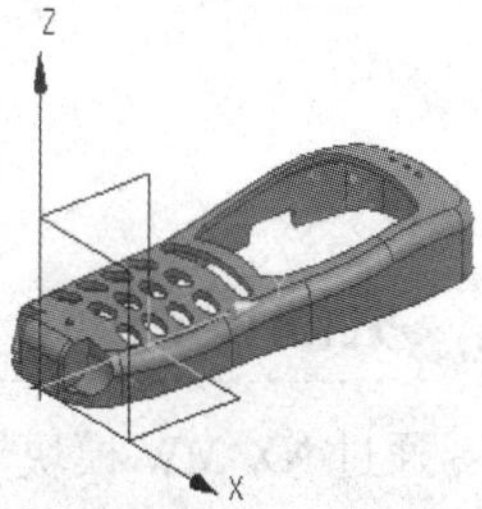

图 6—19 导入模型

五、MW 项目初始化

单击注塑模向导工具栏中的按钮，采用对话框的默认设置，将模型加载到模具装配结构中。

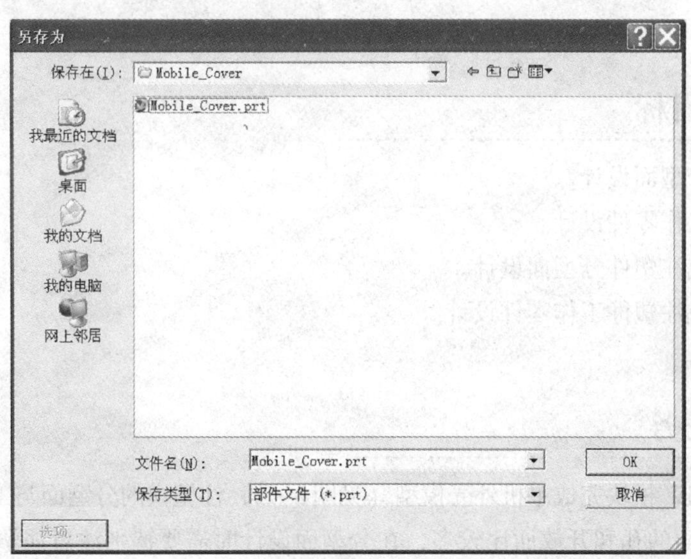

图 6—20 模型文件另存为

六、保存项目文件

在菜单栏中选择【文件】>【全部保存】命令，保存装配文件，如图6—21所示。

名称	大小	类型	修改日期
Mobile_Cover.prt	420 KB	UG Part File	2011-4-17 11:54
Mobile_Cover_cavity_052.prt	156 KB	UG Part File	2011-4-17 20:12
Mobile_Cover_comb-cavity_074.prt	80 KB	UG Part File	2011-4-17 20:12
Mobile_Cover_comb-core_066.prt	80 KB	UG Part File	2011-4-17 20:12
Mobile_Cover_comb-wp_065.prt	192 KB	UG Part File	2011-4-17 20:12
Mobile_Cover_combined_063.prt	88 KB	UG Part File	2011-4-17 20:12
Mobile_Cover_cool_051.prt	88 KB	UG Part File	2011-4-17 20:12
Mobile_Cover_cool_side_a_067.prt	80 KB	UG Part File	2011-4-17 20:12
Mobile_Cover_cool_side_b_068.prt	80 KB	UG Part File	2011-4-17 20:12
Mobile_Cover_core_056.prt	156 KB	UG Part File	2011-4-17 20:12
Mobile_Cover_fill_064.prt	80 KB	UG Part File	2011-4-17 20:12
Mobile_Cover_layout_072.prt	132 KB	UG Part File	2011-4-17 20:12
Mobile_Cover_misc_055.prt	88 KB	UG Part File	2011-4-17 20:12
Mobile_Cover_misc_side_a_069.prt	80 KB	UG Part File	2011-4-17 20:12
Mobile_Cover_misc_side_b_070.prt	80 KB	UG Part File	2011-4-17 20:12
Mobile_Cover_molding_075.prt	428 KB	UG Part File	2011-4-17 20:11
Mobile_Cover_parting-set_071.prt	124 KB	UG Part File	2011-4-17 20:12
Mobile_Cover_parting_073.prt	436 KB	UG Part File	2011-4-17 20:11
Mobile_Cover_prod_053.prt	160 KB	UG Part File	2011-4-17 20:12
Mobile_Cover_prod_side_a_057.prt	80 KB	UG Part File	2011-4-17 20:12
Mobile_Cover_prod_side_b_058.prt	80 KB	UG Part File	2011-4-17 20:12
Mobile_Cover_shrink_054.prt	620 KB	UG Part File	2011-4-17 20:11
Mobile_Cover_top_060.prt	160 KB	UG Part File	2011-4-17 20:12
Mobile_Cover_trim_062.prt	108 KB	UG Part File	2011-4-17 20:12
Mobile_Cover_var_061.prt	128 KB	UG Part File	2011-4-17 20:12
Mobile_Cover_workpiece_059.prt	140 KB	UG Part File	2011-4-17 20:12

图6—21　注塑模装配文件

巩固提高

通过NX MW模块导入如图5—1所示模型，并创建注塑模装配文件结构。

任务二　分型面与工作零件设计

学习目标

1. 掌握分型面设计。
2. 掌握工作零件设计。
3. 能完成注塑件分型面设计。
4. 能完成注塑件工作零件设计。

工作任务

通过NX MW模块完成手机外壳模型（见图3—1）注塑模的分型面与工作零件设计。

该模型表面的孔和开放面比较多，在分型面设计时需要特别注意注塑工艺性要求。质量要求一般时，可采用自动修补的方法；若要求较高，应局部采用手动修补，以减少塑件质量缺陷。该模型结构的特点决定了注塑模结构简单，不存在侧抽或其他复杂结构，分模思路清晰。

相关理论

一、分型面设计

1. 创建分型线

NX MW 分型面设计流程中首先要创建分型线。

单击注塑模向导工具栏中的按钮，系统弹出模具分型工具工具栏。单击模具分型工具工具栏中的按钮和按钮，根据产品实体面来定义型腔和型芯的面，进而创建分型面设计所需要的分型面。

2. 设计分型面

创建完成分型线之后，需要设计分型面。单击注塑模向导工具栏中的按钮，系统弹出“模具分型工具”工具栏。在该工具栏中选择曲面补片、设计分型面和编辑分型面和曲面补片等命令，通过几个命令的组合，对已有的分型线进行编辑，得到产品实体面区域以外的分型面。

3. 提取区域

设计好的分型面需要补充产品实体面来整合成完整的分型面，才能将工件分割成工作零件，即型腔和型芯。单击注塑模向导工具栏中的按钮，系统弹出模具分型工具工具栏。在该工具栏中单击定义区域命令按钮，提取产品实体表面，整合成完整的分型面。

二、工作零件设计

工作零件设计过程是利用分型面分割工件形成型腔和型芯的过程。单击注塑模向导工具栏中的按钮，系统弹出模具分型工具工具栏。在该工具栏中单击定义型腔和型芯命令按钮，选择相关的参数，完成工作零件（即型腔和型芯）的设计。

任务实施

一、分模前准备工作

1. 单击注塑模向导工具栏中的按钮，系统弹出“模具 CSYS”对话框，如图 6—22 所示。通过观察可以发现，该模型 WCS 的 *Z* 轴起点位于分模面上，因此用户可以选用“产品实体重心”并“锁定Z位置”。单击“确定”，完成模具CSYS设定，如图6—23所示。

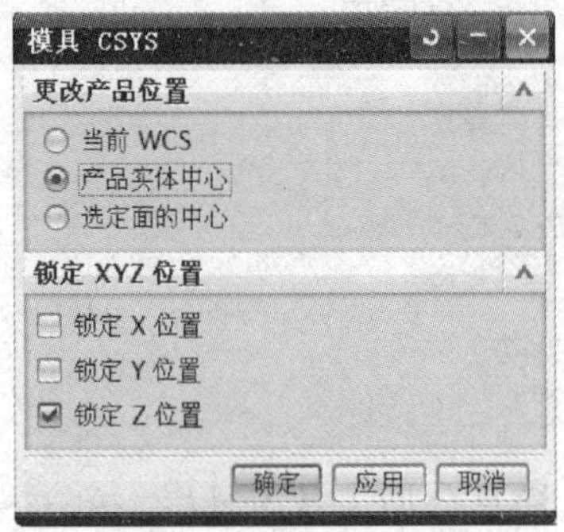

图6—22 “模具CSYS”对话框

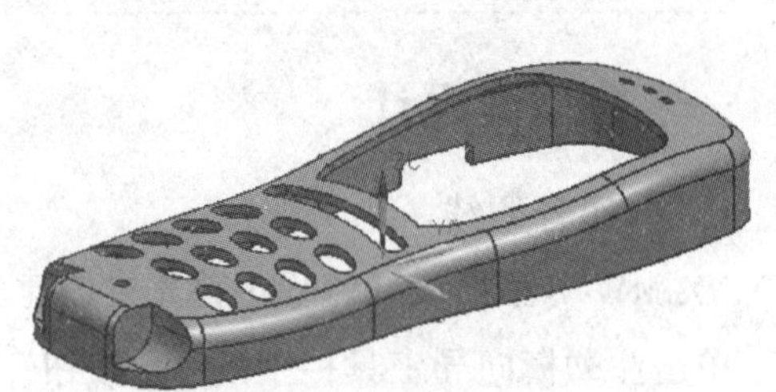

图6—23 设置模具CSYS

2. 单击注塑模向导工具栏中的按钮，系统弹出“缩放体”对话框。设定收缩率“比例因子”为1.005，如图6—24所示，单击“确定”，完成收缩率设置。

3. 单击注塑模向导工具栏中的按钮，系统弹出“工件”对话框，如图6—25所示。采用系统默认设置，单击“确定”，完成工件设置。设置透明度显示，如图6—26所示。

图6—24 设置收缩率

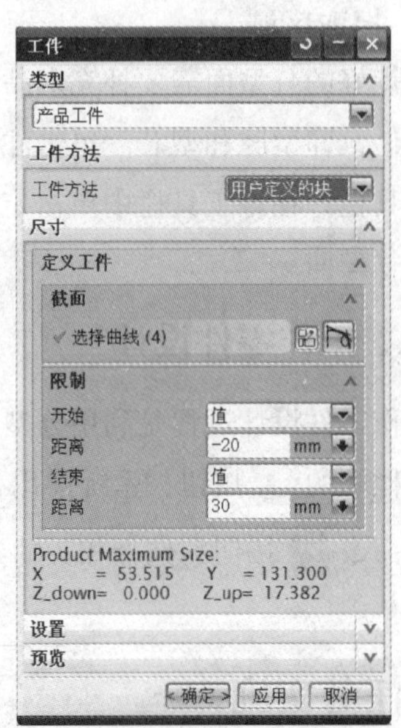

图6—25 设置工件

4. 单击注塑模向导工具栏中的按钮，系统弹出“型腔布局”对话框。本项目采用1出2，即一模两腔，两腔间距为40 mm，如图6—27所示。

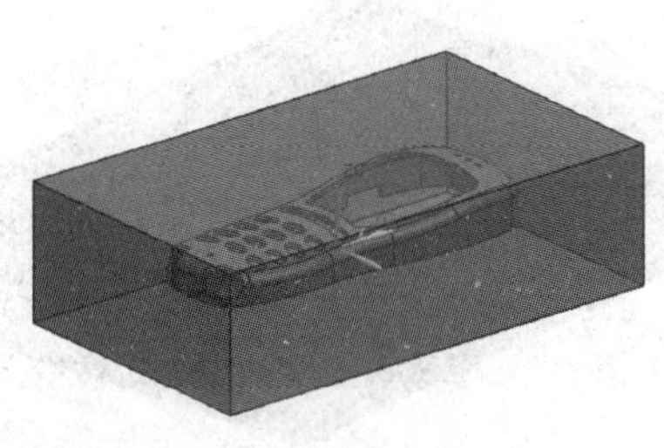

图 6—26 工件

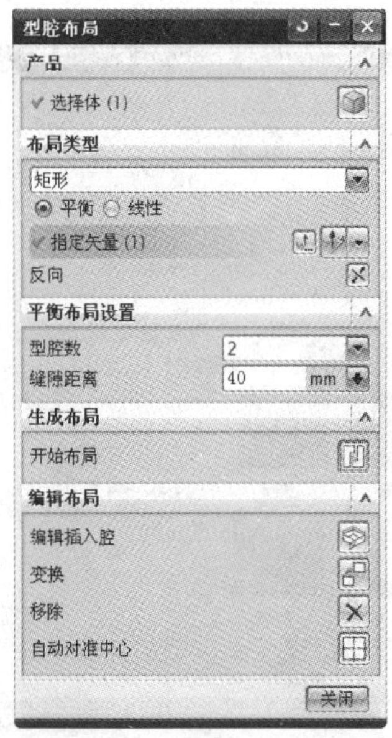

图 6—27 “型腔布局”对话框

5. 在“产品”区域选择工件，“布局类型”采用默认选项，“指定矢量”选择工件前表面，如图 6—28 所示。单击“开始布局”右侧图标，生成布局，如图 6—29 所示。

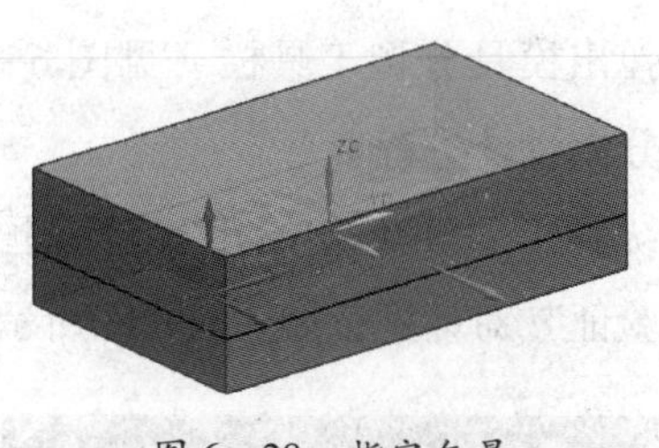

图 6—28 指定矢量

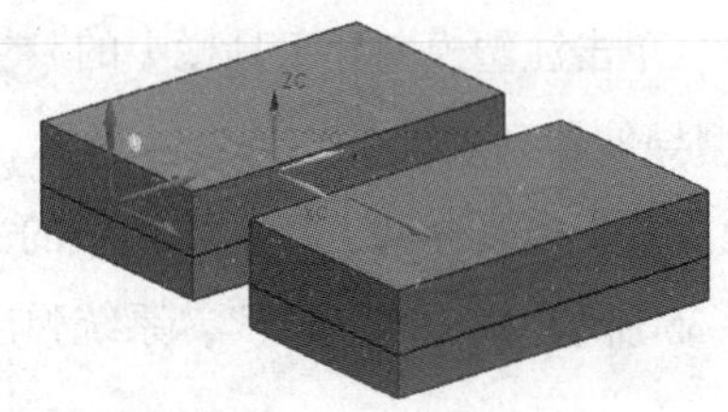

图 6—29 生成布局

6. 单击“编辑布局”中“自动对准中心”，如图 6—30 所示。

图 6—30 自动对准中心

7. 单击“编辑布局”中“编辑插入腔”，系统弹出“插入腔体”对话框。设置 R 为 10，类型为 2，如图 6—31 所示，单击“确定”，结果如图 6—32 所示，完成型腔布局设计。

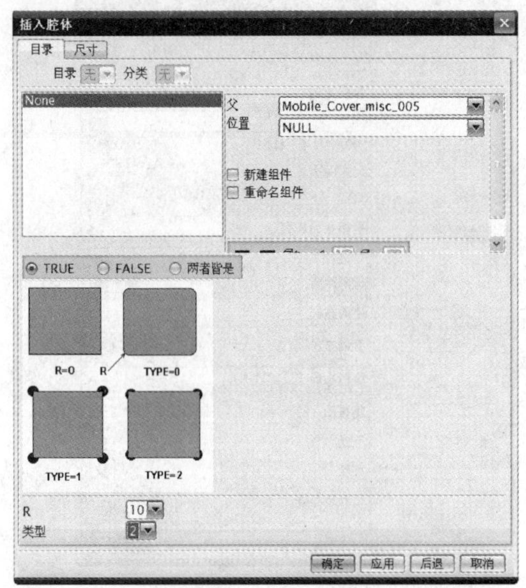

图6—31 插入腔体

图6—32 插入腔体

二、开放面修补

1．单击注塑模向导工具栏中的按钮，系统弹出模具分型工具栏（见图6—33）和分型导航器列表（如图6—34所示，可用来观察分模设计进程）。

2．单击模具分型工具工具栏中的按钮，系统弹出“MPV初始化”对话框，如图6—35所示，单击“确定”，系统弹出“塑模部件验证”对话框，如图6—36所示。

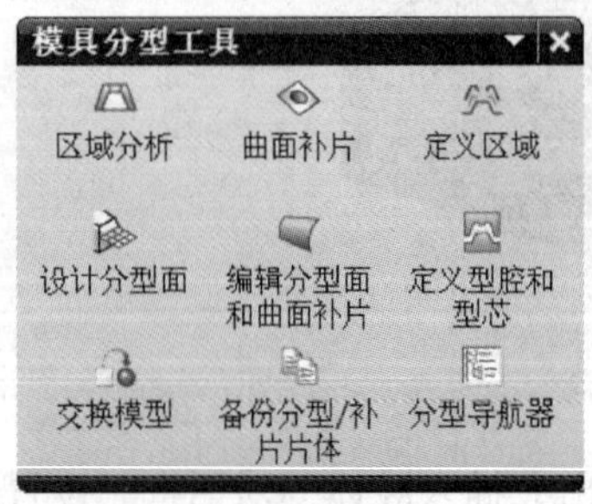

图6—33 模具分型工具栏

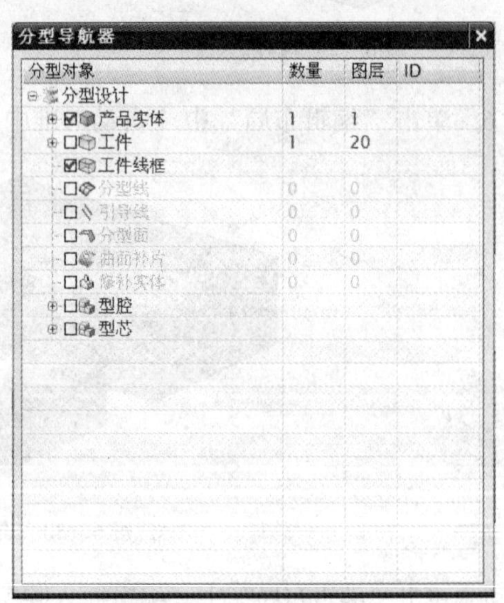

图6—34 分型导航器列表

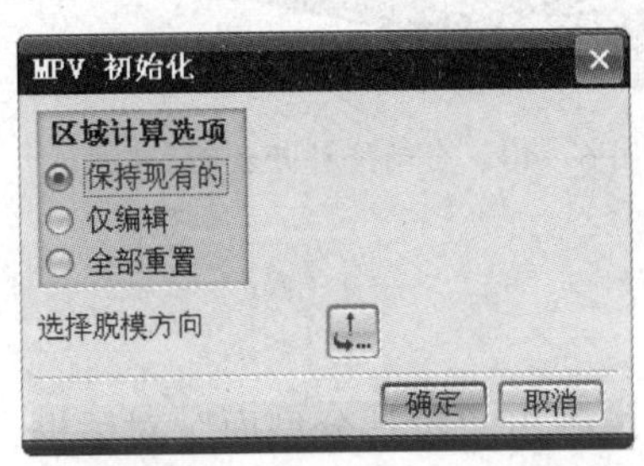

图 6—35 “MPV 初始化”对话框

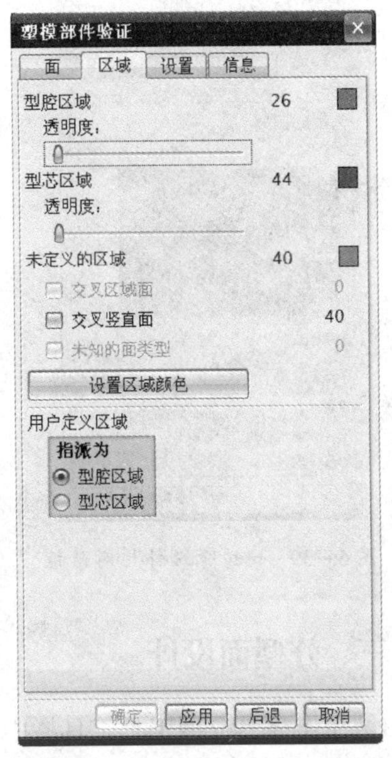

图 6—36 “塑模部件验证”对话框

3. 选择“交叉竖直面”复选框，模型的竖直面颜色发生变化，如图 6—37 所示。“指派为”设置为型腔区域，单击“应用”。

4. 单击“设置区域颜色”，单击“应用”，模型型腔与型芯区域颜色如图 6—38 所示。单击“后退”，返回上层菜单，单击“取消”，退出“区域分析”命令。

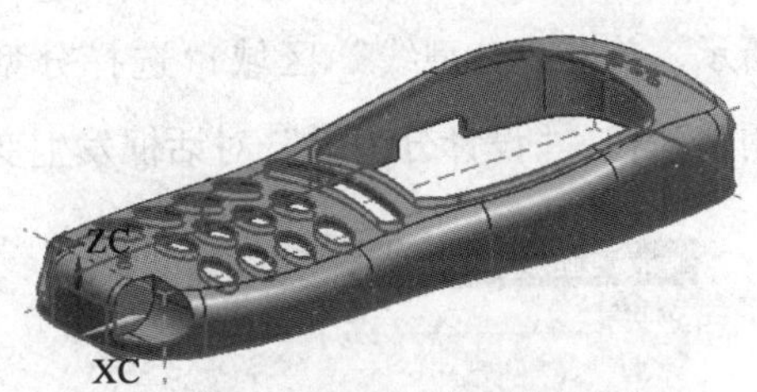

图 6—37 模型竖直面

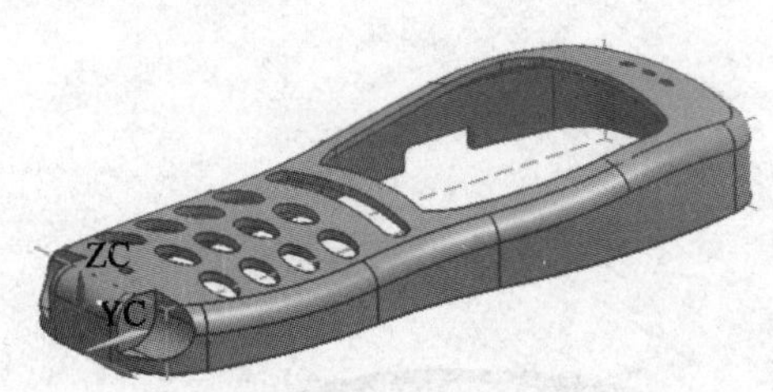

图 6—38 型腔与型芯区域颜色

5. 单击模具分型工具工具栏中的 ◈ 按钮，系统弹出“边缘修补”对话框，如图 6—39 所示。选择模型，单击“确定”，自动修补各处的孔和开放面，完成开放面修补，如图 6—40 所示。

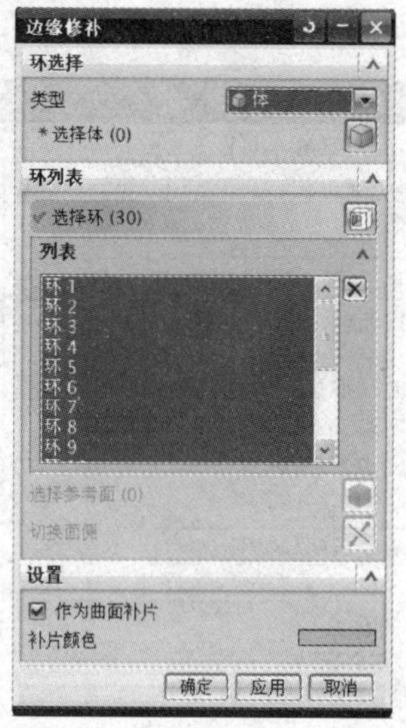

图 6—39 “边缘修补”对话框

图 6—40 自动修补开放面

三、分型面设计

1. 单击模具分型工具工具栏中的按钮，系统弹出“设计分型面”对话框，如图 6—41 所示。

2. 单击“编辑分型线”区域“选择分型线”，选择模型底面边界线，如图 6—42 所示。单击“分型线”区域“选择分型线”后的按钮，添加分型线，单击“应用”按钮，“设计分型面”对话框发生变化，如图 6—43 所示。“方法”设置为扩

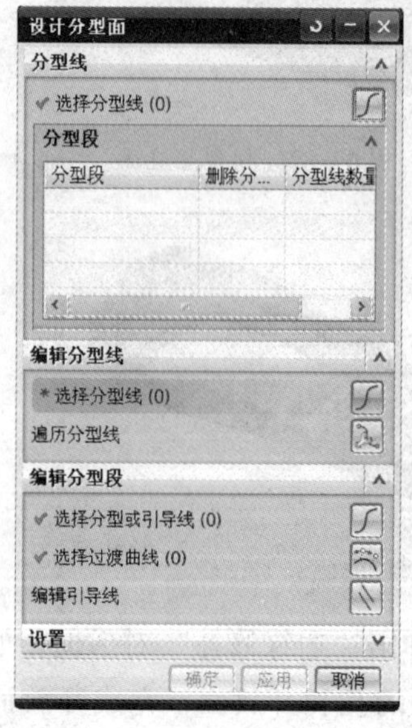

图 6—41 “设计分型面”对话框

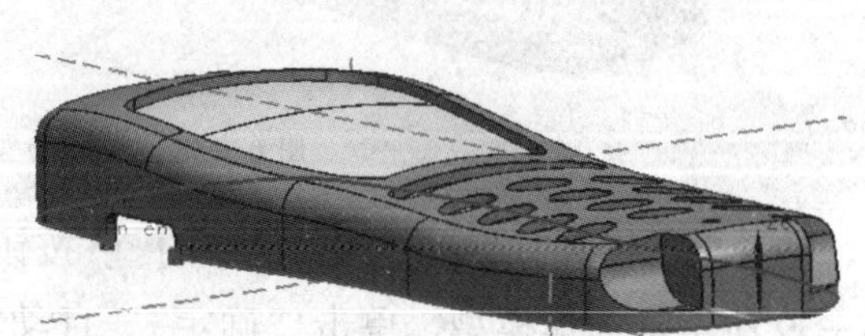

图 6—42 选择分型线

大的曲面；“第一方向”设置为 $-XC$；“第二方向”设置为 $-XC$，拖动分型面预览，使之超出模具工件，以保证分型面可以完全分割模具工件，如图 6—44 所示。单击“应用”，系统弹出“查看修剪片体”对话框，如图 6—45 所示，并在模型上产生预览。由于当前预览与设计要求相反，单击“翻转修剪的片体”，单击“确定”，创建第 1 片分型面，如图 6—46 所示。

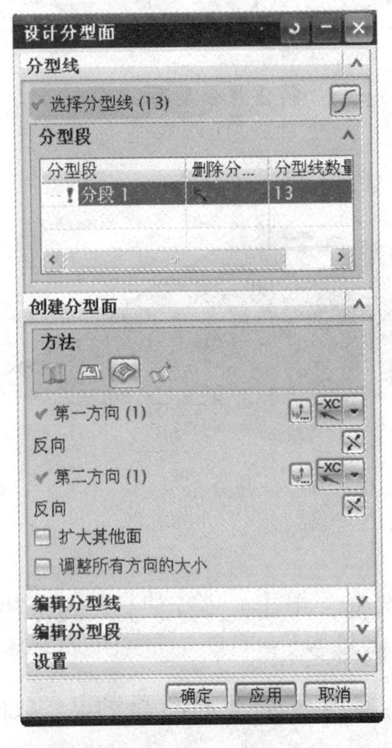

图 6—43 “设计分型面”对话框

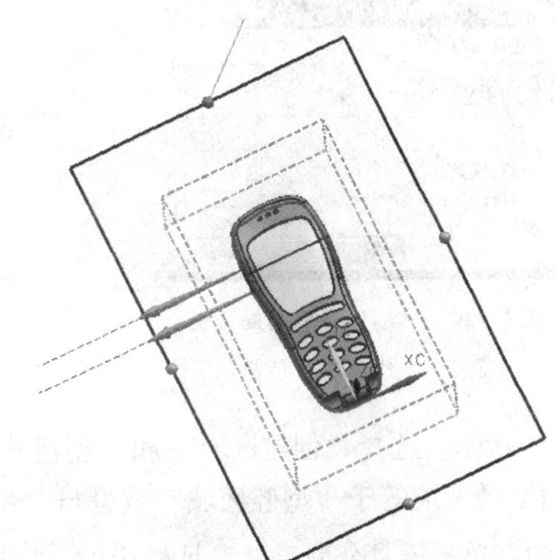

图 6—44 扩大的曲面

图 6—45 “查看修剪片体”对话框

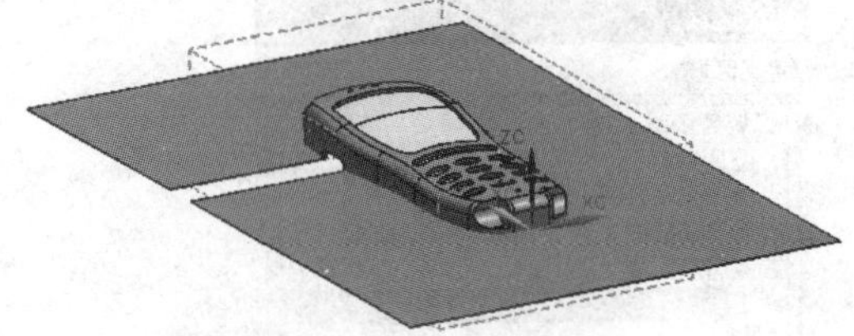

图 6—46 第 1 片分型面

3. 单击特征工具栏的按钮，选择音量调节孔边缘，如图 6—47 所示。拉伸方向设置为 $-XC$，长度和扩大的曲面形似，必须超出工件尺寸，生成第 2 片分型面，如图 6—48 所示。

4. 单击模具分型工具工具栏中的按钮，系统弹出“编辑分型面和曲面补片”对话框，如图 6—49 所示。选择第二块分型面，单击“确定”，合并分型面，如图 6—50 所示。

四、自动分模

1. 单击模具分型工具工具栏中的按钮，系统弹出“定义区域”对话框，如图

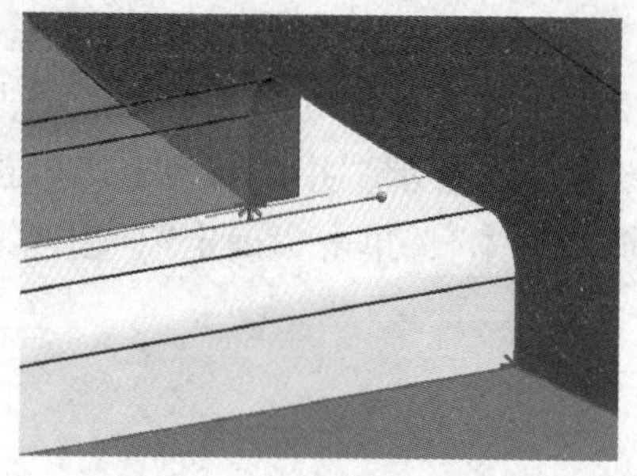

图6—47 拉伸曲面

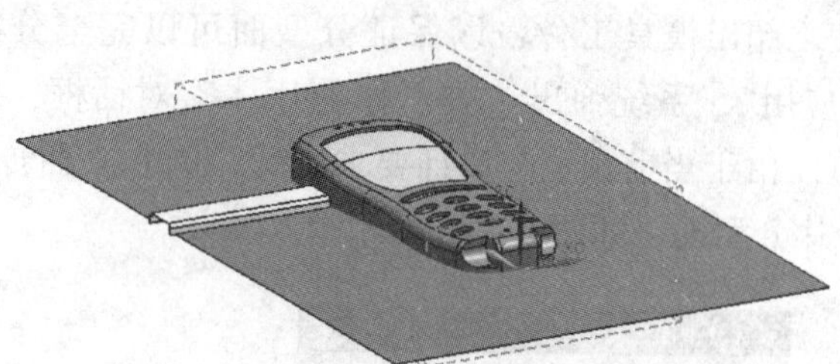

图6—48 第2片分型面

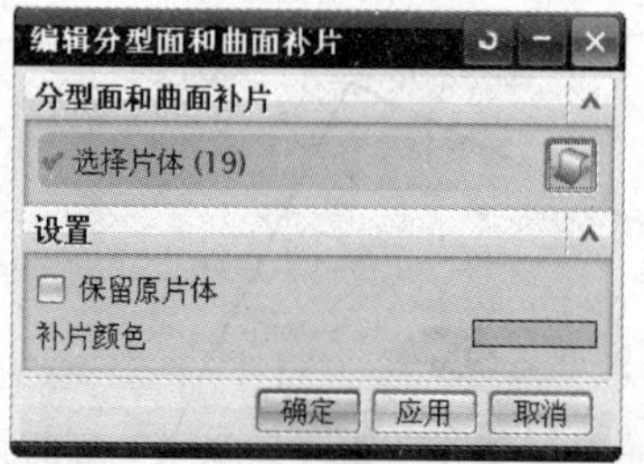

图6—49 “编辑分型面和曲面补片”对话框

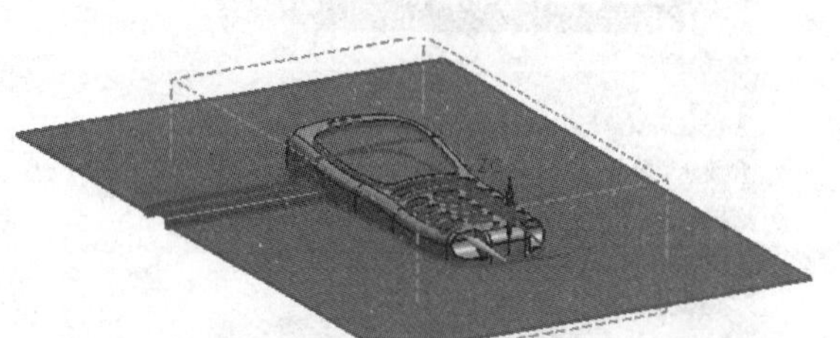

图6—50 合并分型面

6—51所示。选择“创建区域”和“创建分型线”复选框，单击“确定”。注意：“所有面”数量应等于“型腔区域”数量与“型芯区域”数量之和。

2. 单击模具分型工具工具栏中的按钮，系统弹出“定义型腔和型芯”对话框，如图6—52所示。

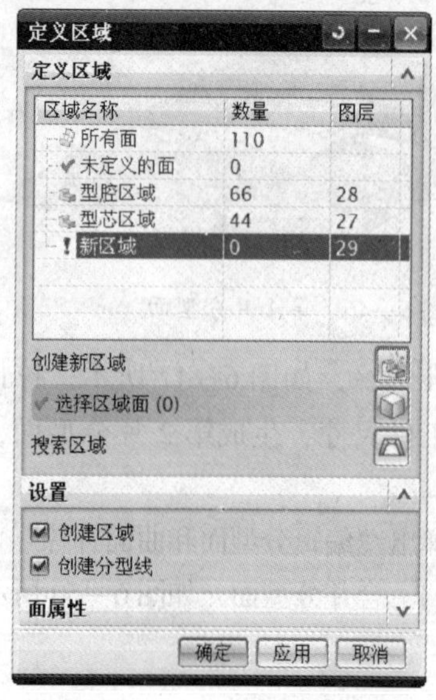

图6—51 “定义区域”对话框

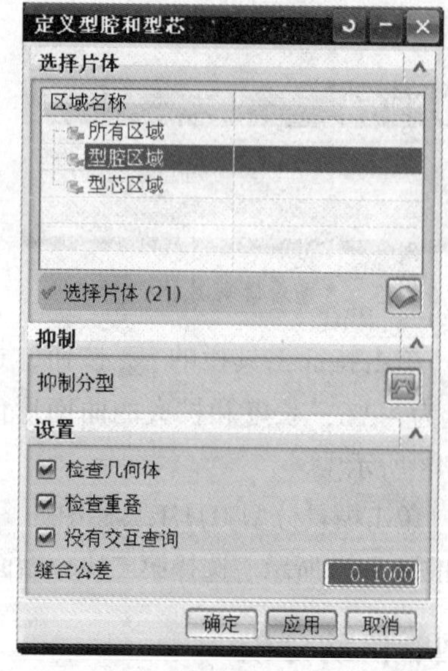

图6—52 “定义型腔和型芯”对话框

3. 选择“型腔区域”，单击“应用”生成型腔，如图 6—53 所示；选择“型芯区域”，单击“应用”生成型芯，如图 6—54 所示，完成手机外壳模型分模设计。

图 6—53 手机外壳模型型腔

图 6—54 手机外壳模型型芯

巩固提高

通过 NX MW 模块完成图 1—38 所示产品的工作零件分模设计。

任务三 注塑模模架及标准件设计

学习目标

1. 熟悉模架及标准件。
2. 能完成模架及标准件的调用。
3. 能完成顶出系统设计。
4. 能完成浇注系统设计。
5. 能完成冷却系统设计。

工作任务

通过 NX MW 模块完成图 6—53、图 6—54 所示手机外壳工作零件的注塑模装配设计。

该注塑模结构清晰，无侧抽，是比较典型的注塑模具结构。在工作零件生成的基础上，后续注塑模设计中主要包括：熟悉模架及标准件、调用模架及标准件、顶出系统设计、浇注系统设计、冷却系统设计。

相关理论

1. 模架选用

单击注塑模向导工具栏中的 按钮，系统弹出“模架设计”对话框，如图 6—55 所示。用户可以根据需求选择合适的模架。

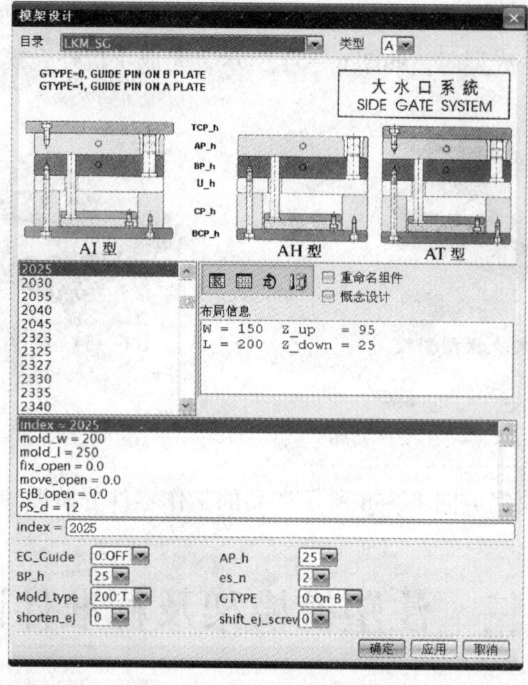

图 6—55 “模架设计”对话框

2. 标准件选用

单击注塑模向导工具栏中的 按钮，系统弹出“标准件管理”对话框，如图 6—56 所示，用户可以完成定位环、浇口套、推杆等标准件的选用。

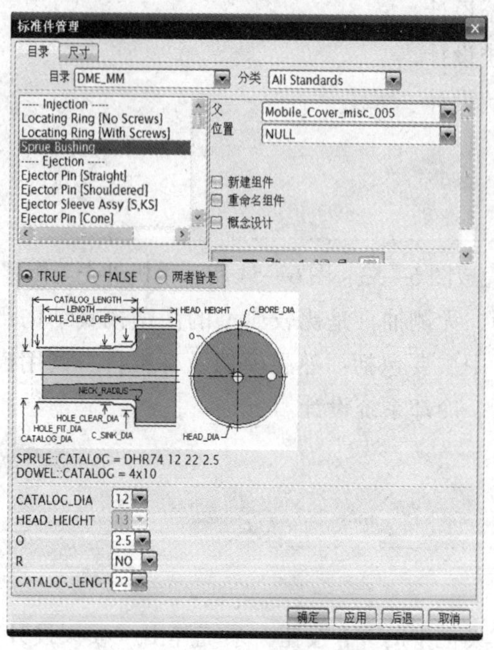

图 6—56 “标准件管理”对话框

3. 浇注系统设计

浇注系统设计包括“浇口”和“流道”设计两部分。单击注塑模向导工具栏中的按钮，系统弹出“浇口设计”对话框，如图6—57所示。单击注塑模向导工具栏中的按钮，系统弹出“流道”对话框，如图6—58所示。

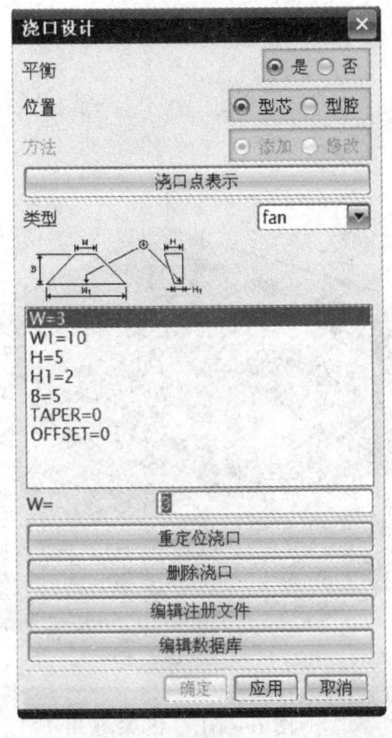

图6—57 “浇口设计”对话框

图6—58 “流道”对话框

4. 冷却系统设计

单击注塑模向导工具栏中的按钮，系统弹出模具冷却工具栏，如图6—59所示。常用的创建方式是单击冷却标准部件库按钮。

图6—59 模具冷却工具栏

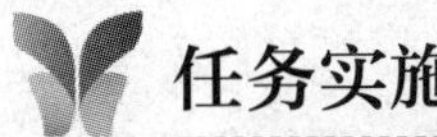

任务实施

一、选用模架

单击注塑模向导工具栏中的按钮，系统弹出“模架设计”对话框。在“目

录”中选择“LKM_SG”，类型为 C，index = 4040，“Ap_h”（A 板/定模固定板厚度）为 70，“Bp_h”（B 板/动模固定板厚度）为 60，“Mold_type”为 450:1，如图 6—60 所示，单击“确定”，系统创建克隆装配，导入模架，如图 6—61 所示。

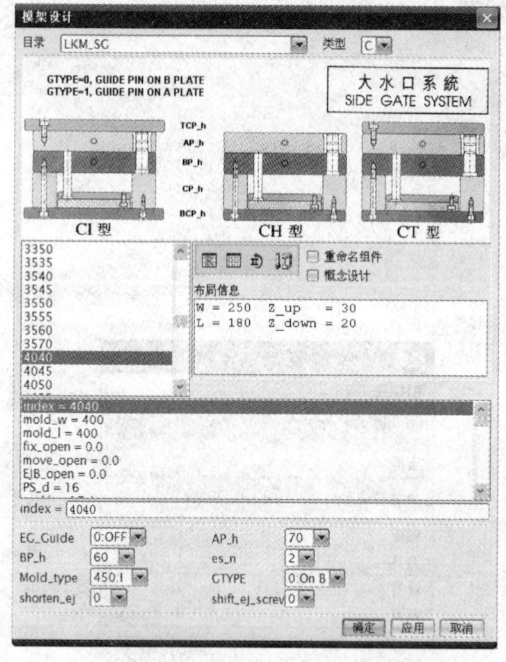

图 6—60 “模架设计”对话框

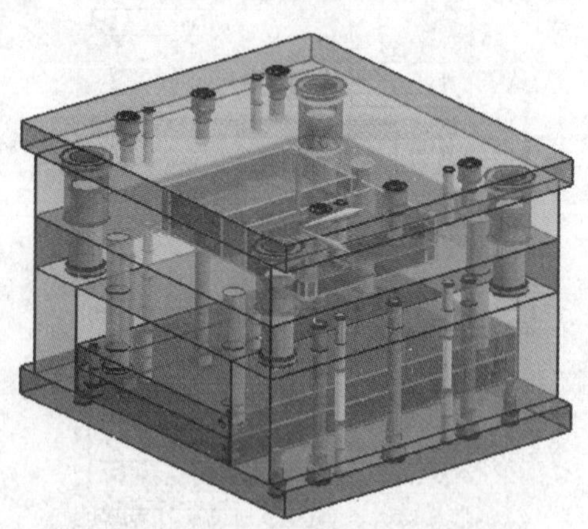

图 6—61 模架选用

二、选用标准件

1. 单击注塑模向导工具栏中的 按钮，系统弹出“标准件管理”对话框，如图 6—62 所示。选择“Locating Ring（With Screws）”，“BOTTOM_C_BORE_DIA”为 38，单击“确定”，选用定位环，如图 6—63 所示。

2. 选择“Sprue Bushing”，“CATALOG_DIA”为 18；“O”为 3；“R”为 15.5；“CATALOG_LENGTH”为 76，如图 6—64 所示。单击“确定”，选用浇口套，如图 6—65 所示。

3. 选择“Ejector Pin（Straight）”，“MATERIAL”为 HARDENED，“CATALOG_DIA”为 4，“CATALOG_LENGTH”为 200，“HEAD_TYPE”为 3，如图 6—66 所示，单击“应用”，系统弹出“点”对话框，如图 6—67 所示。“坐标”参考设为 WCS，输入 XC 为 -85，YC 为 55 和 XC 为 -60，YC 为 55，生成两组推杆，如图 6—68 所示。通过观察可以发现，模具的每个型腔都生成了对应的推杆。

4. 选择“Ejector Pin（Straight）”，“MATERIAL”为 HARDENED，“CATALOG_DIA”为 2，“CATALOG_LENGTH”为 200，“HEAD_TYPE”为 1，单击“应用”；推杆定位坐标（XC，YC）（WCS）分别为：-80，-15；-65，-15；-80，-33；-65，-33；-80，-52；-65，-52，生成六组推杆，如图 6—69 所示。

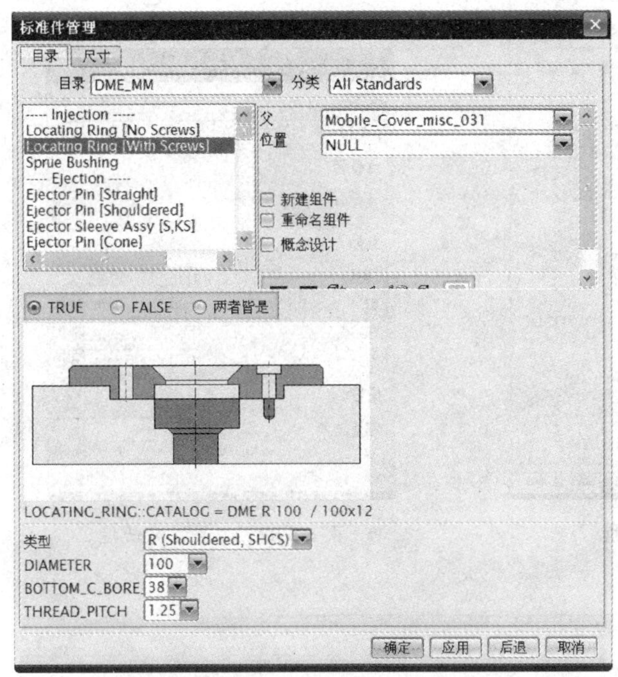

图 6—62 “标准件管理”对话框

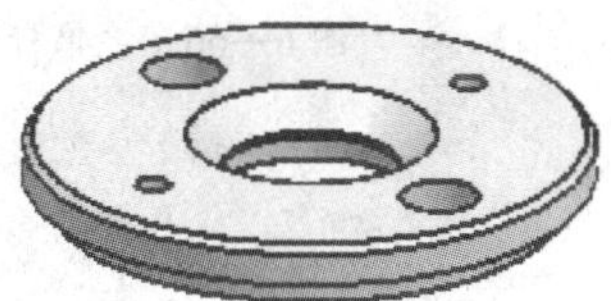

图 6—63 定位环

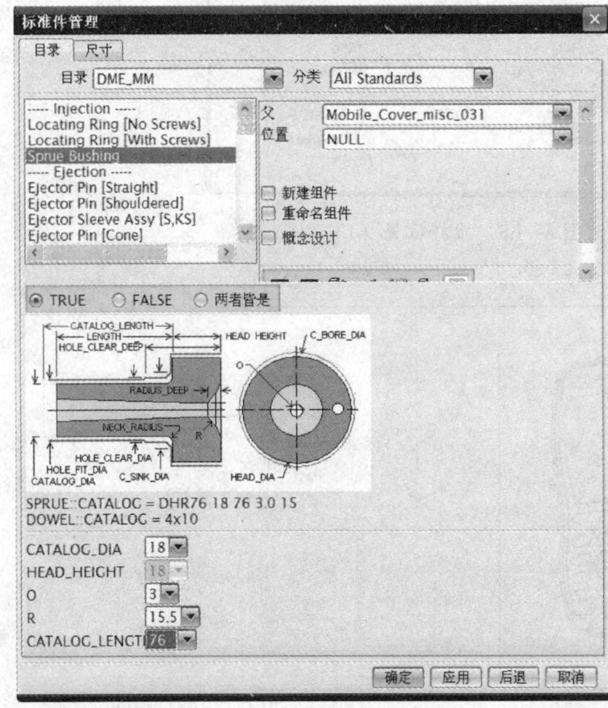

图 6—64 “浇口套”对话框

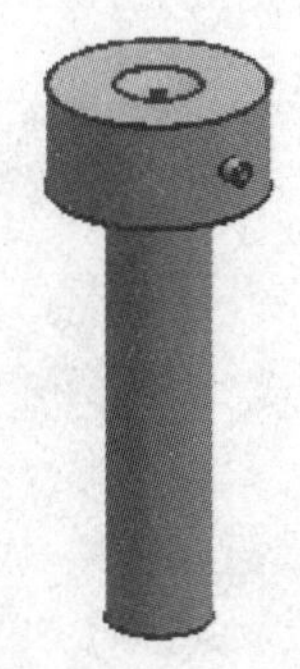

图 6—65 浇口套

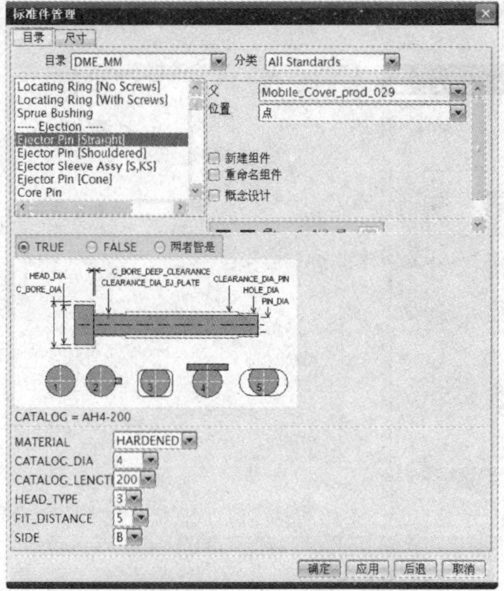

图 6—66 “推杆”对话框

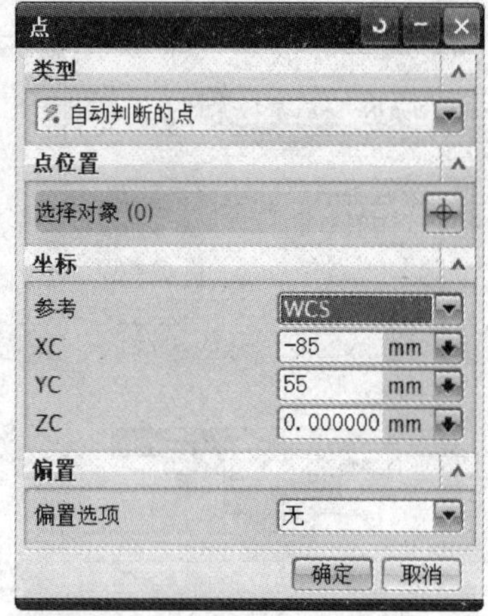

图 6—67 “点”对话框

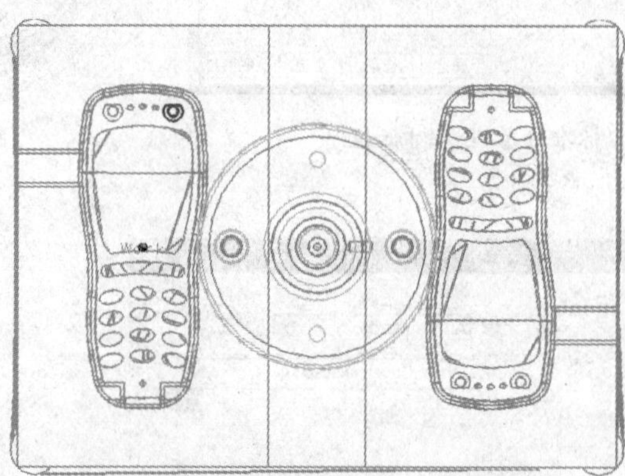

图 6—68 推杆位置（1）

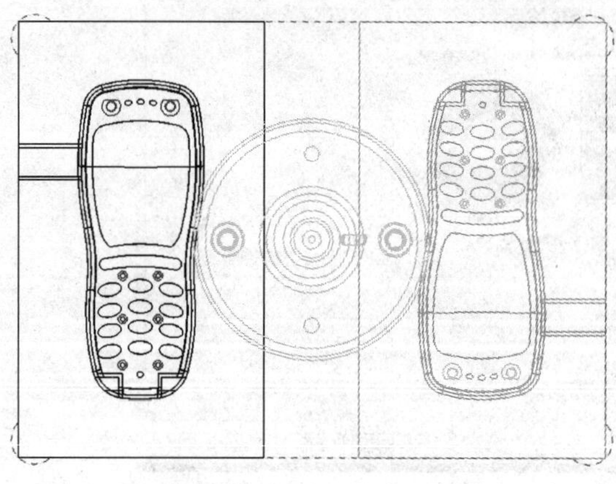

图 6—69 推杆位置（2）

5. 单击注塑模向导工具栏中的 按钮，系统弹出“推杆后处理”对话框，如图6—70所示。“目标”分别选择推杆组，“刀具”中“修边曲面”：CORE_TRIM_SHEET，单击“确定”，完成推杆后处理，如图6—71所示。

图6—70 “推杆后处理”对话框

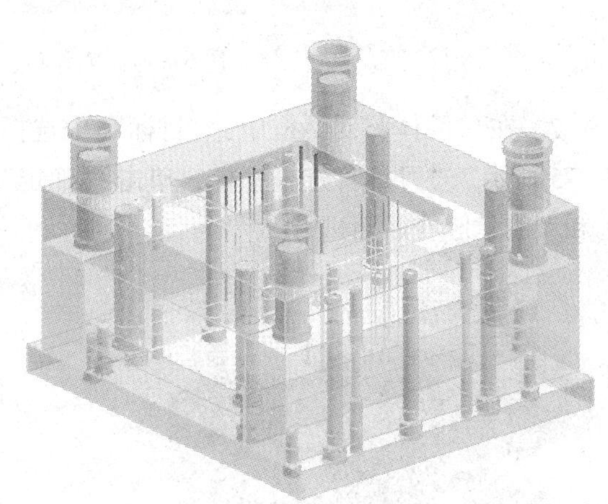

图6—71 处理后推杆

6. 单击注塑模向导工具栏中的 按钮，系统弹出“腔体”对话框，如图6—72所示。“目标”选择定模板和定模固定板，如图6—73所示。“刀具”选择定位环、浇口套，单击“确定”，形成定位环、浇口套腔体，如图6—74所示。

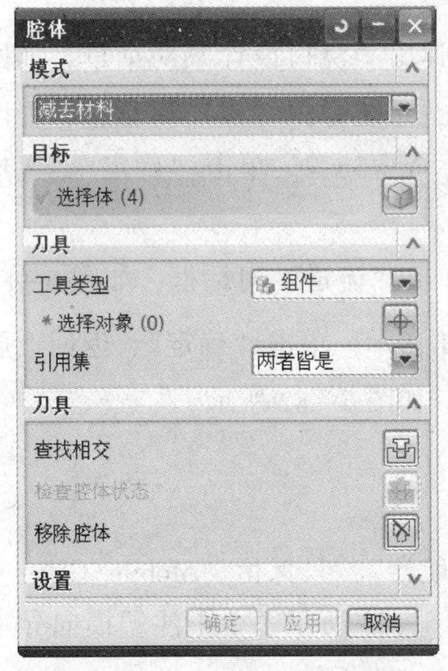

图6—72 “腔体”对话框

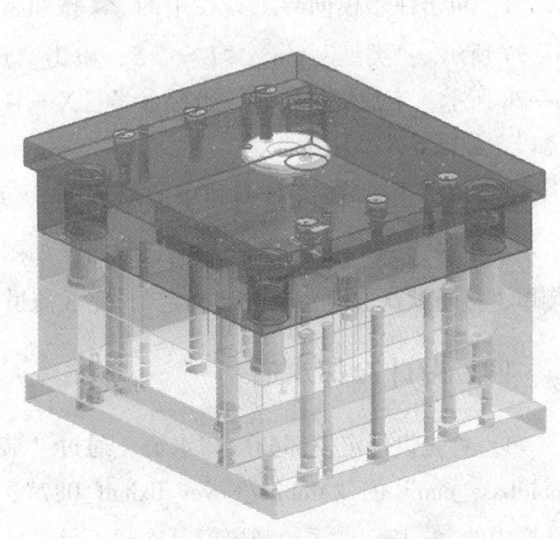

图6—73 目标模板

图 6—74　定位环、浇口套建腔

7. 在“腔体”对话框中，“目标”中选择推杆固定板、动模固定板和型芯，如图 6—75 所示。“刀具”选择推杆，单击“确定”，形成推杆腔体，如图 6—76 所示。型芯和型腔建腔在后面进行。

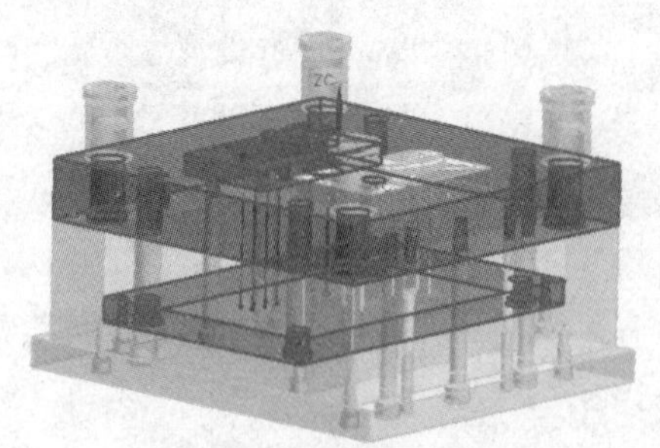

图 6—75　目标模板选择

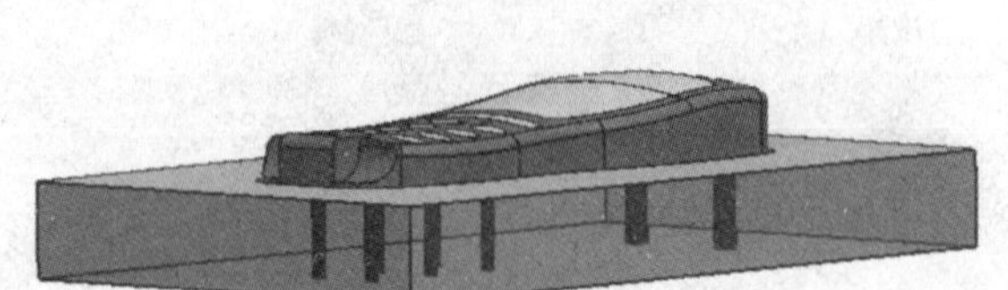

图 6—76　推杆建腔（型芯）

三、设计浇口与流道

1. 单击注塑模向导工具栏中的 按钮，系统弹出“浇口设计”对话框，如图 6—77 所示。“类型” pin，“L =” 5，单击“应用”，系统弹出“点”对话框，如图 6—78 所示，定位浇口位置，坐标参考：X = －46.0，Y = 38.7。单击“确定”，生成浇口，如图 6—79 所示。

2. 单击注塑模向导工具栏中的 按钮，系统弹出“流道”对话框，如图 6—80 所示。单击 绘制截面，绘制流道线路，如图 6—81 所示。单击“确定”，返回上层菜单，接受默认选项，单击“确定”，完成流道创建，如图 6—82 所示。

四、设计冷却水道

1. 首先设计定模部分冷却水道。通过“装配导航器”，只保留“Mobile_Cover_moldbase_mm” 的 “Mobile_Cover_fixhalf_087”，如图 6—83 所示。单击注塑模向导工具栏中的 按钮，系统弹出模具冷却工具栏，如图 6—84 所示。

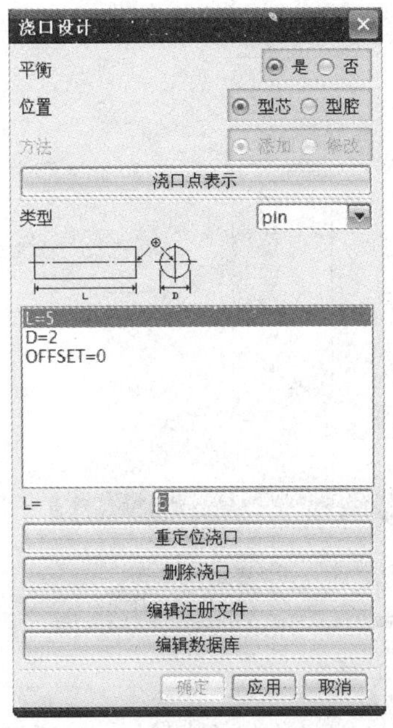

图 6—77 “浇口设计”对话框

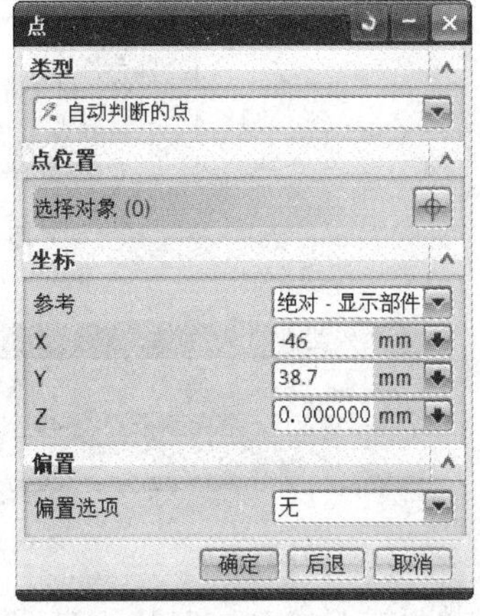

图 6—78 “点”对话框

图 6—79 创建浇口

图 6—80 “流道”对话框

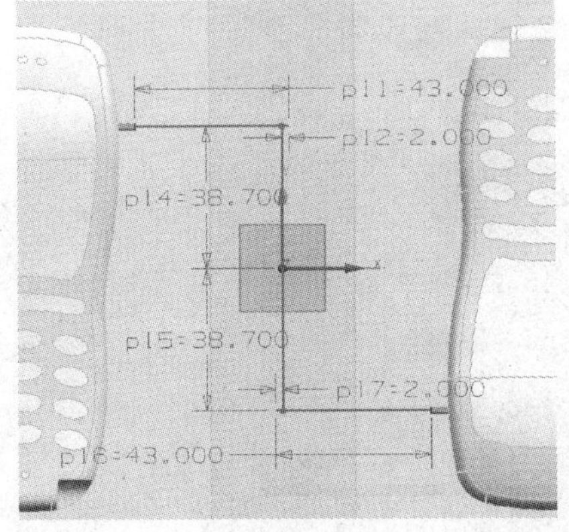

图 6—81 流道线路

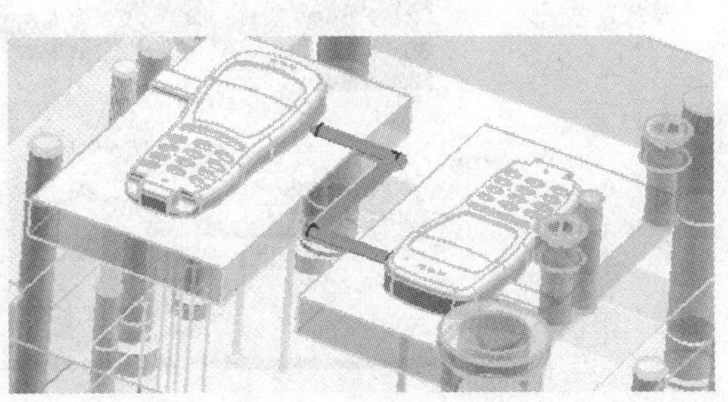

图 6—82 创建流道

图 6—83 装配导航器

图 6—84 模具冷却工具栏

2. 单击模具冷却工具栏中的 按钮，系统弹出“冷却组件设计”对话框，如图6—85 所示。“PIPE_THERAD” 为 M10；点击 “尺寸” 选项卡，“C_BORE_ DEPTH” 为 8，“HOLE_1_DEPTH” 为 75，“HOLE_2_DEPTH” 为 75，单击 “确定”。选择面为定模固定板前平面，如图 6—86 所示。分别输入坐标（－50，20，0）、（50，20，0），生成冷却水道，如图 6—87 所示。

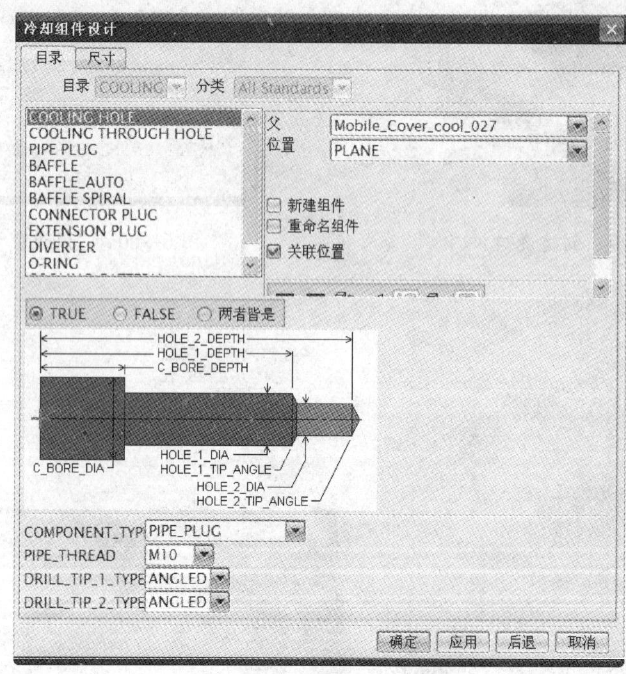

图 6—85 “冷却组件设计”对话框

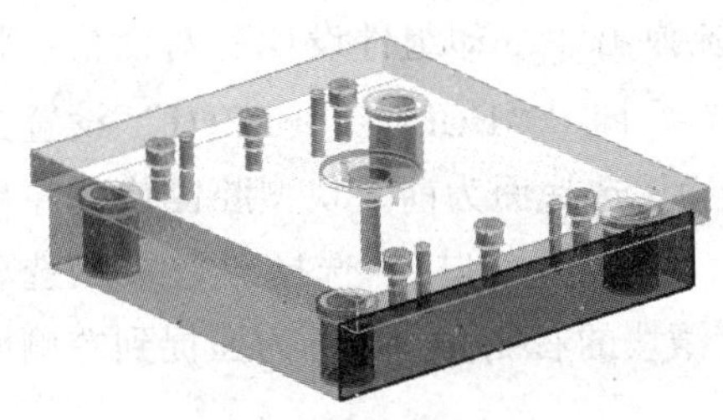

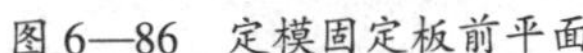

图 6—86 定模固定板前平面

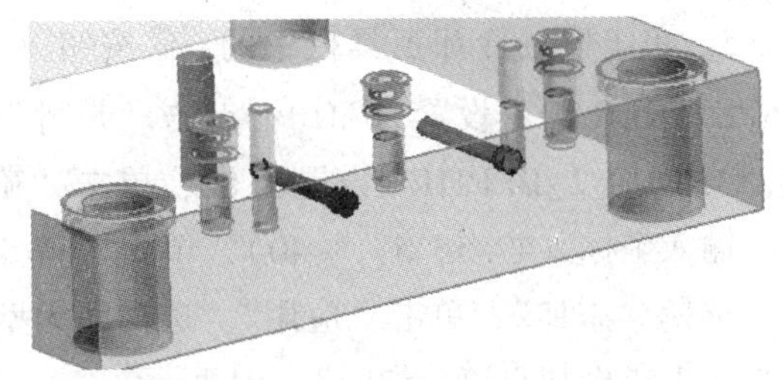

图 6—87 冷却水道（1）

3. 单击模具冷却工具栏中的 按钮，系统弹出“冷却组件设计”对话框。“PIPE_THERAD”为 M10；点击“尺寸”选项卡，“HOLE_1_DEPTH”为 80；“HOLE_2_DEPTH”为 80，单击“确定”。选择面为定模固定板底平面，分别输入坐标（120，-50，-55）、(120，50，-55)，生成冷却水道，如图 6—88 所示。

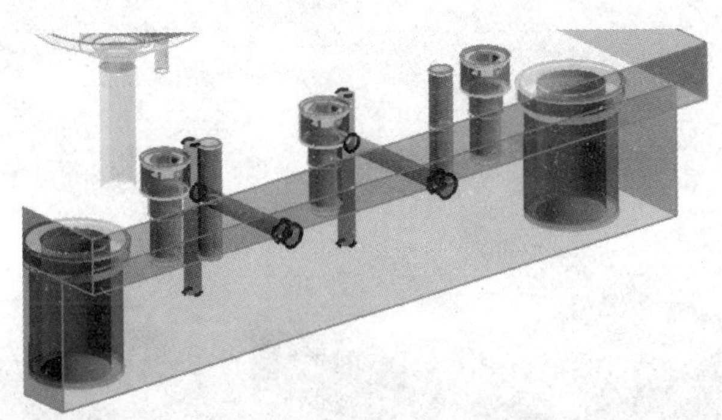

图 6—88 冷却水道（2）

4. 关闭“Mobile_Cover_fixhalf”选项，打开“Mobile_Cover_layout”选项中 2 个命令“Mobile_Cover_prod”中的“Mobile_Cover_cavity”命令，如图 6—89 所示，模型如图 6—90 所示。

装配导航器

描述性部件名 | 信...

截面
Mobile_Cover_top_036
Mobile_Cover_var_037
Mobile_Cover_cool_027
Mobile_Cover_fill_040
Mobile_Cover_misc_031
Mobile_Cover_layout_048
Mobile_Cover_prod_029
Mobile_Cover_gate_pin_000
Mobile_Cover_ej_pin_125
Mobile_Cover_ej_pin_125
Mobile_Cover_ej_pin_124
Mobile_Cover_ej_pin_124
Mobile_Cover_ej_pin_124
Mobile_Cover_ej_pin_124
Mobile_Cover_ej_pin_123
Mobile_Cover_ej_pin_123
Mobile_Cover_core_032
Mobile_Cover_cavity_028
Mobile_Cover_trim_038

图 6—89 装配导航器

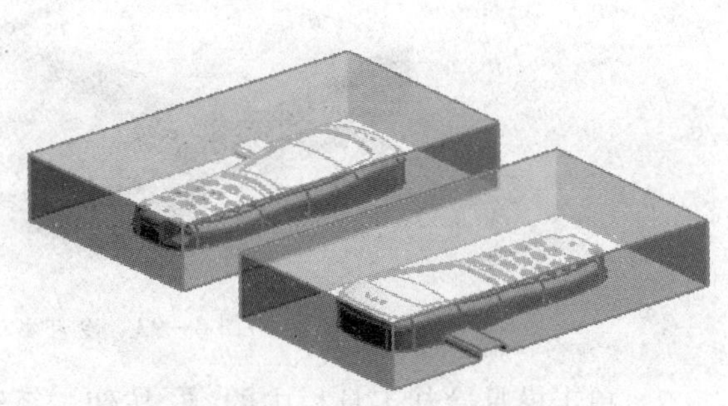

图 6—90 型腔模型

5. 单击模具冷却工具栏中的 按钮，系统弹出“冷却组件设计”对话框。将“PIPE_THERAD”设置为 M10；点击“尺寸”选项卡，“HOLE_1_DEPTH”设置为 80，“HOLE_2_DEPTH”设置为 80，单击“确定”。选择面为前一块型腔镶块的左侧面，输入坐标（47.5，5，－40），单击“确定”。单击“后退”，选择“目录”选项卡，选择“添加”，单击“应用”。选择面为型腔镶块的右侧面，坐标为捕捉到左侧面圆心，生成冷却水道，如图 6—91 所示。

冷却水道的制作有前后参考关系，若定位出错，可以利用“位置”对话框，如图 6—92 所示，通过“位置—参考点—面中心—选取面的两个边作为参考—设置偏置”修正。

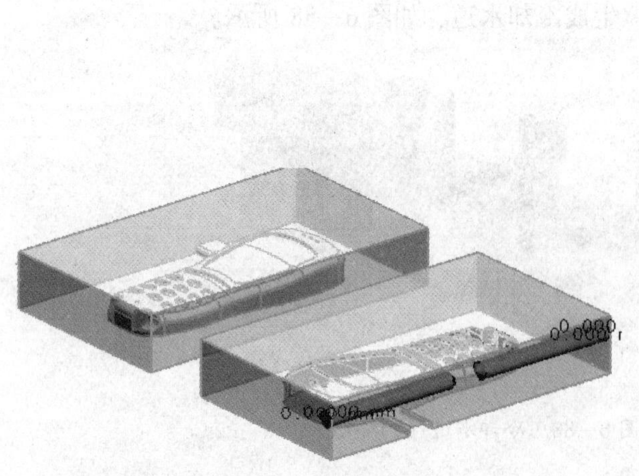

图 6—91　冷却水道（3）

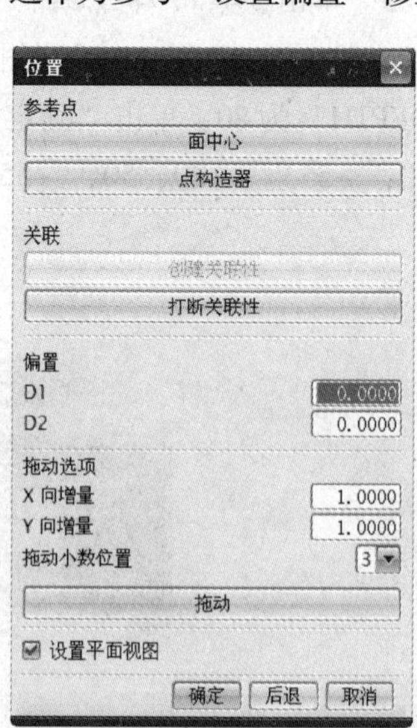

图 6—92　“位置”对话框

6. 单击模具冷却工具栏中的 按钮，系统弹出“冷却组件设计”对话框。将“PIPE_THERAD”设置为 M10；点击“尺寸”选项卡，“HOLE_1_DEPTH”设置为 250，“HOLE_2_DEPTH”设置为 250，单击“确定”。选择面为 cavity 的前面，输入坐标（80，5，0），单击“确定”。输入坐标（－80，5，0），生成冷却水道，如图 6—93 所示。

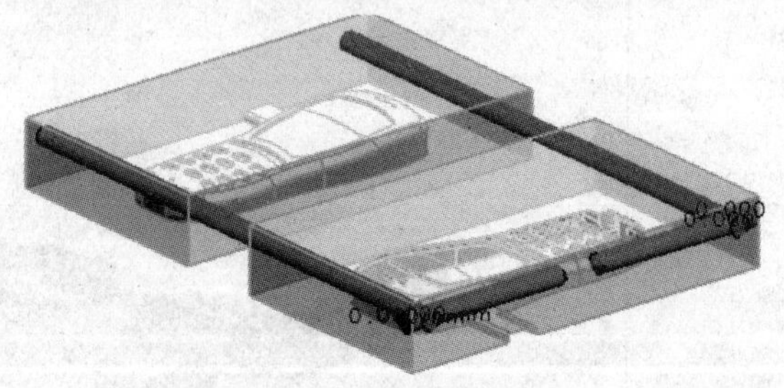

图 6—93　冷却水道（4）

7. 单击模具冷却工具栏中的 按钮，系统弹出“冷却组件设计”对话框。将“PIPE_THERAD”设置为 M10；单击“尺寸”选项卡，“HOLE_1_DEPTH”设置为

175，“HOLE_2_DEPTH”设置为175，单击“确定”。选择面为另一块型腔镶块的右侧面，输入坐标（-47.5，5，-5），单击“确定”，生成冷却水道，如图6—94所示，完成冷却水道设计，如图6—95所示。

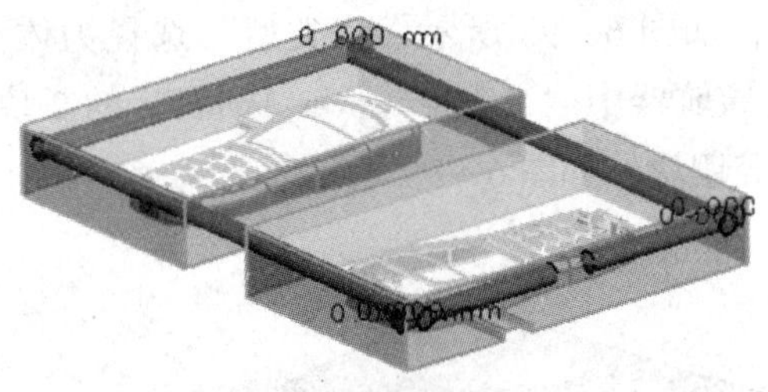

图6—94 冷却水道（5）

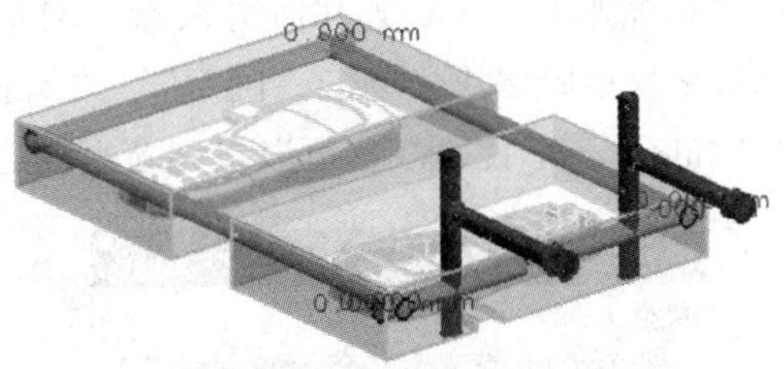

图6—95 冷却水道（6）

8. 单击模具冷却工具栏中的 按钮，系统弹出“冷却组件设计”对话框，如图6—96所示。选择“CONNECTOR PLUS”，“位置”为PLANE，“PIPE_THERAD”设置为M10，“FLOW_DIA”设置为9，选择面为定模固定板前平面，分别选择冷却水道的两个开口圆心，添加冷却水道接头，如图6—97所示。

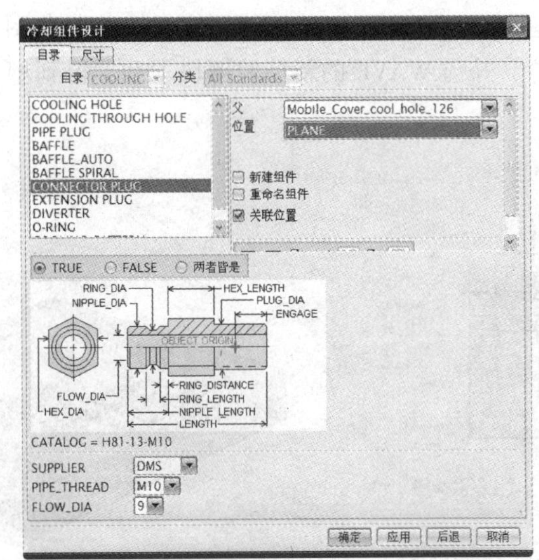

图6—96 “冷却组件设计”对话框

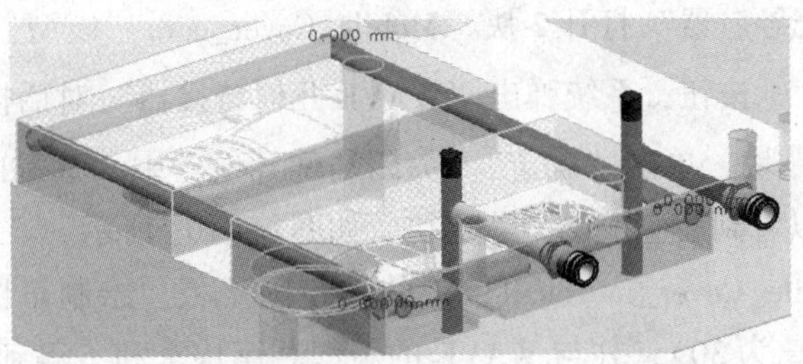

图6—97 冷却水道接头

五、型腔与型芯建腔

1. 关闭“Mobile_Cover_fixhalf”，只保留2块型腔镶块。单击装配工具栏的按钮，系统弹出“WAVE几何链接器”对话框，如图6—98所示。“类型”选择为体，选择2块型腔镶块，单击“确定”。关闭装配导航器中“Mobile_Cover_layout”的2块“Mobile_Cover_cavity”，可以看到新生成的型腔镶块，如图6—99所示。

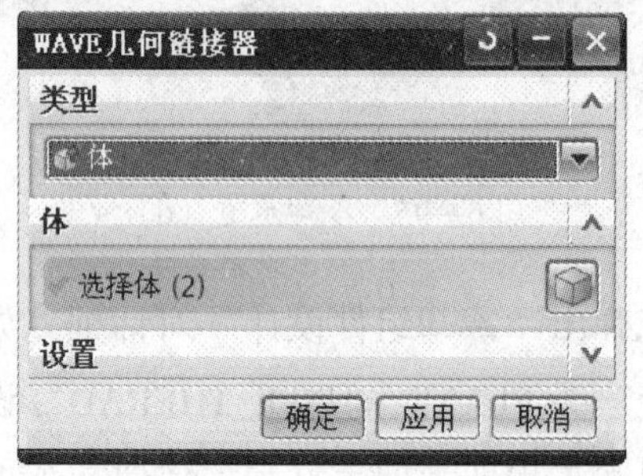

图6—98 “WAVE几何链接器”对话框

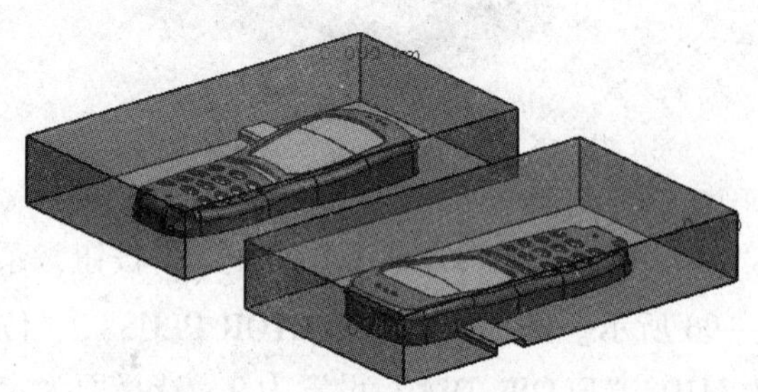

图6—99 WAVE几何链接模型

2. 打开“Mobile_Cover_fixhalf”中的定模固定板，绘制草图，如图6—100所示。拉伸草图（距离为30），并与WAVE的新型腔镶块求和，得到型腔模型，用于创建腔体，如图6—101所示。

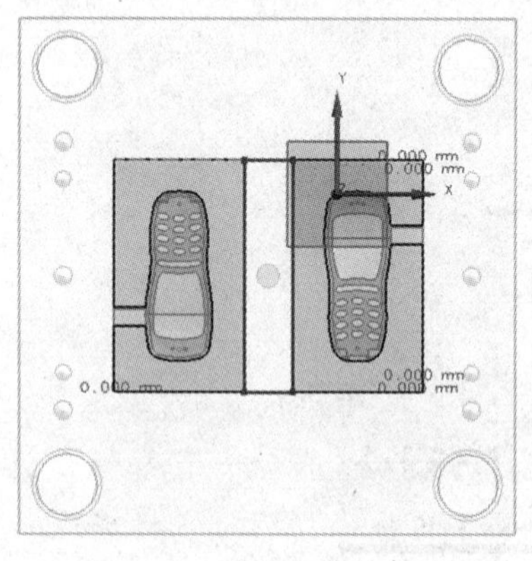

图6—100 绘制草图

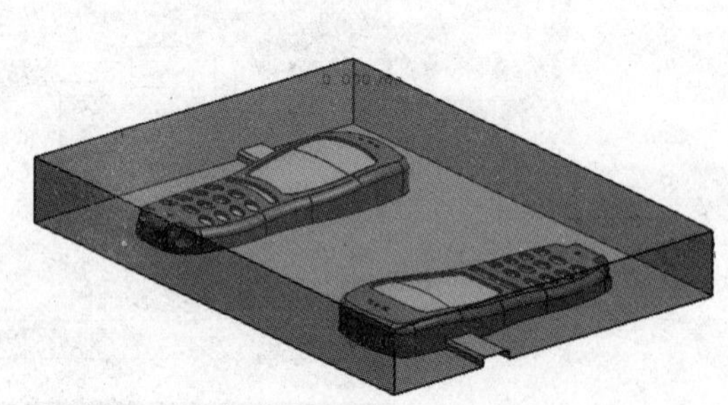

图6—101 型腔模型

3. 通过“装配导航器”打开2块“Mobile_Cover_core”模型，如图6—102所示。单击装配工具栏的按钮，系统弹出“WAVE几何链接器”对话框。“类型”选择为体，选择2块型芯镶块，单击“确定”。关闭装配导航器中“Mobile_Cover_layout”的2块型芯镶块，可以看到新生成的型芯镶块，如图6—103所示。

4. 打开“Mobile_Cover_movehalf”中的动模固定板，绘制草图，如图6—104所示。拉伸草图（距离为30），并与WAVE的新型芯镶块求和，得到型芯模型，用于创建腔体，如图6—105所示。

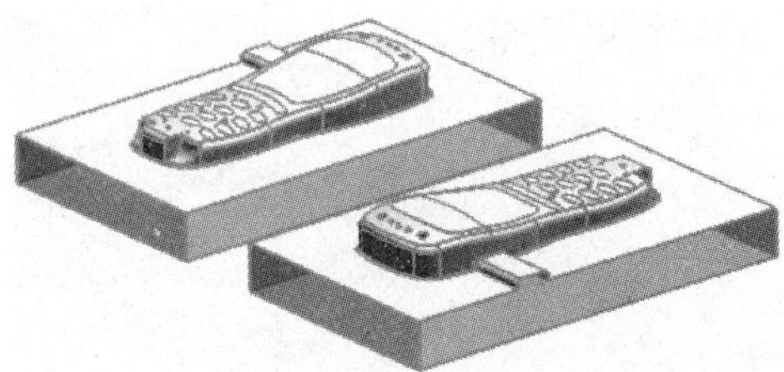

图 6—102 型芯模型

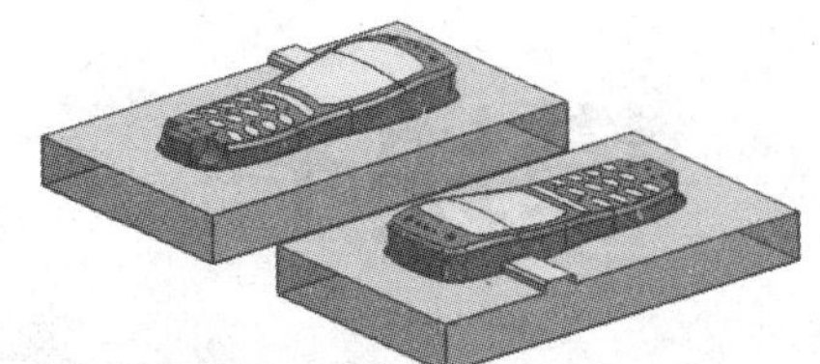

图 6—103 新生成的型蕊镶块

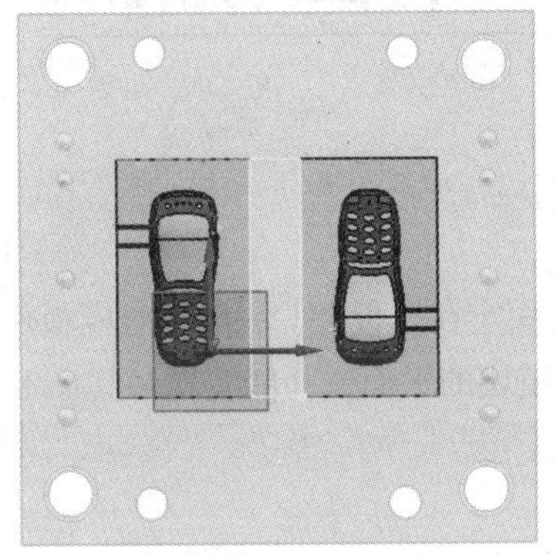

图 6—104 绘制草图

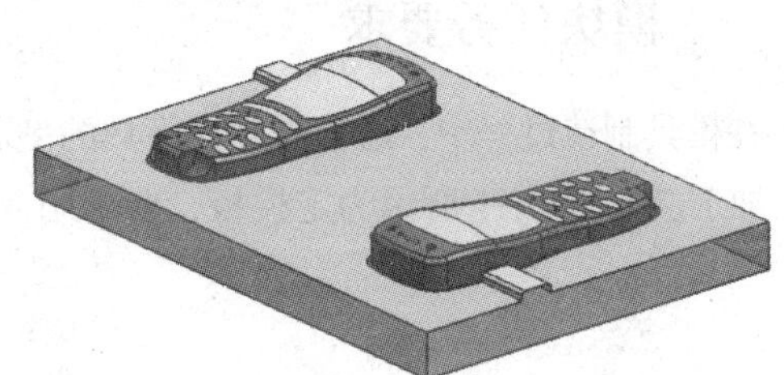

图 6—105 型芯模型

5. 分别建立型腔、型芯及浇口、流道、冷却水道的腔体，完成手机外壳产品注塑模模具设计，如图 6—106 所示。

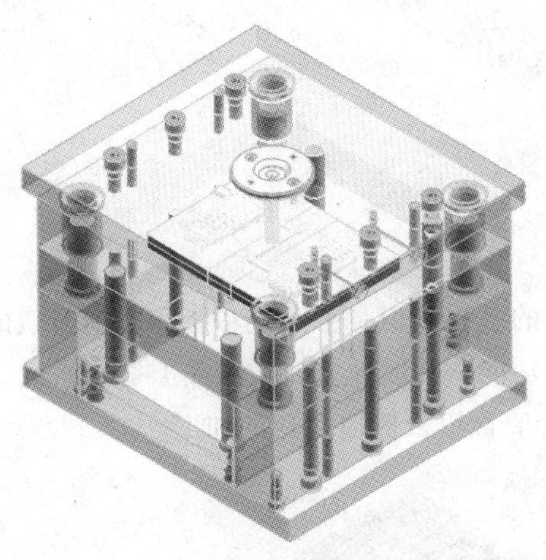

图 6—106 手机外壳产品注塑模模具

巩固提高

通过 NX MW 模块完成图 1—38 所示产品的注塑模模具设计。

平面铣加工

一、模块任务要求

在模具制造过程中，通常需要把模具的型芯、型腔固定在模板上，一般要对模板作相应的加工。如图 7—1 所示为定模板，要求用 NX CAM 模块的平面铣功能实现对其加工。

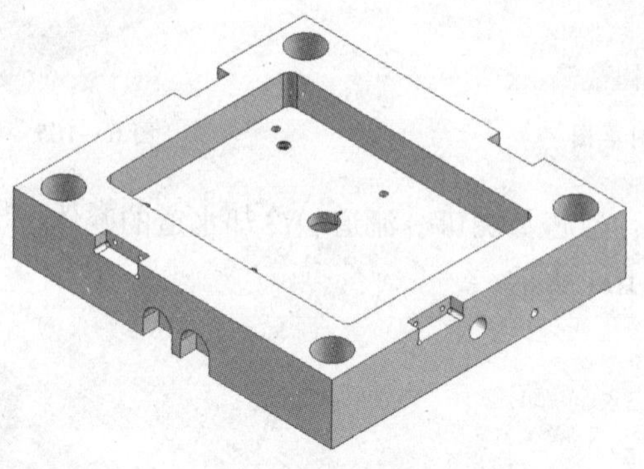

图 7—1　定模板

二、模块任务目的

通过对此模块任务学习掌握 NX CAM 模块的基础知识、平面铣功能和切削刀轨的验证，进而熟悉 NX CAM 的工作流程和平面铣功能，并能独立完成产品上适合平面铣加工的部位（如图 7—2 所示零件中水平面、竖直面以及侧边面）的加工。

图 7—2　其他产品

三、模块任务分析

本模块任务包括三个任务：NX CAM 基础知识、定模板内腔加工、刀轨仿真及后处理。从掌握 NX CAM 基础知识入手，完成对定模板从加工参数设置到刀轨生成、仿真及后处理的全流程操作。

任务一　NX CAM 基础知识

学习目标

1. 了解 NX CAM 的基本功能。
2. 熟悉 NX CAM 铣加工编程的工作流程。
3. 掌握 NX CAM 的基础操作。

工作任务

通过将如图 7—1 所示的定模板调入加工模块，建立加工坐标系，并创建刀具等，掌握 NX CAM 铣加工编程的基础知识，熟悉其工作流程，对 NX CAM 有一个初步认识。

相关理论

一、NX CAM 概述

1. NX CAM 简介

众所周知，NX 是当今世界最先进的高端 CAD/CAM/CAE 软件之一。NX CAM 是 NX 的计算机辅助制造模块，与 NX CAD 模块紧密地集成在一起，是最好的数控编程工具之一。

NX CAM 可以实现铣、车、车铣复合、钻孔、电火花线切割、探测等的编程。本教材讲述的 NX CAM 的铣编程知识，适用于数控铣、三轴加工中心的编程。

2. NX CAM 铣加工功能

（1）平面铣

通过平面铣可实现对平面类零件（由平面和垂直的侧面构成）的粗、精加工，如图 7—3 所示。

（2）型腔铣

型腔铣是三轴加工，使用型腔铣工序可移除大量材料，主要用于对各种零件的粗加工，其在垂直于固定刀轴的平面逐层移除材料，部件几何体可以是平面的或带轮廓的。特别是其可对平面铣不能解决的曲面零件进行粗加工，如图 7—4 所示。

图 7—3　平面类零件

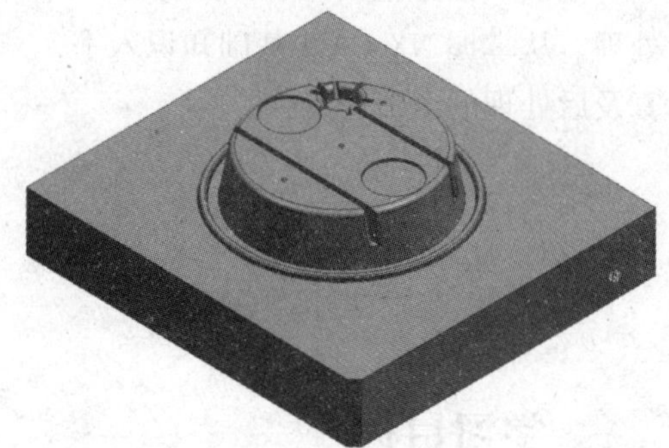

图 7—4　曲面零件

（3）固定轴曲面轮廓铣

固定轴曲面轮廓铣主要以三轴方式对零件曲面做半精、精加工。根据加工对象的不同，固定轴曲面轮廓铣可实现多种方式的精加工，但无论是哪种加工方式，其刀轴方向始终固定不变，如图 7—5 所示。

（4）可变轴曲面轮廓铣

可变轴曲面轮廓铣是以五轴方式加工三轴难以加工的复杂零件表面，与固定轴曲面轮廓铣一样，根据加工对象的不同，采用不同的加工方式，但刀轴是变化的，如图 7—6 所示。

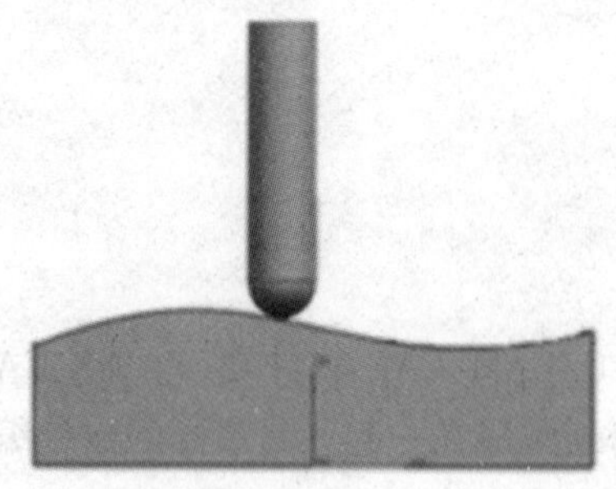

图 7—5　固定轴曲面轮廓铣

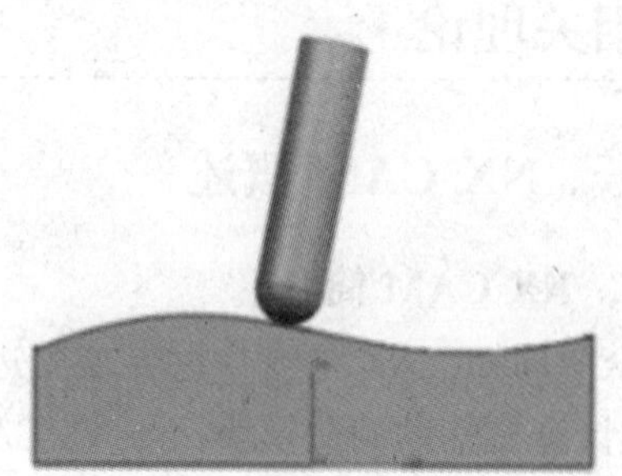

图 7—6　可变轴曲面轮廓铣

（5）顺序铣

顺序铣是为连续加工一系列边缘相连的曲面而设计的。在对刀轨的每个子操作进行高度控制时，通过控制 3 ~ 5 个刀轴运动，可以使刀具准确地沿曲面轮廓运动，如图 7—7 所示。

（6）多叶片铣

使用多叶片操作来加工含多个叶片的部件，如图 7—8 所示，专门用于加工叶片类型的部件。

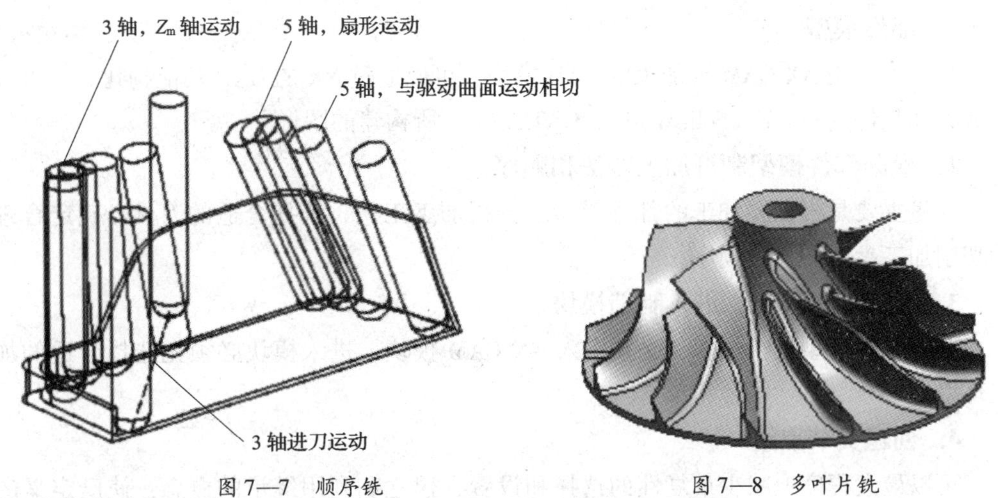

图7—7 顺序铣　　图7—8 多叶片铣

总之，编程是实践性很强的工作，并且NX CAM的功能强大，学习起来难度较高。因此，学好NX CAM的关键在于多动手，反复尝试，通过动手来理解和掌握NC编程的技能。一旦掌握了NX CAM，将使得NC编程工作变得轻松容易。

二、NX CAM铣加工编程的工作流程

图7—9所示为NX CAM铣加工编程工作流程图。

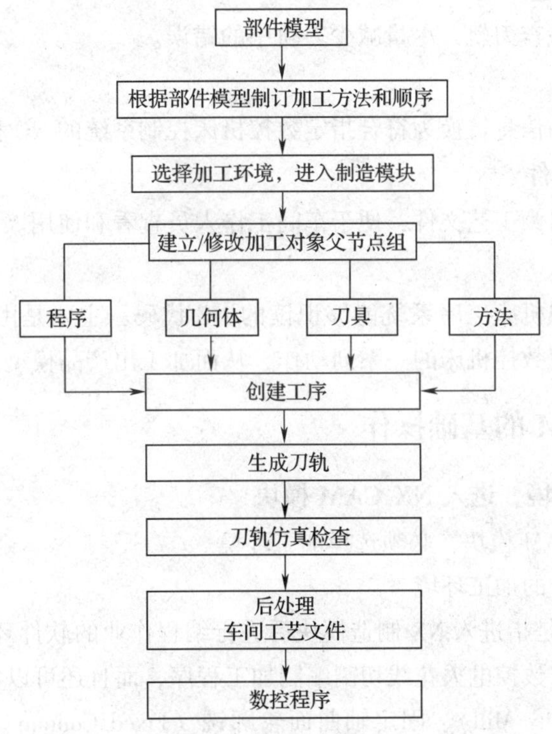

图7—9 NX CAM铣加工编程工作流程图

1. 部件模型

部件模型是 NX CAM 要加工的 CAD 模型，可以通过 NX 的 CAD 功能构建，也可以导入其他软件（Pro/E、SolidWorks、CATIA 等）所构建的图形。

2. 根据部件模型制订加工方法和顺序

这里主要是根据要加工的部件模型，分析加工工艺，选择合适的刀具，确定合理的切削加工参数和加工顺序。

3. 选择加工环境，进入制造模块

要对部件模型进行加工，必须进入 NX CAM 模块，进入模块必须先选择合适的加工环境。

4. 创建父节点组

可以最大程度地减少重复性的选择和设置，建立和利用继承的概念，使已定义的参数设置可以传递到其他对象。

父节点的类型有程序、几何体、刀具和方法四种。

5. 创建工序

设置生成刀轨所需要的参数和加工方法。

6. 生成刀轨

按设定的参数，生成出被加工零件的加工轨迹。

7. 刀轨仿真检查

用仿真的方法检查刀轨，尽量减少刀轨中的错误。

8. 后处理

把刀轨所包含的信息转换为符合指定数控机床控制系统的 NC 程序。

9. 车间工艺文件

把加工信息输出为工艺文件，便于车间工作人员查看和使用。

10. 数控程序

数控程序是数控机床工序系统能够识读的 NC 代码，主要是由 G 代码加坐标、M 代码构成，可以实现数控机床的一系列动作，从而加工出产品模型。

三、NX CAM 的基础操作

1. 选择加工环境，进入 NX CAM 模块

首次进入 NX CAM 模块，必须选择加工环境。

（1）什么是 NX 的加工环境

NX 的加工环境是指进入 NX 制造模块后进行编程作业的软件环境。NX CAM 可以为数控铣、数控车、数控电火花线切割编制加工程序，而且还可以实现平面铣（Planar Mill）、型腔铣（Cavity Mill）、固定轴曲面轮廓铣（Fixed Contour）等不同加工类型。但是，每个编程者面对的加工对象可能比较固定，一般不会用到 NX CAM 的所有功能。

比如专门从事三轴铣加工的用户，在日常编程作业中可能不会涉及数控车、数控电火花线切割编程以及可变轴编程，那么这些编程功能对其来说就可以屏蔽掉。因此，NX可以定制和选择 NX 的编程环境，只将最适合具体工作要求的功能呈现出来。

（2）如何进入 NX 的加工环境

如图 7—10 所示，选择【开始】>【加工】命令，弹出“加工环境”对话框，选择“CAM 会话配置”中列出的加工环境，选择“要创建的 CAM 设置”中列出的工序模板，点击“确定”，进入 NX 的加工环境。

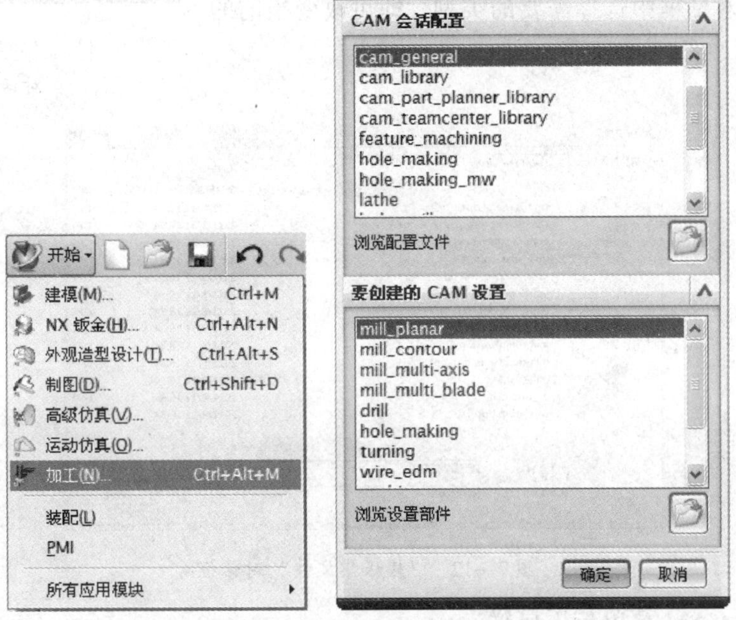

图 7—10 NX 加工环境设置

cam_general 加工环境是一个基本的加工环境，基本包含所有的铣加工功能。因此，本教材的介绍始终基于 cam_general 加工环境。

“要创建的 CAM 设置”列表显示的就是基于“CAM 会话设置”所选择的加工环境中所包含的所有的工序模板类型。每一个工序模板对应不同的加工方式，要根据被加工产品的特征进行选择，如 mill_planar 用于铣削水平、竖直的面，mill_contour 用于平面铣不能解决的曲面零件的粗、精加工，drill 用于孔的钻削加工，turning 用于零件的车削加工等。

（3）如何改变 NX 的加工环境

在一个部件进入指定的加工环境后，如果对部件做了保存，则只要再次打开此部件并进入加工模块，系统便默认处于原有的加工环境中。如果需要某种编程功能，而当前的加工环境没有，就需要改变加工环境。

1）通过加工首选项修改

选择【首选项】>【加工】命令，弹出“加工首选项”对话框，如图7—11所示，选择“配置”选项卡，在“模板集文件”中选择 浏览，弹出“模板集文件”对话框，如图7—12所示，可从中选择需要的模板文件，确定后完成对NX加工环境的更改。

2）改变CAM设置

无论当前进入的是何种加工模块，只要在创建刀具、几何体等的对话框中选择需要的类型，即可改变当前的CAM设置，如图7—13所示。

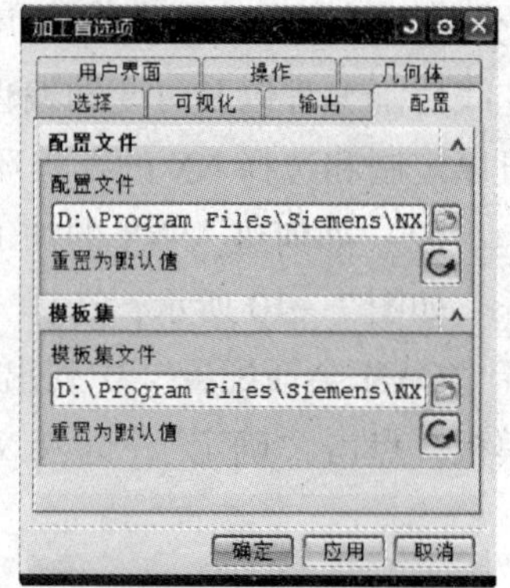

图7—11 “加工首选项”对话框

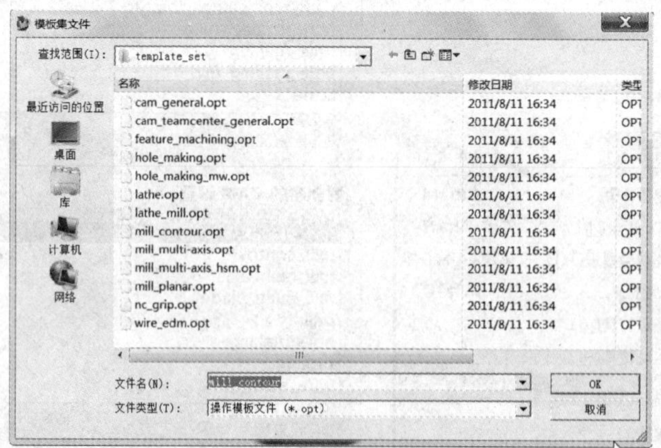

图7—12 “模板集文件”对话框

2. NX CAM菜单与工具栏

（1）菜单

在NX加工环境中，铣加工特定菜单（见图7—14～图7—17）及功能见表7—1。

图7—13 改变CAM设置

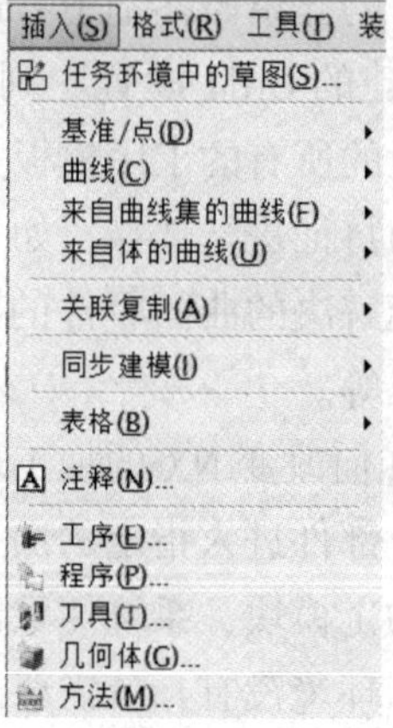

图7—14 插入菜单

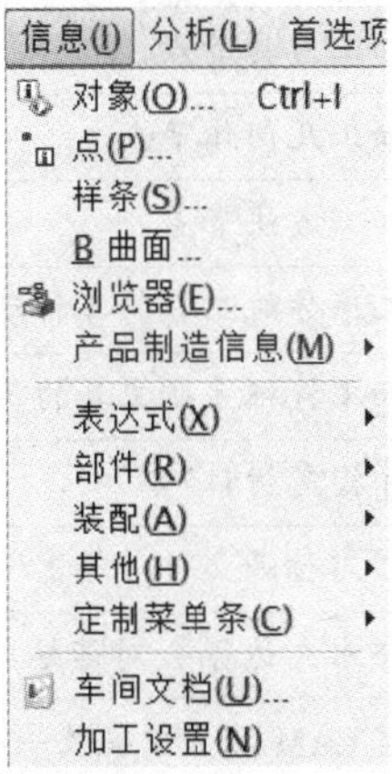

图 7—15 信息菜单

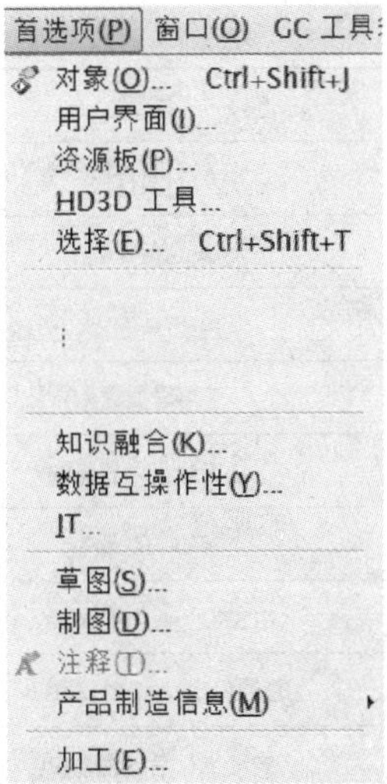

图 7—16 首选项菜单

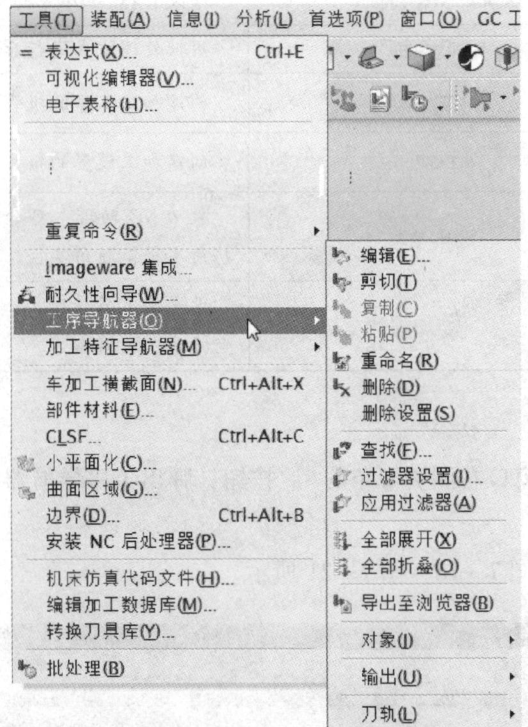

图 7—17 工具菜单

表 7—1　　　　铣加工特定菜单及功能

菜单	功能	简介
插入(S)	工序(E)...	创建加工工序
	程序(P)...	创建加工程序节点

续表

菜单	功能	简介
插入(S)	刀具(T)...	创建加工刀具节点
	几何体(G)...	创建加工几何体节点
	方法(M)...	创建加工方法节点
工具(T)	工序导航器(O)	针对工序导航工具的各种动作
	加工特征导航器(M)	针对加工特征导航工具的各种动作
	部件材料(E)...	为部件指定材料
	CLSF... Ctrl+Alt+C	打开“刀位源文件管理器”对话框
	边界(D)... Ctrl+Alt+B	打开“永久边界”对话框
	安装 NC 后处理器(P)...	在当前 CAM 配置中安装一个 NX 后处理器
	机床仿真代码文件(H)...	根据选定的机床代码文件创建一个机床仿真
	编辑加工数据库(M)...	修改 CAM 工序中使用的加工数据
	批处理(B)	用批处理方式进行后处理
信息(I)	车间文档(U)...	创建加工工序的报告
	加工设置(N)	创建加工设置的报告
分析(L)	NC 助理	激活 NC 助理，可分析部件上的平面位置、拐角半径、圆角半径、拔模角等信息
首选项(P)	加工(F)...	设置加工首选项，如选择类型、显示选项、坐标系以及 IPW

（2）资源条

单击 NX 图形区窗口右侧资源条的 按钮，弹出工序导航器。

（3）工具栏

常用工具栏，如图 7—18 ~ 图 7—21 所示。

图 7—18　导航器工具栏

图 7—19　插入工具栏

图 7—20 对象操作工具栏

图 7—21 刀轨操作工具栏

3. 工序与工序导航器

(1) 工序

工序是 CAM 模块中的重要概念，包含刀轨的所有信息，包括：加工零件几何模型、毛坯模型、夹具、切削方法、切削参数和刀具等。

总之，一个工序由两部分组成，一部分是工序参数，另一部分是这些参数所生成的刀轨。工序在工序导航器中表现出四种状态（见图 7—22）：

图 7—22 工序的状态

1）正常的工序

既有工序参数又有刀轨的工序，其名称前有 标记。

2）空工序

工序只包含工序参数而不包含刀轨，称之为空工序。空工序不允许进行后处理，其名称前有 ⊘ 标记。

3）过期工序

若一个工序中既包含工序参数，也包含刀轨，但在更改工序参数后，没有重新生成刀轨并保存，这个工序的刀轨和其工序参数不一致，这样的工序称为过期工序，其名称前有 ⊘ 标记。如果对过期工序进行后处理，系统会提示要求重新生成刀轨再进行后处理。

4）已输出 NC 程序的工序

一个工序如果通过后处理输出了 NC 代码，其名称前有 ✔ 标记。

(2) 工序导航器

工序导航器是一个图形化的用户界面，用户利用工序导航器管理部件中的工序以及刀具、加工几何、加工方法等工序参数。使用工序导航工具，不仅使用户管理数据十分方便和一目了然，而且通过工序导航工具不需要为每一个工序单独定义刀具、加工几何、加工方法等工序参数，而是可以在工序尚未创建之前就定义好这些参数，可以被需要它们的所有工序所共享。这种共享工序参数的技术不仅减少了重复定义这些参数的工作，也消除了冗余数据。工序导航工具中的刀具、加工几何、加工方法等工序参数作为节点

的形式存在，并且各自以树状结构组织起来。归纳起来，在工序导航工具中所包含的所有对象是：程序节点、刀具节点、加工几何节点、加工方法节点、工序节点。

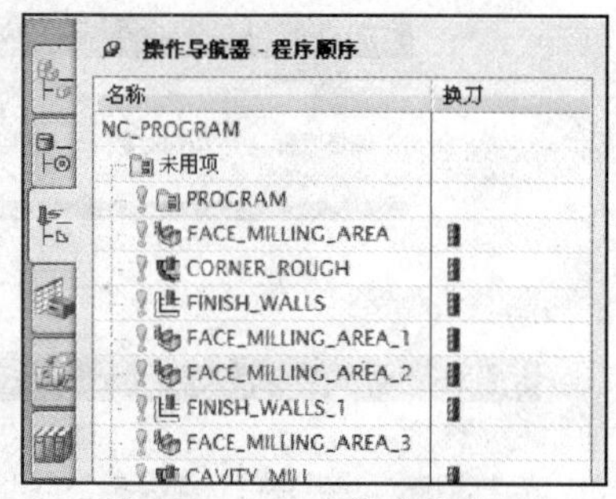

图 7—23　工序导航器窗口

单击 NX 图形区窗口右侧资源条的 ，弹出工序导航器，点击 ，变为 ，将工序导航器窗口固定，如图 7—23 所示。在操作导航器中，点击节点前的“+”“-”，进行节点折叠、展开切换的操作。

工序导航器视图显示变换可以通过“导航器”工具栏，也可在工序导航器窗口右键弹出的快捷菜单中选择，如图 7—24 ~ 图 7—28 所示。

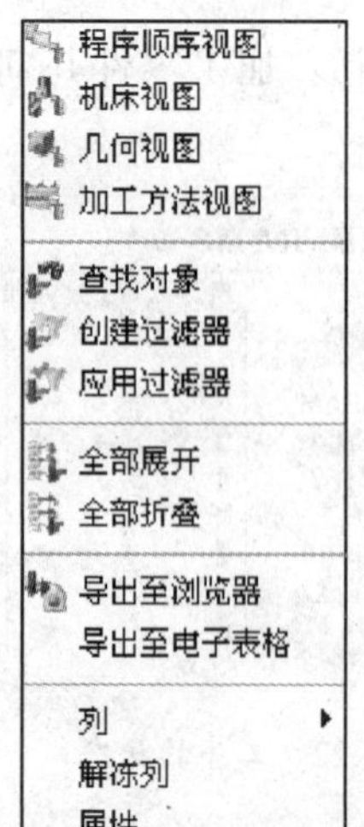

图 7—24　快捷菜单

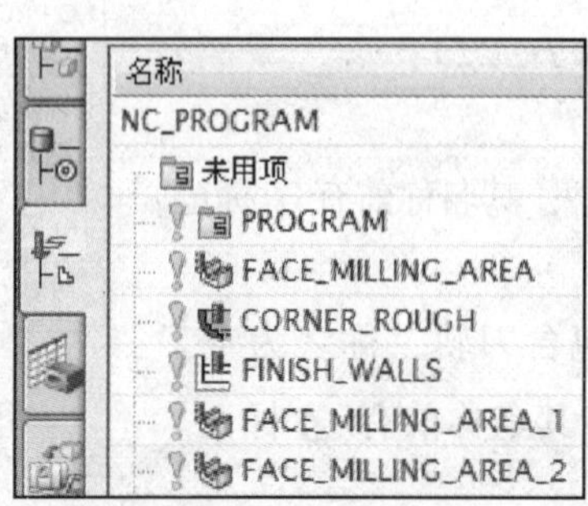

图 7—25　程序视图

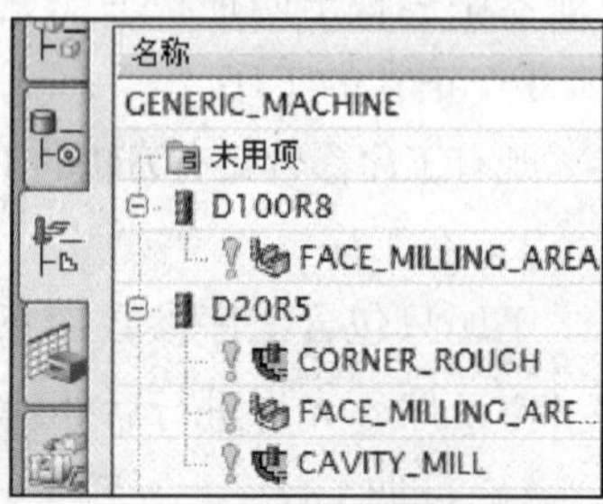

图 7—26　刀具视图

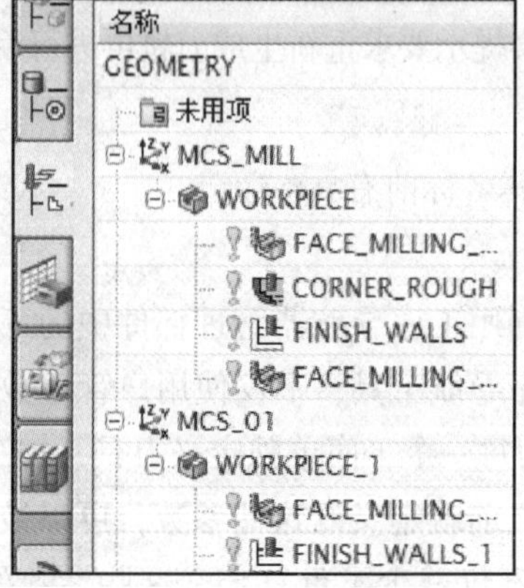

图 7—27　几何体视图

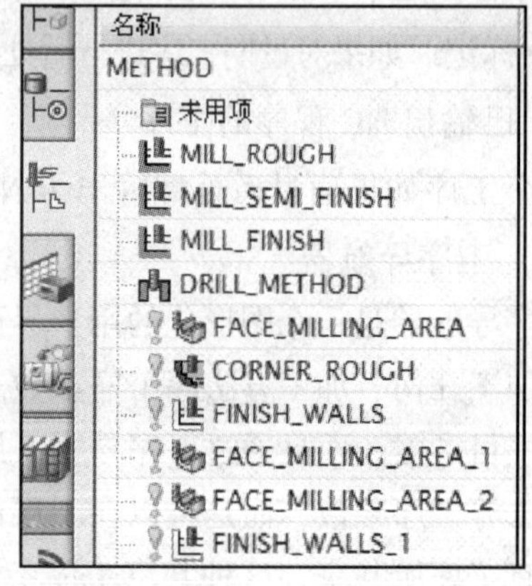

图 7—28　加工方法视图

4. 创建节点

根据需要可以在创建工序之前创建程序、刀具、几何体和加工方法节点。

(1) 创建程序节点

程序节点以树状结构按层次排布，构成父子节点关系。每一个程序节点之上可以是父节点，其下可以有子节点或工序。

单击插入工具栏中的按钮，弹出“创建程序”对话框，如图 7—29 所示。

(2) 创建刀具节点

刀具节点就是工序中所用到的刀具，一个工序只能使用一把刀具。

图 7—29 “创建程序”对话框

单击插入工具栏中的按钮，弹出“创建刀具”对话框，如图 7—30 所示。

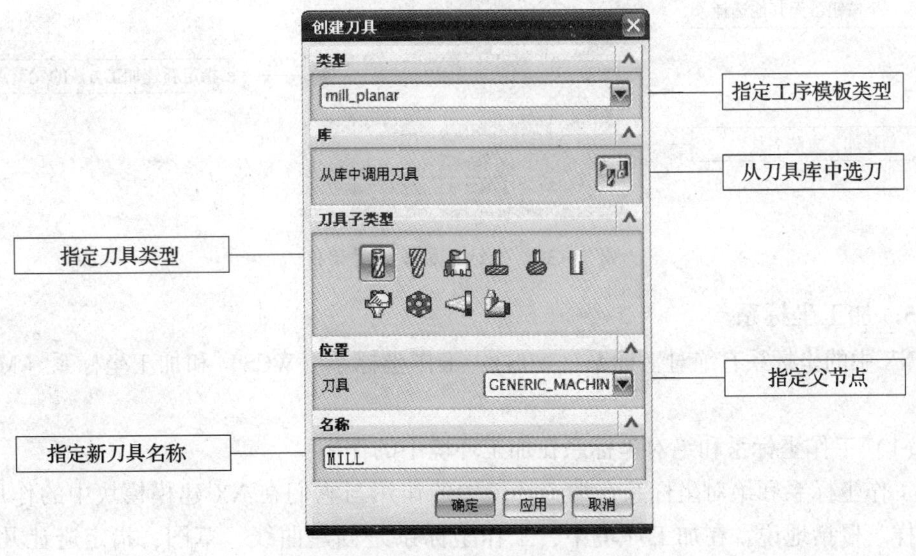

图 7—30 “创建刀具”对话框

（3）创建几何体节点

单击插入节点工具栏中的 按钮，弹出“创建几何体”对话框，如图7—31所示。

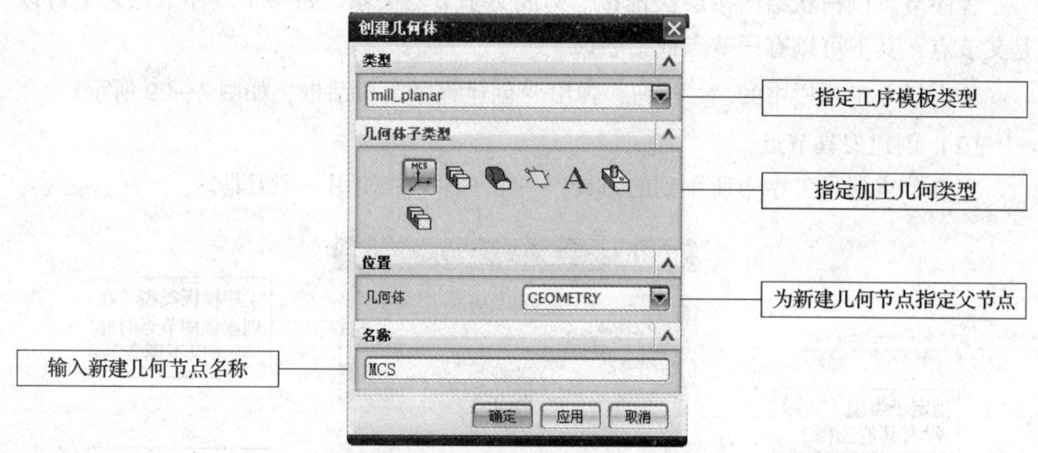

图7—31 “创建几何体”对话框

（4）创建加工方法节点

单击插入节点工具栏中的 按钮，弹出“创建方法”对话框，如图7—32所示。

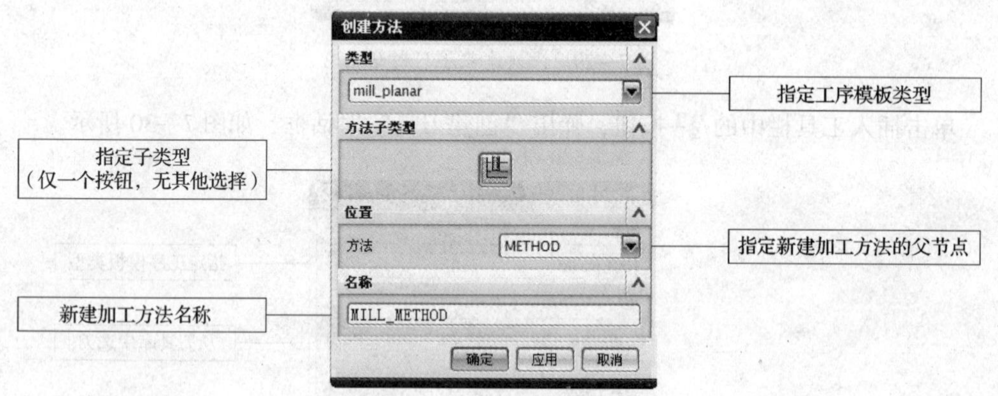

图7—32 “创建方法”对话框

5. 加工坐标系

NX中的坐标系有绝对坐标系（ABS）、工作坐标系（WCS）和加工坐标系（MCS）三种。

（1）工作坐标系和绝对坐标系在加工环境中的作用

工作坐标系和绝对坐标系在加工环境中的作用与它们在NX建模模块中的作用完全一样。概括地说，在加工环境中，工作坐标系是创建曲线、草图，指定避让几何，指定预钻进刀点、切削开始点等对象和位置时输入坐标的参考；绝对坐标系是决定所有几何对象位置的绝对参考。

（2）加工坐标系在加工环境中的作用

加工坐标系的原点就是编程坐标系的原点，也是在数控机床加工工件时所使用的加工坐标系的原点，三者必须一致。

也就是说，MCS 的原点就是机床上的对刀点，MCS 的 3 个轴的方向就是机床导轨的方向，所以在决定 MCS 的方向和原点位置时，应当从现场加工的实际需要出发，保证毛坯在机床上的位置便于装夹、加工和对刀。对于中心对称的产品，一般选择上表面的对称中心作为 MCS 的原点。

（3）加工坐标系的定位

将工序导航器切换到几何视图，如图 7—33 所示。

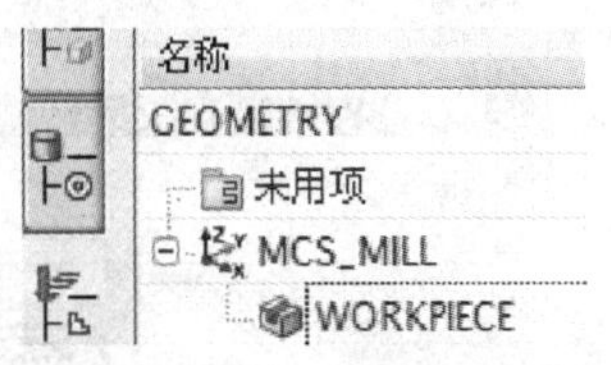

图 7—33 几何视图

双击 MCS_MILL，弹出“Mill Orient”对话框，如图 7—34 所示。

在 指定 MCS 中，通过 “坐标系定义”对话框或 坐标系定义下拉列表，选择合适的方式定义加工坐标系原点。通常在进入 CAM 模块之前，先调整 WCS 至要确定的 MCS 原点位置，再进入 CAM 模块，MCS、WCS 原点默认是重合的。

6. 加工部件和毛坯

在工序导航器几何视图下，双击 MCS_MILL 子项中的 WORKPIECE，弹出“铣削几何体”对话框，如图 7—35 所示。

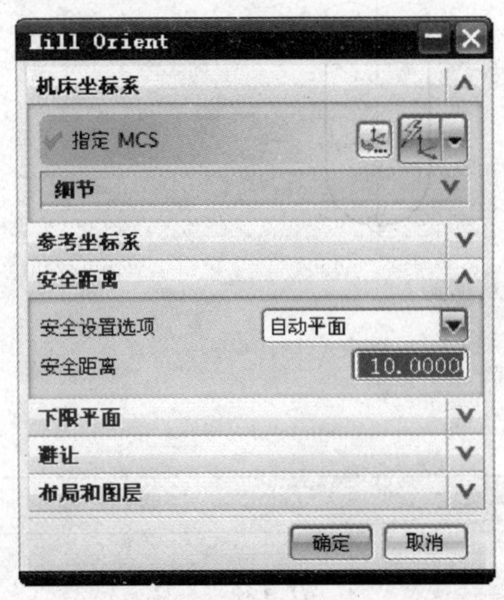

图 7—34 “Mill Orient”对话框

图 7—35 “铣削几何体”对话框

（1）加工部件

选择 ，弹出“部件几何体”对话框，如图 7—36 所示。选择好加工部件后，单击“确定”，完成对加工部件的选择。加工对象可以是线框、曲面、实体，如果是线框则无须选择。现在一般不加工线框，因为指定了加工部件，可以避免过切。

（2）毛坯

选择 ，弹出“毛坯几何体”对话框，如图 7—37 所示，可以通过多种方式创建毛坯。

图 7—36　“部件几何体”对话框

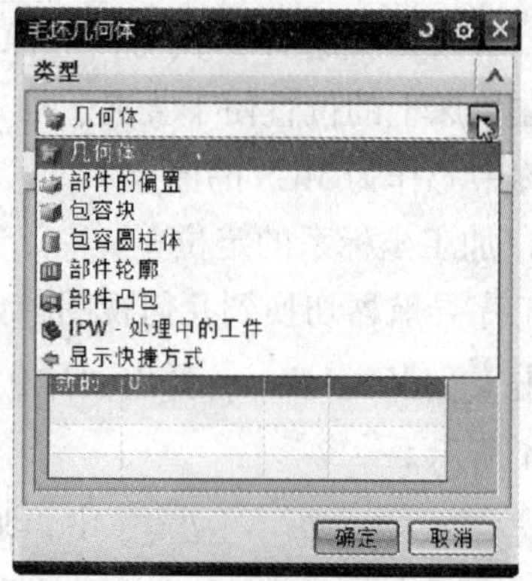

图 7—37　“毛坯几何体”对话框

7. 常用铣加工刀具

（1）刀具参考点

无论是什么形式的铣刀，其刀具参考点都在刀具底部的中心位置处，如图 7—38 所示，使用 NX CAM 生成的刀轨就是刀具上这一点的运动轨迹。

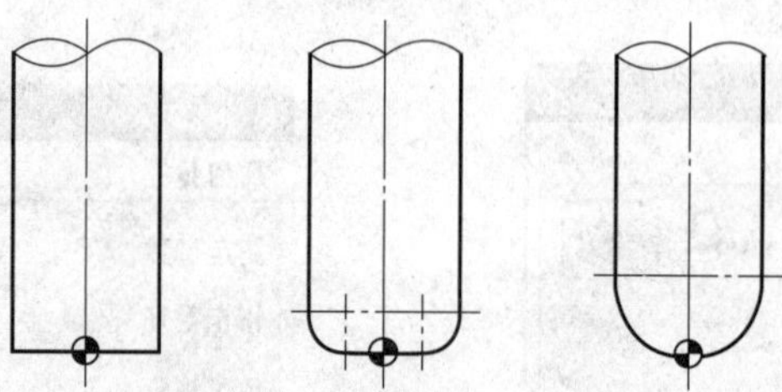

图 7—38　刀具参考点位置

（2）常用刀具类型（见表 7—2）

表 7—2　　**常用刀具类型**

名称	图示	说明
5 参数铣刀		*D* 直径 *R*1 下半径 *L* 长度 *B* 锥角 *A* 尖角 *FL* 刀刃长度

续表

名称	图示	说明
球头铣 	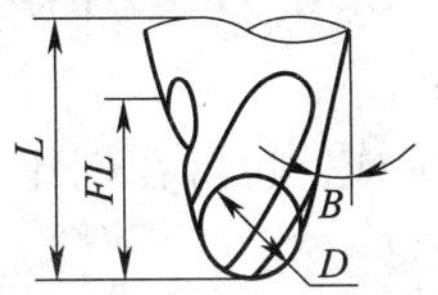	*D* 直径 *B* 锥角 *FL* 刀刃长度 *L* 长度
面铣 	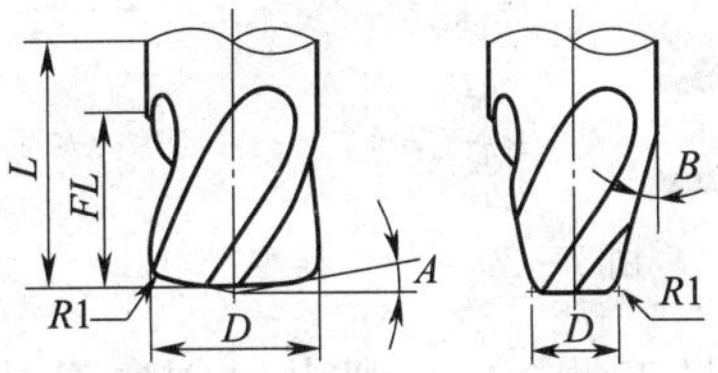	*D* 直径 *R*1 下半径 *L* 长度 *A* 尖角 *B* 锥角 *FL* 刀刃长度
7 参数铣刀 	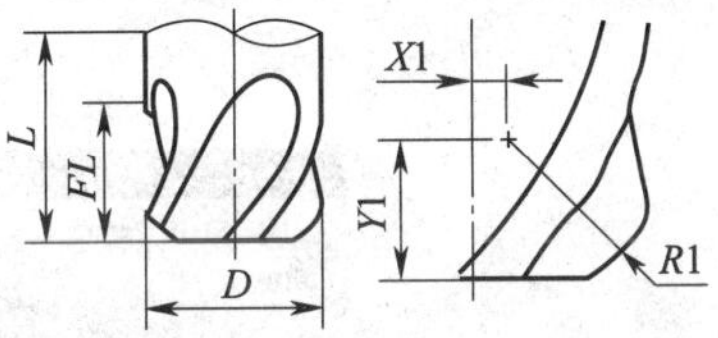	*D* 直径 *R*1 下半径 *L* 长度 *B* 锥角（图中未标注） *A* 尖角（图中未标注） *FL* 刀刃长度 X1　*X* 中心 *R*1 Y1　*Y* 中心 *R*1
10 参数铣刀 	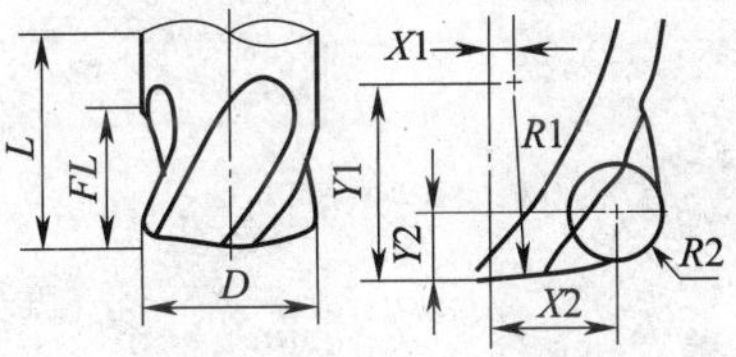	*D* 直径 *R*1 下半径 *L* 长度 *B* 锥角（图中未标注） *A* 尖角（图中未标注） X1　*X* 中心 *R*1 Y1　*Y* 中心 *R*1 *R*2 上半径 X2　*X* 中心 *R*2 Y2　*Y* 中心 *R*2 *FL* 刀刃长度
钻头 	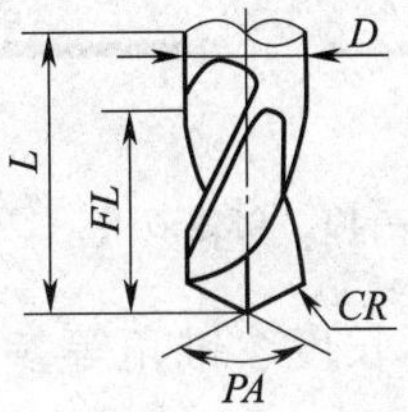	*D* 直径 *L* 长度 *FL* 刀刃长度 *CR* 拐角半径 *PA* 刀尖角度

(3) 创建刀具

编程必须要有刀具才可以计算刀轨。刀具的类型有很多种，如端铣刀、球头刀、面铣刀等。虽然刀具有不同的类型，但创建刀具的操作步骤是相同的。例如创建一把$\phi12$的端铣刀，其创建刀具的过程如下。

1）刀具的创建可以在创建工序前完成，也可在创建工序的过程中进行，如图7—39所示。

图7—39　加工模型

2）创建刀具。选择创建刀具工具，弹出“创建刀具”对话框，如图7—40a所示。选择刀具子类型，选择刀具父节点，输入刀具名称，点击“确定”，弹出“刀具参数定义”对话框，如图7—40b所示。输入刀具尺寸、编号，选择“确定”，完成刀具的创建。

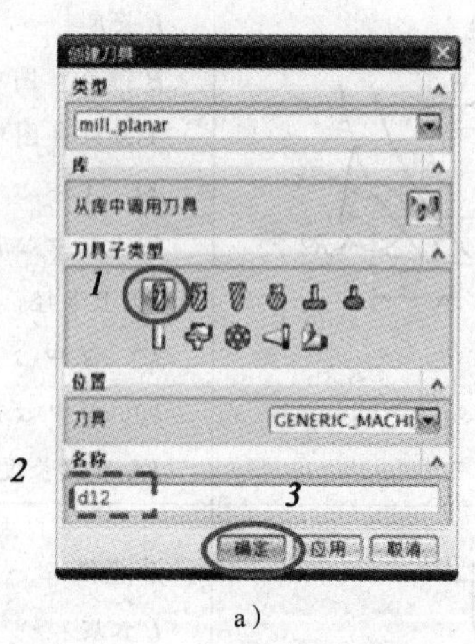

a）

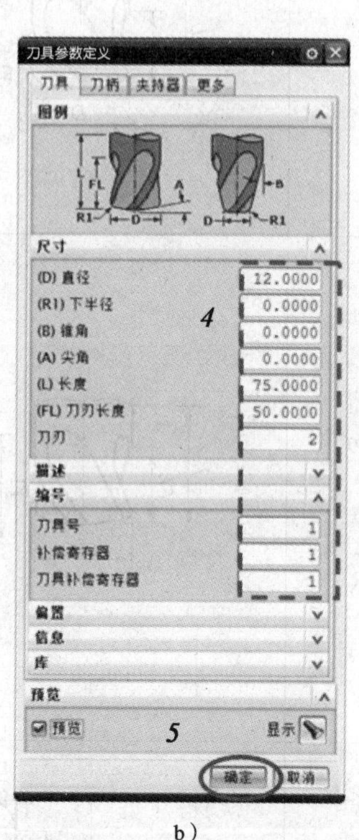

b）

图7—40　创建刀具

“尺寸”部分就是定义刀具直径、长度、锥角等参数选项，可以输入各种参数定义不同的刀具。一般情况下，刀具长度不参与计算刀轨的刀具定位点位置，但加有

“夹持器”一起计算刀轨的时候，系统将会使用长度参数来检查刀轨是否发生碰撞现象。

“编号”部分设置刀具号与补偿寄存器号。定义刀具号主要是与数控机床的刀库相关，如机床没有刀库，那么刀具号就没有意义；相反，机床有刀库的时候，用户就要用刀具号来区别刀具在所放置刀库中的位置，该刀具号应与刀具在数控机床刀库转盘的刀槽编号一致，同时也应该设置长度补偿的地址寄存器号，一般地址寄存器号与刀具号相同。

3）刀具库选刀。除了创建刀具，也可以从刀具库中选择刀具，如图 7—41 所示。选择指定的类别，在弹出的搜索准则中定义搜索条件，并从搜索结果中选择需要的刀具。

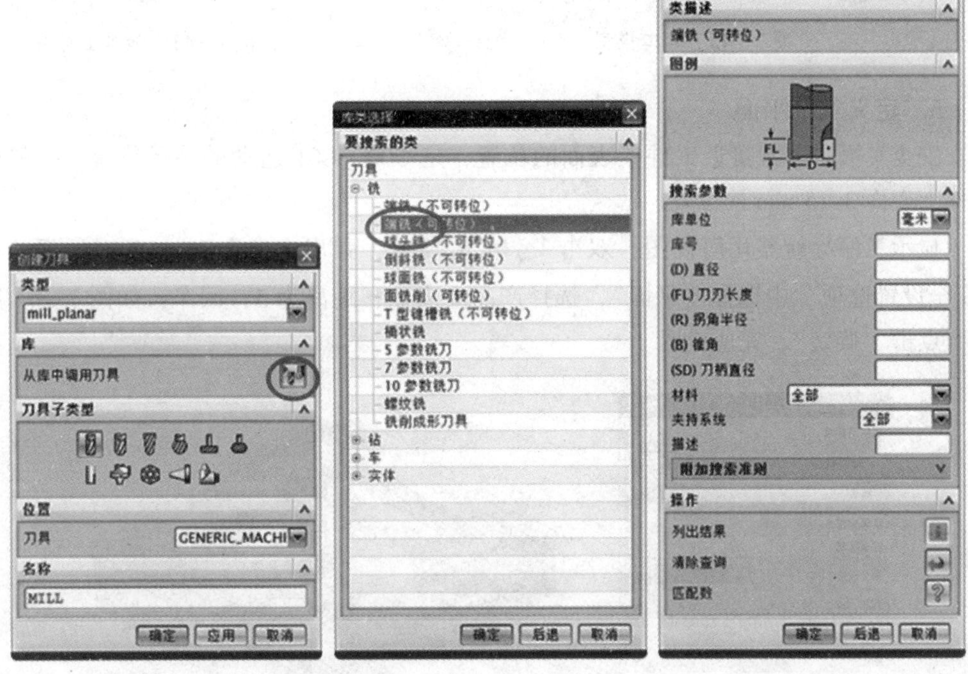

图 7—41 刀具库选刀

任务实施

1. 新建空白模型文件

2. 调入加工模型

进入装配模块，单击按钮添加组件，以装配的方式将 Aban. prt 模型文件添加进来，如图 7—42a 所示。关闭图层 2，则毛坯不显示；按快捷键 W，显示工作坐标系（WCS），其位于模型上表面中心位置，如图 7—42b 所示。

3. 进入加工模块

“加工环境”接受默认设置（CAM 会话配置为 cam_general，要创建的 CAM 设置为 mill_planar），进入加工模块。

4. 设置加工坐标系

接受默认的加工坐标系位置，如图 7—43 所示，工作坐标系可隐藏显示。

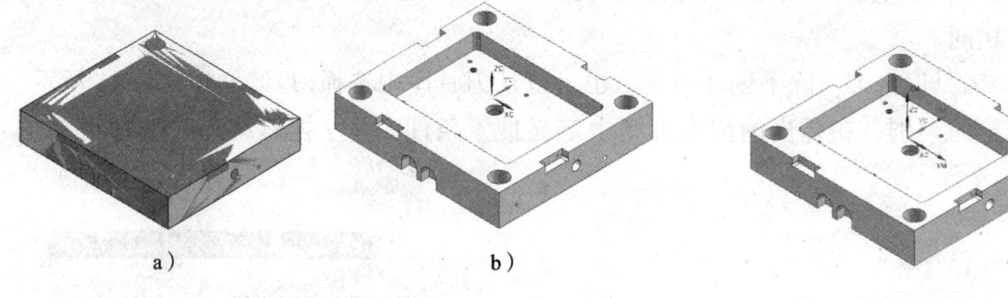

图 7—42 加工模型　　　　图 7—43 加工坐标系

5. 定义安全平面

安全平面是非常接近工件上表面的位置，是 G00、G01 运动的临界位置，一般取工件上表面 3 ~ 5 mm 的位置。

显示工序导航器几何视图，双击 MCS_MILL，弹出“Mill Orient”对话框，在“安全设置选项”中选择“平面”，选择产品上表面，距离为 5，回车，如图 7—44 所示，点击“确定”，完成设置。

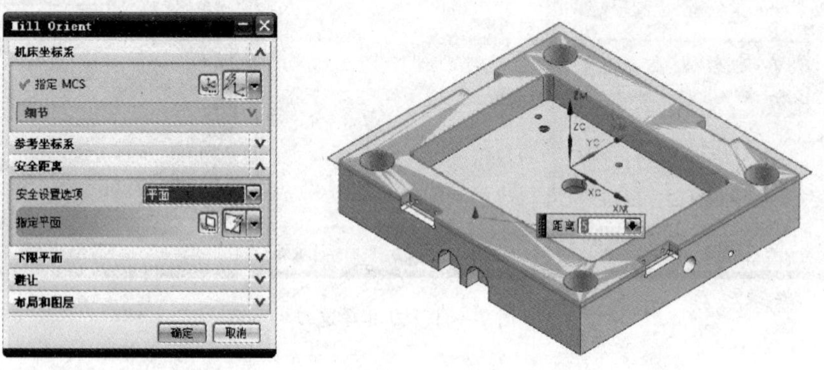

图 7—44 安全高度设置

6. 指定加工部件和毛坯

选择加工部件，如图 7—45a 所示；选择毛坯（显示图层 2 中的长方体毛坯），如图 7—45b 所示。

7. 创建加工刀具

按表 7—3 所示创建加工刀具。

打开操作导航器刀具视图，显示所有创建好的刀具，如图 7—46 所示。

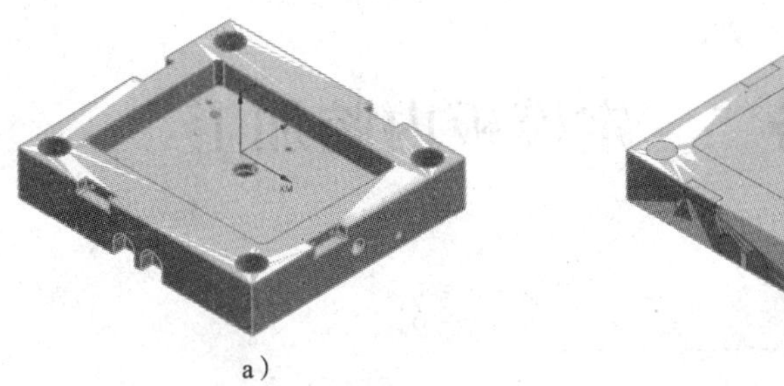

a）

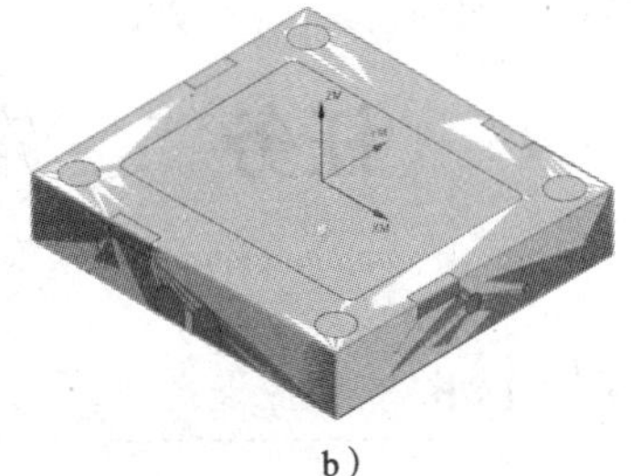

b）

图 7—45 加工部件、毛坯选择

表 7—3 加工刀具

序号	刀具名称	刀具号	刀具直径	R 角	刀长	刃长	刃数
1	D60R8	1	60	8	75	8	6
2	D20R5	2	20	5	100	30	2
3	D20	3	20	0	100	30	2
4	D50R6	4	50	6	100	42	2
5	D8	5	8	0	75	35	2

名称
GENERIC_MACHINE
未用项
D60R8
D20
D20R5
D50R6
D8

图 7—46 全部刀具视图

巩固提高

参照任务一，完成如图 7—47 所示模板的加工工艺分析，并完成加工的基础设置。

图 7—47 模板

任务二　定模板内腔加工

学习目标

1. 理解平面铣的特点。
2. 能完成平面铣边界的定义。
3. 能完成平面铣切削加工参数的设置。

工作任务

使用UG CAM的平面铣功能实现对图7—1所示定模板中间腔体的加工。只加工定模板内腔，不加工孔。

相关理论

平面铣加工

1. 概述

平面铣用于水平面、竖直面的粗、精加工，也就是说几何体的面必须垂直或平行于刀轴。平面铣不使用几何实体确定加工区域，而是通过边或曲线创建的边界来确定加工区域。平面铣可以进行单层或多层切削；既可用于粗加工，又可以用于半精加工和精加工。通过对平面铣功能的了解，掌握使用平面加工操作编写平面类工件的NC程序，为后面学习更为复杂的曲面加工打下坚实的基础。

2. 工序子类型

在设置好加工程序、几何体、刀具、方法节点后，就可以创建加工工序了。单击按钮，弹出“创建工序”对话框，如图7—48所示。平面铣工序包括很多的工序子类型，最主要的有两种：FACE_MILLING平面铣和PLANAR_MILL平面铣（其他平面铣工序子类型均可以理解为它的特殊形式）。这里选择PLANAR_MILL平面铣子类型（后续内容主要基于此类型介绍），单击“确定”，则弹出“平面铣”对话框，如图7—49所示。

3. 边界

在平面铣中，边界是必须定义的几何体，边界决定加工范围。

图 7—48 “创建工序”对话框

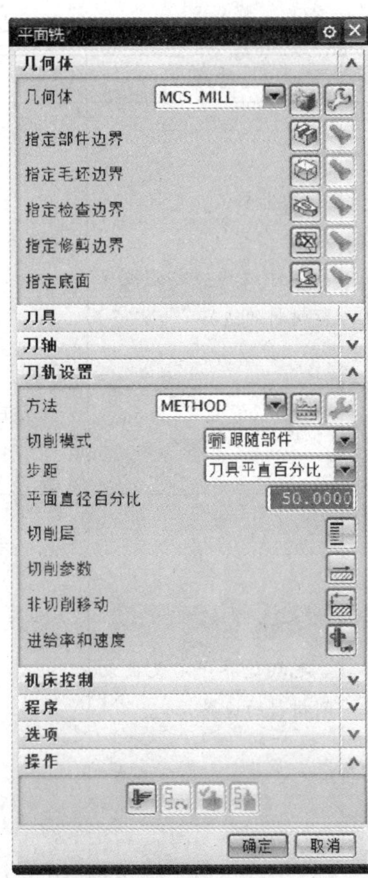

图 7—49 “平面铣”对话框

(1) 边界的特点

1) 在平面铣中，边界可以用点、曲线、边、平面来定义。

2) 边界可以是封闭的，也可以是开放的。

3) 边界包含刀具的定位方式，分为两种方式：相切和在边界上。

4) 边界需要指定材料侧，封闭边界的材料侧在边界的里边或外边，开放边界的材料侧在边界的左边或右边。

5) 定义边界的同时也要指定边界的平面位置，其平面位置将决定加工深度。

6) 边界还分为永久边界和临时边界。

(2) 边界的类型

边界分为部件边界、毛坯边界、检查边界、修剪边界和底面，如图 7—50 所示。其功能介绍见表 7—4。

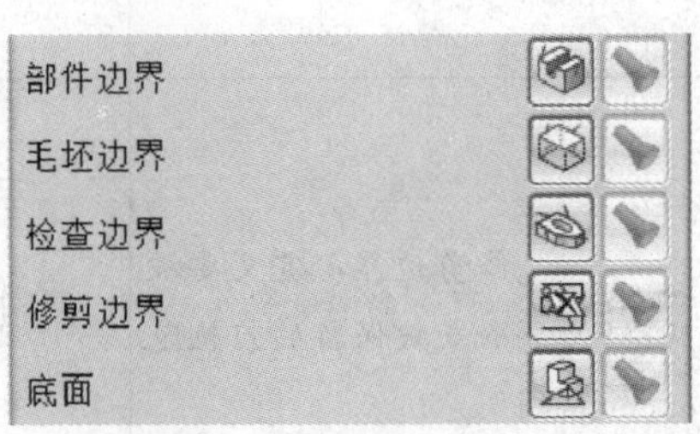

图 7—50 边界类型

表 7—4 边界类型及功能

图标	功能	图示
	部件边界：定义被保留材料的边界	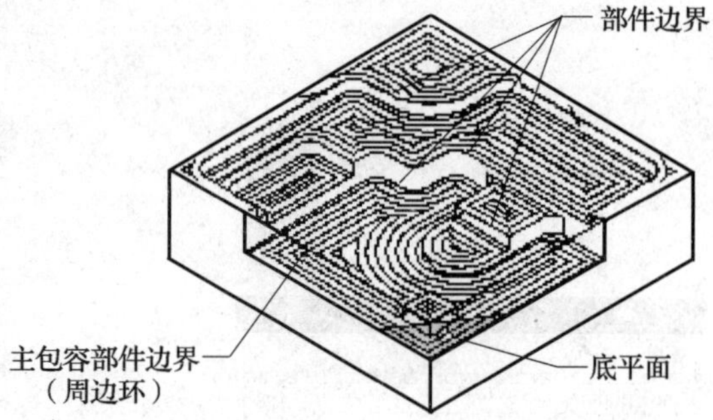 部件边界 主包容部件边界（周边环） 底平面
	毛坯边界：定义被切削材料的边界	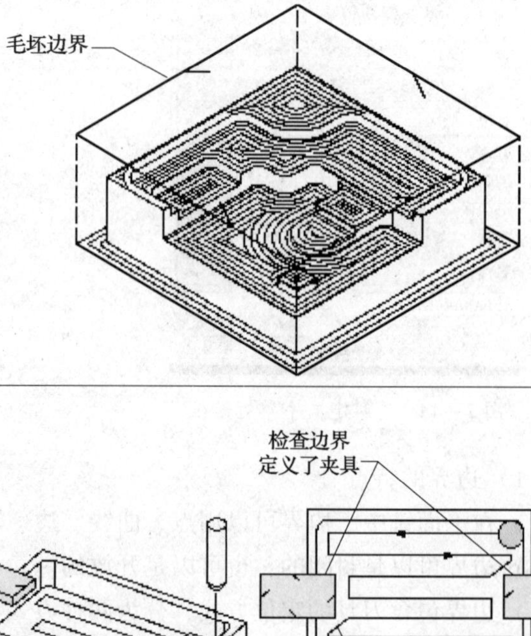 毛坯边界
	检查边界：定义刀具必须避让的边界，如夹具等	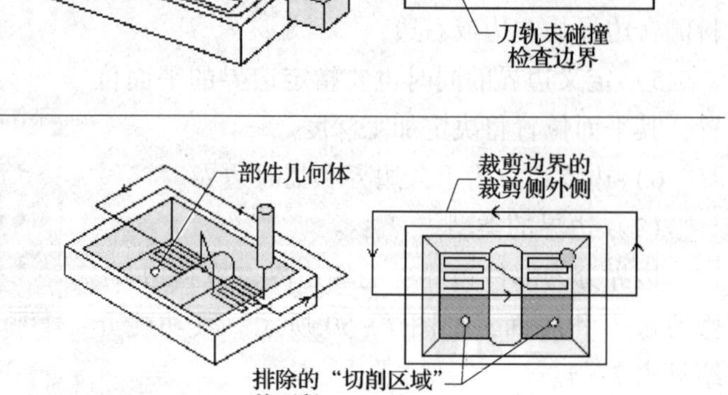 检查边界定义了夹具 刀轨未碰撞检查边界
	修剪边界：定义要被删除或被保留的刀轨范围	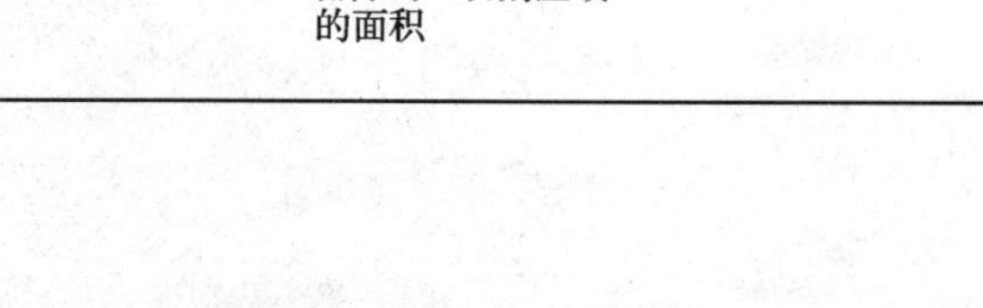 部件几何体 裁剪边界的裁剪侧外侧 排除的“切削区域”的面积

续表

图标	功能	图示
	修剪边界：定义要被删除或被保留的刀轨范围	裁剪边界（裁剪侧：外侧） 余量 受约束的切削区域
	底面：定义最低（最后的）切削层，即切削深度（当然要与所定义的其他边界平面的位置相结合）	毛坯边界（已去除内部材料） 底平面

（3）永久边界

选择【工具】>【边界】命令，弹出“边界管理器”对话框，如图 7—51 所示，可以创建永久边界。

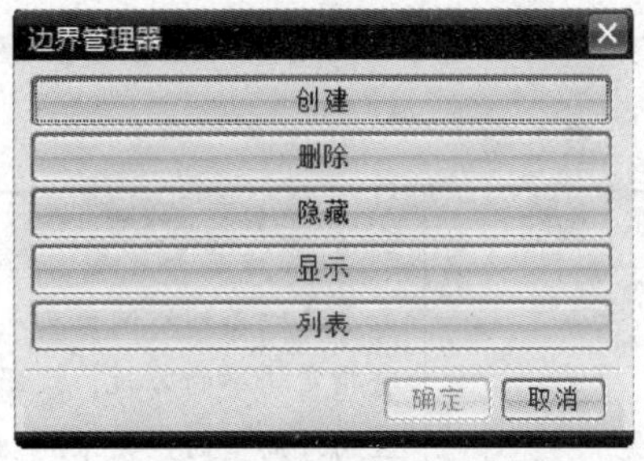

图 7—51 “边界管理器”对话框

永久边界具有如下特点：

1）创建刀具永久边界与其父几何体相关联。

2）永久边界始终以边界形式显示，不能编辑，但可以删除。

3）永久边界可以被重复使用。

（4）临时边界

临时边界可以通过创建几何体功能创建，如图 7—52 所示，也可以在创建工序的过程中创建。

永久边界和临时边界的区别是：前者定义的边界可以被多个操作使用，但不能定义边界的公差、余量、切削速度等参数；后者定义的边界只用于当前的工序中，可定义边界的公差、余量、切削速度等参数。

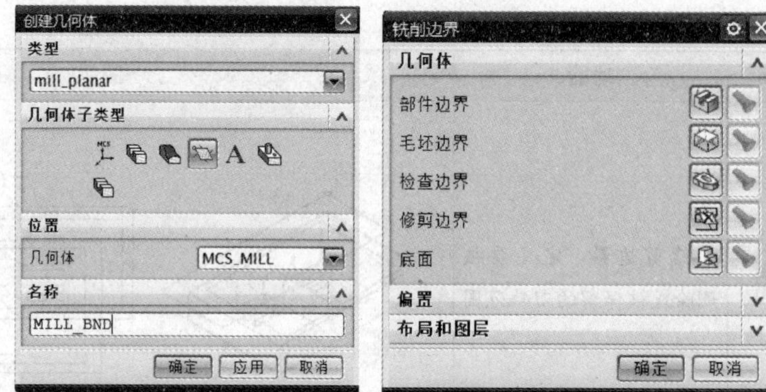

图 7—52　创建边界几何体

4. 切削模式

切削模式用于定义刀轨在切削过程中的走刀方式，如图 7—53 所示，每种加工工序所包含的切削模式不尽相同。切削模式的相关介绍见表 7—5。

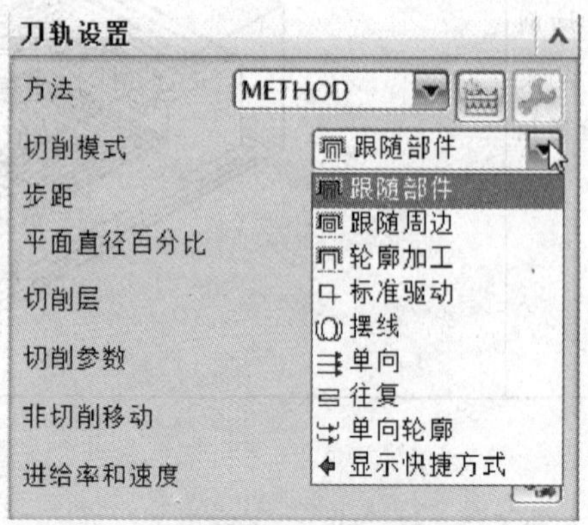

图 7—53　切削模式

表 7—5　**切削模式**

图标	功能	图示
跟随部件	产生一系列跟随被加工零件所有指定轮廓的刀轨，既跟随切削区的外周壁面，又跟随切削区中的岛屿，这些刀轨的形状是通过偏移切削区的外轮廓和岛屿轮廓获得的。此刀轨是连续切削的刀轨，同 往复 一样没有空切，且能维持单纯的顺铣或逆铣，因此，既有较高的切削效率，也能维持切削稳定和加工质量	部件几何体（边界定义了型腔） 从型腔偏量 从岛偏量 部件几何体（边界定义了岛）

续表

图标	功能	图示
跟随周边	产生一系列同心封闭的环行刀轨，这些刀轨的形状是通过偏移切削区域的外轮廓获得的。此刀轨是连续切削的刀轨，同 往复一样没有空切，但基本能维持单纯的顺铣或逆铣，因此，既有较高的切削效率，又能维持切削稳定和加工质量	
轮廓加工	产生单一或指定数量的绕切削区轮廓的刀轨，目的是实现对侧面的精加工。此加工模式不需要指定毛坯几何，只需要指定零件几何，多刀切削时需要指定毛坯距离，定义切削材料的厚度	部件边界 轮廓刀路
标准驱动	这是一个类似 的轮廓切削方法，但与之不同的是，通过切削参数中的 自相交 设置，允许刀轨自我交叉	标准驱动曲面 轮廓 请注意，“标准驱动曲面”不会检查过切
摆线	当需要限制过大的步距以防止刀具在完全嵌入切口时折断，且需要避免过量切削材料时，需使用此功能	
单向	产生一系列单向的平行线刀轨，回程是快速横越运动，能够维持单纯的顺铣或逆铣	1 2 3 4 5 6 7 8

续表

图标	功能	图示
往复	产生一系列平行连续的线性往复刀轨，切削效率较高。此切削模式顺铣、逆铣并存	往复沿轮廓运动 步进沿轮廓运动
单向轮廓	产生一系列单向的平行线性刀轨，回程是快速横越运动，在两端连续的刀轨之间跨越的刀轨是切削壁面的刀轨，因此壁面的加工质量比 往复、 单向 都要好些 此切削模式能够维持单纯的顺铣或逆铣	

5. 切削步距

切削步距是指相邻两刀轨之间的距离。对于粗加工，由于切削用量大，应选用较小的切削步距，而精加工应选择较大的切削步距。此外，步距也与加工刀具有关，使用立铣刀，步距可大些；使用球刀，步距要小些。

在“工序”对话框中选择步距的类型，如图 7—54 所示，分为 4 种类型：恒定、残余高度、刀具平直百分比和多个。步距类型的相关介绍见表 7—6。

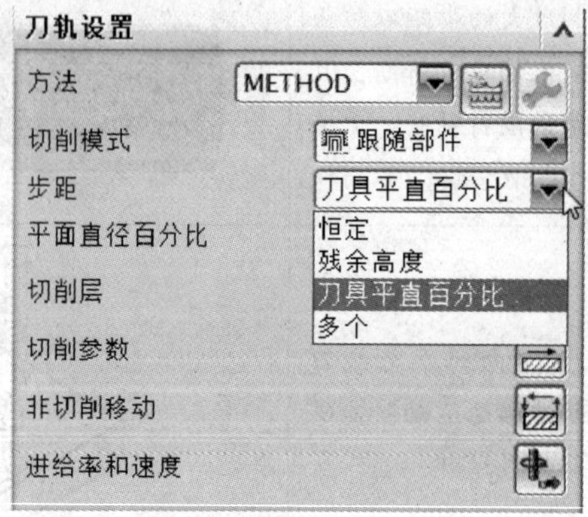

图 7—54　切削步距

表 7—6　　　　　　　　　　　　　　　　**步距类型**

类型	功能	图示
恒定	直接输入步距数值	指定的距离=.750 步距 .583 步距 3.50
残余高度	相邻两刀轨之间残留材料的高度，对于球刀所进行的精加工，一般使用这种类型	计算出的步距 波峰高度
刀具平直百分比	为刀具有效直径的百分比，对于平底刀，粗加工时步距不超过刀具直径的50%，精加工不超过刀具直径的80%。牛鼻刀其有效直径为不包含圆角部分的直径	直径 角 有效的刀具直径
多个	即可变步距，有两种情况：一是往复、单向、单向轮廓三种走刀方式，只需设最大、最小步距，系统会自动计算余量最小的刀轨数；二是其他走刀方式（除摆线），需输入步距及使用此步距的刀轨数，最多可指定6组数据	刀轨设置 方法 METHOD 切削模式 单向 步距 变量平均值 最大值 15.0000 最小值 15.0000 步长=.100 刀路数量=2 步长=.250 刀路数量=3 步长=.500 刀路数量=1 步长=0.000 刀路数量=0

续表

类型	功能	图示
多个		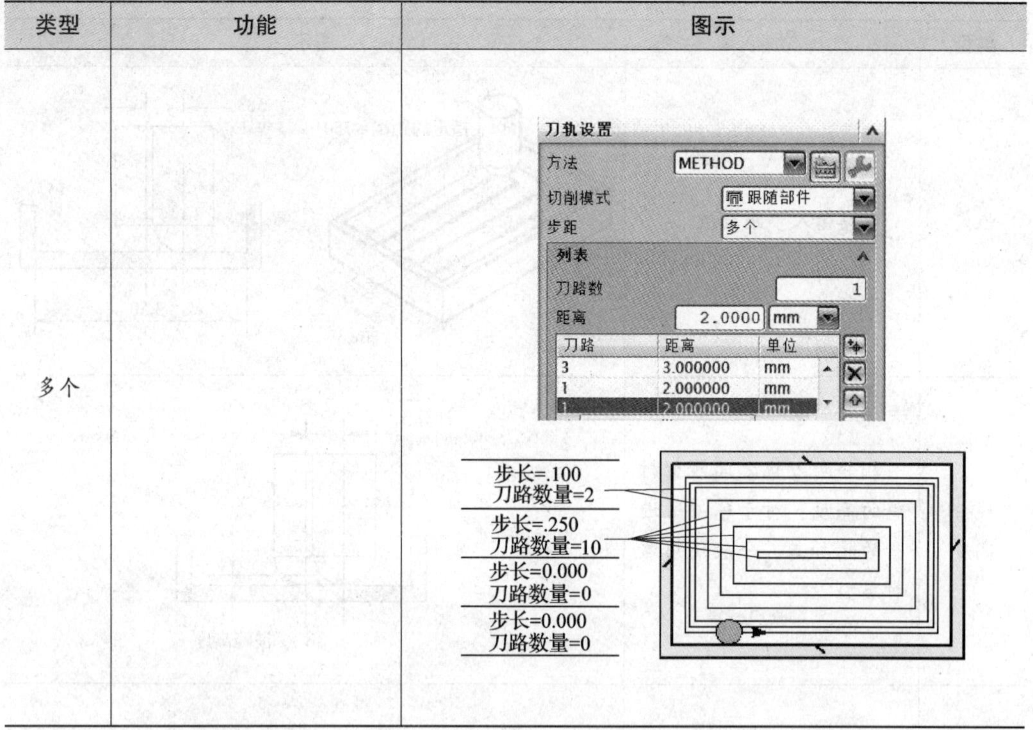

6. 切削深度

切削深度用于定义每一切削层的切削深度。在“工序参数设置”对话框中单击切削层按钮，弹出“切削层定义”对话框，如图7—55a所示。在类型中可以选择不同的类型，如图7—55b所示，用于定义切削深度。切削深度的类型有：用户定义、仅底面、底面及临界深度、临界深度和恒定五种类型。切削深度类型的相关介绍见表7—7。

a）

用户定义
仅底面
底面及临界深度
临界深度
恒定

b）

图7—55 “切削层定义”对话框

表 7—7　　切削深度的类型

类型	功能	图示
用户定义	用户定义深度，可输入最大切深、最小切深、初始切深、最后一刀切深。最大切深、最小切深定义了切削范围，系统以接近最大切深的数值创建切削层	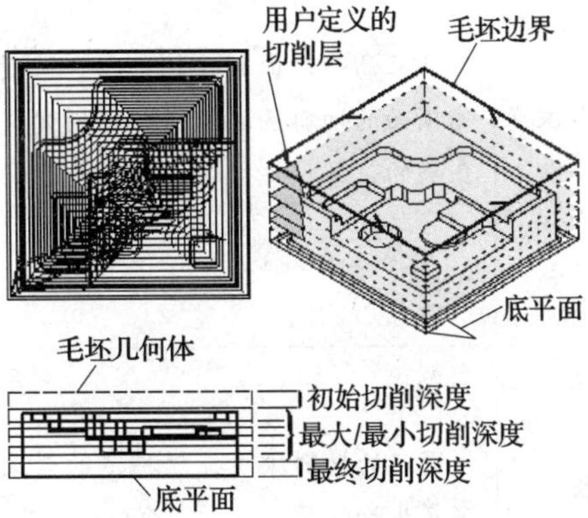 用户定义的切削层 毛坯边界 底平面 毛坯几何体 初始切削深度 最大/最小切削深度 最终切削深度 底平面
仅底面	只在底面创建唯一的切削层	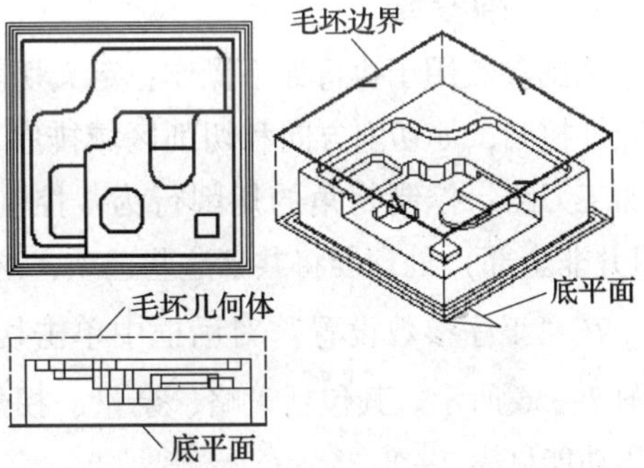 毛坯边界 底平面 毛坯几何体 底平面
底面及临界深度	在底面、岛屿顶面创建切削层，此时岛屿顶面的切削区域不会超出所定义的岛屿的边界，主要用于半精加工或精加工底面和岛屿顶面	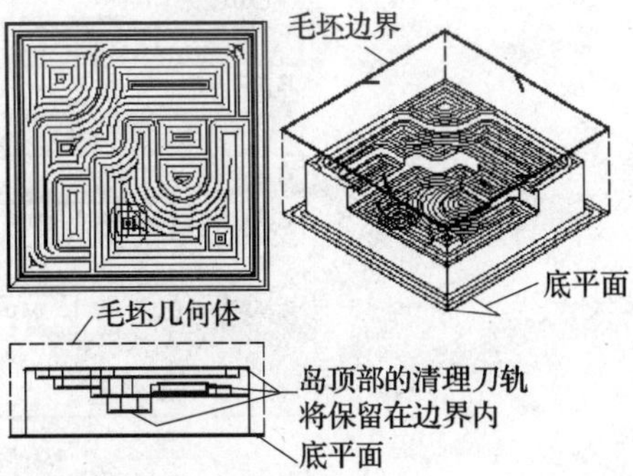 毛坯边界 底平面 毛坯几何体 岛顶部的清理刀轨将保留在边界内 底平面

续表

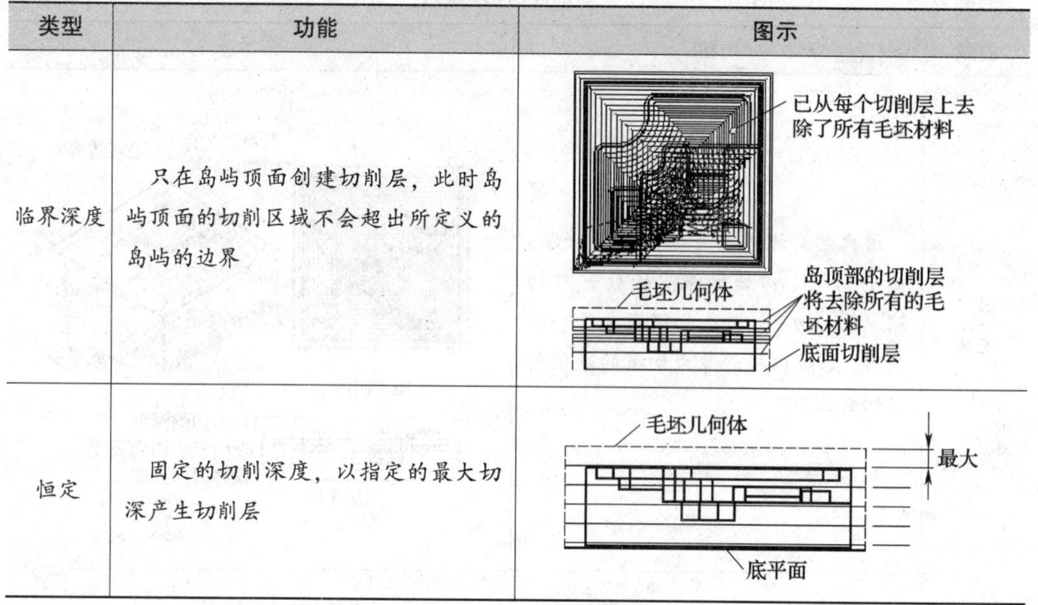

类型	功能	图示
临界深度	只在岛屿顶面创建切削层，此时岛屿顶面的切削区域不会超出所定义的岛屿的边界	已从每个切削层上去除了所有毛坯材料 毛坯几何体 岛顶部的切削层将去除所有的毛坯材料 底面切削层
恒定	固定的切削深度，以指定的最大切深产生切削层	毛坯几何体 最大 底平面

7. 切削参数

切削参数用于执行如下操作：定义切削后在部件上保留多少余量；提供对切削模式的额外控制，如切削方向和切削区域排序；确定输入毛坯并指定毛坯距离；添加并控制精加工刀路；控制拐角的切削行为；控制切削顺序并指定如何连接切削区域。大多数（但并非全部）处理器将共享这些选项，这些选项仅出现在对话框的几个选项卡中。

在“工序参数设置”对话框中单击切削参数按钮，弹出“切削参数”对话框，如图7—56所示。其包括策略、余量、拐角、连接、空间范围和更多共六个选项卡，其主要功能见表7—8。

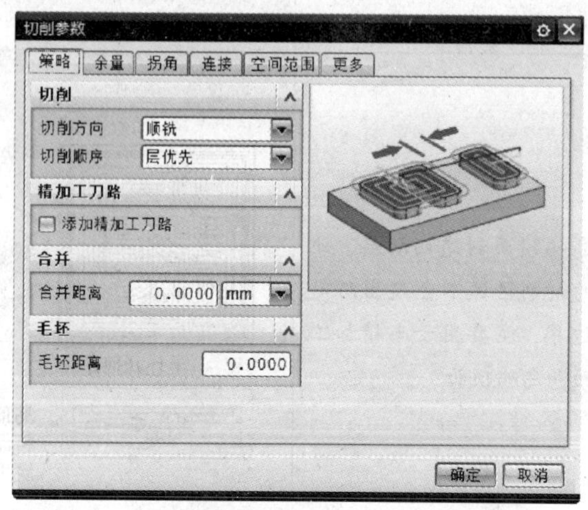

图7—56 “切削参数”对话框

表 7—8 切削参数

项目	类型	功能	图示
切削方向	顺铣	刀具进给方向保证实现顺铣	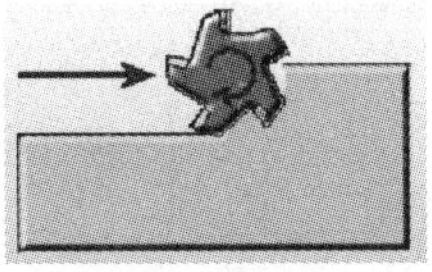
	逆铣	刀具进给方向保证实现逆铣	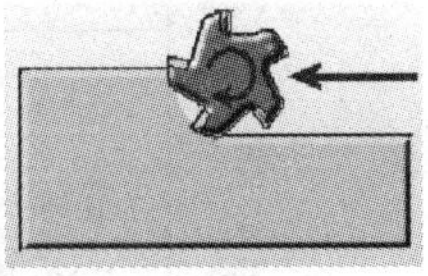
	跟随边界	刀具顺着边界的方向进给	
	边界反向	刀具逆着边界的方向进给	
切削顺序	层优先	每次切削完工件上所有区域的同一高度的切削层之后再进入下一层的切削	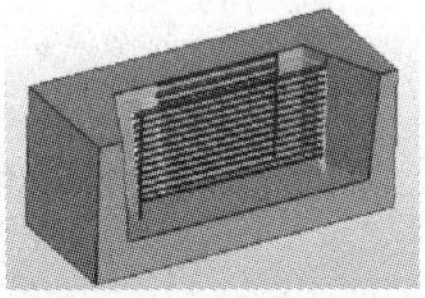
	顺序优先	每次将一个切削区域的所有层切削完毕再进入下一区的切削	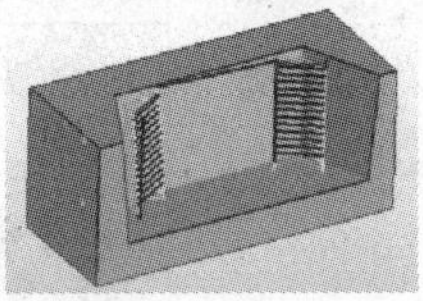
精加工刀路	添加精加工刀路	控制刀具在完成主要切削刀路后所作的最后切削的一个或多个刀路	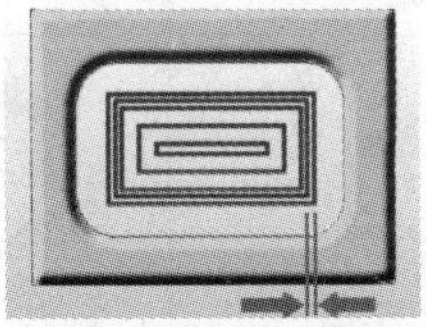
毛坯	毛坯距离	控制在现有的毛坯边缘偏置指定的距离	

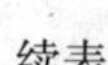
续表

项目	类型	功能	图示
余量	部件余量	指定部件加工后遗留材料的量	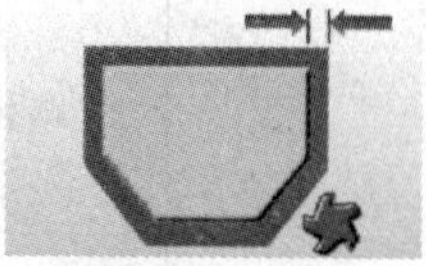
	最终底面余量	指定底面上遗留的材料，此余量沿刀轴竖直测得	
	毛坯余量	指定刀具偏离已定义毛坯几何体的距离	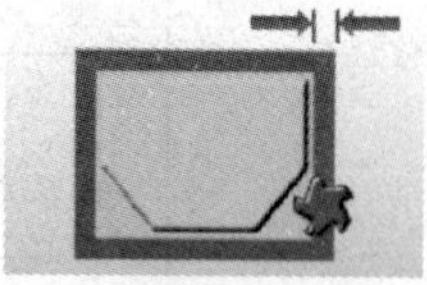
	检查余量	指定刀具位置与已定义检查边界的距离	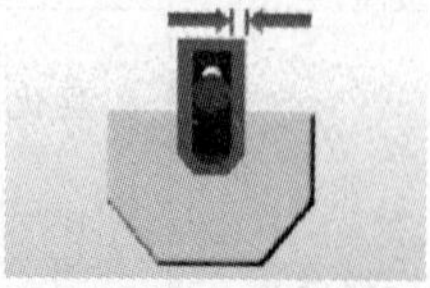
	修剪余量	指定自定义的修剪边界放置刀具的距离	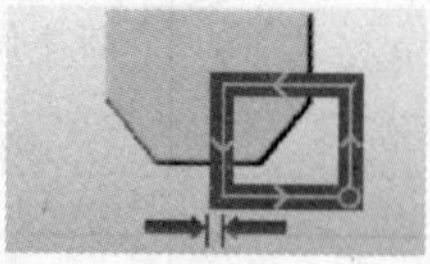
公差	内公差	指定刀具在部件表面内切削时可以偏离预期刀轨的最大距离	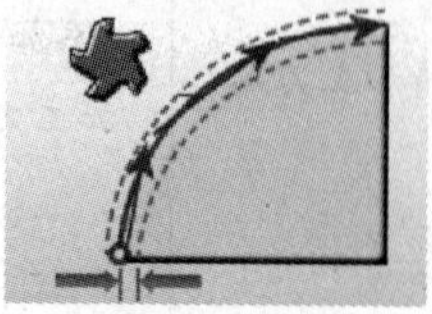
	外公差	指定刀具远离部件表面切削时可以偏离预期刀轨的最大距离	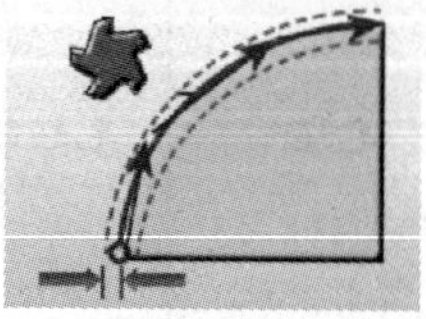

续表

项目	类型	功能	图示
拐角处的刀轨形状	绕对象滚动	通过在拐角滚动过渡部件壁	
	延伸并修剪	通过延伸相邻段过渡部件壁	
	延伸	通过延伸相邻段到交点以过渡部件壁	
切削顺序	标准	确定切削区域的加工顺序。软件会自动实现如下功能：当使用层优先选项作为切削顺序来加工多个切削层时，处理器将针对每一层重复相同的加工顺序	
	优化	根据最有效加工时间设置加工切削区域的顺序。处理器确定的加工顺序可使刀具尽可能少地在区域之间来回移动，并且当从一个区域移到另一个区域时，刀具的总移动距离最短。默认是这种方式，一般不需要更改	
	跟随起点	根据指定区域起点的顺序设置加工切削区域的顺序。这些点必须处于活动状态，以便区域排序能够使用这些点。生成刀轨之前必须指定切削区域起点	
	跟随预钻点	根据指定预钻进刀点的顺序设置加工切削区域的顺序，跟随预钻点应用相同规则作为跟随起点。生成刀轨之前必须指定预钻进刀点	

注意：越小的内公差和外公差值所允许与曲面的偏离就越小，并可产生更光顺的轮廓，但是需要更多的处理时间，因为这会产生更多的切削步骤。请勿将两个值都指定为零。

8. 非切削移动

非切削移动是为完成切削移动而进行的辅助运动。非切削移动可发生在切削运动之前、之后或之间，可以是简单的进退刀运动，也可以是用户自定义的一系列进刀、退刀和横越运动。如图 7—57 中所示虚线轨迹即为非切削移动。

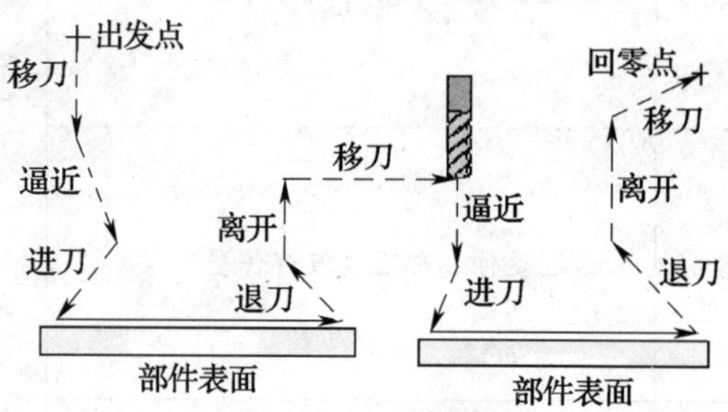

图 7—57 非切削移动

在“工序参数设置”对话框中单击切削参数 按钮，弹出“非切削移动”对话框，如图 7—58 所示。其包括进退刀、避让等参数设置。

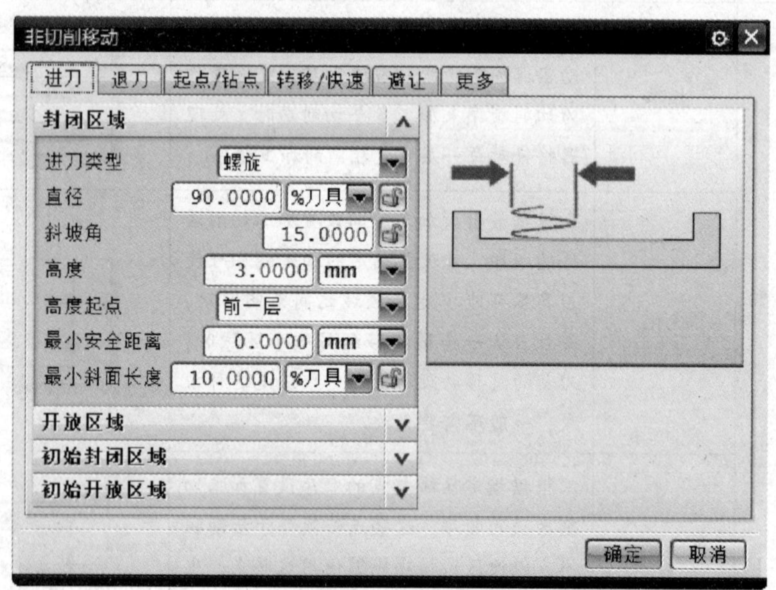

图 7—58 “非切削移动”对话框

(1) 进退刀

进刀是指开始切削之前，刀具接近工件的运动；退刀是指刀具完成切削后，刀具离开工件的运动。

对粗加工而言，封闭区域通常使用螺旋或斜向进刀，且斜角不大于 5°，开放区域则可插削进刀，以减少进刀时间。

(2) 起点

区域起点指下刀位置和步距方向。

(3) 预钻孔点（钻点）

预钻孔点指在预先加工的孔位或在毛坯材料的空处进刀，以加快进刀速度，提高切削效率。

9. 进给率和速度

一个完整的切削过程包括快进、接近、切削、退刀以及返回等运动方式。一般情况下，非切削运动可设置较高的进给速度，而切削运动应根据零件材料、刀具材料、切削深度、加工余量、公差等参数进行设置。

在“工序”对话框中单击按钮，弹出“进给率和速度”对话框，如图7—59所示。可以根据经验或查阅相关资料确定切削和进给速度，也可单击按钮，由系统自动计算。

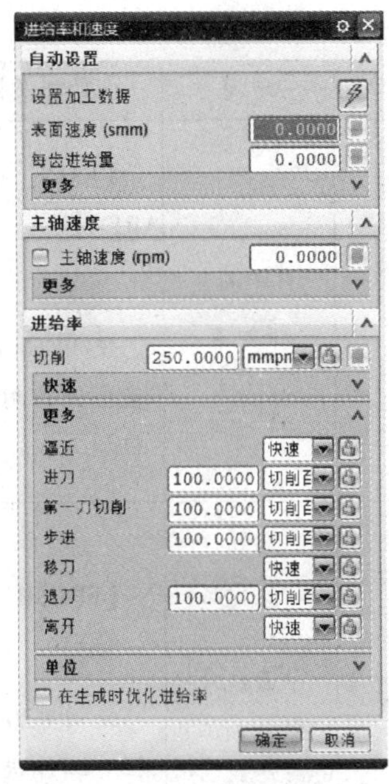

图7—59 “进给率和速度”对话框

任务实施

一、定模板内腔加工工艺分析

定模板的工件尺寸为550×500×100，材料为45钢。首先对模板内腔进行粗加工快速清除大量余量，为精加工做准备。随后使用D20合金立铣刀和D50R6合金刀片分别对内壁和底面进行精加工。基本加工流程见表7—9。

表7—9 定模板内腔加工流程

序号	步骤	功能选择说明	工艺类型	图示
1	导入模型	将加工模型导入到加工模块	测量加工区域尺寸，为后序加工做准备	
2	创建毛坯、刀具	创建几何体、刀具、工件和毛坯，接着创建刀具和刀具路径程序	设定模型加工区域和毛坯区域	

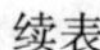
续表

序号	步骤	功能选择说明	工艺类型	图示
3	2D 平面铣粗加工	【FACE_MILLING_AREA】 使用 $\phi60R8$ 的合金盘型铣刀对工件进行粗加工	粗加工，去除大量毛坯余量	
4	平面铣外形精加工	【FINISH_WALLS】 使用 $\phi20$ 的合金刀粒对工件进行内壁精加工	将内腔尺寸精加工到位	
5	平面铣底部精加工	【FACE_MILLING_AREA】 使用 $\phi50R6$ 合金盘型铣刀对工件底部进行精加工	将底部区域精加工到位	

二、实施任务

1. 调入模型

前一个任务已经调入加工模型。

2. 创建毛坯和刀具

刀具在前一个任务已经创建。

平面铣加工不定义毛坯也可创建刀轨，这里创建毛坯的目的是为了验证刀轨的需要，按图 7—60 进行操作。

3. 平面铣粗加工

根据加工工艺分析，使用 $\phi60R8$ 的合金盘型铣刀，用【FACE_MILLING_AREA】加工方法对定模板内腔进行粗加工。具体步骤如下：

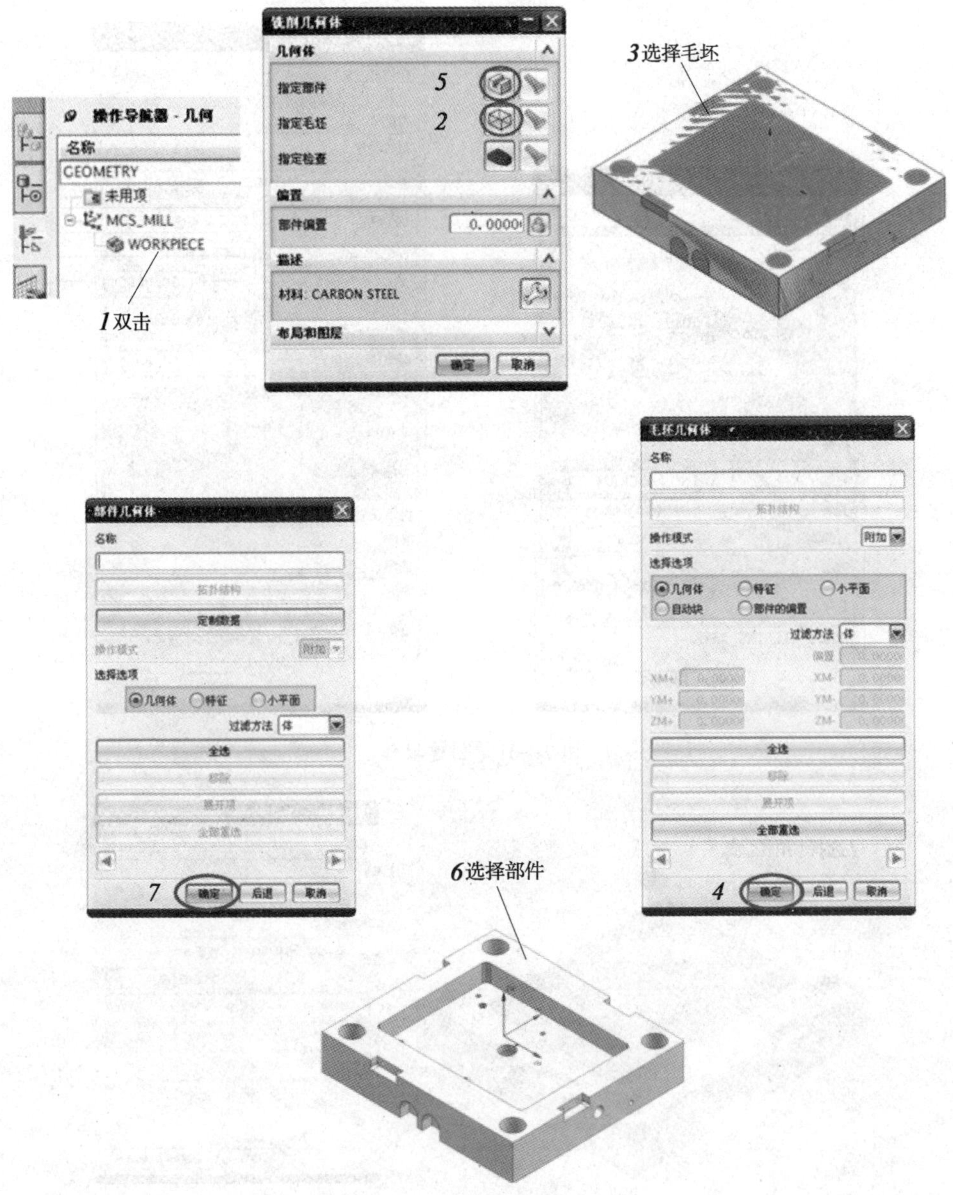

图 7—60 定义几何体

(1) 创建操作

单击插入节点工具栏中的 按钮，弹出“创建操作”对话框，按图 7—61 所示进行操作。

(2) 指定切削区域

选择“指定切削区域” ，弹出“切削区域”对话框，按图 7—62 所示进行操作。

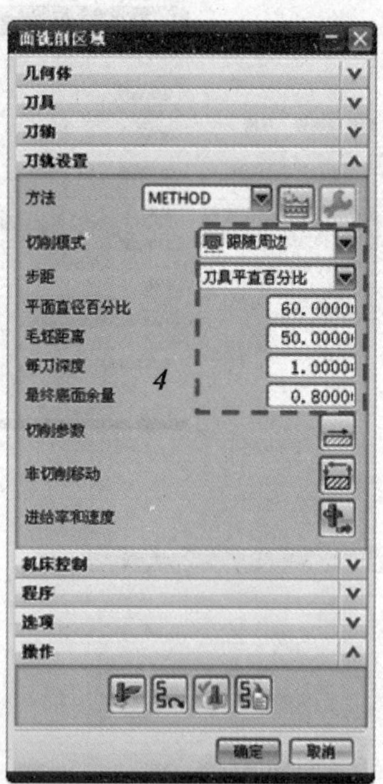

图 7—61　创建操作

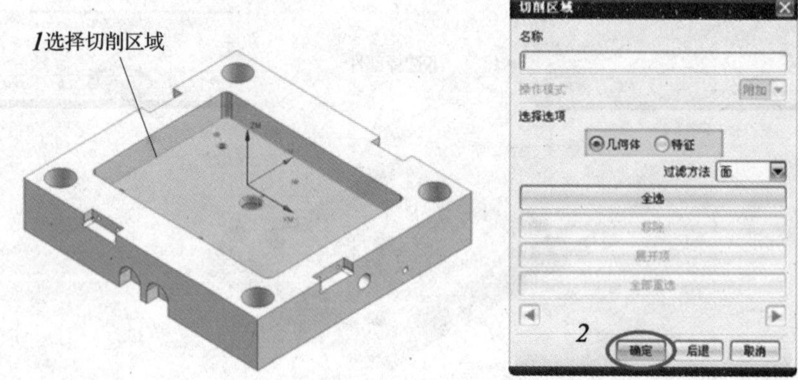

图 7—62　指定切削区域

（3）切削参数设置

选择“切削参数”，弹出“切削参数”对话框，按图 7—63 所示进行操作。

（4）非切削参数设置

选择“非切削参数”，弹出“非切削参数”对话框，按图 7—64 所示进行操作。

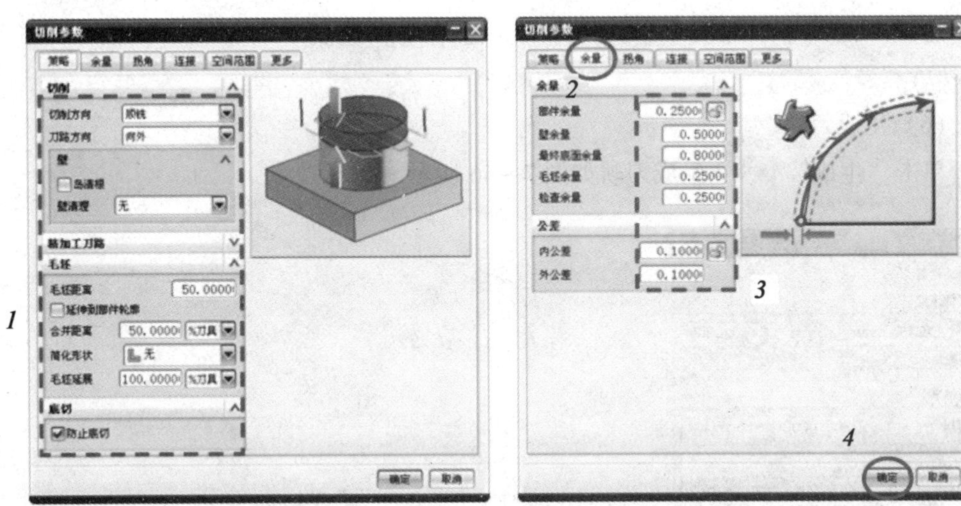

图 7—63　切削参数设置

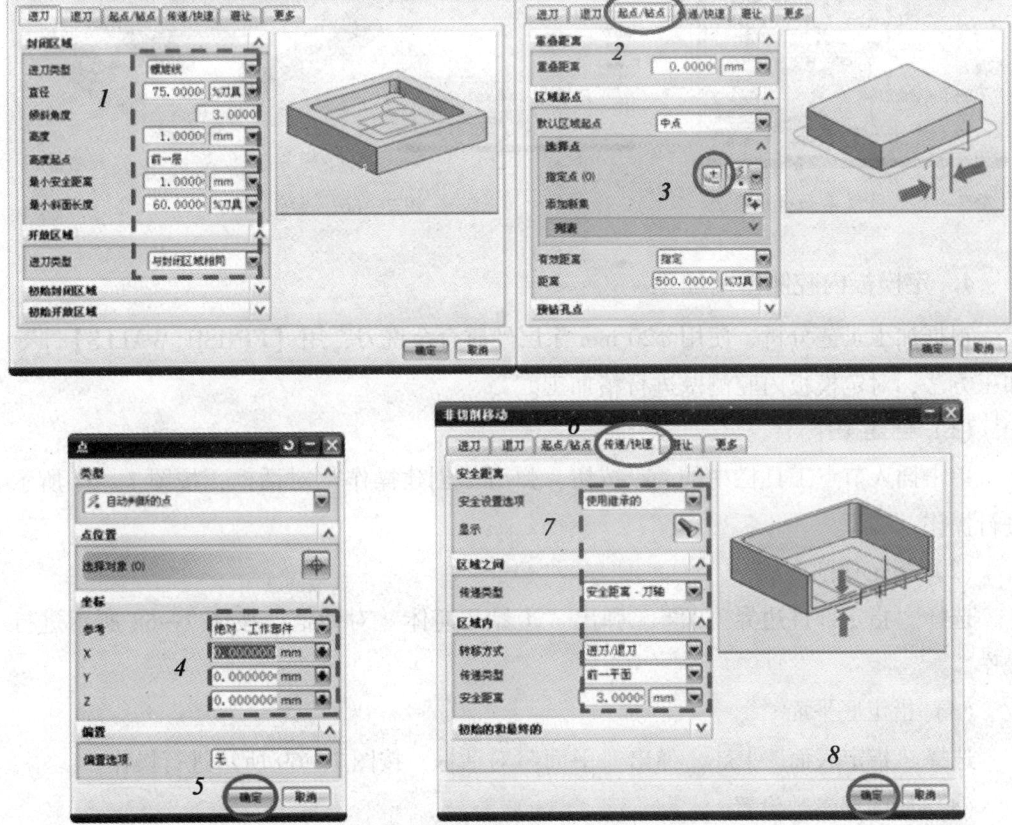

图 7—64　非切削参数设置

（5）进给率、转速

选择“进给率、速度”，弹出“进给率和速度”对话框，按图 7—65 设置。

（6）生成刀轨

单击“生成”，生成刀轨如图 7—66 所示。

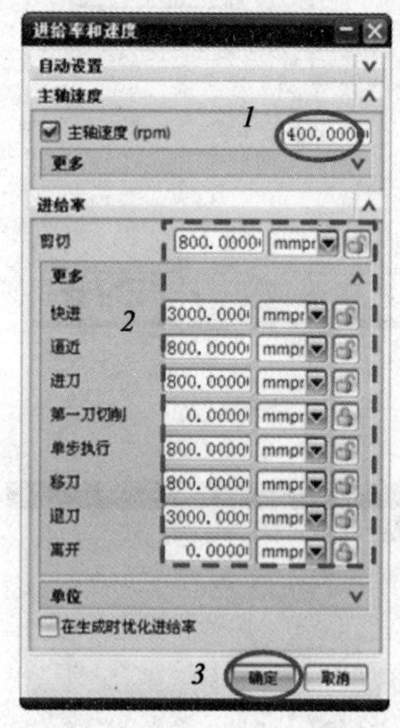

图 7—65　进给率和速度设置

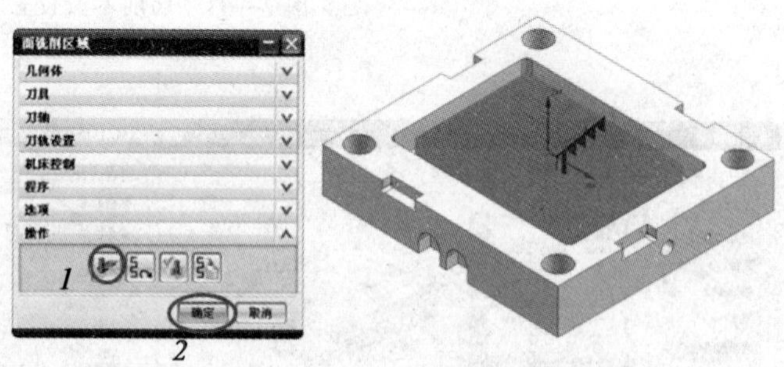

图 7—66　生成刀轨

4. 定模板内腔侧壁精加工

根据加工工艺分析，使用 ϕ20 mm 涂层硬质合金铣刀，用【FINISH_WALLS】加工方法，对定模板内腔侧壁进行精加工。

（1）创建操作

单击插入节点工具栏中的按钮，弹出“创建操作”对话框，按图 7—67 所示进行操作。

（2）指定切削区域

选择“指定部件边界”，弹出“边界几何体”对话框，按图 7—68 所示进行操作。

（3）指定底平面

选择“指定底面”，弹出“平面”对话框，按图 7—69 所示进行操作。

（4）切削层参数设置

选择“切削层”，弹出“切削层”对话框，按图 7—70 所示进行操作。

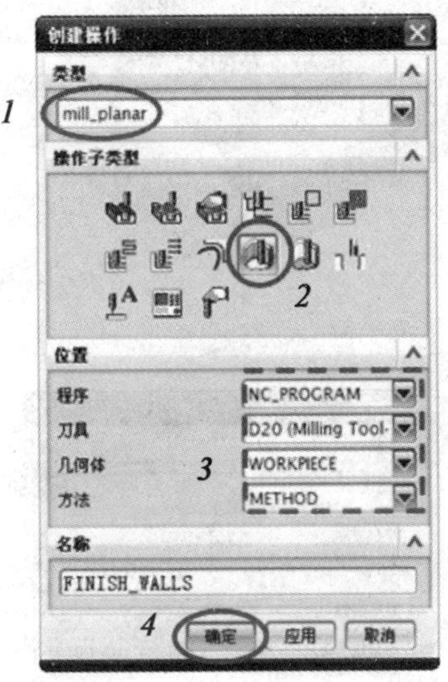

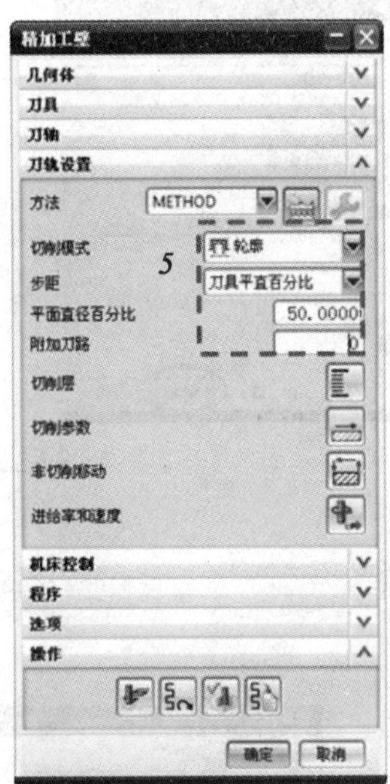

图 7—67　创建操作

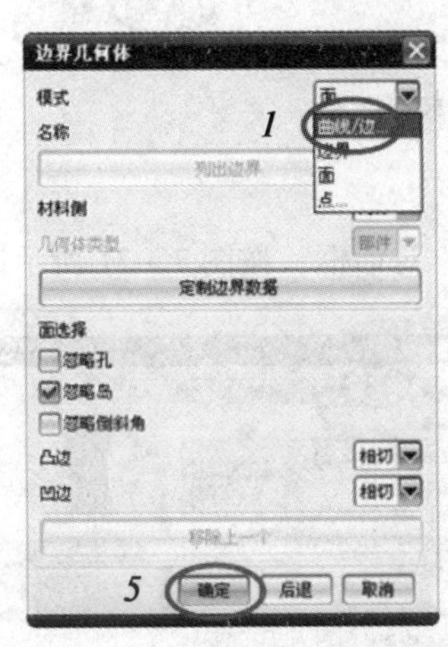

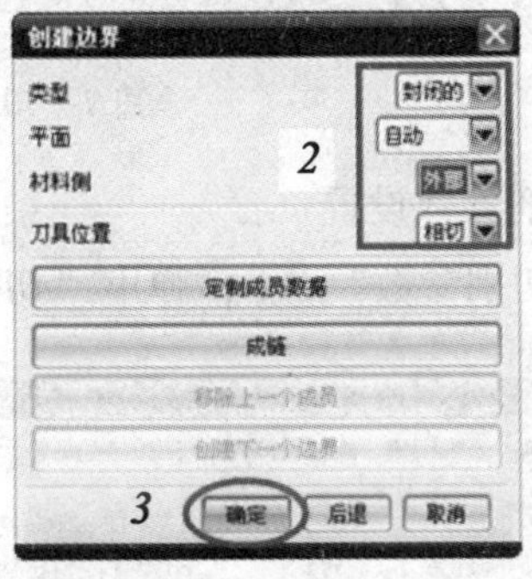

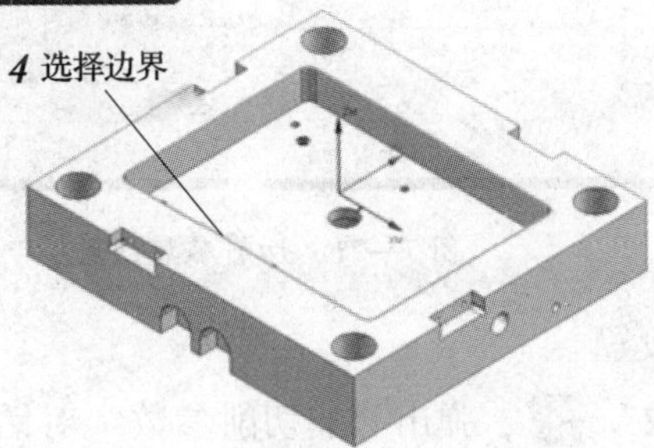

图 7—68　指定切削区域

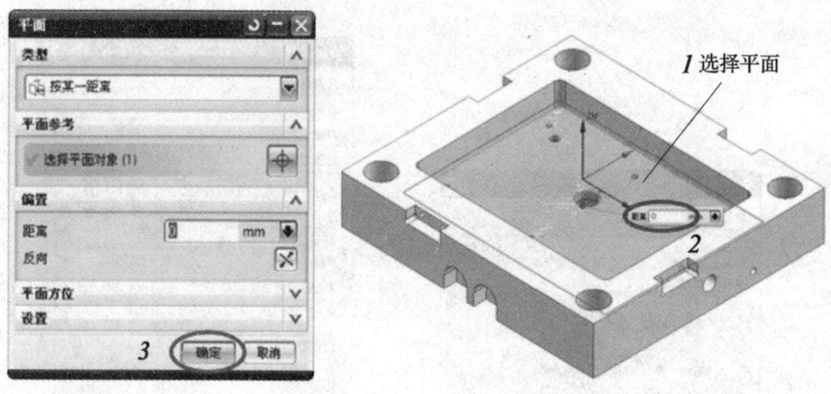

图 7—69　指定底平面

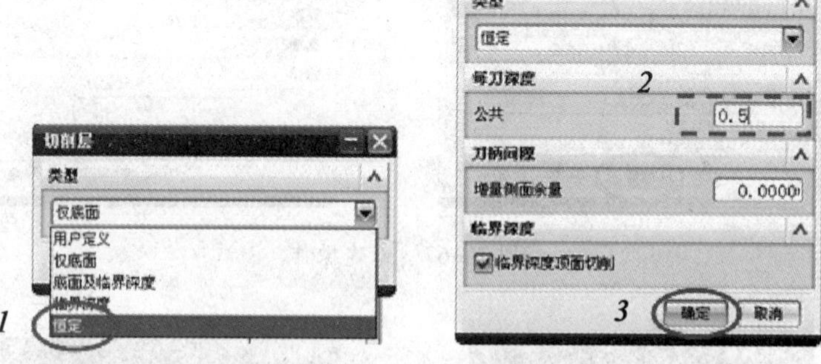

图 7—70　切削层参数设置

(5) 切削参数设置

选择“切削参数” ，弹出“切削参数”对话框，按图 7—71 所示进行操作。

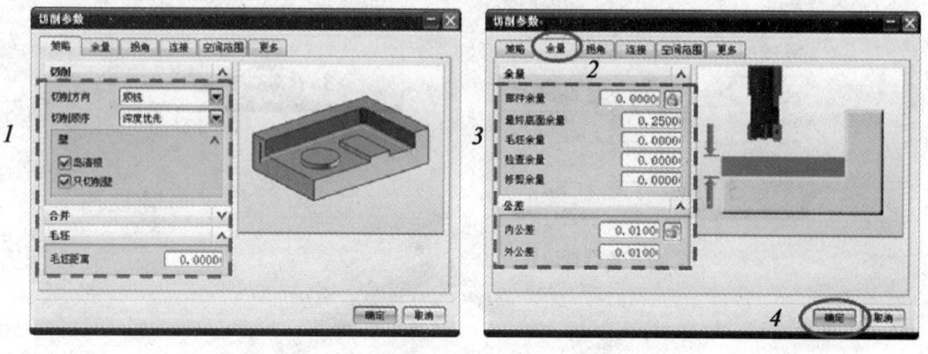

图 7—71　切削参数设置

(6) 非切削参数设置

选择“非切削参数” ，弹出“非切削参数”对话框，按图 7—72 所示进行操作。

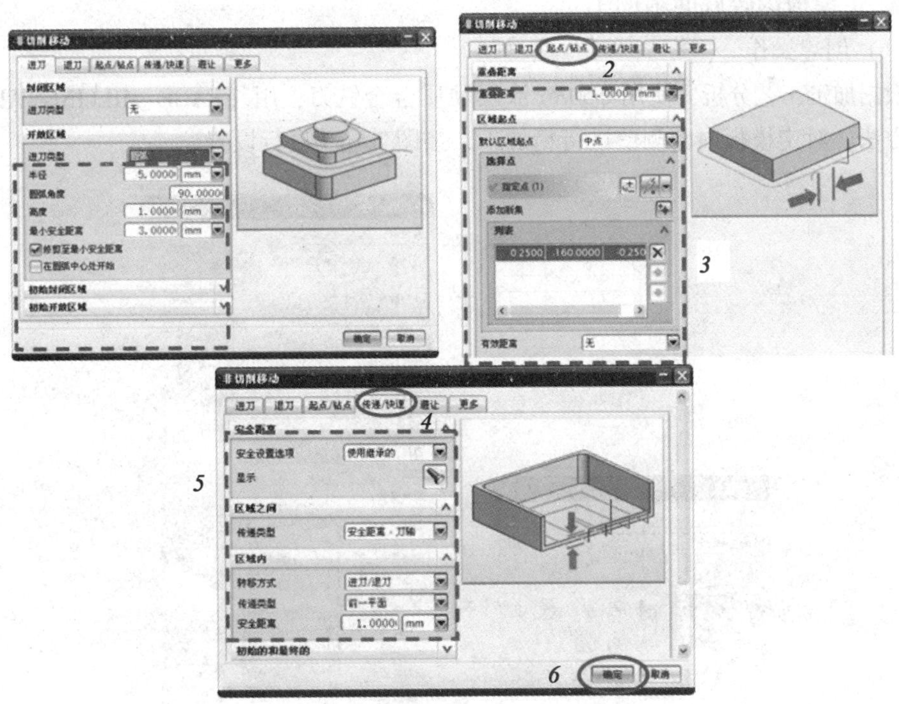

图 7—72 非切削参数设置

（7）进给率和速度设置

选择“进给率和速度”，弹出“进给率和速度”对话框，按图 7—73 进行设置。

（8）生成刀轨

点击“生成”，生成刀轨如图 7—74 所示。

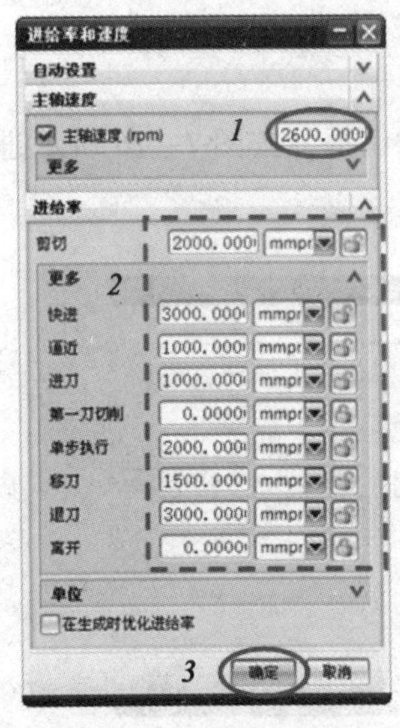

图 7—73 进给率和速度设置

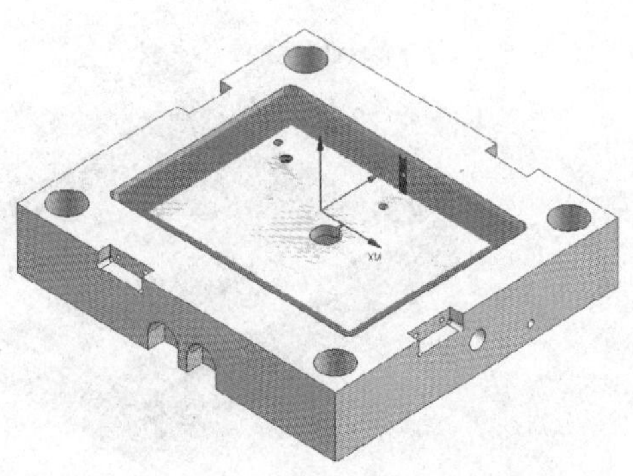

图 7—74 生成刀轨

5. 定模板内腔底面精加工

(1) 创建操作

根据加工工艺分析，使用 $\phi 50R6$ 涂层硬质合金铣刀，用【FACE_MILLING_AREA】加工方法，对定模板内腔侧壁进行精加工，按图 7—75 进行设置。

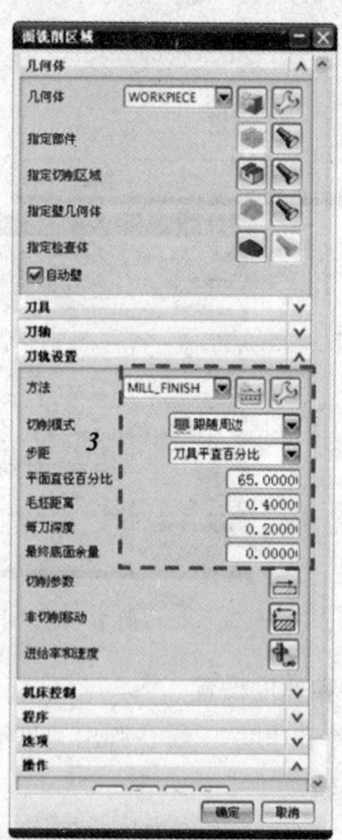

图 7—75 创建操作

(2) 指定切削区域

选择“指定切削区域” ，弹出“切削区域”对话框，按图 7—76 所示进行操作。

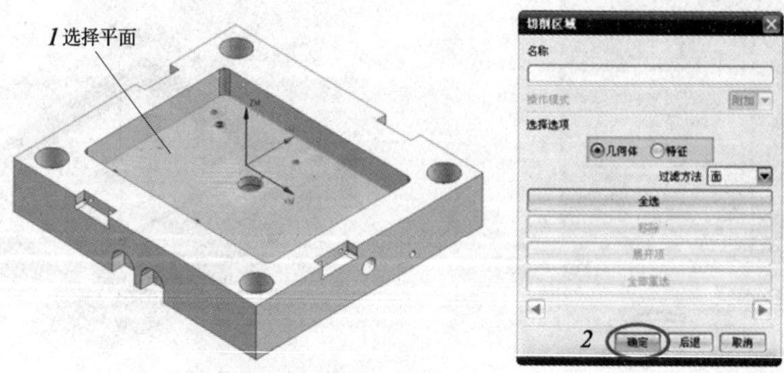

图 7—76 指定切削区域

在“Face_Milling_Area”对话框中勾选“自动壁”选项 ☑自动壁 。

(3) 切削参数设置

选择“切削参数”，弹出“切削参数”对话框，按图 7—77 所示进行操作。

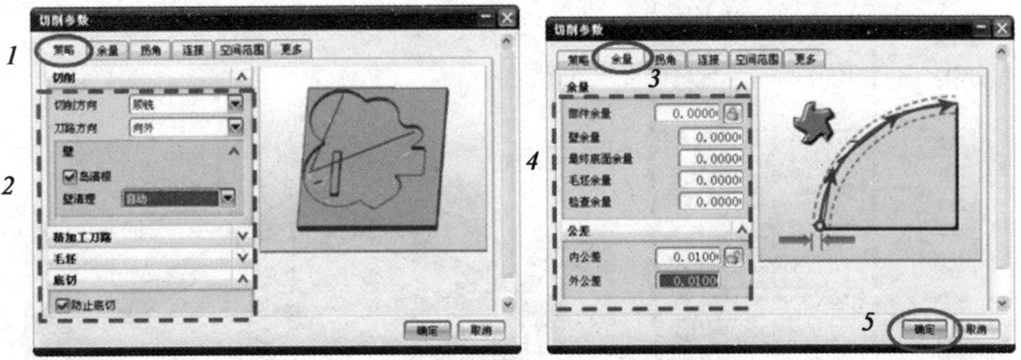

图 7—77 切削参数设置

(4) 非切削参数设置

选择“非切削参数”，弹出“非切削参数”对话框，按图 7—78 所示进行操作。

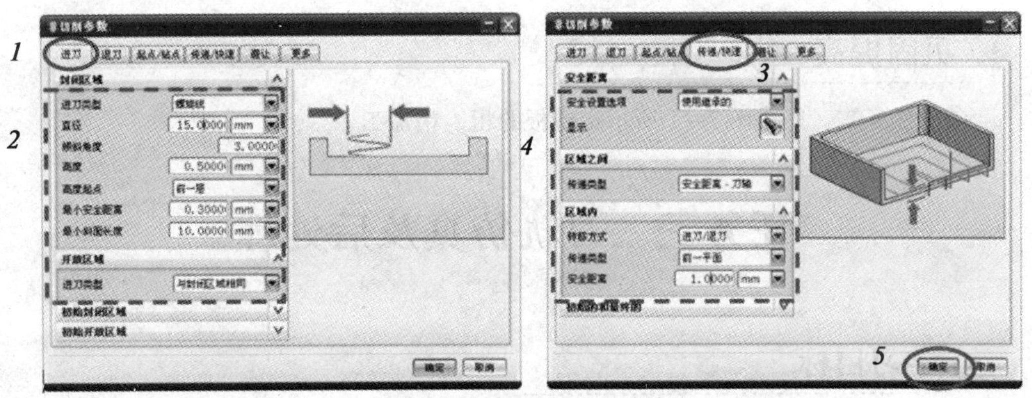

图 7—78 非切削参数设置

(5) 进给率和速度设置

选择“进给率和速度”，弹出“进给率和速度”对话框，按图 7—79 进行设置。

(6) 生成刀轨

点击“生成”，生成刀轨如图 7—80 所示。

图 7—79　进给率和速度设置

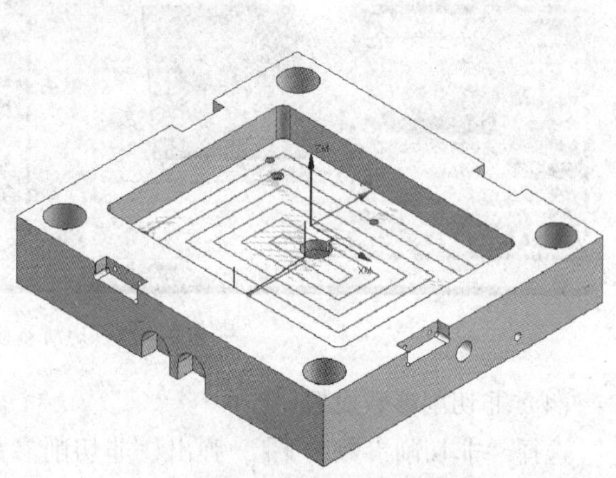

图 7—80　生成刀轨

巩固提高

参照任务二，完成图 7—1 所示定模板的粗、精加工。

任务三　刀轨仿真及后处理

学习目标

1. 掌握刀轨的验证方法。
2. 能完成后处理。

工作任务

验证定模板内腔平面铣刀轨，如图 7—81 所示，并执行后处理，生成 NC 程序。

将上一个任务所生成的刀轨进行验证，模拟加工的结果，查看是否有碰撞、过切，如果发现问题及时更改相关的参数，再验证，直至没有任何问题为止。要在数控机床上加工该产品，必须将刀轨通过后处理，生成 NC 程序。

图 7—81 刀轨仿真

相关理论

一、刀具轨迹显示

刀具轨迹会以不同的线型、颜色显示，其参数可以根据需要进行调整。

1. 刀轨显示设置

在任何一个“工序创建”对话框中，都有如图 7—82 所示的刀轨显示选项，单击编辑显示按钮 ，弹出“显示选项”对话框，如图 7—83 所示。默认刀轨颜色如图 7—84 所示。

刀轨显示的方式有：实线、虚线、轮廓线、填充和轮廓线填充，如图 7—85 所示。

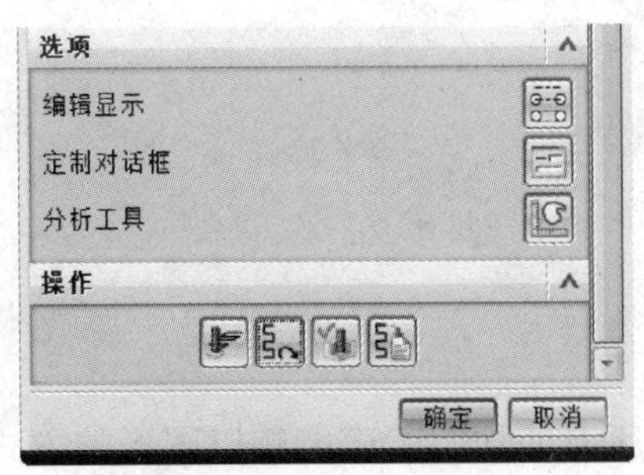

图 7—82 刀轨显示选项

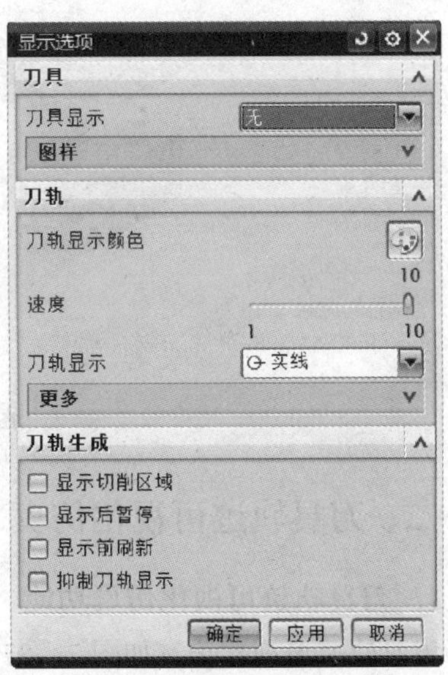

图 7—83 “显示选项”对话框

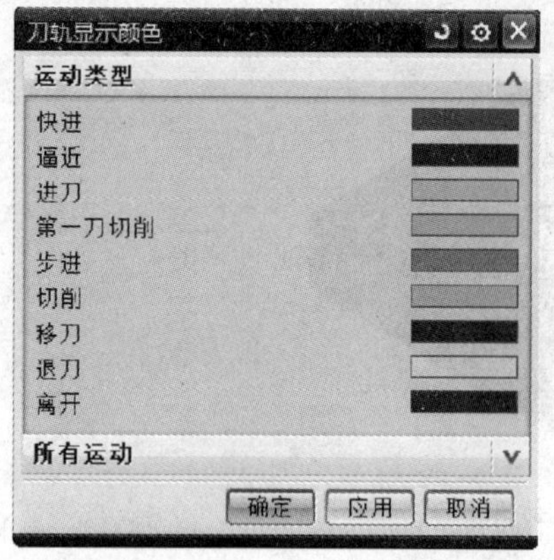

图 7—84 “刀轨显示颜色”对话框

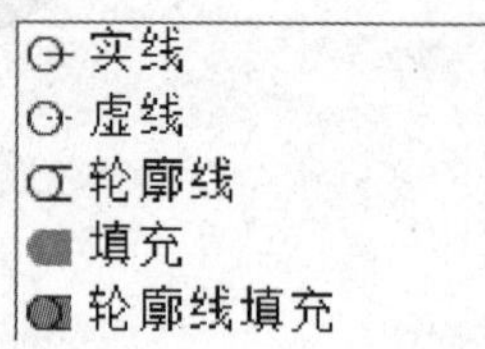

图 7—85 刀轨显示方式

2. 刀轨生成设置

显示切削区域：在每个切削层上显示刀轨之前，先显示切削区域的轮廓。

显示后暂停：在每个切削层上显示刀轨之后暂停，否则连续显示切削层刀轨。

显示前刷新：在显示每一个切削层刀轨之前刷新，即清除之前显示的刀轨。

抑制刀轨显示：生成刀轨时不显示。

3. 刀轨重播

对于已经生成的刀轨，若未显示其刀轨，则只要在工序导航器中选择此刀轨名称，或通过重播 ，可显示所选刀路的轨迹。例如将前面任务中 FACE_MILLING_AREA_1 的刀路重播，显示如图 7—86 所示结果。

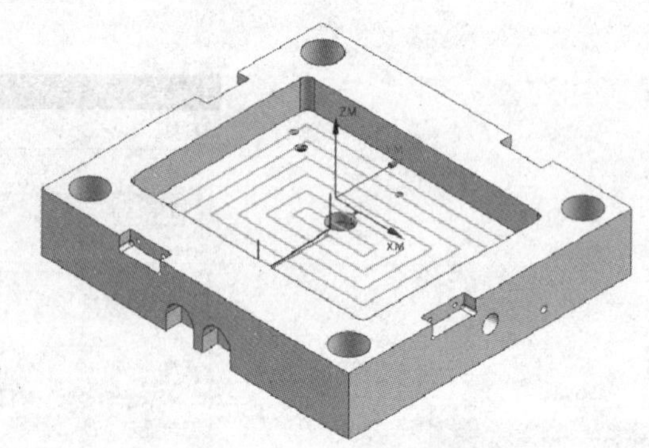

图 7—86 刀轨重播

二、刀具轨迹可视化仿真

1. 刀具轨迹可视化仿真功能

刀具轨迹可视化仿真如图 7—87 所示。可使所有的加工工序能够以图形的方式显示，同时包括了检查刀具碰撞、材料过切等。

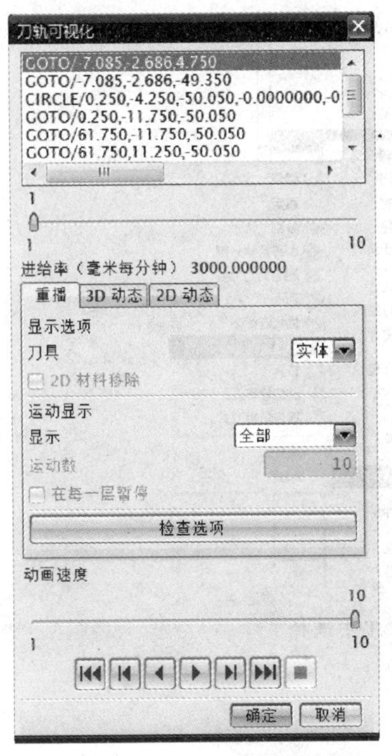

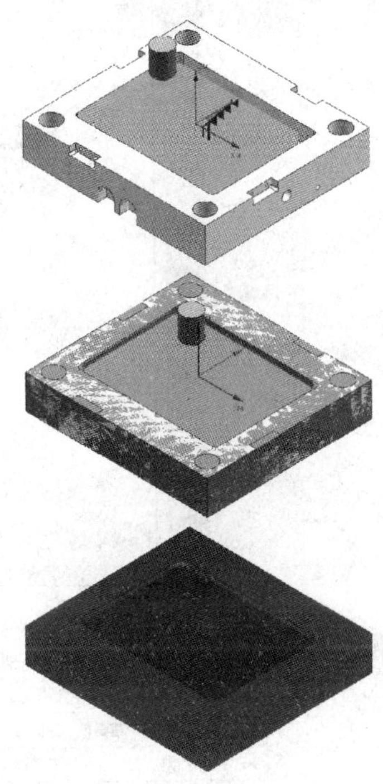

图 7—87 刀轨可视化

动态仿真：显示刀具轨迹时，同时显示切除材料的过程，但动态仿真方法需要在 WORKPIECE 父节点组中定义毛坯。

在刀具轨迹的每一个 GOTO 到 GOTO 语句之间显示刀具或刀具装配。刀具轨迹可视化仿真可以只选择一个或者多个工步进行可视化仿真，可以重播、3D 动态仿真、2D 动态仿真，一般用 2D 动态仿真比较直观。

2. 刀具轨迹可视化仿真方法

（1）在“工序创建”对话框中选择轨迹仿真图标，如图 7—88 所示。

图 7—88 选择轨迹仿真

（2）从工具栏中选择刀具轨迹仿真图标，如图 7—89 所示。

图 7—89 选择刀具轨迹仿真

（3）从 ONT 中选择，如图 7—90 所示。

（4）从主菜单中选择，如图 7—91 所示。

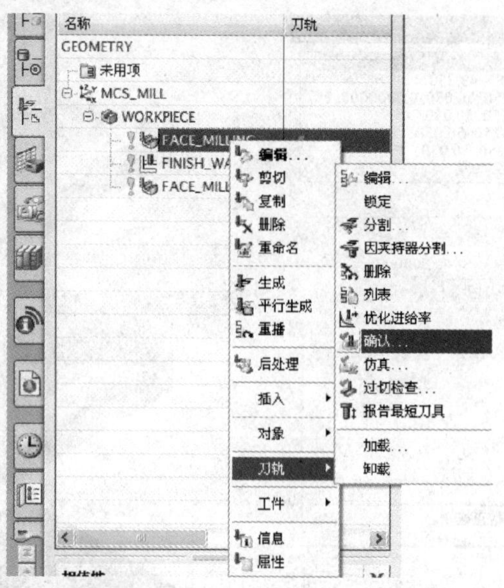

图 7—90　从 ONT 中选择

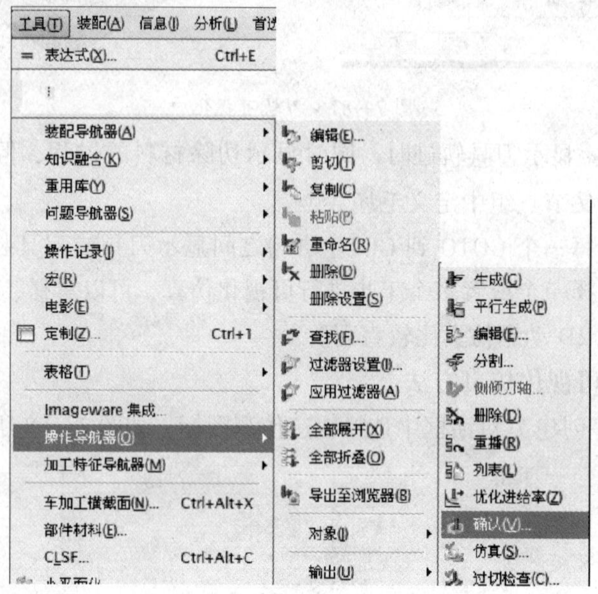

图 7—91　从主菜单中选择

三、后处理

使用加工应用模块生成加工零件的刀具轨迹，这些刀具轨迹包括了点位和控制刀具运动的其他信息。包含这些信息的文件称为刀具位置源文件，需要经过后处理，从而生成 NC 程序。也就是说，把刀具位置源文件翻译成 NC 程序的过程称为后处理。

1. 后处理的两个要素

刀具轨迹：通过 UG CAM 功能生成出来的刀轨，包含所有的加工参数等信息。

后处理器：后处理器读取刀具位置源文件，并把它翻译成 NC 程序，一般对于不同的操作系统、机床，厂商会提供相应的后处理器。

2. 执行后处理

单击操作工具栏中的 按钮，弹出“后处理”对话框，如图 7—92 所示。后处理器：选择合适的后处理程序。

输出文件：用于生成指定的 NC 程序的名称。

单位：用于指定后处理的单位。

列出输出：在后处理后显示 NC 程序。

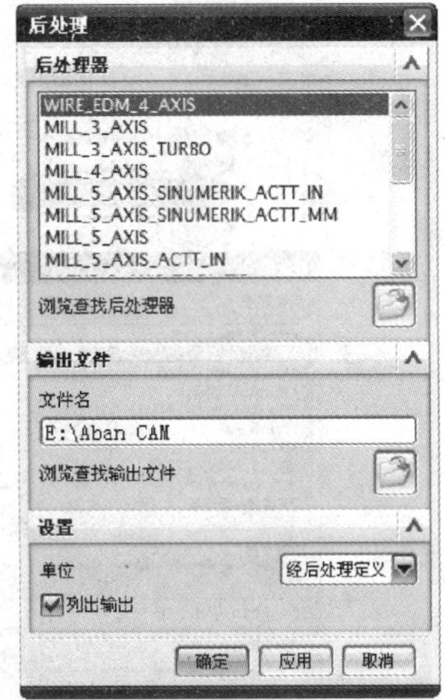

图 7—92 后处理

任务实施

1. 刀具轨迹可视化仿真

在操作导航器，选择所有工步的父节点，选择 ，弹出“刀轨可视化”对话框，选择“2D 动态”，单击 ，则显示刀具切削过程，如图 7—93 所示，仿真结果如图 7—94 所示。

图 7—93 刀具切削过程

图 7—94 仿真结果

仿真过程中，如果出现撞刀、过切等错误，软件会出现提示信息，这就需要对加工参数作适当的修改，直至没有任何问题，才能进入下一个步骤：后处理。

2. 后处理

在操作导航器选择要执行后处理的工步单独执行一个或几个工步的后处理，如果要对所有的刀轨执行后处理，需要选择所有刀轨的父节点再执行后处理操作。

这里以“FACE_MILLING_AREA_1”工步的后处理为例来执行，其操作过程如图 7—95 所示。

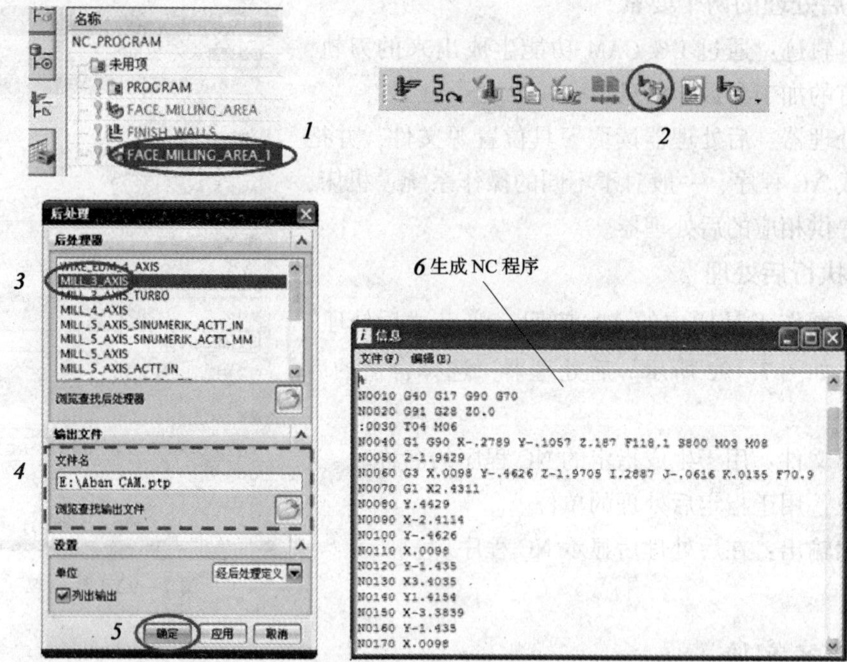

图 7—95　后处理过程

巩固提高

参照任务三，完成图 7—1 所示定模板的刀轨仿真和后处理。

模块八 型腔铣加工

一、模块任务要求

图 8—1 所示零件为仪表盘动模，材料为 P20，硬度约为 32HRC。要求用 UG CAM 模块功能实现对其加工。

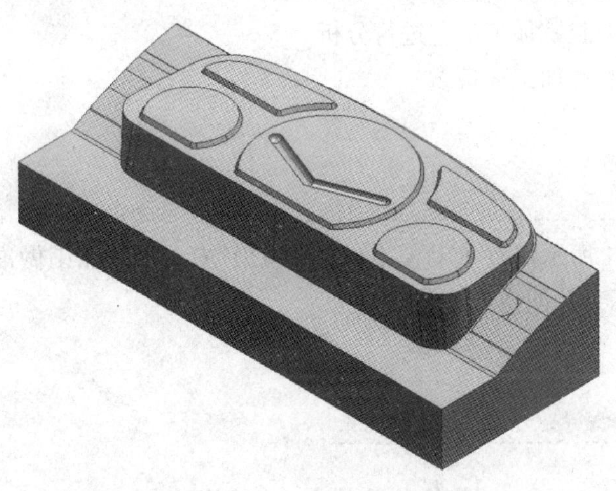

图 8—1 仪表盘动模

二、模块任务目的

通过此模块任务掌握 UG CAM 模块型腔铣、固定轴轮廓铣的功能，以及切削刀轨的验证、后处理等功能；从而进一步熟悉 UG CAM 的工作流程，熟练掌握相关操作，能独立完成如图 8—2 所示一般零件的加工。

三、模块任务分析

本模块任务包括三个任务：型腔铣加工准备、型腔铣粗加工、型腔铣精加工。从掌握型腔铣操作的基础知识入手，完成对仪表盘动模从加工准备、粗加工、精加工到仿真验证和后处理的全流程操作。

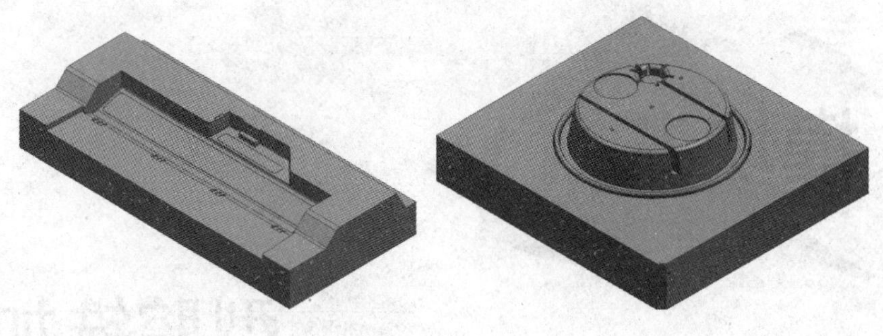

图 8—2　其他产品

任务一　型腔铣加工准备

学习目标

1. 能独立对型腔铣加工工艺进行分析。
2. 能完成型腔铣加工准备。

工作任务

分析如图 8—1 所示仪表盘动模零件的加工工艺，并为加工做准备（调入加工模块，建立加工坐标系并创建刀具等）。

相关理论

仪表盘动模加工工艺分析

1. 加工三个阶段

（1）粗加工

选用较大直径的镶片式 R 角铣刀分层铣削，采用小直径端铣刀去除狭窄位置的大余量，型面留余量 0. 5 mm。

（2）半精加工

选用球头铣刀，局部去余量、半清根，型面留余量 0. 2 mm。

（3）精加工

选用整体式端面铣刀与球头铣刀，精加工型面、清根。

2. 加工工艺安排

仪表盘动模加工工艺安排见表 8—1。

表 8—1　　仪表盘动模加工工艺安排

序号	步骤	程序名	刀具名称	操作方式	图解
1	粗加工，去除大余量	ROU_1	EM25_R4	【CAVITY_MILL】	
2	粗加工，去除局部余量	ROU_1	EM6	【CAVITY_MILL】	
3	曲面半精加工	SEMI_F_1	BM16	【CONTOUR_AREA】	
4	局部狭窄处平面半精加工	SEMI_F_2	EM6	【FACE_MILLING_AREA】	
5	顶部 5 处凸台斜面半精加工	SEMI_F_3	BM8	【CONTOUR_AREA】	

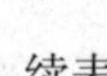

续表

序号	步骤	程序名	刀具名称	操作方式	图解
6	去除根部较大余量	SEMI_F_4	BM12	【FLOWCUT_REF_TOOL】	
7	去除根部较大余量	SEMI_F_5	BM8	【FLOWCUT_REF_TOOL】	
8	主要大平面加工	FINISH_1	EM20	【FACE_MILLING_AREA】	
9	曲面精加工	FINISH_2	BM6	【CONTOUR_AREA】	
10	5个凸台底平面加工	FINISH_3	EM6	【FACE_MILLING_AREA】	

续表

序号	步骤	程序名	刀具名称	操作方式	图解
11	5 个凸台侧面精加工	FINISH_4	EM6	【ZLEVEL_PROFILE】	
12	侧面精加工	FINISH_5	EM6	【ZLEVEL_PROFILE】	
13	加工浇道	FINISH_6	BM8	【FIXED_CONTOUR】	

任务实施

1. 新建空白模型文件

2. 调入加工模型

进入装配模块，点击添加组件，将 ybp_mold. prt 模型文件添加进来。

3. 进入加工模块

在“加工环境”对话框“要创建的 CAM 设置”中选择“mill_contour”，单击“确定”，进入加工模块，如图 8—3 所示。

4. 设置加工坐标系和安全平面

显示操作导航器几何视图，双击弹出“Mill Orient”对话框。接受默认的加工坐标系位置，显示图层 2 图素。在“安全设置选项”下拉列表中选择“平面”，并选取毛坯上表面，距离为 5，回车，再单击“确定”，完成设置。

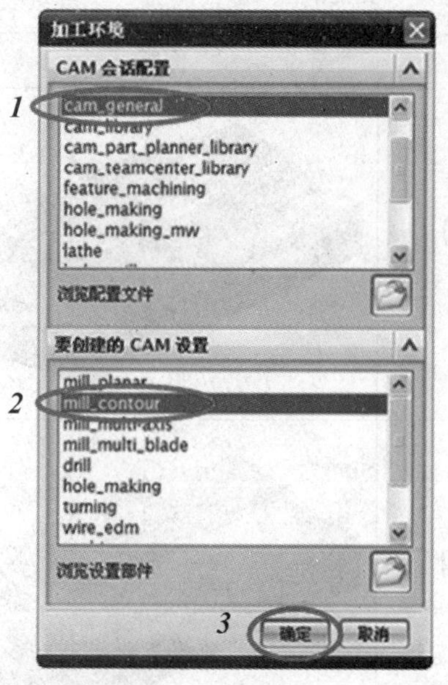

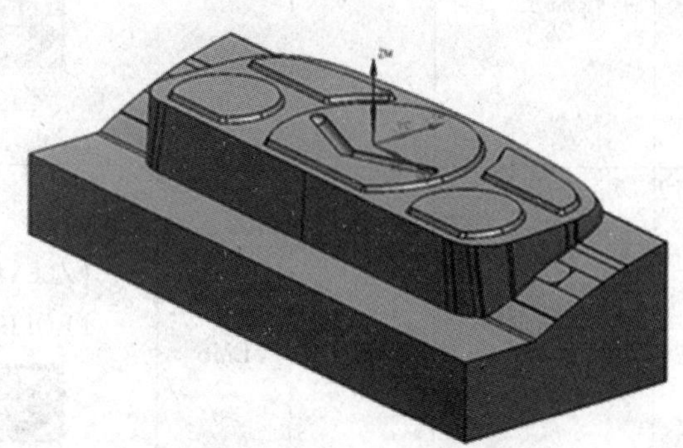

图 8—3　进入加工模块

5. 设置加工方法

操作导航器进入方法视图。

双击导航器中的 MILL_ROUGH，弹出“铣削方式”对话框，在“部件余量”栏中输入 0.5，表示粗加工时侧壁留余量 0.5 mm。

双击导航器中的 MILL_SEMI_FINISH，弹出“铣削方式”对话框，在“部件余量”栏中输入 0.2。

双击导航器中的 MILL_FINISH，弹出“铣削方式”对话框，在“部件余量”栏输入 0，内、外公差改为 0.01。

6. 创建加工刀具

按照表 8—2 所示，创建加工刀具。

表 8—2　　加工刀具

序号	刀具名称	刀具号	刀具直径	R 角	刀长	刃长	刃数
1	EM25_R4	1	25	4	250	130	6
2	EM20	2	20	0	110	45	2
3	EM6	3	6	0	65	25	2
4	BM16	4	16	8	160	60	2
5	BM12	5	12	6	150	35	2
6	BM8	6	8	4	50	20	2
7	BM6	7	6	3	150	20	2

单击创建节点工具栏中的 按钮，打开“创建刀具”对话框，按图 8—4 所示步骤设置。

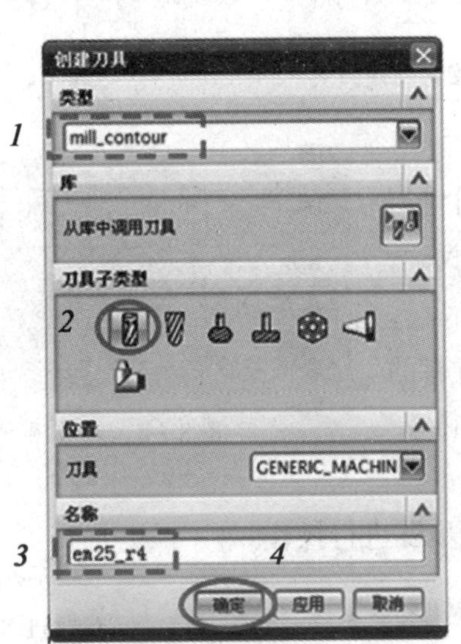

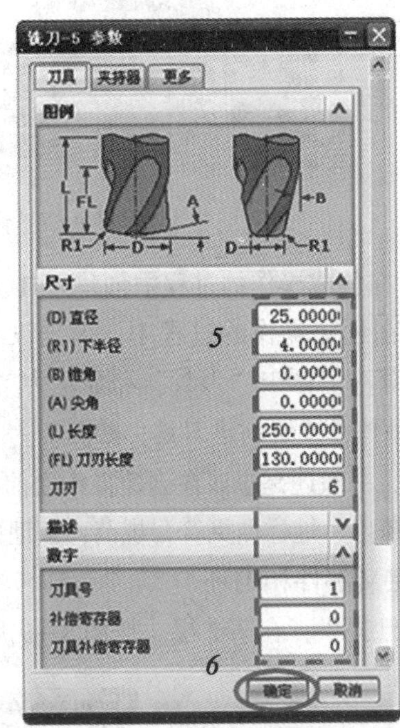

图 8—4 创建刀具

打开操作导航器刀具视图，如图 8—5 所示。用同样的方法创建剩余刀具，结果如图 8—6 所示。

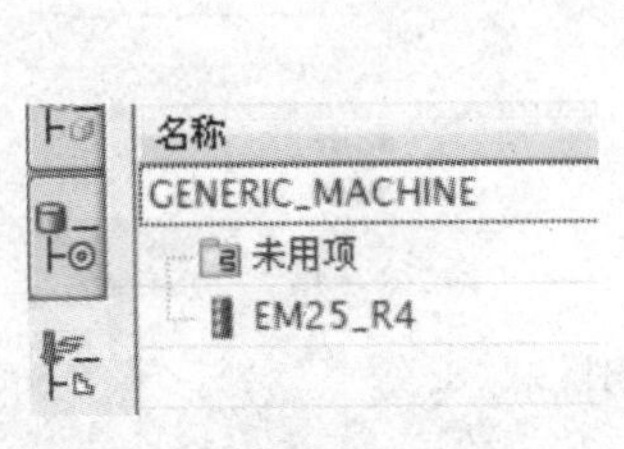

图 8—5 刀具视图

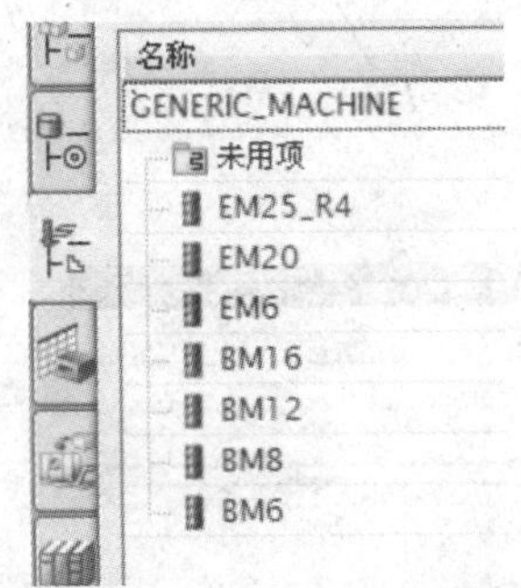

图 8—6 全部刀具视图

刀具的创建也可以通过另外两种办法来实现：

（1）通过导航器刀具视图右键快捷菜单创建刀具

打开操作导航器刀具视图，在已经创建好的刀具节点（EM25_R4）上点右键，弹出快捷菜单，复制并粘贴，然后创建新刀具（EM25_R4_COPY），将其重命名为 EM20，双击则打开“创建刀具”对话框，将原有参数修改为当前刀具的参数即可，如图 8—7 所示。

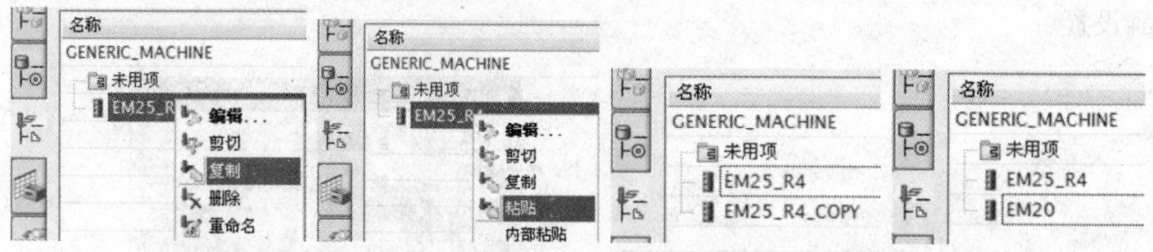

图 8—7　快捷菜单创建刀具

（2）在创建操作的过程中创建刀具

如果在创建操作的过程中，事先没有创建刀具，则在其对话框中“刀具”项显示为“NONE”，可选择右侧按钮创建刀具，如图 8—8 所示。

图 8—8　刀具项

当然，一般还是应该在创建操作之前把所有的刀具都准备好，这样做更符合规范，条理更清晰。

7．定义部件和毛坯

毛坯已提供，在第 2 层。按图 8—9 所示步骤进行操作。

图 8—9　定义几何体

巩固提高

参照任务一，对图 8—10 所示凹模进行加工工艺分析，并完成对其加工的基础设置。

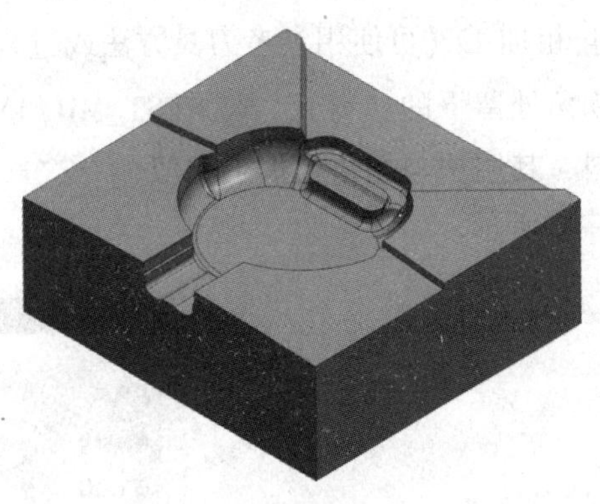

图 8—10 凹模

任务二 型腔铣粗加工

学习目标

1. 了解型腔铣、固定轴轮廓铣的特点。
2. 能完成型腔铣切削加工参数的设置。

工作任务

使用 UG CAM 铣加工功能实现对图 8—1 所示仪表盘动模的粗加工、半精加工。

相关理论

型 腔 铣

1. 概述

型腔铣用于零件粗加工，切除大量的毛坯材料，为后续加工做准备。型腔铣刀轨为水平层状，切削层垂直于刀具轴线，逐层切削到零件轮廓，最终加工结果接近零件形状。型腔铣通常用实体模型定义加工几何，同时也使用边界、表面和曲线定义切削区域。

2. 工序子类型

在设置好加工程序、几何体、刀具和方法节点后，就可以创建加工工序了。选择，弹出“创建工序”对话框，如图 8—11 所示。型腔铣工序包括很多的工序子类型，用于粗加工的有四种：CAVITY_MILL 型腔铣、PLUNGE_MILL 插削加工、CORNER_ROUGH 拐角粗加工（可使用参考刀具方法或过程工件方法加工前一操作中因刀具尺寸较大而在拐角处留下的材料）、REST_MILLING 残料加工（用于切削粗加工中未切削到的材料，其用法与拐角粗加工类似）。点击“确定”，弹出创建“型腔铣”对话框，如图 8—12 所示。

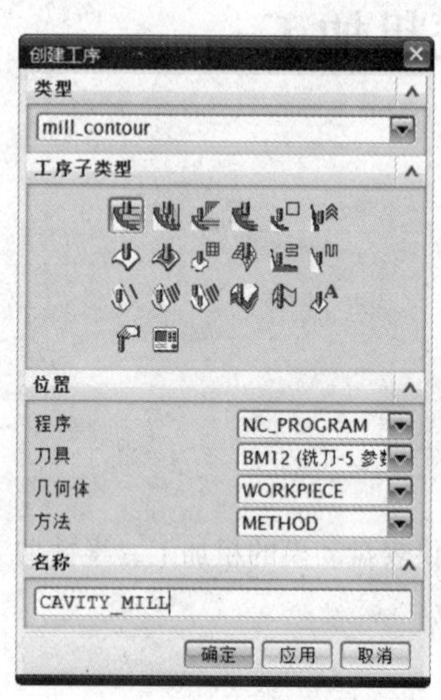

图 8—11 “创建工序”对话框

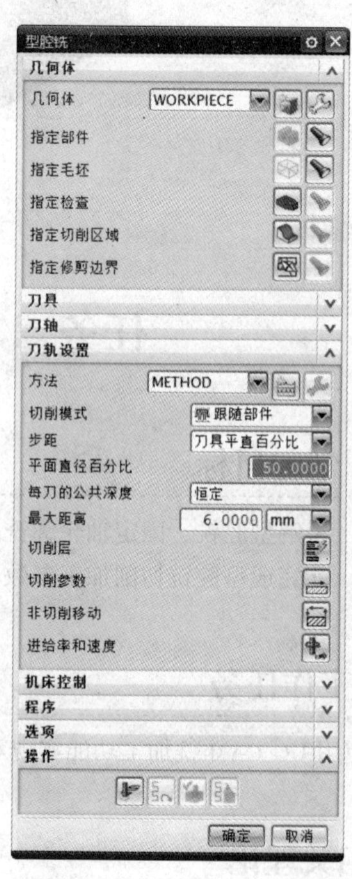

图 8—12 “型腔铣”对话框

3. 切削区域

使用“切削区域”来创建局部的型腔铣操作。与在 Z 级和曲面轮廓铣中类似，可以选择部件上特定的面来包含切削区域，而不需要选择整个实体。这样有助于省去裁剪边界这一操作。当将切削区域限制在较大部件的较小区域中时，“切削区域”还可以减少处理时间。为避免碰撞和过切，应将整个部件（包括不切削的面）选作部件几何体。

4. 切削层

型腔铣的切削层及切削深度的定义方法不同于平面铣。型腔铣可以将总切削深度划分成多个切削范围，同一范围内的切削层的深度相同，不同范围内的切削层的深度可以不同。如图 8—13 所示，总切削深度被划分为 4 层刀轨。

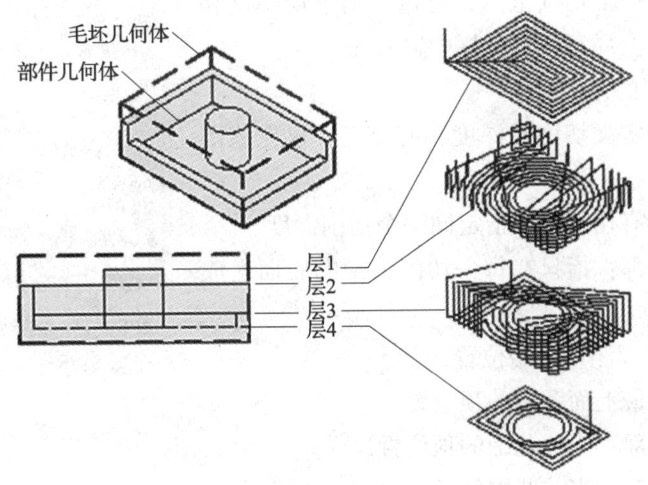

图 8—13 切削层

在“型腔铣”或“等高轮廓铣工序”对话框中，单击 ，系统自动根据零件几何、毛坯几何产生一个或多个使用较大的直角三角形符号表示的切削范围，总的切削范围为零件或毛坯几何上的最高点到最低点，每一范围内使用较小的三角形符号表示每一切削层，如图 8—14 所示；同时弹出“切削层”对话框，如图 8—15 所示。

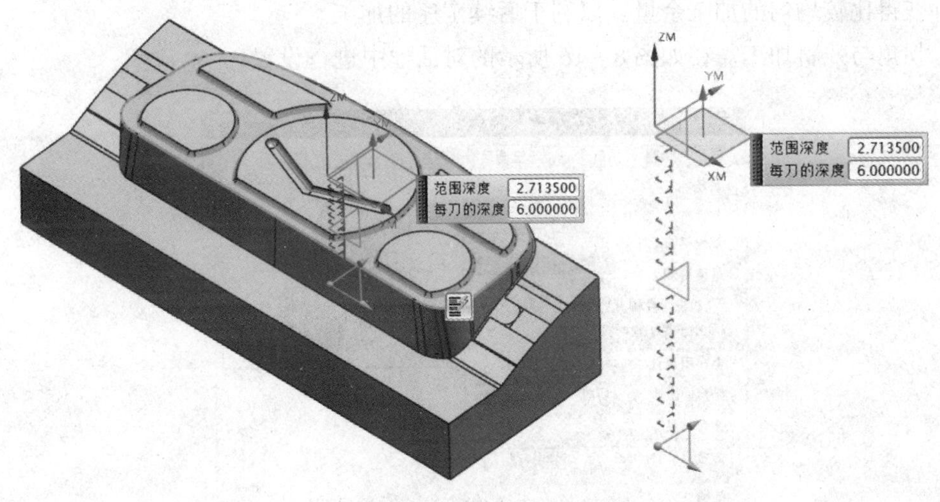

图 8—14 切削层符号

(1) 切削范围的类型

切削范围的类型有三种：自动、用户定义和单个。

自动：系统根据零件几何和毛坯几何的特点自动划分切削范围，且所有切削范围内的切削层厚度相同。

用户定义：用户可以根据零件几何等因素自定义切削范围及切削层厚度。

单个：只有一个切削范围，且每一切削层厚度相等，其厚度值在全局每刀深度栏中输入。

（2）切削层的作用

切削层用于定义切削层深度，有恒定、仅在范围底部2个选项。

恒定：为所有切削范围指定同一个切削深度。

仅在范围底部：指只在每一切削范围的底面生成刀轨。

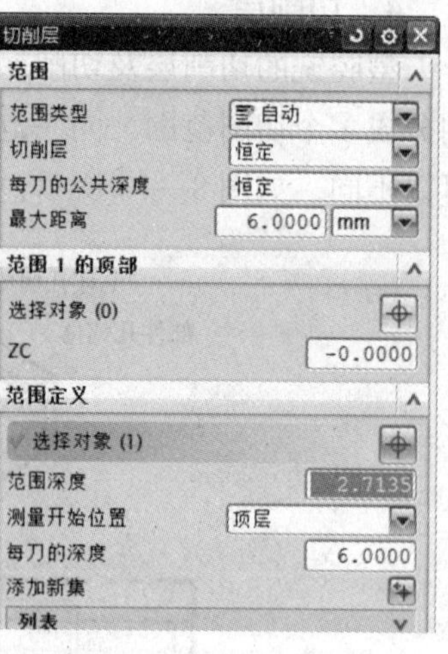

图 8—15 “切削层”对话框

（3）切削范围测量开始位置

顶层：位于最上面范围的顶位置。

当前范围顶部：当前范围的顶位置。

当前范围底部：当前范围的底位置。

WCS 原点：以 WCS 的原点位置为参考，向下为正，向上为负。

5. 拐角与残料加工

为了提高加工效率，零件粗加工时通常使用较大尺寸的刀具，但这样会在零件的凹角处留下较多材料，就需要进行二次粗加工以切除这些材料，即拐角与残料加工。

拐角与残料加工是指用较小尺寸的刀具切除粗加工后留在凹角处的余量，从而使工件获得比较均匀的加工余量，以利于后续工序的加工。

拐角与残料加工需在如图 8—16 所示的对话框中进行设置。

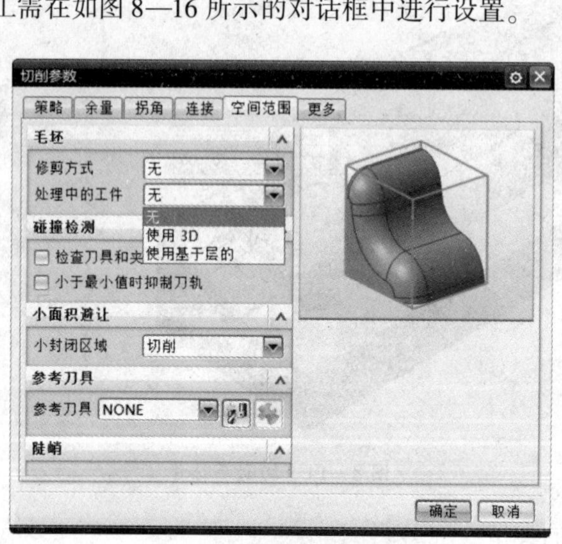

图 8—16 拐角与残料加工参数设置

（1）3D 过程工件法

指使用前一操作加工后剩余的工件，即剩余毛坯的 3D 模型作为当前操作的毛坯，以避免切削已加工过的区域，这种残料加工方法能最大限度地切除不均匀余量，但刀轨生成的时间较长。

（2）使用基于层的过程工件法

与 3D 过程工件法相似，只是在指定的切削层上切除未切削材料，生成刀轨速度快。使用此种方法，必须先在加工首选项中设置基于层的 IPW 选项。

（3）参考刀具法

指在粗/精加工拐角或残料时，选用一把较小尺寸的刀具，并在切削参数参考刀具选项中选用前一操作中使用的刀具，这样在生成刀轨时，系统会自动计算使用参考刀具加工时没有切除的材料并把它作为本次加工的对象。在实际加工过程中，参考刀具的尺寸可以选择比之前操作中使用的刀具尺寸稍大一些，以增大切削范围，防止过切。

任务实施

1. 粗加工，去除大余量

根据加工工艺分析，使用 $\phi25R4$ 的合金牛鼻铣刀，用【CACITY_MILL】加工方法对整个零件进行粗加工，去除大余量。具体步骤如下：

（1）创建操作

单击插入节点工具栏中的 按钮，弹出“创建操作”对话框，按图 8—17 所示进行操作，单击“确定”后进入“型腔铣”对话框。

图 8—17 创建操作

（2）设置切削层

在“型腔铣”对话框“刀轨设置”项中单击 ，弹出“切削层”对话框。软件把被加工零件自动分为 4 个切削层，按图 8—18 所示进行操作。

“范围深度”变为 38. 793000065206，总共就 1 个切削层，这里通过切削层控制了被加工零件的深度范围是 Z0（加工坐标系原点处）到 Z - 38. 793000065206。“每刀的深度”用于控制该切削层内分层铣削每层的深度。这里把整个切削层分 15 刀，则复制“范围深度”的值 38. 793000065206，并粘贴到“每刀的深度”输入区域，并输入“/15”（除以 15），回车，每刀的深度自动计算出来为 2. 5862000043471。

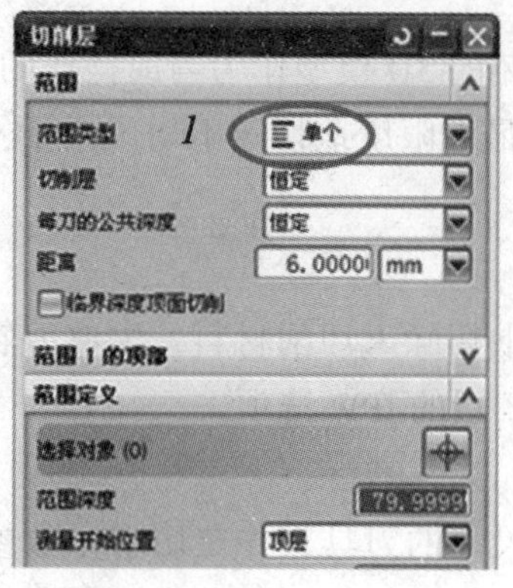

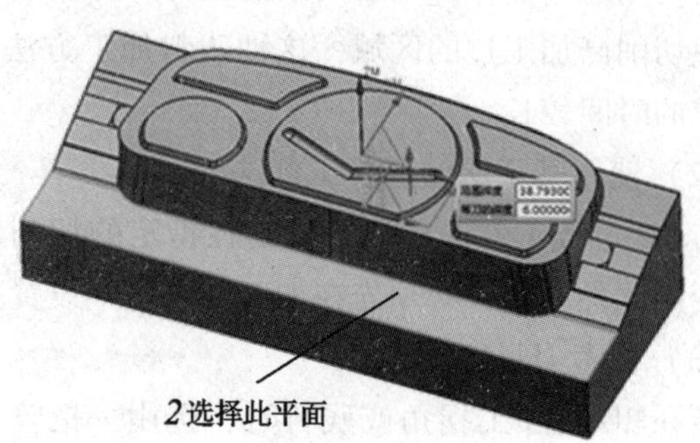

图 8—18 切削层设置

（3）设置切削参数

切削参数设置如图 8—19 所示。

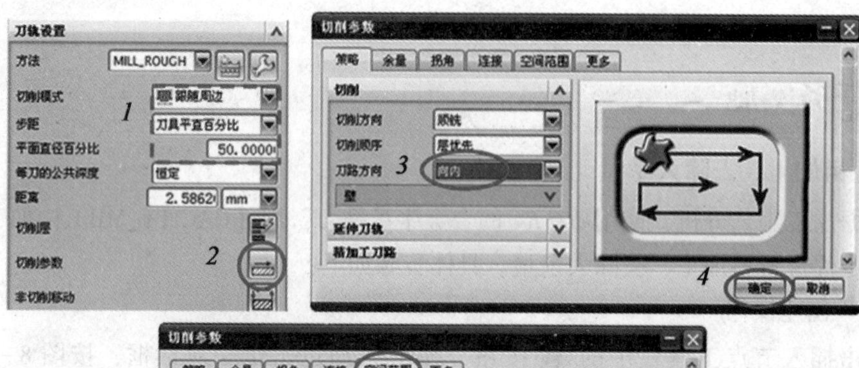

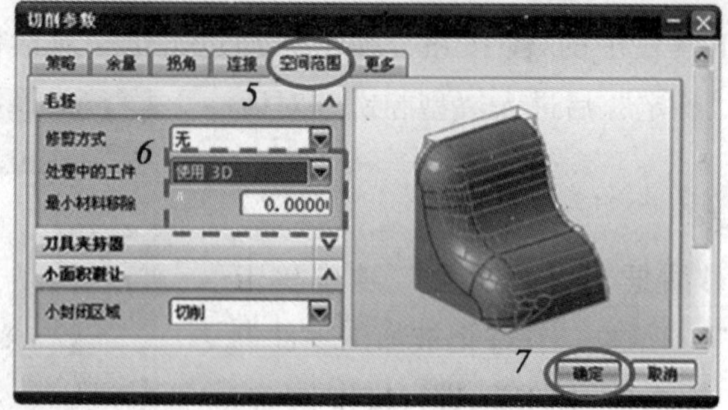

图 8—19 切削参数设置

（4）设置进给率和转速

根据刀具、材料设置合理的参数。

（5）生成刀轨并验证

点击生成刀轨，如图 8—20 所示。2D 动态仿真结果如图 8—21 所示。

2. 粗加工，去除局部余量

根据加工工艺分析，使用 $\phi 8$ 的合金立铣刀，用【CACITY_MILL】加工方法对零件上部 5 个凸台所在区域进行粗加工，去除局部余量。具体步骤如下：

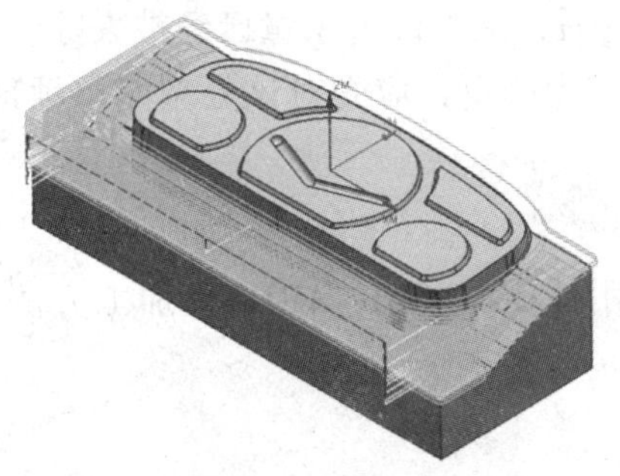

图 8—20 生成刀轨

图 8—21 2D 动态仿真

（1）创建操作

在“操作导航器”刀具视图，单击刀具“EM25_R4”前的“+”号，将其展开。显示刚才所创建的操作 ROU_1。

选择 ROU_1，右键弹出快捷菜单，选择“复制”。

选择刀具 EM6，右键弹出快捷菜单，选择“内部粘贴”，则刀具 EM6 下出现操作 ROU_1_COPY。

选择 ROU_1_COPY，右键弹出快捷菜单，选择“重命名”（也可以间隔单击 ROU_1_COPY 两次），改为 ROU_2。

（2）修改参数

双击操作 ROU_2，弹出“型腔铣”对话框。

在“型腔铣”对话框“刀轨设置”项中单击，弹出“切削层”对话框。改变切削层的范围（选择 5 个凸台的下表面），如图 8—22 所示。将切削层深度均匀分 3 刀铣削，方法同上一操作。

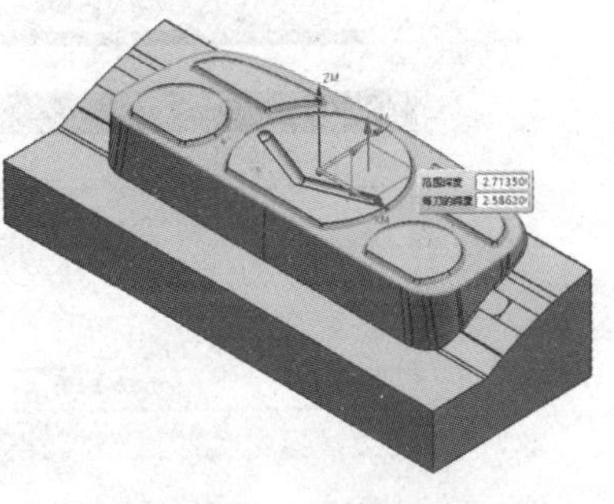

图 8—22 更改切削层

步距设置为刀具直径的 20%，重新生成刀轨（点击），如图 8—23 所示。

（3）2D 动态仿真

2D 动态仿真结果如图 8—24 所示。

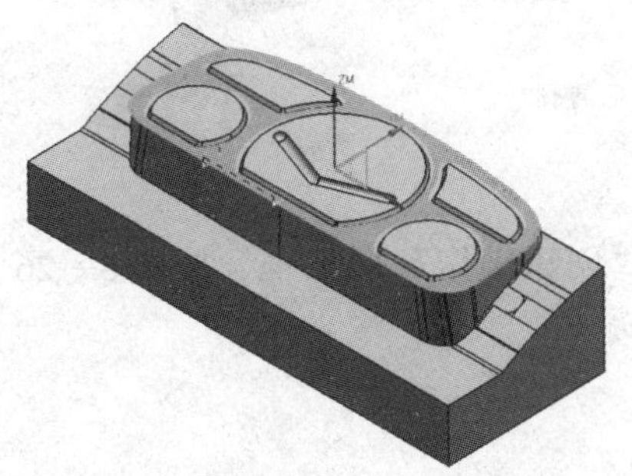

图 8—23 生成刀轨

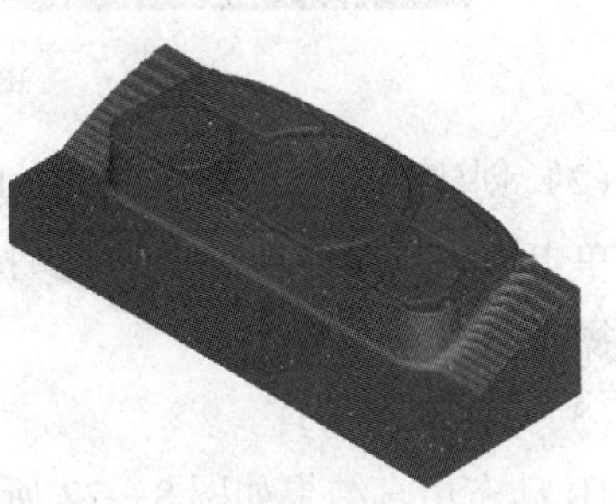

图 8—24 2D 动态仿真

至此粗加工操作全部完成。经过两次粗加工后，绝大部分余量已经被去除，但余量的分布并不均匀，特别在两端曲面部分台阶较为严重，应先对该处型面单独加工。下面将通过创建半精加工操作使余量均匀化。

3. 曲面半精加工

根据加工工艺分析，使用 ϕ16 球型铣刀，用【CONTOUR_AREA】加工方法，对两端曲面进行半精加工。

（1）创建半精加工操作用零件几何体

单击插入节点工具栏中的按钮，弹出“创建几何体”对话框，按图 8—25 进行操作。

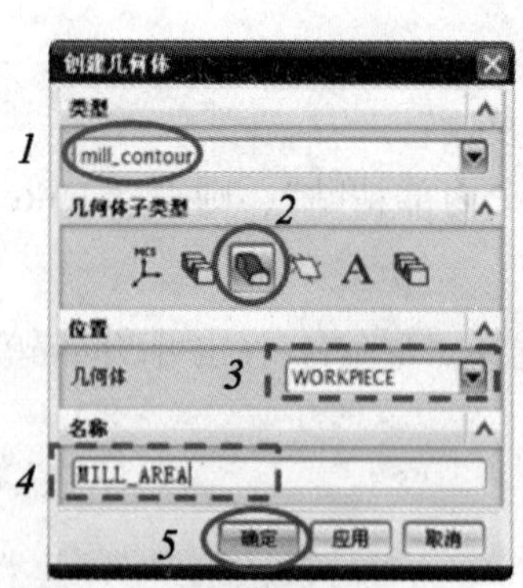

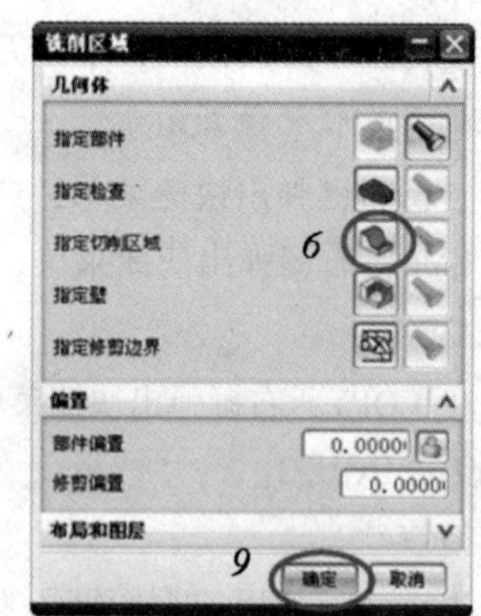

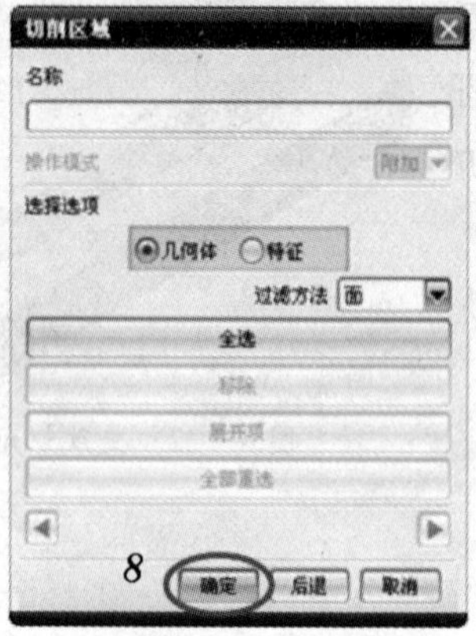

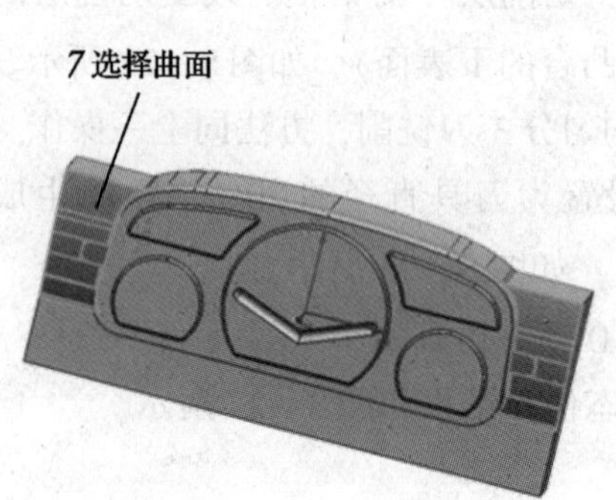

图 8—25　创建几何体

（2）创建半精加工操作 SEMI_F_1

单击插入节点工具栏中的按钮，弹出“创建操作”对话框，按图 8—26 所示进行操作。

（3）2D 动态仿真

2D 动态仿真结果如图 8—27 所示。

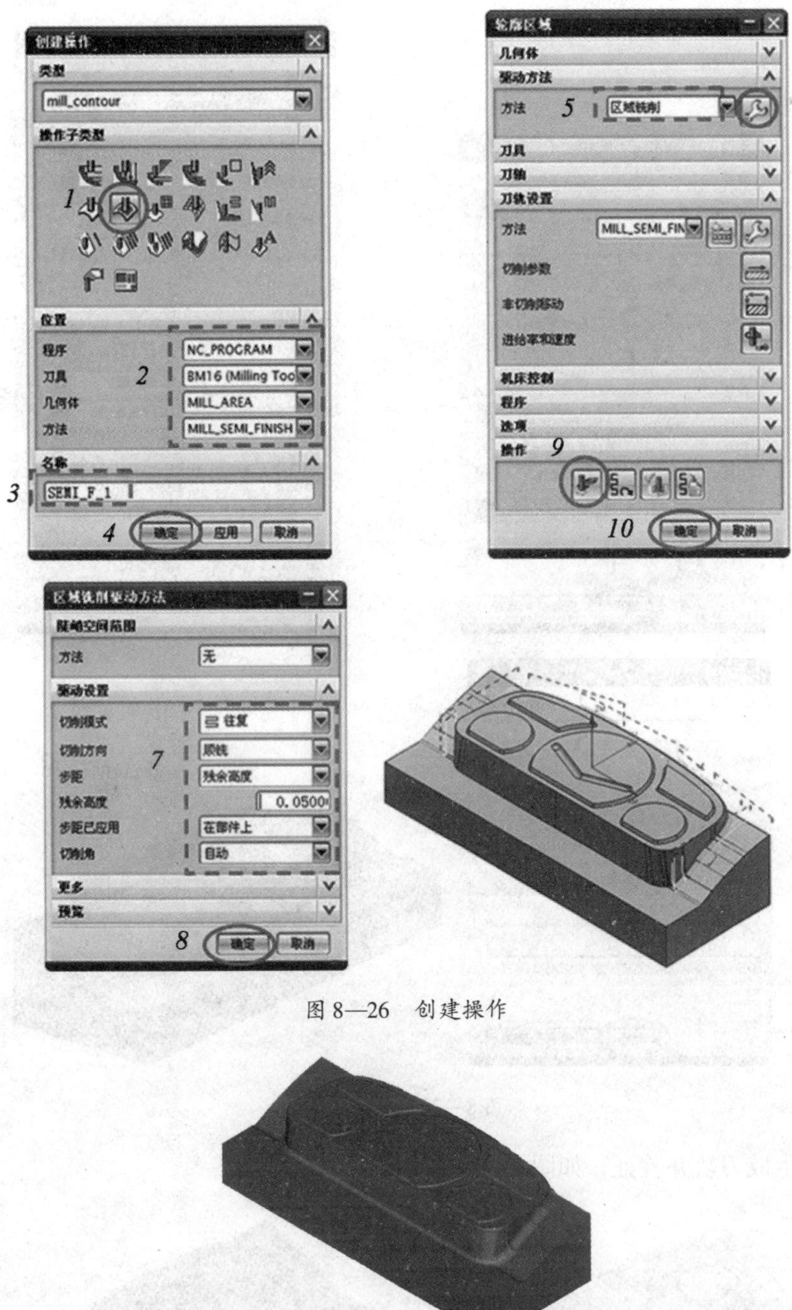

图 8—26　创建操作

图 8—27　2D 动态仿真

4. 创建半精加工操作

根据加工工艺分析，使用 $\phi6$ 立铣刀，用【FACE_MILLING_AREA】加工方法，对 5 个凸台的底面进行加工。

（1）创建半精加工操作 SEMI_F_2，按图 8—28 所示进行操作。

图 8—28　创建操作

（2）生成刀轨并验证，如图 8—29 所示。

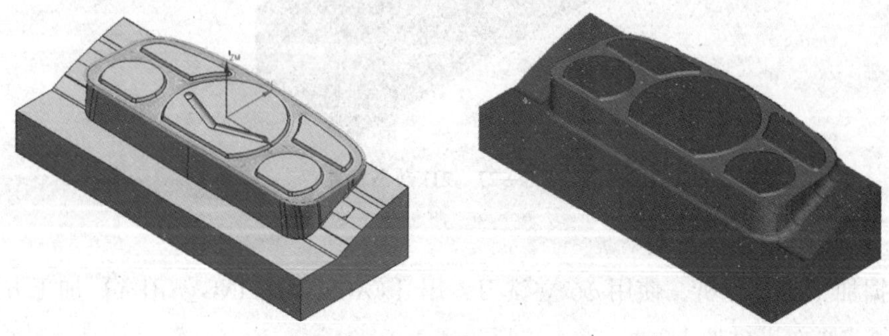

图 8—29　生成刀轨并验证

5. 顶部凸台斜面半精加工

根据加工工艺分析，使用 $\phi8$ 球型铣刀，用【CONTOUR_AREA】加工方法，对 5 个凸台斜面的加工采用固定轴轮廓铣。为了便于程序的管理与以后编辑修改，在创建半精加工操作前，先创建加工用零件几何体。

（1）创建半精加工操作用零件几何体。

单击插入节点工具栏中的按钮，弹出“创建几何体”对话框，按图 8—30 所示进行操作。

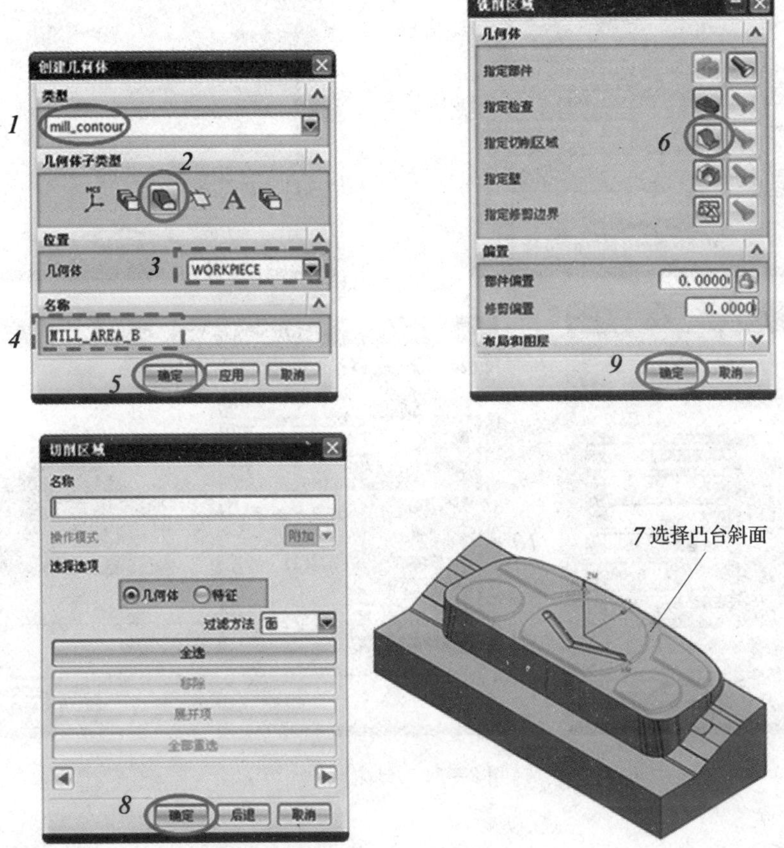

图 8—30 创建几何体

（2）创建半精加工操作 SEMI_F_3。

单击插入节点工具栏中的按钮，弹出“创建操作”对话框，按图 8—31 所示进行操作。

（3）生成刀轨并验证，结果如图 8—32 所示。

6. 去除根部较大余量

根据加工工艺分析，使用 $\phi12$ 球型铣刀，用【FLOWCUT_REF_TOOL】加工方法，对前面操作之后，根部的残料进行清根操作。

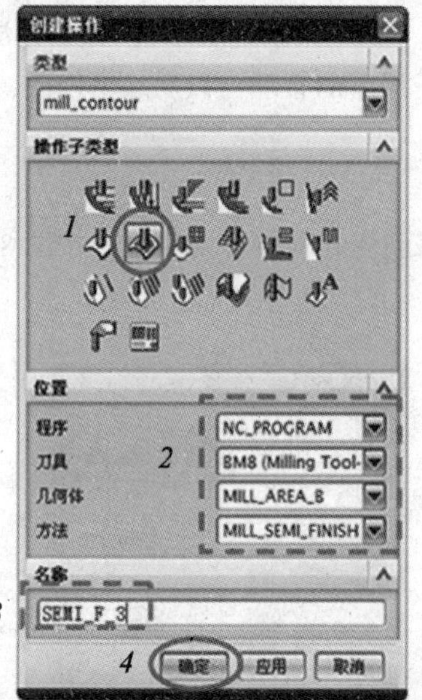

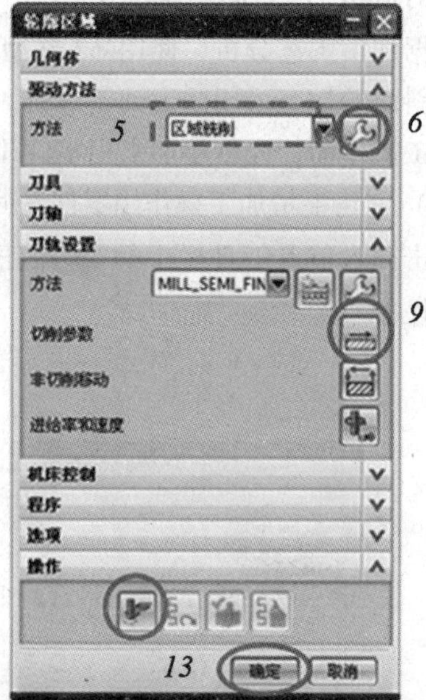

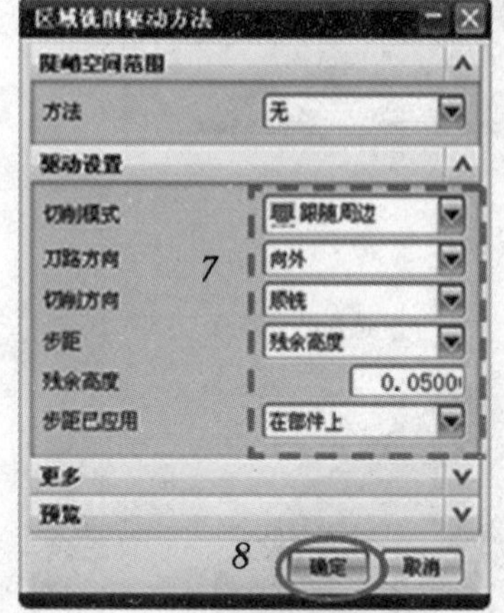

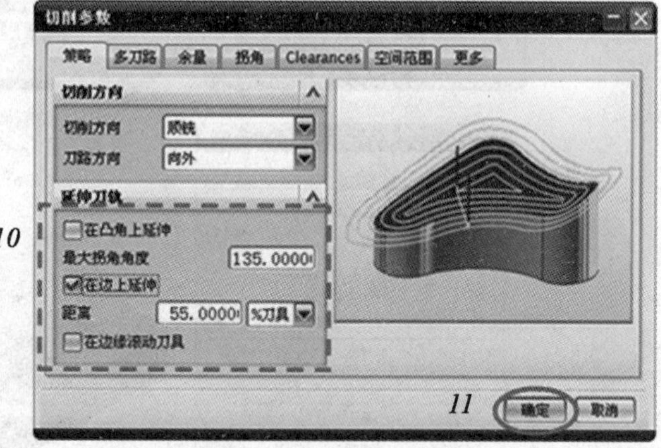

图 8—31　创建操作

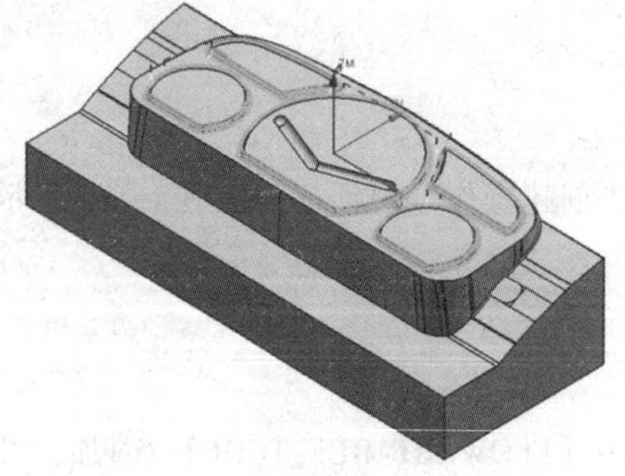

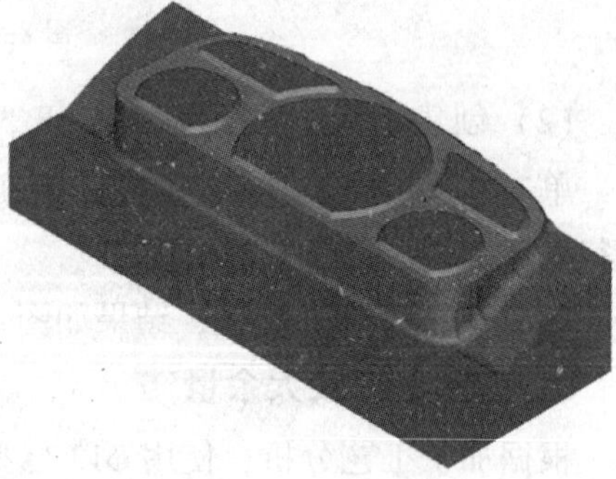

图 8—32　生成刀轨并验证

（1）创建半精加工操作 SEMI_F_4。

按图 8—33 所示进行操作。

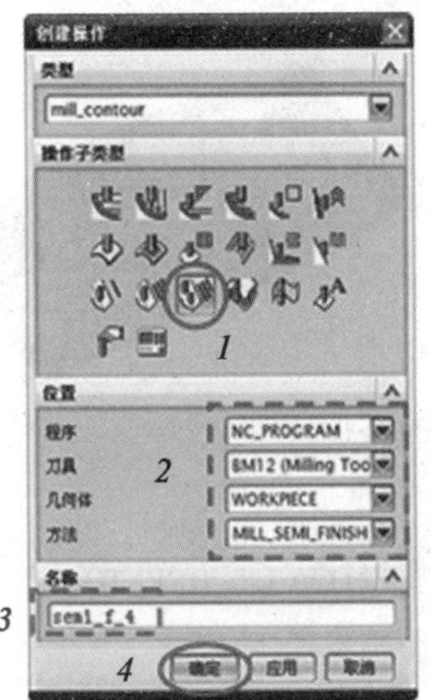

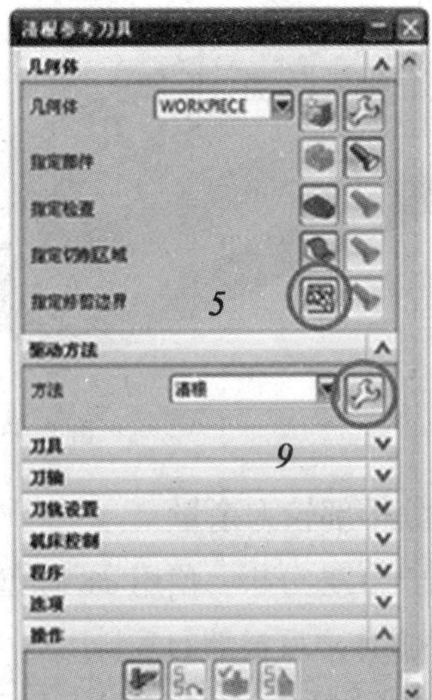

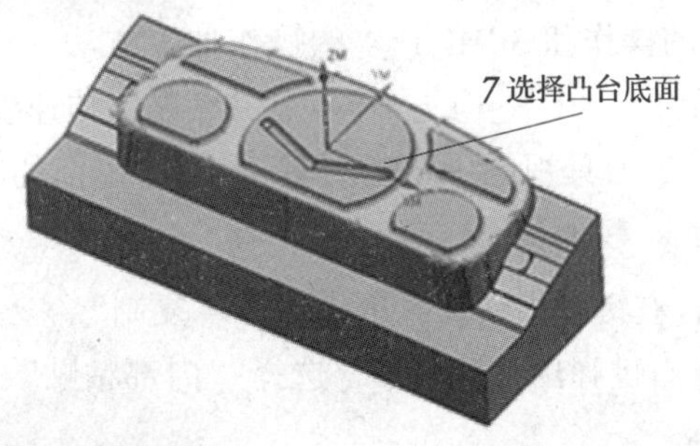

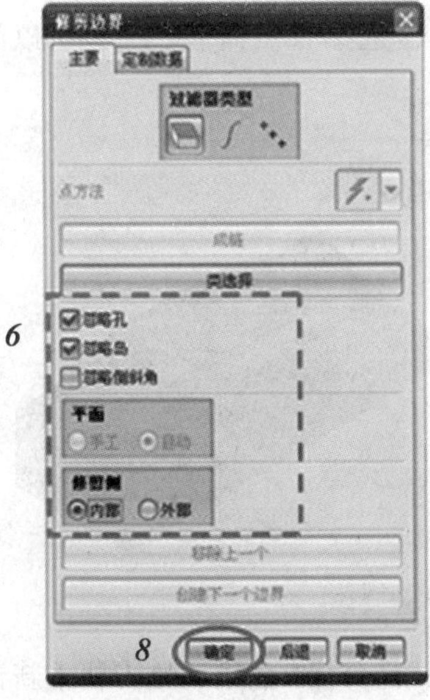

图 8—33　创建操作

（2）生成刀轨并验证，结果如图 8—34 所示。

由于刀具直径较大，需要二次清根。

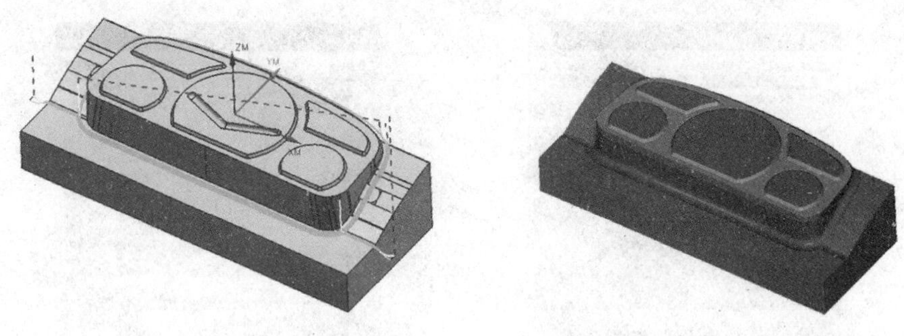

图 8—34　生成刀轨并验证

7. 去除根部较大余量

根据加工工艺分析，使用 ϕ8 球型铣刀，用【FLOWCUT_REF_TOOL】加工方法，对前面操作之后根部的残料用更小的刀具进行清根操作。

（1）创建半精加工操作 SEMI_F_5。

由于 SEMI_F_5 的操作和 SEMI_F_4 的操作加工方法一样，加工参数设置也一样，只是刀具不同，可以将 SEMI_F_4 的操作复制并粘贴，快速生成刀具路径。

在“操作导航器”刀具视图中单击刀具“BM12”前的“+”号，将其展开，显示刚才所创建的操作 SEMI_F_4 。

选择 SEMI_F_4，右键弹出快捷菜单，选择“复制”。

选择刀具 BM8，右键弹出快捷菜单，选择“内部粘贴”，则刀具 BM8 下出现操作 SEMI_F_4_COPY 。

选择 SEMI_F_4_COPY，右键弹出快捷菜单，选择“重命名”（也可以间隔单击 SEMI_F_4_COPY 两次），改为 SEMI_F_5。

（2）生成刀轨并验证，结果如图 8—35 所示。

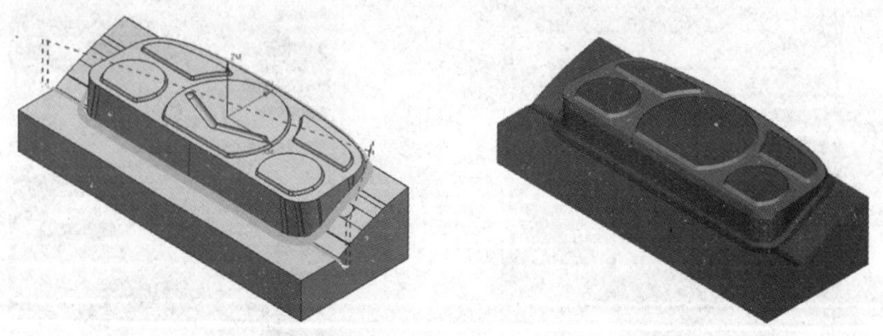

图 8—35　生成刀轨并验证

在操作 SEMI_F_5 上右键弹出快捷菜单，选择 **生成**，则刀轨重新计算，计算完成后操作前的标记由变为。

巩固提高

参照任务二，完成图 8—10 所示凹模的粗加工。

任务三　型腔铣精加工

学习目标

1. 掌握铣精加工功能。
2. 能完成刀轨的验证、后处理。

工作任务

完成对仪表盘动模的精加工，验证刀轨，如图 8—36 所示，并执行后处理，生成 NC 程序。

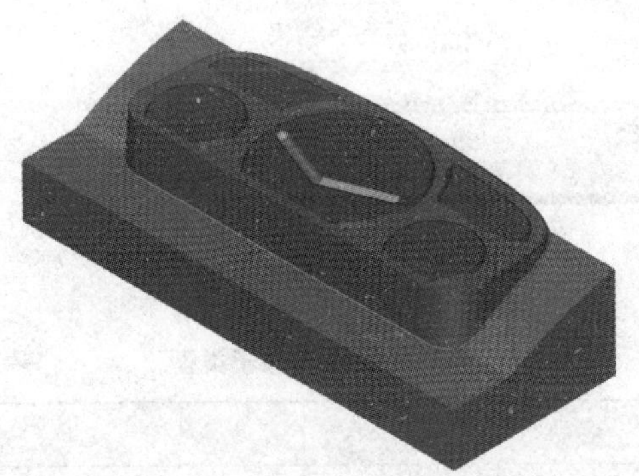

图 8—36　刀轨仿真

将刀轨进行验证，模拟加工的结果，查看是否有碰撞、过切。如果发现问题及时更改相关的参数，再验证，直至没有任何问题为止。要在数控机床上加工该产品，必须将刀轨通过后处理，生成 NC 程序。

相关理论

等高轮廓铣

1. 概述

等高轮廓铣是一种特殊的型腔铣操作，也是通过切削多个切削层来加工零件实体轮廓、曲面轮廓，主要用于零件的半精加工或精加工。

等高轮廓铣用于切除零件表面的少许余量，以达到零件的半精加工或精加工要求。等高轮廓铣刀轨为水平层状，切削层垂直于刀具轴线，每一切削层都切削到零件轮廓。等高轮廓铣通常使用实体模型定义加工几何，如零件几何、毛坯几何和检查几何，而切削区域则可使用表面、片体定义。若加工时不指定切削区域，则表示切削零件几何的所有表面轮廓区域。

2. 工序子类型

等高轮廓铣工序有如图 8—37 所示的两种子类型，分别为等高轮廓铣和拐角等高精加工。可以根据需要选择合适的工序子类型，其功能见表 8—3。

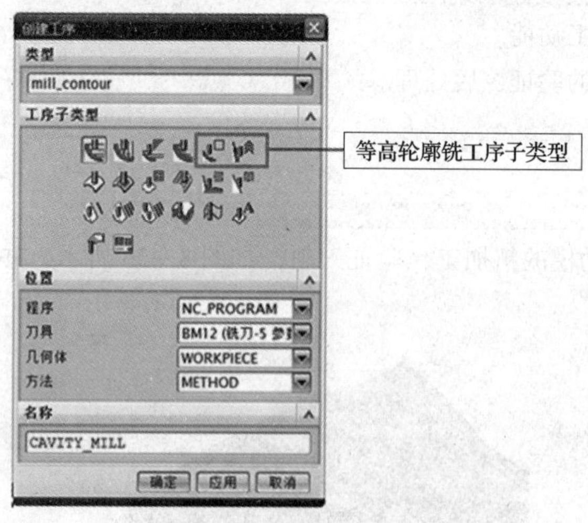

图 8—37 “创建工序”对话框

表 8—3 等高轮廓铣工序子类型

图标	名称	功能
	ZLEVEL_PROFILE 等高轮廓铣	以等高层状刀轨加工零件表面，可加工零件所有轮廓表面，也可通过指定切削区域只加工部分轮廓表面，还可以通过设置切削参数只加工陡峭轮廓表面或非陡峭轮廓表面
	ZLEVEL_CORNER 拐角等高精加工	可以设置陡峭角度，精加工大于陡峭角度指定的拐角表面

3. 操作参数

（1）陡峭角度

陡峭角度是等高轮廓铣区别于其他型腔铣的一个关键参数。零件上任何一点的陡峭角度是由刀轴与零件表面法向量之间的夹角来定义的。陡峭区域是指零件上陡峭角度大于等于指定角度值的区域。

当激活陡峭空间范围为仅陡峭时，其下方的陡峭角度文本框被激活，在其中输入角度值，则由该角度把切削区域分为陡峭区域与非陡峭区域，但只有陡峭区域被切削，非陡峭区域不被切削。当陡峭空间范围为无时，则被定义的切削区域都被切削，如图 8—38 所示。

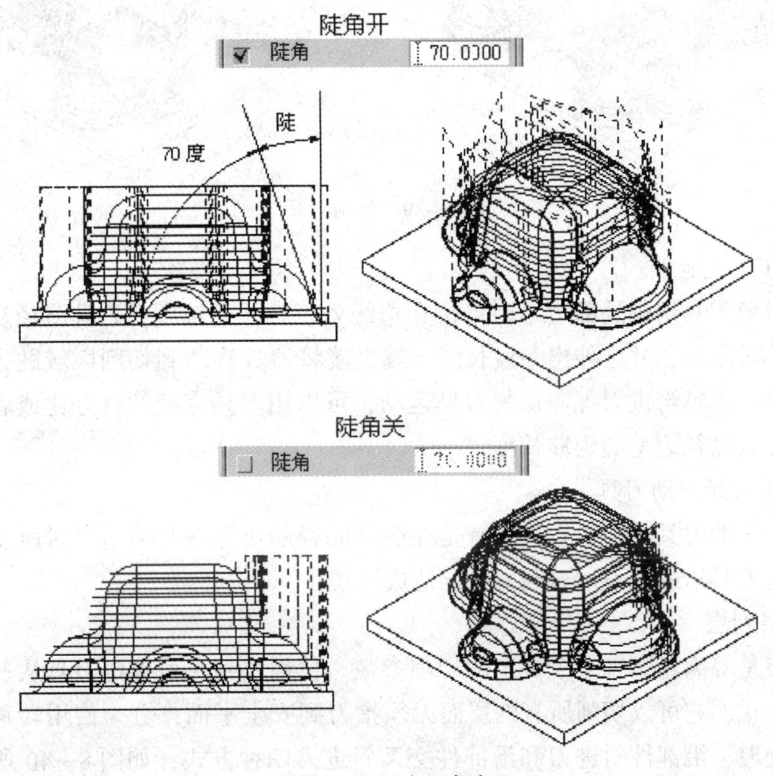

图 8—38 陡峭角度

（2）合并距离

合并距离能通过连接不连贯的切削运动来消除刀轨中小的不连续性或不希望出现的缝隙。这些不连续性发生在刀具从工件表面退刀的位置，有时是由表面间的缝隙引起的，有时是当工件表面的陡峭角度与指定的陡峭角度非常接近时，由工件表面陡峭角度的微小变化引起的。输入的值决定了连接切削移动的端点时刀具要跨过的距离。

（3）最小切削长度

用于输入生成刀具路径的最小段长度值。指定合适的最小切削长度，可以消除零件岛屿区域内的刀具路径，因为切削运动距离比指定的最小长度值小，系统不会在该处创建刀具路径。

4. 切削参数

（1）切削顺序

等高轮廓铣与按切削区域排列切削轨迹的型腔铣不同，它是按形状排列切削轨迹的，可以按深度优先或层优先进行切削，如图 8—39 所示。

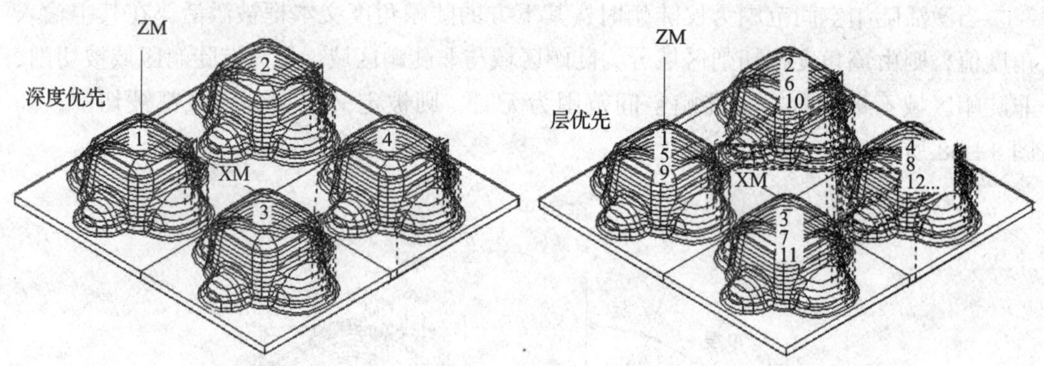

图 8—39　切削顺序

（2）在边上延伸

用于避免刀具切削外部边缘时停留在边缘处。打开此选项，刀具路径从零件几何上抬起一小段距离，并延伸出一段长度，就直接将刀具移动到切削区域的另一侧，从而避免退刀、跨越与进刀等非切削刀具运动，可以用刀具直径的百分比或者直接指定值来指定刀具路径边上的延伸长度。

（3）在边缘滚动刀具

在边缘滚动刀具的边缘轨迹通常是在驱动路径超出零件几何边缘时所发生的不利情况，因为刀具边缘向下滚过时，可能造成过切。

（4）层到层

层到层是等高轮廓铣一个特定的切削参数。使用层到层可确定刀具从一层到下一层的放置方式，它可以切削所有的层而无须抬刀到安全平面，分为使用转移方法、直接对部件进刀、沿部件斜进刀和沿部件交叉斜进刀四种方式，如图 8—40 所示。其功能见表 8—4。

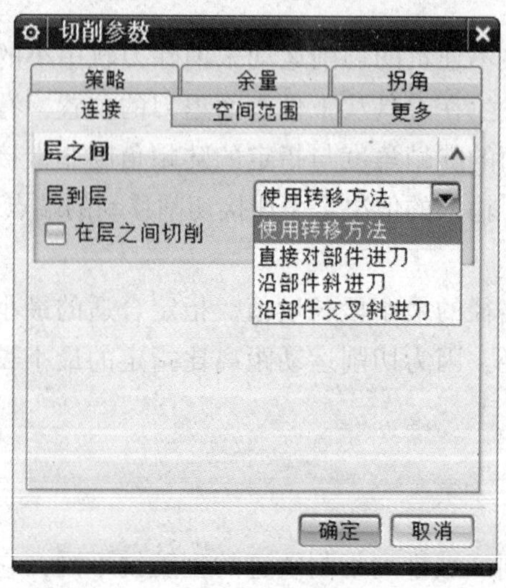

图 8—40　层到层

表 8—4 层到层方式

名称	功能	图示
使用转移方法	使用在“进刀/退刀”对话框中所设置的参数，刀具在完成每一个刀路后都抬刀至安全平面	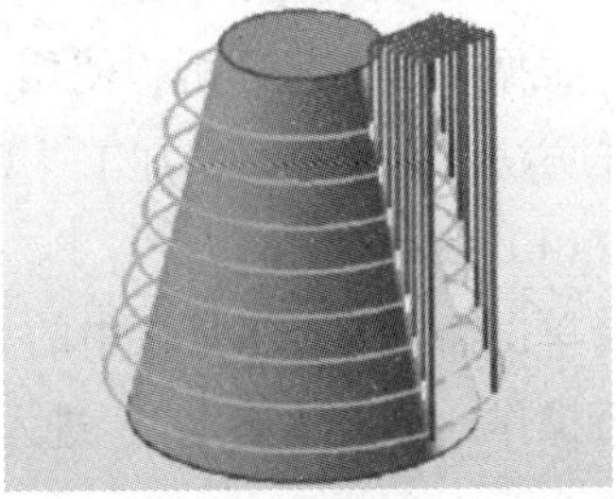
直接对部件进刀	决定刀具直接从一个切削层进入下一个切削层的运动像一个普通的步距一样，消除了不必要的内部进刀	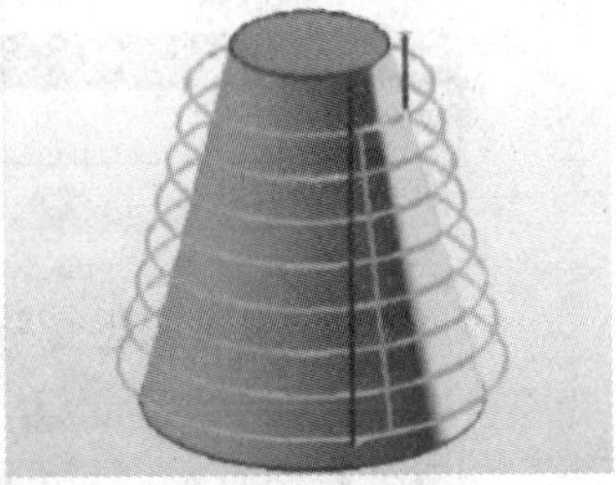
沿部件斜进刀	决定刀具从一个切削层进入下一个切削层的运动是一个斜式运动，消除了不必要的内部进刀，特别适合于高速加工	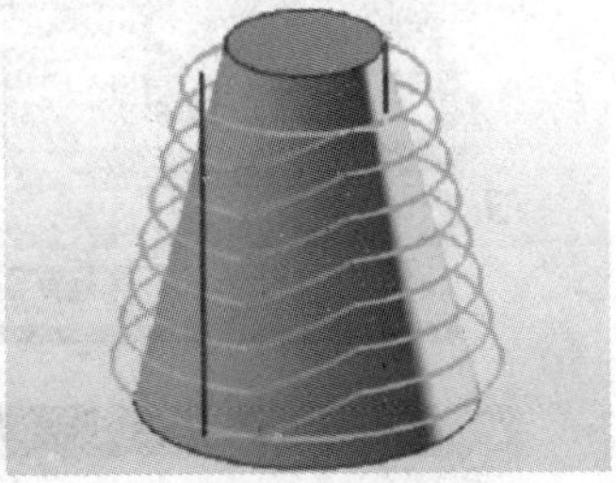
沿部件交叉斜进刀	决定刀具从一个切削层进入下一个切削层的运动是一个斜式运动，且所有斜式运动首尾相接，消除了不必要的内部进刀，特别适合于高速加工	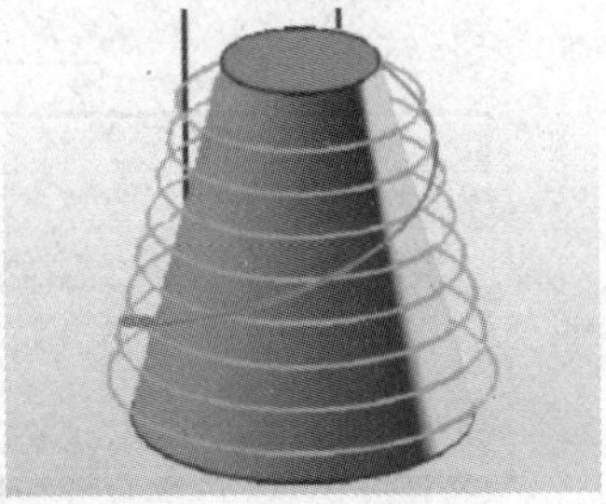

任务实施

经过前面的操作后，整个型面余量变得非常均匀，已经适合于精加工操作。

1．加工主要大平面

根据加工工艺分析，使用 ϕ20 的合金立铣刀，用【FACE_MILLING_AREA】加工方法对底面进行精加工。具体步骤如下：

（1）创建操作

单击插入节点工具栏中的按钮，弹出“创建操作”对话框，按图 8—41 所示进行操作。单击“确定”，进入“平面铣”对话框。

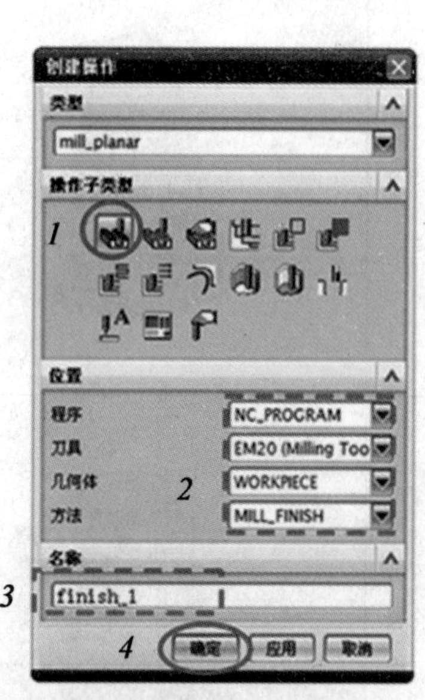

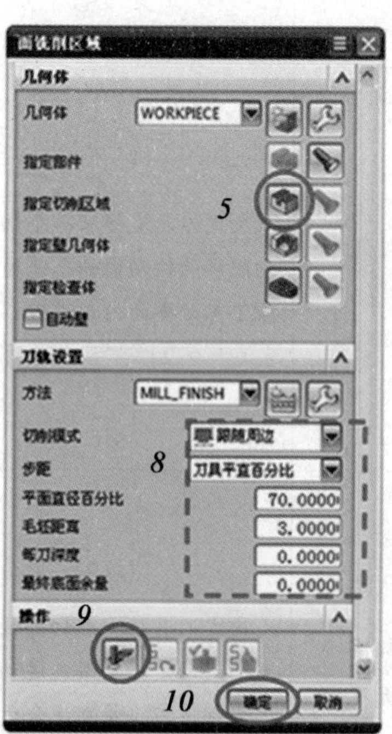

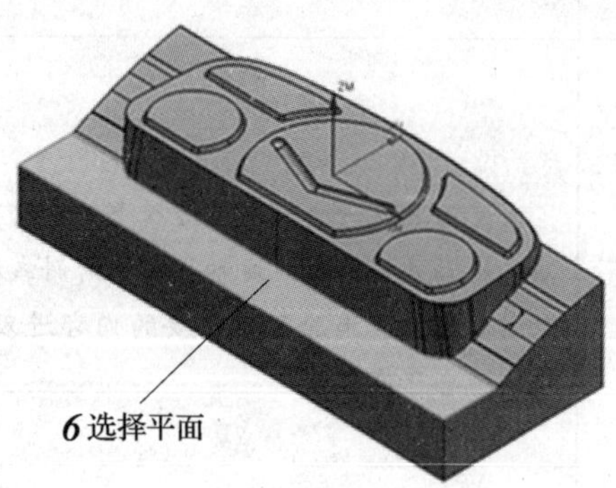

图 8—41　创建操作

（2）生成刀轨并验证，结果如图 8—42 所示。

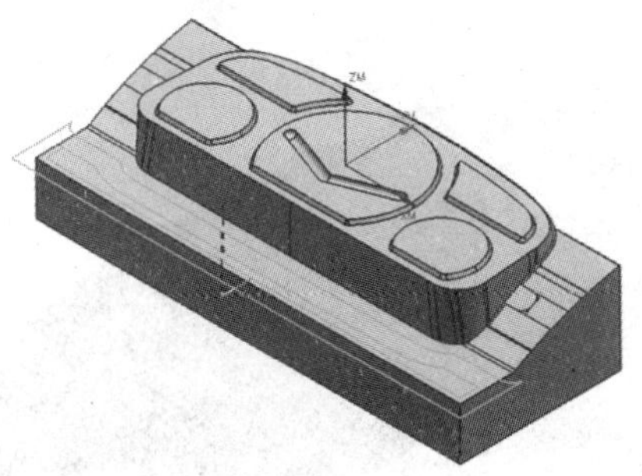

图 8—42 生成刀轨并验证

2. 精加工曲面

根据加工工艺分析，使用 $\phi6$ 的球型铣刀，用【CONTOUR_AREA】加工方法对曲面进行精加工。具体步骤如下：

（1）创建操作。按图 8—43 所示进行操作。

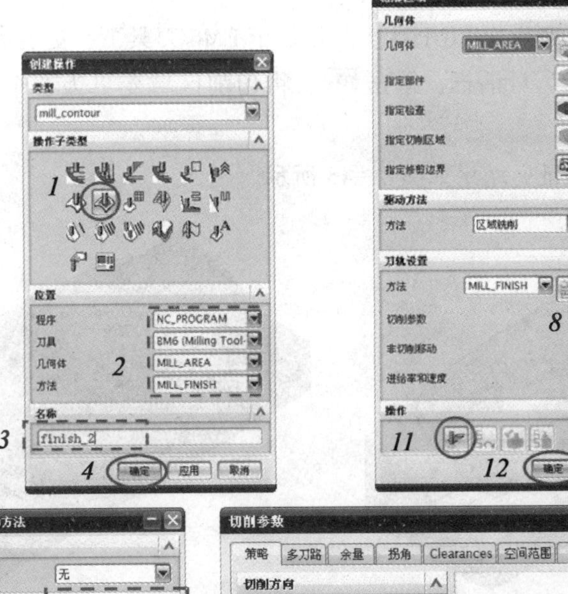

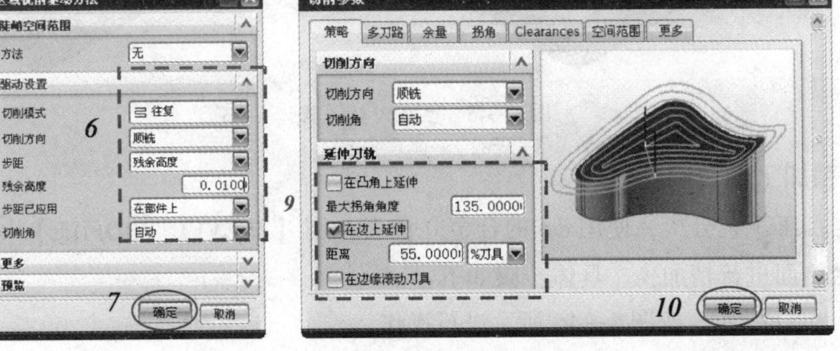

图 8—43 创建操作

（2）生成刀轨并验证，结果如图 8—44 所示。

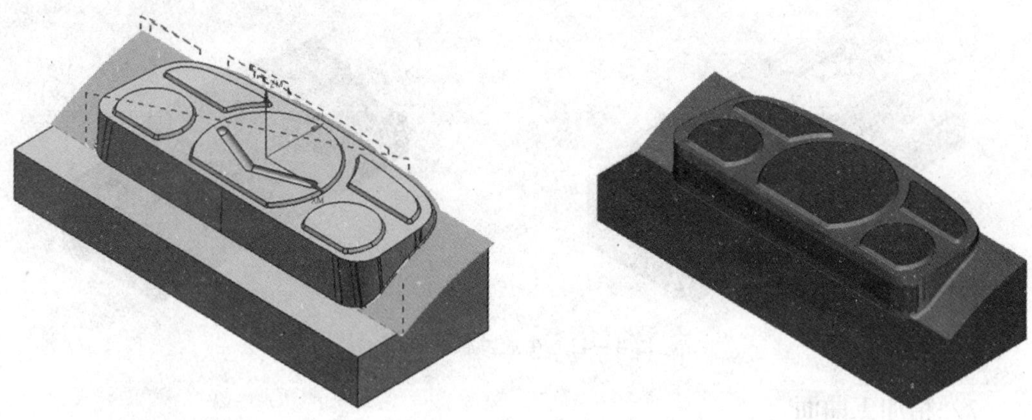

图 8—44　生成刀轨并验证

3．精加工凸台底平面

根据加工工艺分析，使用 ϕ6 的合金立铣刀，用【FACE_MILLING_AREA】加工方法对底面进行精加工。具体步骤如下：

（1）创建操作。复制操作 FINISH_1 并粘贴于 EM6 刀具下，更名为 FINISH_3，双击，打开“面铣削区域”对话框，单击，将切削区域变更为 5 个凸台的底平面，创建操作。

（2）生成刀轨并验证，结果如图 8—45 所示。

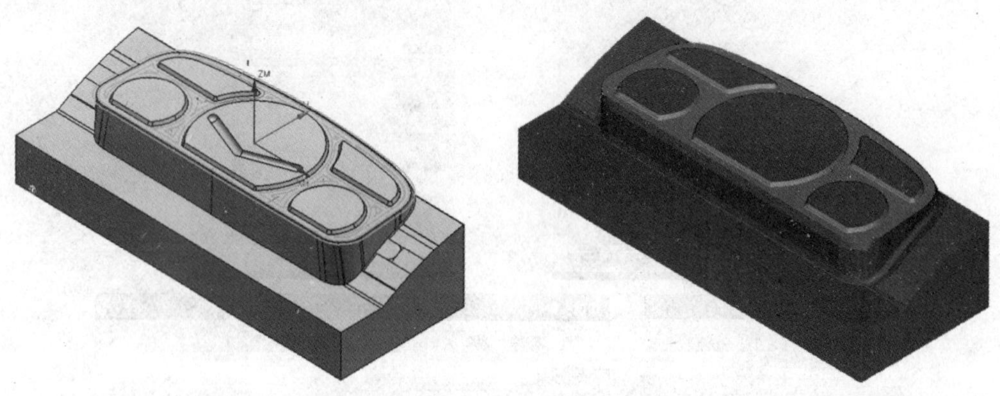

图 8—45　生成刀轨并验证

4．精加工凸台侧面

根据加工工艺分析，使用 ϕ6 的合金立铣刀，用【ZLEVEL_PROFILE】加工方法对凸台侧面进行精加工。具体步骤如下：

（1）创建操作。按图 8—46 所示进行操作。

（2）生成刀轨并验证，结果如图 8—47 所示。

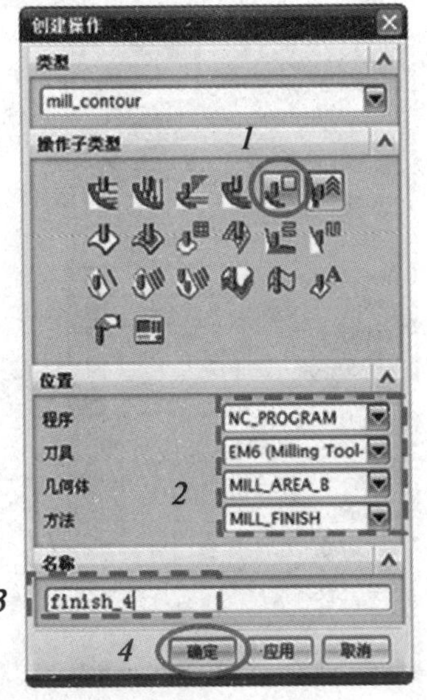

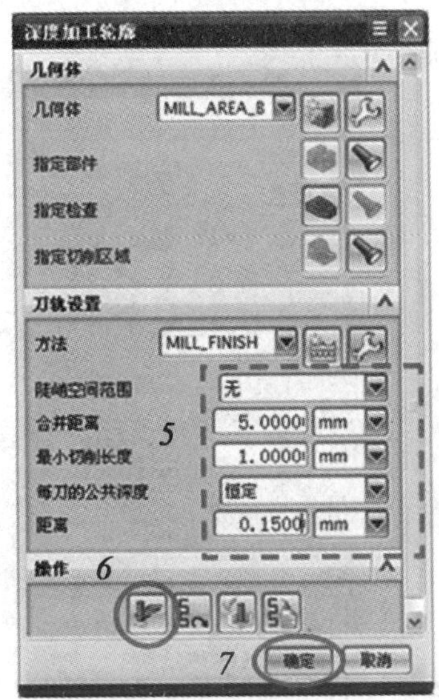

图 8—46　创建操作

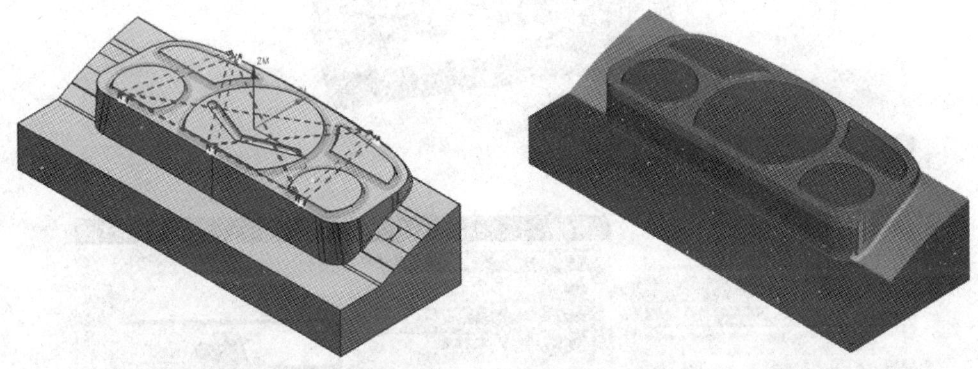

图 8—47　生成刀轨并验证

5. 精加工侧面

根据加工工艺分析，使用 $\phi6$ 的合金立铣刀，用【ZLEVEL_PROFILE】加工方法对曲面进行精加工。具体步骤如下：

（1）创建操作。按图 8—48 所示进行操作。

（2）生成刀轨并验证，结果如图 8—49 所示。

6. 加工浇道

浇道为半圆形槽，圆弧半径为 $R4$，形状简单，可以采用 $\phi8$ 球头刀沿圆槽中心线切削，适合用固定轴轮廓铣的曲线驱动生成刀轨。

（1）建立驱动用曲线，使用 UG 的建模功能绘出圆槽中心线。

创建操作
类型
mill_contour
操作子类型
1
位置
程序
NC_PROGRAM
刀具
几何体
WORKPIECE
方法
MILL_FINISH
2
名称
3
finish_5
4
确定
应用
取消

几何体
WORKPIECE
指定部件
指定检查
指定切削区域
5
刀轨设置
方法
MILL_FINISH
8
无
10.0000
mm
0.0000
恒定
0.1500
9
14
操作
19
20
确定
取消

6选择侧面

切削区域
名称
选择选项
几何体
特征
全选
10
7
确定
后退
取消

切削参数
策略
余量
拐角
连接
空间范围
更多
切削
切削方向
混合
切削顺序
深度优先
延伸刀轨
确定
取消

切削参数
策略
余量
拐角
连接
空间范围
更多
11
层之间
12
层到层
使用传递方法
在层之间切削
步距
恒定
距离
70.0000
%刀具
短距离移动上的进给
13
确定
取消

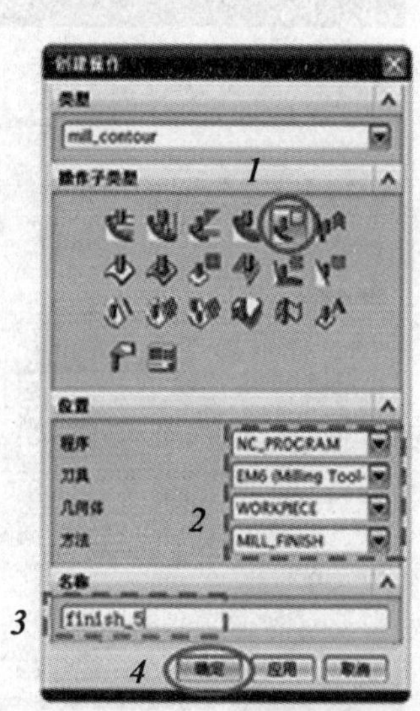

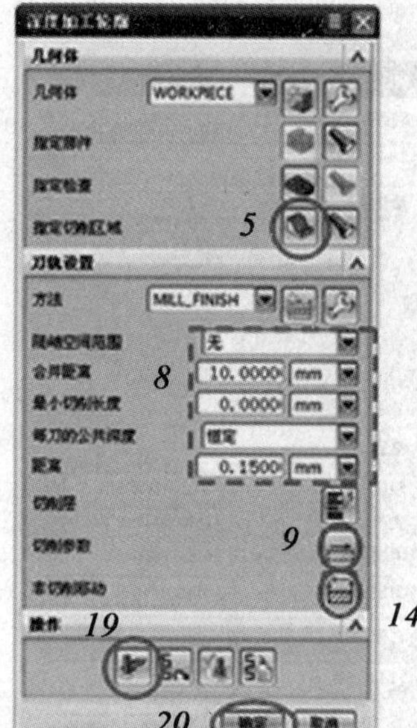

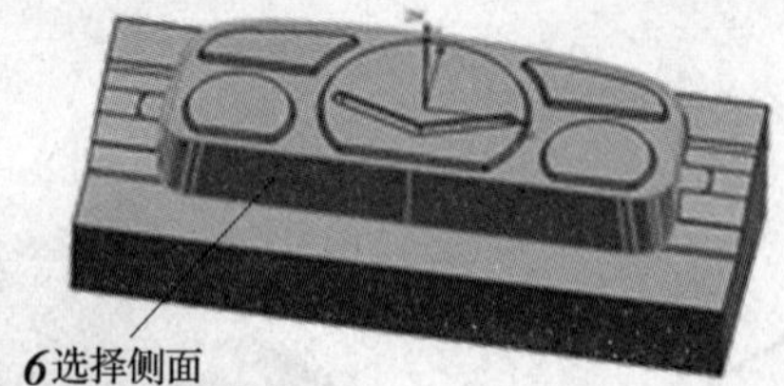

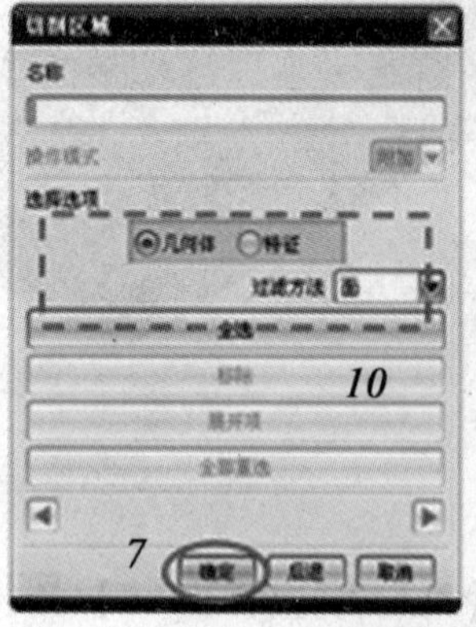

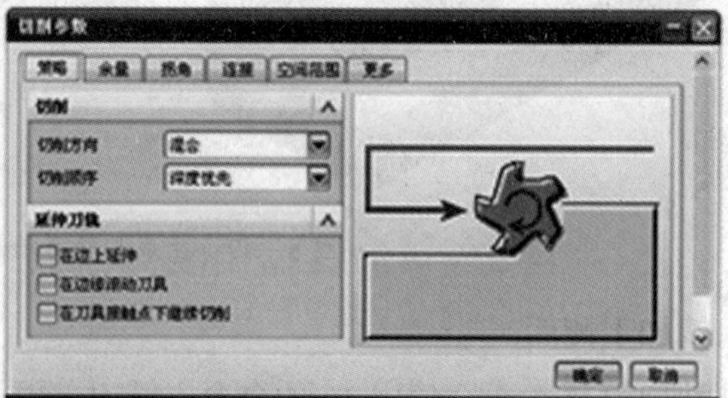

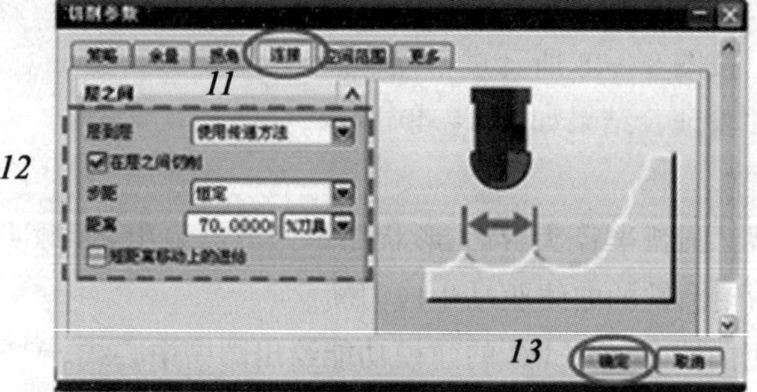

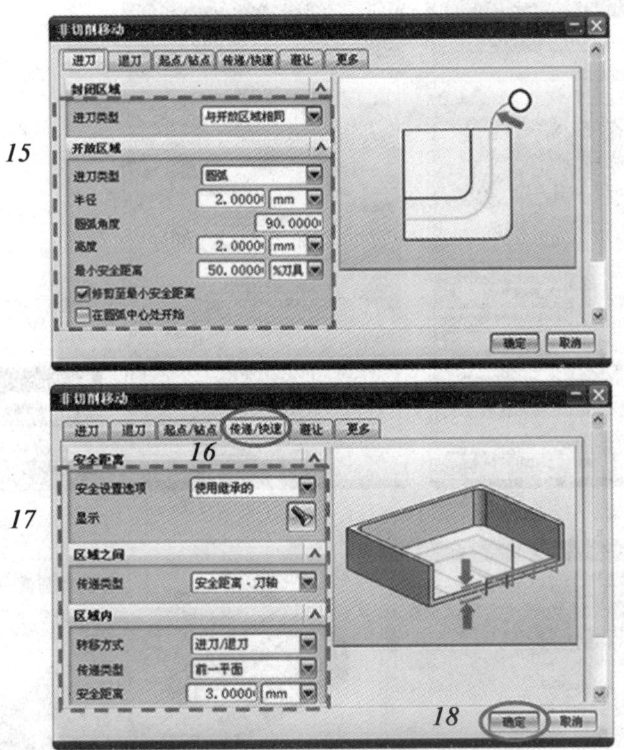

图 8—48 创建操作

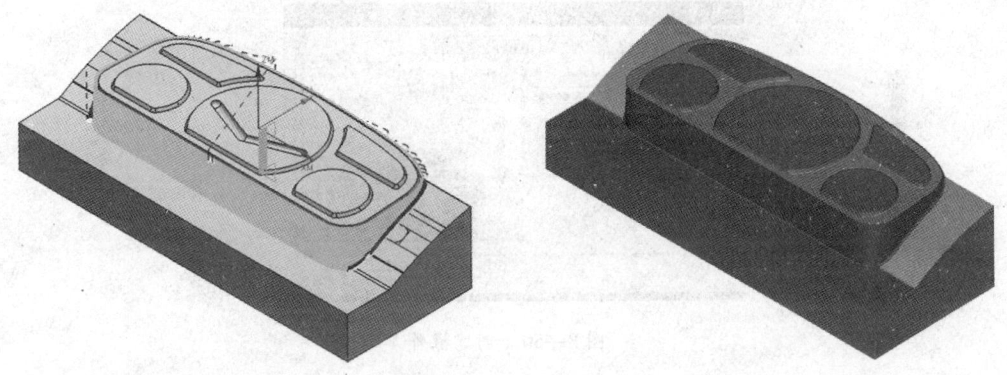

图 8—49 生成刀轨并验证

(2) 创建操作，按图 8—50 所示进行操作。

(3) 生成刀轨并验证，结果如图 8—51 所示。

7. 过切检查

选中所有操作（也可以选择所有操作的父节点）。

单击鼠标右键，在弹出菜单中选择“过切检查”，弹出“过切和碰撞检查”对话框，单击“确定”，所有刀轨被依次显示，最后生成报告，均未发现过切运动，如图 8—52 所示。

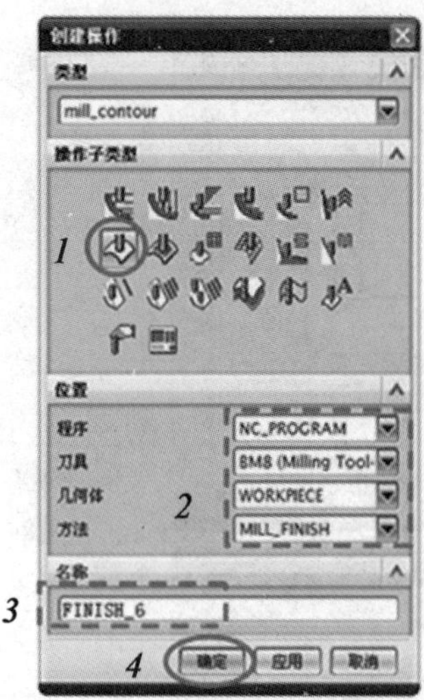

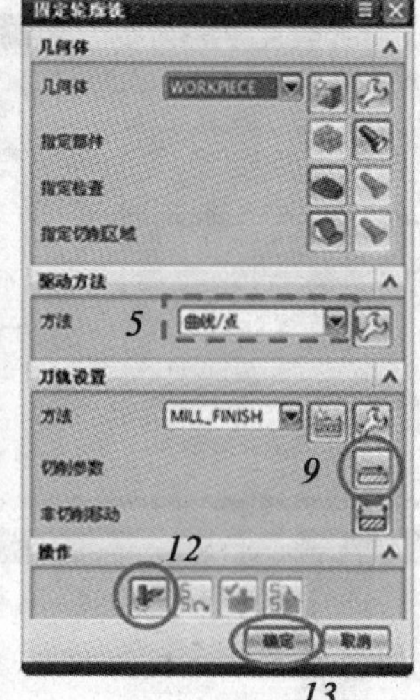

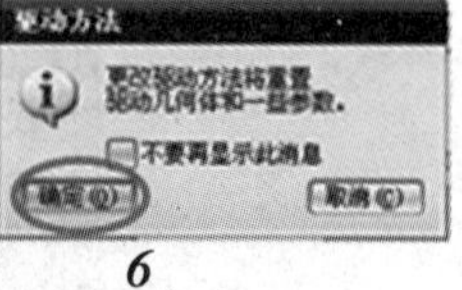

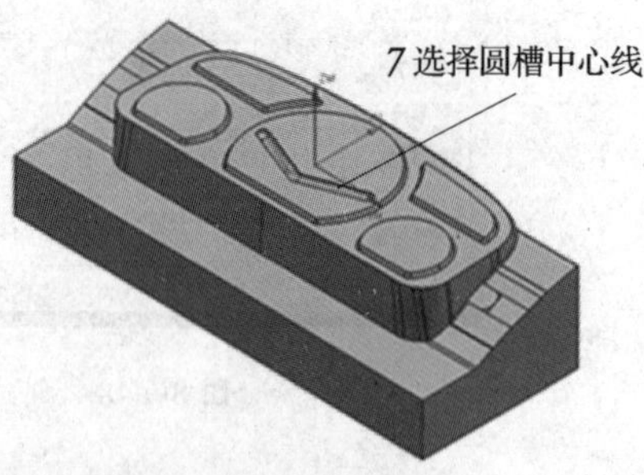

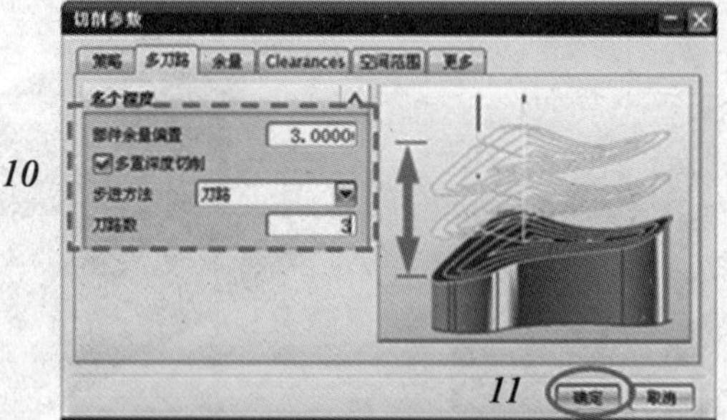

图 8—50　创建操作

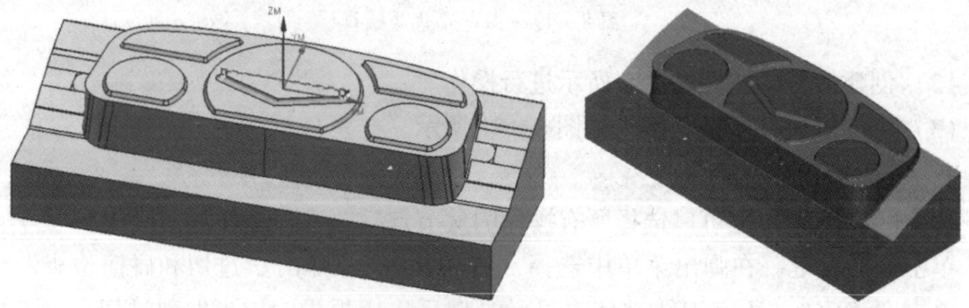

图 8—51　生成刀轨并验证

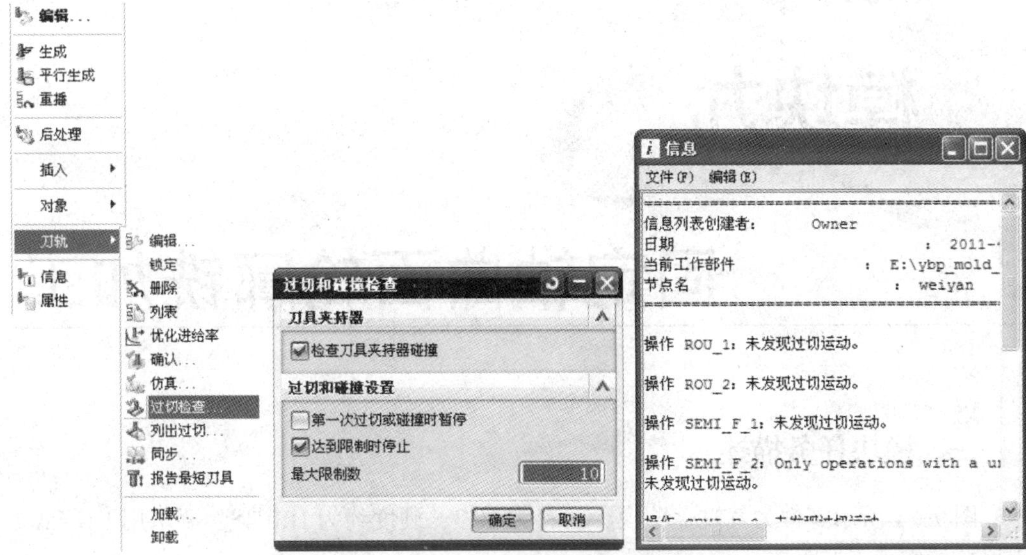

图 8—52　过切检查

实际上 2D 动态仿真默认就包含过切检查功能，如果过切，仿真结果会显示出来。

8. 后处理

在操作导航器中选择要执行后处理的工步，单独执行一个或几个工步的后处理。如果要对所有的刀轨执行后处理，需要选择所有刀轨的父节点，再执行后处理操作。

执行后处理，生成数控机床可以使用的 NC 程序。

巩固提高

参照任务三，完成图 8—10 所示凹模的精加工、刀轨仿真和后处理操作。

固定轴曲面轮廓铣加工

一、模块任务描述

图 9—1 所示零件为气缸盖凹模，材料为 H13，硬度约为 HRC45。要求用 UG CAM 模块功能实现对其加工。

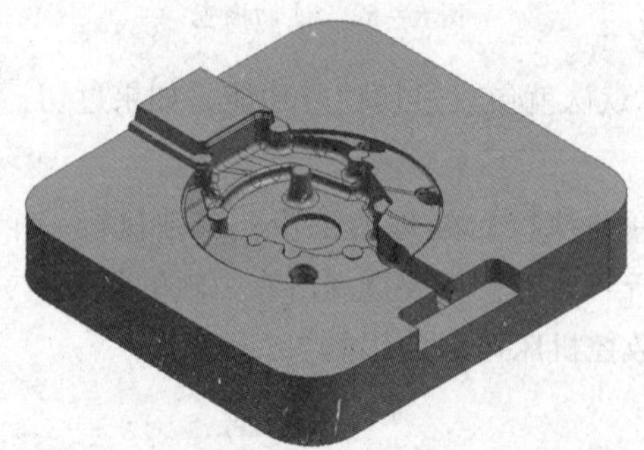

图 9—1　气缸盖凹模

二、模块任务目的

通过本例掌握 UG CAM 模块型腔铣、固定轴曲面轮廓铣功能，以及切削刀轨的验证、后处理等功能；从而进一步熟悉 UG CAM 的工作流程，熟练掌握相关操作，能独立完成如图 9—2 所示一般零件的加工。

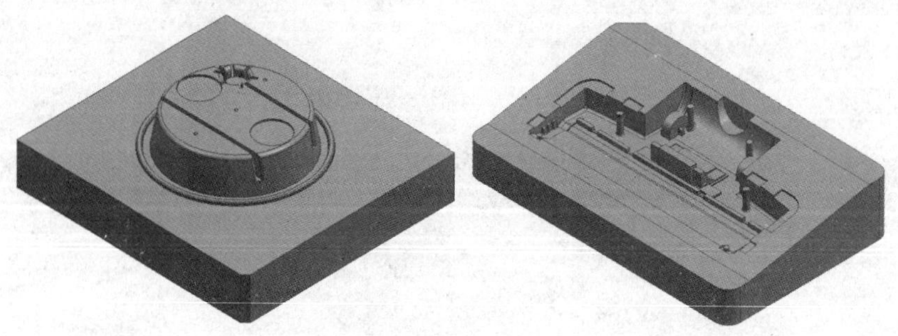

图 9—2　其他产品

三、模块任务分析

本模块包括三个任务：固定轴曲面轮廓铣加工准备，固定轴曲面轮廓铣粗、半精加工，固定轴曲面轮廓铣精加工。从掌握固定轴曲面轮廓铣操作的基础知识入手，完成对气缸盖凹模从加工准备、粗加工、半精加工、精加工、仿真验证和后处理的全流程操作。

任务一　固定轴曲面轮廓铣加工准备

学习目标

1. 能对固定轴曲面轮廓铣进行加工工艺分析。
2. 能完成固定轴曲面轮廓铣的加工准备。

工作任务

分析如图 9—1 所示气缸盖凹模零件的加工工艺，并为加工做准备（调入加工模块，建立加工坐标系并创建刀具等）。

相关理论

气缸盖凹模加工工艺分析

1. 加工三个阶段

（1）粗加工

选用镶片式 R 刀与球头铣刀分层铣削，效率高，型面留余量 0. 5 mm。

（2）半精加工

选用整体式端面铣刀与球头铣刀，加工型面、局部小凹槽、半清根，型面留余量 0. 2 mm。

（3）精加工

选用整体式端面铣刀与球头铣刀，精加工型面、清根。

2. 加工工艺安排

仪表盘动模加工工艺安排见表 9—1。

表 9—1　　气缸盖凹模加工工艺安排

序号	步骤	程序名	刀具名称	操作方式	图解
1	粗加工，去除大余量	ROUGH_1	EM32_R5	【CAVITY_MILL】	
2	粗加工，去除局部余量	ROUGH_2	EM14_R2	【CAVITY_MILL】	
3	底面半精加工	SEMI_F_1	EM14_R2	【CONTOUR_AREA_NON_STEEP】	
4	侧面半精加工	SEMI_F_1	BM12	【ZLEVEL_PROFILE】	
5	清角半精加工	SEMI_F_2	EM6	【FLOWCUT_REF_TOOL】	
6	主分型面3处大平面加工	FINISH_1	EM20	【FACE_MILLING_AREA】	

续表

序号	步骤	程序名	刀具名称	操作方式	图解
7	主分型面3处小平面加工	FINISH_2	EM10	【FACE_MILLING_AREA】	
8	侧面精加工	FINISH_3	BM8	【ZLEVEL_PROFILE】	
9	平坦面精加工	FINISH_4	EM8_R0.5	【CONTOUR_AREA_NON_STEEP】	
10	清角精加工	FINISH_5	EM6	【FLOWCUT_REF_TOOL】	

任务实施

1. 新建空白模型文件

2. 调入加工模型

进入装配模块，点击添加组件，将 qggam_mold. prt 模型文件添加进来。

3. 进入加工模块

在“加工环境”对话框“要创建的 CAM 设置”中选择“mill_contour”，单击“确定”，进入加工模块，如图 9—3 所示。

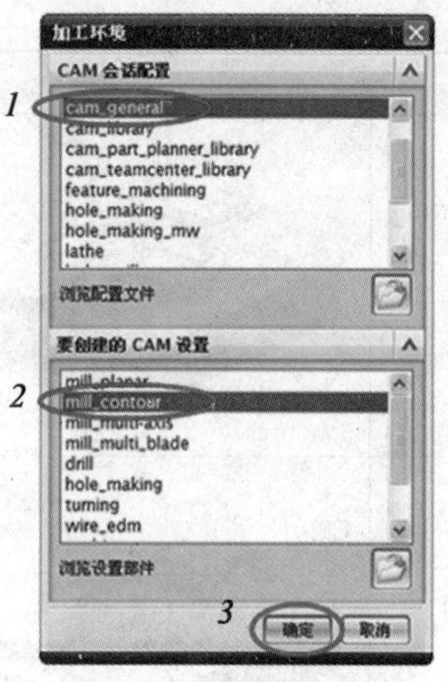

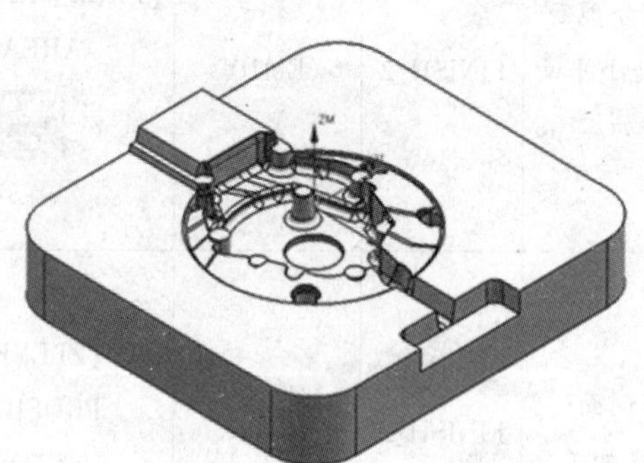

图 9—3　进入加工模块

4. 设置加工坐标系、安全平面

显示操作导航器几何视图，双击 MCS_MLL，弹出“Mill Orient”对话框，接受默认的加工坐标系位置，显示图层 3 图素（毛坯）。在“安全设置选项”下拉列表中选择“平面”，并选取毛坯上表面，距离为 3，回车，再单击“确定”，完成设置。

5. 设置加工方法

操作导航器设为方法视图。

双击导航器中的 MILL_ROUGH，弹出“铣削方式”对话框，在“部件余量”栏中输入 0.5，表示粗加工时侧壁留余量 0.5 mm。

双击导航器中的 MILL_SEMI_FINISH，弹出“铣削方式”对话框，在“部件余量”栏中输入 0.2。

双击导航器中的 MILL_FINISH，弹出“铣削方式”对话框，在“部件余量”栏中输入 0，将内、外公差改为 0.01。

6. 创建加工刀具

按表 9—2 所示创建加工刀具。

表 9—2　　加工刀具

序号	刀具名称	刀具号	刀具直径	R 角	刀长	刃长	刃数
1	EM32_R5	1	32	5	200	50	6
2	EM14_R2	2	14	2	150	45	2
3	EM20	3	20	0	100	30	2
4	EM10	4	10	0	70	20	2
5	EM8_R0.5	5	8	0.5	90	35	2

续表

序号	刀具名称	刀具号	刀具直径	R 角	刀长	刃长	刃数
6	BM12	6	12	6	110	22	2
7	BM8	7	8	4	90	14	2
8	EM6	8	6	0	80	12	2

单击创建节点工具栏中的按钮，弹出“创建刀具”对话框，按图 9—4 所示步骤设置。

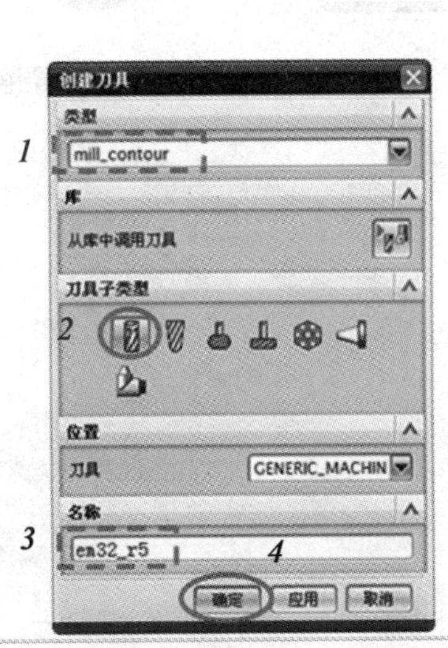

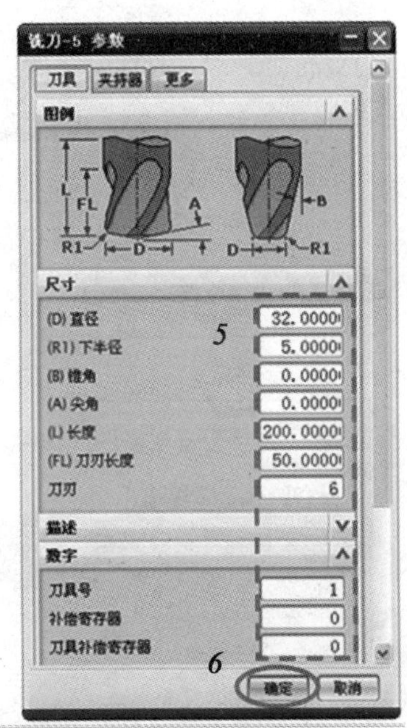

图 9—4 创建刀具

打开操作导航器刀具视图，如图 9—5 所示。

用同样的方法创建剩余刀具，结果如图 9—6 所示。

图 9—5 刀具视图

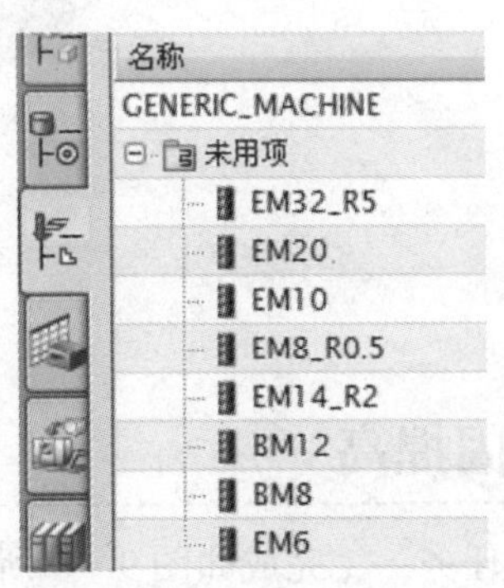

图 9—6 全部刀具视图

7．定义部件和毛坯

毛坯已提供，在第3层，按图9—7所示步骤进行操作。

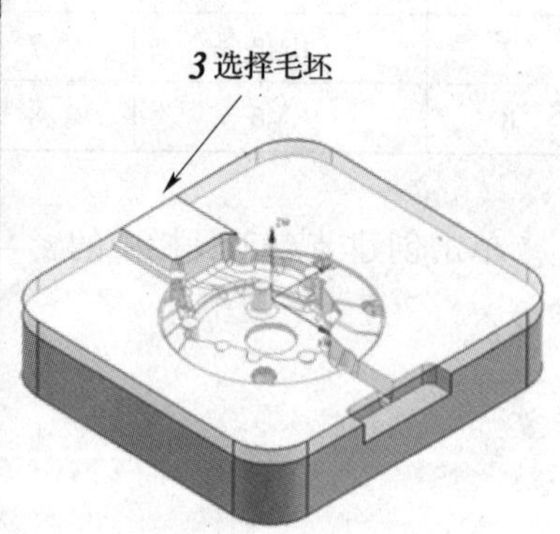

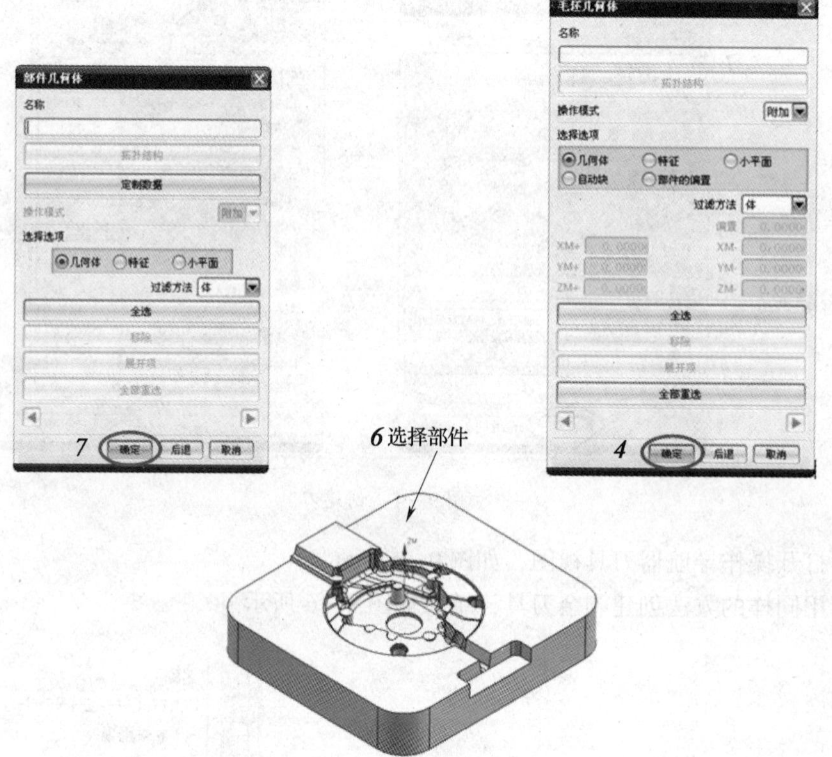

图9—7　定义几何体

巩固提高

参照任务一，完成如图9—8所示凸模的加工工艺分析，并完成对其加工的基础设置。

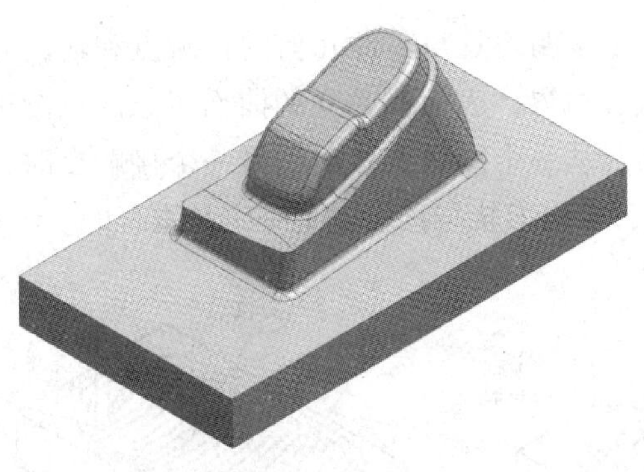

图 9—8 凸模

任务二 固定轴曲面轮廓铣粗、半精加工

学习目标

1. 掌握固定轴曲面轮廓铣功能。
2. 能合理设置固定轴曲面轮廓铣粗、半精加工参数。

工作任务

使用 UG CAM 铣加工功能实现对图 9—1 所示气缸盖凹模的粗加工、半精加工。

相关理论

一、固定轴曲面轮廓铣概述

固定轴曲面轮廓铣主要用于曲面的半精加工、精加工，即切削表面少量的余量，以实现对零件的精加工。在与刀轴平行的平面内，刀轨随曲面变化，其不同于型腔铣和等高轮廓铣的水平层状刀轨。固定轴曲面轮廓铣通常使用球刀完成加工。

如图 9—9 所示为固定轴曲面轮廓铣加工的零件表面形状。要建立固定轴曲面轮廓铣的刀轨，需先指定驱动几何、零件几何。

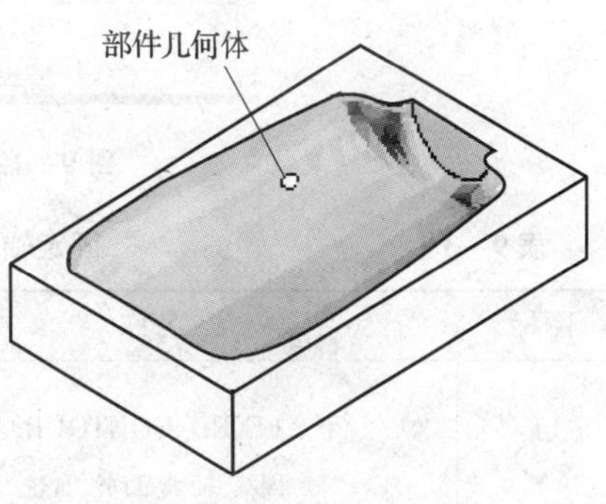

图 9—9 固定轴曲面轮廓铣加工表面

下面为边界驱动加工的例子，图 9—10 表明

驱动点的生成，图9—11表明刀具与零件几何的接触点和输出刀轨之间的关系。其中的驱动几何可以是曲线、边界、表面或独立的曲面对象。从图中可以看出，加工刀具定位在接触点上。当刀具从一个接触点移动到另一个接触点时，利用输出刀具位置点（即刀尖）来创建刀轨，输出刀轨与接触点不一定是重合的。

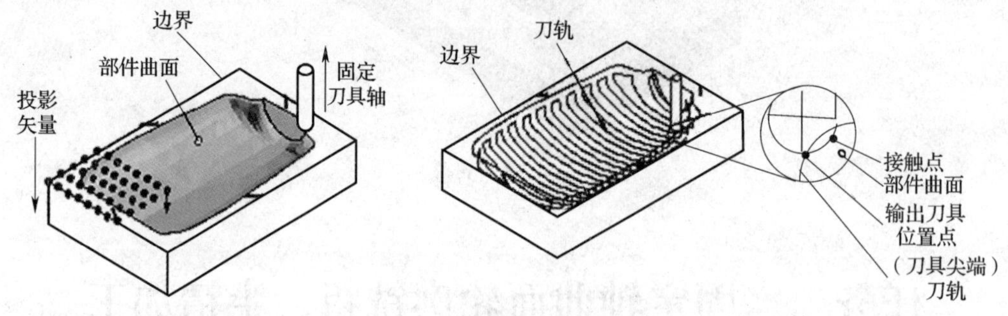

图9—10　驱动点的生成　　图9—11　刀具与零件几何的接触点与刀轨之间的关系

二、固定轴曲面轮廓铣工序子类型

固定轴曲面轮廓铣工序子类型如图9—12所示，可以根据需要选择合适的工序子类型。在创建工序的过程中，工序子类型一旦选定就不能再更改了，所以要慎重选择。常用工序子类型功能介绍见表9—3。

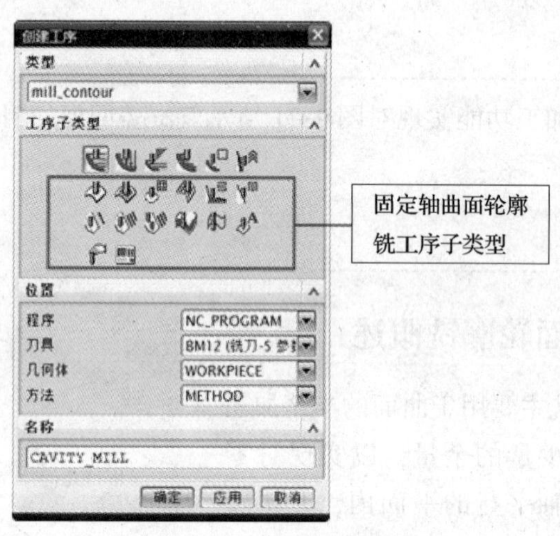

图9—12　“创建工序”对话框

表9—3　固定轴曲面轮廓铣工序子类型

图标	名称	功能
	FIXED_CONTOUR 固定轴曲面轮廓铣	默认的驱动方法是边界驱动，在该模式下可切换到任何一种驱动方式

续表

图标	名称	功能
	CONTOUR_AREA 表面区域驱动	默认驱动方式为表面区域驱动，是使用最广泛的一种驱动方式
	CONTOUR_SURFACE_ AREA 曲面区域驱动	可使用固定轴或可变轴铣削方式加工复杂的零件
	STREMLINE 流线驱动	用于加工不规则的表面
	CONTOUR_AREA_NON_STEEP 非陡峭区域铣削	默认的驱动方式为表面区域驱动，可指定非陡峭角度，默认为65°，用于加工非陡峭区域
	CONTOUR_AREA_DIR_STEEP 方向陡峭区域铣削	与非陡峭相反，用于加工陡峭区域
	FLOWCUT_SINGLE 单次走刀清角	只沿凹角生成单一清根刀轨
	FLOWCUT_MULTIPLE 多次走刀清角	可设置走刀次数，沿凹角生成清根刀轨
	FLOWCUT_REF_TOOL 参考刀具法清根	走刀次数由参考刀具直径等参数决定
	SOLID_PROFILE_3D 3D 实体轮廓加工	3D 实体轮廓加工
	PROFILE_3D 3D 轮廓铣加工	沿 2D 或 3D 边界生成单一刀轨，类似于单次走刀清根
	CONTOUR_TEXT 曲面刻字	在曲面上刻字，但必须事先利用制图模块的注释功能写好字符

三、加工几何

为了创建固定轴曲面轮廓铣刀轨，要指定的加工几何包括零件几何、驱动几何、检查几何、切削区域和修剪几何等。具体指定哪些加工几何，应根据驱动方法不同而不同。

1. 零件几何

零件几何即要加工的轮廓表面，通常直接选择零件被加工后的实际表面。零件几何可以是实体或片体、实体表面或表面区域。直接选择实体或实体表面作为零件几何，可以保持加工刀轨与这些表面之间的相关性。表面区域是在准备几何功能中建立的。

零件几何是有界的，即刀具只能定位在指定零件几何上的已存位置上（包括边界上），而不能定位在其扩展表面上。

2. 驱动几何

驱动几何由驱动方法选项定义，用于生成驱动刀轨的几何对象。将驱动刀轨投影到零件表面上，即生成刀轨。若使用表面驱动方法，也可以不指定零件几何，而直接在驱动几何上生成刀轨。驱动几何可以是扩展的表面。

3. 检查几何

检查几何是指切削过程中刀具不能碰到的几何对象，如零件壁、岛、夹具等。刀具碰到检查几何时，会自动避开检查几何，行进到下一个安全的切削位置才开始进刀。

4. 切削区域

若采用区域铣和清根切削驱动方法，存在切削区域的概念。每一个切削区域都是零件几何的一个子集。若不指定切削区域，则整个零件几何作为切削区域，即利用零件几何的外轮廓作为切削区域，如图9—13所示。

5. 修剪几何

若采用区域铣和清根切削驱动方法，可指定修剪边界，用于进一步约束切削区域。修剪边界总是封闭边界，并沿刀轴矢量投影到零件几何上以确定切削区域。刀具定位方式总是ON，材料侧可以是修剪边界的内侧或外侧，可以同时定义多个修剪区域，如图9—13所示。

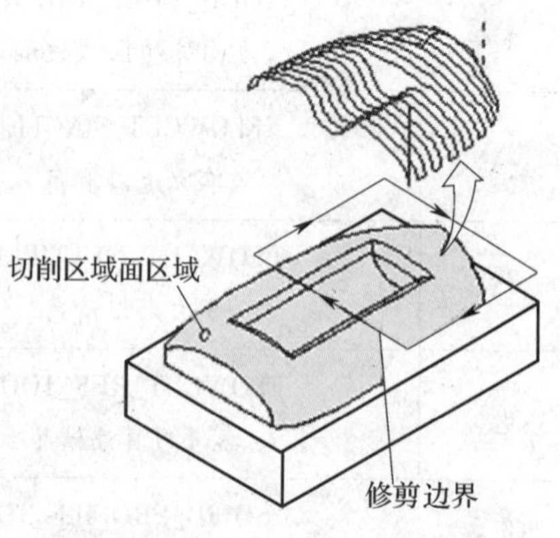

图9—13　修剪边界与切削区域

四、驱动方法及驱动几何原理

驱动方法用于定义创建刀轨时的驱动点。有些驱动方法沿指定曲线定义一串驱动点，有些驱动方法则在指定的边界内或指定的曲面上定义驱动点阵列。一旦定义了驱动点，就用来创建刀轨。若未指定零件几何，则直接从驱动点创建刀轨；若指定了零件几何，则把驱动点沿投影方向投影到零件几何上创建刀轨。有多种驱动方法可用，选择何种驱动方法与要加工的零件表面的形状以及其复杂程度有关。一旦指定了驱动方法，则可以选择的驱动几何的类型也即确定。

1. 曲线/点驱动方法

曲线/点驱动方法通过指定点或选择曲线来定义驱动几何。指定点时，驱动路径是指定点之间指定顺序的直线段。选择曲线时，驱动点沿指定曲线生成；曲线可以封闭或开放、连续或非连续，也可以是平面曲线或空间曲线。

图9—14所示为点驱动方法。刀轨从指定的第一点开始，沿指定顺序依次以直线连接生成驱动刀轨，并投影到零件几何上生成刀轨。同一点可以指定多次，如可以重复

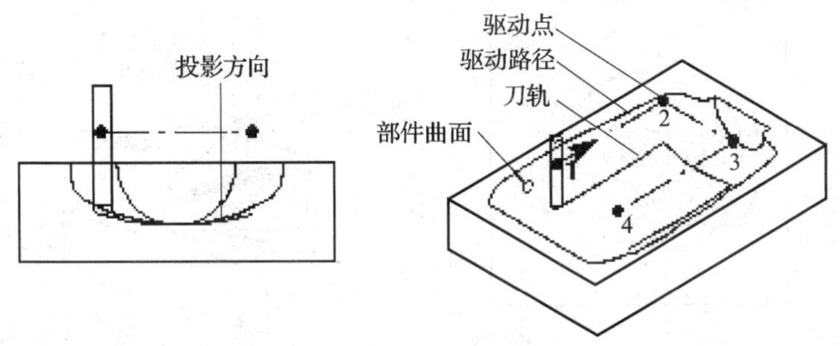

图 9—14　点驱动方法

指定第一点作为最后一点从而形成封闭的驱动刀轨。需要注意的是：驱动点必须有多个，只有一个驱动点无法生成刀轨。

图 9—15 所示为曲线驱动方法。刀具沿驱动曲线移动，投影到零件几何上生成刀轨。

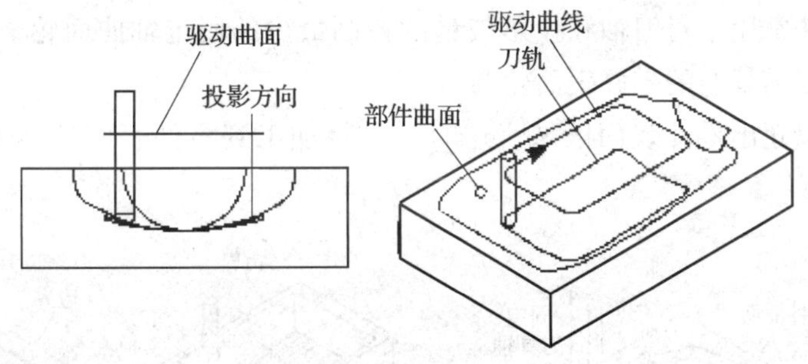

图 9—15　曲线驱动方法

一旦选定了某个驱动几何体，则显示一个指向缺省切削方向的矢量。对于开放曲线，所选的端点决定起点。对于闭合曲线，起点和切削方向是由选择段时采取的顺序决定的。

这种驱动方式有时会使用一个负余量值，它允许刀具只切削所选部件表面下面的区域，同时生成一个槽，如图 9—16 所示。

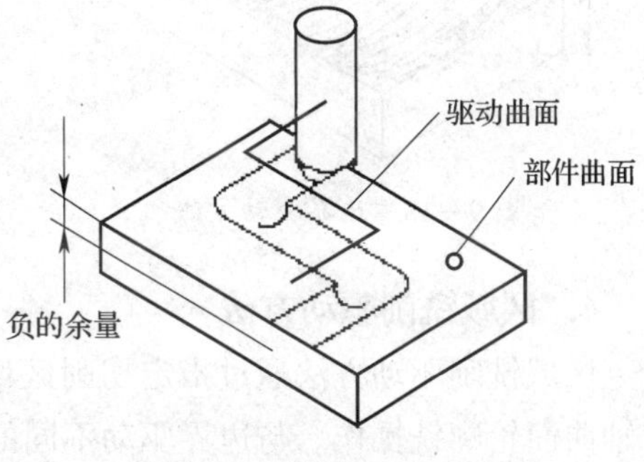

图 9—16　负余量加工凹槽

2. 螺旋式驱动方法

以螺旋形状生成驱动点。定义的螺旋驱动点从指定的中心点向外扩展。指定的中心点是刀具的开始切削点，在通过该点并与刀轴方向相垂直的平面内建立驱动点，然后沿刀轴方向投影到零件几何上，如图 9—17 所示。若未指定螺旋中心点，则利用绝对坐标系原点作为中心点；若中心点不在零件几何表面上，则刀具沿刀轴方向投影到零件表面上开始切削。

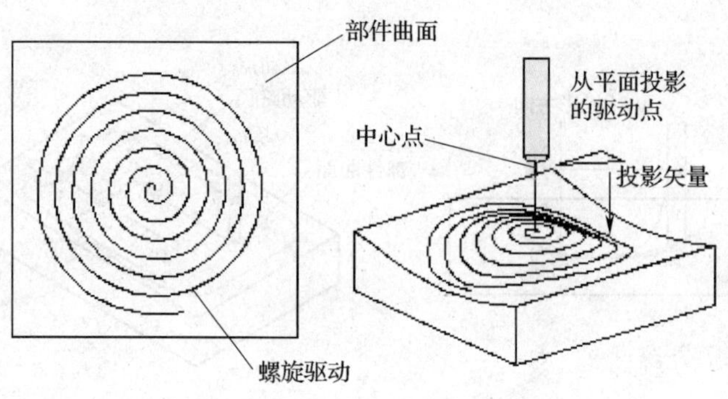

图 9—17　螺旋式驱动方法

3. 边界驱动方法

边界驱动方法是通过指定边界和环来定义切削区域。边界与零件表面的形状和尺寸无关，而环则必须符合零件表面的外边缘线。边界驱动将由边界定义的切削区域内的驱动点沿刀轴方向投影到零件表面上生成刀轨，如图 9—18 所示。

此驱动方法常用于对刀轴和投影矢量的控制最少的固定轴曲面轮廓铣，多用于精加工操作，可跟随复杂的零件表面轮廓。

边界也可以超出零件表面区域，这时刀具将加工到零件表面外一个刀具直径值，如图 9—19 所示。

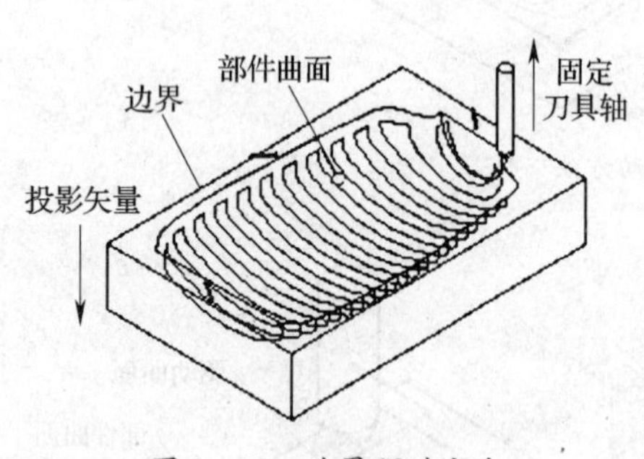

图 9—18　边界驱动方法

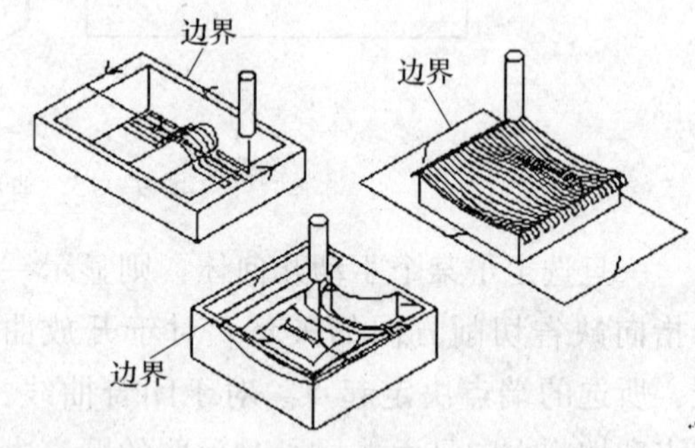

图 9—19　不同大小的边界生成的刀轨

4. 区域铣削驱动方法

区域铣削驱动方法通过指定切削区域、添加陡峭容纳环或修剪几何约束来定义固定轴曲面轮廓铣操作。与边界驱动不同的是，区域铣削驱动方法不需要指定驱动几何，而是利用零件几何自动计算出不冲突的容纳环，如图 9—20 所示。

切削区域可以指定表面区域、片体或表面来组成。若未指定切削区，则利用整个已定义的零件几何组成切削区。

通过定义修剪边界，可以进一步约束切削区域。通过指定修剪侧，可以将指定切削区包含在切削区域内或排除在切削区域外，如图 9—21 所示。修剪边界总是封闭的，且刀具位置总是 ON。可以定义多个修剪边界。

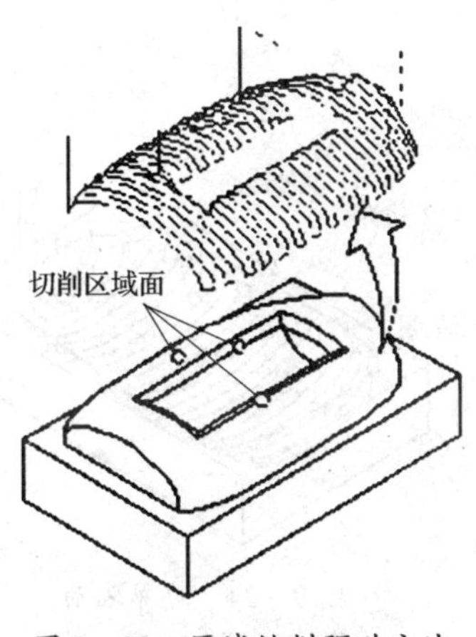

图 9—20 区域铣削驱动方法

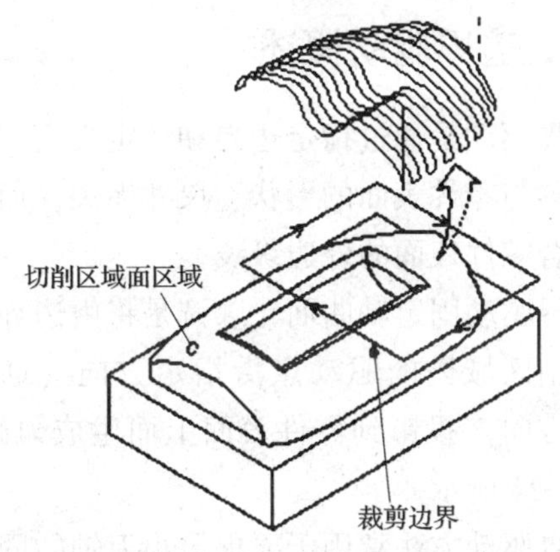

图 9—21 修剪边界与切削区

5. 径向切削驱动方法

径向切削驱动方法是沿给定边界方向并垂直于边界生成驱动路径，一般用于清根操作，如图 9—22 所示。

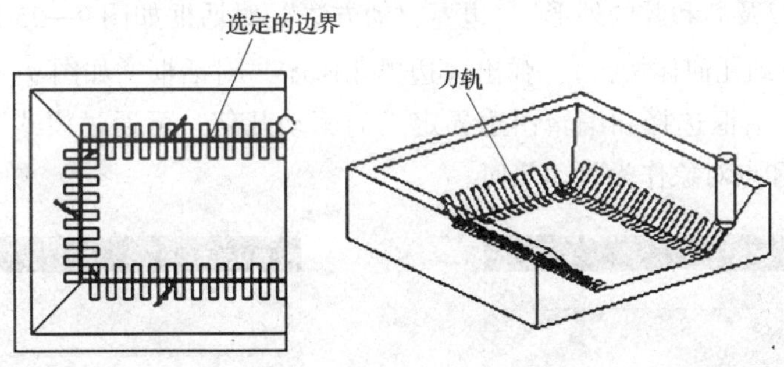

图 9—22 径向切削驱动方法

6. 清根切削驱动方法

清根切削驱动方法是沿零件表面之间形成的凹角生成的刀轨。系统自动确定方向与加工前后顺序，刀轨将得到优化，刀具尽可能保持与零件表面接触以减少非切削运动的时间。在固定轴曲面轮廓铣中，也可以由用户自行定义清根切削方向与加工前后顺序，如图 9—23 所示。

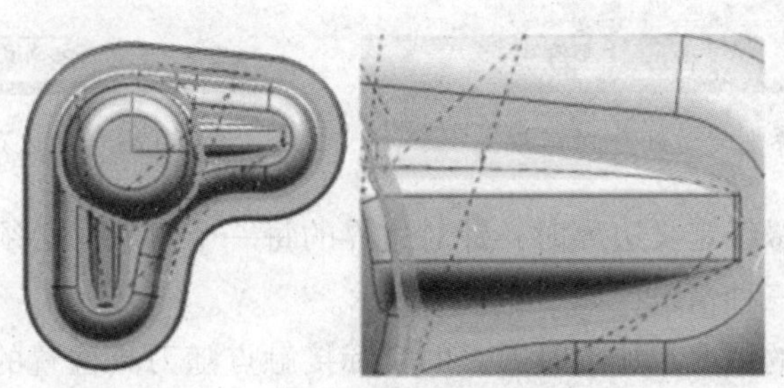

图 9—23 清根切削驱动方法

五、边界驱动概述

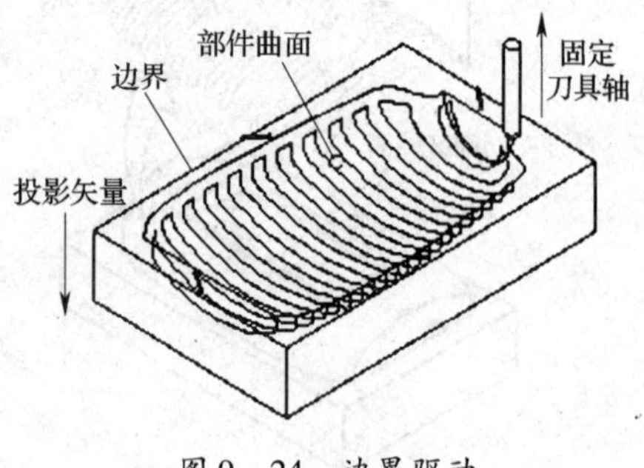

图 9—24　边界驱动

边界驱动是通过指定边界和环定义切削区域。边界与零件表面的形状、尺寸无关，而环必须符合零件表面的外边缘线。

边界驱动固定轴曲面轮廓铣是将由边界定义的切削区域内的驱动点沿指定方向（通常是刀轴方向）投影到零件表面上而生成刀轨，如图 9—24 所示。

边界驱动方法常用于要求最小刀轴的固定轴曲面轮廓铣，多用于精加工操作，可跟随复杂的零件表面轮廓。

六、边界驱动几何

边界驱动几何可以是曲线、已存在的永久边界、点或表面构成的几何序列，用来定义切削区域以及岛和腔的外形。“边界驱动方法”对话框如图 9—25 所示。选择 （选择或编辑驱动几何体按钮），弹出“边界几何体”对话框，如图 9—26 所示。通过“部件边界”对话框选择和编辑由边界定义的驱动几何。可通过模式选项选择曲线/边、边界、面和点对象作为驱动几何。

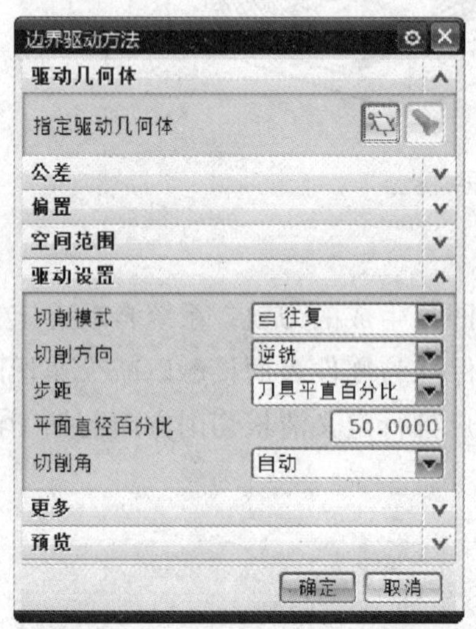

图 9—25　“边界驱动方法”对话框

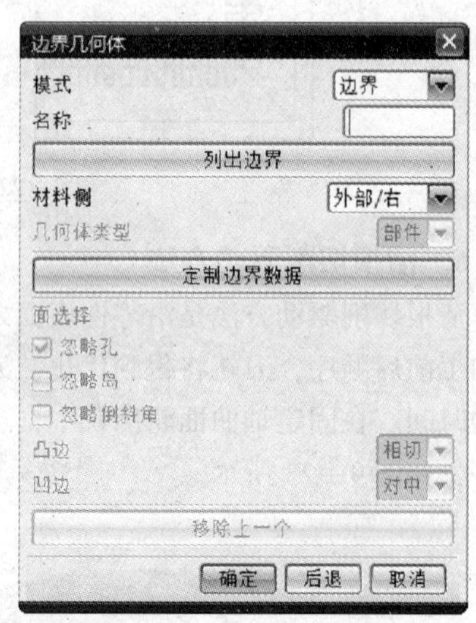

图 9—26　“边界几何体”对话框

选择曲线或边缘线定义边界时，针对边界的每一个对象，必须定义刀具的接触位置选择参数，共有三种情况，如图 9—27 所示。

刀具接触位置的情况，加工时刀具的实际接触点随刀具位置的不同而变化，而刀轨则是刀尖的运动轨迹，如图 9—28 所示。

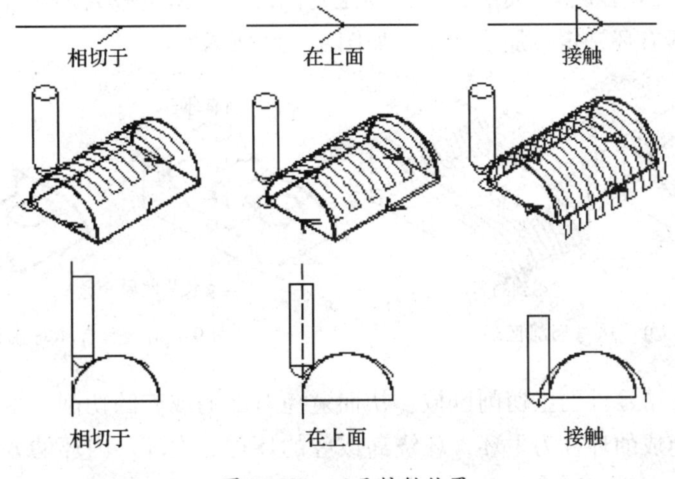

图 9—27 刀具接触位置

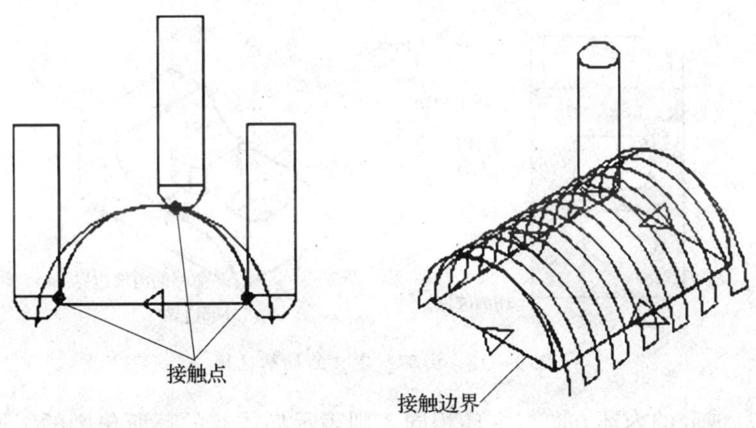

图 9—28 刀具接触点与刀轨的关系

七、边界驱动参数

1. 边界公差与偏置（边界余量）

（1）边界内公差。

（2）边界外公差。

（3）偏置，即边界余量，指加工后沿边界剩余的材料量。

2. 零件容纳环

通过选定零件表面或表面区域的外边缘建立环来定义切削区域。环与边界不同，环直接由零件表面边缘组成，而不需投影到零件表面上。环可以定义切削区域，如图 9—29 所示为由零件表面的所有边缘定义的 3 个环形成的切削区域。

建立零件容纳环时，应该选择实体表面，而不是整个实体，也可以选择缝合一体的曲面，否则不能定义明确的环。

环可以是平面的或非平面的，但必须是封闭的。可指定最大环作为零件的加工区域，也可指定所有环来定义加工区域，如图 9—30 所示。

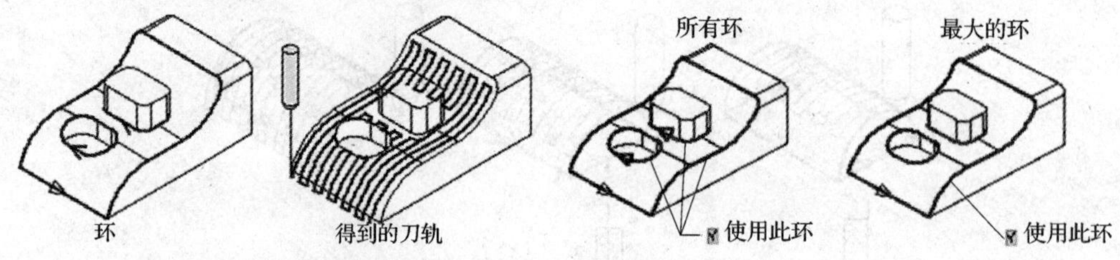

图 9—29　环与切削区域　　　　图 9—30　所有环与最大环

通过环定义了零件的主切削区域，从而避免对岛屿或腔的切削。由零件上选定表面的外边缘线组成的环称为主环，环绕岛或腔的环称为内环。内环的方向与主环的方向相反，表示将内环区域排除在由主环构成的切削区域之外，如图 9—31 所示。

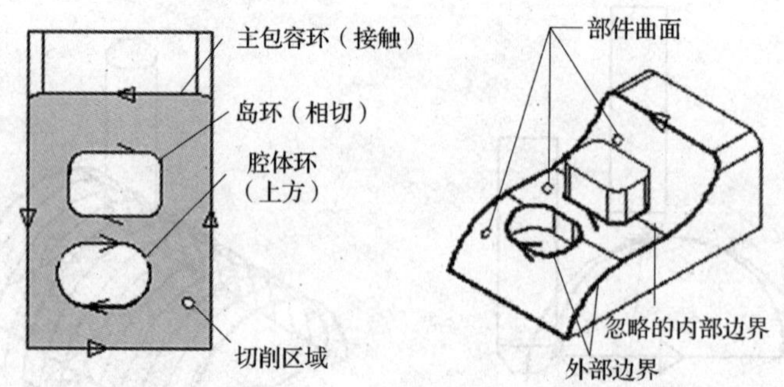

图 9—31　由环所定义的切削区域

若环绕岛或腔的内环方向与主环相同，则表示岛或腔的环所包围的区域也是切削区，如图 9—32 所示。但这时主环被完全忽略，只有岛的顶面被加工。因此，对岛的加工应该采用另一操作完成。

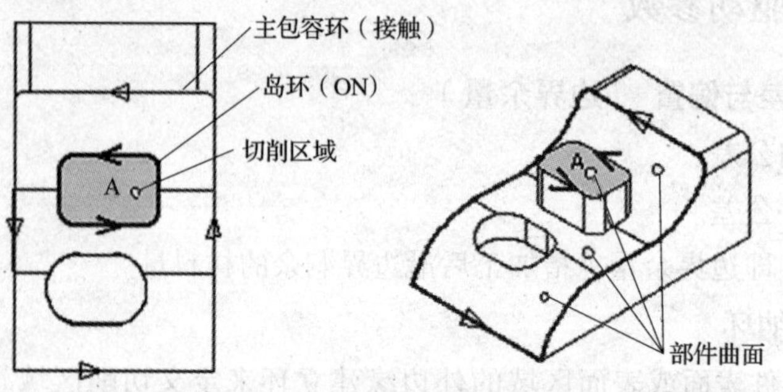

图 9—32　由环所定义的切削区域（岛屿与主环方向相同）

边界与环的组合也可以定义切削区。图 9—33 所示将边界沿刀轴向零件表面投影后，与环组合起来共同形成切削区。

图 9—34 所示为边界与环共同形成的多个切削区。

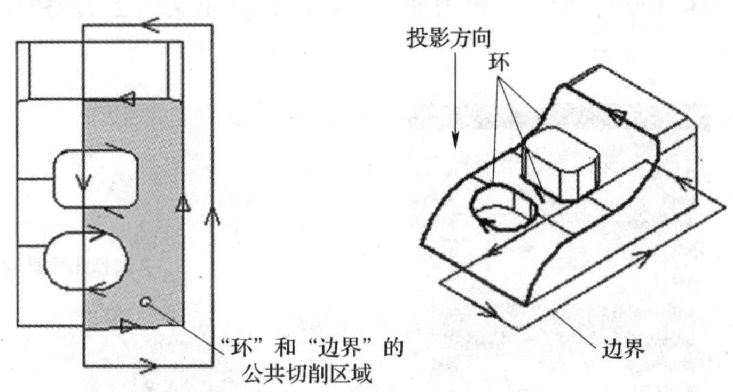

图 9—33 边界与环共同形成切削区

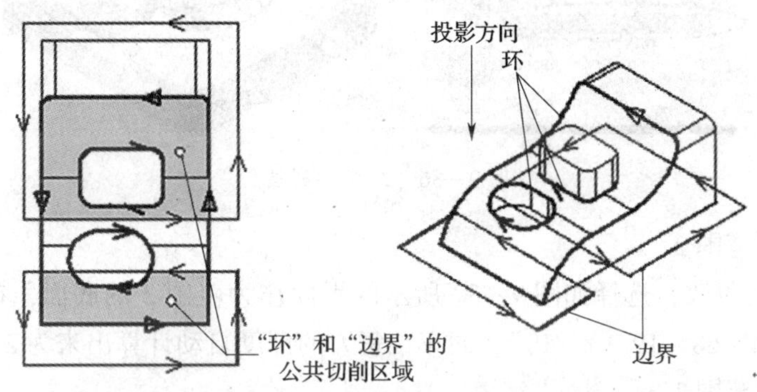

图 9—34 边界与环共同形成多个切削区

任务实施

1. 粗加工，去除大余量 ROUGH_1

根据加工工艺分析，使用 ϕ32R5 的合金牛鼻铣刀，用【CACITY_MILL】加工方法对整个零件进行粗加工，去除大余量。具体步骤如下：

（1）创建操作

按图 9—35 所示进行操作。单击“确定”，进入“型腔铣”对话框。

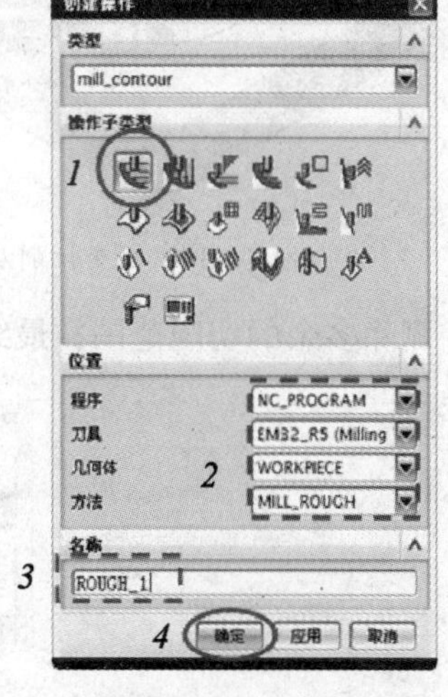

图 9—35 创建操作

（2）设置切削层

在“型腔铣”对话框“刀轨设置”选项中单击“切削层”，弹出“切削层”对话框。软件把被加工零件自动分为 12 个切削层，将切削层分为 3 层。

1）切削层范围 1

“范围 1”的“范围深度”变为 19. 1。在“每刀的深度”输入“19.1/7”，回车，每刀的深度自动计算出来为2.7285714285714，如图9—36所示。

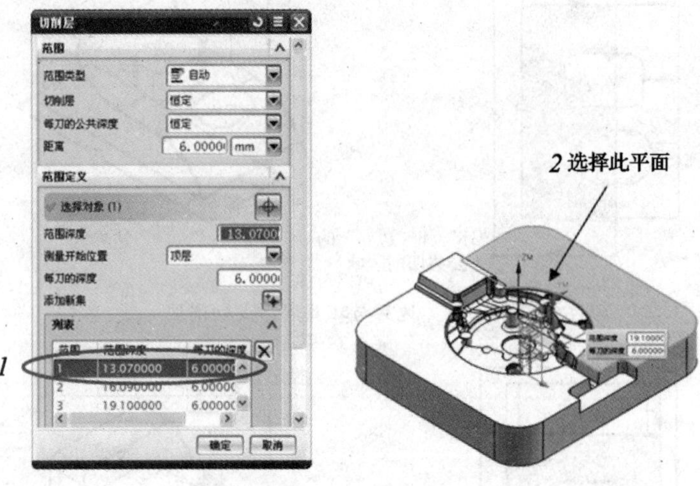

图9—36 改变切削层

2）切削层范围2

同范围1的更改，选择如图9—37所示的平面作为范围2的底面，在“每刀的深度”输入“（42.68－19.1）/10”，回车，每刀的深度自动计算出来为2.358。

3）切削层范围3

选择如图9—38所示的平面作为范围3的底面，在“每刀的深度”输入“（49.76－42.68）/3”，回车，每刀的深度自动计算出来为2.36。

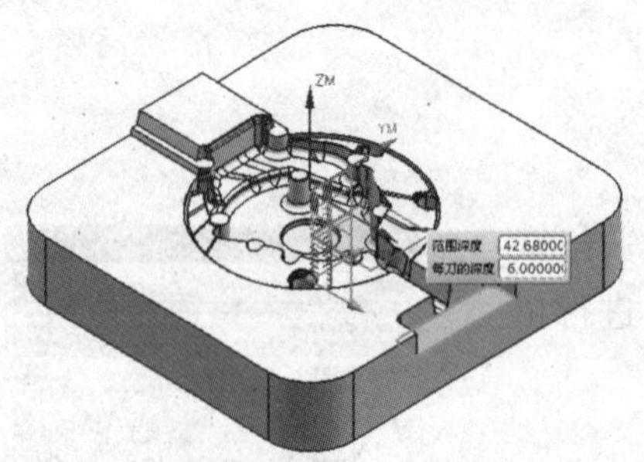

图9—37 改变切削层

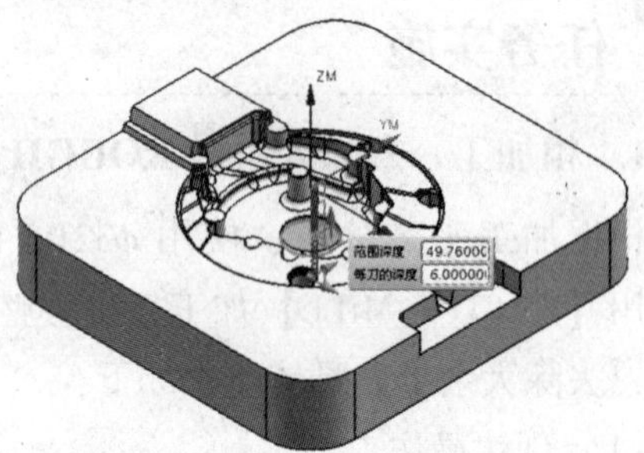

图9—38 改变切削层

删除多余的切削范围，最终的切削层范围列表如图9—39所示。

列表

范围	范围深度	每刀的深度
1	19.100000	2.728571
2	42.680000	2.358000
3	49.760000	2.360000

图9—39 切削层范围列表

(3) 设置切削参数

按图 9—40 所示设置切削参数。

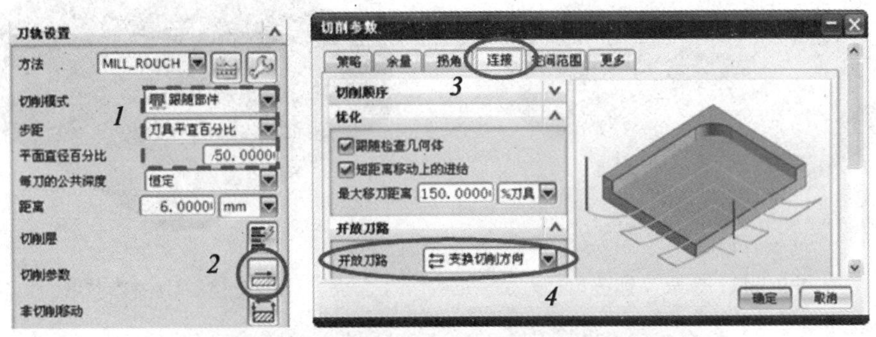

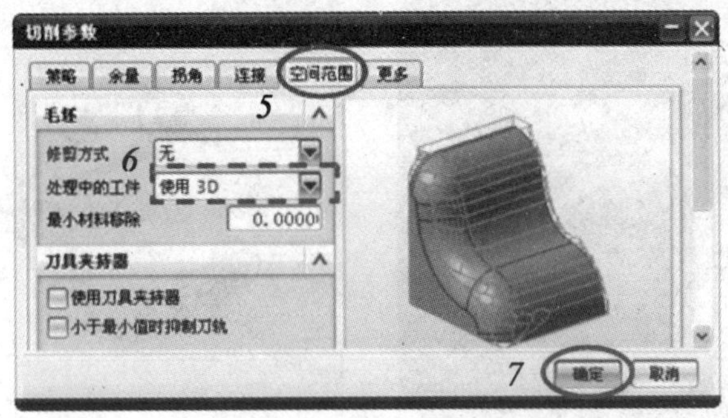

图 9—40 切削参数

(4) 设置进给率和转速

根据刀具、材料设置合理的参数。

(5) 生成刀轨并验证

单击 ，弹出报警对话框，单击“确定”，弹出诊断信息文本窗口，如图 9—41 所示。

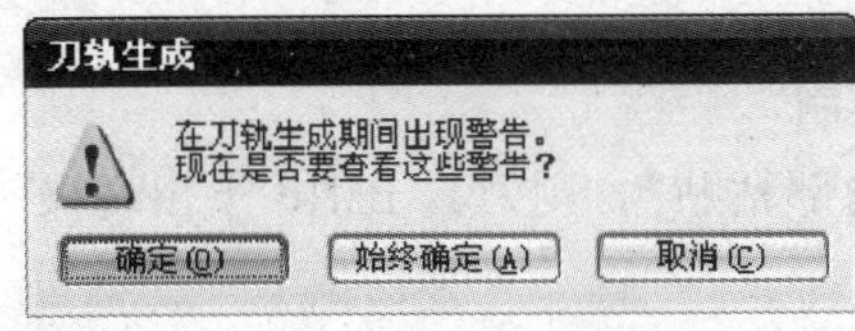

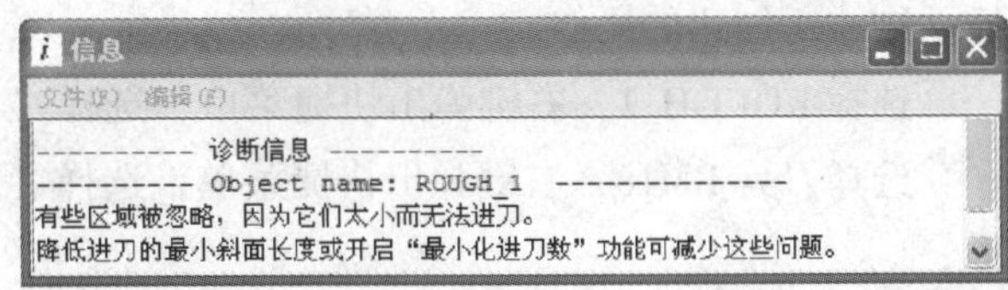

图 9—41 刀轨生成报警

单击“非切削移动” ，更改“进刀”选项卡“封闭区域”中的“最小斜面长度”，默认为刀具直径的 70%，将其改小（50%）。重新生成刀轨，则无报警。

生成刀轨如图 9—42 所示。2D 动态仿真结果如图 9—43 所示。

此时余量主要集中在 4 处深腔和 1 处凹槽，如图 9—44 所示。需要做局部粗加工，以去除大余量。

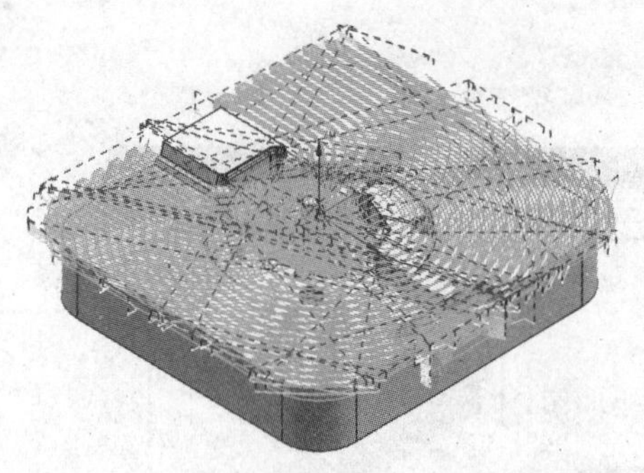

图 9—42　生成刀轨

图 9—43　2D 动态仿真

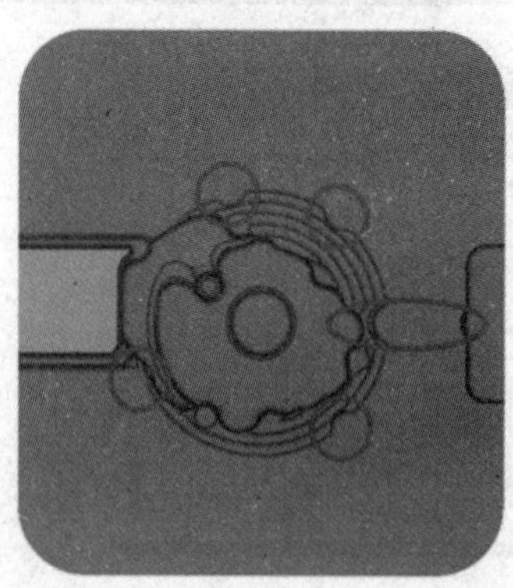

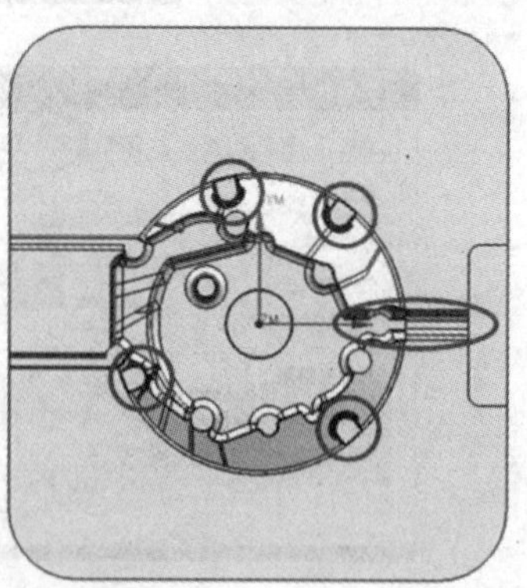

图 9—44　局部余量

2. 局部粗加工，去除局部余量 ROUGH_2

根据加工工艺分析，使用 ϕ16 的球刀，用【CACITY_MILL】加工方法对零件上 5 处局部余量进行粗加工，去除局部余量。具体步骤如下：

（1）创建操作

在“操作导航器”刀具视图中单击刀具“EM32_R5”前的“+”号，将其展开，显示刚才所创建的操作。

选择 ROUGH_1，右键弹出快捷菜单，选择“复制”。

选择刀具 BM16，右键弹出快捷菜单，选择“内部粘贴”，则刀具 BM16 下出现操作。

选择 ROUGH_1_COPY，右键弹出快捷菜单，选择“重命名”（也可以间隔单击 ROUGH_1_COPY 两次），改为 ROUGH_2。

（2）修改参数

双击操作 ROUGH_2，弹出“型腔铣”对话框。

1）修改切削层

在“型腔铣”对话框“刀轨设置”选项中单击“切削层”，弹出“切削层”对话框。改变切削层的范围（选择窄凹槽的下表面），如图 9—45 所示。

此时范围 1 的范围深度为 42. 68，删除多余的切削层范围，使切削层范围只有一个，将切削层深度均匀分 53 刀铣削，方法同上一操作。

确定之后返回“型腔铣”对话框，将步距设置为刀具直径的 20%，重新生成刀轨（点击“生成”），如图 9—46 所示。

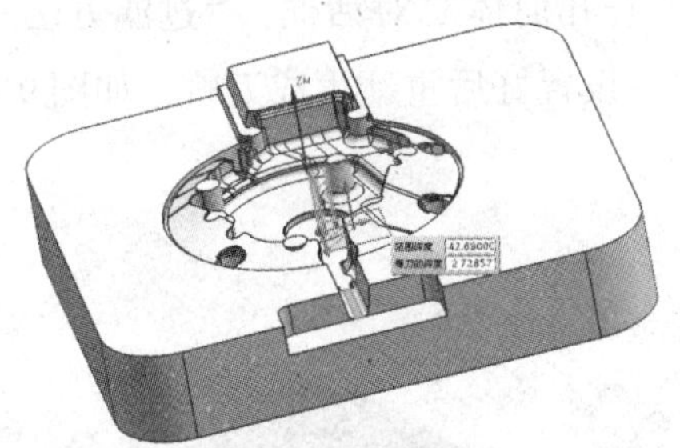

图 9—45　更改切削层

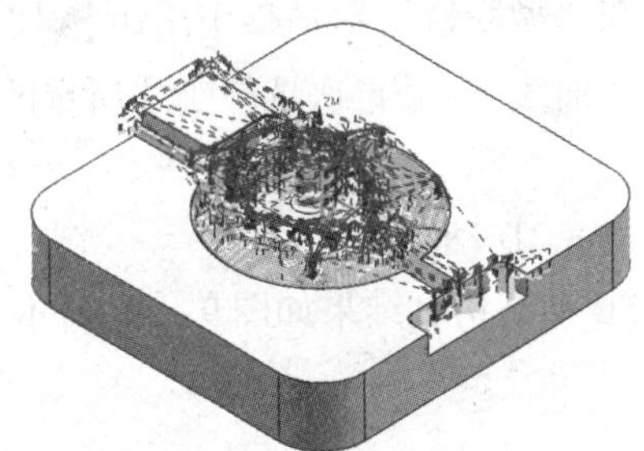

图 9—46　生成刀轨

修剪刀轨，只保留对 5 处局部余量的加工。

2）修剪刀轨

在“型腔铣”对话框中单击 [图标]，按图 9—47 所示进行操作，41 层（修剪曲线）可见。

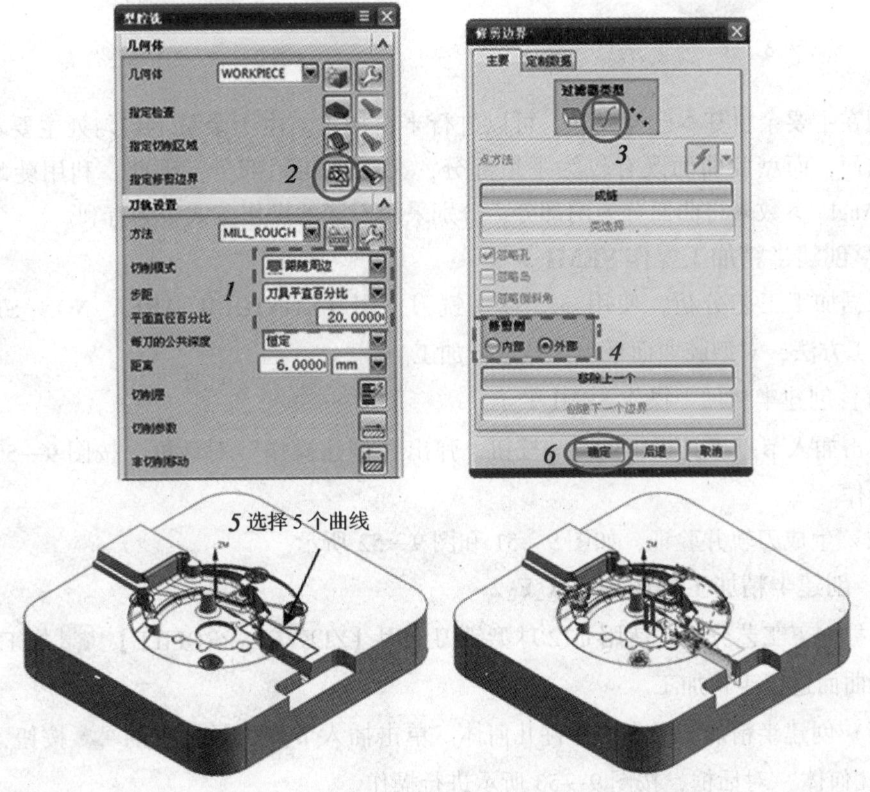

图 9—47　修剪刀轨

虽然5处局部余量都已经被切削到，但刀轨比较凌乱，有一些不需要的进、退刀轨迹，所以该刀轨效率比较低。需要对刀轨做适当调整。这里通过指定检查几何体来进行优化。

3）使用检查几何体优化刀轨

在“型腔铣”对话框中单击 ，弹出“检查几何体”对话框，“过滤方法”设置为“曲线”，并再次选择刚才所选的5个曲线，设置好后重新生成刀轨，如图9—48所示。

（3）2D动态仿真

2D动态仿真结果如图9—49所示。

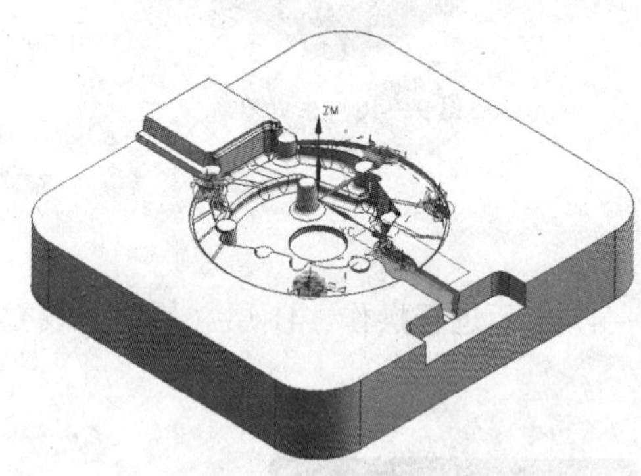

图9—48　生成刀轨

图9—49　2D动态仿真

现在主要余料基本已经去除，可以进行半精加工。由于余量不均匀处主要集中在型腔曲面，而型腔曲面既有较为平坦部分，又包括陡峭部分，因此，利用陡峭角度Steep Angle参数来将曲面分为两部分，分别采用不同的操作方式较为有利。

3．创建半精加工操作SEMI_F_1

根据加工工艺分析，使用$\phi12$球型铣刀，用【CONTOUR_AREA_NON_STEEP】 加工方法，对型腔曲面平坦区域进行加工。

（1）创建半精加工操作SEMI_F_1

单击插入节点工具栏中的 按钮，弹出“创建操作”对话框，按图9—50所示进行操作。

（2）生成刀轨并验证，如图9—51和图9—52所示。

4．创建半精加工操作SEMI_F_2

根据加工工艺分析，使用$\phi12$球型铣刀，用【ZLEVEL_PROFILE】 加工方法，对两端曲面进行半精加工。

（1）创建半精加工操作用零件几何体。单击插入节点工具栏中的 按钮，弹出“创建几何体”对话框，按图9—53所示进行操作。

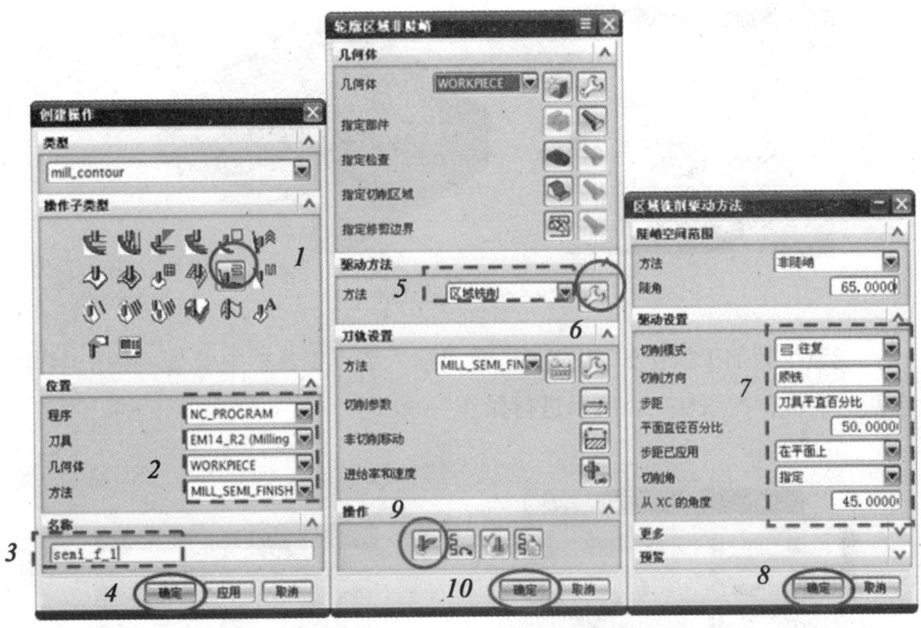

图 9—50 创建操作

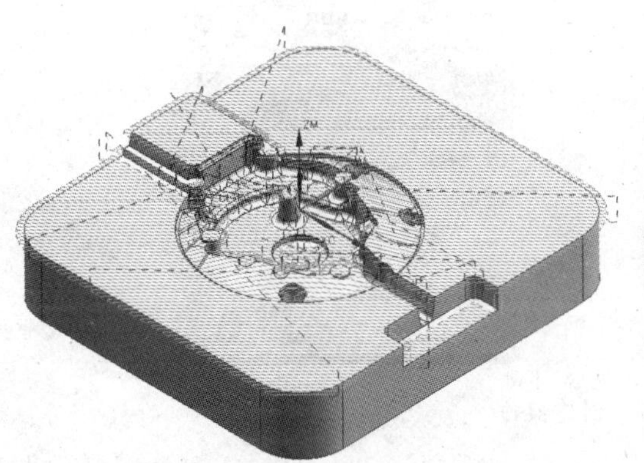

图 9—51 生成刀轨

图 9—52 2D 动态仿真

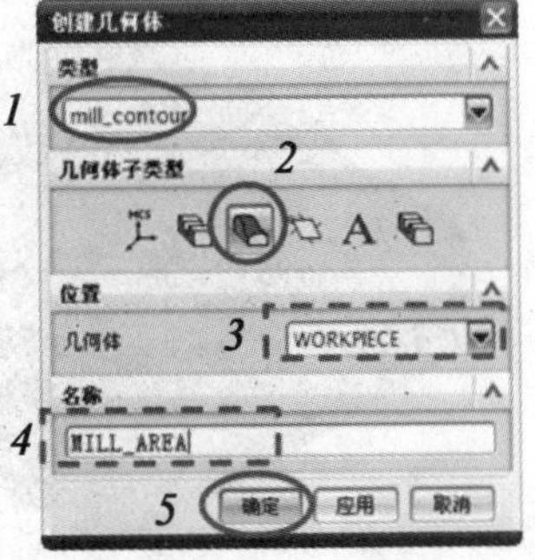

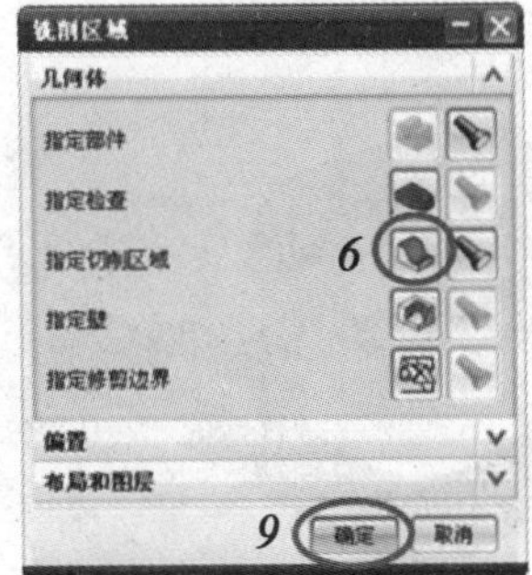

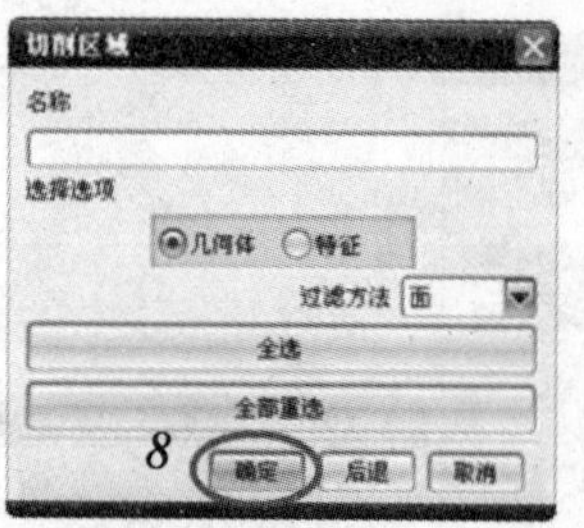

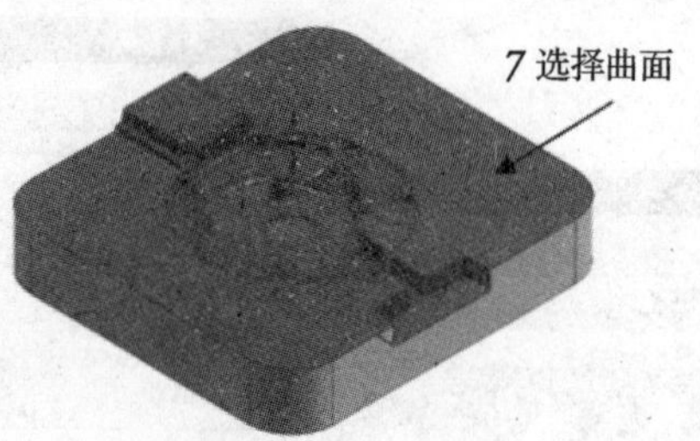

图 9—53　创建几何体

（2）创建半精加工操作 SEMI_F_2。单击插入节点工具栏中的 按钮，弹出“创建操作”对话框，按图 9—54 所示进行操作。

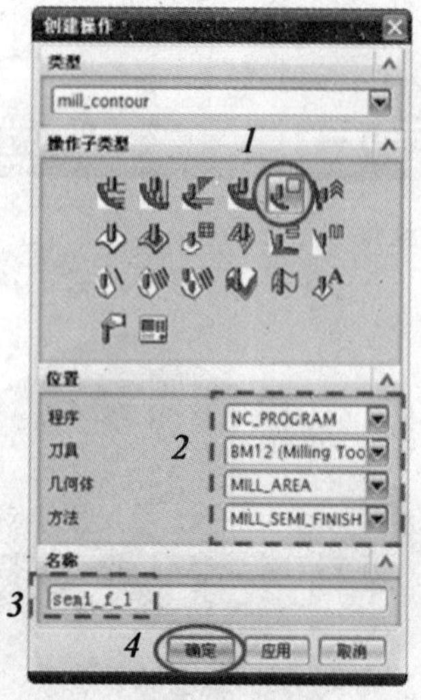

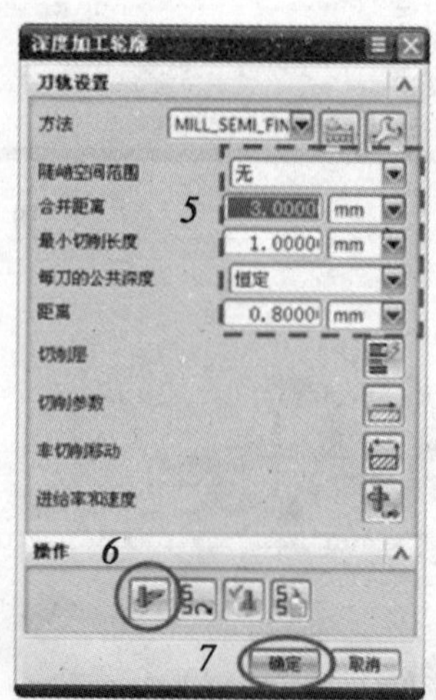

图 9—54　创建操作

（3）生成刀轨并验证，如图 9—55 和图 9—56 所示。

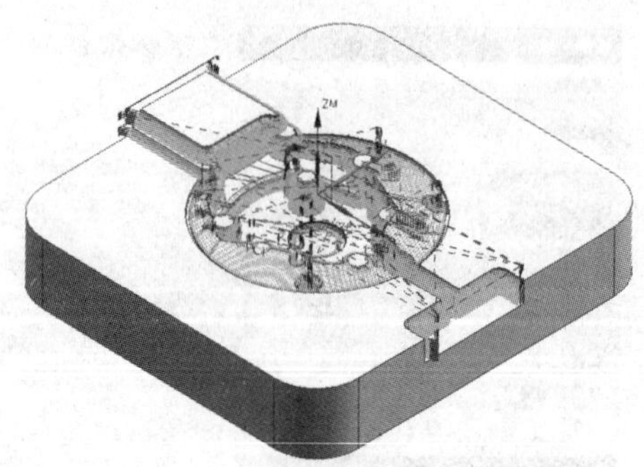

图 9—55　生成刀轨

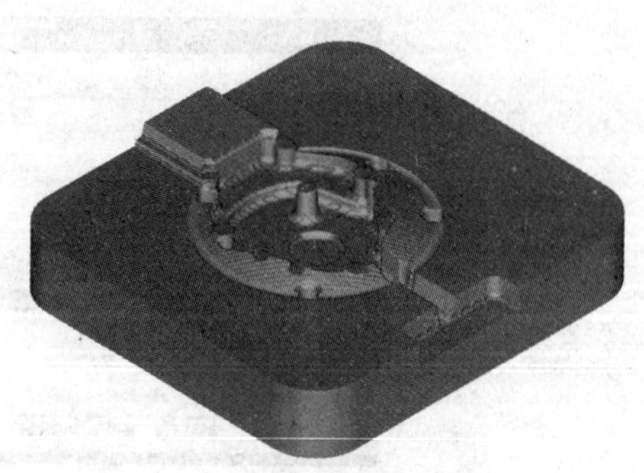

图 9—56　2D 动态仿真

5. 创建清角半精加工操作 SEMI_F_3

使用 ϕ6 立铣刀，用【FLOWCUT_REF_TOOL】进行清角，获得均匀的余量。

（1）创建半精加工操作 SEMI_F_3，按图 9—57 所示进行操作。

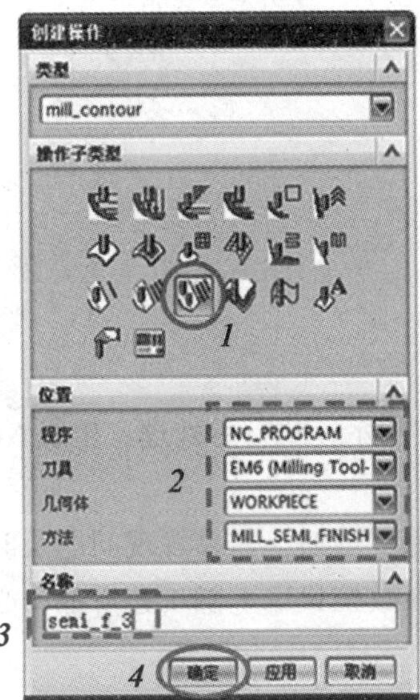

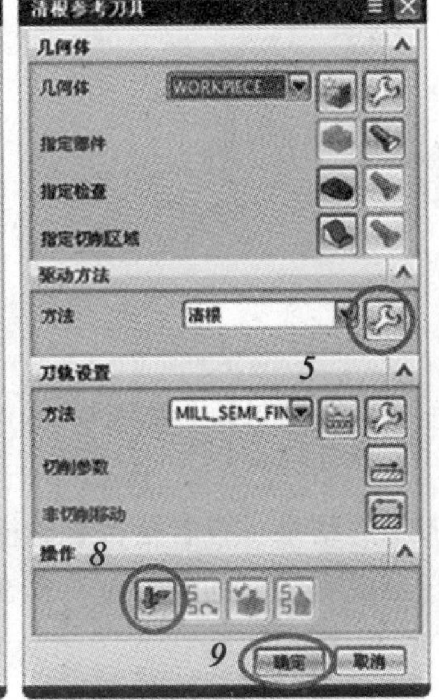

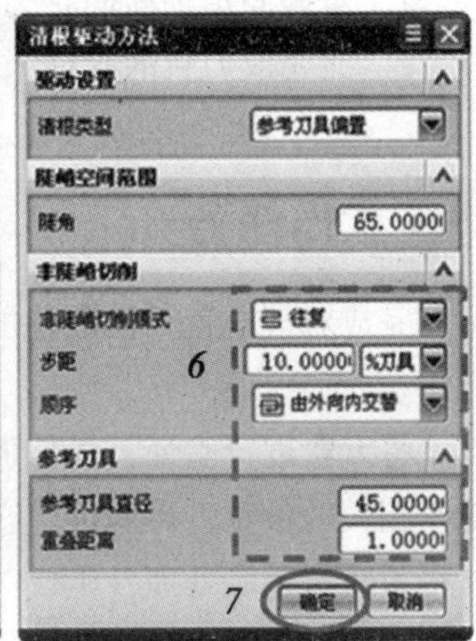

图 9—57 创建操作

（2）生成刀轨并验证，如图 9—58 和图 9—59 所示。

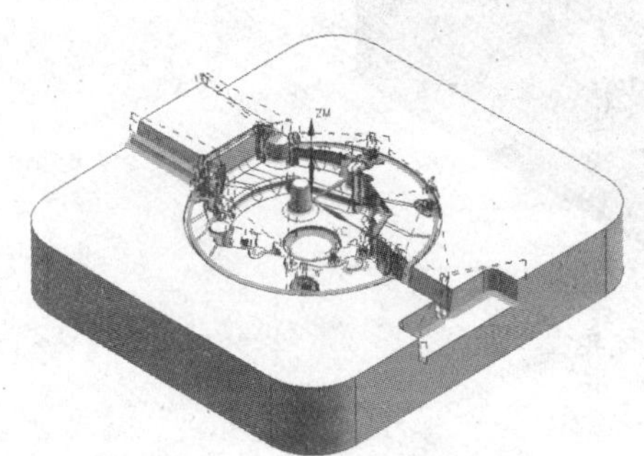

图 9—58 生成刀轨

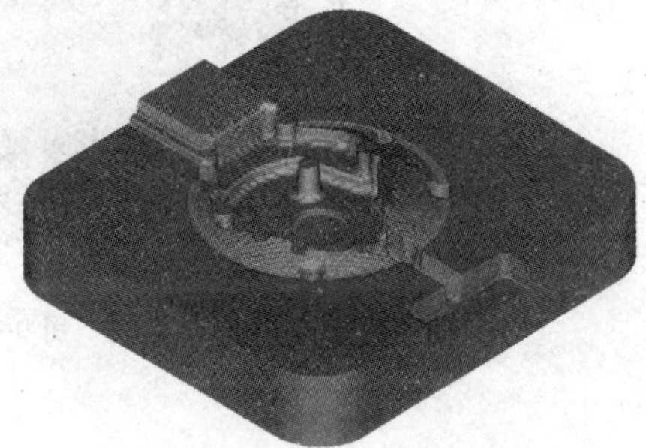

图 9—59 2D 动态仿真

巩固提高

参照任务二，完成图 9—8 所示凸模的粗加工、半精加工操作。

任务三 固定轴曲面轮廓铣精加工

学习目标

1. 掌握固定轴曲面轮廓铣精加工功能。
2. 能完成刀轨的验证、后处理。

工作任务

完成对气缸盖凹模的精加工并验证刀轨，如图 9—60 所示，执行后处理，生成 NC 程序。

将刀轨进行验证，模拟加工的结果，查看是否有碰撞、过切，如果发现问题及时更改相关的参数，再验证，直至没有任何问题为止。要在数控机床上加工该产品，必须将刀轨通过后处理，生成 NC 程序。

图 9—60 刀轨仿真

相关理论

一、切削模式

切削模式也称为切削图案，用于定义刀轨的形状。有些切削模式切削整个切削区域，有些切削模式只沿切削区域的外周边进行切削，有些切削模式跟随切削区域的形状进行切削，而有些模式则独立于切削区域的形状进行切削。

1. 跟随周边

跟随周边模式中，刀具跟随切削区域的外边缘进行加工，刀轨形状与切削区域的形状有关。通过刀路方向选项，可控制刀轨是从外向内或从内向外。通过切屑方向可控制顺铣或逆铣，如图 9—61 所示。

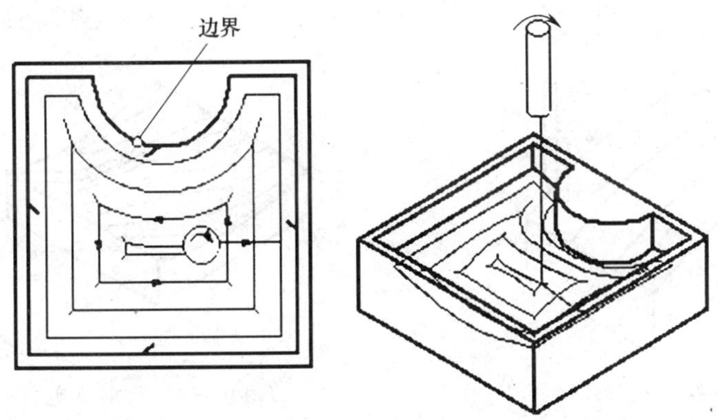

图 9—61　跟随周边切削模式

2. 轮廓加工

轮廓加工模式中，刀具只沿切削区域的外围进行切削，如图 9—62 所示。通过指定附加走刀次数，可以切除切削区域外围附近指定步距内的材料。若由于刀具直径过大等出现交叉刀轨的情况，刀具将自动跨过，以避免产生过切，如图 9—63 所示。

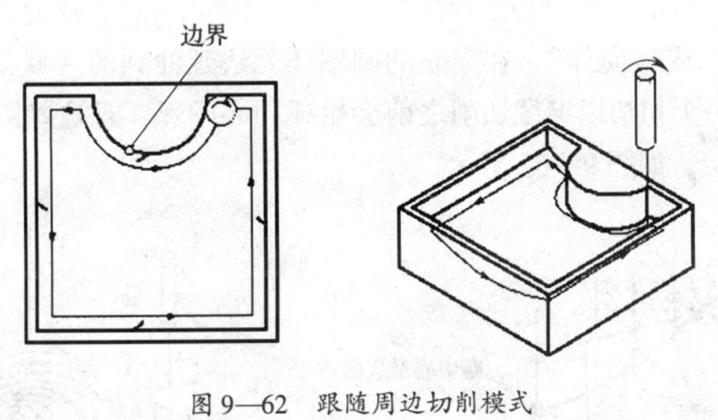

图 9—62　跟随周边切削模式

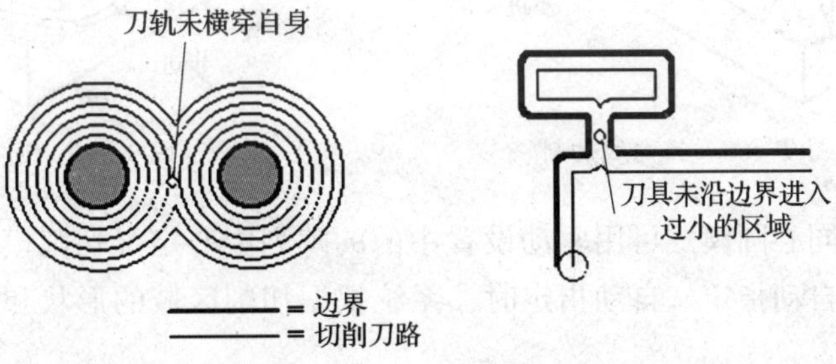

图 9—63　刀具自动跨过自身刀轨

3. 平行线

通过一系列的平行路径来定义切削模式，如图 9—64 所示。此切削模式指定为单

向、往复、单向轮廓或单向步进，并允许指定一个切削角。切削角是切削路径线与 *XC* 轴之间的夹角，如图 9—65 所示，可指定或由系统自动确定。自动确定时系统为每一个切削区确定一个切削角度。

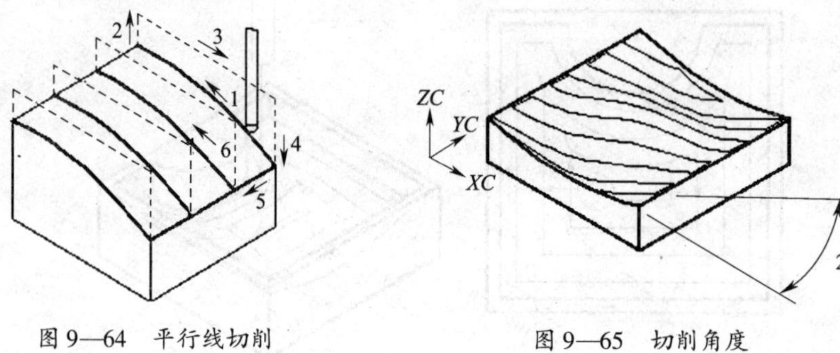

图 9—64　平行线切削　　　　图 9—65　切削角度

4. 径向线

通过用户定义或系统指定的最优中心点衍生的一系列直线来定义切削模式，如图 9—66 所示。

5. 同心圆弧

同心圆弧可从用户指定的或系统计算的最优中心点创建逐渐增大的或逐渐减小的圆切削图样。允许指定一个“切削模式”、一个“图样中心”，还允许将加工腔体的方式指定为“向内”或“向外”。在完整的圆图样无法延伸到的区域，如拐角处，系统在刀具移动至下一个拐角以继续切削之前会生成同心圆弧，且这些圆弧由指定的“切削模式”进行连接，如图 9—67 所示。

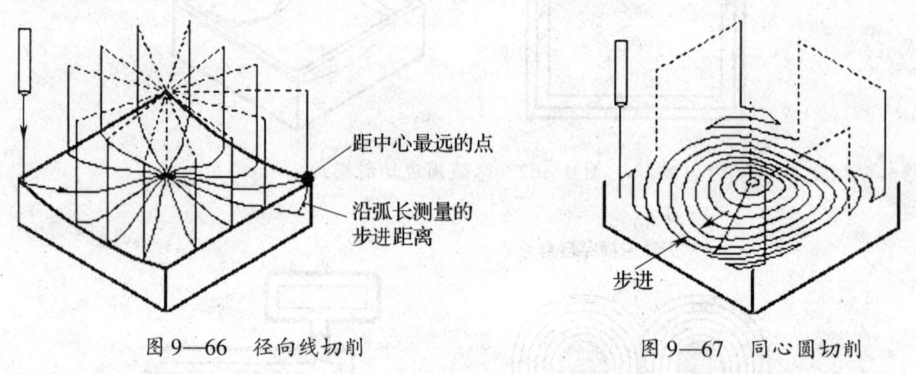

图 9—66　径向线切削　　　　图 9—67　同心圆切削

对径向线、同心圆模式可用驱动设置中的的阵列中心定义切削模式的中心，可由用户指定或系统自动指定。自动指定时，系统根据切削区域的形状和尺寸确定一个切削效率最高的位置。

6. 标准驱动

类似于轮廓切削模式，但刀具不跨过自身刀轨，精确地跟随切削区域的形状，如图 9—68 所示。

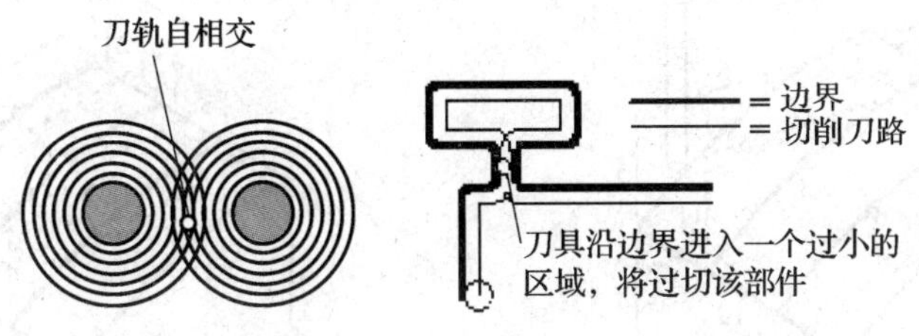

图 9—68 标准驱动

二、切削类型

定义刀具从一次走刀到达另一次走刀的方式，与切削模式中的平行线、径向线、同心圆弧 3 种切削模式结合起来使用，共有 4 种切削类型。

1. 往复

当刀具结束一次走刀后，增加一个步距转换到另一次走刀，并以相反的方向进行切削；在增加步距（即刀具横跨运动）的过程中，刀具保持连续切削，如图 9—69 所示。

2. 单向

切削路径都是单向的。当刀具结束一次走刀后退刀，并通过非切削横过运动到达下一次走刀的开始，继续以同一方向进行切削，如图 9—70 所示。

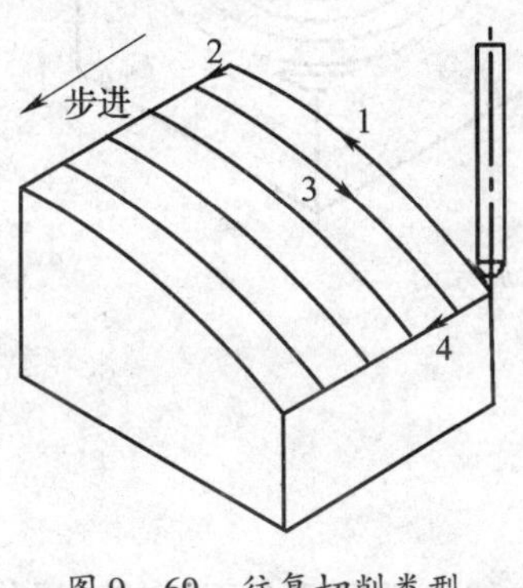

图 9—69 往复切削类型

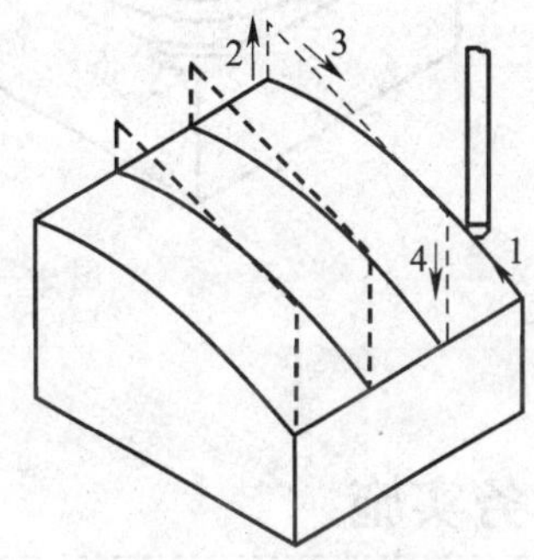

图 9—70 单向切削类型

3. 单向轮廓

同单向切削类型，但在完成一次单向走刀后，开始另一单向走刀前，绕轮廓走刀一次，如图 9—71 所示。

4. 单向步进

同单向切削类型，但在完成一次单向走刀后，刀具返回该路径的起点，并连续切削到下一次走刀的起点，再开始下一次走刀，如图 9—72 所示。

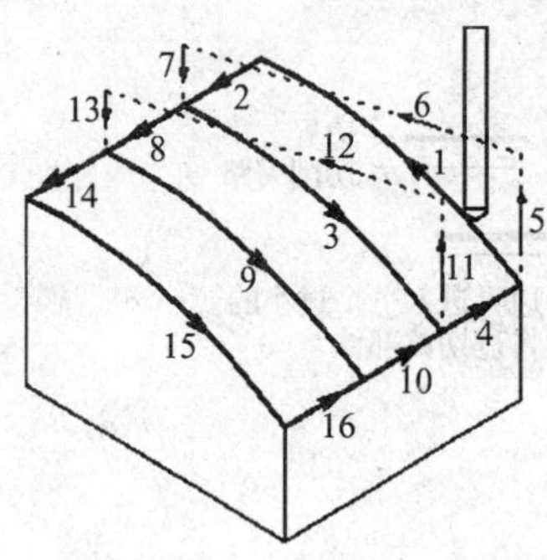

图 9—71　单向轮廓切削类型

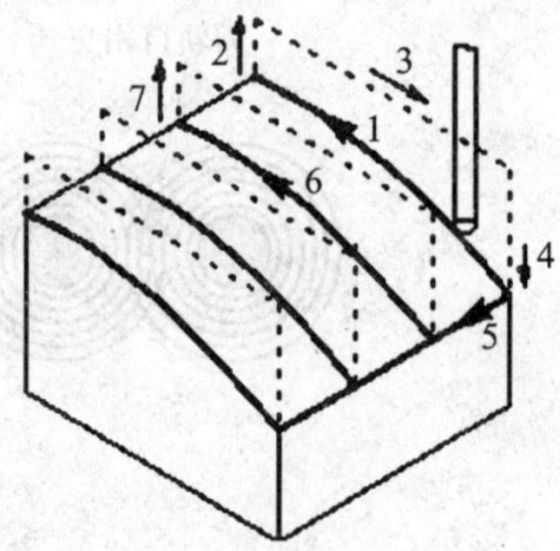

图 9—72　单向步进切削类型

三、切削步距增加方向

对于环形的切削模式（跟随周边、径向线和同心圆弧模式），可以由内向外，也可以由外向内，如图 9—73 所示。

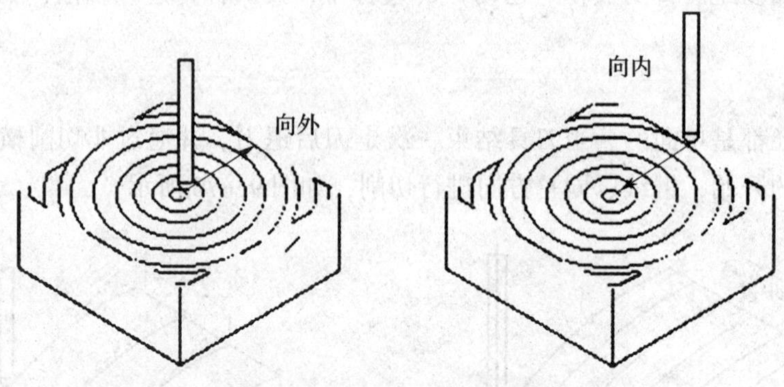

图 9—73　切削步距增加方向

任务实施

经过前面的操作后，整个型面余量变得非常均匀，已经适合于精加工操作。

1. 创建主分型面大平面加工 FINISH_1

根据加工工艺分析，使用 ϕ20 的合金立铣刀，用【FACE_MILLING_AREA】 加工方法对 3 处主分型面大平面进行精加工。具体步骤如下：

（1）创建操作

单击插入节点工具栏中的 按钮，弹出“创建操作”对话框，按图 9—74 所示进行操作。单击“确定”，进入“平面铣”对话框。

（2）生成刀轨并验证，结果如图 9—75 所示。

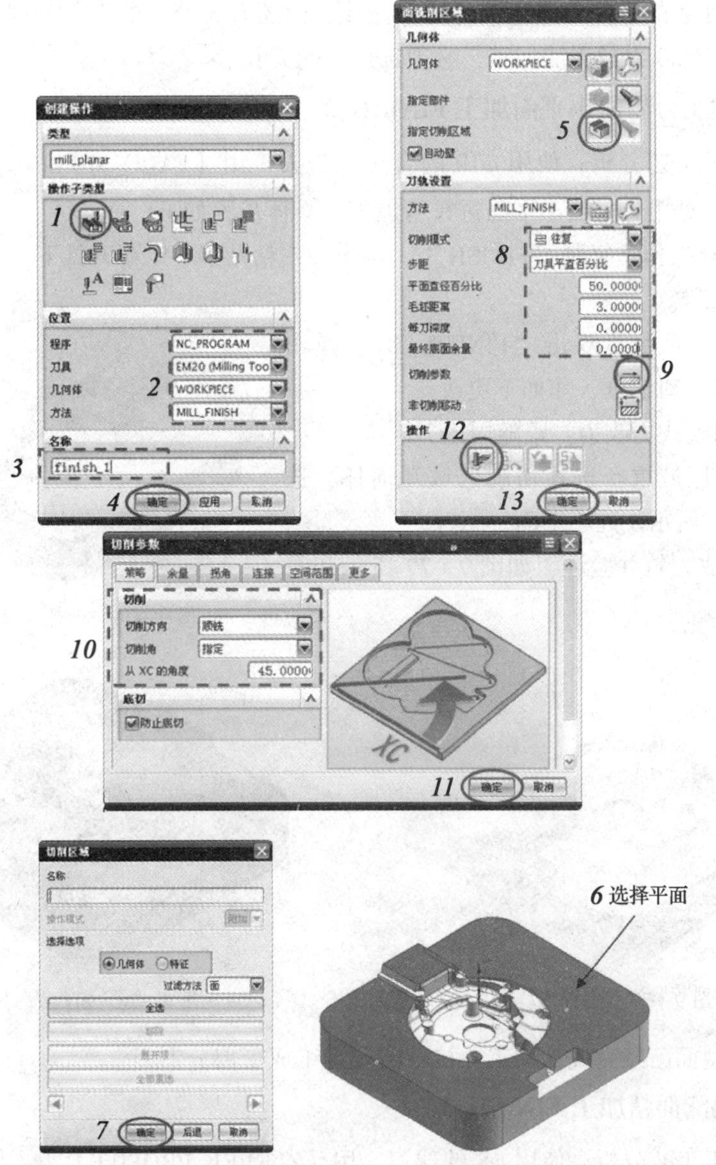

图 9—74 创建操作

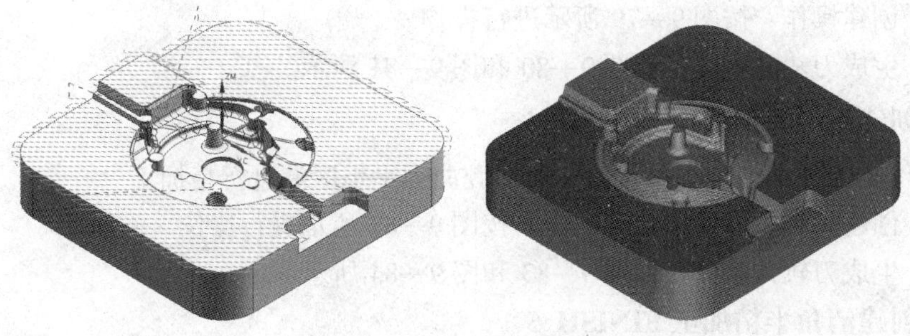

图 9—75 生成刀轨并验证

现在3处大的平面分型面已经加工完成，但还有3处小的平面分型面由于拐角半径较小，用EM20刀具无法加工，必须选用小的刀具。

2. 创建主分型面小平面加工 FINISH_2

根据加工工艺分析，使用ϕ10的合金立铣刀，用【FACE_MILLING_AREA】加工方法对3处主分型面小平面进行精加工。具体步骤如下：

（1）创建操作。复制“FINISH_1”操作，并粘贴到EM10刀具下，把操作名称改为“FINISH_2”。

（2）修改参数。双击“FINISH_2”，弹出“面铣削区域”对话框，作如下更改。

1）切削模式更改为：跟随周边。

2）切削区域重新选择切削区域几何体，选择如图9—76所示3处小平面。

（3）生成刀轨并验证，如图9—77所示和图9—78所示。

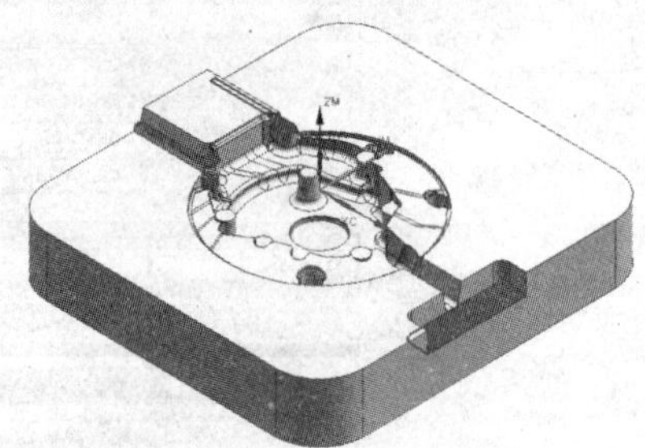

图9—76　选择3处小平面

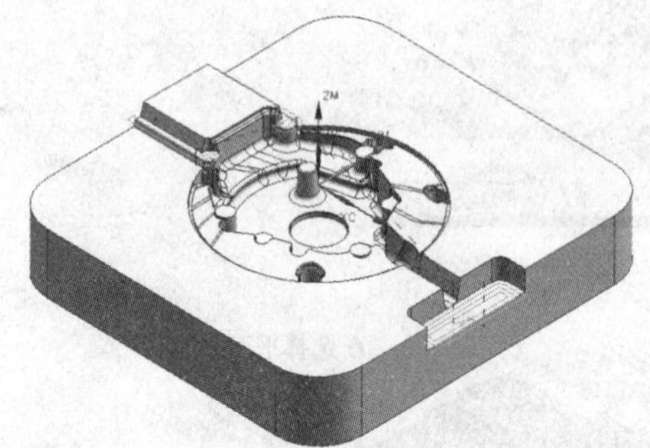

图9—77　生成刀轨

图9—78　2D动态仿真

现在分型面已经完成精加工，接着需要加工成形部分型面。

3. 创建侧面精加工 FINISH_3

根据加工工艺分析，使用ϕ8的球刀，用【ZLEVEL_PROFILE】加工方法对曲面进行精加工。具体步骤如下：

（1）创建操作。按图9—79所示进行操作。

（2）生成刀轨并验证，如图9—80和图9—81所示。

4. 创建平坦面精加工 FINISH_4

使用ϕ8R0.5的合金牛鼻铣刀，对型腔曲面平坦区域进行精加工。

（1）创建操作。创建精加工操作，按图9—82所示进行操作。

（2）生成刀轨并验证，如图9—83和图9—84所示。

5. 创建清角半精加工 FINISH_5

使用ϕ6立铣刀，用【FLOWCUT_REF_TOOL】进行清角，去除残料。

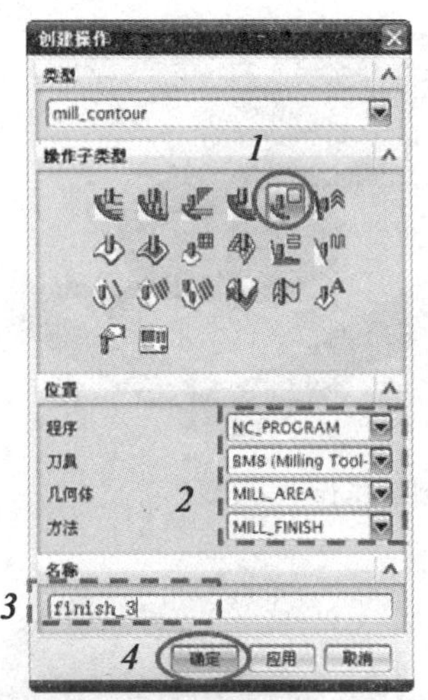

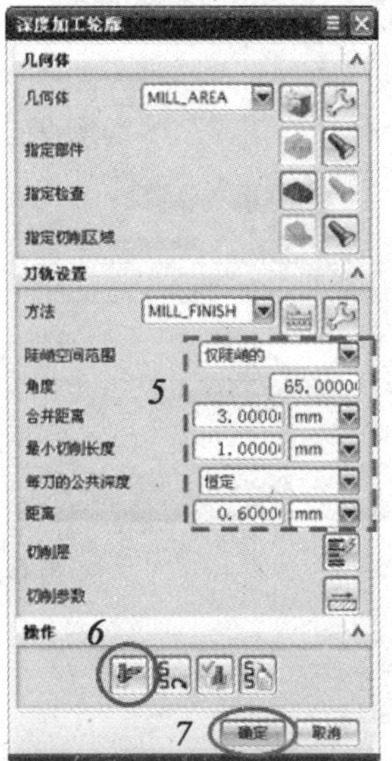

图 9—79 创建操作

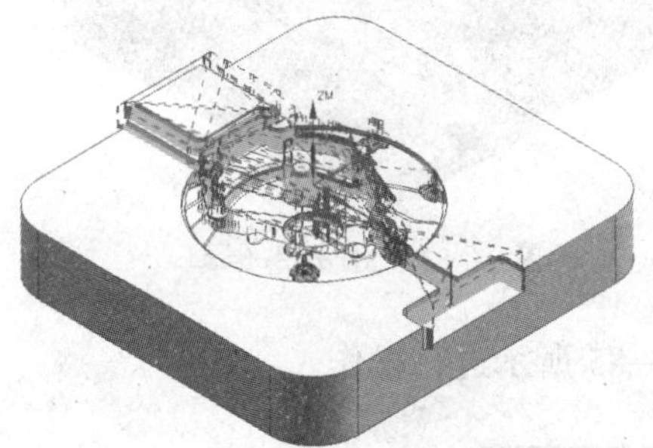

图 9—80 生成刀轨

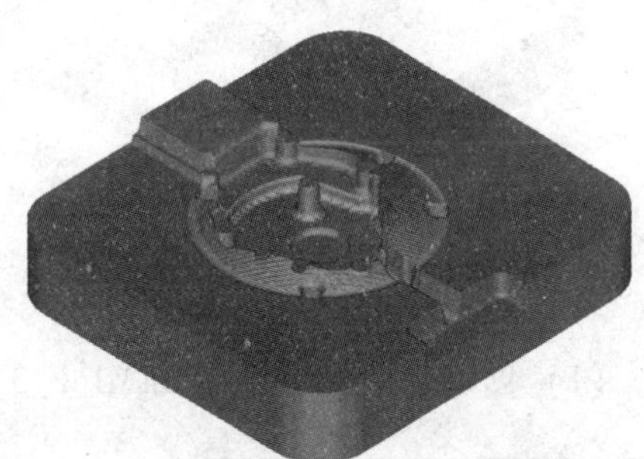

图 9—81 2D 动态仿真

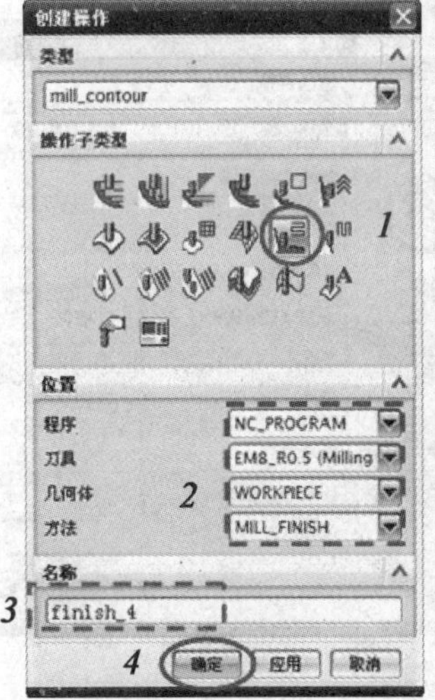

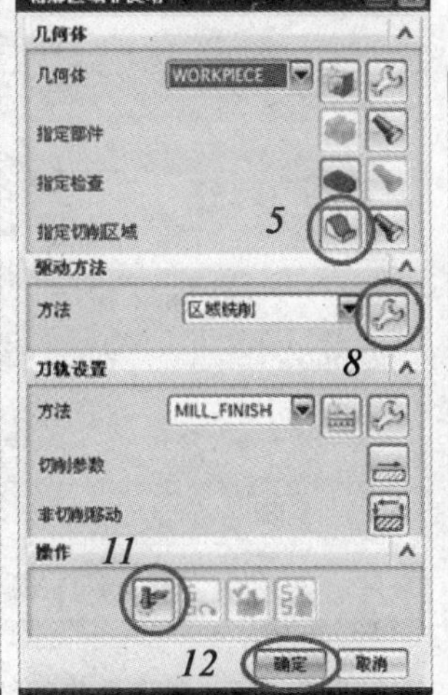

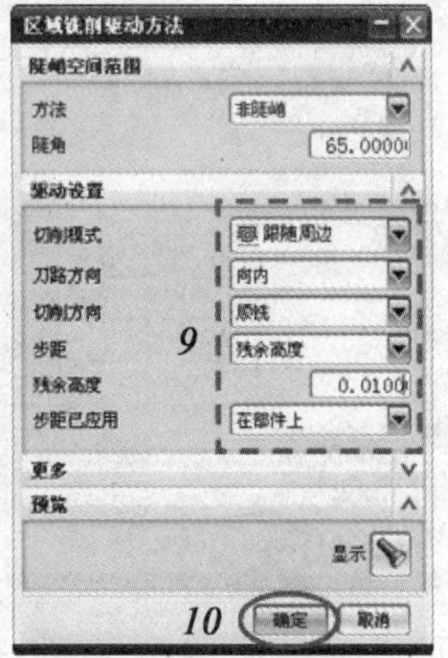

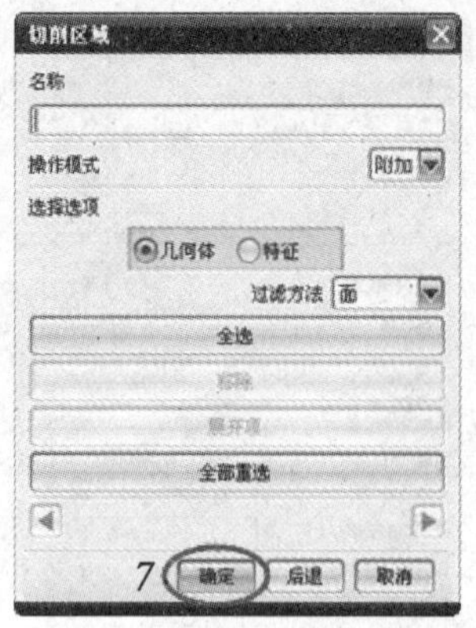

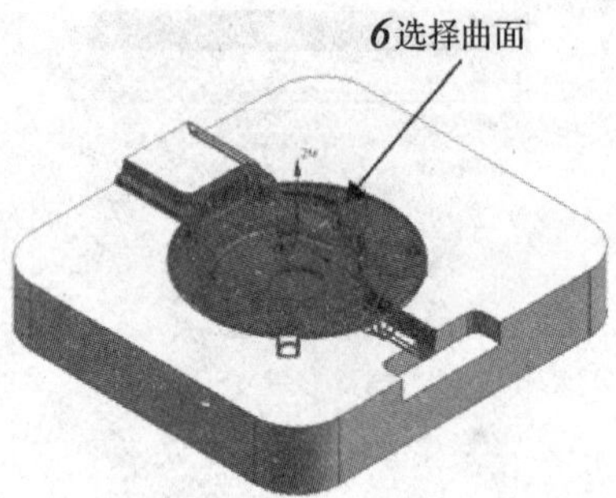

图 9—82　创建操作

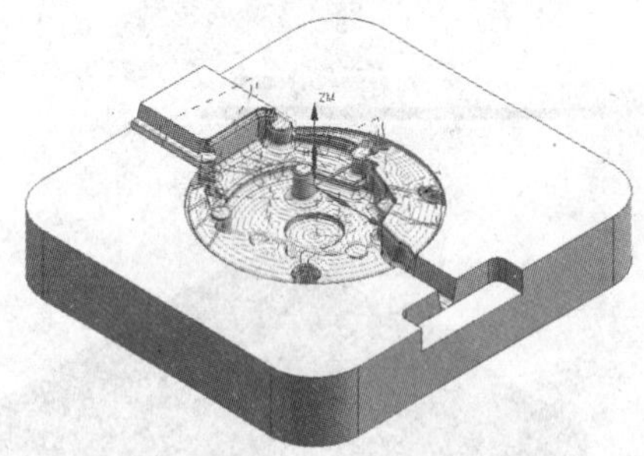

图 9—83　生成刀轨

图 9—84　2D 动态仿真

（1）创建半精加工操作 SEMI_F_3，按图 9—85 所示进行操作。

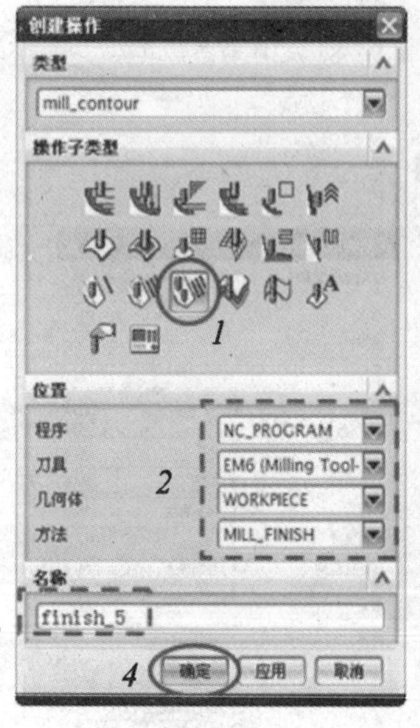

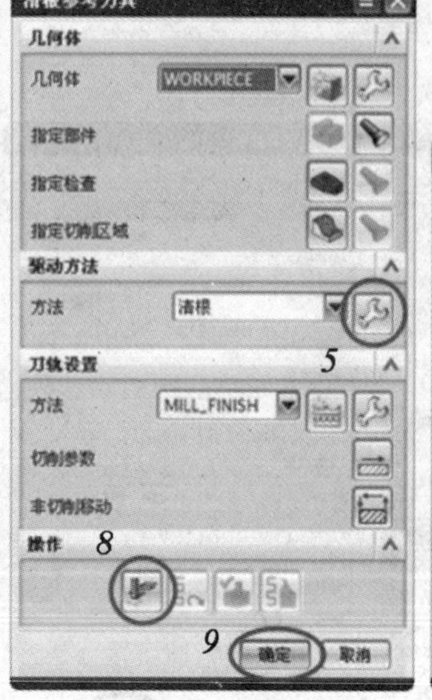

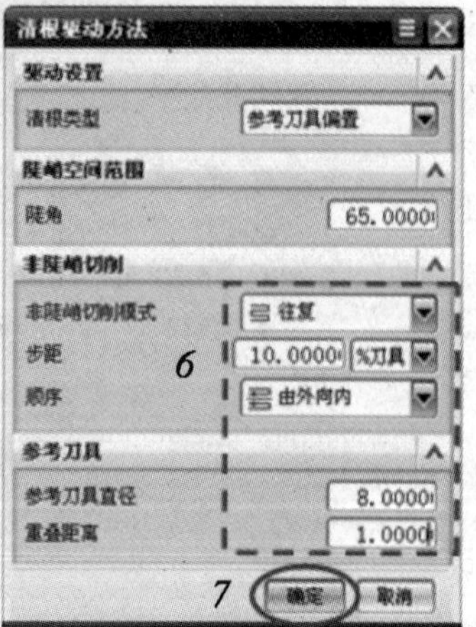

图 9—85　创建操作

（2）生成刀轨并验证，如图 9—86 和图 9—87 所示。

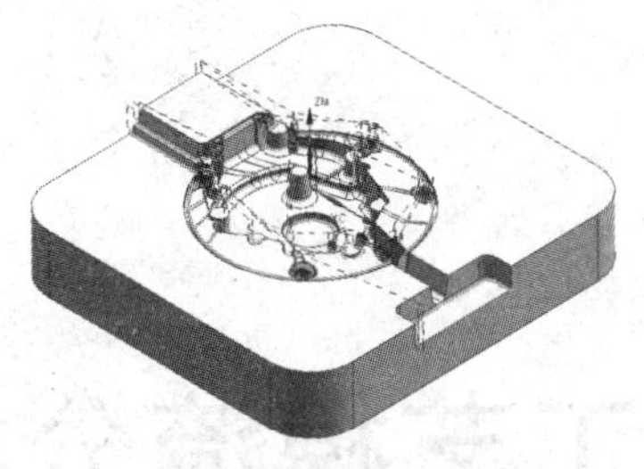

图 9—86　生成刀轨

图 9—87　2D 动态仿真

6. 过切检查

选中所有操作（也可以选择所有操作的父节点）。单击鼠标右键，在弹出菜单中选择“过切检查”，弹出“过切和碰撞检查”对话框，单击“确定”，所有刀轨被依次显示，最后生成报告，均未发现过切运动，如图 9—88 所示。

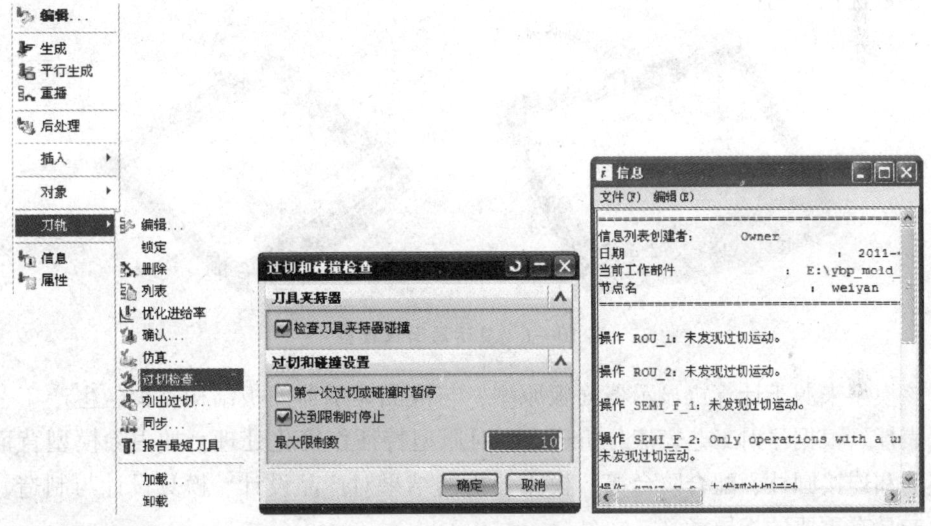

图 9—88　过切检查

实际上 2D 动态仿真默认就包含过切检查功能，如果过切，仿真结果会显示出来。

7. 后处理

在操作导航器中选择要执行后处理的工步，单独执行一个或几个工步的后处理，如果要对所有的刀轨执行后处理，需要选择所有刀轨的父节点再执行后处理操作。

执行后处理，生成数控机床可以使用的 NC 程序。

巩固提高

参照任务三，完成图 9—8 所示凸模的精加工、刀轨仿真和后处理操作。

模块十 注塑工艺模流分析

一、模块任务要求

如图 10—1 所示为显示器面板模型，要求通过 AMI 模流分析软件完成该模型注射工艺参数优化分析。

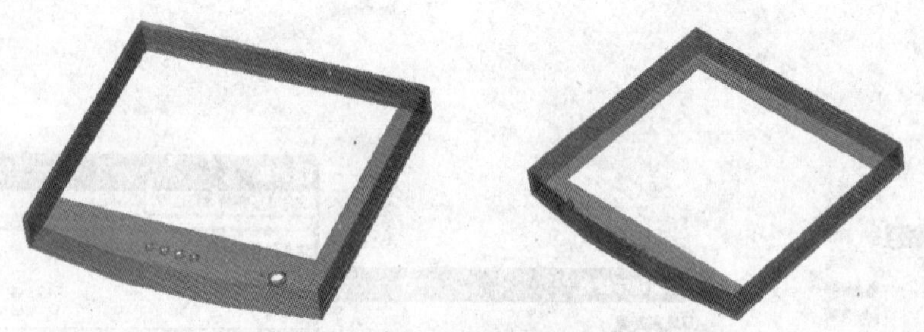

图 10—1　显示器面板模型

该模型来源于计算机显示器面板原型，与液晶显示器面板结构类似，生产工艺具有代表性。根据注射工艺模流分析特点，对原型特征作简化处理，如去除模型背面的加强筋和连接圆柱、配合阶台等。模流分析的结果对产品设计、模具设计与制造、注塑生产具有重要的指导意义。

二、模块任务目的

通过对显示器面板模型模流分析优化工艺参数，初步掌握基于有限元分析（FEA）的工艺参数优化流程和方法，并探索如图 10—2 所示各类注塑件的模流分析技能，形

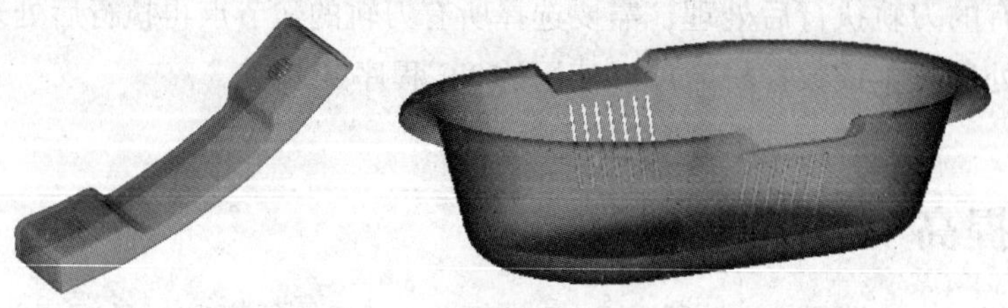

图 10—2　注塑件模流分析产品

成模具 CAD、CAM 与 CAE 技术的一体化体系，提高现代模具设计与制造从业人员的技术水平，提高企业的竞争力。

三、模块任务分析

通过对图 10—1 所示显示器面板模型的分析，模块任务实施应注意以下问题：

1. 任务实施时按照模流分析的一般流程进行，即顺序完成：建立网格模型，设定分析工艺参数，模拟分析结果并优化。

2. 显示器面板的浇注与冷却系统的建模与模具 CAD 技术中的建模思路类似，但方法不同，要注意区分。

3. 任务实施中，将有限元技术与模流分析的理论知识有机地融入分析的实践过程。通过对项目的分解与实施，用户逐步完成项目，形成模流分析操作技能。

4. 任务实施可采用小组团队模式，组内成员相互协助共同完成任务实施，共同提高技能水平。

根据模流分析流程的特点，项目实施分为 3 个任务来进行：建立网格模型、设定分析工艺参数、模拟分析结果并优化，最终完成显示器面板模流分析工艺参数优化。

任务一　建立网格模型

学习目标

1. 掌握有限元技术与 AMI 基础知识。
2. 能新建工程项目并导入 CAD 模型。
3. 能划分网格。
4. 能完成网格检查与修复。

工作任务

通过 AMI 完成图 10—1 所示显示器面板模型网格划分，并对网格进行检查与修复。

网格划分是有限元分析的基础，也是模流分析的基础。能否对模型进行合理的网格划分、检查和优化，对分析结果起着决定性的作用。

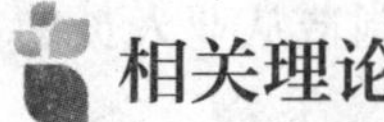

相关理论

一、有限元分析简介

模流分析的基本思想是工程领域中最为常见的有限元分析（FEA，Finite Element Analysis）方法，即基于网格模型的分析方法，其网格模型如图 10—3 所示。

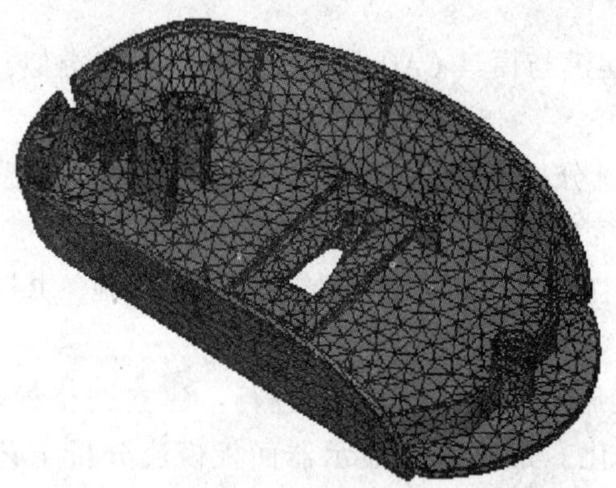

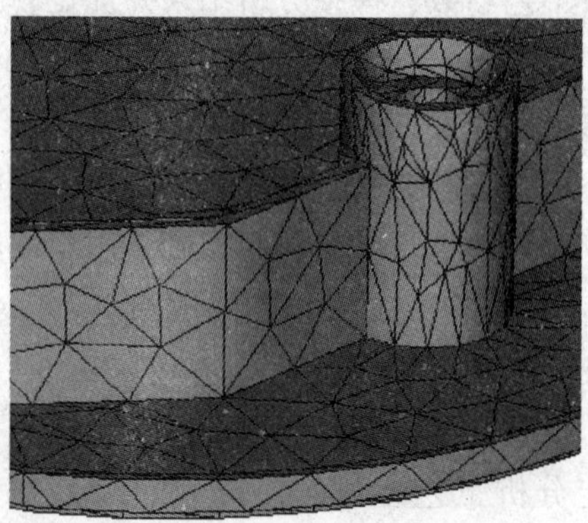

图 10—3　鼠标底壳网格模型

有限元法的灵活性大，对边界形状的描述适应性好，可以模拟复杂的边界问题，深受工程技术人员的青睐。

有限元法的应用领域从最初的离散弹性系统发展到了连续介质力学中。经过多年的发展，现代的有限元法几乎可以用来求解所有的连续介质和场的问题。

二、有限元分析特点

1. 原理清楚，概念明确

有限元法方便用户在不同的水平上建立起对该方法的理解，既可以通过直观的物理意义来学习和使用，也可以从严格的力学概念和数学概念中推导。

2. 应用范围广泛，适应性强

有限元法可以用来求解工程中许多复杂的问题，特别是其他算法难以计算的问题，如复杂结构形状问题，复杂边界条件问题，非均质、非线性材料问题，动力学问题等。目前，有限元法在理论上和应用上还在不断发展，今后将更加完善，使用范围也会更加广泛。

3. 有利于计算机应用

有限元法采用矩阵形式表达，便于编制计算机程序，从而可以充分利用高性能计算机的计算优势。由于有限元法计算过程的规范化，目前，在国内外有许多专业或通用程序可以直接套用，非常方便。

AMI（Autodesk Moldflow Insight）正是成熟的注塑成型的有限元工程分析软件。

三、Autodesk Moldflow 简介

塑料产品从设计到成型生产是一个十分复杂的过程，包括塑件设计、模具设计、模具制造和注塑生产等过程，需要产品设计师、模具设计师、模具制造师和熟练工人协同完成。这是一个设计、修改、再设计的反复迭代、不断优化的过程。要缩短整个周期，提高质量就必须引入计算机分析技术，计算机辅助工程（CAE，Computer Aided Engineering）技术无论在提高生产效率、保证产品质量方面，还是在降低成本、减轻劳动强度、缩短产品周期方面都具有极大的效用。

Autodesk Moldflow 是由 Autodesk 公司开发的在全球塑料注塑成型行业中使用最广泛、技术最先进的软件产品。它可以模拟整个注塑过程以及这一过程对注塑成型产品的影响，可以评价和优化注塑过程，在模具制造以前对塑件的设计、生产进行优化。

Autodesk Moldflow 在产品设计及制造环节，提供两大模拟分析软件：AMI（Moldflow 高级成型分析专家）和 AMA（Moldflow 塑件顾问）。

四、AMI 简介

AMI（Autodesk Moldflow Insight）软件作为数字样机解决方案的一部分，为数字样机的使用提供了一整套先进的塑料工程模拟工具。AMI 强大的功能深入分析，优化塑件和模具，能够模拟整个成型过程，被广泛用于汽车制造、医疗、消费电子和包装行业。

AMI 可在确定最终设计之前在计算机上进行不同材料的产品模型、模具设计和成型条件的实验，帮助用户优化过程，从而避免制造阶段成本提高和时间延误。

AMI 可解决与塑料成型相关的广泛的设计和制造问题，包含了最大的塑料材料数据库，用户可以查到超过 8 000 种商用塑料的材料数据。AMI 赋予工程师深入分析的能力，帮助解决其最困难的制造问题。

AMI 具有集成的用户界面，如图 10—4 所示，全部前后处理在同一界面，用户可以方便地进行各种操作。

五、AMI 一般分析流程

对于常规的注塑件，AMI 的一般分析流程如图 10—5 所示。它包括三个主要的分析步骤：建立网格模型、设定分析参数和模拟分析结果。其中，建立网格模型和设定分析参数属于前处理，模拟分析结果为后处理。

1. 建立网格模型

建立网格模型包括：新建工程项目、导入或新建 CAD 模型、划分网格、网格检查与修复。AMI 接受多种格式的模型，包括 NX、Pro/E、CATIA、ANSYS、NASTRAN 等建模模型，在导入 CAD 模型时，往往要做一定的简化。网格划分时可根据需要设置网格类型、尺寸等参数。网格要进行诊断，删除面积为零和多余的网格，修复有缺陷的网格。

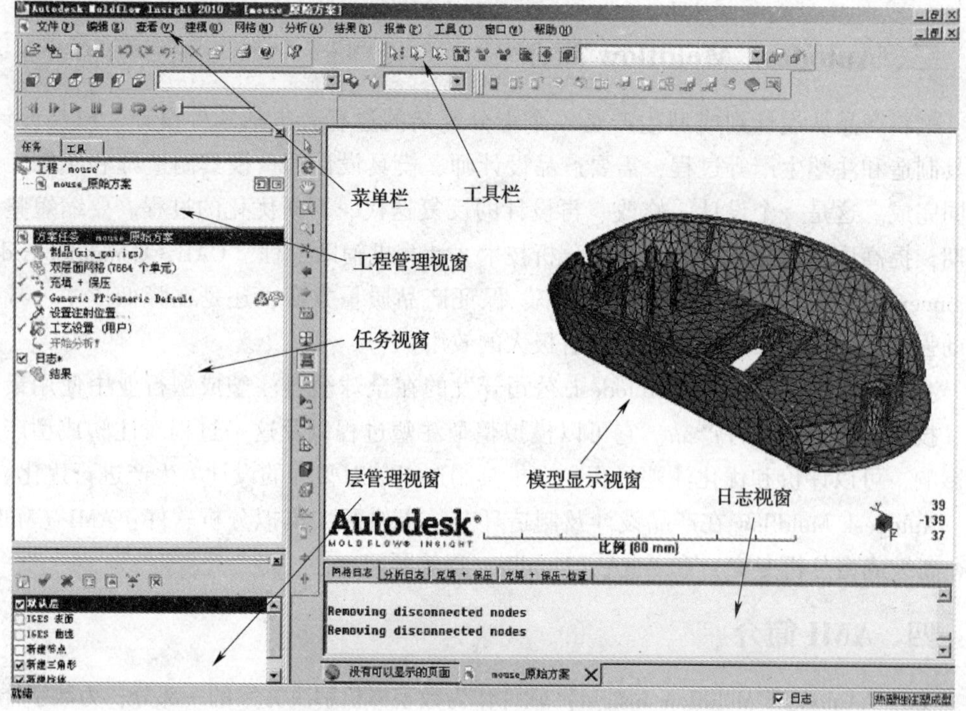

图 10—4　AMI 操作界面

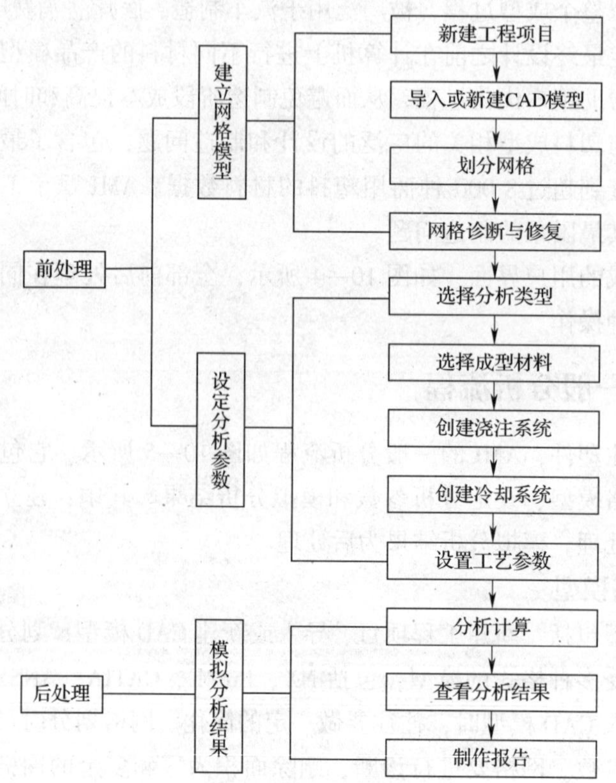

图 10—5　AMI 的一般分析流程

2. 设定分析参数

设定分析参数包括：选择分析类型、选择成型材料、设置工艺参数、创建浇注系统和冷却系统等。

参数设置中首先要根据分析的类型选择相应的分析模块。成型材料既可在材料库中选择，也可自行设定材料的各种物理参数。工艺参数设定是指按照注塑成型的不同阶段，设置相应的温度、压力和时间等参数。

选择分析类型后，需要设定浇口的位置，创建浇注系统和冷却系统。

3. 模拟分析结果

根据模型的大小、网格的质量、分析类型的不同，模拟分析时间的长短不一。分析结束后，可以得到设定分析类型的结果，如充填过程、温度场、压力场的变化和分布，产品成型后的形状等信息。

任务实施

一、新建工程

1. 启动AMI软件

2. 新建工程

在菜单栏中选择【文件】>【新建工程】命令，系统弹出“创建新工程”的对话框，如图10—6所示。

图10—6 “创建新工程”对话框

在“工程名称”文本框中输入工程的名称“panel”，在“创建位置”右侧“浏览”处选择工程保存的位置，然后单击“确定”，完成新建工程。

二、导入CAD模型

1. 选择模型

在菜单栏中选择【文件】>【导入】命令，系统弹出“导入”对话框，在对话框中找到“panel. stl”模型文件所在的路径，如图10—7所示。

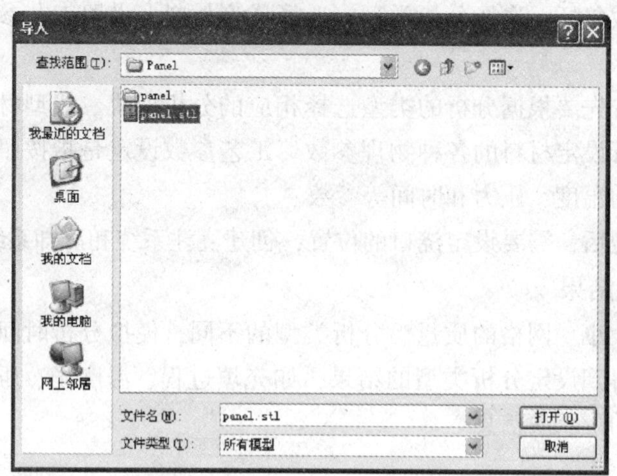

图 10—7 “导入”对话框

2. 导入模型

单击“打开”按钮，系统会弹出“导入”参数设置对话框，进行模型导入参数设置，如图 10—8 所示。

3. 设置网格类型

将模型网格类型设置为“双层面”网格，单位设置为“毫米”，模型尺寸为 402.00 × 379.84 ×50.25，如图 10—8 所示。

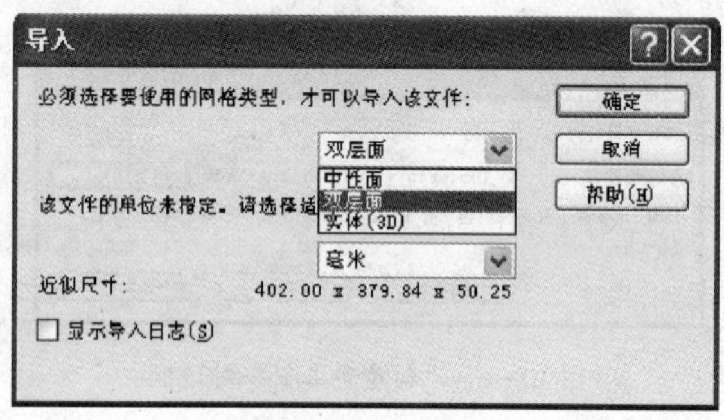

图 10—8 模型导入参数设置

4. 完成参数设置

单击“确定”按钮，完成参数设置，此时模型显示窗口中会显示导入的显示器面板模型，如图 10—9 所示。

5. 重命名工程

在“工程管理窗口”右击“panel_方案”图标，在快捷菜单中选择“重命名”，如图 10—10 所示，将工程名改为“panel_方案_初始流动分析”。

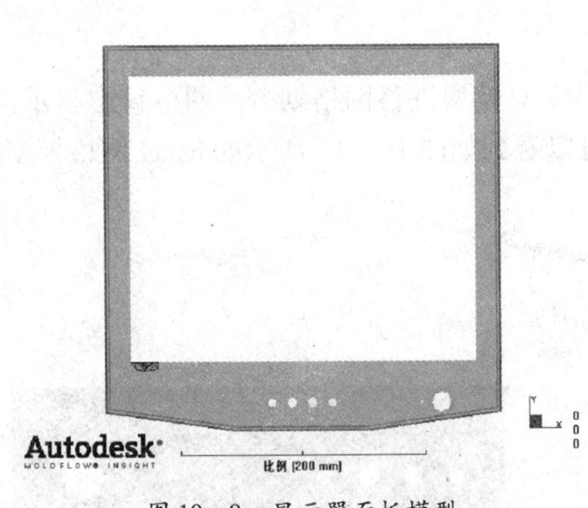

图 10—9 显示器面板模型

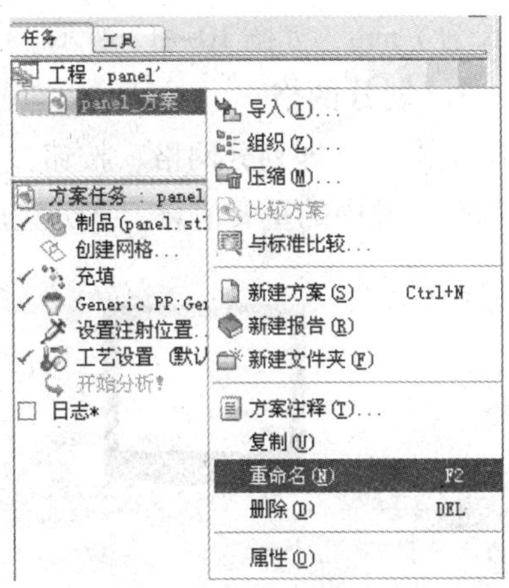

图 10—10 工程重命名

三、划分网格

1. 创建网格

双击“panel_方案_初始流动分析”工程的任务视窗中“创建网格”图标，如图 10—11 所示，系统弹出“生成网格”对话框来定义信息，如图 10—12 所示。

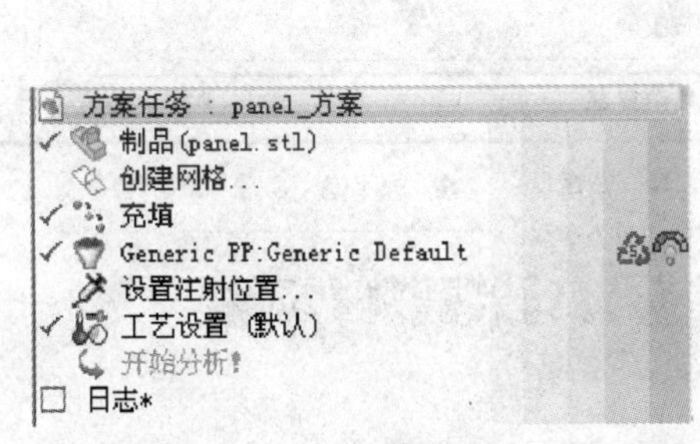

图 10—11 “创建网格”命令

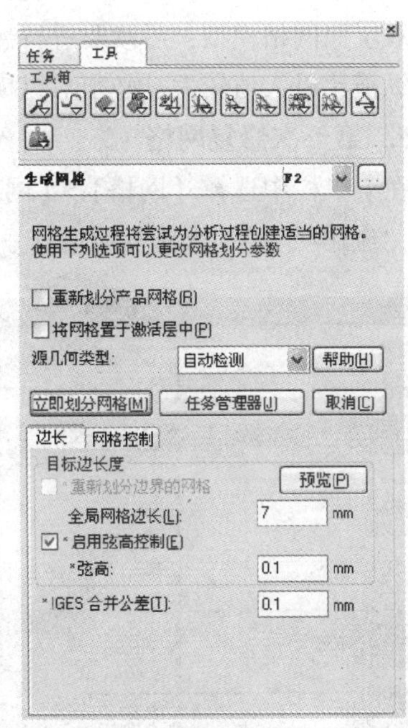

图 10—12 “生成网格”对话框

2. 设置网格参数

将“全局网格边长”设置为“7 mm”或“6 mm”，边长越小划分网格的数量越多，分析的结果越好，但是计算的时间会更长，用户可根据需求来调整，本项目采用

边长为 7 mm，如图 10—12 所示。

3. 划分网格

单击“立即划分网格”按钮，系统将自动对模型进行网格划分。网格日志显示网格划分过程中的重要信息。划分完成后，可以看到如图 10—13 所示的 panel 网格模型。

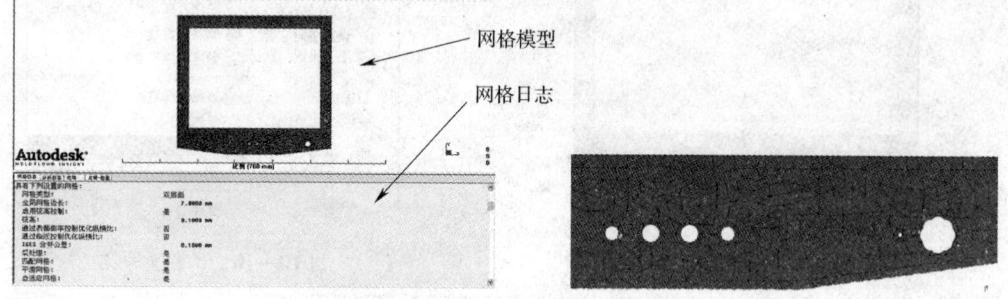

图 10—13 panel 网格模型

4. 网格统计

在菜单栏中选择【网格】>【网格统计】命令，系统弹出如图 10—14 所示的网格统计信息。

网格统计信息显示：最大纵横比为 35. 393，匹配百分比为 94. 1%。因为本网格模型为双层面网格模型，后续要进行翘曲分析，模型匹配百分比达到需求（大于 90%），但是纵横比最大值较大，必须对纵横比进行调整。

5. 第一次修复网格

在菜单栏中选择【网格】>【网格工具】>【自动修复】命令，如图 10—15 所示，单击“应用”，第一次修复网格。

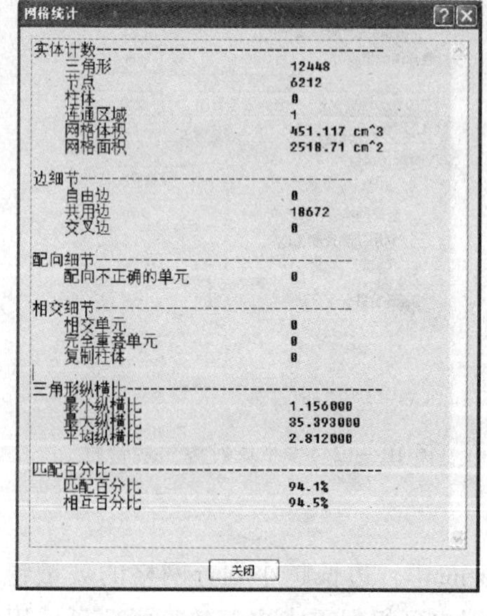

图 10—14 网格统计信息

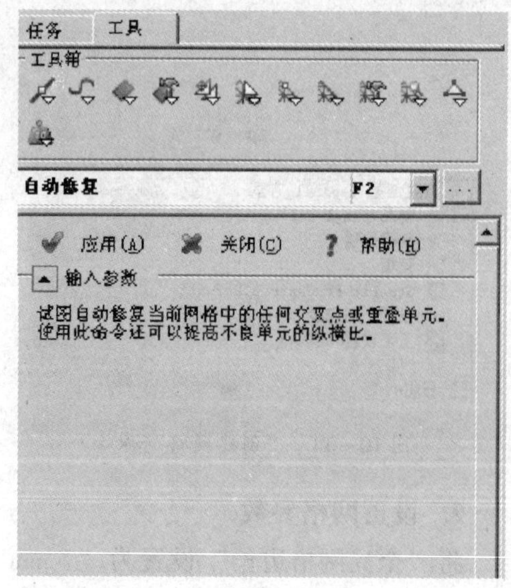

图 10—15 自动修复

6. 第二次修复网格

在菜单栏中选择【网格】>【网格工具】>【修改纵横比】命令，目标最大纵横比为6，如图10—16a所示，单击“应用”，第二次修复网格，修复后网格的纵横比为22.166，如图10—16b所示。

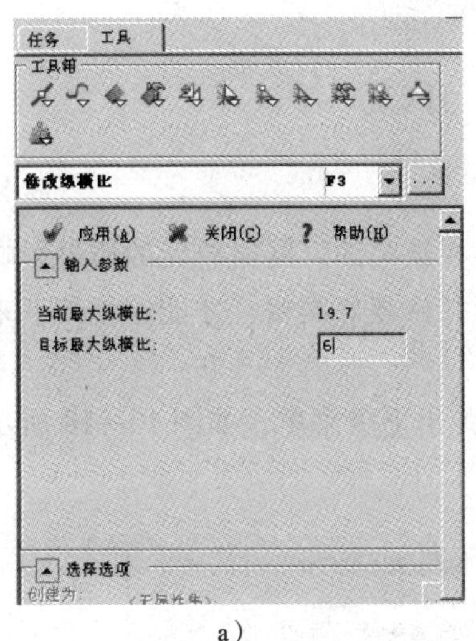

a）

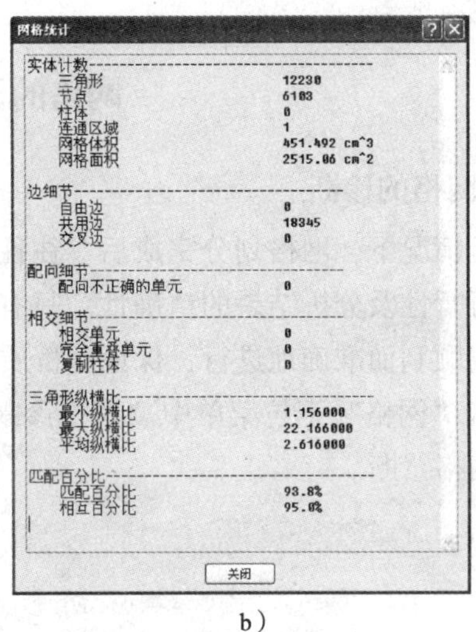

b）

图10—16　修改纵横比后纵横比信息

7. 第三次修复网格

在菜单栏中选择【网格】>【网格工具】>【整体合并】命令，合并公差为0.3，如图10—17a所示，单击“应用”，第三次修复网格，修复后网格的纵横比为9.621，如图10—17b所示。

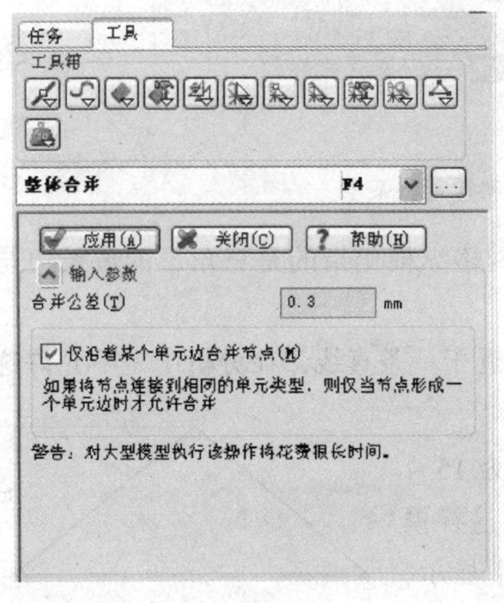

a）

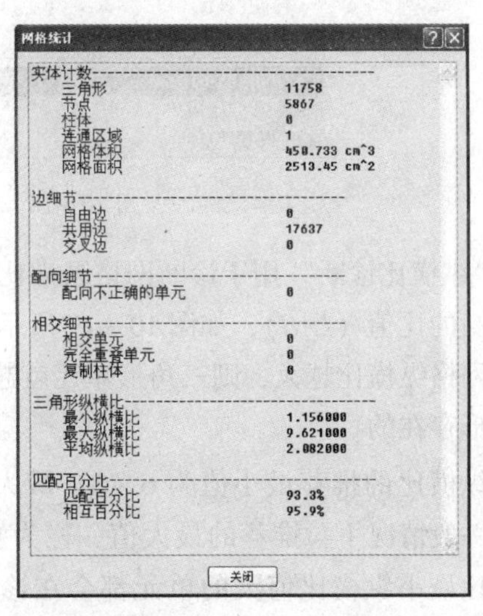

b）

图10—17　整体合并后纵横比信息

经过几次修补后，纵横比最大值为9.621，匹配百分比为93.3%，匹配百分比虽然有所下降，但仍大于90%，满足分析要求，完成网格的检查与修复。

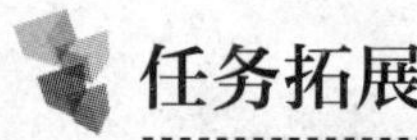

任务拓展

网格的诊断与修复

1. 网格的诊断

通常情况下，网格划分完成后，往往是存在缺陷的。网格单元的质量影响着模流分析的可行性及分析结果的精确性。只有诊断并修复好网格，才能够使接下来的分析工作得以顺利而准确地进行，保证分析质量。

单击“网格”下拉菜单中“网格诊断”，弹出下级菜单，如图10—18所示，可进行各项网格诊断。

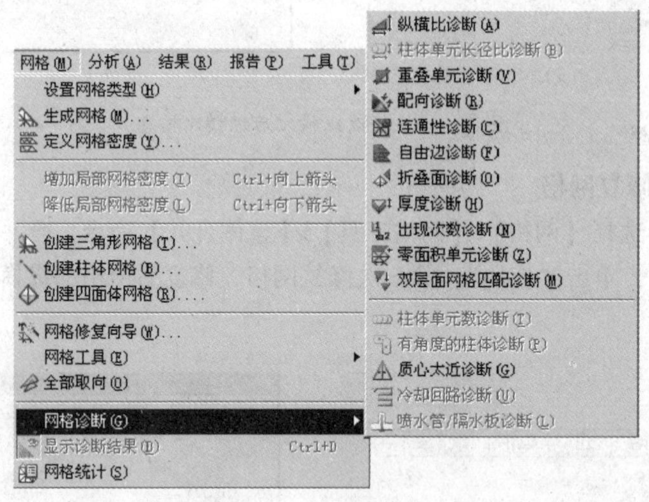

图10—18 “网格诊断”菜单

“纵横比诊断”用于诊断网格纵横比，网格纵横比指的是三角形的最长边与三角形的高的比值（L/H），如图10—19所示。

网格纵横比越大，则三角形单元就越接近于一条直线，在分析中是不允许这样的三角形存在的。

纵横比的推荐最小值为6～8，最大值为15～20。一般情况下，推荐的最大值一栏为空，这样模型中比最小纵横比值大的单元都会在诊断中显示，据此可以消除和修改这些缺陷。

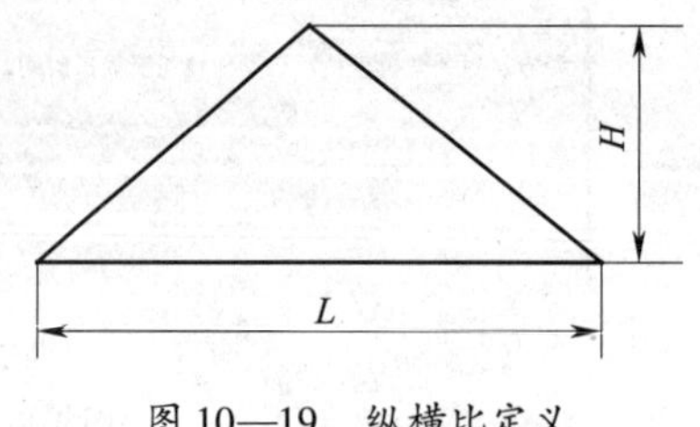

图10—19 纵横比定义

如图10—20所示为“纵横比诊断”对话框，

单击“显示”按钮可出现如图10—21所示纵横比诊断结果，系统用不同颜色的引线指出了纵横比大小不同的单元，从而进行修复。

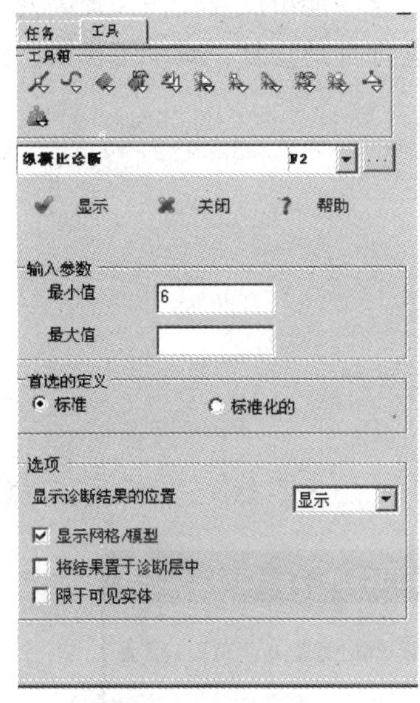

图10—20 “纵横比诊断”对话框

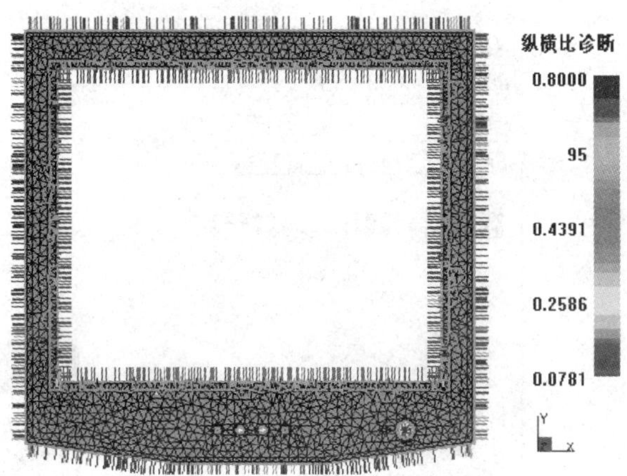

图10—21 纵横比诊断显示

网格诊断方法有许多种，用户可根据需要用其他方法检查网格的缺陷。

2. 网格的修复

网格的质量直接影响模流分析结果的准确性，因此，对网格缺陷的修复是相当重要的。AMI提供了22种网格修复工具。

在菜单栏中选择【网格】>【网格工具】命令，弹出下级菜单，如图10—22所示。

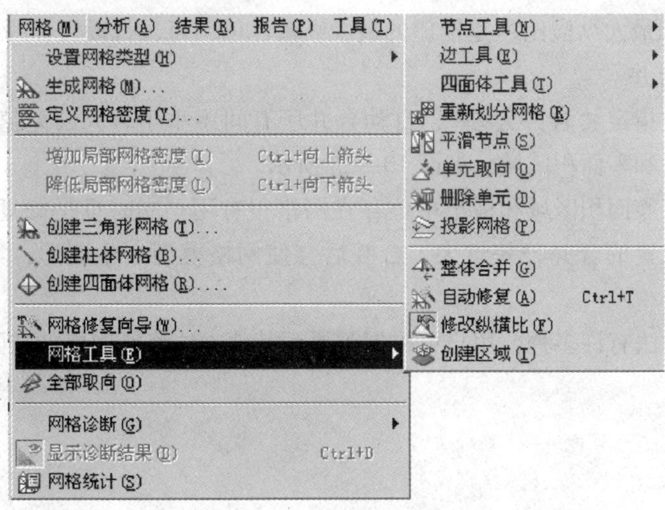

图10—22 “网格工具”菜单

（1）自动修复

“自动修复”主要用于修复网格中存在的交叉与重叠单元问题，可以有效改进网格的纵横比，对双层面模型很有效，如图10—23所示。该功能可反复使用，提高修改的效率，在手动处理网格存在的问题之前，一般都先进行自动修复，减少工作量，但不能期待该功能解决所有网格存在的问题。

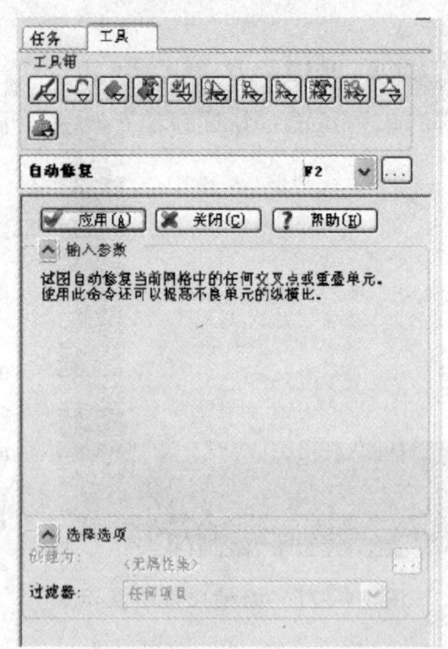

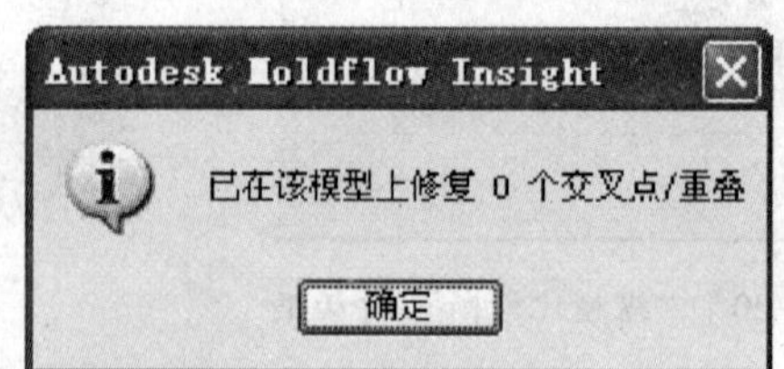

图10—23　自动修复

（2）修改纵横比

该命令用于修改纵横比，通过指定最大纵横比来降低网格模型中的最大纵横比，如图10—24所示。使用后，系统会自动改善一部分三角形的纵横比问题，通常并不能达到预设所期望的数值。因此，有较大纵横比的地方还需要手动进行修复。

其中“目标最大纵横比”是期望的最大纵横比值，可自行设置，一般为6～20。

（3）整体合并

该命令通过指定“合并公差”，自动合并所有间距小于合并公差值的节点，主要用于修复纵横比和零面积区域，如图10—25所示。

该命令对有零面积区域和极小单位存在网格很有用，同时也是修复纵横比的有力工具。但如果设置的合并公差过大，合并后会使网格模型产生变形，如图10—26所示。

网格修复方法有许多种，用户可根据需要用其他方法修复网格的缺陷。

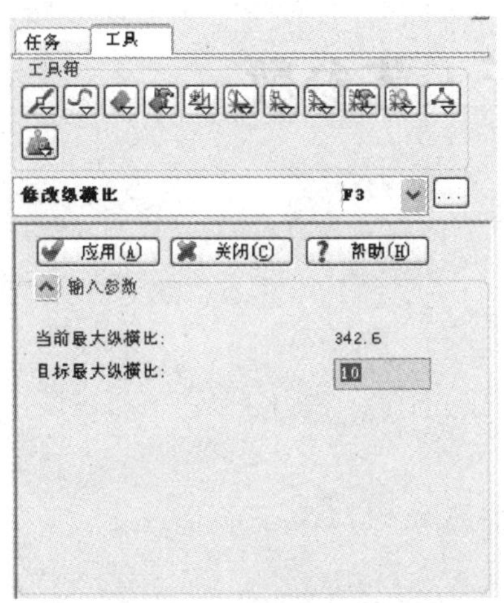

图 10—24 “修改纵横比”对话框

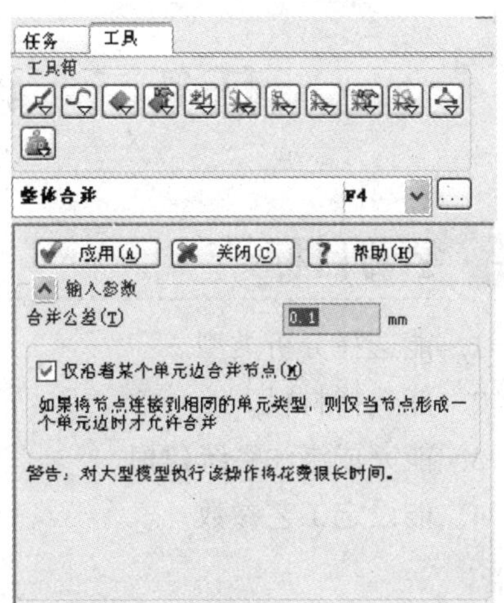

图 10—25 “整体合并”对话框

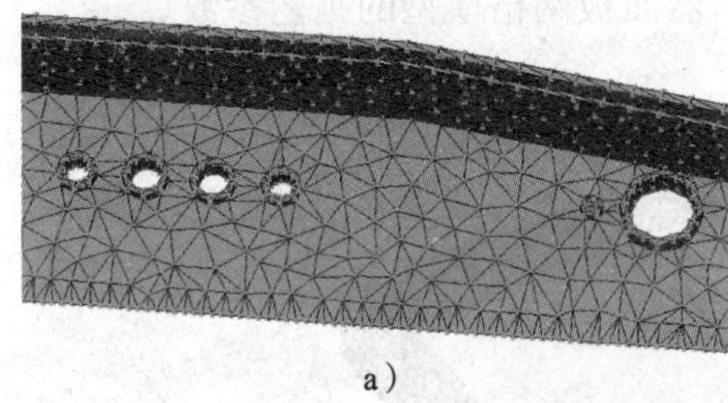

a）

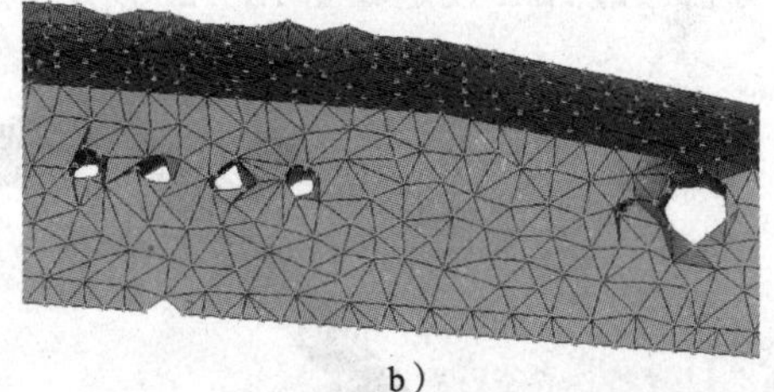

b）

图 10—26 整体合并的变形

a）整体合并前 b）整体合并后

巩固提高

通过 AMI 完成图 10—27 所示模型的网格模型建立。

图 10—27 建立网格模型

任务二　设定分析工艺参数

学习目标

1. 能选择分析类型。
2. 能选择材料。
3. 能完成浇注系统建模。
4. 能设定工艺参数。

工作任务

分析通过 AMI 设定如图 10—28 所示显示器面板网格模型的工艺参数。

图 10—28　显示器面板网格模型

设定分析工艺参数是前处理的重要环节，是指示系统进行求解的命令集，主要包括：选择分析类型、选择成型材料、创建浇注系统、设定工艺参数。若需要进行冷却和翘曲分析，而模型没有冷却系统，需要用 AMI 的建模工具创建冷却系统。

相关理论

一、分析类型的选择

AMI 有丰富的分析类型供用户选择，每一种分析类型的分析结果各不相同，用户可以预测塑件的缺陷类型，选择相应的分析类型。

1. 分析类型简介

AMI 的分析类型可以单独使用也可以组合使用。

（1）充填分析：模拟塑料熔体从喷嘴进入模具型腔到充满型腔的充填过程，计算从注射点开始，塑料熔体流动前沿在型腔中的位置。根据模拟结果，可以得到塑料熔体在型腔中的充填行为报告，从而为判断浇口位置、数量，浇注系统布局，工艺参数设定提供参考。

（2）充填＋保压分析：模拟塑料熔体在型腔中的充模和保压过程，从而得到最佳的保压工艺设置，降低因保压引起的塑件收缩和翘曲缺陷。

（3）冷却分析：模拟塑料熔体在模具中的热量传递情况，判断塑件的冷却效果，优化冷却系统的设置，缩短塑件的成型周期，提高塑件质量。

（4）翘曲分析：模拟预测塑件成型过程中发生翘曲变形的情况，检查发生翘曲的原因，从而优化模具设计和工艺参数设置，以获得高质量的塑件。

2. 分析类型的选择方法

双击“任务视窗”中的“充填”，如图 10—29 所示，可弹出“选择分析序列”对话框，如图 10—30 所示。选择合适的分析类型，单击“确定”按钮即可完成分析类型的选择。

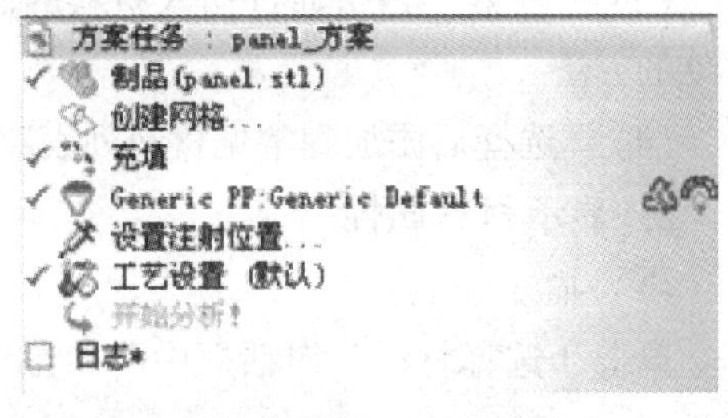

图 10—29 任务视窗

图 10—30 “选择分析序列”对话框

二、材料的选择

每一种分析类型，都必须选择一种材料才能进行。AMI 提供了丰富的材料数据库，并提供材料的特征信息，帮助用户根据成型材料的特性确定成型工艺条件。

1. 选择材料

双击“任务视窗”中的“Generic PP…”，如图 10—31 所示，可弹出“选择材料”对话框，如图 10—32 所示。

在该对话框中：

（1）“常用材料”是指曾经使用过的材料。

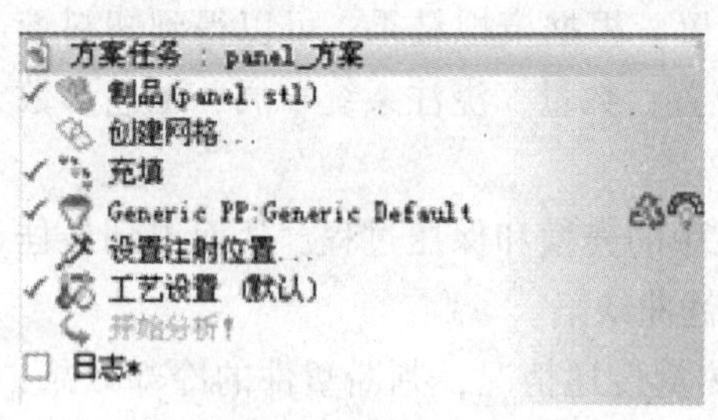

图 10—31　任务视窗

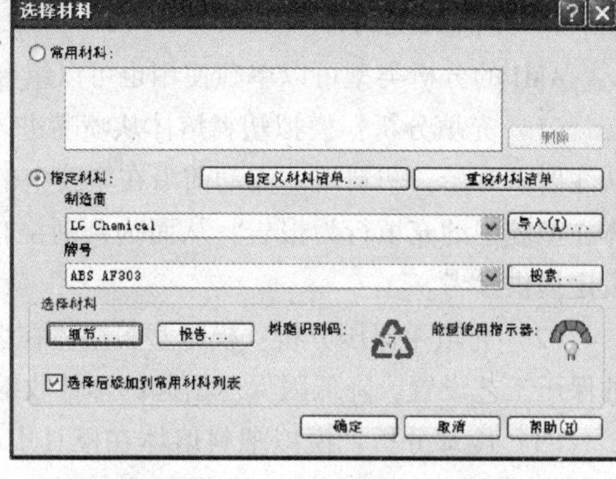

图 10—32　“选择材料”对话框

（2）“指定材料”是指通过指定材料的制造商和材料的商业名称查找材料。

（3）“搜索”是指通过输入材料的制造商名称、牌号等方式搜索材料，这是比较常见的方法。

（4）“选择后添加到常见材料列表”是指将选用的材料添加到“常见材料”中。

2. 显示材料属性

（1）描述

单击“选择材料”对话框中的“细节”按钮，可弹出材料属性描述，如图 10—33 所示。

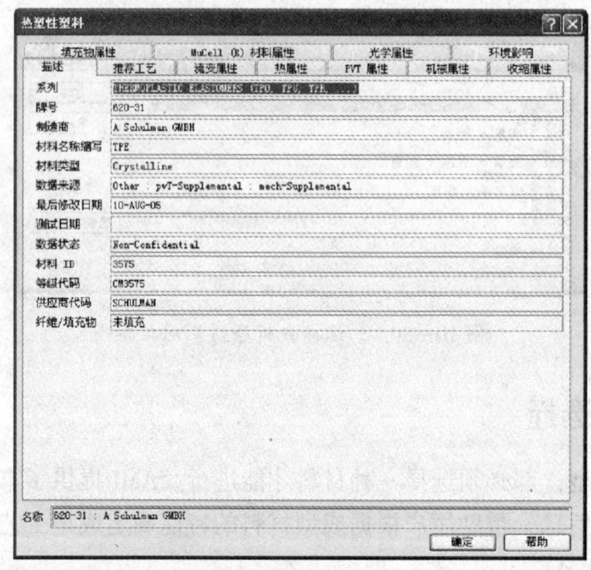

图 10—33　材料属性描述

（2）推荐工艺

选择“推荐工艺”选项卡，可显示“推荐工艺”的相关参数，如图 10—34 所示，为生产提供工艺参数设定参考。

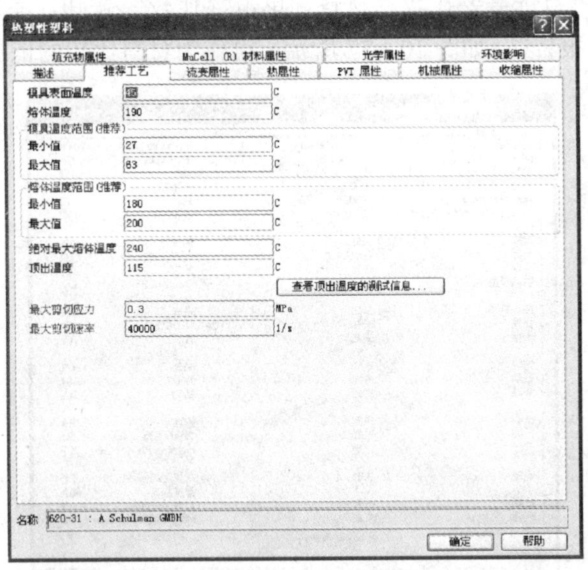

图 10—34 推荐工艺

3. 比较材料

在任务视窗右击“Generic PP…”，在快捷菜单中单击“比较”，如图 10—35 所示，可弹出“材料比较”对话框，如图 10—36 所示。

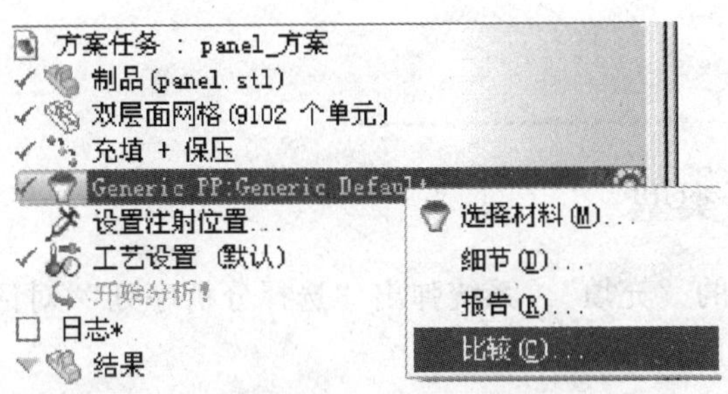

图 10—35 比较

图 10—36 “材料比较”对话框

按住“Ctrl”键点选需要比较的材料，单击“比较”按钮，系统会弹出“材料测试方法与数据比较报告”，如图 10—37 所示，可作为材料比较的依据。

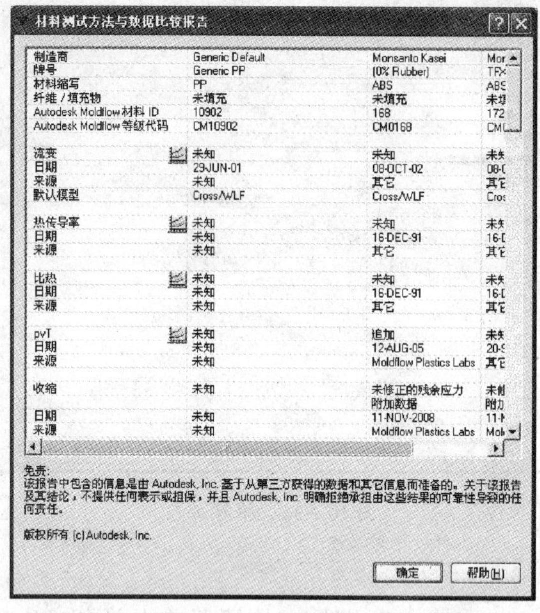

图 10—37　材料比较信息

任务实施

一、选择分析类型

双击任务视窗中的“充填”，系统弹出“选择分析序列”对话框，如图 10—38 所示；选择“充填＋保压”，单击“确定”。

图 10—38　“选择分析序列”对话框

二、选择材料

双击任务视窗中的“Generic PP…”，系统弹出“选择材料”对话框，通过搜索方式指定材料（制造商为 LG Chemical，牌号为 ABS AF303），如图 10—39 所示。

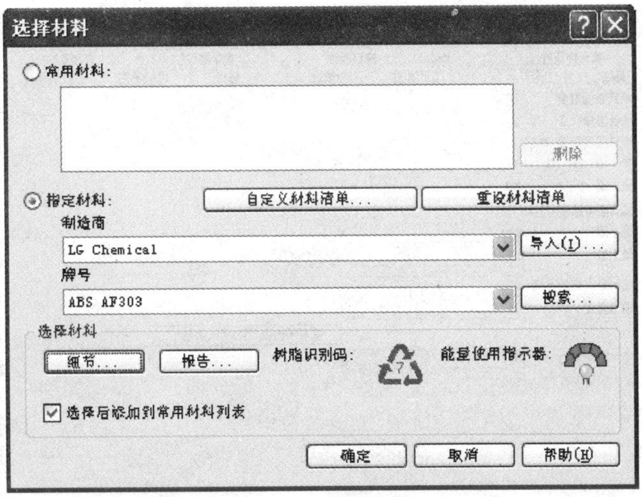

图 10—39 “选择材料”对话框

可点击“细节”查看材料的推荐成型工艺参数等信息，如图 10—40 ~ 图 10—43 所示。单击“确定”按钮，选择该材料。

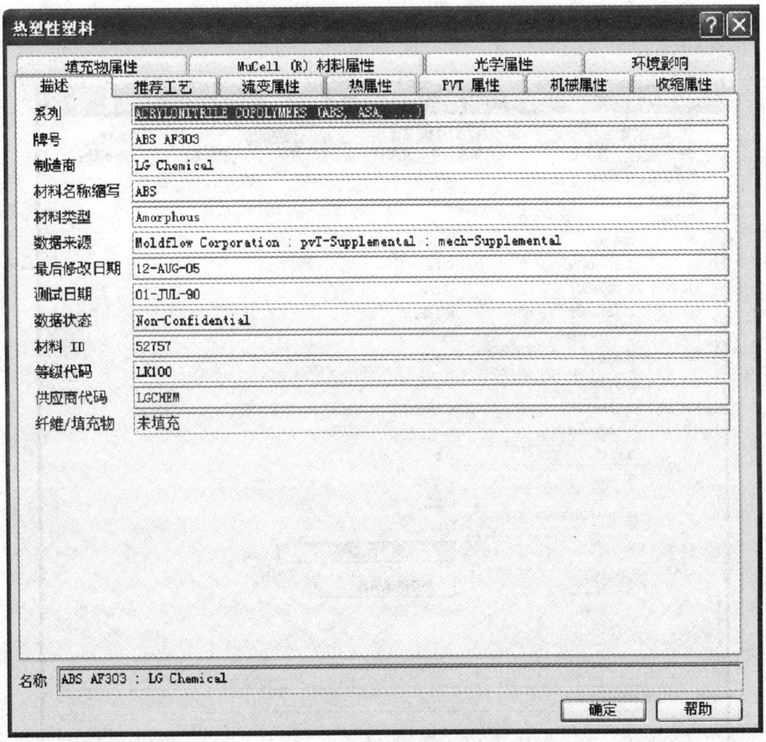

图 10—40 材料属性

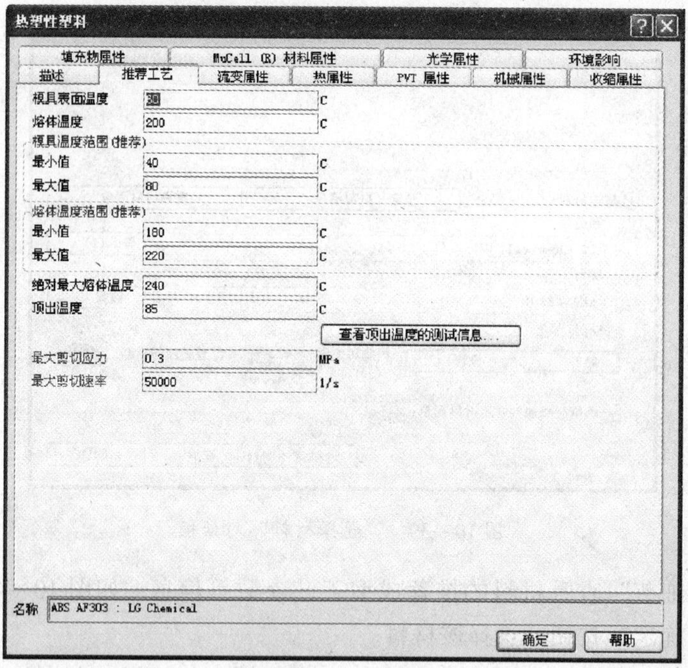

热塑性塑料

填充物属性 | MuCell (R) 材料属性 | 光学属性 | 环境影响
描述 | 推荐工艺 | 流变属性 | 热属性 | PVT 属性 | 机械属性 | 收缩属性

模具表面温度	[illegible]	C
熔体温度	200	C
模具温度范围(推荐)		
最小值	40	C
最大值	80	C
熔体温度范围(推荐)		
最小值	180	C
最大值	220	C
绝对最大熔体温度	240	C
顶出温度	85	C
最大剪切应力	0.3	MPa
最大剪切速率	50000	1/s

查看顶出温度的测试信息...

名称 ABS AF303 : LG Chemical

确定 帮助

图 10—41 推荐工艺

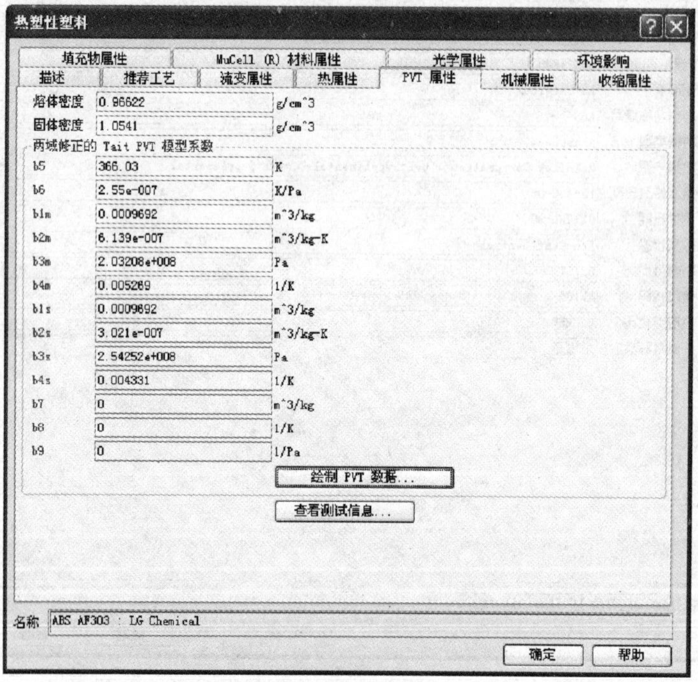

热塑性塑料

填充物属性 | MuCell (R) 材料属性 | 光学属性 | 环境影响
描述 | 推荐工艺 | 流变属性 | 热属性 | PVT 属性 | 机械属性 | 收缩属性

熔体密度	0.96622	g/cm^3
固体密度	1.0541	g/cm^3
两域修正的 Tait PVT 模型系数		
b5	366.03	K
b6	2.55e-007	K/Pa
b1m	0.0009692	m^3/kg
b2m	6.139e-007	m^3/kg-K
b3m	2.03208e+008	Pa
b4m	0.005289	1/K
b1s	0.0009692	m^3/kg
b2s	3.021e-007	m^3/kg-K
b3s	2.54252e+008	Pa
b4s	0.004331	1/K
b7	0	m^3/kg
b8	0	1/K
b9	0	1/Pa

绘制 PVT 数据...

查看测试信息...

名称 ABS AF303 : LG Chemical

确定 帮助

图 10—42 压力、体积比容和温度（PVT）属性

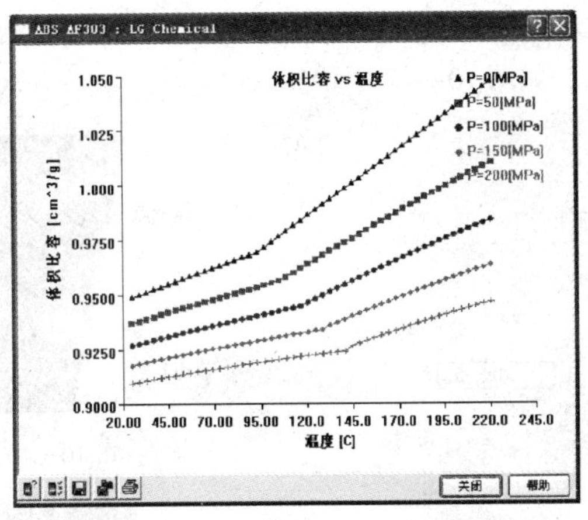

图 10—43 材料的 PVT 属性曲线

三、创建浇注系统

本模块采用四个浇口的进料方式，浇口形状为香蕉形。浇口采用直线命令创建，分流道和主流道采用柱体单元命令创建，再用“网格工具”中“重新划分网格”对柱体单元细分。

1. 创建浇口柱体单元

（1）创建节点

1）在菜单栏中选择【建模】>【移动/复制】>【平移】命令，如图 10—44 所示，系统弹出如图 10—45 所示对话框。在“选择”文本框中，鼠标点选模型中合适位置作为参考，如图 10—46 所示，在“矢量”文本框中输入位移差“－15，0，0”，选择“复制”复选项，单击“应用”按钮，生成节点 1，如图 10—46 所示。

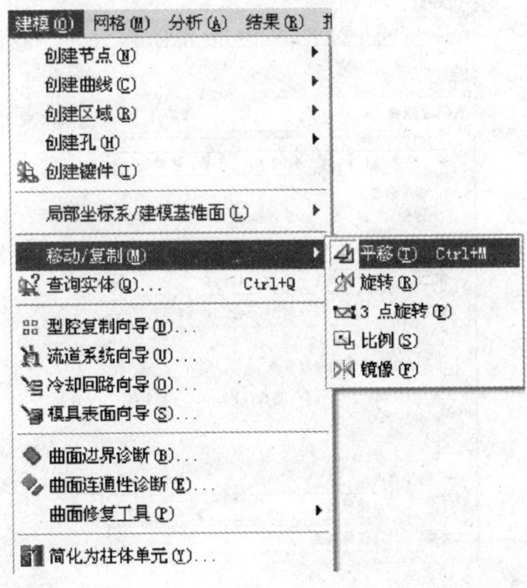

图 10—44 平移命令

2）在“矢量”文本框中输入“-7，0，-3”，选择“复制”复选项，单击“应用”按钮，生成节点2，如图10—47所示。

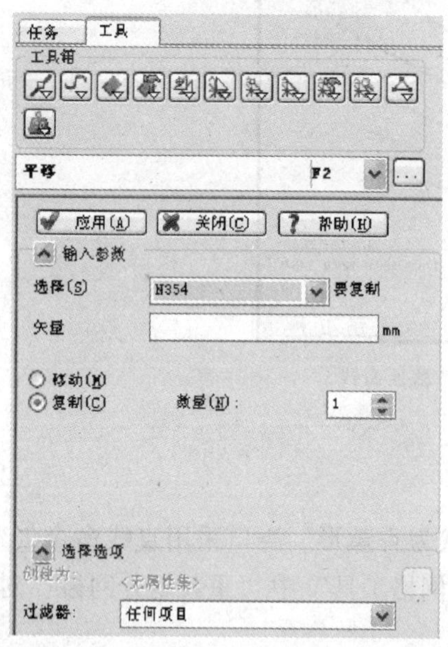

图10—45 “平移命令”对话框

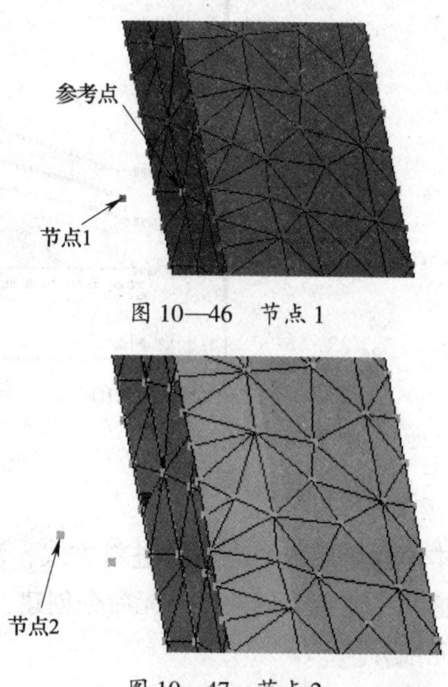

图10—46 节点1

图10—47 节点2

（2）创建圆弧曲线

1）在菜单栏中选择【建模】>【创建曲线】>【点创建圆弧】命令，系统弹出如图10—48所示对话框。依次点选参考点、节点1和节点2，取消“自动在曲线末端创建节点”选项。

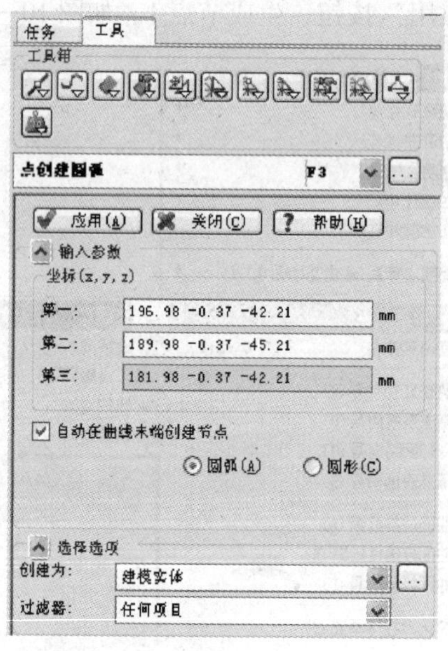

图10—48 “创建圆弧”对话框

2）单击图 10—48 中“选择选项”中“创建为”右侧 图标，弹出“指定属性”对话框，如图 10—49 所示。

3）单击“新建”按钮，在弹出的列表中选择“冷浇口”，如图 10—50 所示。

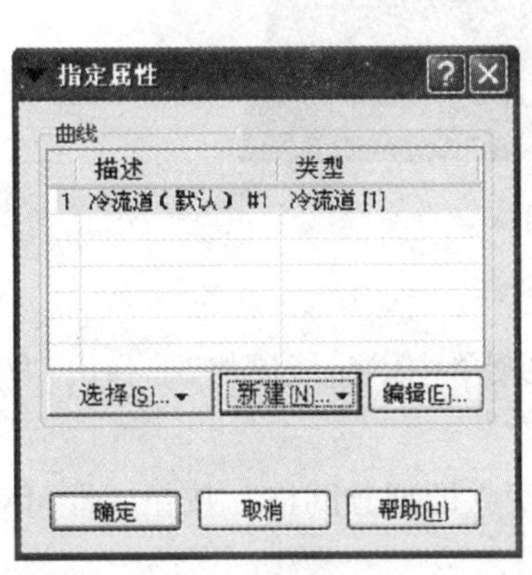

图 10—49 “指定属性”对话框

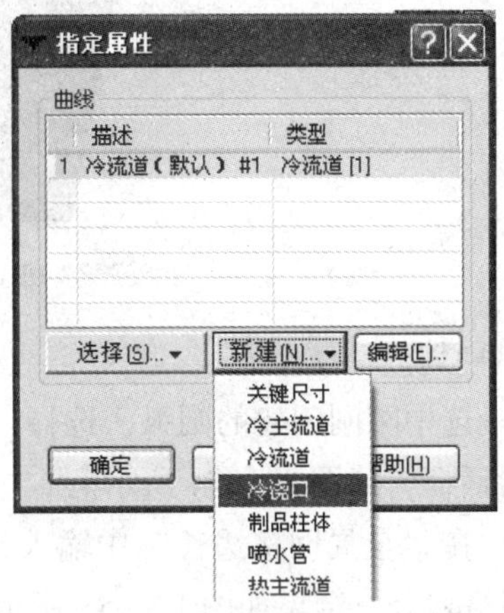

图 10—50 “指定冷浇口”对话框

4）在弹出的“冷浇口”对话框中，在“截面形状是”中选择“圆形”，在“形状是”中选择“锥体（由端部尺寸）”，如图 10—51 所示。

图 10—51 “冷浇口”对话框

5）单击图 10—51 中“编辑尺寸”按钮，弹出“横截面尺寸”对话框，如图 10—52 所示。输入尺寸数值，“始端直径”为 2.5，“末端直径”为 5，单击“确定”，回到图 10—48 所示对话框，单击“应用”按钮，创建圆弧，如图 10—53 所示。

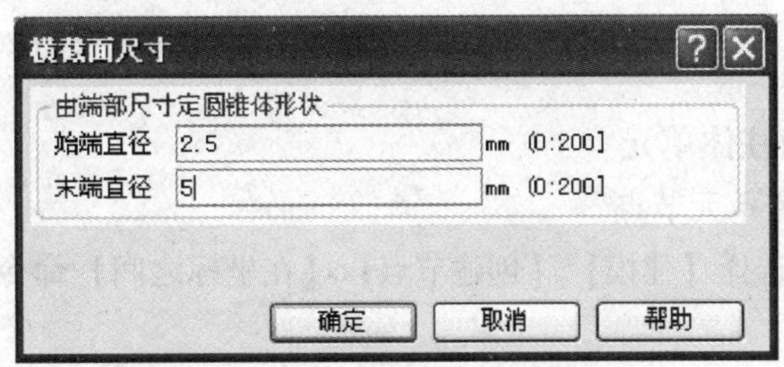

图 10—52 “横截面尺寸”对话框

图 10—53 创建圆弧

（3）划分柱体单元

1）选中刚刚创建的圆弧，选择“网格”下拉菜单中“生成网格”，弹出“生成网格”对话框，如图 10—54 所示。

2）在“全局网格边长”中输入 3 mm，单击“立即划分网格”按钮，即可对圆弧进行网格划分，结果如图 10—55 所示。

3）重复以上步骤，依次创建其他三个浇口，结果如图 10—56 所示。

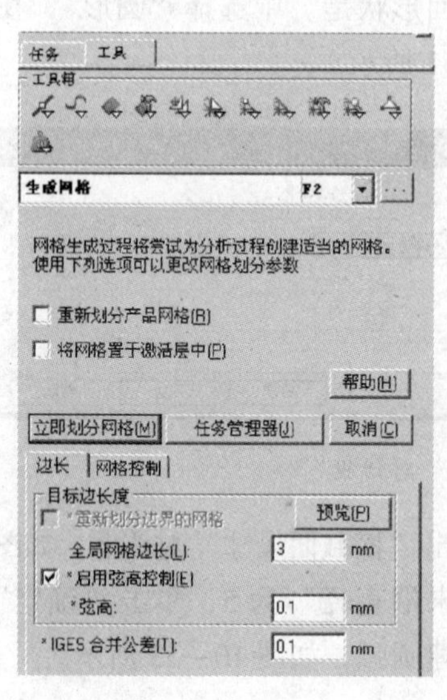

图 10—54 “生成网格”对话框

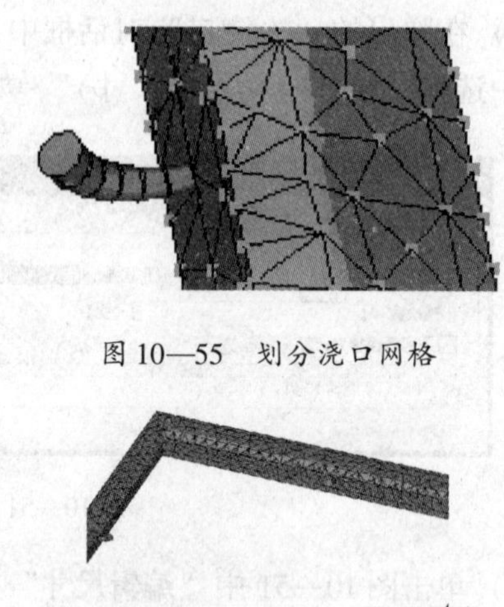

图 10—55 划分浇口网格

图 10—56 浇口创建

2. 创建主流道柱体单元

（1）创建主流道单元节点

1）在菜单栏中选择【建模】>【创建节点】>【在坐标之间】命令，弹出如图 10—57 所示对话框。

2）在“第一”和“第二”文本框中，分别选择已创建的浇口节点，单击“应用”按钮，即生成节点，如图 10—58 所示。

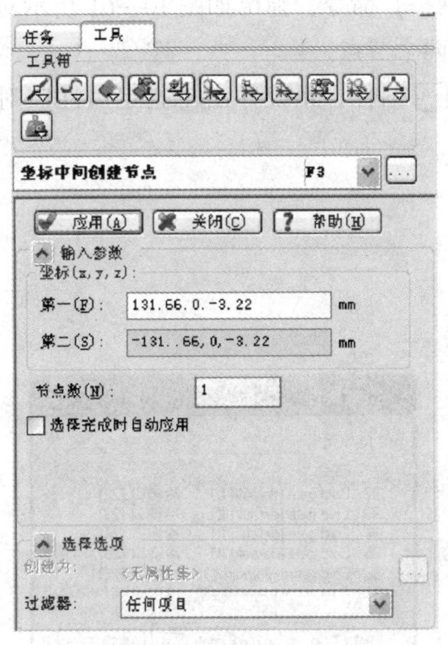

图 10—57 “创建节点”对话框

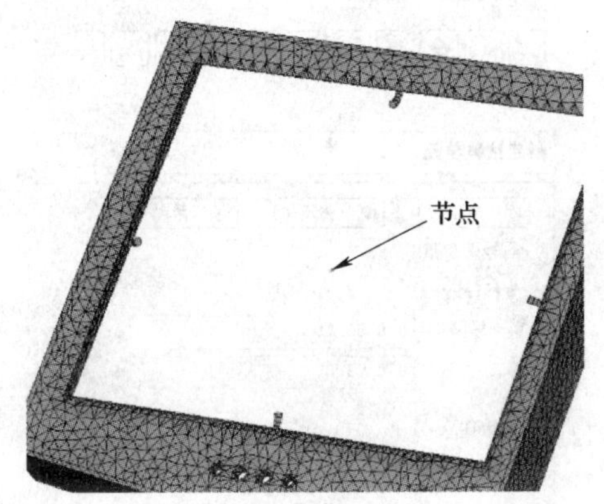

图 10—58 创建节点

3）在菜单栏中选择【建模】>【创建节点】>【按偏移】命令，如图 10—59 所示。单击图 10—58 创建的节点，在“偏移”文本框中输入“0，0，60”，单击“应用”按钮，生成图 10—60 所示节点。

任务 工具
工具箱
偏移创建节点 F5
应用(A) 关闭(C) 帮助(H)
输入参数
坐标(x, y, z)
基准(B): 0 0 -3.22 mm
偏移(dx, dy, dz)
偏移(O): 0, 0, 60 mm
节点数(N): 1
选择选项
创建为:
<无属性集>
过滤器: 任何项目

图 10—59 “创建节点”对话框

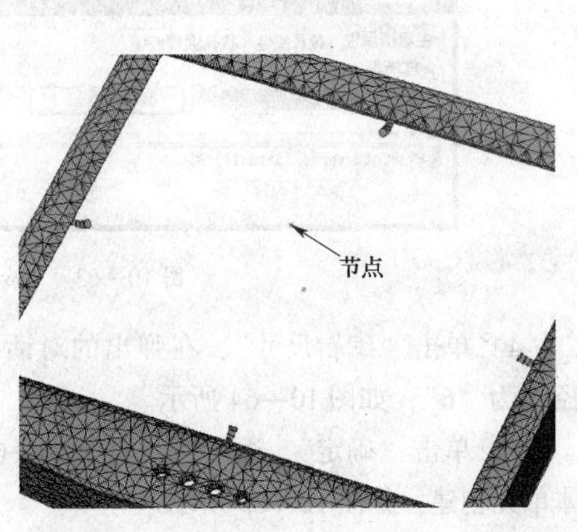

图 10—60 创建节点

（2）创建主流道柱体单元

1）在菜单栏中选择【网格】>【创建柱体网格】命令，弹出如图 10—61 所示对话框。在“第一”和“第二”中分别选择创建的两个节点。

2）单击“选择选项”中“创建为”右侧 ... 图标，系统弹出“指定属性”对话框，如图 10—62 所示。

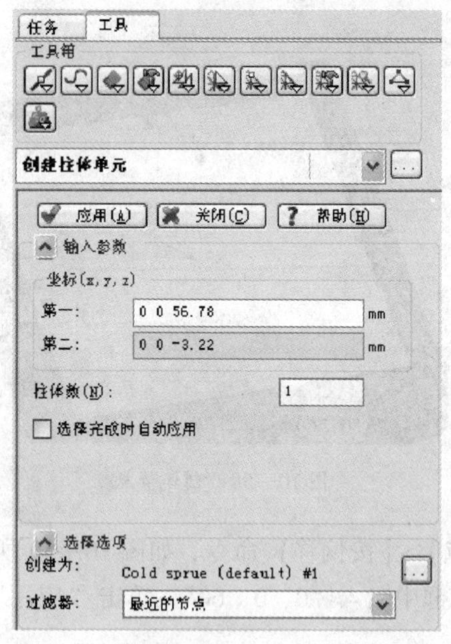

图 10—61 “创建柱体网格”对话框

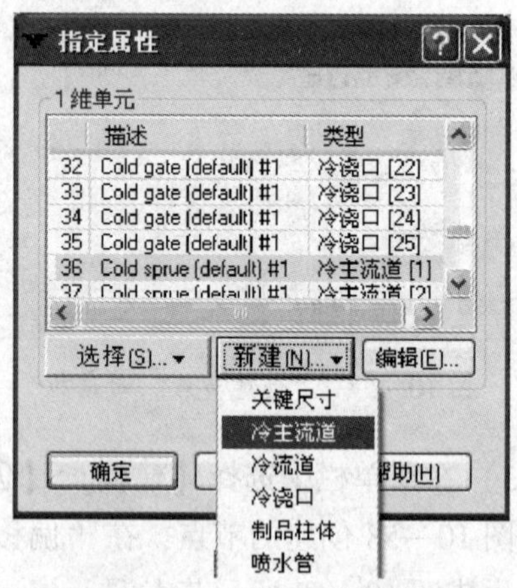

图 10—62 “指定属性”对话框

3）选择“新建”命令，选择“冷主流道”，如图 10—62 所示，弹出如图 10—63 所示“冷主流道”对话框。在“形状是”中选择“锥体（由端部尺寸）”。

图 10—63 “冷主流道”对话框

4）单击“编辑尺寸”，在弹出的对话框中设置“始端直径”为“4”，“末端直径”为“6”，如图 10—64 所示。

5）单击“确定”，逐层回到如图 10—61 所示位置，选择“应用”，完成主流道柱体单元创建，如图 10—65 所示。

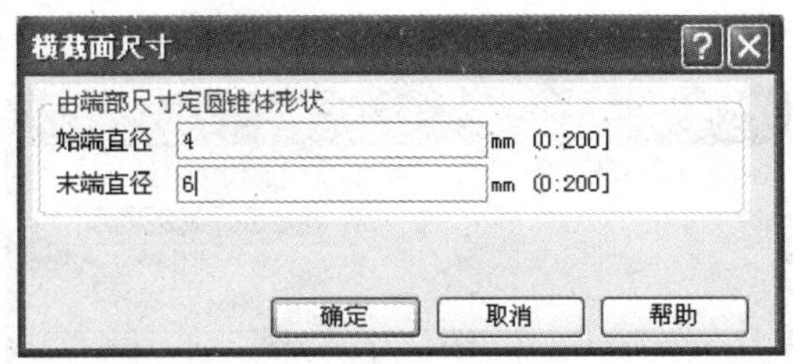

图 10—64 “截面积尺寸”对话框

3. 创建分流道柱体单元

（1）在菜单栏中选择【网格】>【创建柱体网格】命令，分别点选左侧浇口节点和主流道下节点。

（2）在“选择选项”中“创建为”右侧 ... 图标，系统弹出“指定属性”对话框，如图 10—66 所示。

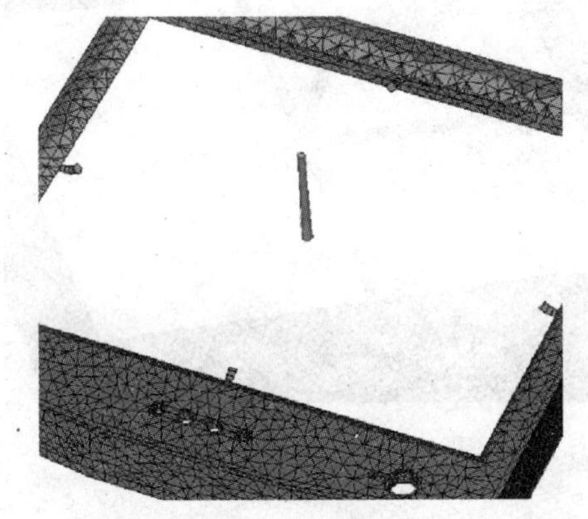

图 10—65 主流道创建

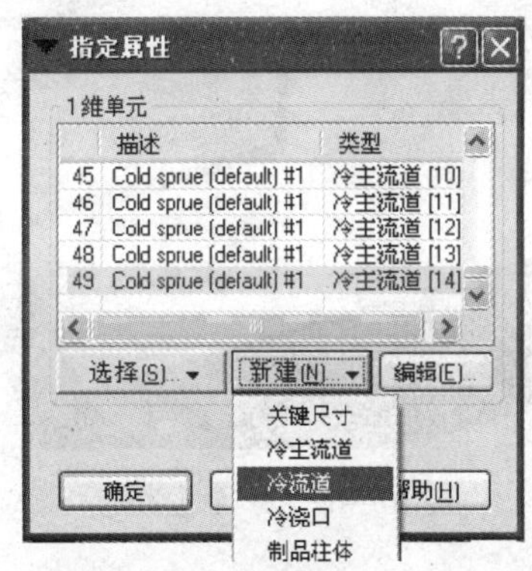

图 10—66 “指定属性”对话框

（3）在“新建”中选择“冷流道”，弹出“冷流道”对话框，如图 10—67 所示。

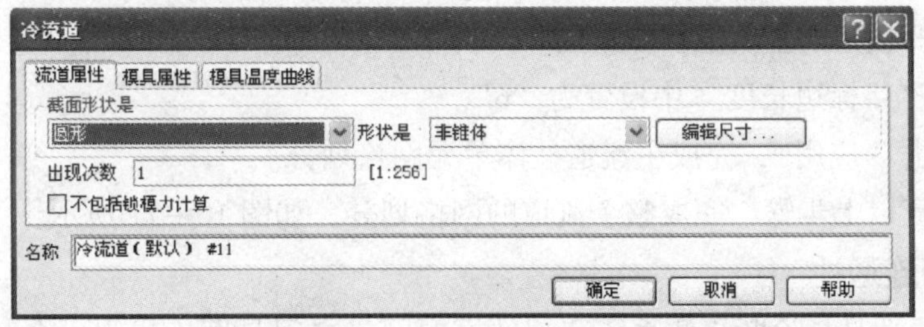

图 10—67 “冷流道”对话框

（4）在“截面形状是”中选择“圆形”，在“形状是”中选择“非锥体”，如图 10—67 所示。

（5）单击“编辑尺寸”，弹出“横截面尺寸”对话框，在“直径”中输入“6”，如图 10—68 所示。

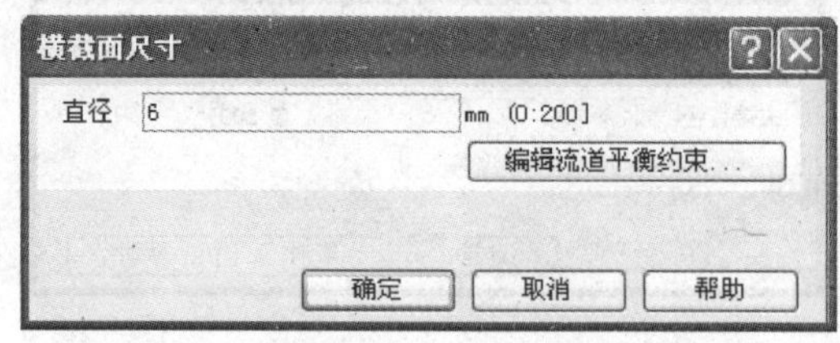

图 10—68 “横截面尺寸”对话框

（6）单击“确定”，逐层回到上级对话框，选择“应用”，完成分流道柱体单元创建，如图 10—69 所示。

（7）重复以上步骤，完成流道系统创建，如图 10—70 所示。

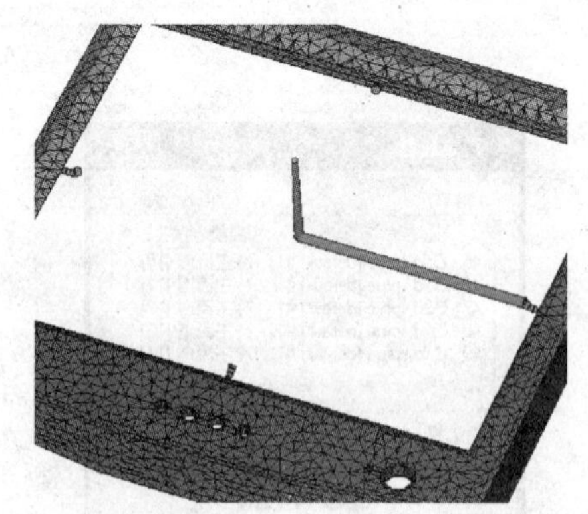

图 10—69 分流道创建

图 10—70 流道系统创建

4. 主流道和分流道柱体单元划分网格

（1）在菜单栏中选择【网格】>【网格工具】命令，在弹出的对话框中选择“重新划分网格”选项。

（2）选择创建的主流道柱体单元。

（3）将“目标边长度”中设置为“6”。

（4）单击“应用”，完成主流道柱体单元网格划分。

（5）重复以上步骤，完成整个流道的网格划分，如图 10—71 所示。

5. 诊断连通性

诊断连通性是指诊断浇注系统和塑件模型网格之间是否连成为一个整体。浇注系统与塑件模型完全不连通时，系统会提示分析失败，因此在建立完浇注系统后，为保证计算分析的有效性，必须检查塑件与流道之间的连通性。

（1）在菜单栏中选择【网格】>【网格诊断】>【连通性诊断】命令。

（2）单击塑件或浇注系统中任意单元或节点，单击“显示”按钮，其结果如图 10—72 所示，表示塑件和浇注系统连通性很好。

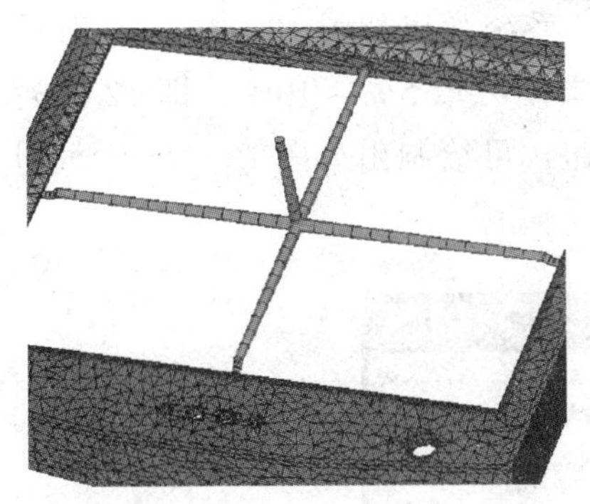

图 10—71 流道系统网格划分

图 10—72 连通性诊断

(3) 在菜单栏中选择【网格】>【显示诊断结果】命令，关闭连通性诊断结果显示。

6. 设置注射位置

双击任务视窗中“设置注射位置”按钮，单击主流道入口节点，完成注射位置的设定，如图 10—73 所示。

图 10—73 注射位置设定

四、设定工艺参数

1. 选择工艺设置

双击任务视窗中的“工艺设置（默认）”按钮，系统会弹出“工艺设置向导—充填 + 保压设置”对话框，如图 10—74 所示。

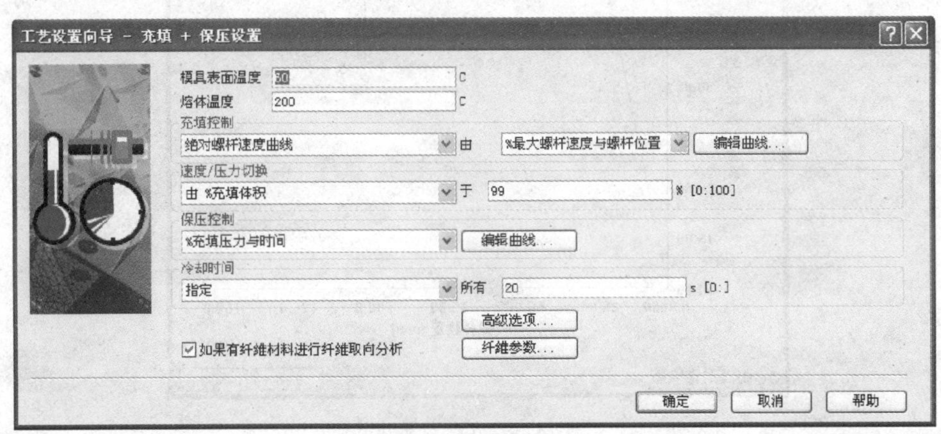

图 10—74 “工艺设置向导—充填 + 保压设置”对话框

2. 设置参数

按照图 10—74 所示设置参数。

3. 绘制参数曲线

单击“充填控制”右侧的“编辑曲线”按钮，系统弹出如图10—75所示对话框，“启动螺杆位置”设为“136”，“注射量警告限制”取5%～10%，即12 mm，其他设置如图10—75所示。单击“绘制曲线”按钮，可绘制出如图10—76所示图线。

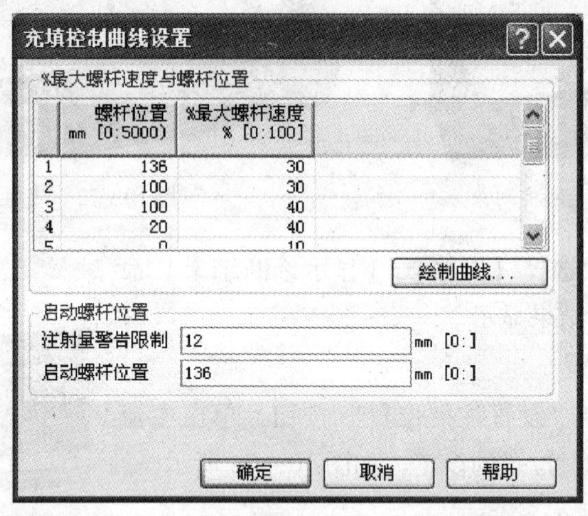

图10—75 “充填控制曲线设置”对话框

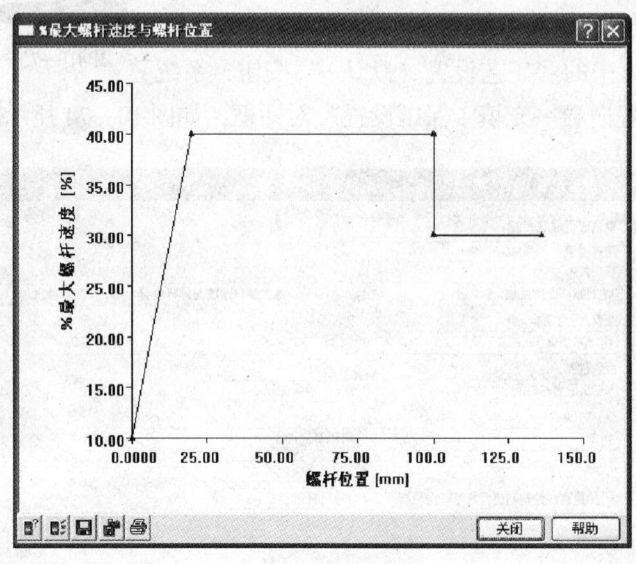

图10—76 绘制曲线

4. 完成工艺参数设置

单击“高级选项”按钮，系统弹出如图10—77所示对话框，单击“注塑机”一栏右侧“选择”按钮，系统将弹出一系列常用的注塑机型号，选择锁模力为1000 ton的注射机，完成工艺参数设置。

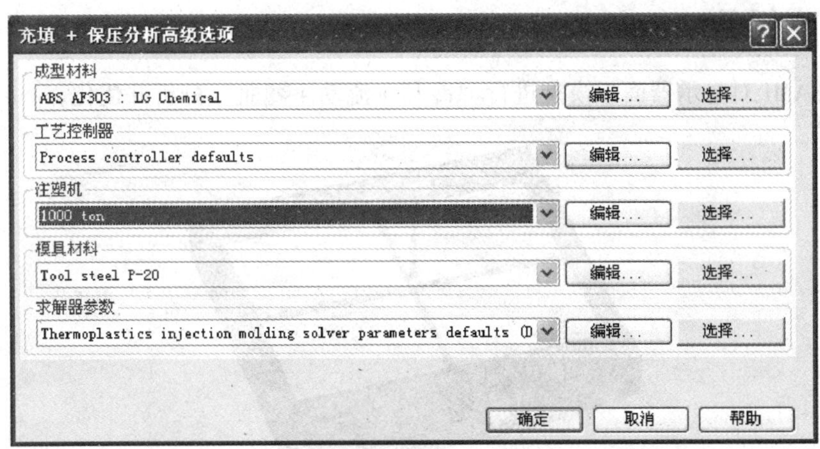

图 10—77 高级选项

巩固提高

通过 AMI 完成如图 10—78 所示塑件的分析工艺参数设定。

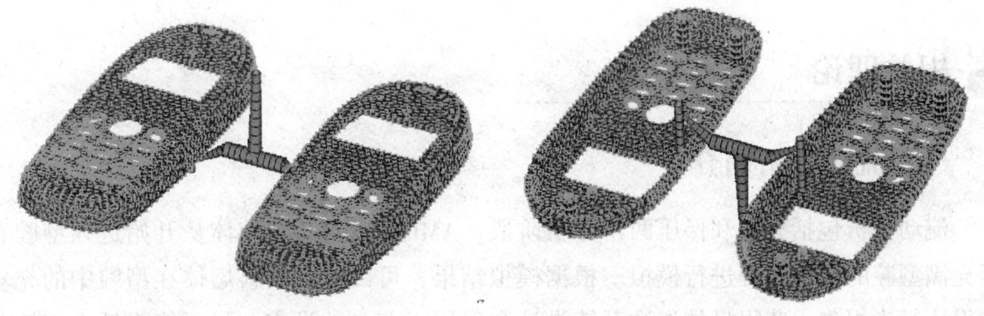

图 10—78 分析工艺参数设定

任务三 模拟分析结果并优化

学习目标

1. 能完成流动分析并优化。
2. 能完成冷却系统建模。
3. 能完成“冷却 + 流动 + 翘曲”分析并优化。
4. 能输出分析结果报告。

工作任务

通过 AMI 对显示器面板模型进行“冷却 + 流动 + 翘曲”分析并优化。

图 10—79　显示器面板网格模型

AMI 可以对注塑成型过程进行模拟和分析计算，并优化注塑工艺参数。本模块分析分为两个阶段：流动分析和“冷却 + 流动 + 翘曲”分析。在下一阶段对模型进行“冷却 + 流动 + 翘曲”分析，需要建立合适的冷却系统。

相关理论

一、流动分析简介

流动分析包括充填和保压两个分析阶段。AMI 可以对塑料熔体从开始进入型腔直至充满型腔的整个过程进行模拟。根据模拟结果，可以得到塑料熔体在型腔中的充填和保压行为报告，获得最佳浇注系统设计和保压工艺参数设定，尽可能降低由充填和保压引起的塑件填充不足、飞边、收缩和翘曲等质量缺陷。分析结果包括充填时间、压力、流动前沿温度、锁模力曲线等。

流动分析中的两个重要参数是压力和时间，与这两个参数相关的参数说明如下：

1. 压实压力

由速度控制切换成压力控制（*V/P*）后的充填压力值大小。

2. 压实时间

由速度控制切换成压力控制（*V/P*）后压力施加的时间。

3. 保压压力

通常是一个比压实压力要小的值。

4. 保压时间

保压压力施加的时间。

5．冷却时间

保压结束后，塑件停留在模具内的时间。

二、冷却分析简介

AMI冷却分析模拟塑料熔体在模具内的热量传递情况，判断塑件冷却效果，优化冷却系统的设置，缩短塑件的成型周期，提高生产效率，提高塑件成型质量。分析结果包括：回路冷却介质温度、回路流动速率、回路管壁温度、达到顶出温度的时间、制品、平均温度等。

冷却分析最重要的参数设置为“注射+保压+冷却时间”。

三、翘曲分析简介

翘曲分析的目的是模拟预测塑件成型过程中发生翘曲变形的情况，检查发生翘曲的原因，优化模具设计及工艺参数设置，以获得高质量的塑件。

AMI翘曲分析用于分析整个塑件的翘曲变形，同时还可以指出翘曲的主要原因及给出相应的补救措施。翘曲分析必须在流动分析已经完成的基础上进行。

任务实施

一、分析运算

双击任务视窗中的“开始分析!”按钮，开始进行分析运算。

在菜单栏中选择【分析】>【任务管理器】命令，弹出如图10—80所示信息框，可以看到任务队列及计算进行。

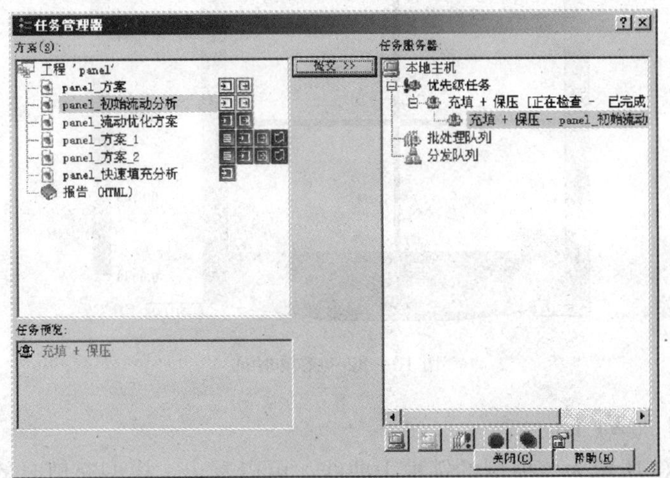

图10—80 任务管理器

分析运算的“分析日志”中的成型参数如图10—81所示，用户可以据此信息来检验工艺参数设置是否合理。

充填 + 保压-检查 | 分析日志 | 充填 + 保压 | 网格日志

螺杆速度曲线 ：

螺杆位置	螺杆速度
136.0000 mm	38.7508 mm/s
100.0000 mm	38.7508 mm/s
100.0000 mm	51.6677 mm/s
20.0000 mm	51.6677 mm/s
0.0000 mm	12.9169 mm/s

保压压力曲线(相对)：

保压时间	% 充填压力
0.0000 s	80.0000

图10—81 分析日志

二、初始流动分析结果

1. 充填时间

如图10—82所示为熔体充满型腔时的结果，可以看出充填时间为1.641 s。单击工具栏上的图标，按住“Ctrl”键，再单击塑件模型充填末端的位置，可显示如图充填该位置的时间，可以看出熔体充填模型末端的时间相差0.11 s，说明充填不平衡。

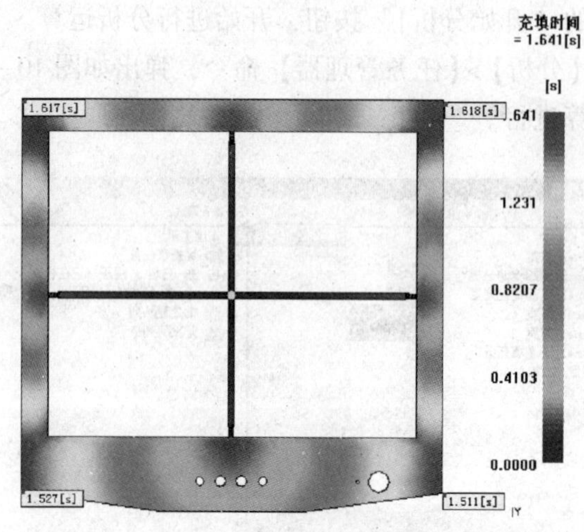

图10—82 充填时间

2. 锁模力：*XY*图

如图10—83所示为该模型的锁模力曲线，可以看出，模型充填时的锁模力最大值为95.01 ton，远小于注塑机的最大锁模力1 000 ton的80%。

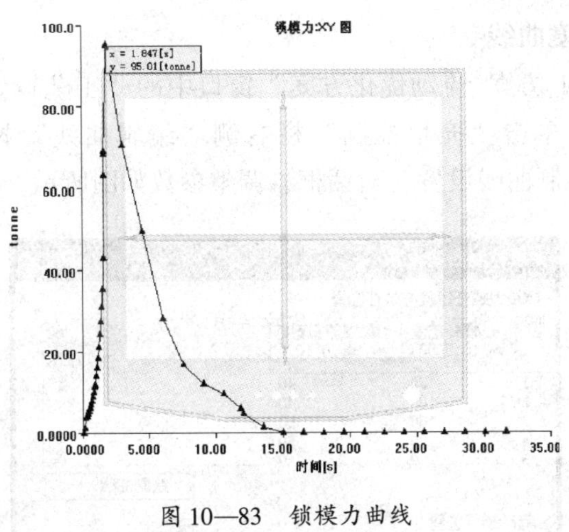

图 10—83 锁模力曲线

3. 第一主方向上的型腔内残余应力

残余应力的正值表示处于拉伸状态，负值表示处于压缩状态，数值越大对塑件越不利。一般来说塑件的残余应力为正值，因为模具限制了塑件材料的收缩，并且产生应力使塑件拉伸，在塑件顶出后，应力释放，塑件就会产生收缩。产生负值说明发生了过保压现象，应当避免。

如图 10—84 所示为该模型第一主方向上的型腔内残余应力结果，可以看出应力值范围为 5. 85 ~38. 48 MPa。

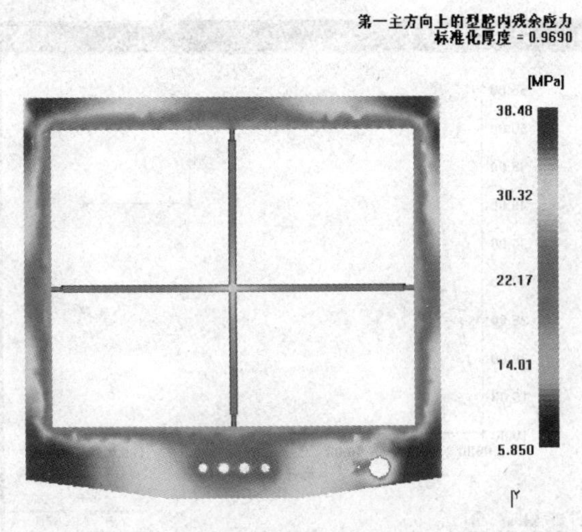

图 10—84 第一主方向上的型腔内残余应力

三、工艺优化

1. 复制基本分析模型

右击“panel_方案_初始流动分析”图标，在快捷菜单中选择“复制”，生成新的工程，并重命令为：panel_方案_流动优化方案。

2. 调整螺杆速度曲线

（1）双击“panel_方案_流动优化方案”窗口中的“工艺设置（用户）”，弹出工艺参数设置对话框，单击“充填控制”栏右侧“编辑曲线”按钮，系统弹出如图10—85所示“充填控制曲线设置”对话框，调整参数如图所示。

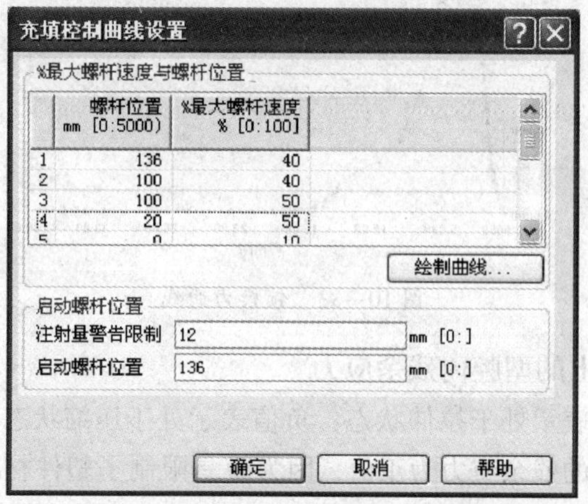

图10—85 “充填控制曲线设置”对话框

（2）单击“绘制曲线”按钮，系统会弹出输入数值形成的螺杆位置曲线，如图10—86所示。

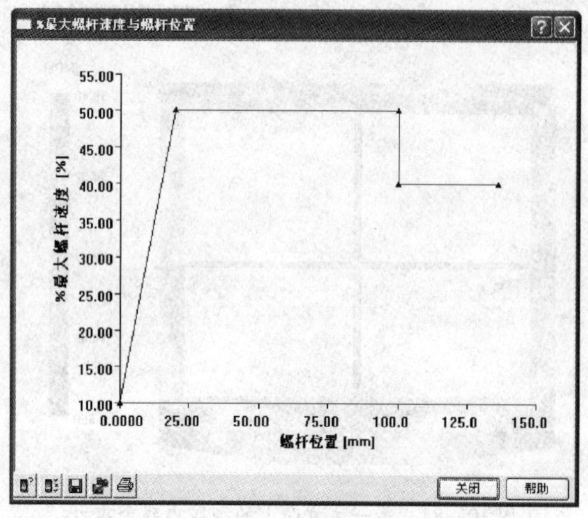

图10—86 螺杆位置曲线

四、分析运算

双击任务视窗中的“开始分析!”按钮，开始进行分析运算。分析运算的“分析日志”中的调整后的成型工艺参数如图10—87所示。

网格日志 | 分析日志 | 充填 + 保压 | 机器设置 | 充填 + 保压-检查

保压时间 =

螺杆速度曲线 :

螺杆位置	螺杆速度
136.0000 mm	51.6677 mm/s
100.0000 mm	51.6677 mm/s
100.0000 mm	64.5846 mm/s
20.0000 mm	64.5846 mm/s
0.0000 mm	12.9169 mm/s

图 10—87 优化后的工艺参数

五、流动优化分析结果

1. 充填时间

如图 10—88 所示为熔体充满型腔时的结果，可以看出充填时间缩短为 1.27 s，较初始方案的 1.641 s 有明显下降。由于提高了注射速率，所以缩短了成型周期；同时，型腔末端基本上达到了平衡充填。

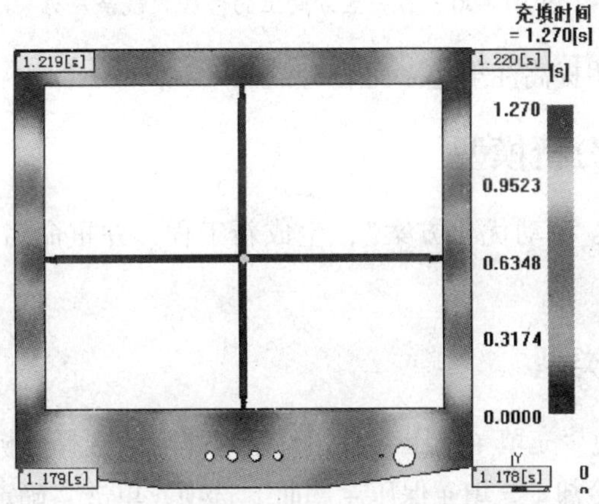

图 10—88 充填时间

2. 锁模力：*XY* 图

如图 10—89 所示为该模型的锁模力曲线，模型充填时的锁模力最大值为 90.09 ton。

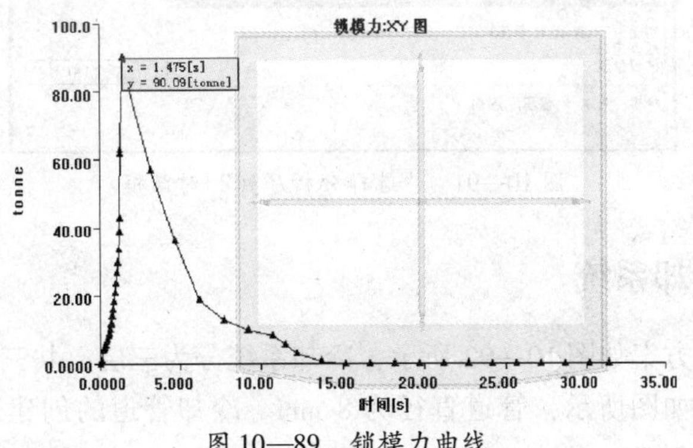

图 10—89 锁模力曲线

3. 第一主方向上的型腔内残余应力

如图 10—90 所示为该模型第一主方向上的型腔内残余应力结果，可以看出应力值范围变化不大，满足生产要求。

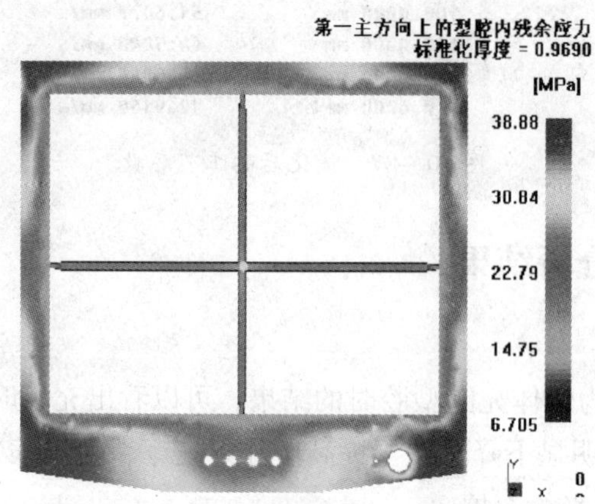

图 10—90　第一主方向上的型腔内残余应力

以上分析结果说明提高注射速率是合理的。

六、复制基本分析模型

复制“panel_方案_流动优化方案”，生成新工程，并重命名为“初始冷却流动翘曲分析”。

七、选择分析类型

双击任务视窗中的“充填+保压”按钮，系统弹出“选择分析序列”对话框，如图 10—91 所示；选择“冷却+充填+保压+翘曲”选项，单击“确定”，选择分析类型。

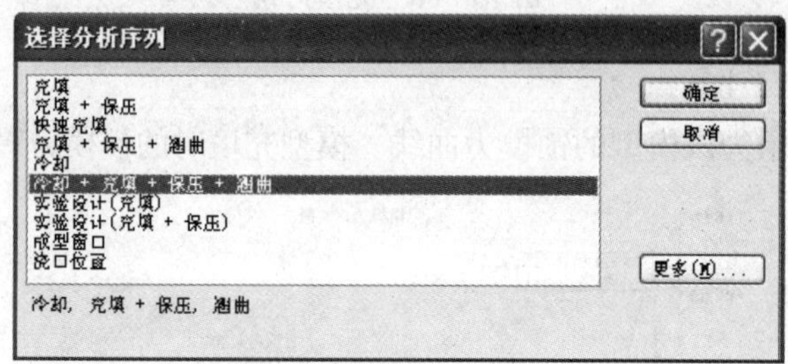

图 10—91　“选择分析序列”对话框

八、创建冷却系统

冷却系统设计方案如图 10—92 所示，冷却系统分为三层，共三条冷却管道。各冷却管道布局和尺寸如图所示，管道直径为 8 mm。冷却管道的创建采用手动建模的方法，使用直线命令创建。

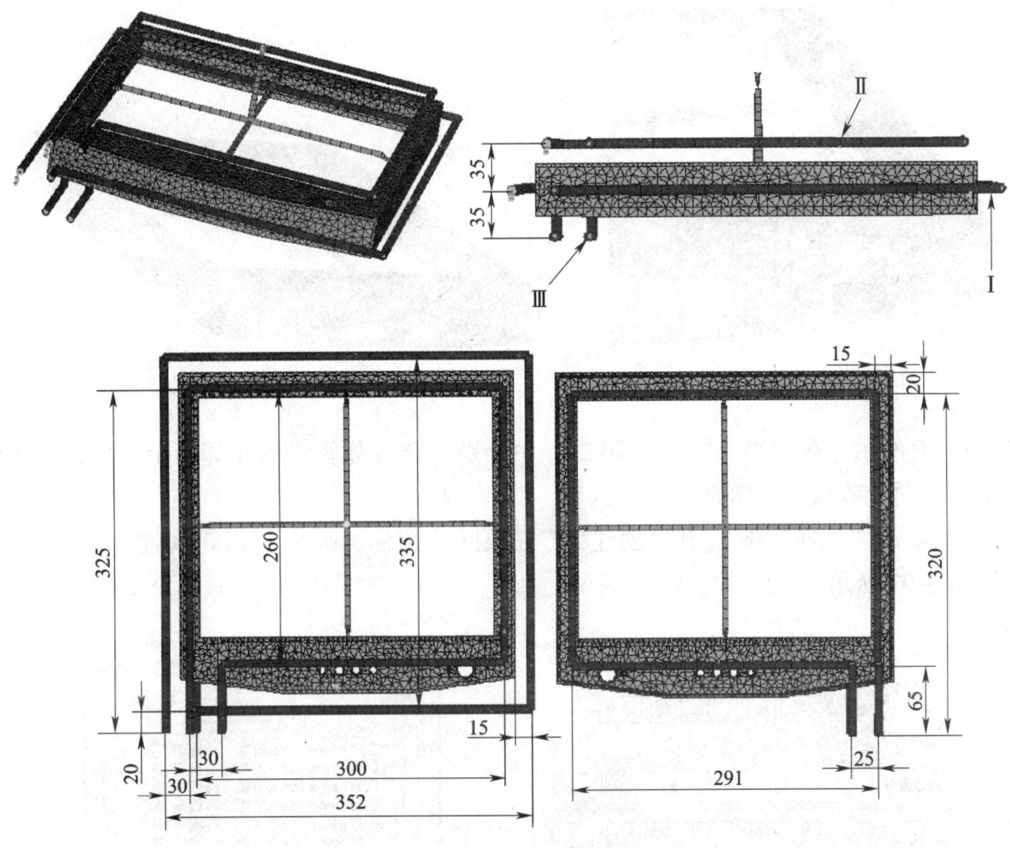

图 10—92 冷却系统布局及尺寸

1. 创建上层管道Ⅰ

（1）创建节点

1）在菜单栏中选择【建模】>【创建节点】>【按偏移】命令，任务视窗“工具”页面显示如图 10—93 所示。在“基准”文本框中输入“-160.8，-144.72，0”，或者在模型上点选合适的节点。在“偏移”文本框中输入“10，-50，15”，单击“应用”按钮，即生成图 10—94 所示节点。

2）按照给出的尺寸，分别创建上层冷却管道Ⅰ的其他节点，如图 10—95 所示。

（2）创建管道的直线

1）在菜单栏中选择【建模】>【创建曲线】>【直线】命令，弹出“创建直线”对话框，如

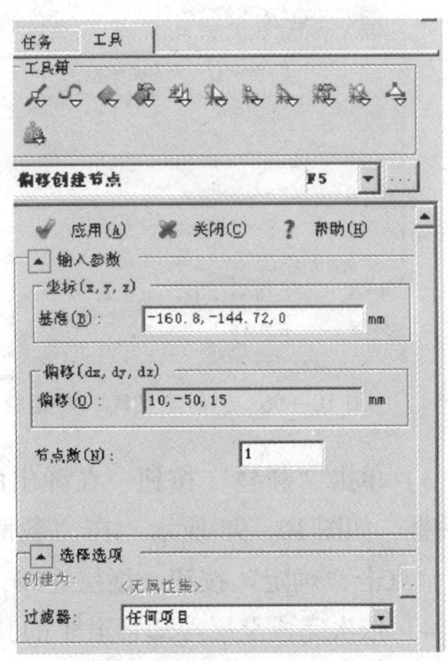

图 10—93 “创建节点”对话框

图 10—94　创建节点

图 10—95　创建上层管道Ⅰ的节点

图 10—96 所示。在“第一”和“第二”中分别点选冷却管道的相邻两个节点，文本框会显示两个节点的坐标值。

2）单击“选择选项”中“创建为”右侧 [...] 图标，弹出“指定属性”对话框，如图 10—97 所示。

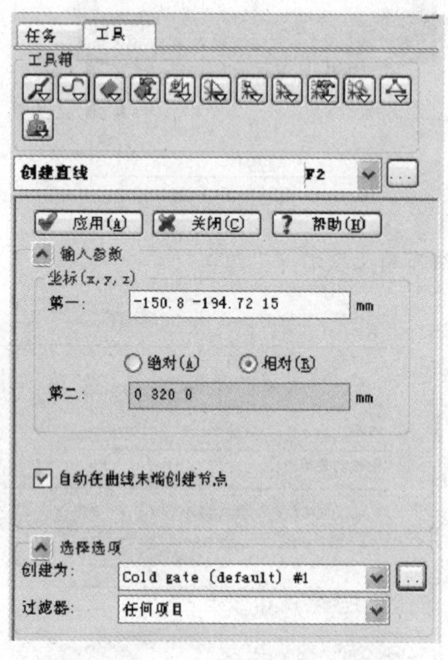

图 10—96　“创建直线”对话框

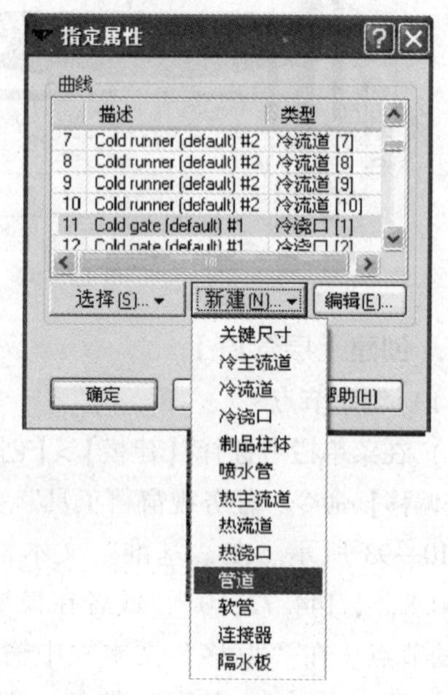

图 10—97　“指定属性”对话框

3）单击“新建”按钮，在弹出的列表中选择“管道”，弹出“管道”属性设置对话框，如图 10—98 所示。在“截面形状是”中选择“圆形”，在“直径”中输入“8”，点击“确定”按钮，逐层返回，完成管道中心线的创建。

4）依次完成上层冷却管道Ⅰ的其他管道中心线，方法一样，结果如图 10—99 所示。

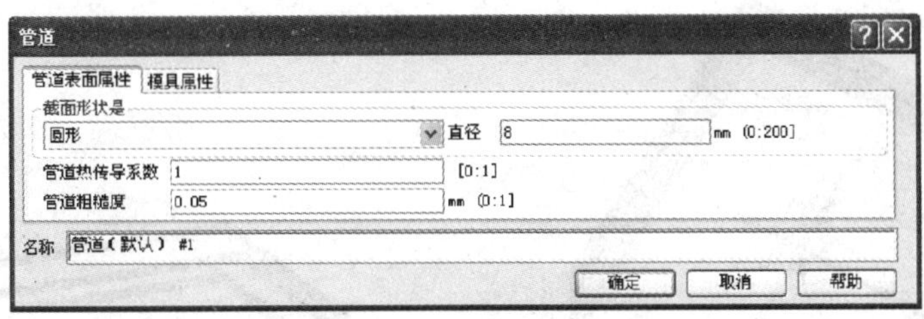

图 10—98 “管道”对话框

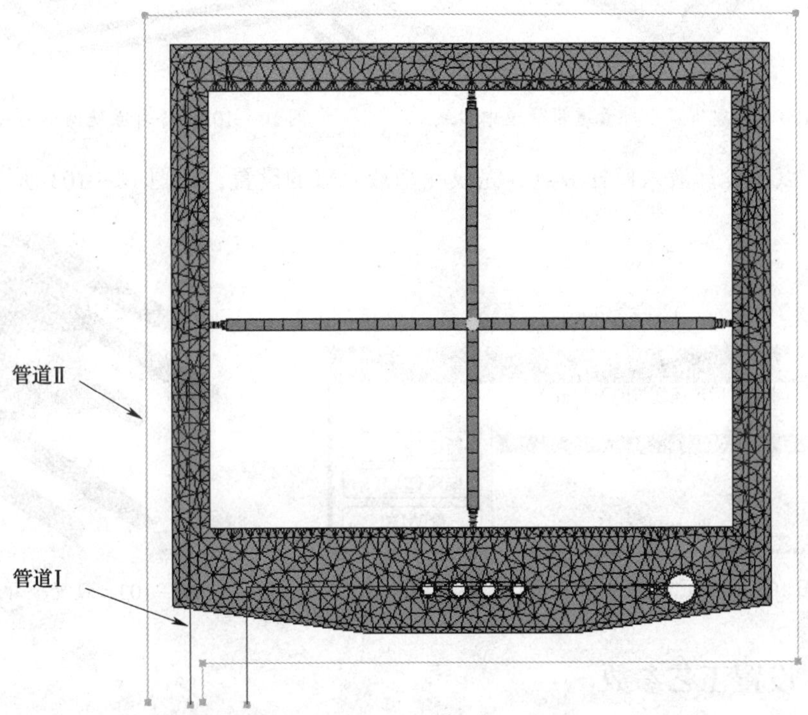

图 10—99 创建上层冷却管道Ⅰ、Ⅱ管道中心线

2. 创建上层管道Ⅱ的管道中心线

方法与上层冷却管道Ⅰ一样，如图 10—99 所示。

3. 创建下层管道Ⅲ的管道中心线

方法与上层冷却管道Ⅰ一样，如图 10—100 所示。

4. 划分冷却系统网格

（1）在层视窗中取消除冷却系统中心线的其他图层显示。

（2）在菜单栏中选择【网格】>【生成网格】命令，“全局网格边长”设置为“10 mm”，单击“立即划分网格”，生成柱体单元网格，如图 10—101 所示。

5. 设置冷却液入口

（1）在菜单栏中选择【分析】>【设置冷却液入口】命令，此时鼠标光标变成“+”形状，并且弹出“设置冷却液入口”对话框，如图 10—102 所示。

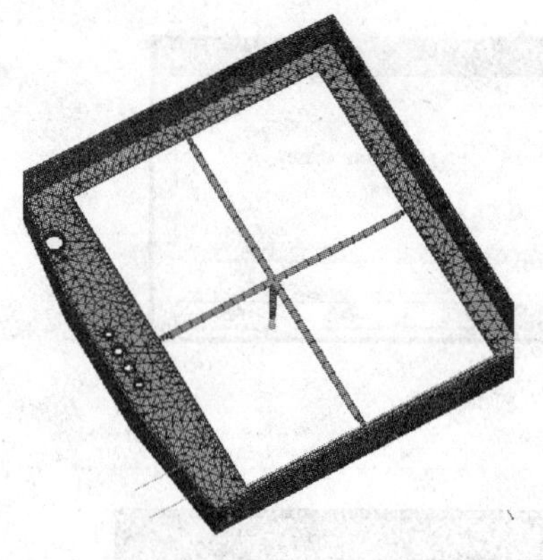

图 10—100　创建下层冷却管道Ⅲ管道中心线

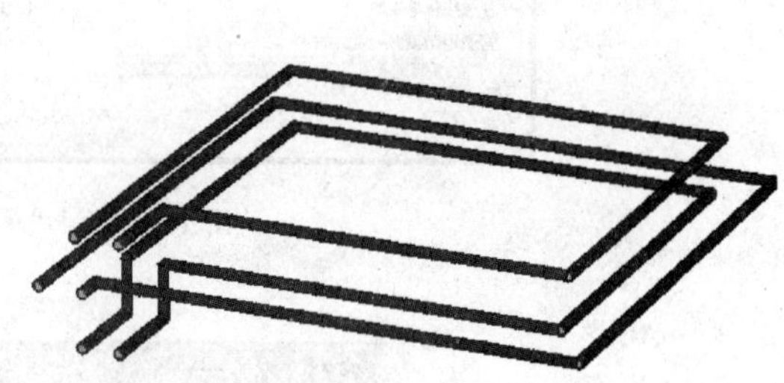

图 10—101　冷却系统网格划分

（2）点选冷却液入口处节点，完成冷却液入口的设置，如图 10—103 所示。

图 10—102　“设置冷却液入口”对话框

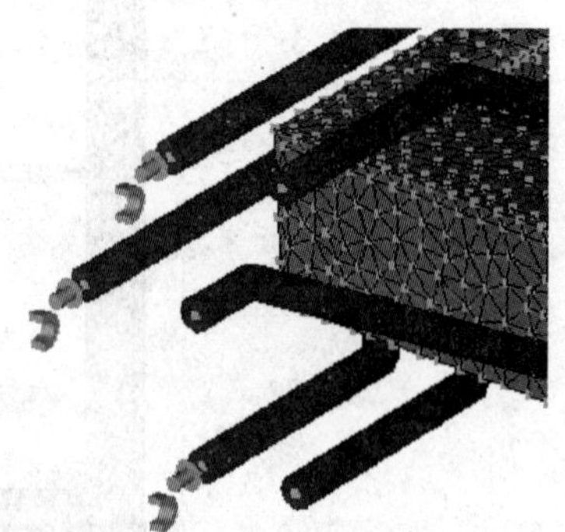

图 10—103　设置冷却液入口

九、设置工艺参数

初始冷却 + 充填 + 保压 + 翘曲分析的成型工艺参数继承优化后的流动分析工艺参数设置。在“工艺设置向导—翘曲设置”对话框的第 3 页中，勾选“分离翘曲原因”选项，如图 10—104 所示。

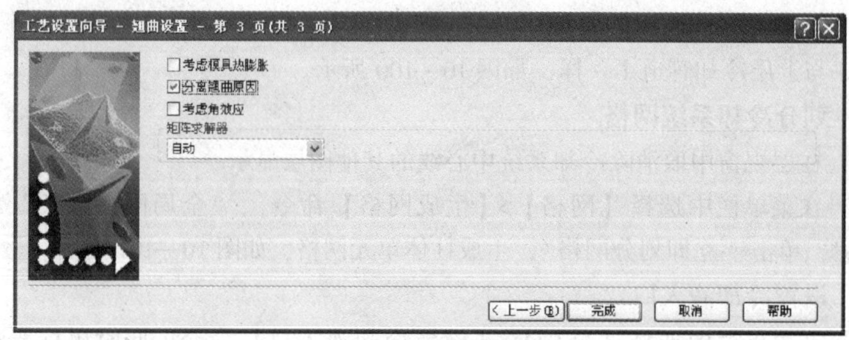

图 10—104　“工艺设置向导—翘曲设置”对话框

十、运算分析

双击任务视窗“开始分析!”，开始进行分析运算。任务管理器如图 10—105 所示。

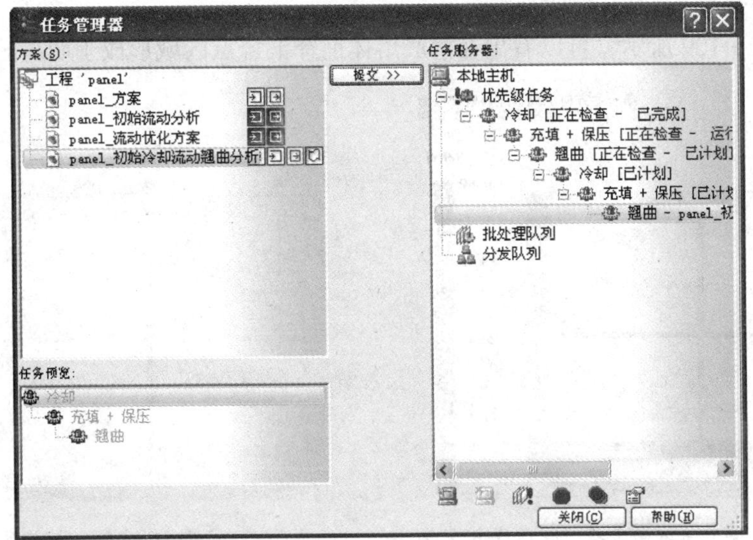

图 10—105　任务管理器

十一、初始冷却流动翘曲分析结果

1. 流动分析结果

(1) 充填时间

如图 10—106 所示，红色区域为塑件的最后填充处，填充时间为 1. 271 s。

(2) 缩痕指数

如图 10—107 所示，缩痕指数反映塑件上产生缩痕（或缩孔）的相对可能性，数值越高，发生缩痕或缩孔的可能性越高。

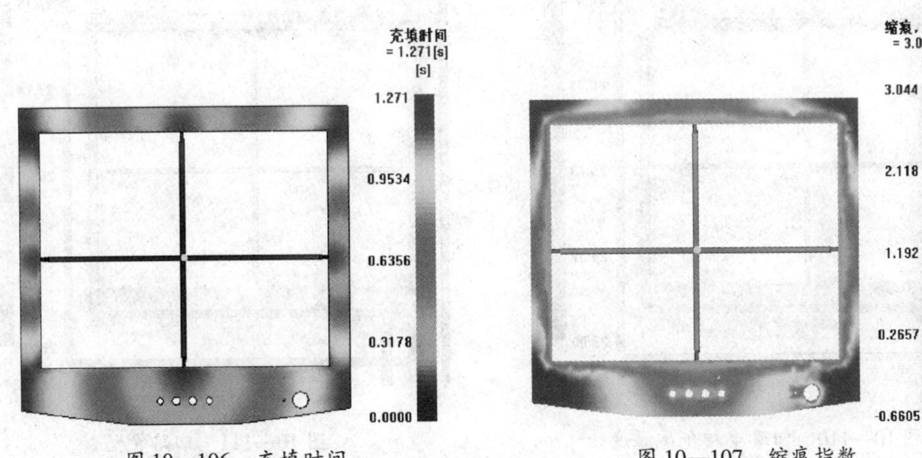

图 10—106　充填时间　　图 10—107　缩痕指数

（3）第一主方向上的型腔内残余应力

如图 10—108 所示，可以看出模型第一主方向上的型腔内残余应力范围为 2.342～38.60 MPa。

（4）熔接痕

如图 10—109 所示，可以看出在两股熔体前锋汇合点区域形成了明显的熔接痕。

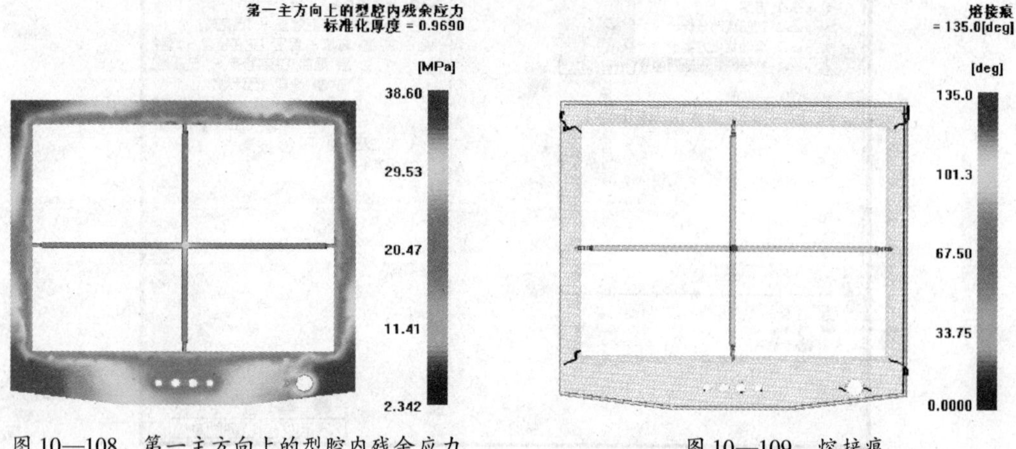

图 10—108　第一主方向上的型腔内残余应力　　图 10—109　熔接痕

2. 冷却分析结果

（1）回路冷却介质温度

如图 10—110 所示，可以看出冷却液温差为 1.45℃，符合要求。

（2）回路管壁

如图 10—111 所示，回路管壁温度比冷却液入口温度高 2.47℃，小于 5℃，符合要求。

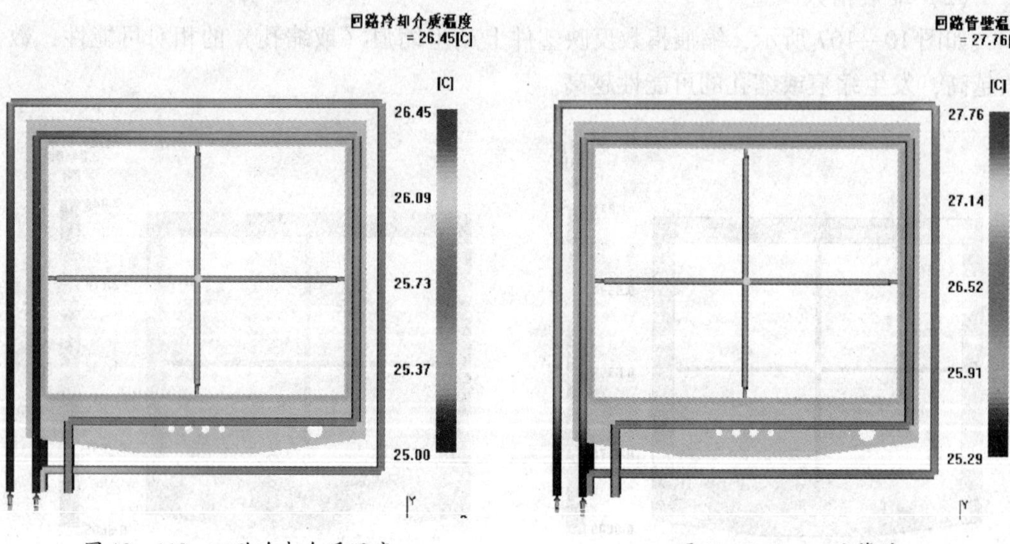

图 10—110　回路冷却介质温度　　图 10—111　回路管壁

（3）达到顶出温度的塑件时间

如图 10—112 所示，达到顶出温度的时间为 45. 27 s。

（4）平均塑件温度

如图 10—113 所示，塑件平均温度为 85. 28℃。

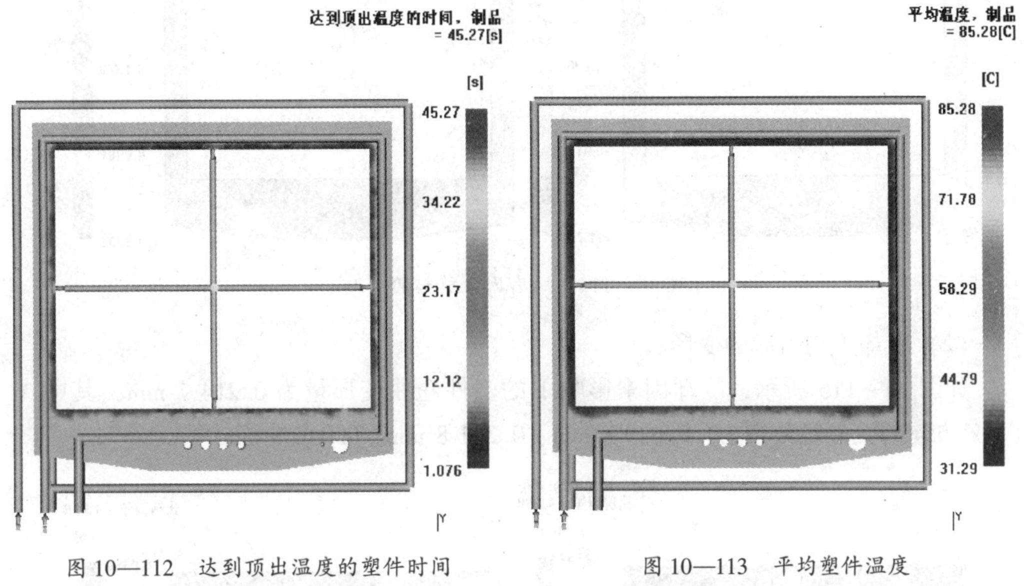

图 10—112 达到顶出温度的塑件时间　　图 10—113 平均塑件温度

3. 翘曲分析结果

（1）所有因素引起的变形

如图 10—114 所示为模型在各种因素影响下的总变形量结果。可以看出总变形量为 1. 821 mm，X、Y、Z 方向的变形量分别为：1. 348 mm、1. 511 mm、0. 607 2 mm。

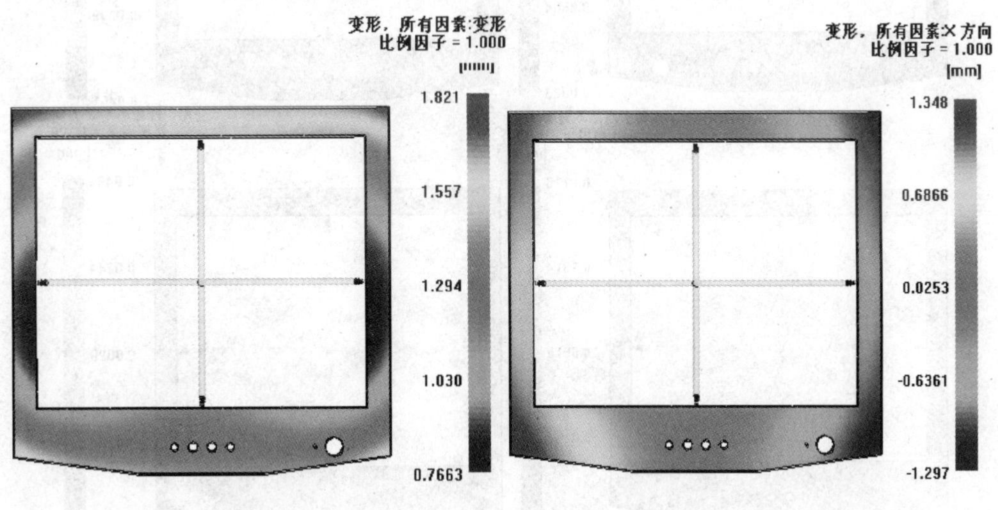

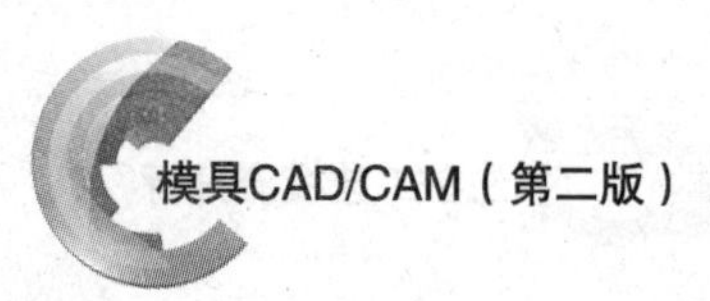

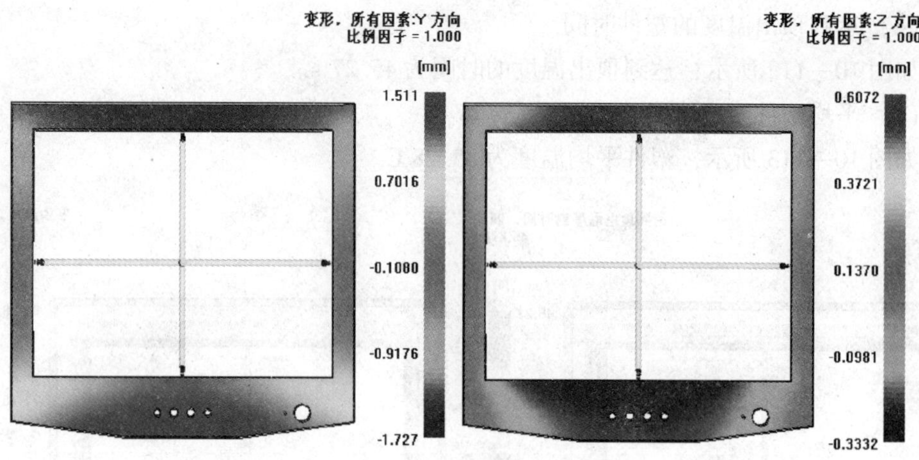

图 10—114　所有因素引起的变形

(2) 冷却不均引起的变形

如图 10—115 所示，冷却因素影响下的塑件翘曲变形量为 0. 214 7 mm，其中 *X*、*Y*、*Z* 方向的变形量分别为：0. 039 8 mm、0. 211 8 mm、0. 046 8 mm。

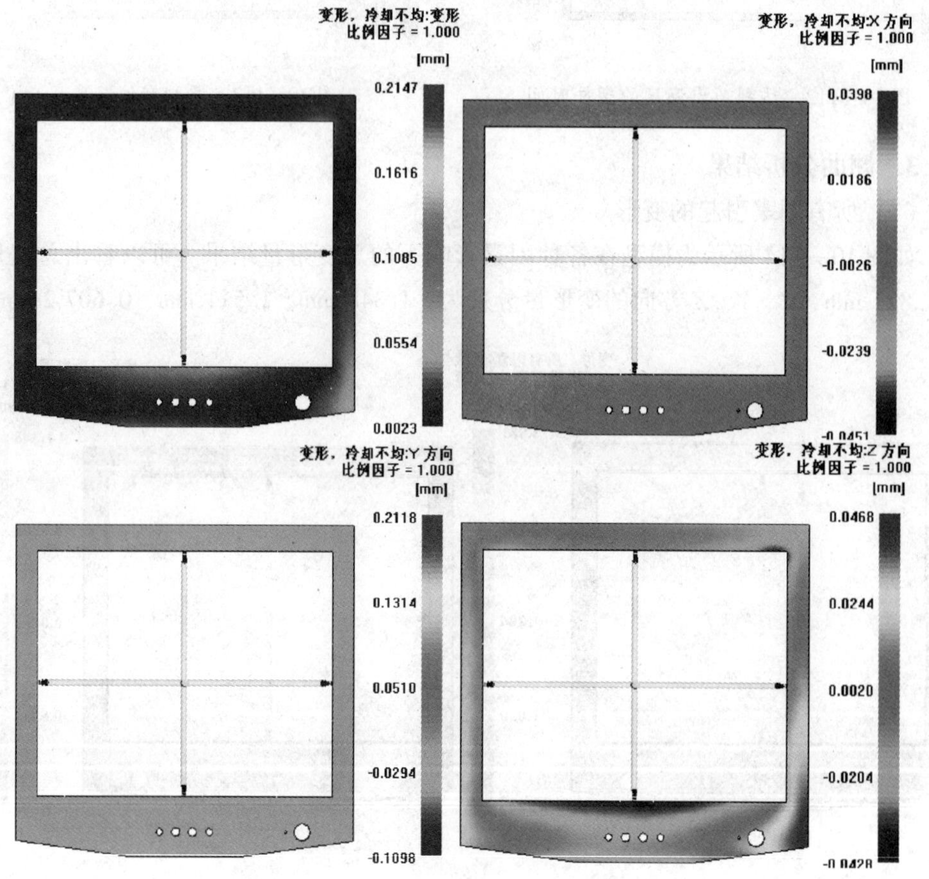

图 10—115　冷却不均引起的变形

(3) 收缩不均引起的变形

如图 10—116 所示，收缩因素影响下的塑件的变形量为 1. 819 mm，其中 X、Y、Z 方向的变形量分别为：1. 347 mm、1. 424 mm、0. 587 2 mm。

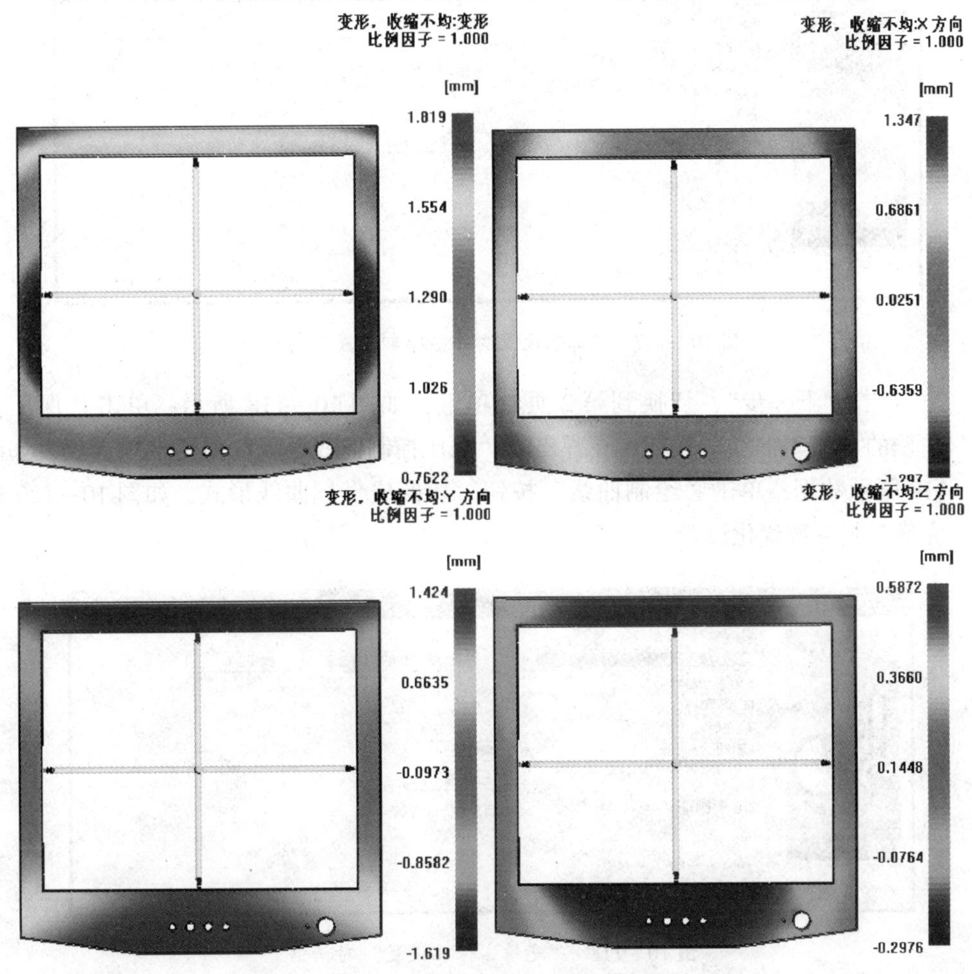

图 10—116 收缩不均引起的变形

综合以上分析结果可知，塑件产生翘曲的主要原因是熔体的收缩，根据经验采用调整保压曲线的方法降低翘曲的变形量。

十二、复制基本分析模型

复制“panel_方案_初始冷却流动翘曲分析”，生成新工程，并重命名为“panel_方案_优化冷却流动翘曲分析”。

十三、优化工艺参数

1. 双击“panel_方案_优化冷却流动翘曲分析”任务视窗中“工艺设置（用户）”

按钮，弹出“工艺设置向导—冷却设置”对话框，在该对话框中“熔体温度”设置为“220”，其他不变，如图10—117所示。

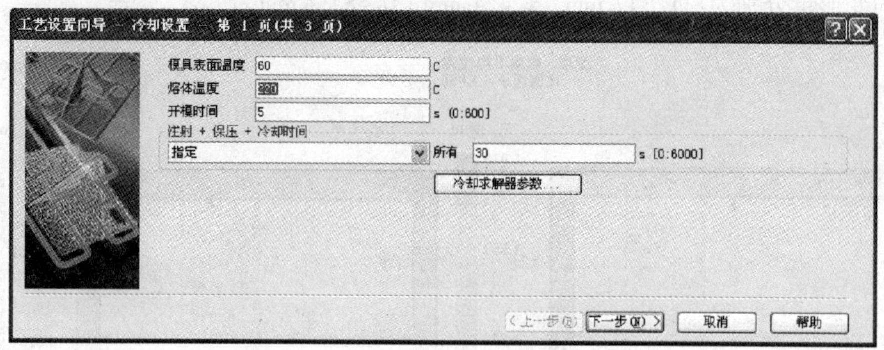

图10—117 “工艺设置向导—冷却设置”对话框

2. 点击“下一步”，切换到第2页选项卡，如图10—118所示；单击“保压控制”右侧的“编辑曲线”按钮，在弹出的“保压控制曲线设置”对话框中，修改如图10—119所示数据；单击“绘制曲线”按钮，切换成坐标曲线形式，如图10—120所示，完成工艺参数优化设置。

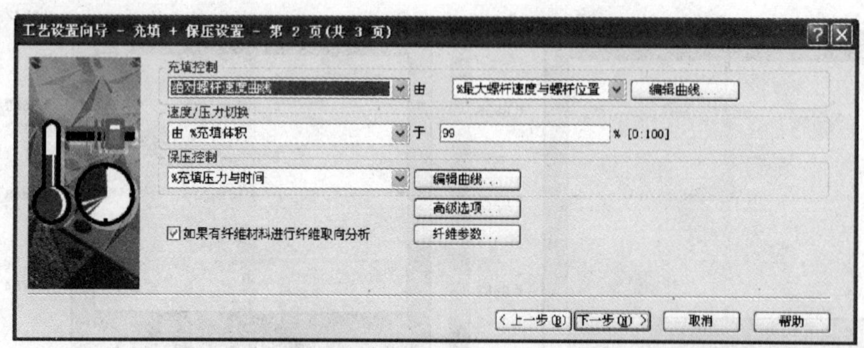

图10—118 “充填+保压设置”对话框

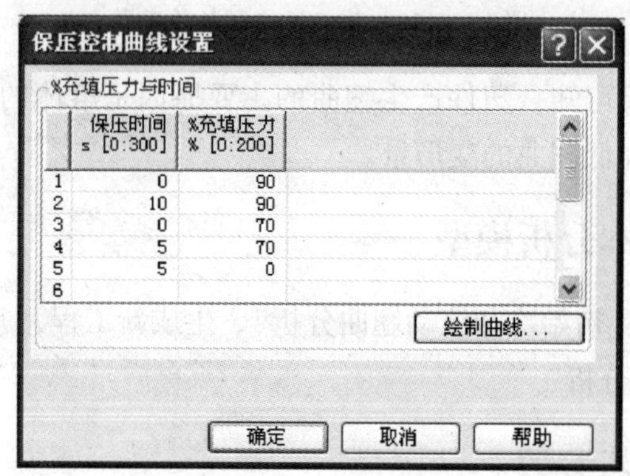

	保压时间 s [0:300]	%充填压力 % [0:200]
1	0	90
2	10	90
3	0	70
4	5	70
5	5	0
6		

图10—119 “保压控制曲线设置”对话框

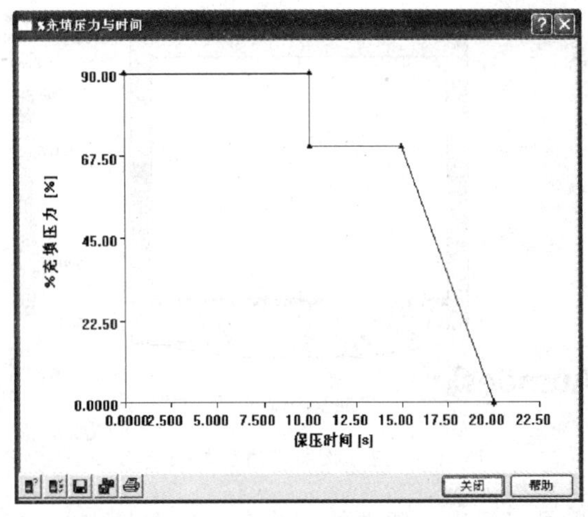

图 10—120 保压控制曲线

十四、运算分析

双击任务视窗“开始分析!”，开始进行分析运算。

十五、优化冷却流动翘曲分析结果

本次优化主要针对熔体收缩引起的翘曲变形，只列出对翘曲的优化结果，其余冷却和流动结果可根据需求进行比较。

1. 所有因素引起的变形

如图 10—121 所示为模型在工艺参数优化后的各种因素影响下的总变形量结果。可以看出总变形量为 1.571 mm，较初始方案（1.821 mm）下降。

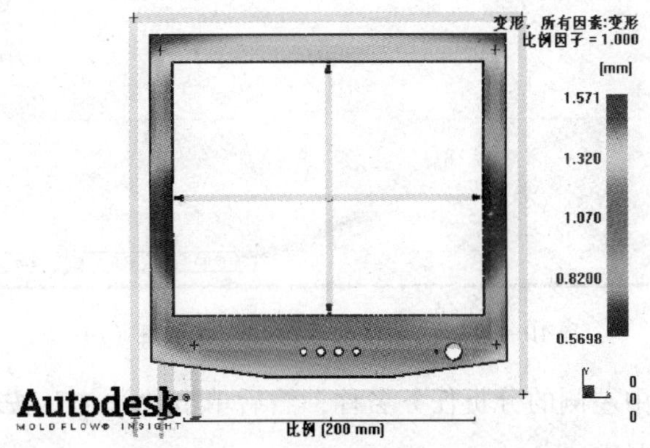

图 10—121 所有因素引起的变形

由此可见，工艺参数的优化对塑件翘曲变形有直接的影响，提高了塑件的成型质量。

2. 收缩不均引起的变形

如图 10—122 所示，收缩因素影响下的塑件的变形量为 1.568 mm，较初始方案（1.819 mm）下降。

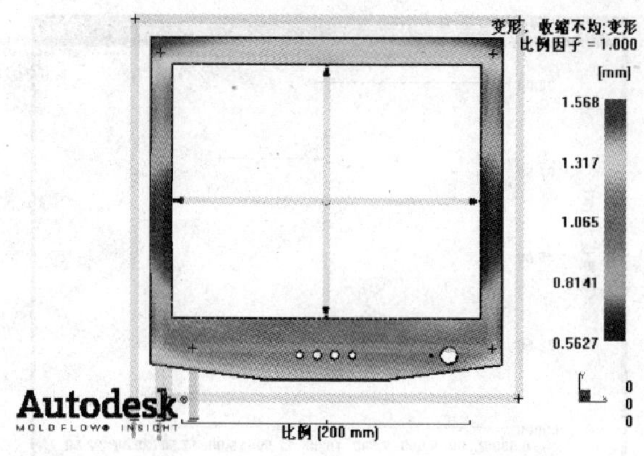

图 10—122　收缩不均引起的变形

综合以上分析结果可以看出，塑件的翘曲变形主要是由收缩引起的，通过对工艺参数的优化，变形量可以下降。

十六、分析结果报告输出

AMI 通过“报告生成向导”可生成一个 HTML 格式的报告。

1. 在菜单栏中选择【报告】>【报告生成向导】命令，系统弹出如图 10—123 所示对话框。

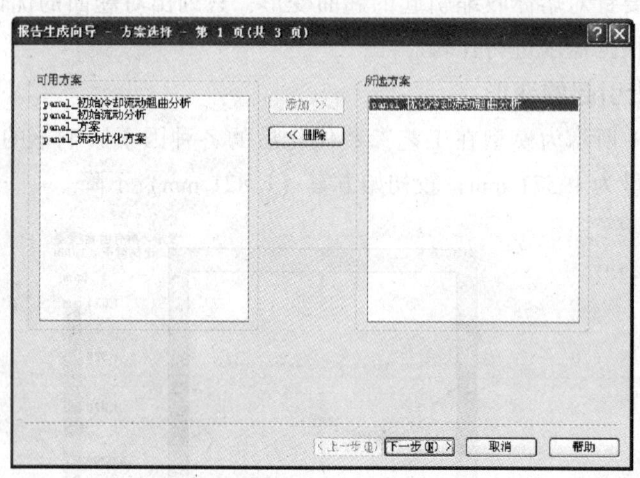

图 10—123　“报告生成向导”对话框（1）

2. 单击对话框中左侧的分析任务名称，然后单击“添加”按钮，将需要的任务添加到右侧列表框中。

3. 单击“下一步”，系统弹出如图 10—124 所示对话框。

4. 在对话框左侧列表框中选择需要在报告中显示的分析结果，然后单击“添加”按钮，将分析结果添加到右侧的列表框中。

5. 单击“下一步”，系统弹出如图 10—125 所示对话框。在“报告格式”下拉列表框中选择“HTML 文档”文件格式，选中“封面”复选框。

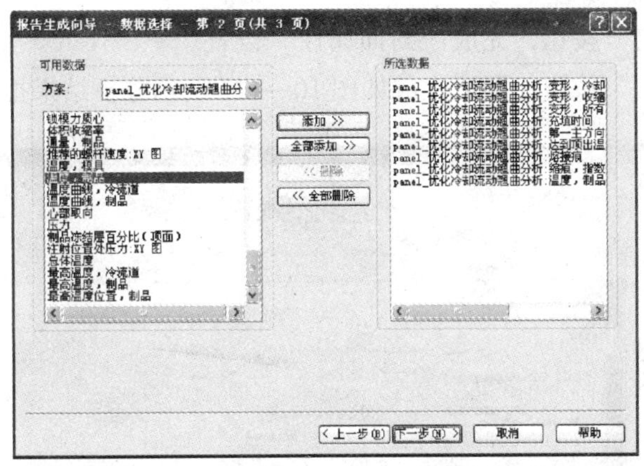

图 10—124 “报告生成向导”对话框（2）

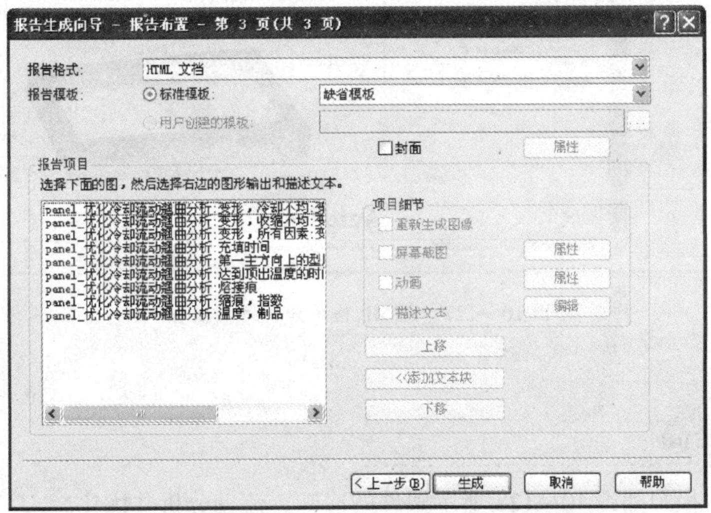

图 10—125 “报告生成向导”对话框（3）

6. 单击“属性”按钮，弹出如图 10—126 所示“封面属性”对话框，可输入相关信息。

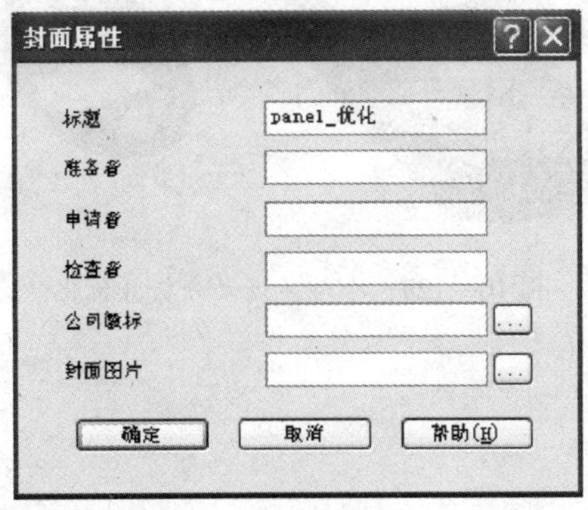

图 10—126 “封面属性”对话框

7．单击“确定”按钮，完成“封面属性”设置。

8．单击“生成”按钮，即可生成如图 10—127 所示分析结果报告。

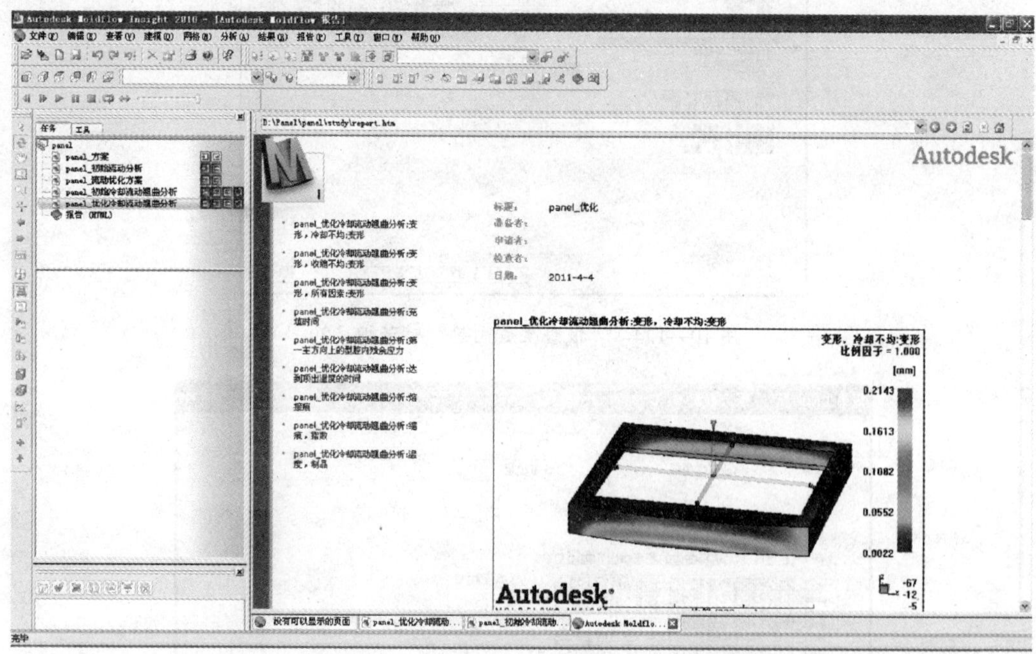

图 10—127　HTML 格式分析结果报告

巩固提高

通过 AMI 模拟如图 10—128 所示塑件的冷却 + 流动分析并优化。

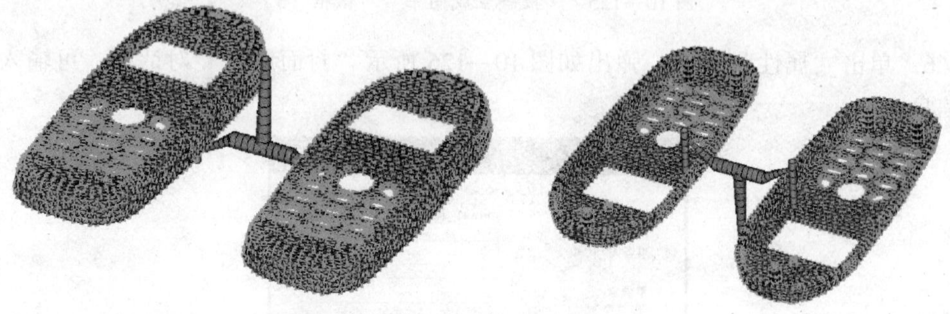

图 10—128　冷却 + 流动分析并优化